암석역학

INTRODUCTION TO ROCK MECHANICS

암석역학

Richard E. Goodman 저
장보안, 우 익, 박혁진 역

씨아이알

초판 서문

암석역학은 지질, 지구물리, 광산, 석유 그리고 토목공학에 적용되는 학제 간인 주제이고, 에너지 회수 및 개발, 교통로의 건설, 수자원과 방위시설, 지진의 예측 및 아주 중요한 많은 활동과 관련되어 있다. 이 책은 토목공학에 즉시 적용 가능한 주제들의 구체적인 사항들을 소개하고 있다. 학부 고학년 수준과 대학원 저학년 수준의 토목공학 학생들은 다양한 개념, 기법 그리고 그들 분야의 핵심적인 적용을 찾을 수 있을 것이다. 예를 들면, 터널 내에서 점토암의 압착을 방지하기 위하여 필요한 지보 압력을 평가하는 방법, 절리가 발달한 암반을 절취하는 최적의 각도를 평가하는 방법 그리고 암석 내에 설치된 피어의 지지력을 결정하는 방법 등이다. 이 책의 구성은 실제적인 문제를 해결하기 위한 기본지식과 기법을 제공하는 것이 주된 목적인 교과서의 구성과 동일하므로, 다른 분야의 학생들도 암반역학 분야가 유용하다는 것을 발견할 것이다. 탁월한 참고문헌이 이 주제의 기본적인 저변을 잘 다루고 있다. 이 책의 부족한 점은 암석역학의 기본이 실제로 적용되는 방법에 대한 설명이다.

이 책은 세 부분으로 구성되어 있다. 처음 여섯 개의 장을 포함하고 있는 첫 번째 부분은 암석의 성질을 기술하기 위한 조사 방법을 제공한다. 이 부분은 공학적 분류를 위한 지표성질, 암석의 강도 및 변형특성, 절리의 성질 및 거동 그리고 초기응력의 상태를 규명하는 방법을 포함하고 있다. 현대적인 파괴역학은 생략되어 있으나 이방성과 시간 의존성은 약간 다루고 있다. 7, 8장 및 9장으로 구성된 두 번째 부분은 지상 및 지하의 굴착과 기초에 대한 암석역학의 구체적인 적용을 다루고 있다. 세 번째 부분은 일련의 부록들이다. 하나의 부록은 식의 유도과정을 보여주며, 이 식의 유도는 유용한 결과를 강조하기 위하여 본 내용에서는 생략되었다. 또한 이차원과 삼차원의 응력에 대한 철저한 논의와 변형률의 측정에 대한 지침이 있다. 부록 3은 암석과 광물을 판별하는 간단한 개요를 보여준다. 여기에서는 독자가 지질개론에 익숙하다고 가정하고 있다. 이 절은 암석역학의 여러 목적에 충분하고 실제적인 이름 찾기의 개요를 제공하기 위하여 암석학과 광물학 용어를 농축하였다. 세 번째 부분은 선택된 문제에 대한 해답을 찾는 정교한 방법과 함께 모든 문제에 대한 해답을 포함하고 있다. 각 장의 끝에는 문제가 제시되어 있고, 해답 절에 있는 계산된 해답들은 이 책의 핵심 부분이다. 대부분의 문제는 교과서에 제시된 공식에 값을 채워 넣는 훈련이 아니고, 새로운 내용을 탐험하려고 노력하였다. 저자는 실제적인 면에서 새로운 내용을 배우는 것을 항상 즐겼고 이 방법에서 새로운 아이디어를 소개하려고 노력하였다.

비록 이 책은 논문집이나 학회논문집에 이미 발간된 결과를 보여주고 있지만, 아직 발표하지 않은 내용도 이 책에 포함되어 있어서 다루고 있는 주제를 더욱 풍성하게 한다. 거의 대부분의 그러한 경우에는, 부록에서 식의 유도를 통하여 상세한 사항을 제공하였다.

이 책은 캘리포니아 대학의 토목공학과에서 학부 학생과 대학원 신입생들을 대상으로 한 쿼터에 개설된 3학점 과목에서 사용되었다. 문제에서 식의 유도에 거의 시간을 소비하지 않도록 주의하였다. 부록 1과 2 및 시간 의존성과 관계된 모든 내용은 건너뛰었다. 두 번째 과목에서는 식의 유도가 강의 시간에 다루어졌고 여기서 다루고 있는 모든 내용은 저자의 기출판된 책 **불연속 암석의 지질공학 방법**과 다른 참고문헌에 보충되어 있다.

저자는 나를 자유롭게 만드는 이해를 돕고 의욕을 고취시키는 기여에 대하여 왕립 대학의 John Bray 박사에게 깊은 감사를 보낸다. 많은 분이 사진이나 다른 그림들을 빌려주었고, K.C. Den Dooven, Ben Kelly, Wolfgang Wawersik 박사, Tor Brekke 교수, Dougall MacCreath 박사, Alfonso Alvarez 교수, Tom Doe 박사, Duncan Wyllie, H.R. Wenk et al. 그리고 A.J. Hendron Jr. 교수에게 감사드린다. 많은 동료가 내용의 선택과 원고에 대한 비평 등으로 도움을 주었고, E.T. Brown, Fred Kulhawy, Tor Brekke, Gregory Korbin, Bazalel Haimson, P.N. Sundaram, William Boyle, K. Jeyapalan, Bernard Amadei, J. Davis Rogers 그리고 Richard Nolting에게 감사드린다. 저자는 암석 기초에 관계된 많은 자료를 소개해준 Kulhawy 교수에게 특히 감사드리고, 글자를 입력해준 Cindy Steen의 헌신에 매우 감사드린다.

Richard E. Goodman

서문

1980년에 초판을 발행한 이래로 우리들은 '블록이론'이라고 불리는 암석역학의 기하학적 접근법을 개발하였다. 이 이론은 지질조사에서 가장 쉽고 자연적으로 취득되는 자료, 즉 절리의 방향과 성질에 근거하고 있다. 블록이론은 강하고 절리가 발달한 암반의 굴착에서 가장 현명한 모양과 방향을 선택하는 과정을 공식화하였고, 1985년에 발간된 Gen Hua Shi와 저자의 책과 Berkeley에서 그 이후의 연구로부터 나온 논문들에 자세히 설명되어 있다. 이 판을 준비한 주된 목적은 블록이론의 원리를 소개하고 블록이론을 지하굴착이나 사면에 적용하는 것으로, 7장과 8장의 긴 증보판과 일련의 문제와 해답으로 그 목적이 달성되었다.

이 새로운 판을 준비한 추가적인 목적들은 초판에서는 생략되었으나 현장에서 중요한 것으로 증명된 주제와 초판의 후속인 주제들을 포함시키는 것이다. 앞에서의 첫 번째 사항은 NGI(Norwegian Geotechnical Institute)의 Barton과 동료들에 의하여 소개된 암반분류의 Q 시스템과 절리면 전단강도의 경험적 기준에 대한 논의이다. 두 번째 사항은 압착성 터널의 인장 변위계 자료의 해석에 대한 인도 엔지니어 Jethwa and Dube에 의한 근본적이고 새로운 공헌, Lang and Bischoff에 의한 지수적인 공식을 사용한 록볼트의 분석, Dobereiner and deFreitas에 의하여 연약한 암석의 성질이 밝혀진 것, Priest and Hudson에 의하여 절리 발달을 통계적인 빈도로 나타낸 것, Hoek and Brown에 의한 암석 강도의 경험적 기준, 지하공간의 지보설계에 대한 모델로서의 '블록 반응 커브' 등이 있다(7장에서 앞서 제시한 지반반응곡선과 유사함). 추가적으로 유도된 관계를 보여주는 유용한 몇 개의 그림들이 개선되었다. 이것들은 Zoback and Zoback에 의해 요약된 미국 대륙의 응력방향들과 Bieniawski의 암반 등급과 터널의 '자립시간' 사이의 관계들이다.

이 내용을 나타내기 위하여 저자는 일련의 새로운 문제들을 개발하였고 해답들을 계산하였다. 그러므로 이 책을 완전하게 이용하기 위해서는 문제와 해답을 공부하여야 한다. 문제의 내용은 가끔 본문에서 제시되지 않은 중요한 내용을 포함하기도 한다. 만약 그 문제들을 스스로 해결하려고 노력하면 그 내용을 더욱더 잘 이해하고 가치를 알게 될 것이다.

오늘날 암석역학에 종사하는 많은 사람은 방사성 폐기물 처분장, 에너지 저장 및 전환 그리고 국방 기술과 관련된 복잡한 문제를 연구하기 위하여 종합적인 수치해석을 사용하려는 경향이 있다. 이러한 모델들이 강력하기는 하지만, 잘 선택된 자유물체도(free-body diagram), 평사투영과 같은 정교한 기하학적인 방법 그리고 마이크로컴퓨터에 의하여 가능하게 된 계산과 함께 통계학을 사용함으로써 더욱 간단하게 접근할 수 있도록 많은 진전이 이룩될 수도 있다. 이 책에서 무엇보다도 더욱 중요한 목적이 있다면, 그것은 당신이 대규모의 수치적인 장비를 사용하려고 하기 전에 간단한 진실을 볼 수 있도록 도와준다는 것이다.

Richard E. Goodman

기호

기호는 처음 나오는 곳에서 정의되어 있다. 예를 들면 **B**와 같이, 벡터는 굵은 글씨로 표시되어 있고, 굵은 소문자는 단위벡터를 나타낸다. 합산 기호는 사용되지 않았다. 행렬 기호는 일차원과 이차원 배열을 둘러싼 ( )로 사용되었다. 가끔 { }는 열벡터에 사용되었다. $B(u)$는 B가 u의 함수임을 의미한다. 양의 차원은 F=힘, L=길이, T=시간과 함께 괄호 내에 주어졌다. 예를 들면, 응력의 단위는 FL^{-2}으로 주어진다. 글씨 위의 점이나 기호(즉, $\dot{\sigma}$)는 일반적으로 시간에 대한 미분을 의미한다. 더욱 흔하게 쓰이는 기호는 아래와 같다.

$\widehat{D}_i$	경사와 평행한 단위벡터
Δd	터널이나 시추공 직경의 변화
dev	차응력 성분을 나타내는 아래첨자
E	영률(FL^{-2})
g	중력가속도
G	전단계수; 비중
GPa	10^3 MPa
i	절리에서 틈새 가장자리의 각
I_1 I_2 I_3	응력 불변
$\widehat{I}_{ij}$	면 i와 면 j의 교차선과 평행한 단위벡터
k	전도도(LT^{-1}) 그리고 강성계수를 포함하여 국지적으로 정의됨에 따라 여러 다른 목적으로 사용됨
K	체적변화계수, Fisher 분포변수, 투수계수(L^2), $\sigma_{horiz}/\sigma_{vert}$ 그리고 σ_3/σ_1과 같이 다양하게 사용됨
l, m, n	선의 방향코사인
ln	자연로그
MPa	메가 파스칼(MN/m²); 1 MPa $\approx$ 145 psi
n, s, t	지층에 직각인 방향과 평행한 방향의 좌표계
n	공극률

$\widehat{N}_i$	지층에 직각인 단위벡터 혹은 하나의 절리군
p, p_w	압력, 수압
p_1, p_2	이차적인 주응력
P	힘; 또한 9장에서는 선 힘(FL^{-1})
q_f	지지력(FL^{-2})
q_u	일축압축강도
RMR	지질역학적 분류에 따른 암반등급
S	주어진 절리군에서 절리 사이의 간격
S_i	모어 쿨롱 관계식에 의한 전단강도 절편('점착력')
T_{MR}	힘 인장강도의 크기('파단 강도')
T_o	인장강도의 크기; 다르게 표시되지 않으면 일축인장강도
u, v	x, y에 평행한 변위; 좌표축의 양의 방향으로 양
u_r, v_θ	r, θ에 평행한 변위
Δu	절리를 따르는 전단변위; 또한 방사상 변형
Δv	절리를 가로지르는 수직변위
V_l, V_t	막대기 내의 종 응력파 및 횡 응력파의 속도
V_p, V_s	무한한 매질에서의 압축 응력파 및 전단 응력파의 속도
$\Delta V/V$	체적 변형률
w	함수비, 건조중량에 근거
w_L, w_P	액성한계 및 소성한계
W	무게벡터
x, y, z	오른손 직각좌표계
Z	지표 아래 심도
γ	단위부피당 무게(FL^{-3})
γ_w	물의 단위중량
ϵ, γ	수직변형률과 전단변형률
η	점성($FL^{-2}T$)
λ	라메 상수; 또한 파장
μ	마찰계수($=\tan\phi$); 또한 η와 동일
ν	포아송 비
ρ	밀도($FL^{-4}T^2$)
σ	수직응력
σ_1, σ_2, σ_3	주응력; $\sigma_1 > \sigma_2 > \sigma_3$(압축이 양)
$\sigma_{t,B}$	브라질 강도의 크기(쪼개지는 인장)

σ_r, σ_θ	방사상 응력 및 접선응력
σ'	유효응력
τ	전단응력
τ_p, τ_r	최대전단응력 및 잔류전단응력
ϕ	마찰각; 국지적으로 정의된 바와 같이 내부마찰각과 표면마찰각으로 사용됨
ϕ_μ	매끈한 표면을 미끄러지기 위한 마찰각($i=0$)
ϕ_j	절리면의 마찰각
ψ	σ_1의 방향과 절리면 사이의 각
$\overline{w}$	평판의 평균변위

목 차

03

암석의 강도와 파괴기준

04

지하의 초기응력 및 측정

05

암석의 연약면

06

암석의 변형성 187

07

지하공간 공학에서 암석역학의 응용 233

08

09

부 록

01
서론

01 서론

암석역학이 공학 프로그램에서 특별강좌로 교육될 가치가 있음은 1960년대 이후에서야 인식되었지만, 암석역학에 대한 지식은 토목 공학에 매우 중요하다. 그러한 인식은 복잡한 지하구조물의 설치, 배수로를 설치하기 위한 깊은 굴착, 거대한 노천광산 등과 같이 암석에 시행되는 새로운 공학적 활동에 따른 필수적인 결과이다. **암석역학**은 암석의 성질 그리고 공학적 계획 중 암석과 관련된 부분의 설계에 필요한 특별한 방법론을 다룬다. 흙과 마찬가지로 암석은 다른 공학적 물질과 매우 다르기 때문에 암석에 대한 '설계' 과정은 매우 특별하다. 예를 들어 강화 콘크리트 구조물을 다룰 때, 엔지니어들은 먼저 가해질 외부 응력을 계산하고, 요구되는 강도를 근거로 물질을 규정하고(강도가 보장될 수 있도록 조정), 그에 따라서 구조물의 형태를 결정한다. 반면에 암석구조물에서는 가해진 하중보다는 초기응력의 재배치에 의해서 유발되는 힘이 종종 더 중요하다. 지하공간과 같은 암석구조물에서는 다양한 파괴 유형이 가능하기 때문에, 물질의 '강도' 결정은 측정할 때만큼이나 많은 판단을 요구한다. 결국 구조물의 형태는 설계자가 완전히 자유롭게 결정할 수 없고, 일정 부분 이상은 지질구조에 의하여 결정된다. 이러한 이유 때문에 암석역학에서는 다른 응용역학 분야에서 고려되지 않는 관점-물질의 성질에 대한 조정보다는 지질학적인 고려에 따른 부지 선택, 초기응력의 측정, 그래픽 연구 및 모델 연구를 통한 다양한 파괴 유형의 분석-들을 포함한다. 그러므로 암석역학의 주제는 지질학 및 지질공학과 밀접하게 연결되어 있다.

1.1 암석역학의 현장 적용

우리가 암석을 이용하기 시작한 것은 역사시대 이전으로 거슬러 올라간다. 화살촉, 일반적인 도구, 그릇, 성이나 집, 터널까지도 암석으로 혹은 암석 내에 건설되었다. 이집트의 Abu Simbel 사원이나 피라미드와 같은 건축물이나 조각은 암석을 선택하고, 채석하고, 자르고, 작업하는 세련된 기술이 있었음을 보여준다. 18세기와 19세기에 광산의 환기 및 배수, 물의 공급, 운하, 철도 등의 목적으로 큰 터널들이 건설되었다.

금세기에 들어서 Rushmore산의 거대한 조각은(그림 1.1) 거대한 형상에 대한 굴하지 않는 결의와 엔지니어들이 대체 물질에 관심을 돌리고 있었을 때 화강암의 선택이 훌륭하였음을 전

그림 1.1 Rushmore산의 Roosevelt와 Lincoln상의 조각. Gutzon Borglum이 부지를 선정하였고 조각상을 마지막 인치에 이르기까지 암석의 불완전성에 맞추도록 조정하였다. 풍화암은 다이나마이트를 사용한 조절발파로 제거되었고, 천공간격과 장약은 최종적인 표면에 접근함에 따라 점진적으로 더욱 세밀하게 조정되었다. 마지막 인치는 조밀한 천공과 끌질로 제거되었다. (Charles d'Emery에 의한 사진. Lincoln Borglum과 K.C. Den Dooven의 허락하에 다시 제작되었다. 출처: Mount Rushmore, the Story Behind the Scenery, K.C. Publications(1978))

세계에 과시하였다. 최근 들어 재료 엔지니어들이 특이하고 특별한 요구를 만족시킬 수 있는 합금이나 플라스틱을 만들고 있지만, 암석에 대한 작업은 여전히 산업계의 에너지와 공학자의 상상력을 요구하고 있다. 암석의 성질과 거동에 대한 의문은 구조물, 수송로, 국방 및 에너지 공급에 대한 공학에서 매우 중요하다.

표 1.1은 암석역학과 매우 관련이 있는 공학적인 활동들을 보여준다. 공사의 계획, 설계, 건설 등 엔지니어가 하는 많은 작업 중에서 암석역학 자료에 의해 심각하게 영향을 받는 9개의 항목, 즉 지질 재해의 정량적 평가, 암석물질의 선택 및 준비, 암석의 절단성 및 굴착성의 평가와 절단 및 굴착도구의 설계, 구조물의 배치와 형태의 선택, 암석의 변형 분석, 암석의 안정성 분석, 발파 과정의 감독 및 조정, 지보 시스템의 설계, 수압파쇄 등이 표 1.1에 제시되었다. 이러한 활동은 공사의 성격에 따라 다소 다른 형태로 추진된다.

구조물이 매우 크거나 특수하거나 암석이 특이한 성질을 가지고 있는 경우가 아니면 **지표면에 설치되는 구조물**은 암석의 성질이나 거동에 대한 연구를 필요로 하지 않는다. 물론 엔지니어는 부지에 영향을 미치는 활성단층이나 산사태와 같은 지질 재해를 주의하여야 한다. 지질공학자들은 이러한 재해의 발견에 책임이 있고, 암석역학이 가끔은 위험의 저감에 도움을 줄 수 있다. 예를 들면, 화강암의 박리에 의한 느슨한 층이 Rio de Janeiro의 절벽 아래 인근에 위치한 건물을 위협하고 있다. 암반 엔지니어들에게 록볼트 시스템의 설계나 보강용 조절 발파의 설계가 요구될 수도 있다. 가정집 같은 가벼운 구조물의 경우에 필요한 유일한 암석역학 자료는 세일 지반의 잠재적인 팽창성의 시험에 관한 것이다. 그러나 매우 큰 건물, 다리, 공장 등의 경우에는 가해진 하중에 의한 암석의 탄성 침하와 지연된 침하를 판단하기 위한 시험이 필요하다. 카르스트가 발달한 석회암 지역이나 지하에 석탄이 채굴된 얇은 층에서는 구조적 안정성을 보장하기 위해서 상당한 조사와 특별히 설계된 기초가 필요할 수도 있다.

높은 건물의 경우에 암석역학이 관련된 공학적 사항은 발파를 조절하여 진동이 주위의 구조물에 손상을 주거나 지역 주민들이 불편하지 않도록 하여야 한다(그림 1.2). 도시에서는 새로운 건물의 기초가 오래된 건물에 매우 인접하여 놓이기도 한다. 또한 일시적인 굴착은 암석 블록이 미끄러지거나 풀어지는 것을 방지하는 제어 시스템이 필요할 수도 있다.

표 1.1 암석역학 적용 분야, 상당한 암석역학 자료가 관련된 활동

프로젝트	지질 위험요소의 평가	물질의 선택	절취성 및 시추성의 평가	공사의 배치 및 유형 선택
표면구조물				
주택지역	(2) 사태, 단층			
다리, 고층건물, 지상 동력실	(2) 사태, 단층	(2) 외장 석재, 콘크리트 골재	(1) 피어기초를 위한 수갱 굴진	(2) 안정된 부지의 위치
댐	(1) 저수지로의 산사태, 단층	(2) 암석 매립, 콘크리트 골재 사석		(1) 아치, 중력, 제방형의 선택
교통로				
고속도로, 철도	(1) 사태	(2) 제방, 바닥, 골재, 사석		(1) 방향과 사면 절취
운하, 파이프 라인	(1) 사태	(2) 제방, 바닥, 골재, 사석		(1) 방향과 사면 절취
수로	(1) 사태			(1) 표면수로 vs. 라이닝 터널 또는 비-라이닝 터널
다른 목적의 표면 굴착				
채석장 및 노천광산	(2) 사태		(1) 타코나이트 퇴적과 다른 경암	(1) 사면, 콘베이어, 건물
배수로	(1) 사태			(2) 측면 언덕 vs. 터널, 사면
건조한 지하굴착				
동굴 광산	(1) 단층, 발파 풍압	(2) 항복 지보	(1) long-wall 커터의 선택, 터널 굴착기	(1) 전체적인 배치
안전한 광산	(1) 단층, 암석 파열		(1) 광산 굴착 도구의 선택	(1) 광산 굴착 계획의 선택
터널	(1) 단층, 암석 파열		(1) 터널 굴착기 커터의 설계	(1) 형태, 크기
지하 공동	(1) 단층, 암석 파열		(2) 굴착 비용의 입찰	(1) 방향
군사 방어시설	(1) 단층, 암석 파열			(1) 심도의 선택
에너지 개발				
석유	(1) 단층, 암석 파열		(1) 회수율 증가	
지열	(1) 단층, 암석 파열		(1) 고온 및 염분의 영향	
핵발전소	(1) 단층, 산사태	(2) 콘크리트 골재		(2) 수밀성 코어
방사성폐기물 처분	(1) 단층	(1) 폐기물의 격리를 위한 최선의 암석 선택		(1) 복구가능성, 안정성
유류, 물, 공기, LNG를 위한 에너지 저장 공동	(1) 단층	(2) 특수 라이닝		(2) 새지 않는 커턴
용해 광산 굴착				

(1) 매우 관련성이 있음
(2) 비교적 관련성이 있음

표 1.1 암석역학 적용 분야, 상당한 암석역학 자료가 관련된 활동(계속)

변형의 분석	안정성 분석	발파의 감독	지보 시스템의 설계	수압파쇄
(2) 셰일의 팽창				
(2) 선-인장에 대한 반응, 침하공학	(2) 절벽 가장자리이거나 광산 채굴적 상부이면	(1) 기존 건물 인근에서는 조절	일시적인 굴착에서 타이백(tieback)	
(1) 수직 및 수평	(1) 교대, 기초	(1)교대 차수도랑 수평갱도, 채석장	(1) 교대, 기초, 저수지 사면	지름길 수로(cutoff)를 위한 잠재적인 사용
(2) 셰일 팽창, 도시 내의 급경사 절취	(1) 절취사면	(1) 둘레 조절	(2) 도시 내의 급경사 절취	
(2) 셰일 팽창, 도시 내의 급경사 절취	(1) 절취사면	(1) 둘레 조절	(2) 도시 내의 급경사 절취	
(1) 터널의 수로				
(2) 계측 프로그램을 보조하기 위하여	(1) 암반사면	(1) 구덩이 내부 및 인근의 구조물 보호	(2) 구조물 보호, 입구	
(2) 계측 프로그램을 보조하기 위하여	(1) 암반사면	(1) 구덩이 내부 및 인근의 구조물 보호	(2) 터널의 여수로	
(1) 계측 프로그램을 보조하기 위하여	(1) 발파풍압 방지, 광석의 희석 분석	(1) 너무 이른 폭발 방지	(1) 운반갱도	(2) 용해 광산굴착
(1) 계측 프로그램을 보조하기 위하여	(1) 진입터널, 사면 등	(1) 둘레 조절, 진동	(1) 록볼트, 숏크리트	
(1) 계측 프로그램을 보조하기 위하여	(1) 천장, 벽, 인버트	(1) 둘레 조절, 진동	(1) 일시적 및 영구적 지보 선택	
(1) 지보 계측, 상세 설계	(1) 천장, 광주, 인버트	(1) 둘레 조절, 진동	(1) 록볼트 혹은 숏크리트	
(1) 지보 계측, 상세 설계	(1) 발파하중 아래	(1) 둘레 조절, 진동	(1) 록볼트 혹은 숏크리트	
	(1) 셰일, 증발암 내의 깊은 시추공. 케이싱 심도			(1) 투수성 증가를 위하여
	(1) 케이싱 심도			(1) 고온 건조한 암석의 개발
(2) 암반사면 계측	(1) 암반사면, 폐기물 처분		(1) 암반사면과 코어 수갱	
(1) 계측 보조	(1) +200 °C의 영향	(1) 둘레 조절, 진동	(2) 용기에 대한 되메움	(1) 중간 수준 저장
(1)설계 및 계측	(1) +200 °C의 영향	(1) 둘레 조절, 진동	(1) 장기 설계수명	
(1) 지표면 침하 계측				(1) 새로운 기술

그림 1.2 기존의 건물에 매우 근접한 암석의 굴착은 도시 내의 건설에서 매우 흔한 문제이다. (A.J. Hendron, Jr.의 허가에 의한 사진. New York Hunter 대학의 Manhattan 편암)

암석역학과 관련되어 가장 도전적인 지표면 구조물은 대규모의 댐으로, 특히 암석 기초나 교대에 물의 작용과 힘뿐만 아니라 높은 응력이 가해지는 아치 댐이나 부벽 댐(buttress dam)이다. 기초에서의 활성 단층에 대한 염려뿐만 아니라, 저수지로의 산사태 가능성도 주의 깊게 평가되어야 한다. 대규모의 산사태가 Vajont 아치 댐의 위로 물을 이동시켜 하류의 주민 2000명 이상이 사망한 이탈리아의 Vajont 참사는 아직도 생생한 기억으로 남아 있다. 암석역학은 파도 침식에 대한 제방 보호용 자갈, 콘크리트용 골재, 여러 가지의 필터 물질, 매립용 물질과 같은 재료의 선택과도 관련이 있다. 이러한 물질의 내구성이나 강도 특성을 결정하기 위한 암석 시험이 필요할 수도 있다. 다른 형태의 댐은 암반에 매우 다른 응력으로 작용하기 때문에, 암석역학은 부지에 대한 댐 형태의 결정에 도움을 준다. 그러므로 암석의 변형 및 암석의 안정성에 대한 분석은 공학적 설계의 연구에 중요한 부분을 이룬다.

콘크리트 댐의 경우에 실험실 시험 및 현장시험을 통하여 기초 및 교대 부분의 암석에 제시된 변형성의 값은 콘크리트의 응력을 계산하는 모형실험이나 수치해석에서 활용된다. 댐 하부의 크고 작은 암석 쐐기는 정적으로 계산된다. 필요한 경우에 케이블 볼트나 록볼트 지보 시스템이 암석이나 암석과 댐의 접촉부에 응력을 가해주기 위해서 설계된다.

암석을 제거하기 위한 발파는 남은 암석을 온전하게 유지하고 주위의 구조물에 허용수준 아래의 진동이 전달될 수 있도록 시행되어야 한다. Grand Coulee의 세 번째 동력실 현장에서는 기존의 Grand Coulee 댐에 매우 인접한 지점에 도수로 건설을 위한 발파가 저수지의 수위를 낮출 위험성이 전혀 없게 시행되었다. 또한 화강암의 중심 부분을 몇 년 후에 동력실 굴착이 완료될 때까지 굴착하지 않고 남겨두는 방법으로 물막이 댐이 건설되었다. 이 공사는 물막이 댐의 상류경계와 하류경계에서 조절 발파 기술을 이용하여 성공적으로 시행되었다.

교통공학 역시 다방면에서 암석역학이 요구된다. **고속도로, 철도, 운하, 파이프 라인, 수로**를 위한 절취사면의 설계에는 불연속면에 대한 시험과 분석이 포함된다. 암석역학에 의하여 옳은 방향으로 조정될 수 있으면 상당한 비용의 절감이 가능하지만, 언제나 실현 가능한 것은 아니다. 구간 중의 일부를 지하로 할 것인지에 대한 결정은 암석의 상태와 터널과 노천굴착의 상대적인 비용에 대한 판단에 의하여 부분적으로 결정된다. 만약 수로가 터널 안에 위치한다면 수로 강관에 암반 응력의 일부분을 할당함으로써 비용이 절감될 수 있다. 그러한 경우에는 설계에 필요한 암석의 특성을 암석 시험을 통하여 결정할 수 있다. 가끔 수로에 라이닝을 설치하지 않을 수도 있다. 누수가 재앙이 되지 않을 것을 보증하기 위한 암반의 응력 측정이 필요할 수도 있다. 도시 지역에서는 높은 땅값 때문에 지표면상의 도로에 거의 수직에 가까운 사면을 형성할 수도 있으나, 사면은 인위적인 보강에 의하여 항구적인 안정성이 유지되어야만 할 것이다. 장기적인 안정성에 대한 계측을 제공하는 장비에 대한 해석적인 체계를 수립하기 위해서 암반에 대한 상당한 시험과 분석이 필요할 수 있다.

다른 목적의 **표면 굴착**은 발파의 조절, 사면의 절취와 안정 벤치의 위치 선택, 보강의 준비에서 암석역학의 자료를 요구한다. 수익성 있는 운영을 위하여 경제적인 굴착이 필요한 **노천광산**의 경우에는 상당히 많은 연구를 통해 적절한 암반사면의 선택을 보장할 수도 있다. 많은 변수를 고려하는 통계적인 방법이 광산의 설계자가 가장 유용한 기간 내에 광업 비용을 결정할 수 있도록 개발되었다. 이러한 광산은 관대한 안전율을 수용할 수 없기 때문에, 암석의 변형과 응력의 계측을 통하여 광산들은 자주 보강된다. 일반적으로 인위적인 보강은 비용이 엄두도 못 낼 정도로 높기 때문에 시행되지 않지만, 구덩이 내의 동력 구조물 부지와 분쇄기 혹은 컨베이어 벨트 지역에서는 록볼트, 지지 구조물, 배수 혹은 다른 보강법이 종종 요구된다. 댐의 **배수로**를 만들기 위한 암석의 절취는 가끔은 규모가 아주 커서 암석역학적 고려가 요구된다(그림 1.3). 불운한 시점에 발생한 파괴는 댐을 넘치게 할 수도 있으므로 이러한 절취는 소요된 비용보다 훨씬 큰 가치를 가지고 있다. 그러한 경우에 대규모의 배수로를 절취하는 비용이 대규모 댐의 건설에 소요되는 비용보다도 클 수가 있으므로, 굴착은 그 자체로 공학 구조물로 고려될 수도 있다. 암석역학은 배수로를 노천굴착으로 시행할 것인지 터널로 굴착할 것인지에 대한 결정에 영향을 미친다.

그림 1.3 콜롬비아의 Chivor 사석 댐의 산허리 여수로에 대한 플립 버켓(flip bucket). 왼쪽 아래의 차도와 진입터널 및 플립 버켓 아래의 배수터널을 주목하라. (소유주, I.S.A.; 엔지니어, Ingetec, Ltd.)

지하굴착은 여러 면에서 암석역학의 지식을 요구한다. 광산에서 커터와 드릴의 설계는 적절한 실내 시험을 통하여 결정되는 암석의 상태에 따라 조정될 수 있으며, 굴착기나 터널굴착

기계에 의한 터널굴착에도 역시 적용된다. 광산에서의 중요한 결정은 광석을 채굴하는 동안 지하공간을 유지할 것인지 변형이 발생하도록 놓아둘 것인지에 대한 것이다. 암석 및 응력의 상태가 정확한 결정에 가장 중요하다. 안정된 광산 채굴법, 광주의 크기, 공간 및 다른 암석의 요소들은 수치해석이나 적용 가능한 이론 그리고 암석 시험 프로그램을 이용한 암석역학 연구를 기초로 결정된다. 불안정한 광산 채굴법에서는 운반갱도의 배치와 드로포인트(draw points)는 광석이 폐석과 섞이는 것의 최소화 그리고 효율성의 최적화를 목적으로 하는 연구에 기반을 둔다.

지하 공동은 교통이나 광산 채굴 이상의 다양한 목적을 위하여 사용되고 있으며, 이러한 목적 중에서 일부는 새로운 자료나 특수한 기술을 요구하고 있다. 액화 천연가스의 지하 공동 저장은 극저온 조건 아래에서 암석의 성질에 대한 결정과 암석 내의 열전도에 대한 분석이 필요하다. 원유와 가스의 광산 공동 내의 저장은 누수가 방지되는 지하 환경이 필요하다(그림 1.4).

그림 1.4 노르웨이의 석유제품 저장을 위한 지하 공동. 저장시설은 수많은 이런 공동으로 구성된다. (Tor Brekke의 허가에 의한 사진)

지하 공동의 특수한 요구사항에 관계없이, 모든 지하의 대규모 공동은 근본적으로 지보 없이 안정하여야 하고, 이것은 응력의 상태와 불연속면의 패턴 및 성질에 달려 있다. 지상의 발전소에 비하여 장점을 가지고 있는 산악지역의 지하 수력발전소는 매우 큰 기계실과(즉 25 m 구간) 복잡하게 삼차원으로 배치된 수많은 다른 공간이 있는 것이 특징이다(그림 7.1). 이 공간들의 방향과 배치는 전적으로 암석역학과 지질학적 고려에 달려 있다. 발파, 지보의 설계 그리고 그 계획의 다른 공학적 사항은 암석의 상태에 따라 현저하게 좌우된다. 그러므로 암석역학은 기본적인 도구이다. 군대도 안전한 시설을 건설하기 위하여 지하공간에 관심이 있다. 수많은 지상의 충격 압력에서 공간의 안정이 유지되어야 하기 때문에, 암석 동력학이 그 계획의 설계에 아주 중요하다. 군대는 파괴에 대한 특수한 개발 시험(prototype test)의 비용을 제공하여 암석의 성질 및 거동 그리고 암석/지질구조의 상호작용에 대한 지식을 발전시켰다.

암석역학은 이미 언급한 수력발전 공사 이외에도 에너지 개발 분야에서도 역시 중요하다. 석유 공학에서 시추 비트의 설계는 암석의 성질에 달려 있다. 비트 마모는 비용의 주된 요소 중의 하나이다. 암석역학 연구는 깊은 심도의 시추와 관련된 문제를 해결하기 위하여 진행되었고, 깊은 심도로부터 회수가 가능하게 되었다. 셰일, 암염 및 특정한 암종에서는 암석의 유동과 시추공의 급격한 폐합으로 인하여 심도가 제한되었다. 20,000피트 심도까지 그리고 340 ℃의 온도까지 실물 크기의 시추를 모사할 수 있는 실험실이 Salt Lake시에(Terra Tek 시추 실험실) 건설되었다. 석유 산업은 유전의 산출을 증가시키기 위하여 수압파쇄를 선구자적으로 사용하였으며, 수압파쇄는 현재 유전의 표준공정이 되었다. 건조하고 고온인 암석에서 지열에너지원으로서 지구의 열을 교환하는 메커니즘에 대해서도 연구되었다. 실물 크기의 야외 조사가 시행된 Los Alamos 과학실험실 계획에서 수압파쇄는 냉수를 뜨거운 암석에 순환시켰다. 단열의 윗부분과 교차하는 두 번째 시추공을 통하여 뜨거워진 물은 지상으로 되돌아왔다. 원자력 에너지 분야에서는 지상 혹은 암석 내의 지하 시설물 건설 문제와 부지에 활성 단층이나 다른 지질 위험요소가 없다는 것을 보증하기 위하여 인가기관에서 요구하는 정교한 예방책과 함께, 산업계에서는 아주 독성이 높고, 수명이 긴 방사성 폐기물의 많은 양이 부담이었다. 현재의 계획은 이 폐기물들을 스테인리스 철 용기에 넣은 후 암염 그리고 화강암, 현무암, 응회암 혹은 다른 암종의 암석 내에 특수하게 굴착된 동공에 설치함으로써 격리하는 것이다. 암염에는 단열이 거의 발생하지 않았거나 봉합되었기 때문에 일반적인 수밀성이 있으며, 또한 상대적으로 열전도성이 높기 때문에 선택되었다. 용기를 설치한 후에 암석의 온도는 약 200 ℃가 될 것으로 가정한다.

암석역학에 대한 새로운 적용이 매우 급격하게 나타나고 있다. 우주의 탐사 및 개발, 지진의 예측, 광산 개발의 해법, 지하 공동 내의 압축공기 저장 그리고 다른 흔치 않은 분야가 암석 기술의 더 많은 발전을 요구하고 있다. 반면에, 앞에서 언급한 일상적인 적용의 일부분에서 합리적인 설계를 위한 필수적인 구성요소를 완벽하게 제공하고 있지는 않다. 이것은 암석의 특수한 성질 때문으로, 다른 공학적 물질에 비하여 암석은 취급하기가 다르거나 더욱 어렵다.

1.2 암석의 성질

고체의 역학적 거동을 표현하려고 시도할 때 고체가 균질하고, 연속적이며, 등방성이고(성질에서 방향성이 없음), 선형이며 탄성이라고 가정하는 것이 일반적이다. 암석은 여러 면에서 이상적이 될 수 없다. 먼저 암석에는 공극이나 열극이 흔히 분포하므로 거의 연속적이지 않다. 서로 연결된 공극은 거의 둥근 동공이고 퇴적암의 입자 사이에서 발견된다. 다른 기원의 고립된 정동(vug)은 화산암과 용해 가능한 탄산염 암석에서 발견된다. 유체를 저장하고 이동시키는 암석의 능력은 이들 빈 공간의 거동에 주로 달려 있으므로, 다공질 암석에서의 변형, 응력 그리고 수압을 취급하는 특수한 이론이 주로 석유공학 종사자들에 의하여 개발되었다. 미세열극은 내부적인 변형을 겪은 경암에서 흔한 작은 평면상의 균열이다. 그들은 입자 내 균열과 입자경계균열로서 생성된다. 열극이 있는 암석은 균열이 생성되는 영역(즉, 손상을 받은)에서 하중을 받은 시험 시료와 같다. 열극 네트워크의 거동은 암석의 광물 성분보다도 암석의 성질에 중요하거나 더욱 필수적이다. 결론적으로 열극과 공극은 다음과 같은 특성을 보인다.

- 특히 낮은 응력 단계에서 비선형적인 하중/변형 반응을 만든다.
- 인장강도를 감소시킨다(특히 열극).
- 물질의 성질에 응력의존성을 생성한다.
- 시험 결과를 다양하게 만들고 분산시킨다.
- 거동의 예측에서 크기효과를 만든다.

대부분의 암석이 이상적이지 못한 것은 큰 불연속면의 존재와 관련되어 있다. 규칙적인 균열과 단열들은 지표면 아래 얕은 심도에서 일반적이고, 일부는 수천 미터 심도까지 연장된다. 절리, 층리, 소규모 단층과 다른 반복적인 평면 단열은 무결암 시료의 시험을 근거로 예측할 수 있는 원위치 암석의 거동을 급격하게 변화시킨다. 불연속적인 암석의 역학적 특성은 특히 지상 구조물, 지표면 굴착 및 얕은 심도의 지하굴착을 다루는 엔지니어에게 관련이 있다. 1959년 Malpasset 아치 댐을 약화시킨 것은 단층과 절리에 둘러싸인 블록의 이동이었다(그림 1.5).

그림 1.5 파괴 후의 Malpasset 아치 댐의 왼쪽 교대의 전경. 쐐기의 이동은 불연속면을 따라서 발생하였고, 불연속면 중의 하나는 교대에 새롭게 노출된 암석면을 형성하고 있으며, 콘크리트 아치 댐의 붕괴를 유발하였다.

암반 내 단열에 의한 영향은 단열면에 직각인 방향으로 인장강도를 0으로 감소시키는 것이고, 전단강도를 단열면에 평행한 방향으로 제한하는 것이다. 만약 절리가 방향성을 보이며 분포하고 있다면, 그 영향은 암반의 강도뿐만 아니라 모든 다른 성질에서 확연한 이방성을 만들어낸다. 예를 들면, 층리에 경사지게 하중이 가해진 기초의 강도는 층리에 직각이거나 평행하게 하중이 가해졌을 때 강도의 1/2 이하일 수 있다. 광물입자의 방향성과 응력 이력의 방향성 때문에 이방성은 불연속면이 없는 암석에서도 나타나는 것이 일반적이다. 엽리와 편리는 편암과 슬레이트를 만들고, 많은 다른 변성암에서도 변형성, 강도 및 다른 성질에서 심한 방향성을 보인다. 층리는 셰일, 박층의 사암 및 석회암의 이방성을 만들고, 다른 일반적인 퇴적암에서도 심하게 이방성이 나타난다. 두꺼운 층리의 사암과 석회암과 같이 층리구조가 없는 암석 시료조차도, 퇴적물에서 암석으로 점진적으로 변환될 때 서로 다른 주응력을 받았기 때문에, 방향성을 가진 것으로 증명되었다. 암석의 성질이 열극에 작용하는 응력의 상태에 의하여 아주 큰 영향을 받기 때문에, 서로 다른 초기응력이 유지되고 열극이 발달한 모든 암석은 이방성일 것이다. 열극이 닫히면 하나의 물질이지만, 열극이 열려지고 전단되면 전혀 다른 물질이 된다.

이 장에서는 '암석의 역학'을 논의할 수 있으나, '암석'이란 용어는 아주 다양한 물질의 형태를 포함하고 있기 때문에 일반적인 값을 가져야 한다면 범위가 넓을 수밖에 없다. 화강암은 수백 MPa의 구속압까지 취성이고 탄성으로 거동할 수 있으나, 탄산염암은 중간 압력에서 소성이 되고 점토와 같이 유동한다. 압축된 셰일과 부서지기 쉬운 사암은 물에 잠기면 약해진다. 석고와 암염은 비교적 낮은 구속압에서 소성거동을 하는 경향이 있고 매우 잘 용해된다.

공학적 물질로서의 암석에 대한 이러한 모든 문제에도 불구하고, 의미 있는 시험, 계산 그리고 관찰로서 공학적 결정을 지지하는 것은 가능하고, 이것이 우리의 연구 과제이다.

참고문헌

KWIC Index of Rock Mechanics Literature published before 1969, in two volumes, E. Hoek (Ed.). Produced by Rock Mechanics Information Service, Imperial College, London. Published by AIME, 345E, 47th Street, New York, NY 10017. A companion volume, Part 2, carrying the bibliography forward from 1969 to 1976 was published by Pergamon Press Ltd, Oxford(1979); J. P. Jenkins and E. T. Brown (Eds.).

Geomechanics Abstracts: wee International Journal of Rock Mechanics and Mining Science. These are key-worded abstracts of articles published worldwide; issued and bound with the journal.

서적

Attewell, P. B. and Farmer, I. W. (1976) *Principles of Engineering Geology*, Chapman & Hall, London.

Bieniawski, Z. T. (1984) *Rock Mechanics Design in Mining and Tunneling*, Balkema, Rotterdam.

Brady, B. H. G. and Brown, E. T. (1985) *Rock Mechanics for Underground Mining*, Allen & Unwin, London.

Brown, E. T. (Ed.) (1981) *Rock Characterization, Testing, and Monitoring: ISRM Suggested Methods*, Pergamon, Oxford.

Brown, E. T. (Ed.) (1987) *Analytical and Computational Methods in Engineering Rock Mechanics*, Allen & Unwin, London.

Budavari, S. (Ed.) (1983) *Rock Mechanics in Mining Practise*, South Africa Institute of Mining and Metallurgy, Johannesburg.

Coates, R. E. (1970) *Rock Mechanics Principles*, Mines Branch Monograph 874, revised, CANMET (Canadian Dept. of Energy, Mines and Resources), Ottawa.

Dowding, C. H. (1985) *Blast Vibration Monitoring and Control*, Prentice-Hall, Englewood Cliffs, NJ.

Farmer, I. W. (1983) *Engineering Behaviour of Rocks*, 2d ed., Chapman & Hall, London.

Goodman, R. E. (1976) *Methods of Geological Engineering in Discontinuous Rocks*, West, St. Paul, MN.

Goodman, R. E. and Shi, G. H. (1985) *Block Theory and Its Application to Rock Engineering*, Prentice-Hall, Englewood Cliffs, NJ.

Hoek, E. and Bray, J. (1981) *Rock Slope Engineering*, 3d ed., Institute of Mining and Metallurgy, London.

Hoek, E. and Brow, E. T. (1980) *Underground Excavations in Rock*, Institute of Mining and Metallurgy, London.

Jaeger, C. (1972) *Rock Mechanics and Engineering*, Cambridge Univ. Press, London.

Jaeger, J. C. and Cook, N. G. W. (1979) *Fundamentals of Rock Mechanics*, 3d ed., Chapman & Hall,

London.
Krynine, D. and Judd, W. (1959) *Principles of Engineering Geology and Geotechnics*, McGraw-Hill, New York.
Lama, R. D. and Vutukuri, V. S., with Sluja, S. S. (1974, 1978) *Handbook on Mechanical Properties of Rocks* (in four volumes), Trans Tech Publications, Rockport, MA. Vol. 1 (1974) by Vutukuri, Lama, and Saluja; Vols. 2－4(1978) by Lama and Vutukuri.
Obert, L. and and Duvall, W. (1967) *Rock Mechanics and the Design of Structures in Rocks*, Wiley, New York.
Priest, S. D. (1985) *Hemispherical Projection Methods in Rock Mechanics*, Allen & Unwin, London.
Robers, A. (1976) *Geotechnology*, Pergamon, Oxford.
Turchaninov, I. A., Iofis, M. A., and Kasparyan, E. V. (1979) *Principles of Rock Mechanics, Terraspace*, Rockville, MD.
Zaruba, Q. and Mencl, V. (1976) *Engineering Geology*, Elsevier, New York.

논문

Canadian Geotechnical Journal, Canadian National Research Council, Toronto, Canada.
International Journal of Rock Mechanics and Mining Sciences & Geomechanics Abstracts, Pergamon Press, Ltd., Oxford.
Geotechnical Testing Journal, American Society for Testing Materials.
Journal of the Geotechnical Division, Proceedings of the American Society of Civil Engineering (ASCE), New York.
Rock Mechanics, Springer-Verlag, Vienna.
Underground Space, American Underground Association, Pergamon Press, Ltd., Oxford.

학술발표회 논문

Canadian Rock Mechanics Symposia, Annual; various publishers. Sponsored by the Canadian Advisory Committee on Rock Mechanics.
Congress of the International Society of Rock Mechanics (ISRM), First－Lisbon (1966); Second－Belgrade (1970); Third－Denver (1974); Fourth－Montreux (1979); Fifth－Melbroune (1983); Sixth－Montreal (1987).
Specialty Conferences and Symposia sponsored by ISRM, Institute of Civil Engineers(London); British

Geotechnical Society, AIME, International Congress on Large Dams (ICOLD), and other organizations as cited in the references after each chapter.

Symposia on Rock Mechanics, Annual U. S. Conference; various publishers. Sponsored by the U. S. National Committee on Rock Mechanics.

표준 시험법 및 제안된 시험법

암석역학은 시험과 관찰 기법이 엄격하게 표준화될 수 있는 단계까지 발전하지 못하였다. 그러나 국제암석역학회(ISRM)와 미국시험재료학회(ASTM)는 실내 및 현장시험과 암석 물질의 기술에 대한 "지정 시험법"과 "제안된 시험법"을 발간하였다. 이들 중에서 여러 개는 적절한 장의 끝부분에 참고문헌과 함께 수록하였다. 위의 '서적'에서 Brown(1981)을 참고하라. 암석역학의 표준화에 대한 최신의 정보는 포르투갈 Lisbon의 Laboratorio Nacional de Engenharia Civil, Avenida do Brasil, P-1799에 위치한 ISRM 표준화 위원회와 Piladelphia, 1916 Race Street에 위치한 ASTM 공학적 목적을 위한 흙과 암석에 대한 D-18 위원회로 직접 문의하기 바란다.

02

암석의 분류와 지수 특성

02 암석의 분류와 지수 특성

2.1 암석의 지질학적 분류

지질학자들이 육안이나 간단한 확대경을 이용한 제한적인 관찰에 의하여 부여한 암석명은 비록 토목기술자의 요구를 만족시키지는 못하지만, 암석의 물성에 관한 정보를 나타낸다. 만약 일반적인 암석의 이름에 익숙하지 않고 알지 못하는 암석에 암석 이름을 부여하는 법을 모른다면 지질학을 공부하도록 권하며, 책 뒷부분의 부록 3에 주요한 암석과 광물의 이름, 간단한 분류방법에 대하여 기술되어 있으므로 참고하기 바란다. 부록 3에는 지구의 연대기, 암석의 연대를 지시하는 용어 등도 기술되어 있다. 항상 그렇지는 않지만, 암석의 연대는 경도, 강도, 내구성이나 다른 물성과 관련이 있다.

암석은 기원에 따라 **화성암**, **변성암**과 **퇴적암**의 세 개의 그룹으로 분류하는 것이 일반적이다. 이러한 암석 그룹은 분류의 시발점이 아니라 그 **결과**이다. 우리의 관심사는 암석의 기원보다는 암석의 거동이므로 암석을 다음의 분류와 세분류로 나누는 것이 더욱 합리적이다.

I. 결정질 구조

	예
A. 용해성 탄산염과 암염	석회암, 백운암, 대리암, 암염, 트로나(trona), 석고
B. 백운모와 연속적 호상구조의 판상광물	백운모 편암, 녹니석 편암, 흑운모 편암
C. 연속적인 백운모 박층이 없는 호상의 규산 광물	편마암
D. 임의의 방향으로 분포하고 일정한 크기의 입자로 구성된 규소 광물	화강암, 섬록암, 반려암, 섬장암
E. 미세립질 입자와 기공으로 구성된 흑색의 석기에 임의의 방향으로 분포하는 규소광물	현무암, 유문암, 기타 화산암
F. 전단이 심한 암석	사문암, 압쇄암

II. 쇄설성 구조

	예
A. 안정된 교결	규소로 교결된 사암, 갈철석 사암
B. 약간 용해되기 쉬운 교결	방해석으로 교결된 사암과 역암
C. 매우 용해되기 쉬운 교결	석고로 교결된 사암과 역암
D. 불완전하거나 약한 교결	이쇄성(friable) 사암, 응회암
E. 미교결	점토로 된 사암

III. 미세립질 암석(very fine-grained rocks)

	예
A. 등방의 경암	호온 펠스, 현무암
B. 큰 규모로는 이방성이나 미세 규모로는 등방성인 경암	교결된 세일, 판석
C. 미세 규모로 이방성인 암석	슬레이트, 천매암
D. 연약한 흙과 같은 암석	압밀 셰일(compaction shale), 백악, 이질암

IV. 유기질 암석

	예
A. 연질 석탄	갈탄, 역청탄
B. 경질 석탄	
C. 오일 셰일	
D. 역청 셰일	
E. 타르 사암	

결정질 암석은 규산염, 탄산염, 황화물 혹은 다른 염의 광물 결정이 매우 치밀하게 결합되어 있어서(그림 2.1a), 신선한 화강암과 같이 풍화되지 않은 결정질 규산염 암석은 토목공사에서 다루는 통상적인 압력 범위 내에서는 취성파괴의 특성을 가지고 강한 탄성 거동을 보인다. 그러나 만약 입자들이 입자경계균열에 의하여 분리되어 있으면 이러한 암석들도 비선형적이고 소성의 변형을 보이기도 한다. 탄산염암이나 결정질 암염은 강하고 취성의 거동을 보이지만, 구속압이 약간만 높아져도 입자 내의 미끄러짐에 의하여 소성의 거동을 보이기도 하며, 물에 잘 녹는 특성을 가지고 있다. 운모나 사문암, 활석, 녹니석, 흑연 등과 같은 판상의 광물은 벽개면을 따라 쉽게 미끄러지기 때문에 강도가 낮다. 운모 편암과 같은 암석은 편리구조가 습곡으로 변형된 경우가 아니면 편리구조의 방향으로 강도가 낮은 강한 이방성을 보인다(그림 2.1b). 현무암과 같은 화산암 내에는 많은 기공이 분포하며, 만약 이러한 기공이 없으면 화강암과 거의 유사하게 거동한다(그림 2.2c). 사문암은 일반적으로 거의 모든 손 크기의 시료 내에 있는 보이지 않는 면에서 전단변형을 받은 경우가 매우 흔하므로 변화가 매우 심하며 공학적 물성이 불량하다.

그림 2.1 투과된 편광하에서 관찰된 암석 박편 현미경 사진(H.R.Wenk 교수 인용 승인)
(a) 결정질 암석의 조밀하게 맞물린 조직-휘록암
(b) 석영 압쇄암의 이방성이 심한 조직

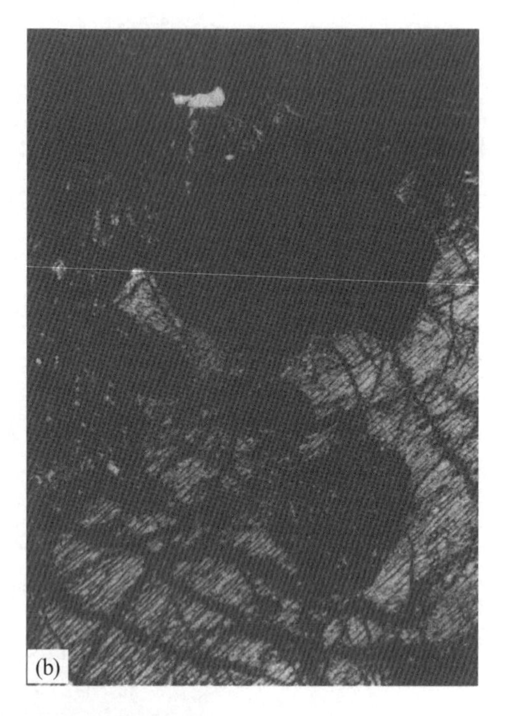

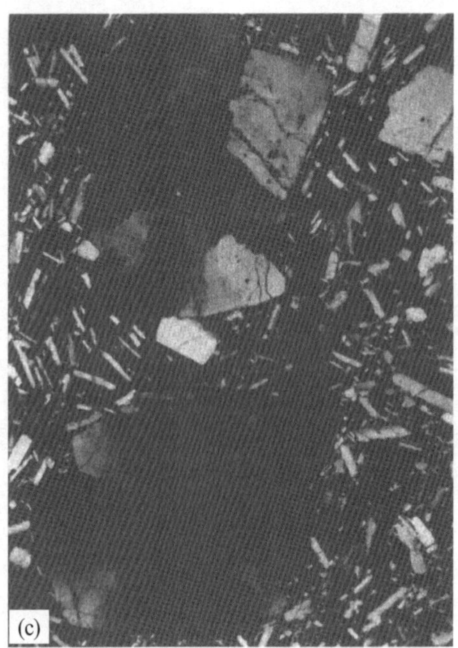

그림 2.2 투과된 편광하에서 관찰된 열극이 발달한 암석의 박편 현미경 사진(H.R.Wenk 교수 인용 승인)
(a) 다수의 결정 내균열 및 약간의 결정 관통 균열이 있는 사장석(×6.5)
(b) 벽개를 가로지르는 규칙적인 열극이 있는 반려암(×7)
(c) 열극이 발달한 새니딘(sanidine) 거정이 있는 화산암(조면암) (×30)

여러 종류의 암석이나 광물로 구성된 쇄설성 암석은 주로 입자들을 서로 뭉치게 하는 교결물질 또는 결합물질에 의해 암석의 물성이 좌우된다. 쇄설성 암석 중 일부는 견고하고 치밀하게 교결되어 있어서 탄성적이고 취성적으로 거동하지만, 일부는 물에 담그면 퇴적물로 풀어지기도 한다. 쇄설성 암석군에서 쓰이는 지질학적인 암석명들은 교결 물질에 대한 특성을 전혀 반영하고 있지 않으므로 암석역학 분야에서는 거의 유용하지 않지만, 자세한 지질학적인 기술은 교결물질의 특성을 나타내기도 한다. 예를 들어, 마찰에 의해 입자들이 쉽게 부서질 수 있는 이쇄성 사암은 분명 불완전하게 또는 약하게 교결된 것을 의미한다.

셰일은 주로 실트와 점토로 구성되어 있으며 내구성, 강도, 변형성과 파괴인성(toughness)에서 상당히 변화가 심하다. 교결된 셰일은 단단하고 강할 수 있다. 그러나 '압밀 셰일'이나 '이암'은 암석이라기보다는 결합물질이 없는 압축된 점토 흙에 불과하며, 함수비의 변화에 따라 물성의 변화가 매우 심할 뿐만 아니라 건습의 정도에 따라 부피가 변할 수 있다. 자연함수비 정도의 습도에서는 매우 빨리 강도가 약해지는 흙과는 달리, 압밀 셰일은 상당기간 강도가 약해지지 않는다. 그러나 건조시킨 후 물속에 넣으면 수일 내지 수주일 또는 그 이상의 시간 내에 밀도와 강도가 점차적으로 감소한다. 백악은 공극률이 큰 쇄설성 탄산염암으로, 낮은 압력에서는 탄성적이고 취성적으로 거동하지만 중간 정도의 압력에서는 소성적으로 거동한다.

유기질 암석에는 점성, 소성과 탄성 거동을 보이는 여러 가지 형태의 암석이 있다. 경질 석탄과 오일 셰일은 강하고 탄성적인 암석이지만, 경질 석탄에는 균열이 발달하여 있을 수도 있다. 연질 석탄에는 균열이 심하게 발달하여 있고 공극에는 압력을 받고 있는 탄화수소가스가 포함되어 있기도 한다. 타르 모래(tar sand)는 높은 압력과 온도에서는 점성질 액체처럼 거동하며, 공극에는 압력을 받고 있는 탄화수소가스가 포함되어 있기도 하다.

암석 그룹은 매우 크고 분류가 서로 배타적이지는 않다. 아래에 열거한 단순한 실내 시험과 측정 중 일부는 어떠한 특수한 경우에 취급하고 있는 물질의 종류를 결정하는 데 도움을 줄 것이다.

2.2 암석계의 지수(index) 특성

암석은 다양한 구조나 조직, 성분에 따라 매우 광범위한 물성을 보이기 때문에 암석을 정량적으로 기술하기 위해서 수많은 기본적인 측정을 하게 된다. 이러한 관점에서 측정하기 쉬운 일부 물성 중 매우 중요한 물성은 암석 시료의 **지수 특성**으로 이용되기도 한다. **공극률**은 고체에 대한 공극의 상대적 비율이고, **밀도**는 광물 또는 입자 조성에 대한 정보를 제공한다. **초음파 속도**는 암석학적인 정보와 더불어 열극의 발달정도를 나타낸다. **투수계수**는 공극의 상대적 연결성을 평가하며, **내구성**(durability)은 구성 성분 또는 구조의 궁극적인 파괴경향과 암석의 질적인 저하를 평가할 수 있다. 마지막으로, **강도**는 구성 성분들을 서로 결합하고 있는 암석 조직의 현재의 견고성을 나타낸다. 이러한 물성들은 암석의 공학적 분류에 필요하며, 여러 개의 물성을 함께 사용하면 현장 적용에 대한 경험을 이용하여 유용한 상관관계를 이끌어낼 수 있다. 그러나 응력, 온도, 수압, 시간의 변화에 따른 암석 시료의 거동은 위의 지수 물성으로 나타내기에는 한계를 지니고 있다. 그러므로 실험실에서 측정된 다양한 지수 특성을 목적이 다른 여타 현장에 그대로 적용하여서는 안 된다.

암석 실험실 시료와 연관된 지수 특성들은, 불연속면 시스템과 관련 있는 **암반**과는 대조적으로, 암석 자체의 거동과 주로 관련된 암석의 분류에 유용할 수 있다. 암석역학의 응용 영역을 조금 더 넓히면 주로 암석 시료의 특성에 관련된 천공성, 절단성, 골재 선정, 사석 평가 등의 결과를 산출할 수 있을 것이다. 반면, 지수나 지하굴착과 관련한 암석역학의 적용은 암석 자체의 성질보다는 불연속면 시스템을 시험하는 것이다. 이 경우에 공학적 목적의 암반분류는 실내 실험뿐만 아니라 현장 암반의 구조적, 환경적 특성도 반영하고 있다. 이 장의 후반부에 암반의 공학적 분류에 대하여 고찰할 것이다.

2.3 공극률

암석의 **공극률**은 단위가 없는 값 n으로 표시되고, 다음과 같이 전체 부피에 대한 공극의 부피 비로 표시된다.

$$n = \frac{v_p}{v_t} \tag{2.1}$$

여기서, v_p는 전체 부피(v_t) 내의 공극의 부피이다. 입자, 암편, 조개껍데기로 구성된 퇴적암의 공극률은 거의 0% 정도부터 90%($n = 0.9$) 정도까지 다양한 분포를 보이며, 사암의 평균값은 15%이다. 퇴적암에서는 다른 조건이 같을 때 연령이 오래되거나 퇴적심도가 깊을수록 공극률이 감소한다. 표 2.1은 여러 종류의 퇴적암에 대한 이러한 경향을 보여준다. 대표적 캠브리안 사암의 공극률은 11%인 반면에 백악기 사암의 공극률은 34%이다. 표 2.1에서와 같이 점토의

표 2.1 대표적 암석의 공극률에 대한 생성 연대와 심도의 영향[a]

암석	생성 연대	깊이	공극률(%)
Mount Simon 사암	캠브리아기	13,000 ft	0.7
Nugget 사암(Utah)	쥬라기		1.9
Potsdam 사암	캠브리아기	지표면	11.0
Pottsville 사암	펜실베이니아기		2.9
Berea 사암	미시시피아기	0-2000 ft	14.0
Keuper 사암(영국)	트리아스기	지표면	22.0
Navajo 사암	쥬라기	지표면	15.5
사암, Montana	백악기	지표면	34.0
Beekmantown 백운암	오르도비스기	10,500 ft	0.4
Black River 석회암	오르도비스기	지표면	0.46
Niagara 백운암	실루리아기	지표면	2.9
석회암, 영국	석탄기	지표면	5.7
백악, 영국	백악기	지표면	28.8
Solenhofen 석회암		지표면	4.8
Salem 석회암	미시시피아기	지표면	13.2
Bedford 석회암	미시시피아기	지표면	12.0
Bermuda 석회암	근래	지표면	43.0
셰일	선캠브리아기	지표면	1.6
셰일, Oklahoma	펜실베이니아기	1000 ft	17.0
셰일, Oklahoma	펜실베이니아기	3000 ft	7.0
셰일, Oklahoma	펜실베이니아기	5000 ft	4.0
셰일	백악기	600 ft	33.5
셰일	백악기	2500 ft	25.4
셰일	백악기	3500 ft	21.1
셰일	백악기	6100 ft	7.6
이암, 일본	제3기 상부	지수 근처	22–32
화강암, 신선함		지표면	0 to 1
화강암, 풍화됨			1–5
분해된 화강암(사프로라이트)			20.0
대리암			0.3
대리암			1.1
층상 응회암			40.0
용결 응회암			14.0
Cedar City 토날라이트			7.0
Frederick 휘록암			0.1
San Marcos 반려암			0.2

[a] Clark(1966)과 Brace and Riley(1972)에서 수집한 자료

다짐[1]으로 생긴 암석에서는 깊이에 의한 영향이 가장 두드러진다. 퇴적 심도가 1000, 3000, 5000 ft인 Oklahoma주의 펜실베이니아기 셰일의 공극률은 각각 16%, 7%, 4%이었다. 백악은 경우에 따라 공극률이 50% 이상 되는 가장 공극률이 큰 암석에 속한다. 이 암석은 코콜리드(coccolith)라는 미세한 동물의 중간이 비어 있는 뼈로 형성되었다. 화산암 중 일부(예를 들어 부석)는 화산가스 기포가 보존되어 매우 높은 공극률을 보이기도 하지만, 공극 시스템이 항상 잘 연결되어 있지는 않다.

결정질 석회암, 증발암, 화성암, 변성암의 경우에는 대부분의 빈 공간이 **열극**(fissure)이라 불리는 편평한 균열로 이루어져 있다(그림 2.2). 열극에 의한 상대적으로 낮은 공극률은 아구형(subspherical)의 공극이 훨씬 높은 비율로 있는 비슷한 수준의 공극률만큼 암석의 특성에 영향을 미치며, 앞 장에서 설명한 바와 같이, 여러 물리적 특성에 응력 의존성을 유발시킨다. 화성암은 풍화의 정도가 심하지 않다면 1~2% 이하의 공극률을 보이지만, 풍화가 진행되면 공극률은 20% 이상으로 증가하기도 한다. 결과적으로 이러한 암석에서의 공극률의 측정은 암질을 나타내는 정확한 지수가 될 수 있다. 포르투갈의 국립 토목시험소는 화강암에 시행된 여러 공사에서 표준 온도와 압력하에서 24시간 침수시킨 암석의 함수비로부터 신속히 측정한 공극률을 기준으로 암석을 공학적 목적에 따라 분류할 수 있었다(Hamrol, 1961). 풍화를 받지 않은 암석에서는 공극률과 일축압축강도나 탄성계수와 같은 역학적 특성이 일반적으로 상관관계를 가지지만, 이러한 상관관계는 분산이 아주 크다. Dobereiner and de Freitas(1986)는 포화상태의 일축압축강도가 20 MPa 이하인 약한 사암에서 포화 시의 함수비가 밀도, 탄성계수, 일축압축강도와 상당히 좋은 상관관계를 가짐을 보여주었다. 포화된 암석의 함수비는 식 (2.5)와 같이 공극률과 관련이 있다. 실험실에서는 진공상태에서 침수시켜야 포화에 도달할 수 있다.

암석 시료의 공극률은 다양한 방법에 의하여 측정될 수 있다. 포화된 저류암에 함유된 석유의 함량은 공극에 의하여 좌우되기 때문에, 석유회사는 사암에 대한 정확한 공극률 측정 방법을 개발하여왔다. 그러나 공극률이 수 % 이하인 경암에서 측정하는 경우에는 이러한 방법이 언제나 적합한 것은 아니다. 공극률은 다음의 방법으로 결정될 수 있다.

---

1 압축은 지질학자 및 석유공학자들이 퇴적물이 조밀하게 되는 과정을 기술하기 위하여 사용하는 용어이다. 토질공학자는 간극 내의 공기가 빠져나와 조밀하게 되는 과정에 대한 용어로 사용한다. 토질역학에서의 압밀은 점토의 간극에서 물이 빠져나오는 것을 말하는 반면에, 석유공학자는 압밀을 암석화 과정에 대하여 사용한다.

1. 밀도의 측정
2. 물로 포화시킨 후 함수비 측정
3. 압력으로 수은을 주입하여 포화시킨 후 수은의 함량 측정
4. Boyle의 법칙에 의한 고체의 부피와 공기의 부피 측정

이러한 방법들은 뒤에 논의될 것이다.

2.4 밀 도

암석의 밀도 혹은 '단위중량' γ는 ft^3당 pound 혹은 m^3당 kN과 같은 암석의 비중량(FL^{-3})[2]이다. 고체의 비중 G는 밀도와 물의 단위중량 γ_w의 비로, 물의 단위중량은 약 1 gf/cm^3(9.8 kN/m^3 혹은 대략 0.01 MN/m^3)[3]이다. 비중이 2.6인 암석의 밀도는 약 26 kN/m^3이다. 영국 단위에 의한 물의 밀도는 62.4 $pound/ft^3$이다. (질량밀도 ρ는 γ/g와 같다.)

앞에서 설명한 바와 같이, 입자나 결정의 비중을 알고 있다는 가정하에, 암석의 중량밀도를 알면 암석의 공극률을 계산할 수 있다. 입자 비중은 암석을 분쇄한 후 토질 실험과 동일한 방법에 의하여 계산할 수 있다. 만약 광물의 분포 백분율을 현미경이나 박편관찰로 측정할 수 있으면 암석의 고체부분의 비중은 각 입자나 결정의 비중에서 가중치를 이용한 평균을 통하여 계산할 수 있다.

$$G = \sum_{i=1}^{n} G_i V_i \tag{2.2}$$

여기서, G_i는 성분 i의 비중이고, V_i는 암석의 고체 부분에 대한 부피 백분율이다. 일반적인 조암광물의 비중은 표 2.2에 나타나 있다. 공극률과 건조밀도의 관계는

---

2 괄호 안의 용어는 다음 량의 차원을 지시한다. F, L, T는 각각 힘, 길이, 시간을 의미한다.
3 20 °C에서 물의 단위중량은 $0.998 cm/s^2 = 978 dyne/cm^3$ 혹은 $= 0.998\ g\text{-}force/cm^3$이다.

$$\gamma_{dry} = G\gamma_{\omega}(1-n) \tag{2.3}$$

이고, 건조밀도와 습윤밀도의 관계는 다음과 같다.

$$\gamma_{dry} = \frac{\gamma_{wet}}{1+w} \tag{2.4}$$

여기서, w는 암석의 함수비이다(건조중량 기준).

함수비와 공극률의 관계는 다음과 같다.

$$n = \frac{w \cdot G}{1+w \cdot G} \tag{2.5}$$

표 2.2 광물의 비중[a]

광물	G
암염	2.1-2.6
석고	2.3-2.4
사문암	2.3-2.6
정장석	2.5-2.6
옥수	2.6-2.64
녹니석과 일라이트	2.65
방해석	2.6-2.8
백운모	2.6-3.0
흑운모	2.7
백암암	2.7-3.0
경석고	2.8-3.1
휘석	2.9-3.0
감람석	3.2-3.6
중정석	4.3-4.6
자철석	4.4-5.2
황철석	4.9-5.2
방연석	7.4-7.6

[a] A.N.Winchell(1942)

만약 암석의 공극이 수은으로 가득 차 있으면 (수은 주입 이전의 암석 건조 중량의 비로부터) 수은의 중량이 w_{Hg}일 때 공극률은 다음의 식으로 좀 더 정확하게 계산될 수 있다.

$$n = \frac{w_{Hg} \cdot G/G_{Hg}}{1 + (w_{Hg} \cdot G/G_{Hg})} \tag{2.6}$$

수은의 비중(G_{Hg})은 13.546이다.

일반적인 암석의 밀도는 표 2.3에 주어져 있다. 여러 요인에 의하여 각각의 층에서도 매우 넓은 범위의 값을 보이므로, 여기에 나타난 값은 단지 일부 사례에 대한 값일 뿐이다.

표 2.3 전형적 암석의 건조밀도[a]

암석	건조밀도(g/cm^3)	건조밀도(kN/m^3)	건조밀도(lb/ft^3)
네펠린 섬장석	2.7	26.5	169
섬장석	2.6	25.5	162
화강암	2.65	26.0	165
섬록암	2.85	27.9	178
반려암	3.0	29.4	187
석고	2.3	22.5	144
암염	2.1	20.6	131
석탄	0.7-2.0 (재성분 함량에 따라 밀도가 변함)		
오일셰일	1.6-2.7 (밀도는 케로진 함량에 따라 변하며, 따라서 gallon/ton 단위의 오일생산률에 따라 변함)		
30 gal/ton 암석	2.13	21.0	133
치밀한 석회암	2.7	20.9	168
대리암	2.75	27.0	172
셰일, Oklahoma[b]			
1000 ft 깊이	2.25	22.1	140
3000 ft 깊이	2.52	24.7	157
5000 ft 깊이	2.62	25.7	163
석영, 운모 편암	2.82	27.6	176
각섬암	2.99	29.3	187
유문암	2.37	23.2	148
현무암	2.77	27.1	173

[a] Clark(1966), Davis and De Weist(1966) 및 다른 자료에서 인용한 자료
[b] 표 2.1에 수록된 펜실베이니아 연대의 셰일임

암석은 흙에 비하여 더욱 넓은 범위의 밀도를 보인다. 밀도에 대한 지식은 토목이나 광산현장에서 매우 중요할 수가 있다. 예를 들면, 암석의 밀도는 암석이 지하 공동을 가로지르는 보(beam)로 작용할 때 암석에 가해지는 응력의 크기를 좌우한다. 특별히 천장 암석의 밀도가 높으면 제한 안전거리(limiting safe span)가 짧아진다는 것을 의미한다. 평균 밀도보다 높은 밀도를 지닌 콘크리트용 골재를 사용하면 중력식 옹벽이나 중력댐에 요구되는 콘크리트보다 더 작은 부피를 사용할 수 있다는 것을 의미한다. 평균보다 가벼운 골재는 콘크리트 천장 구조물에 더 낮은 응력이 작용함을 의미할 수 있다. 오일 셰일 퇴적층에서는 석유 산출량이 단위중량과 직접적으로 연관되어 있기 때문에 밀도는 광물의 가치를 나타낸다. 왜냐하면 오일 셰일은 상대적으로 가벼운 성분(케로진(kerogen))과 상대적으로 무거운 성분(백운암)의 혼합체이기 때문이다. 석탄층에서 밀도는 재(ash) 성분과 상부 피복층의 두께와 연관성이 있어서, 결과적으로 암석의 강도 및 탄성계수와 연관성이 있다. 암석의 밀도는 측정하기가 쉽다. 시추 코어의 양 끝을 자른 후 크기를 측정하여 부피를 구하고 무게를 측정하여 계산하면 된다. 기준값으로부터 편차가 상당히 중요하다는 관점에서 보면, 밀도는 암반조사에서 일상적으로 측정되어야 한다.

2.5 투수계수와 수리전도도

암석 시료의 투수계수 측정은 다공질 층으로부터 물이나 석유, 혹은 가스의 추출 또는 주입, 다공질 층 내로 염수의 주입, 에너지 전환을 위하여 채굴된 공동으로의 유류 저장, 저수지의 차수 평가, 지하공간의 배수, 터널 안으로 물의 유입 예측 등과 같은 실제적인 문제와 직접적인 관련이 있다. 많은 경우에 현장에서의 투수계수는 실험실에서와 달리 불연속면에 의하여 주로 결정되므로, 층의 투수계수를 만족할 만한 수준으로 예측하기 위해서는 현장에서의 양수시험이 요구된다. 투수계수를 암석의 지수 특성으로 채택한 이유는 투수계수가 암석 골격의 기본적인 부분인 공극이나 열극의 연결된 정도를 나타내기 때문이다. 더욱이 편평한 균열은 구형의 공극에 비하여 수직응력에 의한 영향을 매우 많이 받기 때문에, 특히 응력의 방향이 압축에서 인장으로 변하면서 나타나는 수직응력의 변화에 따른 투수계수의 변동은 암석 내의 열극의 발달정도를 평가하게 해준다. 또한 투과물질이 공기에서 물로 변함에 따른 투수계수의 변화 정도는 물과 광물 또는 암석 결합물질 간의 상호작용을 나타내고, 암석의 완전한 상태에 대한 미묘

하지만 근본적인 결점을 발견해낼 수 있게 한다. 이런 유용한 투수계수의 지수로서의 측면은 아직 연구가 잘 되어 있지 않다.

대부분의 암석은 Darcy의 법칙을 따른다. 많은 토목현장에서 물의 온도가 약 20 ℃일 때 Darcy의 법칙은 다음의 식과 같이 표현된다.

$$q_x = k\frac{dh}{dx}A \tag{2.7}$$

여기서, q_x는 x 방향으로의 물의 양(L^3T^{-1})

h는 길이 단위의 수두

A는 x 방향에 직각인 단면의 면적이다(L^2).

상수 k는 수리전도도로 불리며 속도의 단위와 같다(즉 cm/sec 혹은 ft/min). 물의 온도가 20 ℃에서 많이 벗어나거나 다른 유체의 흐름에 대하여 고려하면 Darcy 법칙은

$$q_x = \frac{K}{\mu}\frac{dp}{dx}A \tag{2.8}$$

가 된다. 여기서, p는 단위가 FL^{-2}인 수압이고($\gamma_w h$와 동일함), μ는 단위가 $FL^{-2}T$인 유체의 점성도이다. 20 ℃의 물에서는 $\mu = 2.098 \times 10^{-5}$ lb s/ft^2 = 1.005×10^{-3} N s/m^{2}이고 $\gamma = 62.4$ lb/ft^3 = 9.80 kN/m^{3}이다.

Darcy 법칙이 위와 같이 쓰이면, 상수 K는 유체의 특성과는 무관하게 되고 단위는 면적의 단위와 동일하다(cm^2). K는 투수계수라 불린다.

일반적인 투수계수의 단위는 darcy로 1 darcy는 9.86×10^{-2} cm^{2}이다. 표 2.4는 물의 온도가 20 ℃일 때 대표적 수리전도도의 값을 보여주며, 1 darcy는 10^{-3} cm/s의 수리전도도에 해당한다.

표 2.4 대표 암석의 수리전도도[a] (역자 주: 지하수학에서는 고유전도도라고 명명된다.)

암석	물(20 °C)이 침투하는 암석의 k(m/s)	
	실험실	현장
사암	3×10^{-3} to 8×10^{-8}	1×10^{-3} to 3×10^{-8}
Navajo 사암	2×10^{-3}	
Berea 사암	4×10^{-5}	
그레이와케	3.2×10^{-8}	
셰일	10^{-9} to 5×10^{-13}	10^{-8} to 10^{-11}
Pierre 셰일	5×10^{-12}	2×10^{-9} to 5×10^{-11}
석회암, 백운암	10^{-5} to 10^{-13}	10^{-3} to 10^{-7}
Salem 석회암	2×10^{-6}	
현무암	10^{-12}	10^{-2} to 10^{-7}
화강암	10^{-7} to 10^{-11}	10^{-4} to 10^{-9}
편암	10^{-8}	2×10^{-7}
열극이 있는 편암	1×10^{-4} to 3×10^{-4}	

[a] Brace(1978), Davis and De Wiest(1966)과 Serfim(1986)에서 인용한 자료

투수계수는 유체에 일정한 대기압이 작용할 때 시료에 일정한 양의 물이 통과하는 시간을 측정하여 실험실에서 결정할 수 있다. 다른 방법으로는 시추 코어 중심에 코어와 중심이 일치하는 시추공을 뚫어 만든 속이 빈 원통 시료에 물을 방사상으로 흐르게 하는 방법이다. 만약 물이 밖에서 안으로 흐르면 압축성 체적력(compressive body force)이 생성되고 물이 안에서 밖으로 흐르면 인장 체적력(tensile body force)이 형성된다. 결과적으로 투수계수가 열극망의 존재 때문에 생성되는 암석에서는, 흐름의 방향에 따라 투수계수의 차이가 많이 난다. 방사상 투수계수의 측정법은 Bernaix(1969)가 Malpasset 댐의 붕괴 이후 댐의 지반에서 실시한 시험을 통하여 고안되었다. 이 현장에 분포하는 운모 편암의 투수계수는 압력 ΔP가 1 bar일 때 밖으로의 방사상 흐름에서보다 압력 ΔP가 50 bar일 때 안쪽으로의 방사상 흐름에서 측정된 값이 50,000배 정도 이상 더 큰 값을 보였다. 방사상 흐름에 의한 수리전도도(속도 단위)는 다음의 식으로 계산된다.

$$k = \frac{q \ln(R_2/R_1)}{2\pi L \Delta h} \tag{2.9}$$

여기서, q는 유량

L은 시료의 길이

R_2와 R_1은 시료의 외경과 내경

Δh는 ΔP에 해당하는 물이 흐르는 지역을 가로지르는 수두 차이다.

방사상 투수계수 측정법의 장점은 공극에서의 흐름과 열극에서의 흐름을 구별할 수 있다는 점 이외에도, 10^{-3} darcy 정도의 투수계수를 측정할 수 있게 하면서도 매우 큰 수리경사가 생성될 수 있다. 예를 들면 10^{-9} darcy 이하의 투수계수를 가진 화강암과 같이 훨씬 더 낮은 투수성을 가진 암석에 대해서, Brace et al.(1968)은 순간 흐름 실험을 고안하였다.

화강암, 현무암, 편암, 결정질 석회암과 같은 밀도가 높은 암석은 실험실 시료에서는 매우 낮은 값을 보이는 것이 보통이나, 현장에서는 표 2.4에 나타난 것과 같이 상당히 큰 투수계수를 보인다. 이러한 차이는 암반에 균열이나 열린 규칙적인 절리계가 분포해 있기 때문이다. Snow(1965)는 암반을 매끄럽고 평행한 판으로 이루어진 이상적인 시스템으로 가정하여 모든 흐름은 판 사이를 흐르는 것으로 가정하는 것이 유용하다는 것을 보였다. 만약 서로 직각인 세 방향의 균열계가 분포하고 있으며, 균열의 틈새와 간격은 일정하고 이상적으로 매끄럽다면, 암반의 수리전도도는 이론적으로 다음과 같이 표현된다.

$$k = \frac{\gamma_w}{6\mu}\left(\frac{e^3}{S}\right) \tag{2.10}$$

여기서, S는 균열의 간격이고 e는 균열의 틈새(균열의 양쪽 벽 사이의 거리)이다. 비록 Rocha and Franciss(1977)가 방향이 측정된 연속적인 코어 시료의 균열을 이용하여 투수계수를 계산하고 양수시험을 통하여 자료를 수정하는 방법을 보여주었으나, 균열의 기술만으로 투수계수를 계산하는 것은 거의 불가능하다. 그러나 식 (2.10)은 현장에서 측정된 것과 동일한 투수계수를 나타내는 가상적인 균열의 틈새 e를 계산하는 데 유용하다. 균열의 틈새와 간격은 암반의 질을 나타내는 정량적인 지수를 제공한다.

2.6 강 도

암석 강도에 관한 지수의 가치는 따로 설명할 필요가 없다. 강도측정의 문제점은 암석 강도를 결정하기 위한 실험 장비와 시료 준비에 세심한 주의가 요구되고, 실험 결과는 시험 방법과 하중을 가하는 형태에 매우 민감하다는 것이다. 지수는 한 실험실에서 측정된 값이 다른 실험실에서도 동일하여야 하고 경제적으로 측정할 수 있을 때 유용하다. 이러한 강도 지수는 Broch and Franklin(1972)이 기술한 점하중시험을 이용하면 측정 가능하다. 이 시험에서는 강철 원뿔 사이에 있는 암석에 하중을 가하여 하중축과 평행한 인장균열의 발달로 인하여 파괴가 발생한다. 이 시험은 불규칙한 형태의 암석 시료에 대한 압축 실험의 파생물로, 형태나 크기에 의한 영향이 비교적 적고, 크기 및 형태의 영향을 고려할 수 있는 것으로 밝혀졌으며, 파괴는 보통 유도된 인장균열에 의해 발생한다. 시판되고 있는 Broch and Franklin이 고안한 장비에서 점하중 강도는

$$I_s = \frac{P}{D^2} \tag{2.11}$$

이다. 여기서 P는 파괴 시의 하중이고 D는 점하중 간의 거리이다. 실험은 직경의 1.4배 이상의 길이를 가진 시추 코어에서 행해지며, 실제적으로 강도는 크기 영향이 있으므로 표준시료에 적합한 결과로 수정하기 위한 보정을 해야만 한다. 직경 10 mm의 코어에서 얻은 점하중 강도는 직경 70 mm의 시료에서 얻은 값보다 약 2~3배 작은 것으로 나타난다. 따라서 크기의 표준화가 필요하다. 점하중 강도는 직경 50 mm의 코어 시료에 대한 점하중 강도로 알려져 있다(크기에 대한 보정표는 Broch and Franklin의 논문에 제시되어 있다). 자주 인용되는 점하중 강도와 일축압축강도와의 관계는 다음과 같다.

$$q_u = 24 I_{s(50)} \tag{2.12}$$

여기서, q_u는 길이 대 직경의 비가 2인 원통형 시료에서 측정된 일축압축강도이고 $I_{s(50)}$은 직경 50 mm로 보정된 점하중 강도이다. 그러나 표 3.1과 같이, 연약한 암석에서는 위의 관계가

매우 부정확하므로, 현장에서 위의 관계식을 이용해야만 할 경우에는 특별한 조정이 필요하다.

점하중 강도 시험은 빠르고 간단하여 시추현장에서도 시행될 수 있다. 코어는 파괴되지만 완전히 부서지지 않고, 파괴면은 깨끗하고 대개 하나의 면을 형성하기 때문에 시추작업에서 채취한 기존의 균열과는 구분될 수 있다. 현장에서 실시된 점하중 실험 결과는 다른 지반공학적 정보와 함께 시추주상도에 기록할 수 있고 코어가 건조된 후에 여러 번 실험을 하면 자연 함수상태가 강도에 미치는 영향을 파악할 수 있다. 다양한 대표 암석의 점하중 강도 값은 표 2.5에 수록되어 있다.

표 2.5 대표 점하중 강도[a]

암석	점하중 강도(MPa)
제3기 사암 및 점토암	0.05 − 1
석탄	0.20 − 2
석회암	0.25 − 8
이암, 셰일	0.2 − 8
화산유동암	3.0 − 15
백운암	6.0 − 11

[a] Broch and Franklin(1972)와 다른 자료에서 인용한 자료

2.7 슬레이크 내구성 시험

암석의 내구성은 모든 적용 분야에서 기본적으로 중요하다. 암석의 물성은 박리작용, 수화작용, 슬레이킹(slaking), 용해, 산화, 마모 및 기타 작용에 의하여 변한다. 셰일이나 화산암에서 새로운 표면이 노출되면 암석의 질은 급격히 저하된다. 다행히 그러한 작용은 암석 전체에서 극히 일부분에 대해서만 작용하여 단지 직접적으로 노출되는 표면만 수십 년에 걸쳐 변질된다. 그러므로 암석의 변질정도를 나타내는 지수가 필요하다. 자연 상태에서 암석이 파괴되는 경로는 다양하고 변화가 심하므로, 어떠한 실험도 특수한 몇 가지 경우를 제외하고는 자연에서 기대할 수 있는 작용조건을 재현할 수 없다. 따라서 변질 지수는 주로 암석의 내구성에 대한 상대적인 등급을 제공하는 데 유용하다.

한 가지 유용한 지수 시험은 Franklin and Chandra(1972)에 의하여 제안된 **슬레이크 내구성 시험**이다. 장비는 직경이 140 mm이고 길이가 100 mm인 드럼으로 원통 벽면은 체로(체눈의 크기가

2 mm) 구성되어 있으며, 전체 무게가 약 500 g인 10개의 암석 덩어리를 드럼에 넣고 물통 속에서 1분당 20회전의 속도로 드럼을 회전시킨다. 10분간 회전시킨 후 드럼에 남아 있는 암석의 건조 중량 백분율이 **슬레이크 내구성 지수**(I_d)이다. Gamble(1971)은 이 시료를 건조시킨 후 두 번째 10분 동안의 회전을 사용할 것을 제안하였다. Gamble이 실험한 대표적 셰일과 점토암의 슬레이크 내구성 지수는 0에서 100%까지 모든 범위에 걸쳐 변하였다. 내구성과 지질적인 연대와는 거의 상관이 없으나 내구성은 밀도에 대하여 선형적으로 증가하고 자연함수비와는 반대의 관계를 지닌다. Gamble은 슬레이크 내구성 분류를 다음과 같이 제안하였다(표 2.6).

표 2.6 Gamble의 슬레이킹 내구성 분류

그룹	첫 번째 10분 회전 후에 남은 중량 % (건조중량기준)	두 번째 10분 회전 후에 남은 중량 % (건조중량기준)
매우 높은 내구성	>99	>98
높은 내구성	98−99	95−98
중간 정도 높은 내구성	95−98	85−95
중간 내구성	85−95	60−85
낮은 내구성	60−85	30−60
매우 낮은 내구성	<60	<30

Morgenstern and Eigenbrod(1974)은 침수에 의해 저하되는 강도의 속도와 크기를 이용하여 셰일과 점토암의 내구성을 표시하였다. 이들은 물속에 침수된 미교결 셰일이나 점토암은 **액성한계**에 이를 때까지 물을 빨아들여 연약해진다는 것을 보여주었다. 액성한계는 암석을 칼로 깍은 후 혼합기를 이용하여 물과 섞은 후 ASTM D423-54T에 기재된 방법으로 결정할 수 있다. 액성한계가 높은 물질은 액성한계가 낮은 물질보다 슬레이킹에 의해 더 심하게 교란된다. 슬레이킹 양에 관한 등급은 표 2.7에 제시된 바와 같이 액성한계의 값으로 정의된다. 슬레이킹이 발생하는 **속도**는 액성한계와 무관하나 침수 뒤에 함수비의 변화 속도에 의하여 지수로 표시할 수 있다. 슬레이킹의 속도는 물속에서 2시간 침수 후에 측정된 **액성지수의 변화**(ΔI_L)를 이용하여 분류된다. ΔI_L은 다음과 같이 정의된다.

$$\Delta I_L = \frac{\Delta w}{w_L - w_p} \tag{2.13}$$

여기서, Δw는 깔대기의 여과지 위에서 2시간 침수시킨 후의 흙이나 암석의 함수비 변화

w_p는 소성한계에서의 함수비

w_L는 액성한계에서의 함수비이다.

모든 함수비는 건조 중량 백분율로 표시되며, 이러한 지수와 지수를 측정하는 과정은 토질역학 책에 기록되어 있다(예로 9장에서 인용한 Sowers and Sowers).

표 2.7 슬레이킹 속도와 양에 관한 기술[a]

슬레이킹 양	액성 한계(%)
매우 낮음	<20
낮음	20-50
중간	50-90
높음	90-140
매우 높음	>140
슬레이킹 속도	**2시간 동안 침수시킨 후의 액성지수 변화**
늦음	<0.75
빠름	0.75-1.25
매우 빠름	>1.25

[a] Morgenstern and Eigenbrod(1974)에서 인용

2.8 열극 발달정도 지수로서의 초음파 속도

코어 시료에 대한 음파의 속도측정은 상대적으로 간단하고 이런 목적에 적합한 장비도 시판되고 있다. 가장 많이 쓰이는 방법은 암석의 한쪽 끝에 압전 결정을 이용하여 파동을 일으키고 다른 끝의 압전 결정이 진동을 수신한다. 이동시간은 여러 종류의 지연 선(delay line)이 내장된 오실로스코프에서 위상차를 측정하여 결정된다. 암석의 크기와 밀도를 알면 진동자를 이용하여 공명을 일으킨 후 공명주파수로부터 탄성파 속도를 계산하는 것도 가능하다. 종파와 전단파의 속도 모두를 측정할 수 있다. 그런데 여기에 기술된 지수 시험에서는 측정이 용이하다고 알려진 종파 V_l에 대한 측정만 요구하고 있다. 암석의 탄성파의 속도와 탄성계수의 측정법은 ASTM D2845-69(1976)에 수록되어 있다.

이론적으로 응력파가 암석을 통하여 전달하는 속도는 단지 암석의 밀도와 탄성계수에 의하

여 결정되지만(6장에 기술되었듯이), 실제적으로는 시료 내에 분포하는 열극망에 의한 더 우세한 효과가 중첩되어 나타난다. 이러한 이유 때문에 음파 속도는 시료의 열극 발달정도를 나타내는 지수로 사용될 수 있다.

Fourmaintraux(1976)는 다음의 과정을 제안하였다. 먼저 공극이나 열극이 없을 때 시료가 가질 수 있는 종파의 속도(V_l^*)를 계산한다. 만약 광물 구성을 안다면 V_l^*은 다음의 식으로 계산된다.

$$\frac{1}{V_l^*} = \sum_i \frac{C_i}{V_{l,i}} \tag{2.14}$$

여기서, $V_{l,i}$는 암석 내의 부피 비율이 C_i인 광물 성분 i의 종파 속도이다. 조암광물의 평균 종파 속도는 표 2.8에 수록되어 있고, 표 2.9는 일부 암석에 대한 대표적 V_l^*의 값을 나타내고 있다.

표 2.8 광물의 종파 속도

광물	V_l(m/s)
석영	6050
감람석	8400
휘석	7200
각섬석	7200
백운모	5800
정장석	5800
사장석	6250
방해석	6600
백운석	7500
자철석	7400
석고	5200
녹렴석	7450
황철석	8000

* Fourmaintraux(1976)에서 인용

표 2.9 암석에 대한 대표적인 V_l^* 값

암석	V_l^* (m/s)
반려암	7000
현무암	6500−7000
석회암	6000−6500
백운암	6500−700
사암 및 규암	6000
화강암류	5500−6000

* Fourmaintraux(1976)에서 인용

이제 암석 시료의 실제적인 종파 속도를 측정한 후 V_l / V_l^* 의 비율을 구하면, 암질지수는 다음과 같다.

$$IQ\% = \frac{V_l}{V_l^*} \times 100\% \tag{2.15}$$

Fourmaintraux의 실험에 의하면 IQ와 공극(구형 공동) 간의 관계는 다음과 같다.

$$IQ\% = 100 - 1.6 n_p\% \tag{2.16}$$

여기서, n_p%는 백분율로 표시된 열극이 없는 암석의 공극률이다. 그러나 편평한 균열(열극)이 조금만 분포하고 있어도 식 (2.16)은 성립되지 않는다. 예를 들면 n_p가 10%인 사암은 IQ가 84%이었다. 암석을 높은 온도로 가열하여 공극률의 2%에 해당하는 편평한 균열이 발생시켰을 때($n_p = 10\%$에서 $n_p = 12\%$로 증가), IQ는 52%로 떨어졌다(가열로 인하여 여러 방향으로 다양한 열팽창계수를 지닌 광물들 간의 입자경계균열을 열리게 한다. 이 경우에서는 석영임).

IQ가 열극 분포에 극히 민감하기 때문에, Fourmaintraux는 실험실에서의 측정과 열극의 현미경 관찰에 근거하여 암석 시료의 열극 발달정도를 기술하기 위한 기초로 공극률에 대한 IQ를 그래프에 도시하였다. 측정된 공극률과 계산한 IQ를 입력하면 다음의 다섯 구역 중의 한 구역에 위치하는 점으로 정의된다. (I) 열극이 없거나 약간 발달, (II) 열극이 약간 내지 보통 발달,

(III) 열극이 보통 내지 심하게 발달, (IV) 열극이 심하게 내지 매우 심하게 발달, (V) 열극이 극히 심하게 발달. 현미경 관찰로 직접 열극의 길이, 분포, 연장을 측정하는 것이 좋겠지만, 일반적으로 이용이 불가능한 장비와 과정이 필요하다. 반면에 그림 2.3을 사용하면 대부분의 암석역학 실험실에서 쉽고 경제적으로 열극의 발달정도를 파악하여 이름을 붙일 수 있다.

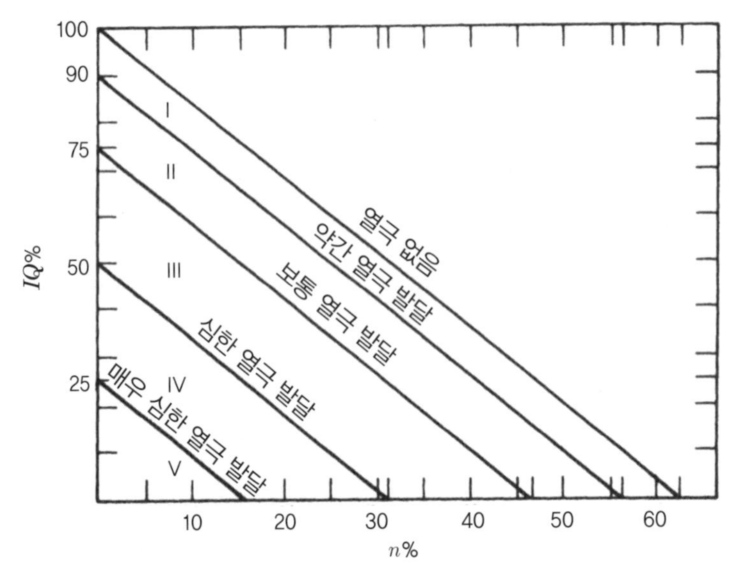

그림 2.3 암석 시료에 발달한 열극에 대한 분류표(Fourmaintraux 1976에서 인용)

2.9 기타 물리적 특성

많은 다른 물리적 특성은 암석에서 수행되는 특정 공사에 중요하다. 암석의 경도는 시추효율성에 영향을 미치고, 탄성계수와 응력-변형률 계수는 댐이나 압력터널의 건설에 기본적인 특성이다. 열전도도, 열용량 및 선형 팽창계수와 같은 열 특성은 지하 공동에 뜨겁거나 차가운 유체를 저장하거나 지열에너지 회수에 영향을 미친다. 이 책의 다음 장들에서는 이러한 암석 시료의 속성에 대하여 고려하고 있다. 이전에 언급하였듯이, 많은 경우에 암석 거동에 가장 중요한 영향을 미치는 것은 절리, 층리, 엽리, 균열을 포함한 불연속면의 특성에 의한 것이다. 이것은 암석과 불연속면의 지수 특성을 고려한 의미 있는 암석 분류 체계에 의해 다루어진다.

2.10 공학적 목적을 위한 암반분류

암석과 관계된 공학적 결정을 위해서 특정 시험을 실시하는 것이 언제나 쉬운 일은 아니며, 가끔은 불가능한 경우도 있다. 흔히 경험과 판단으로만 암질과 관련한 설계 결정에 관한 해답을 찾으려고 한다.

댐 하부의 연속 그라우팅, 콘크리트 타설 이전의 피어 수갱(shaft)의 심도 증가 혹은 새로 굴착된 암석 터널 구간의 숏크리트 라이닝 두께 결정에 대한 필요성을 평가하는 경우와 같이, 암석에 대한 특별한 정량적인 값이 반복적으로 요구되는 곳에서는 유용한 지수 시험이 일상적으로 사용되고 있다. 그러므로 표준화된 절차와 기술을 이용하여 판단할 수 있게 하는 방법들이 많이 제안되었다는 것은 그리 놀라운 일이 아니다. 원래는 터널굴착을 위해 고안되었지만, Barton, Lien and Lunde(1974), Bieniawski(1974, 1984) 및 Wickham, Tiedemann and Skinner(1974)에 의해 개발되었고, 특별히 좋은 반응을 보이는 세 가지 분류 체계가 있다.

Bieniawski의 **지질역학적인 분류** 시스템은 암석의 질을 0에서부터 100까지로 분류한 암반의 등급(RMR)을 제공한다. 이 분류법은 암석의 강도, 시추 코어의 품질, 지하수 상태, 절리 및 단열 간격, 절리 특성 등 다섯 개의 변수에 기초를 두고 있다. 여섯 번째 변수인 절리의 방향성은 터널, 광산, 구조물의 기초 등에서 각각의 적용되는 곳에 따라 다르게 사용된다. 각 변수에 해당하는 암반등급의 값이 합쳐져서 RMR이 결정된다.

암석의 **강도**는 다음 장에 논의된 것처럼 성형된 코어에 대한 실험실 압축시험으로 결정된다. 그러나 암반의 분류 목적을 위해서는 시추 코어를 이용한 점하중시험 결과로 추정한 개략적인 일축압축강도를 사용하여도 된다. 등급경계를 간략하게 하기 위하여, Bieniawski는 식 (2.12)를 $q_u = 25 I_s$로 수정하였다. 압축강도 값에 해당하는 암반의 등급 값은 표 2.10에 수록되어 있다.

표 2.10 암석의 압축강도에 대한 암반등급 점수

점하중 강도(MPa)	일축압축강도(MPa)	점수
>10	>250	15
4−10	100−250	12
2−4	50−100	7
1−2	25−50	4
사용하지 말 것	10−25	2
사용하지 말 것	3−10	1
사용하지 말 것	<3	0

시추 코어의 품질은 Deere(1963)가 제안한 RQD(Rock Quality Designation)에 의하여 등급을 매긴다. RQD는 암질을 평가하는 유일한 변수로 광범위하게 사용되지만, 암석의 강도, 절리의 특성, 환경적인 영향 등의 요인은 RQD가 고려하지 않으므로 이들을 설명하는 다른 변수와 연결시키는 것이 바람직하다. 암석의 RQD는 직경의 2배 이상 되는 길이를 가진 코어의 회수 백분율로 결정된다. 이 지수는 처음에는 직경이 2.125인치인 NX 크기의 코어에만 적용되었으며, 회수된 코어에서 길이가 4인치 이하인 코어 조각을 버리는 것으로 코어회수율은 수정되었다. RQD의 다섯 등급에 해당하는 암반의 등급 값은 표 2.11에 수록되어 있다.

표 2.11 시추 코어 품질에 대한 암반등급 점수

RQD(%)	점수
90-100	20
75-90	17
50-75	13
25-50	8
<25	3

표 2.12 가장 영향이 큰 절리군의 간격에 대한 암반등급 점수

절리 간격(m)	점수
>2.0	20
0.6-2.0	15
0.2-0.6	10
0.06-0.2	8
<0.06	5

절리 간격은 가능하다면 시추 코어에서 측정된다. 암반에는 일반적으로 세 개의 절리군이 발달해 있는 것으로 가정하였고, 암반 등급 값 결정을 위해 표 2.12에 수록된 절리 간격은 적용된 곳에서 가장 결정적인 절리군의 간격을 나타내고 있다. 만약 암반에 발달한 절리군이 표에 나타난 것보다 적으면, 이 표에 나타난 등급보다 높은 등급을 주어도 된다. 절리의 상태 또한 현장에 가장 영향을 많이 주는 절리군들을 조사하여 결정한다. 일반적으로 가장 편평하고 가장 연약한 절리군에 가중치를 두어 절리면의 거칠기와 피복물질에 대한 기술을 해야 한다. 절리상태의 등급은 표 2.13에 주어져 있다. 암석의 물성에 대한 절리의 거칠기 및 간격의 영향은 제5장

에서 논의된다.

표 2.13 절리상태에 대한 암반등급 점수

절리상태	점수
절리연장이 짧고 매우 거친 표면, 단단한 벽면	30
약간 거친 표면, 1 mm 이하의 틈새, 단단한 벽면	25
약간 거친 표면, 1 mm 이하의 틈새, 연약한 벽면	20
매끈한 표면, 1-5 mm 두께의 가우지 충전, 1-5 mm 정도의 틈새, 수 미터 이상의 절리 연장	10
5 mm 두께 이상의 가우지로 충전된 열린 절리, 5 mm 이상 열린 절리, 수 미터 이상의 절리 연장	0

지하수는 암반의 거동에 큰 영향을 미치므로, 지질역학적인 분류에는 표 2.14에 수록된 바와 같이 지하수 등급이 포함되어 있다. 만약 시험굴이나 시험 터널을 굴착할 수 있다면, 지하수의 유출량이나 절리면에 작용하는 수압의 측정을 통하여 직접적으로 등급을 매길 수 있다. 이러한 정보가 없으면 시추 코어나 시추 주상도를 활용하여 등급 값이 부여된 네 개의 부류-완전 건조, 습윤, 중간 정도의 수압, 심각한 물의 문제-로 암반을 분류할 수 있다.

표 2.14 지하수 상태에 따른 암반등급 점수

터널길이 10 m당 유입량(L/min)	또는	최대 주응력으로 나눈 절리수압	또는	일반적인 상태	점수
없음		0		완전 건조	15
<10		0.0-0.1		습윤	10
10-25		0.1-0.2		젖어 있음	7
25-125		0.2-0.5		물이 방울방울 떨어짐	4
>125		>0.5		물이 흐름	0

공사에서 절리의 방향은 암석의 거동에 영향을 미치므로, Bieniawski는 처음 다섯 개의 등급을 합한 값에서 표 2.15에 수록된 유리한 방향 및 불리한 방향을 고려하여 점수를 조정할 것을 권하고 있다. 매우 유리한 방향의 절리의 경우에는 점수를 감하지 않으나, 터널에서 불리한 방향의 절리에 대해서는 최대 12점을 감하고, 기초에서는 25점을 감한다. 주어진 절리의 방향은 지하수와 절리의 상태에 따라 유리할 수도 불리할 수도 있기 때문에 일반적인 도표로 이러한 보정을 적용한다는 것은 어려운 일이다. 그러므로 표 2.15를 적용하기 위해서는 해당 암석층이

나 공사에 익숙한 지질공학자의 조언이 필요하다. 절리의 방향은 통상적인 시추로는 결정할 수가 없으나 Goodman(1976)에 의하여 기재된 특별한 기구 또는 절차를 이용하면 절리방향을 결정할 수 있다(1장에 언급된 작업). 시추공 텔레뷰어나 시추공 카메라를 이용하면 절리의 방향성을 결정할 수 있으며 절대적인 방향은 수갱이나 시험굴을 조사하여도 가능하다.

표 2.15 절리방향에 따른 RMR 점수 조정

작업에 영향을 미치는 절리방향 평가	터널	기초
매우 유리	0	0
유리	−2	−2
보통	−5	−7
불리	−10	−15
매우 불리	−12	−25

Laubscher and Taylor(1976)는 굴착성, 천공성, 발파와 지보에 대한 평가와 관련하여 광산에 적용하기 위하여 표 2.10에서 표 2.15를 수정하여 발표하였고 발파업무, 암석 응력 및 풍화에 따라 조정되는 요소를 제안하였다. 그들은 또한 모든 절리군의 각각의 간격에서 절리 간격의 등급을 찾아내는 표를 제시하였다. 최종적인 암반의 RMR 등급은 표 2.16에 수록된 다섯 범주 중의 하나로 주어진다. 암반분류의 자세한 적용은 뒷장에서 다룰 것이다.

표 2.16 암반의 지질역학적 분류

등급	암반 상태	RMR 표 2.9−2.14에 의한 점수의 합
I	매우 우수	81−100
II	우수	61−80
III	양호	41−60
IV	불량	21−40
V	매우 불량	0−20

Barton, Lien and Lunde(1975)에 의하여 제안된 Q 분류법(NGI 분류법이라고도 한다.)은 곱셈 함수로 이루어진 여섯 개의 변수로 구성되어 있다.

$$Q = (\mathrm{RQD}/J_n) \times (J_r/J_a) \times (J_w/\mathrm{SRF}) \qquad (2.17)$$

여기서, RQD : 암질지수

J_n : 절리군의 숫자

J_r : 가장 중요한 절리의 거칠기

J_a : 절리 벽면의 상태 혹은 충전물

J_w : 암석 내의 물의 흐름 특성

SRF : 응력저감계수

식 (2.17)의 첫 번째 항은 절리블록의 크기를 나타내고, 두 번째 항은 블록 표면의 전단강도를 표시하며, 마지막 항은 암반의 거동에 영향을 주는 중요한 환경 조건을 평가해준다. Q 분류법의 각각의 변수에 할당된 점수는 Barton et al.의 논문에 자세히 기록되어 있으며, 표 2.17에 개략적으로 기재되어 있다. 표 2.18은 최종적인 Q 값에 따라 분류된 암질 등급을 보여준다.

Q 분류법과 RMR 분류법은 다소 다른 변수를 사용하기 때문에 정확한 상호관계를 보이지 않는다. 식 (2.18)은 많은 사례 연구를 기초하여 Bieniawski가 제안한 개략적인 관계식이다(표준편차=9.4).

$$\mathrm{RMR} = 9\log Q + 44 \qquad (2.18)$$

암반의 공학적 분류법의 사용은 아직도 논란의 대상이다. 지지자들은 암석에서 터널, 광산 그리고 다른 작업에 대한 설계를 할 때 분류법은 경험론적인 기회를 제공할 수 있다고 주장하고 있다. 더욱이 이러한 분류법에 필요한 표에 적합한 값을 채우면서 조사자들은 지식을 습득하게 되고 암반에 대해 조심스럽고 철저한 검토를 할 수 있게 한다. 반면, 일부 경우에서 이러한 분류법은 실제 암석의 세부사항 전 범위를 기술하기에 부적절한 일반화를 부추기는 경향이 있다. 경우에 따라 어떠한 논쟁이 있든 간에, 분류법은 응용 암석역학의 다양한 측면에서 보았을 때, 여러 적용 사례에서 가치가 있다는 것을 보여주고 있다.

표 2.17 Q 분류에 사용되는 변수에 대한 점수

절리군 개수	J_n
괴상	0.5
1개의 절리군	2.0
2개의 절리군	4.0
3개의 절리군	9.0
4개 이상의 절리군	15.0
파쇄된 암석	20.0
불연속면의 거칠기	J_r*
불연속적인 절리	4.0
거침, 파형	3.0
매끈함, 파형	2.0
거침, 평탄	1.5
매끈함, 평탄	1.0
경면, 평탄	0.5
충전된 불연속면	1.0
충전물 및 절리면 변질	J_a
충전물 없는 경우	
결합되어 있는 경우	0.75
변색만 되어 있고 변질되지 않음	1.0
실트질 또는 사질로 피복	3.0
점토질로 피복	4.0
충전물 있는 경우	
사질 또는 파쇄된 암석으로 충전	4.0
경질 점토 충전(두께<5 mm)	6.0
연질 점토 충전(두께<5 mm)	8.0
팽윤성 점토 충전(두께<5 mm)	12.0
경질 점토 충전(두께>5 mm)	10.0
연질 점토 충전(두께>5 mm)	15.0
팽윤성 점토 충전(두께>5 mm)	20.0
지하수 조건	J_w
건조상태	1.0
중간 정도의 용수	0.66
충전물이 없는 절리에서 대량의 용수	0.5
충전물이 씻겨 나간 절리에서 대량의 용수	0.33
일시적인 대량의 용수	0.2−0.1
지속적인 대량의 용수	0.1−0.05
응력저감계수	SRF**
점토가 충전된 불연속면을 지닌 느슨한 암석	10.0
열린 절리를 지닌 느슨한 암석	5.0
절리가 충전된 불연속면을 지닌 천부의 암석(심도<50 m)	2.5
중간 정도의 응력하에 있는 충전물이 없고 닫혀 있는 불연속면을 지닌 암석	1.0

* 평균 절리 간격이 3 m 이상일 때 1.0을 더함

** Barton et al.은 또한 발파와 압축, 팽윤성 암석의 정도에 해당하는 SRF 값을 정의하고 있다.

표 2.18 Barton, Lien, and Lunde(1974)에 따른 Q 값에 따른 암반 상태 구분

Q	터널 암반 상태 구분
<0.01	특히 불량
0.01－0.1	극히 불량
0.1－1.0	매우 불량
1.0－4.0	불량
4.0－10.0	보통
10.0－40.0	양호
40.0－100.0	매우 양호
100.0－400.0	극히 양호
>400.0	특히 양호

참고문헌

Aastrup, A. and Sallstorm, S. (1964) Further Treatment of Problematic Rock Foundations at Bergeforsen Dam. *Proc. Eighth Cong. on Large Dams*, Edinburgh, p. 627.

Barton, N. (1976) Recent experience with the Q-system of tunnel support design, *Proceedings of Symposium on Exploration for Rock Engineering* (Balkema, Rotterdam), Vol. 1, pp. 107-118.

Barton, N., Lien, R., and Lunde, J. (1974) Engineering classification of rock masses for the design of tunnel support, *Rock Mech.* 6: 189-236.

Bernaix, J. (1969) New Laboratory methods of studying the mechanical properties of rock, *Int. J. Rock Mech. Min. Sci.* 6: 43-90.

Bienieawski, Z. T. (1974) Geomechanics classification of rock masses and its application in tunneling, *Proc. 3rd Cong. ISRM* (Denver), Vol. 2A, p. 27.

Bieniawski, Z. T. (1976) Rock mass classifications in rock engineering, *Proceedings of Symposium on Exploration for Rock Engineering* (Balkema, Rotterdam), Vol. 1, pp. 97-106.

Bienwski, Z. T. (1984) *Rock Mechanics Deisgn in Mining and Tunneling*, Balkema, Rotterdam.

Brace, W. F. and Riley, D. K. (1972) Static uniaxial deformation of 15 rocks to 30kb, *Int. J. Rock Mech. Mining Sci.* 9: 271-288.

Brace, W. F., Walsh, J. B., and Frangos, W. T. (1968) Permeability of granite under high pressure, *J. Geoph. Res.* 73: 2225-2236.

Broch, E. and Franklin, J. A. (1972) The point load strength test, *Int. J. Rock Mech. Mining Sci.* 9: 669-697.

Clark, S. P. (Ed.) (1966) *Handbook of Physical Constants*, Geological Society of America, Memoir 97.

Daly, R. A., Manager, G. I., and Clark, S. P. Jr. (1966) Density of rocks. In S. P. Clark, Ed., *Handbook of Physical Constants,* rev. ed., Geological Society of America, Memoir 97, pp. 19-26.

Davis, S. N. and DeWiest, R. J. M. (1966) *Hydrogeology*, Wiley, New York.

Deere, D. I. (1963_ Technical description of rock cores for engineering purpose, *Rock Mech. Eng. Geol.* 1: 18.

Dobereriner, L. and de Freitas, M. H. (1986) Geotechnical properties of weak sandstones, *Geotechnique* 36: 79-94.

Fourmaintraux, D. (1976) Characterization of rocks; laboratory tests, Chapter IV in *La Mécanique des roches appliquée aux ouvrages du génie civil* by Marc Panet et al. Ecole Nationale des Ponts et Chaussées, Paris.

Franklin, J. A. and Chandra, R. (1972) The slake durability index, *Int. J. Rock Mech. Min. Sci.* 9: 325-342.

Franklin, J. A., Vogler, U. W., Szlavin, J., Edmond, J. M., and Bieniawski, Z. T. (1979) Suggested methods for determining water content, porosity, density, absorption and related properties and swelling and slake durability index properties for ISRM Commission on Standardization of Laboratory and Field Tests, *Int. J. Rock Mech. Min. Sci.* 16: 141-156.

Gamble, J. C. (1971) Durability-plasticity classification of shales and other argillaceous rocks, Ph. D. thesis, University of Illinois.

Hamrol, A. (1961) A quantitative classification of the weathering and weatherability of rocks, *Proceedings, 5th International Conference on Soil Mechanics and Foundation Engineering* (Paris), Vol. 2, p. 771.

Kulhawy, F. (1975) Stress deformation properties of rock and rock discontinuities, *Eng. Geol.* 9: 327-350.

Laubscher, D. H. and Taylor, H. W. (1976) The importance of geomechanics classification of jointed rock masses in mining operations, *Proceedings of Symposium on Exploration for Rock Engineering* (Johannesburg), Vol. 1, pp. 119-135.

Morgenstern, N. R. and Eigenbrod, K. D. (1974) Classification of argillaceous soils and rocks, *J. Geotech. Eng. Div.* (ASCE) 100 (GT 10): 1137-1158.

Müller-Salzburg, L. (1963, 1978) *Der Felsbau,* Vols. 1 and 3, (In German), Ferdinand Enke, Stuttgart.

Nakano, R. (1979) Geotechnical properties of mudstone of Neogene Tertiary in Japan, *Proceedings of International Symposium on Soil Mechanics in Perspective* (Oaxaca, Mexico), March, Session 2 (International Society of Soil Mechanics and Foundation Engineering).

Rocha, M. and Franciss, F. (1977) Determination of permeability in anisotropic rock masses from integral samples, *Rock Mech.* 9: 67-94.

Tummel, F. and Van Heerden, W. L. (1978) Suggested methods for determining sound velocity, for ISRM Commission on Standardization of Laboratory and Field Tests, *Int. J. Rock Mech. Min. Sci.* 15: 53-58.

Rzhevsky, V. and Novik, G. (1971) *The Physics of Rocks*, Mir. Moscow.

Snow, D. T. (1965) A parallel plate model of fractured permeable media, Ph. D. thesis, University of California, Berkeley.

Snow, D. T. (1968) Rock fracture spacings, openings, and porosities, *J. Soil Mech. Foundations Div.* (ASCE) 94 (SM 1): 73-92.

Techter, D. and Olsen, E. (1970) *Stereogram Books of Rocks, Minerals, & Gems,* Hubbards, Scientific. Northbrook, IL.

Underwood, L. B. (1967) Classification and identification of shales, *J. Soil Mech. Foundations Div.* (ASCE) 93 (SM 6): 97-116.

Wickham, G. E., Tiedemann, H. R., and Skinner, E. H. (1974) Ground support prediction model－RSR concept, *Proc. 2nd RETC Conf.* (AIME), pp. 691-707.

Winchell, A. N. (1942) *Elements of Mineralogy*, Prentice-Hall, Englewood Cliffs, NJ.

1 백악기 셰일이 60%의 일라이트, 20%의 녹니석 및 20%의 황철석으로 구성되어 있다. 심도에 따른 공극률은 다음과 같다. n은 심도 600 ft에서 33.5%, 2500 ft에서 25.4%, 3500 ft에서 21.1% 그리고 6100 ft에서는 9.6%이다. 이러한 셰일에서 6000 ft 심도에서의 수직응력을 구하라(지수에서 6000 ft 심도까지는 셰일이 연속적으로 분포하고 있으며 포화되어 있다).

2 3개의 암석 시료에 대하여 직경방향으로 점하중시험을 하고 있다. 파괴 시의 압력 게이지 값은 250, 700 및 1800 psi이다. 만약 실린더 피스톤의 면적이 2.07 in^2이고 코어의 직경이 54 mm이면 각각의 암석에 대한 일축압축강도를 계산하여라(크기에 대한 보정은 무시하라).

3 방해석으로 교결되었으며 석영과 장석 입자로 구성된 사암 코어의 직경은 82 mm이고 길이는 169 mm이다. 포화되었을 때 무게는 21.42 N이고 완전 건조된 후의 무게는 20.31 N이다. 포화단위중량과 건조단위중량, 공극률을 구하라.

4 문제 3의 암석과 동일한 층에서 얻은 다른 코어 시료는 많은 공극을 포함하고 있으며, 포화단위중량은 128 lb/ft^3이다. 비중은 문제 3과 동일하다고 가정할 때 공극률을 계산하라.

5 석영 30%, 사장석 40%, 휘석 30%로 구성된 화강암의 공극률은 3.0%이고 실험실에서 측정한 종파의 속도는 3200 m/s이다. 열극의 발달정도를 기술하라.

6 공극률이 15%인 사암이 석영 입자 70%와 황철석 30%로 구성되어 있다. 건조밀도를 lb/ft^3 및 MN/m^3로 계산하라.

7 앞의 암석이 포화되었을 때 함수비를 구하라.

8 암석에 높은 압력으로 수은을 주입하였다. 공극률을 측정된 수은의 양, 수은의 비중, 광물 성분의 비중으로 나타내는 식을 구하라.

9 암석의 투수계수가 1 millidarcy일 때 단위 수리경사에서 단위시간 및 단위면적당 흐르는 물의 양을 구하라(수온은 20 ℃이다).

10 공극률은 표 2.1에, 밀도는 표 2.3에 주어진 (오클라호마 셰일의 값을 이용) 펜실베이니아 셰일에서 5000 ft 심도에서의 수직응력을 psi와 MPa로 나타내어라.

11 암반의 수리전도도는 10^{-5} cm/s이다. 암반 자체는 불투수성이고 서로 직각이고, 간격이 1 m인 3개의 세트 편평한 절리군이 있다고 가정할 때, 단열의 틈새(e)를 구하라.

12 간격이 S이고 틈새는 e이며 단열은 투수계수가 k(cm/s)인 흙으로 충전된 직각의 단열들이 발달한 암반의 수리전도도 k_f(cm/s)를 나타내는 식을 유도하여라.

13 습윤한 암반이 절리의 수압 = 0, 점하중 강도 = 3 MPa, 절리의 간격=0.5 m, RQD=55% 등의 변수로 특징지어질 때, 절리의 상태에 대한 RMR 표를 만들어라. 단 RMR은 표 2.16의 용어를 사용하고 절리의 상태는 표 2.13을 이용하여라.

14 직각으로 절리가 발달한 암반의 투수계수가 55 darcy이고 평균 절리 간격이 0.50 m일 때 단열의 평균 틈새를 계산하라.

15 주입시험을 통하여 결정된 손실상수 (C)는 자주 쓰이는 암반의 수리전도도 평가값이다. 패커에 의하여 고립된 시험 구간에 초기 수압보다 Δp 크기의 압력이 가해지면서 흘러나가는 유량 q가 측정된다. 정상류의 흐름일 때 1 lugeon은 시험구간에 가해진 압력이 1 MPa일 때 1 m 길이의 구간을 통하여 $q = 1$ L/m의 물이 흘러나갈 때를 의미한다. 시험구간의 길이가 10 ft이고 압력차가 55 psi이며 흘러나가는 유량이 4.0 gal/min일 때 Lugeon 값을 계산하라.

16 암반의 초기 단위중량은 γ이고 이완된 후의 단위중량은 γ_1이다. Muller(1978)에 의하여 정의된 이완계수(n)는

$$n = \frac{\gamma - \gamma_1}{\gamma}$$

이다.

(a) 절리가 발달한 암반의 이완 계수 $n = 0.35$이나 재다짐 후의 이완계수는 0.08이다. γ_1 값을 구하라 ($\gamma = 27$ kN/m^3).

(b) 화강암, 편마암, 휘록암과 같은 결정질 암석은 $n = 0.35 \sim 0.50$ 범위의 이완계수를, 재다짐 후에는 0.08에서 0.25의 이완 계수의 범위를 보인다. 단위중량 γ_1 값을 구하라.

03

암석의 강도와 파괴기준

03 암석의 강도와 파괴기준

암석에 토목구조물을 설치하려고 할 경우 다음의 두 가지 질문을 해야 한다−암석 내의 응력이 국지적인 혹은 전반적인 파괴가 발생할 최대값에 도달할 것인가? 암석에 가해진 응력에 의해서 발생한 변위가 구조물을 손상시키거나 파괴를 일으킬 만한 큰 변형을 유발할 것인가? 이 장은 첫 번째 질문에 대한 것이다. 암석 내의 초기응력을 평가할 수 있고 구조물의 설치나 운영에 의해 변화될 응력의 상태를 예측할 수 있다고 가정하면, 구조물의 설치로 인하여 암석이 유동하거나, 항복하거나, 파쇄되거나, 균열이 발생하거나 휘어지는 등과 같은 기능 상실의 여부를 어떻게 판단할 것인가? 이러한 질문에 대해서는 허용응력 상태와 허용할 수 없는 응력 상태를 구분하는 응력 성분들의 한계조합을 구성하는 공식인 '파괴기준'을 이용할 수 있다. 이러한 기준의 설정 이전에, 휨, 전단, 부수어짐 등과 같은 암석의 파괴의 형태를 알아보기로 하자.

3.1 암석의 파괴 유형

하중이 가해지는 형태는 실제로 매우 다양하여 하나의 특정한 파괴 유형으로 파괴가 발생하지는 않는다. 휨(flexure)은 구부러짐에 의하여 인장균열이 생성되고 전파되어 발생하는 파괴로, 광산의 천장 상부의 지층에서 발생하는 경향이 있다(그림 3.1a). 상부 암석으로부터 천장의 지층이 중력에 의하여 분리되면 틈이 형성되고, 분리된 암기둥은 자중에 의하여 아래로 더욱 처지게 된다. 암기둥에 균열이 생기기 시작함에 따라, 암기둥의 중립축은 위쪽으로 이동하게 되어 결국은 균열이 암기둥을 관통하여 오른쪽으로 연장된 후 암 조각들이 이완되어 떨어진다. 또한 휨 파괴는 암반사면에 발달한 경사가 급한 층이 자유면으로 전도됨(전도파괴(toppling failure))에 따라 발생할 수 있다.

전단파괴는 전단응력이 임계점이 되는 파괴면을 형성하는 것으로, 파괴면을 따라 변위가 발생하면서 전단응력이 해방됨에 따라 파괴가 발생한다. 이러한 파괴 형태는 점토질 셰일이나 단층대의 파쇄된 암석과 같이 약하고 흙처럼 거동하는 암석의 굴착된 사면에서 자주 발생한다. 또한 광체는 강하나 천장부나 바닥이 연약한 광산에서도 발생할 수 있으며, 이러한 경우 천장이나 광주의 바닥에 작용하는 전단응력으로 인하여 광주가 천장이나 바닥을 뚫고 들어가기도 한다(그림 3.1b). '드래그 비트(drag bit)'나 '피크(picks)'를 사용하는 암석절단기는 비트의 모서리 하부의 압축응력에 의하여 발생된 단열을 따라 발생한 전단력이 부분적으로 절삭작용을 담당하고 있다.

직접인장은 위로 볼록한 사면 표면 위에 놓인 암석 지층이나 배사구조의 날개부가 위치한 퇴적층에서 자주 발생한다(그림 3.1d). 사면 아랫부분에서 마찰각보다 큰 경사를 보이는 지층이 있을 때, 지층의 자중은 상부 사면의 안정한 부위에서 발생되는 인장 견인력에 의해 지지되어 균형을 지니게 된다. 또한 그림 3.1e와 같이 연결되어 있지 않으면서 짧은 절리로 이루어진 사면에서 절리 사이에 암교(rock bridge)를 자르는 인장균열이 발생하여 사면이 하나의 덩어리로 아래로 이동하는 파괴 메커니즘도 직접인장에 의한 것이다. 인장응력에 의하여 파괴된 면은 거칠고 파쇄된 암편이나 조각들이 형성되지 않는다. 반면에 전단파괴에 의하여 생성되는 면은 암석의 파쇄나 분쇄로 인하여 매끄럽고 가루가 많이 남게 된다. 직접인장파괴는 터널이나 시추공 내의 물 또는 가스의 압력에 의하여 발생하기도 한다. 전자의 경우는 압력터널이 과도한 압력으로 운영될 때나 패커로 분리된 구간의 시추공에서 고압의 주입수에 의한 수압파쇄에서도 발생한다. 시추공 내에서의 화약의 폭발은 수백만 psi의 압력을 유발하여 시추공 주위에 방사상의 인장균열이 생성되어 시추공이 파쇄되거나 극단의 경우에는 실제 용융되기도 한다. 기반암 내의 인장 절리의 일부는 광역적인 지형학적 벨트에서의 대규모 융기(조륙운동)에 수반된 원호형태의 변형에 의한 인장 절리로 믿어지고 있다.

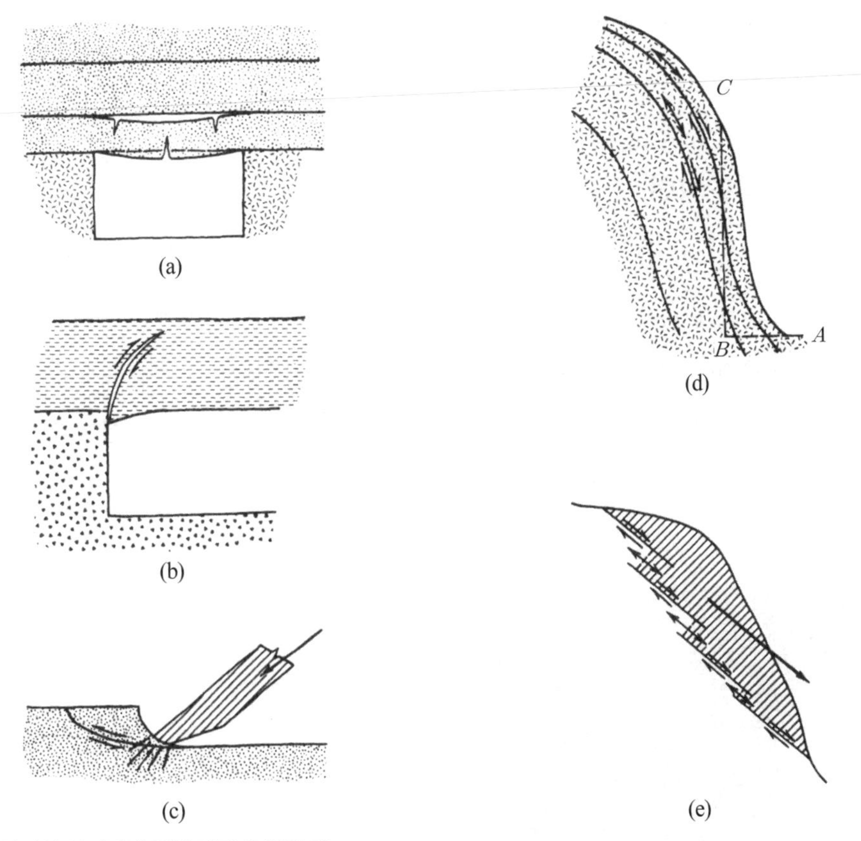

그림 3.1 암석의 부서짐에 의한 파괴 유형의 예
(a) 휨, (b) 전단, (c) 파쇄와 인장균열 그리고 그 이후의 전단, (d) 직접인장, (e) 직접인장

파쇄(crushing) 혹은 압축파괴(compression failure)는 부피가 심하게 줄어들거나 강한 충격으로 공동이 생긴 암석에서 발생한다. 파쇄과정은 인장에 의해 생성된 균열이 성장하여 휨이나 전단의 상호작용에 의해 발생하는 매우 복합적인 유형이다. 균열에 의하여 생성된 알갱이나 조각들이 압축 영역 내에 위치하면, 잘게 분쇄되어버린다. 이러한 현상은 시추 비트나 보링 머신의 커터 아래에서 발생한다. 비록 균열이 성장하고 합쳐짐에 따라 광주의 하중 지지 능력이 없어지는 것을 종종 압축파괴라고 부르지만, 광주에서 광채를 과도하게 채굴하면 쪼개짐과 전단작용에 의하여 광주가 파괴될 수 있다.

암반이 하중을 지탱하는 능력을 실제적으로 상실하는 현상은 다소 복잡하여 위에서 언급한 하나 이상의 유형과 관계된다. 따라서 암석 실험에서 단 하나의 실험법도 다른 실험법을 배제하기 위해 발전되지 않았다는 사실은 놀라운 일이 아니다. 실제로 파괴이론은 현재 직면하고 있는 문제의 독특한 특성을 반영한 다양한 실내 및 야외 시험을 이용할 수 있도록 하고 있다.

3.2 일반적인 강도시험

암석 시료의 강도를 규정하기 위해서는 일축 및 삼축압축시험, 전단시험, 직접 혹은 간접인장시험 등이 광범위하게 사용되고 있다. 특별한 경우에는 다른 실험방법들이 사용되기도 하며 매우 다양한 시험과정이 연구되고 있다. 여기에서는 일축압축시험, 삼축압축시험, 압열인장시험(Brazilian test), 빔의 휨 시험, 링 전단시험 등 광범위하게 사용되고 있는 시험들의 특징에 대해서 알아보고자 한다. 그림 3.2는 이러한 시험을 위하여 시료의 준비에 필요한 장비들을 보여준다.

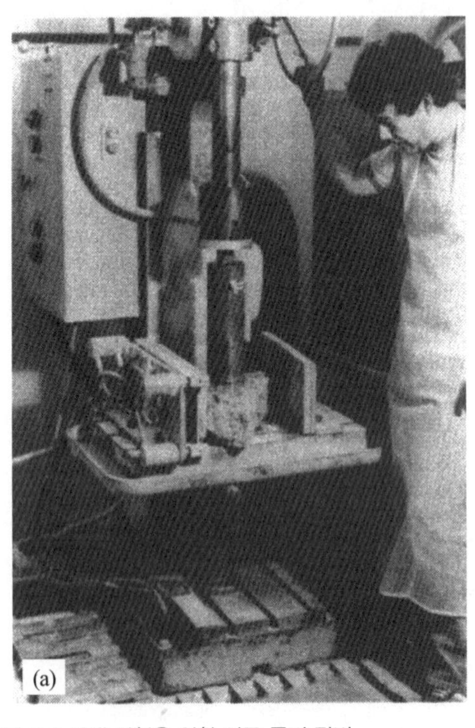

그림 3.2 실내 시험을 위한 시료 준비 장비
(a) 천공 동안 불규칙한 모양을 지닌 암석을 고정하기 위해 바이스(vise)를 장착하고 일정 압력으로 시료를 성형하기 위한 천공기
(b) 다이아몬드 톱

그림 3.2 실내 시험을 위한 시료 준비 장비(계속)
(c) 수조와 다이아몬드 연삭 휠이 장착된 연마기를 사용한 표면 연마 장치

일축압축시험(그림 3.3a)은 암석의 강도시험에 가장 자주 쓰이나, 적절한 시험을 실시하기는 간단하지 않으며 시험과정에 따라 결과가 두 배 이상 차이날 수도 있다. 시료는 길이 대 직경의 비가 2에서 2.5되는 원주형을 사용하고 양 단면은 편평하고 매끈하며 원주의 축에 직각이 되어야 한다. 시험과정은 ASTM D-2938-71a와 Bienniawski and Bernede(1979)의 논문에 제안법이 수록되어 있다. 양 단면을 매끈하게 하기 위해서 시료의 끝을 황이나 석고로 덧씌우는 것은 암석을 아주 강하게 하는 인위적인 말단 저항을 추가하는 것으로 생각된다. 반면 양 단면과 재하면 사이의 마찰을 감소시키기 위해서 사용되는 테프론 판은 바깥으로 압출하는 힘을 유발하여 특히 강한 암석에서 일찍(낮은 하중에서) 쪼개지는 파괴를 발생시킬 수 있다. 광주의 시험에서는 압축시료의 중앙부분을 가늘게 하여 실험하는 것이 바람직하다. 표준 실내시험에서는 현장조사에서 채취된 코어를 잘라 시험기의 위 판 및 아래 판 사이에서 압축한다. 압축강도 q_u는 초기의 단면적 A에 대한 최대하중 P의 비로 표시된다.

$$q_u = \frac{P}{A} \tag{3.1}$$

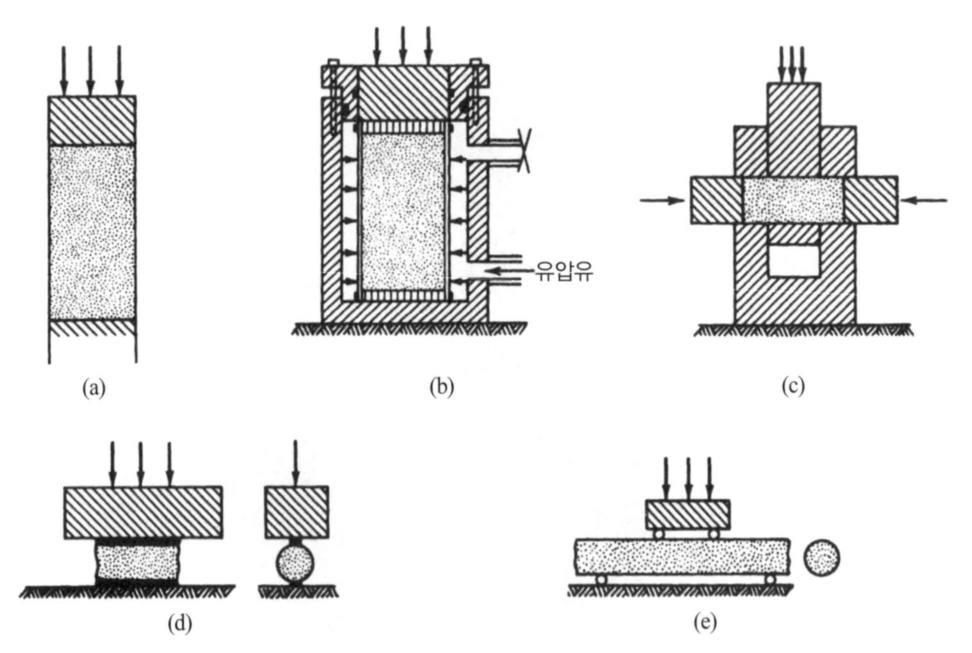

그림 3.3 암석의 강도 특성을 획득하기 위한 일반적인 시험
(a) 일축압축시험, (b) 삼축압축시험, (c) 링 전단시험, (d) 간접인장(브라질리언)시험, (e) 4점 휨 시험

q_u의 대표적인 값은 표 3.1에 수록되어 있다.

표 3.1 대표적인 암석 시료에 대한 일축압축강도 및 일축압축강도와 간접인장강도의 비

	q_u		q_u/T_0^b	
	MPa	psi		
Berea 사암	73.8	10,700	63.0	5
Navajo 사암	214.0	31,030	26.3	5
Tensleep 사암	72.4	10,500		1
Hackensack 실트암	122.7	17,800	41.5	5
Monticello 댐 사암(잡사암)	79.3	11,500		4
Solenhofen 석회암	245.0	35,500	61.3	5
Bedford 석회암	51.0	7,400	32.3	5
Tavernalle 석회암	97.9	14,200	25.0	5
Oneota 백운암	86.9	12,600	19.7	5
Lockport 백운암	90.3	13,100	29.8	5
Flaming Gorge 셰일	35.2	5,100	167.6	3
운모질 셰일	75.2	10,900	36.3	2

표 3.1 대표적인 암석 시료에 대한 일축압축강도 및 일축압축강도와 간접인장강도의 비(계속)

	q_u		q_u/T_0^b	
	MPa	psi		
엽리에 45° 기울어진 Dworshak 댐 편마암	162.0	23,500	23.5	5
석영질 운모 편암(편리에 직각)	55.2	8,000	100.4	5
Barboo 규암	320.0	46,400	29.1	5
Taconic 대리암	62.0	8,990	53.0	5
Cherokee 대리암	66.9	9,700	37.4	5
Nevada 시험장 화강암	141.1	20,500	12.1	7
Pikes Peak 화강암	226.0	32,800	19.0	5
Cedar City 토날라이트(tonalite)	101.5	14,700	15.9	6
Palisade 휘록암	241.0	34,950	21.1	5
Nevada 시험장 현무암	148.0	21,500	11.3	7
John Day 현무암	355.0	51,500	24.5	5
Nevada 시험장 응회암	11.3	1,650	10.0	7

a Berea 사암, Amhest, Ohio 산출, 세립질, 약간 다공성, 교결됨. Navajo 사암, Arizona Glen Canyon 댐 현장 산출, 부서지기 쉬운, 세립에서 중립질 조직(앞 선 사암 모두 석영 입자로 주로 구성됨). Tensleep 사암, Wyoming Alcova 발전소에서 산출된 펜실베니아기 사암, 석회질 교결된, 중립질 조직. Hackensack 실트암, New Jersey 산출, 트라이어스기 Newark 통, 적절석 교결, 점토질. Monticello 댐 사암(잡사암), California의 Monticello 댐 기초 산출 백악기 사암, 중립-조립질, 교결된 장석, 석영과 다른 성분들 존재, 일부 장석은 운모류로 변질. Solenhofen 석회암, Bavaria 산출, 매우 세립질, 결정질 구조로 맞물림. Bedford 석회암, Indiana 산출, 약하게 다공성, 어란상, 생쇄설성 석회암, Tavernalle 석회암, Missouri Carthage 산출, 세립질, 교결되고 맞물려서 나타나는 결정질 구조로 화석과 함께 나타남. Oneota 백운암, Minesota Kasota 산출, 세립질의 맞물린 결정구조, 산재한 방해석 맥으로 인한 얼룩덜룩한 무늬. Lockport 백운암, New York Niagara fall, 매우 세립질의 교결된 결정질 구조에서 맞물린 결정질 구조로 점이적 변화. 일부 경석고 입자 관찰. Flaming Gorge 셰일, Utah와 Wyoming 경계 Flaming Gorge 댐사이트 산출, 운모질 셰일, Ohio Jonathan 광산, 고령토인 점토 입자. Dworshak 댐 편마암, Orofino Idaho, 뚜렷한 엽리를 보이는 세립에서 중립질의 화강섬록 편마암, 석영질 운모 편암, 톱니 모양의 편리가 발달, 산출지는 불투명. Barboo 규암, Wisconsin, 세립질의 취성, 괴상의 선캠브리아기의 규암, 잘 맞물린 결정질 구조. Taconic 대리암, Vermont Rutland, 균일하고 세립질의 괴상 대리암, 설탕입자 같은 조직. Cherokee 대리암, Georgia, Tate, 중립에서 조립질 구조, 잘 맞물린 결정질 조직. Nevada 시험장 화강암, Piledriver 시험장의 화강섬록암, 조립질. Pikes Peak 화강암, Colodaro, Colodaro Spring, 세립에서 조립의 밀도가 높고 맞물린 결정 구조. Cedar City 토날라이트(tonalite), Utah Cedar city, 약간 풍화된 석영질 몬조나이트, 공극률 4.9%. Palisade 휘록암, New York, West Nyack, 중립질. Nevada 시험장 현무암, Buckboard Mesa, 세립질 감람석 현무암. John Day 현무암, Oregon Arlington, John Day 댐사이트. Nevada 시험장 응회암, Red Hot 실험장, 용결된 화산재, 공극률 19.8%.

b 인장강도는 참고문헌 5에 따라 점하중시험으로 실시됨, 참고문헌 6과 7에 따라 압열인장시험으로 결정, 점하중 인장강도(Mpascal 단위)는 지름 d(m 단위)인 암석코어 시료에 대한 점하중시험에 의해 파괴시 결정됨. $T_0 = 6.62 10^{-3} F/d^2$

c 표 3.1의 참고문헌

일반사항

Kulhawy, F. (1975)는 이 장의 마지막 참고문헌에 표기

Lama, R.D. and Vutukuri, V.S.는 1장의 참고문헌에 표기

자세한 사항

1. Balmer, G. G. (1953) Physical properties of some typical foundation rocks, U. S. Bureau of Reclamation Concrete Lab Report SP-39.
2. Blair, B. E. (1956) Physical properties of mine rock, Part IV, U. S. Bureau of Mines Rep. Inv. 5244.
3. Brandon, T. R. (1974) Rock mechanic properties of typical foundation rocks, U. S. Bureau of Reclamation Rep. REC-ERC 74-10.
4. Judd, W.R. (1969) Statistical methods to compile and correlate rock properties, Purdue University, Department of Civil Engineering.
5. Miller, R. P. (1965) Engineering classification and index properties for intact rock, Ph.D. Thesis, University of Illinois.
6. Saucier, K. L. (1969) Properties of Cedar City tonalite, U. S. Army Corps of Engineers, WES Misc. Paper C-69-9.
7. Stowe, R. L. (1969) Strength and deformation properties of granite, basalt, limestone, and tuff, U. S. Army Corps of Engineers, WES Misc. Paper C-69-1.

삼축압축시험은 원주형의 시료에 축 대칭의 구속압을 가하면서 압축하는 시험으로 제안된 과정은 ASTM D-2664-67(1974)과 Vogler and Kovari(1978)의 ISRM 위원회 보고서에 수록되어 있다. 최대하중에서의 응력조건은 $\sigma_1 = P/A$, $\sigma_3 = p$이고, P는 원주축과 평행한 최대하중이고 p는 구속압이다. 암석의 강도를 증가시키는 구속압의 효과는 암석이 불투수성의 물질로 피복된 경우에만 나타난다. 구속압을 가하는 유체는 일반적으로 유압유이고 피복물질은 기름에 내구성을 가진 고무를 사용한다. 실험시간이 짧은 경우에는 자전거의 내부 튜브도 적당하다. 대부분의 암석은 구속압에 의하여 상당한 강도 증가를 보이고, 암석에 대한 삼축압축시험은 통상적으로 이러한 방법으로 시행된다.

매우 많은 종류의 삼축압축셀이 암석역학 실험실에서 사용되며 여러 종류는 상업적으로 시판되고 있다. 그림 3.4a는 Berkeley 소재 California 대학에서 사용된 두 개의 셀을 보여준다. 왼쪽은 미국 국토개발국을 위하여 Owen Olsen에 의하여 설계된 것으로, 기구나 게이지를 삽입할 충분한 공간이 있고 공극압이나 다른 특별한 측정이 쉽도록 되어 있다. 그러나 피스톤의 직경이 시료의 직경보다 상당히 크기 때문에 시험기에는 구속압을 밀어내려는 힘이 크게 작용한다. Fritz Rummel 설계에 기초한 오른쪽 것은 이러한 문제를 해결하였다. 변형률 게이지가 부착된 암석 시료는 삼축압축셀에 삽입되기 전에 방수막으로 피복된다. 그림 3.4b는 미국 Utah주의

그림 3.4 삼축압축시험을 위한 장비
(a) Berkeley에서 사용된 두 종류의 셀
(b) 유타주 Salt Lake city의 TerraTek에서 사용된 고온고압 장치

Salt Lake City에 위치한 TerraTek 실험실의 고온-고압 삼축압축장치를 보여준다. 컴퓨터에 의하여 조정되는 이 장치의 구속압은 200 MPa까지, 시료의 직경은 10 cm까지, 온도는 200 ℃까지 사용할 수 있다(직경 5 cm 시료에 대해서는 550 ℃까지 가열할 수 있음).

삼축압축시험의 통상적인 과정은 먼저 구속압을 원주시료의 모든 방향에서 가한 후(즉, $\sigma_1 = \sigma_3 = p$), 구속압을 일정하게 유지한 채로 축하중, $\sigma_1 - p$를 가한다. 이러한 경우 삼축압축시험은 모든 방향으로 초기 압축이 가해진 상태에서 일축압축시험을 추가하는 것으로 해석된다. 그러나 실제적인 재하 경로는 상당히 다를 수 있다. 왜냐하면 어떤 암석은 강한 경로 효과를 보여주기 때문에, 다른 과정을 따르는 것이 바람직할 수 있다. 예를 들면 이동하는 평면파의 전면에 있는 암석 내의 응력은 모든 방향에서 동시에 작용된다. 컴퓨터나 수동에 의한 피드백 조정을 이용하면 비록 모든 재하 경로가 재하 시 균열을 발생시키지는 않지만, 거의 모든 예정된 재하 경로를 따르는 것은 가능하다. 최상의 결과와 하중의 영향을 명확하게 해석하기 위해서는 나중에 논의된 바와 같이, 재하 동안 축방향으로 축소되는 양과 횡방향으로 늘어나는 양이 측정되어야 한다.

압열인장시험은 ASTM C496-71[1]에 원주형의 콘크리트 시료에 대하여 기술되어 있는데 암석의 인장강도를 측정하는 편리한 방법이다. 직경과 비슷한 길이의 코어를 압축시험기로 하중을 가하면 원주형의 축과 평행한 직경방향으로 쪼개진다(그림 3.2c). 이 원인은 직경에 평행한 방향으로 하중이 가해진 원판의 응력을 조사해보면 된다. 이러한 조건에서 하중이 가해진 직경에 수직으로 작용하는 수평응력은 균일하고 크기가

$$\sigma_{t,B} = \frac{2P}{\pi dt} \tag{3.2}$$

인 인장응력이다. 단, P는 압축하중이고 d는 원판의 직경이고 t는 원판의 두께이다(원주체의 길이). 이러한 형태의 실험은 정교한 정렬과 양 단면의 준비가 요구되는 직접인장시험보다 훨씬 쉽다.

압열인장강도는 최대압축하중에 대한 $\sigma_{t,B}$의 값이다. 그러나 실제적인 파괴의 원인은 수평

1 원주형 콘크리트 시료의 압열인장강도를 위한 표준시험법. ASTM(미재료시험협회)의 콘크리트와 골재를 위한 위원회 C-9.

인장응력과 함께 작용하는 수직응력도 반영하고 있음을 이해해야 한다. 수직응력은 원판의 중심에서 $\sigma_{t,B}$의 3배 정도 되는 압축응력을 지니고 양 끝으로 갈수록 점차 불균질하게 증가하는 양상을 보인다. Griffith의 파괴이론에 의하면 임계점은 압축응력 대 인장응력의 비가 3인 중심이 되어야 하며, 주응력의 비가 3이면 파괴면과 평행하게 작용하는 압축응력의 영향 없이도 인장응력에 의해서만 파괴가 발생하여야 한다. 실제로는 압열인장시험에 의한 인장강도는 열극의 영향 때문에 직접인장시험보다도 큰 값을 보이고 있다. 짧은 열극들로 인해 직접인장시험 시료가 약해지는 정도는 압열인장시험 시료에서의 경우보다 더 크다. 직접인장강도에 대한 압열인장강도의 비는 기존의 내재하는 열극들의 길이가 연장됨에 따라 1에서 10 이상에 이르기도 한다(Tourenq and Denis, 1970).

휨 시험은 휨에 의해 암석 빔의 파괴를 유발시키는 것이다. 압열인장시험과 같이 휨 시험 또한 코어의 양 단면을 성형하지 않고도 실시할 수 있다. 코어의 아랫부분은 양쪽 끝 부근에서 지지된 상태에서 코어 윗부분은 1/3이 되는 두 지점에서 하중이 가해지는 4점 휨 하중은(그림 3.3d) 시료 중앙 1/3 지점에 일정한 모멘트를 만들기 때문에, 하중점이 중앙에 위치한 3점 휨 시험보다도 결과 재현성이 뛰어나다. 휨 강도 혹은 '파괴계수(modulus of rupture)'는 최대하중에 대한 암석 아랫부분에서의 최대 인장응력으로, 탄성 조건을 가정한 빔 이론에 의하여 간단하게 계산된다. 휨 강도는 직접인장강도보다 두세 배 큰 것으로 보고되고 있다. 양쪽 끝에 반발점을 두고 양쪽 끝으로부터 1/3되는 지점에 하중을 가하는 원주형 암석 시료에 실시되는 4점 휨 시험에서의 파괴강도(MR)는

$$T_{\mathrm{MR}} = \frac{16 P_{\max} L}{3\pi d^3} \tag{3.3}$$

이다. 단 $P_{\max}$은 최대하중이고, L은 아랫부분의 하중반발점 사이의 거리이고 d는 코어의 직경이다.

링 전단시험(그림 3.3e)은 무결암의 강도를 구속압의 함수로 시험하는 비교적 간단한 방법이다(Lundborg, 1966). 압축시험과는 상반되게 링 전단시험을 위한 코어 시료는 완전히 직각이고 매끈한 양 단면을 요구하지 않는다. 삼축압축시험과 같이 링 전단시험의 결과로 구속압에 따른 강도 증가의 비율을 알 수 있다. 구속압은 코어의 축과 평행하게 작용하는 하중에 의하여 가해

진다. 하중이 플런져에 가해짐에 따라 생성되는 전단응력의 면을 따라 복잡한 균열이 생성된다. 만약 최대하중이 P이면 전단강도라 불리는 최대전단응력은

$$\tau_p = \frac{P}{2A} \tag{3.4}$$

로 계산된다. 단 A는 코어 시료의 단면적이다.

3.3 압축하에서의 응력 - 변형 거동

응력 - 변형률

여러 방향으로 압축을 받고 있는 암석의 변형을 논의할 때 응력을 두 부분으로 나누는 것이 유용하다. 평균응력(nondeviatoric stress)은 모든 방향으로 똑같은 크기로 작용하는 압축력으로 정수압의 상태이고, 축차응력(deviatoric stress)은 각각의 수직응력 성분에서 평균 수직응력과 동일한 정수압을 빼준 나머지의 수직응력과 전단응력이다. 예를 들면 삼축압축시험에서 주응력은 $\sigma_1 = \frac{P}{A}$, $\sigma_2 = \sigma_3 = p$이고, 평균응력은 모든 방향에서 $\frac{1}{3}(\sigma_1 + 2p)$로 주어지는 반면에 축차응력은 $\sigma_{1,\,\mathrm{dev}} = \frac{2}{3}(\sigma_1 - p)$, $\sigma_{3,\,\mathrm{dev}} = \sigma_{2,\,dev} =- \frac{1}{3}(\sigma_1 - p)$가 된다. 축차응력은 암석을 찌그러뜨리거나 파괴를 발생시키지만 정수압은 일반적으로 그렇지 않다. 삼축압축시험에서 초기 압력은 평균응력이고, 그 이후로는 축차응력과 평균응력이 동시에 증가된다.

삼축압축시료의 수직변형률은 표면에 부착된 전기저항 변형률 게이지로 측정된다. 시료 축과 평행하게 부착된 게이지는 축변형률 $\epsilon_{\mathrm{axial}} = \frac{\Delta l}{l}$을 기록하고, 시료의 원주방향으로 부착된 변형률 게이지는 횡변형률 $\epsilon_{\mathrm{lateral}} = \frac{\Delta d}{d}$를 나타낸다. 이때 d는 시료의 직경이고 l은 길이이다(그림 3.4a). 구속압이 가해진 이후 변형률 게이지 측정값을 0에 맞췄다고 가정하면,

$$\epsilon_{\mathrm{lateral}} =- \nu \epsilon_{\mathrm{axial}} \tag{3.5}$$

이고, 여기에서 비례상수 ν는 포아송 비라 한다. 그러나 실제로 비례관계는 균열이 생성되거나 연장되지 않는 제한된 재하 범위에서만 유지된다. 선형 탄성적이고 등방성 암석에서는 ν는 0~0.5의 범위에 있으며 보통은 0.25로 가정한다. 암석이 축방향으로 줄어들 때 횡방향으로 팽창하기 때문에(그림 3.5), 포아송 비를 정의하기 위하여 음의 부호를 사용하였다. 수 % 이하의 변형률에서는 단위부피당 부피의 변화, $\dfrac{\Delta V}{V}$는 세 방향의 수직응력의 합으로 계산된다. 삼축압축 시험에서

$$\frac{\Delta V}{V} = \epsilon_{\text{axial}} + 2\epsilon_{\text{lateral}}$$

혹은

$$\frac{\Delta V}{V} = \epsilon_{\text{axial}}(1 - 2\nu) \tag{3.6}$$

이다. 평균응력 또는 축차응력하에서의 체적 변형률은 표면에 부착된 변형률 게이지와 식 (3.6)을 이용하여 구할 수 있고, 또는 구속압이 일정하게 유지되는 압축 셀에서 기름이 유입되거나 유출되는 양으로부터 체적 변형률을 구할 수도 있다.

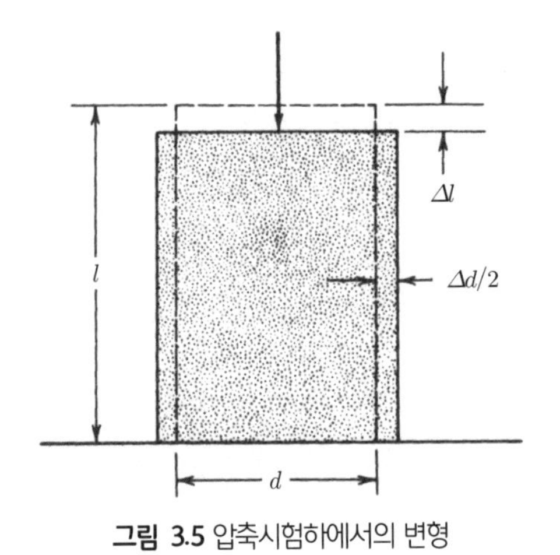

그림 3.5 압축시험하에서의 변형

정수압

정수압을 암석에 가하면 공극이 파쇄됨에 따라 부피가 축소되고 영구적인 암석 조직의 변화가 일어난다. 그러나 최대하중반응은 나타날 수 없다. 즉, 암석은 가할 수 있는 압력만큼 높은 압력의 증분에도 견딜 수 있다. 고체 암석의 상변화를 일으키는 수백만 기압의 영역에서도 시험이 수행되었다. 압력과 체적 변형률 곡선은 그림 3.6과 같이 특징적인 네 개의 구간을 보이며 위로 오목한 형태를 보인다. 토목 분야에서 우수한 암석에 대하여 주로 적용되는 구간인 첫 번째 구간에서는 기존의 열극들이 닫히고 광물들은 약간 압축된다. 하중이 제거되면 대부분의 열극들은 닫힌 채로 남게 되어 순변형 혹은 '영구변형'이 발생한다. 열극 공극률은 영구변형과 상관관계가 있다.

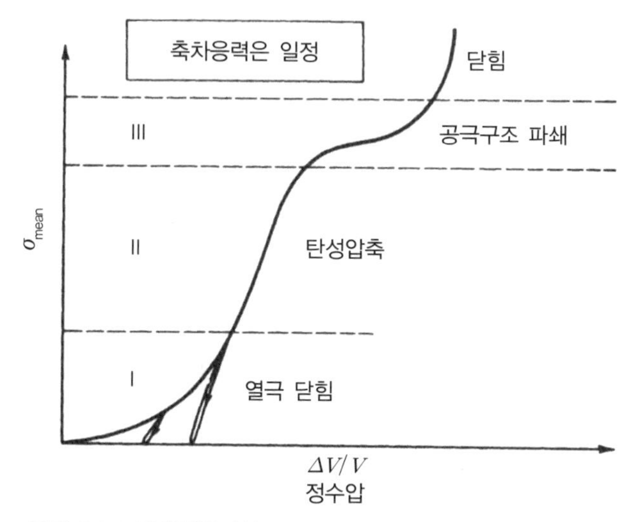

그림 3.6 고정 축차응력하에서의 평균응력 증가에 따른 체적 압축

대부분의 열극들이 닫힌 후 압축이 더 진행되면, 선형적인 공극 변형과 입자 압축으로 인한 암석 체적에 대한 압축이 발생한다. 이 구간에서의 압력-체적 변형률 곡선의 기울기는 체적변형계수,[2] K라고 한다. 사암, 백악, 쇄설성 석회암과 같은 다공질 암석에서는 공극 주위에서 응력의 집중이 발생하여 공극이 파쇄된다. 교결이 잘된 암석에서는 1 kbar 이상의 압력에서도 공

2 압축률 C는 1/K이다.

극 파쇄가 발생하지 않지만, 교결 정도가 약한 암석에서는 상당히 낮은 압력에서도 공극이 파쇄될 수 있다. 최종적으로 모든 공극들이 닫히고 나면 오로지 입자만이 압축될 수 있으며 체적변형계수는 점차적으로 커지게 된다. 공극이 없는 암석에서는 공극 파쇄가 발생하지 않지만, 300 kbar 혹은 그 이상의 압력까지 위로 오목한 형태의 변형 곡선을 보이게 된다. 백악이나 부석과 같은 매우 다공질인 암석에서는 공극 파쇄 현상이 파괴를 유발하여 실험기구에서 꺼내면 암석은 점착력이 없는 퇴적물로 바뀌게 된다.

축차응력

축차응력을 가하면, 그림 3.7에서 보이는 바와 같이 전혀 다른 결과를 보여준다. 축차응력을 가하면 재하초기에 열극과 다른 공극들이 닫히기 시작하여, 비탄성적이고 위로 오목한 응력−변형률 구간이 나타난다. 이 구간 다음에는 대부분의 암석에서 축 응력−축 변형률 관계와 축 응력−횡 변형률의 관계가 선형인 구간이 따라온다. 암석의 중앙 부근에서는 응력이 집중되는 부분에서 새로운 균열이 발생하기 시작하고, 따라서 B점에서부터(그림 3.7a) 횡변형률의 증가율이 축변형률 증가율보다 상대적으로 커지지 시작한다. 새로운 균열이 생성되고 기존의 균열은 σ_1 방향과 일치되게 연장되기 때문에 암석에 부착된 마이크는 '균열음'을 잡기 시작한다. 응력 B와 응력 C 사이의 구간에서는 응력이 증가할 때 균열은 일정한 길이가 증가하는 '안정된 상태'이다. C점이 지나서 새롭게 생성되는 균열들은 시료의 끝까지 전달되고 균열들이 합쳐져서, 결국 단층으로 명명된 파괴면을 형성한다. Wawersik and Brace(1971)에 의한 그림 3.7c와 d는 이러한 과정을 보여준다. Bieniawski(1967a, b)는 축 응력−축 변형률 곡선에서 점 C는 항복점에 해당한다고 제안하였다. 최대하중인, 점 D는 파괴기준을 설정하는 데 일반적으로 사용된다. 그러나 후에 논의될 것이지만 하중이 이 점에 도달하여도 암석이 파괴되지 않을 수도 있다. 강성 재하 시스템에서는 응력이 동시에 감소되기만 하면 시료는 계속적으로 축소될 수 있다. 만약 그림 3.7b와 같이 체적 변형률을 축차응력에 대하여 도시하면 균열 발생이 시작되는 응력(B)은 균열과 균열 사이의 암석 조각이 미끄러지거나 휘어짐 혹은 새로이 생성된 균열의 벌어짐과 연관된 체적의 팽창이 시작되는 점과 일치한다. C점에 해당하는 응력 수준에서 시료의 부피는 시험이 시작될 때의 부피보다 크다. 이와 같이 균열 생성과 관련하여 증가된 부피를 '부피팽창(dilatancy)'이라 한다.

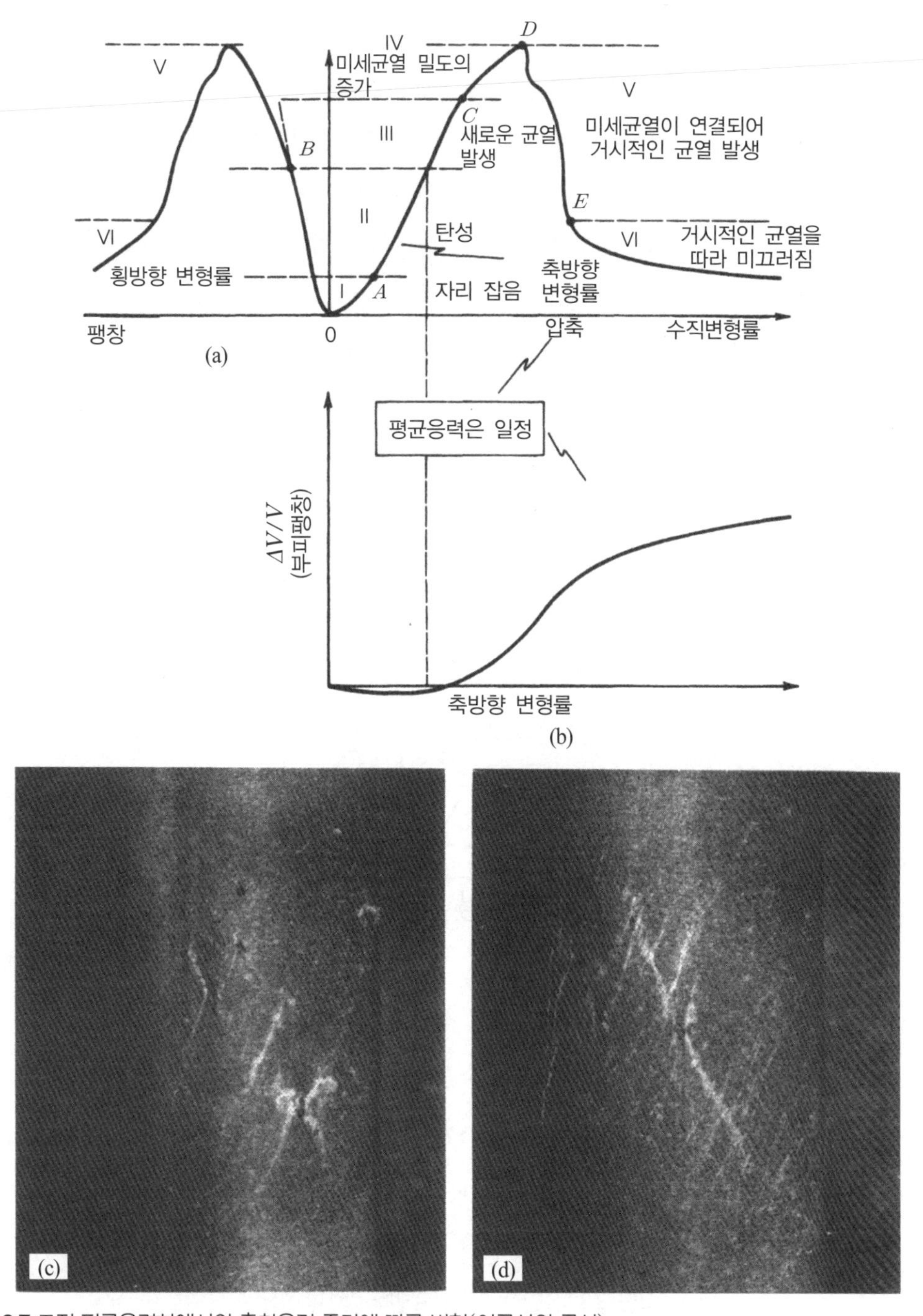

그림 3.7 고정 평균응력하에서의 축차응력 증가에 따른 변형(이론상의 곡선)

(a) 축방향의 축차응력 증가에 따른 축방향 및 횡방향의 변형률
(b) 축방향의 수직변형률 증가에 따른 체적 변형률
(c) 최대 축응력에서
(d) 파쇄면을 형성하는 단열들의 연결을 보이는 최대값 직후의 형상. (c)와 (d)는 500 psi 하에서 삼축압축 동안 휘록암에 형성된 단열. Wawersik and Brace(1971)

구속압의 영향

대부분의 암석은 구속압이 가해지면 상당히 강해지며, 특히 완벽히 일치하는 조각들로 이루어진 모자이크처럼 열극이 매우 발달된 암석에서 이러한 현상은 뚜렷하게 나타난다. 그림 3.8에서 보이듯이 파괴면에 수직으로 자유롭게 변위가 발생할 수 있다면 열극을 따라 미끄러지는 것이 가능하다. 그러나 구속압하에서는 지그재그 형태의 파괴면을 따라 이동하는 데 필요한 수직변위가 발생하기 위해서는 추가의 에너지가 필요하다. 그러므로 열극이 발달한 암석에서 평균응력이 조금 증가하면 평균응력 증가량보다 10배 정도의 강도가 증가하는 것은 이상한 현상이 아니다. 이것은 바로 록볼트가 풍화암으로 이루어진 터널의 강도를 증가시키는 데 효과적인 이유이기도 하다.

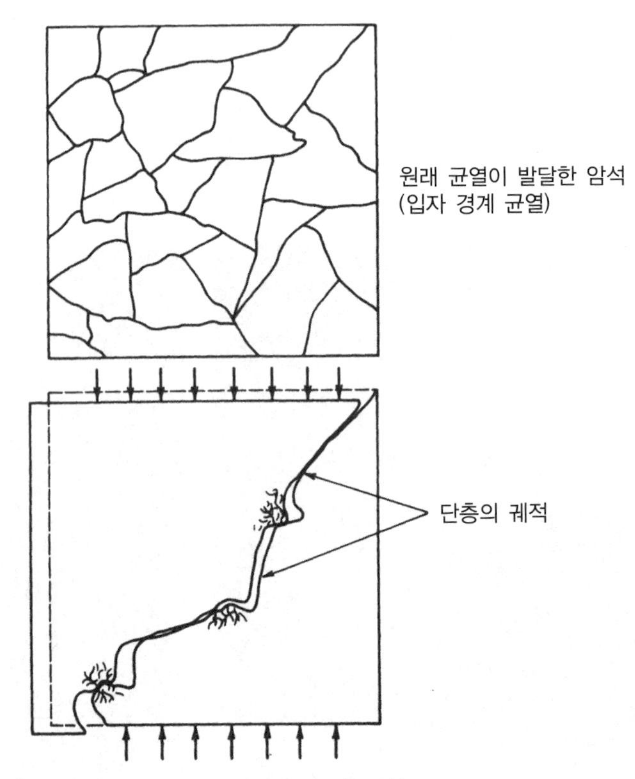

그림 3.8 파쇄면의 거칠기로 인해 발생한 팽창

평균압력이 증가하면 최대하중(그림 3.7의 D점) 이후 하중을 지탱하는 능력이 급격하게 감소하는 현상이 점차적으로 줄어들어, 취성－연성 전이압력으로 알려진 압력 이후에서는 암석은 소성으로 거동하게 된다(그림 3.9). 즉, 점 D 이후에는 응력의 감소 없이도 암석의 지속적인 변형이 가능한 것이다(심지어 아주 높은 압력에서도 가끔 '응력 경화' 거동이 관찰되며, 이것은 암석이 변형될 때 '최대응력'은 관찰되지 않고 암석이 계속적으로 강해지는 것을 의미한다). 그림 3.10에 나타난 결정질 암석(노라이트), 쇄설성 암석(사암)의 삼축압축시험 자료는 구속압이 증가함에 따라 취성을 잃어버리고 있음을 보여준다.

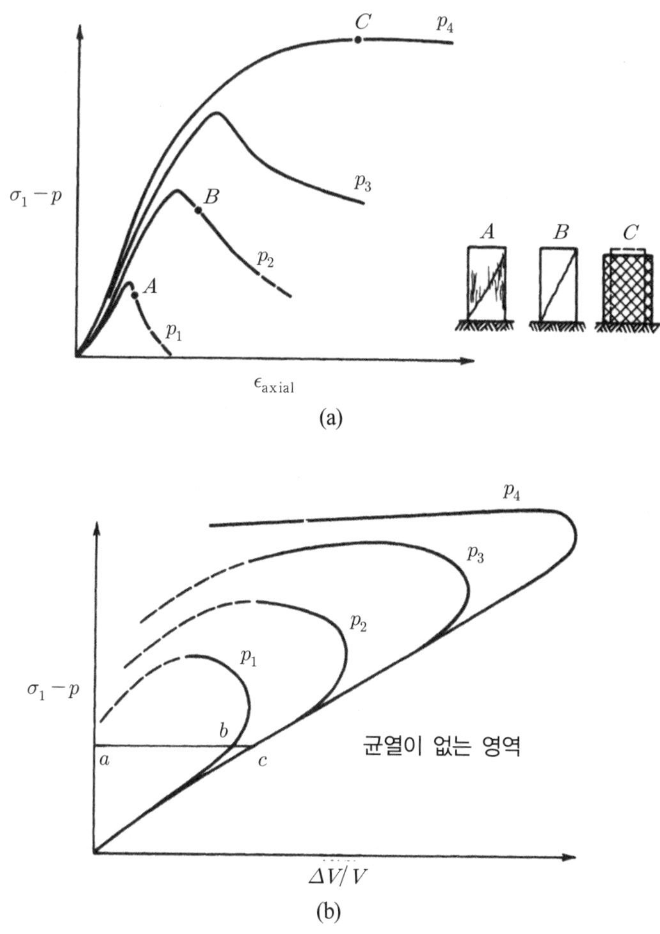

그림 3.9 삼축압축하의 거동
(a) 취성－연성 전이
(b) 체적 압축과 팽창

취성－연성 전이는 대부분의 토목 분야의 관심 범위보다 훨씬 높은 압력에서 일어난다. 그러나 증발암과 약한 점토 세일에서는 소성거동이 공학적 하중범위 내에서도 발생할 수 있다. 구속압을 가하지 않으면, 그림 3.7의 D점을 초과하는 하중을 가하여 실험한 암석에서는 하나 이상의 재하 축과 평행한 단열이 형성된다(그림 3.9a). 만약 양 끝부분이 매끄럽지 못하면 암석은 가끔 압열인장시험에서와 유사하게 재하 축과 평행하게 둘로 쪼개어진다. 그러나 구속압이 증가함에 따라 시료는 전체를 관통하는 경사진 파괴면을 형성하는 단층의 형태를 보이게 된다. 연약한 암석에서는 이러한 현상이 구속압을 가하지 않은 시료에서도 발생할 수 있다. 만약 시료가 너무 작은 경우, 단층구간을 지나도 계속되는 변형으로 단층블록의 모서리 부분이 압축기의 가압판에 닿아 이 부분에 복잡한 균열이 발생하여 변형률 경화 거동을 형성할 수 있다. 취성－연성 전이보다 큰 압력에서 암석은 그 자체로는 파괴되지 않지만, 변형된 시료 내에는 경사진 파괴면과 시료 표면과의 교차선의 흔적인 경사진 평행한 선들이 나타나 있는 것을 볼 수 있다. 변형된 암석을 조사해보면 결정 내 쌍정의 이동, 결정 간 미끄러짐 그리고 파괴의 흔적을 관찰할 수 있다.

구속압의 영향은 그림 3.9b의 일련의 삼축압축시험에서 보이듯이 체적 변형률 반응의 변화에서 나타난다. 연속적으로 보다 높은 구속압을 가하면 체적 변형률 곡선은 부드럽게 위로 그리고 오른쪽으로 이동한다. 이러한 곡선은 평균응력(즉, 거리 ac)이 증가할 때의 정수압의 산술합이며 축차응력(cb)이 증가할 때의 부피팽창이다. 그림 3.9b에 나타난 반응은 σ_1에 대한 σ_3의 비가 충분히 작을 때 적용된다. 이 비가 약 0.2보다 클 경우, 균열은 발생되지 않으며 부피팽창은 억제된다(3.8절에 논의). 일상적인 삼축압축시험과정에서 주응력비는 균열이 발생할 때까지 축차응력이 적용되는 동안은 점진적으로 감소한다. 그러나 실제로는 재하가 발생하면 주응력비가 고정된 채로 있거나 증가한다.

표 3.2 취성－연성 전이 압력(상온 시)

암석 종류	압력	
	MPa	psi
암염	0	0
백악	<10	<1500
압밀된 셰일	0－20	0－3000
석회암	20－100	3000－15,000
사암	>100	>15,000
화강암	≫100	≫15,000

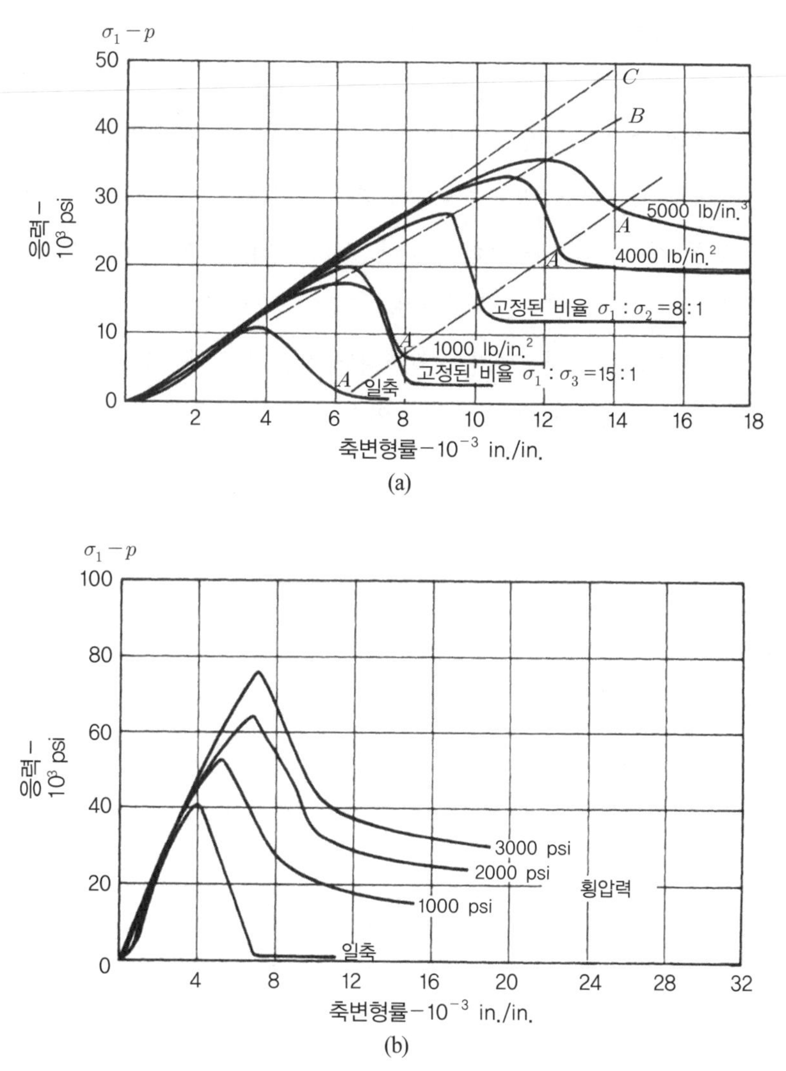

그림 3.10 사암(a)과 노라이트(norite)를 대상으로 한 삼축압축시험에서 구속압의 함수인 응력차와 축방향 변형률의 그래프

3.4 강도의 의미

파괴라는 용어는 암석 시료가 원래의 모양을 거의 완전히 잃어버리는 것을 의미하지만, 공학적 의미로는 암석이 더 이상 목적에 맞는 기능을 할 수 없는 것을 의미한다. 명백히 파괴라고 생각되는 현상들은 저장 능력의 상실에서부터 붕괴, 재산의 손실, 죽음 등과 같은 다양한 기능에 따라 달라진다. 그러나 단 하나의 시료에 있어서도 시료에 가해진 하중의 재하 방법에 따라

입자 간의 점착력이 상실될 수도 있고 상실되지 않을 수도 있기 때문에 파괴란 개념은 명확하지 않다. 이렇게 일정하지 않은 암석의 반응은 하중에 의한 암석의 파괴가 부분적으로 재하 시스템에 따라 달라지며 암석의 진정한 특성이 아니기 때문이다. 공학적 설계를 목적으로 하는 경우에 강도는 최대응력값(그림 3.7의 D점에 해당하는 응력)을 사용하는 것이 유용하고 뒤에서 설명될 파괴기준 또한 최대응력값과 관련이 있다. 그러나 압축시험에서는 최대응력값의 측정 시점에서 시험을 멈출 필요는 없고 압축시험기가 견고하다면 그림 3.7의 E점까지나 더 이상 시험을 진행할 수도 있다. 만약 시험기가 견고하다면 하중의 점차적인 감소를 통하여 암석의 점진적인 파괴를 유도할 수 있으므로 암석은 소위 말하는 '완전한 응력-변형률 곡선'의 거동을 보일 것이다.

시험기는 나사 혹은 유압 실린더를 작동하여 암석에 하중을 가하는 장치로써 나사식 시험기는 그림 3.11a와 같다. 시료는 하부 시험판과 시료의 축과 평행한 나사로 연결된 상판 사이에 고정된다. 시험판 아래의 모터가 작동하여 나사를 회전시키면 상판은 상하로 이동하게 된다. 만약 모터를 작동시켜 시료에 하중이 전달되기 시작하고 그 이후 모터의 작동을 중지시키면, 이후의 시험판에 대한 상대적인 상판의 이동은 시험기의 강성 k_m에 따라 결정된 속도로 하중을 변화하여야 한다. 그림 3.11b에서 A에서 J까지로 표시된 일련의 선들은 상판의 위치에 따른

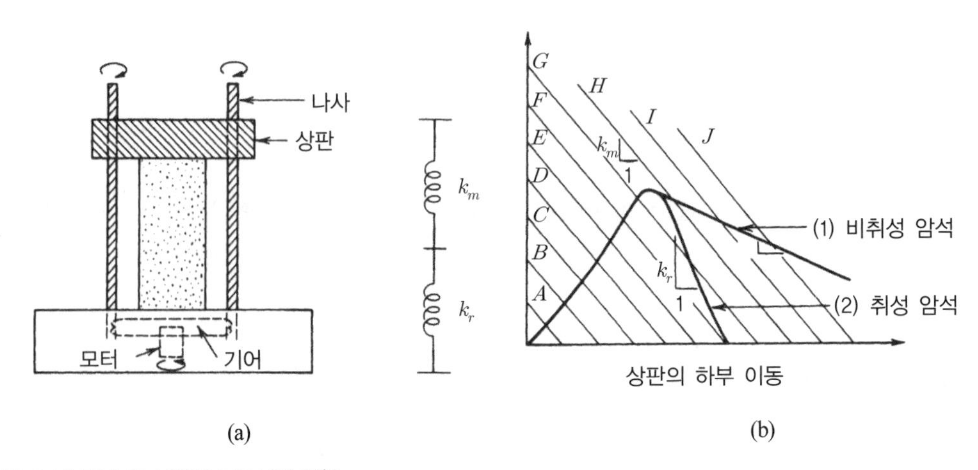

그림 3.11 파괴 시 시험장비 강성의 영향
(a) 자유체(freebody)로 표현된 시험장비
(b) 안정 및 불안정 시료

시험기의 강성을 나타낸다. 시험기를 작동하여 시료에 하중을 증가시키는 것은 그림의 굵은 선을 따라 이동하는 것을 의미하고, 최대하중점에서 모터의 작동을 중지시켜 하중의 증가를 중지시키면 완전한 응력-변형률 곡선의 최대하중 이후의 곡선의 기울기를 나타내는 k_r과 k_m의 상대적인 값에 따라 파괴가 일어날 수도 있고 일어나지 않을 수도 있다. 예를 들면 그림 3.11b의 암석 1인 경우에는 시험기의 길이가 지속적으로 줄어듦에 따라 급격한 파열 없이 계속적으로 변형이 발생하는 반면, 암석 2의 경우에는 비록 시험기의 작동을 중지하여 더 이상의 하중증가가 없더라도 시험기의 길이가 줄면서 발생하는 하중의 증가속도가 시료에서의 하중 감소 속도보다 빠르기 때문에 파괴가 일어난다. 그러나 만약 파열이 발생하려는 순간에 모터를 반대로 작동하여 상판이 위로 이동하면 시험조건은 G, F로 이동하게 되어 완전한 응력-변형률 곡선을 얻을 수 있다. 서버조정이 되는 시험기에서는 시료에 부착된 변위계의 신호에 따라 이러한 작동이 자동적으로 일어날 수 있다. 서버조정이 되지 않는 시험기에서도 하중을 증가시키고 감소시키는 스위치 조정을 순간적으로 수동으로 할 수 있으면 완전한 응력-변형률 곡선을 얻을 수 있다. 그림 3.12는 조립질 대리암에 대하여 위에서 설명한 방법으로 얻은 자료이다. 1,600,000파운드 용량의 나사식 시험기에서 통상적인 방법에 의하여 시험한 결과, 최대응력값에서 격렬한 파열이 발생하면서 시료는 가루로 부서진 반면에, 시료의 거동이 항복점에 도달하는 순간 하중을

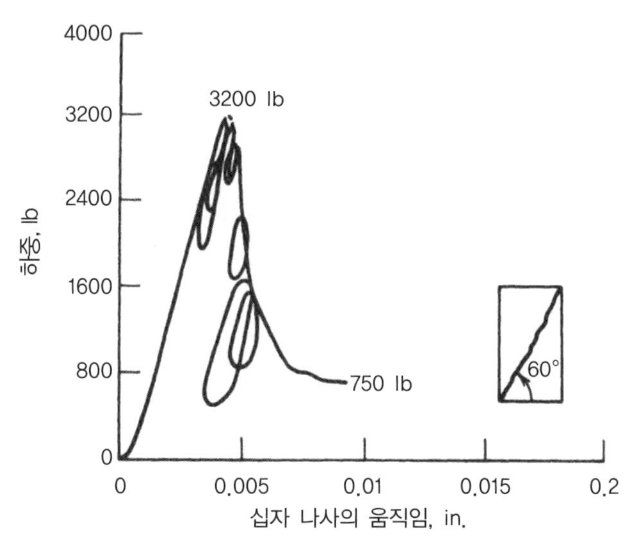

그림 3.12 중간 정도의 강성을 가진 장비를 활용하고 하중 사이클을 통해 획득된 완전한 응력-변형률 곡선. 시료는 조립질 대리암. 길이 1.45 in., 직경 0.8 in.

감소시켰을 때는 연속적인 이력곡선을 구할 수 있었고, 이력곡선의 포락선을 이용하여 완전한 응력-변형률 곡선의 오른쪽 부분을 얻을 수 있었다. 또한 시험이 끝났어도 시료에 균열은 발생하였지만 시료 모양은 부서지지 않고 유지되었다. 암석의 강성은 단면적에 비례하므로 이러한 실험에서는 작은 시료를 사용하는 것이 유리하다. 동일한 강성을 지닌 두 개의 시료를 다른 강성을 가지는 시험기에서 각기 실험하면, 시험기의 강성에 의한 영향은 명백히 드러난다. 두 번의 시험 중 한 시험에 대하여 암석과 직렬로 한 개의 스프링을 추가함으로써 이러한 현상이 이루어질 수 있다.

3.5 완전한 응력-변형률 곡선의 적용

만약 응력이 터널이나 광산의 벽면에 균열을 야기시킬 만큼 커지게 되면, 지하공간에 대한 응력의 흐름을 분산시키는 응력해방 구역이 만들어져 암석이 벽면으로부터 스폴링(spalling)되어 떨어지게 된다. 암석은 벽에서 떨어지면서 응력을 지하공간에서 점차 멀어지게 만드는 무응력 구역을 만들게 된다. 잘 설계된 광산에서는 광주가 붕괴되더라도 천장의 하중은 다른 곳으로 분산될 것이다. 그러나 주방식(room and pillar) 광산에서 광주의 간격이 매우 넓으면, 단 하나의 광주가 붕괴되어도 치명적일 수 있다.

현장에서의 이러한 다양한 형태의 거동은 완전한 응력-변형률 개념을 통하면 이해가 된다. 매우 넓은 채광방(room)을 가진 광산에서 하나의 광주를 제거함으로써 발생되는 천장의 처짐은 천장 폭을 2개의 채광방과 하나의 광주로 가정하면 계산이 가능하다. 빔 공식과 수치모델방법을 통하여, 광주를 제거하여 발생하는 천장 처짐 증가분에 대한 최대광주하중과의 비는 시스템의 강성으로 정의된다. 만약 이 강성의 규모가 완전한 힘-변위 곡선의 최대하중 이후의 기울기보다도 크다면, 광산의 광주는 파괴되지 않을 것이다.

완전한 응력-변형률 곡선은 크리프의 결과로 인한 암석의 파괴를 예측하는 데 이용될 수 있다. 그림 3.13에서 보이듯이 응력-변형률 그래프에서 크리프 시험의 궤적은 수평선이다. 만약 초기응력이 최대응력에 가깝다면, 누적된 변형률이 완전한 응력-변형률 곡선 중 하강곡선 부분과 교차할 때 파괴가 발생하면서 크리프는 끝나게 된다. A에서 시작된 크리프 시험은 상대적으로 짧은 시간이 지난 후 B 지점에서 파괴되면서 끝나게 된다. C에서 시작된 크리프 시험은 상당히 긴 시간이 지난 후 D에서 파괴되면서 끝난다. 임계 응력 수준인 G 아래의 E에서 시작된 크리프 시험은 긴 시간이 지난 후 파괴되지 않고 F에 접근하게 된다(그림 6.16과 비교).

그림 3.14에서 보이듯이 최대하중 수준 이하에서 시행된 반복재하실험에도 비슷한 개념이 적용된다. 재하(loading)와 제하(unloading)의 반복은 에너지가 암석 내의 균열이나 열극 상에서 미끄러지는 데 사용되기 때문에 '이력곡선'을 만든다. 최대하중을 초과하지 않은 점 A에서 시작된 다중 하중 사이클은 B[3]에서 파괴되어 끝나는 이력곡선 포락선의 이동을 발생시킨다.

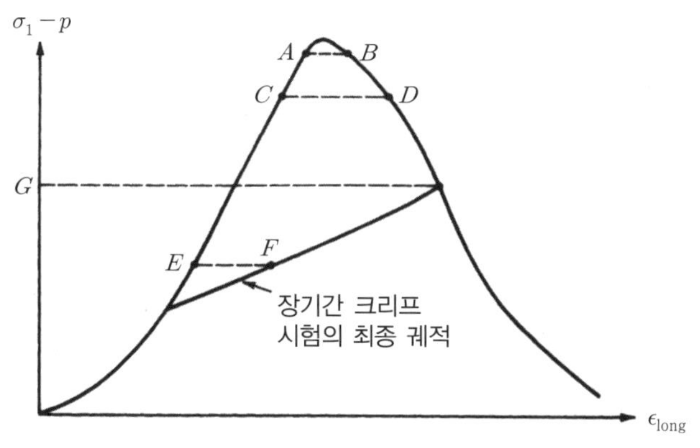

그림 3.13 완전한 응력-변형률 곡선과 관련된 크리프 현상

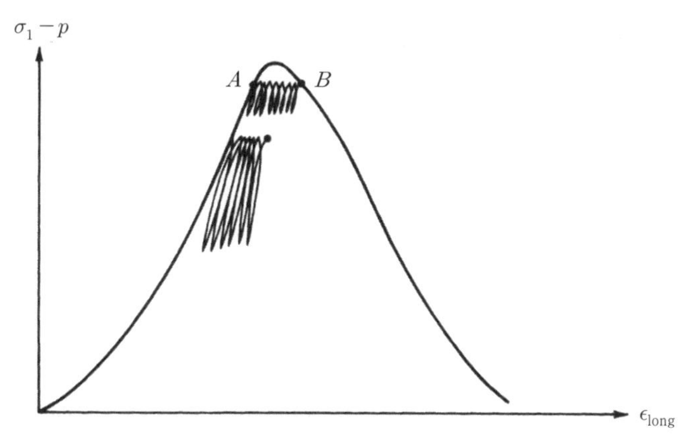

그림 3.14 완전한 응력-변형률 곡선과 관련된 동적 하중에 대한 반응

3 이것은 반복재하(cycling loading)에 의하여 파괴점 인근의 단층을 따라서 축적된 에너지가 해소되는 방법을 보여준다. Wisconsin 대학의 B. Haimson 교수는 단층대 내의 우물에서 반복적인 양수를 할 때 발생할 수 있음을 제안하였고, 수압의 영향은 3.7절에서 설명하였다.

3.6 모어-쿨롱 파괴기준

만일 암석에 구속압이 가해지면 축차응력이 증가함에 따라 최대응력이 증가하게 된다, 구속압에 따른 축차응력의 변화를 파괴기준이라 한다. 가장 간단하고 잘 알려진 파괴기준은 모어-쿨롱 파괴기준이며, 이는 그림 3.15에서와 같이 임계상황에서의 주응력을 나타내는 모어 원들에 대한 접선으로 나타낼 수 있다. 모어 원들에 대한 접점을 연결한 포락선을 평면에 작용하는 수직응력과 전단응력으로 나타내면

$$\tau_p = S_i + \sigma \tan\phi \tag{3.7}$$

으로 표현된다. 여기서 ϕ는 내부마찰각으로 표면에서 물체가 미끄러질 때 작용하는 마찰각과 같고, 수직응력과 함께 증가하는 최대강도의 증가율을 의미한다. τ_p는 최대전단응력 혹은 전단강도를 나타낸다.

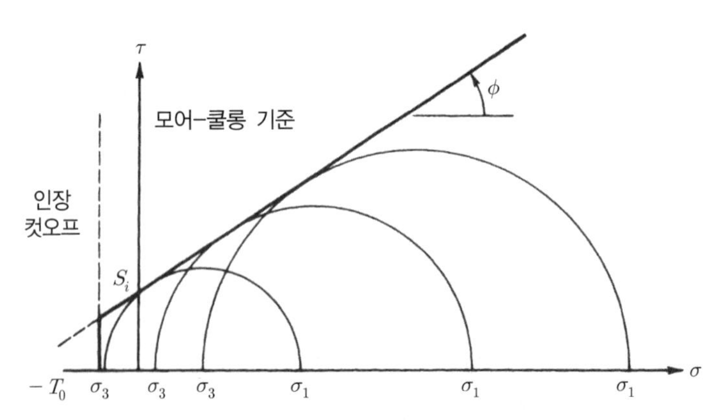

그림 3.15 인장 컷오프(tension cutoff)를 표시한 모어-쿨롱 파괴 기준

모어-쿨롱 기준은 그림 3.10에서와 같이 최대하중 이후 변형 상태에서의 최소 강도를 나타내는 잔류강도로도 표현할 수 있다. 이러한 경우에는 잔류강도라는 것을 표시하기 위하여 식 (3.7)에 아래 첨자 r을 첨가하기도 한다. 잔류전단강도($S_{i,r}$)는 일반적으로 0에 접근하는 반면에 잔류마찰각(ϕ_r)은 0에서 최대 마찰각 사이에 분포한다. 백악기 Bearpaw and Pierre 셰일과 같은

몬모릴로나이트를 많이 함유한 압밀(compaction) 셰일의 경우 변형 동안 공극수압의 누적이 발생하지 않는 배수실험에서도 4~6°의 낮은 값을 보이기도 한다(Townsend and Gilbert, 1974)

식 (3.7)은 다음과 같은 물리적 해석이 가능하다. 전단응력에서 파괴면에 작용하는 수직응력에 의하여 유발된 마찰력을 제외한 값이 암석 고유의 전단강도 S_i와 동일할 때 파괴가 발생한다는 것을 의미한다. 만약 파괴면에 인장응력이 작용한다면 마찰력은 유발되지 않기 때문에, 파괴면에 작용하는 수직응력 σ가 인장응력의 영역으로 들어가고 파괴기준은 물리적 타당성을 상실한다. 그러나 σ가 압축응력이므로 최소 주응력 σ_3는 인장응력일 수도 있다. Griffith 이론과 같은 다른 파괴이론이 인장 영역에서는 더욱 정확하다. 그러나 모어-쿨롱 이론은 단순하다는 장점이 있기 때문에 σ_3가 일축인장강도 $-T_0$이 되는 지점까지 모어-쿨롱식을 인장 영역까지 연장하여 파괴기준으로 사용한다. 단 최소 주응력은 $-T_0$보다 작을 수는 없다.

모어-쿨롱 파괴기준에서는 인장응력에 의한 제한을 고려하여 그림 3.15에서 보이듯이 '인장 컷오프(tension cutoff)'를 추가하여 사용한다. 주응력 중 하나의 값이 음인 모어 원의 실제기준은 그림 3.16과 같이 인장 컷오프를 고려한 모어-쿨롱 파괴기준선의 아래에 위치하게 된다. 따라서 현장에서 이 단순한 파괴기준선을 적용할 경우에는 인장강도 T_0와 전단강도 절편값은 S_i를 감소시켜 사용할 필요가 있다.

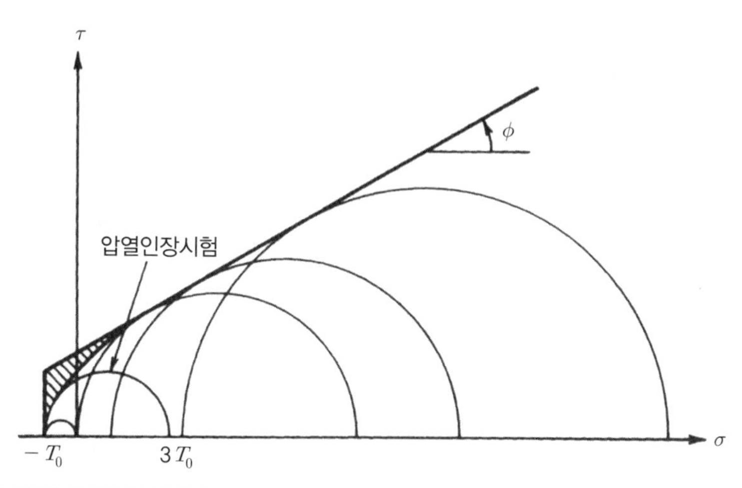

그림 3.16 인장 영역 내에서 경험적 포락선과 모어-쿨롱 기준식의 비교. 빗금 친 영역 내에서 인장 컷오프를 포함한 모어-쿨롱 기준식은 강도를 과대평가하였다.

최대하중의 상태에서 주응력으로 표시된 모어-쿨롱 파괴기준선은

$$\sigma_{1,p} = q_u + \sigma_3 \tan^2\left(45 + \frac{\phi}{2}\right) \tag{3.8}$$

로 표시된다. 이때 $\sigma_{1,p}$는 응력-변형률 곡선의 최대하중에 해당하는 최대 주응력이고 q_u는 일축압축강도이다. 또한 일축압축강도 q_u와 전단강도 절편값 S_i의 관계는

$$q_u = 2S_i \tan\left(45 + \frac{\phi}{2}\right) \tag{3.9}$$

이다. 식 (3.8)에는 최대인장기준이 추가되어야만 한다. 즉 σ_1의 크기에 상관없이 σ_3가 인장강도 $-T_0$와 동일하면 인장파괴가 발생한다.

대표적인 암석 시료에 대한 대표적 최대전단강도 절편 S_j와 최대 내부마찰각 ϕ가 표 3.3에 수록되어 있다. 여러 암석에 대한 인장강도와 일축압축강도의 비 q_u/T_o는 표 3.1에 수록되어 있다.

표 3.3 선택된 암석에 대한 내부 마찰각과 전단강도 절편의 대표값

		S_i(MPa)	ϕ	(MPa)	
Berea 사암	18.2	27.2	27.8	0-200	4
Bartlesville 사암		8.0	37.2	0-203	3
Pottsville 사암	14.0	14.9	45.2	0-68.9	8
Repetto 실트암	5.6	34.7	32.1	0-200	4
Muddy 셰일	4.7	38.4	14.4	0-200	4
Stockton 셰일		0.34	22.0	0.8-4.1	2
Edmonton 벤토나이트질 셰일 (함수율 30%)	44.0	0.3	7.5	0.1-3.1	9
Sioux 규암		70.6	48.0	0-203	3
Texas 셰일, 재하상태					
벽개에 30°		26.2	21.0	34.5-276	6
벽개에 90°		70.3	26.9	34.5-276	6

표 3.3 선택된 암석에 대한 내부 마찰각과 전단강도 절편의 대표값(계속)

		S_i(MPa)	ϕ	(MPa)	
Georgia 대리암	0.3	21.2	25.3	5.6−68.9	8
Wolf Camp 석회암		23.6	34.8	0−203	3
Indiana 석회암	19.4	6.72	42.0	0−9.6	8
Hasmark 백운암	3.5	22.8	35.5	0.8−5.9	4
백악	40.0	0	31.5	10−90	1
Blaine 경석고		43.4	29.4	0−203	3
Inada 흑운모 화강암	0.4	55.2	47.7	0.1−98	7
Stone Mountain 화강암	0.2	55.1	51.0	0−68.9	8
Nevada 시험장 현무암	4.6	66.2	31.0	3.4−34.5	10
Schistose 편마암					
편리에 90°	0.5	46.9	28.0	0−69	2
편리에 30°	1.9	14.8	27.6	0−69	2

a Kulhawy(1975) (참고문헌 5)의 자료
b 1. Dayre, M., Dessene, J. L., and Wack, B. (1970) Proc. 2nd Congress of ISRM, Belgrade, Vol. 1, pp. 373-381.
2. DeKlotz, E., Heck, W. J., and Neff, T. L. (1964) First Interim Report, MRD Lab Report 64/493, U. S. Army Corps of Engineers, Missouri River Division.
3. Handin, J. and Hager, R. V. (1957) Bull. A.A.P.G. 41: 1-50.
4. Handin, J., Hager, R. V., Friedman, M., and Feather, J. N. (1963) Bull. A.A.P.G. 47: 717-755.
5. Kulhawy, F. (1975) Eng. Geol. 9: 327-350.
6. McLamore, R. T. (1966) Strength-deformation characteristics of anisotropic sedimentary rocks, Ph.D. Thesis, University of Texas, Austin.
7. Mogi, K. (1964) Bull. Earthquake Res. Inst., Tokyo, Vol. 42, Part 3, pp. 491-514.
8. Schwartz, A. E. (1964) Proc, 6th Symp, on Rock Mech., Rolla, Missouri, pp. 109-151.
9. Sinclair, S. R. and Brooker, E. W. (1967) Proc. Geotech. Conf. on Shear Strength Properties of Natural Soils and Rocks, Oslo, Vol. 1, pp. 295-299.
10. Stowe, R. L. (1969) U. S. Army Corps of Engineers Waterways Experiment Station. Vicksburg, Misc. Paper C-69-1.

3.7 물의 영향

일부 암석은 물이 첨가되면 고결물질 또는 점토광물 결합이 화학적 반응에 의하여 강도가 저하된다. 쉽게 부서지는 사암의 경우 단순히 포화만 되어도 강도가 약 15% 저하된다. 극단적인 경우 몬모릴로나이트로 구성된 점토질 셰일과 같이 포화되면 완전히 부서지는 경우도 있다. 하지만 대부분의 암석에서 물은 공극수압으로 작용하여 암석의 강도에 매우 큰 영향을 미친다. 만약 하중이 가해지는 동안 배수가 이루어지지 않으면 공극이 압축되고 공극 내의 물의 압력은 증가하게 된다.

그림 3.17은 펜실베이니아 셰일에 대하여 실시한 삼축압축시험의 결과로 공극수압이 증가하여 강도가 감소하는 것을 보여준다. 이 그림은 2개의 다른 시험결과를 보여준다. 원으로 표시된 부분

은 삼축압축시험 시 물을 배수시킴으로써 과잉공극 수압이 발생하지 않는 경우(배수조건)이고, 삼각형은 비배수 상태로 시험하여 시료 내에 과잉공극수압이 발생하는 경우의 시험 결과(비배수 조건)이다. 배수시험에서 얻어진 축차응력-축형률 곡선은 그림 3.7a에서와 유사하게 최대값을 보인 후 점차 하강하는 곡선을 보인다. 삼축시험에서 축응력이 증가함에 따라 평균응력도 증가하므로 체적 변형률 곡선은 그림 3.17에서와 같이 정수압에 의한 압축(그림 3.6)과 부피팽창(dilatancy) (그림 3.7b)을 합한 것과 같다. 초기에 시료가 팽창하기 전까지 정수압에 의한 압축에 의하여 부피가 감소한다. 반면에 체적감소율은 둔화된 후 음의 기울기를 보이게 되는데, 음의 기울기는 체적이 증가함을 나타낸다. 그러나 비배수 시험에서는 물로 채워진 공간에서 물이 빠져나

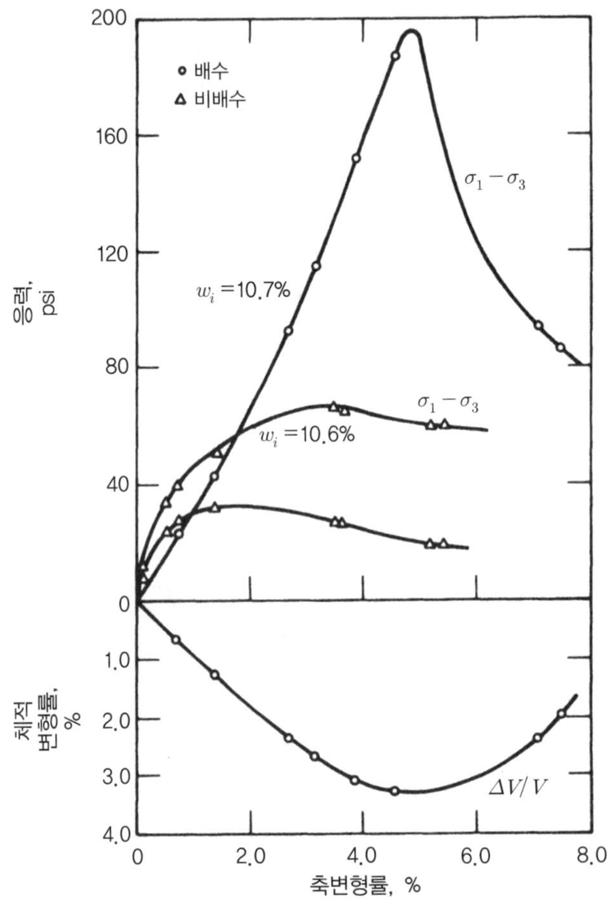

그림 3.17 펜실베이니아의 셰일에 대한 배수 및 비배수 삼축압축강도시험 결과. w_i는 초기함수비. p_w는 공극수압

오지 못하고 압축을 받게 되어 체적의 변화 경향이 잘 드러나지 않는다. 결과적으로 공극 내의 공극수압(p_w)이 증가한다. 이는 최대응력을 감소시키고 최대응력 후의 곡선을 편평하게 만든다.

많은 연구자는 공극수압 p_w이 구속압을 p_w만큼 감소시켜 최대수직응력도 감소시킨다는 Terzaghi 유효응력법칙의 효용성을 암석에서도 확인하였다. 여기에서도 같은 이론을 적용하여 유효응력 σ'를 다음과 같이 정의하였다.

$$\sigma' = \sigma - p_w \tag{3.10}$$

축차응력$(\sigma_1 - \sigma_3)$은 $\sigma'_1 - \sigma'_3 = (\sigma_1 - p_w) - (\sigma_3 - p_w) = \sigma_1 - \sigma_3$이므로 영향을 받지 않는다.

공극수압의 영향은 파괴기준에서 응력을 유효응력으로 바꾸어줌으로써 반영할 수 있다. 건조한 암석을 대상으로 하는 시험에서는 수직응력이 유효응력과 동일하지만 포화된 암석에서는 수직응력을 유효응력으로 대치하면 되고 식 (3.8)을

$$\sigma'_{1,p} = q_u + \sigma'_3 \tan^2\left(45 + \frac{\phi}{2}\right) \tag{3.11}$$

혹은

$$\sigma'_{1,p} - \sigma'_3 = q_u + \sigma'_3\left[\tan^2\left(45 + \frac{\phi}{2}\right) - 1\right] \tag{3.12}$$

로 표시할 수 있다. 축차응력은 공극수압에 의하여 영향을 받지 않으므로 식 (3.12)는

$$\sigma_{1,p} - \sigma_3 = q_u + (\sigma_3 - p_w)\left[\tan^2\left(45 + \frac{\phi}{2}\right) - 1\right]$$

로 된다.

암석에 σ_1과 σ_3에 의해 정의되는 초기응력이 가해졌을 때 파괴를 일으키는 공극수압은

$$p_w = \sigma_3 - \frac{(\sigma_1 - \sigma_3) - q_u}{\tan^2\left(45 + \frac{\phi}{2}\right) - 1} \tag{3.13}$$

이다. 그림 3.18은 이를 묘사하고 있다. 만일 저수지나 대수층 내 암석에 한계에 가까운 응력이 가해지면 공극수압의 증가는 암석의 파괴를 유발하여 지진을 발생시킬 수 있다. 그러나 저수지의 건설이나 심부 대수층에 물을 주입하여 발생하는 지진은 방향이 이미 결정된 기존의 단층면을 따라 주로 발생한다. 이러한 발생과정은 유사하지만 제5장에서 설명될 초기응력의 상대적인 방향에 의한 영향을 식에 고려한다.

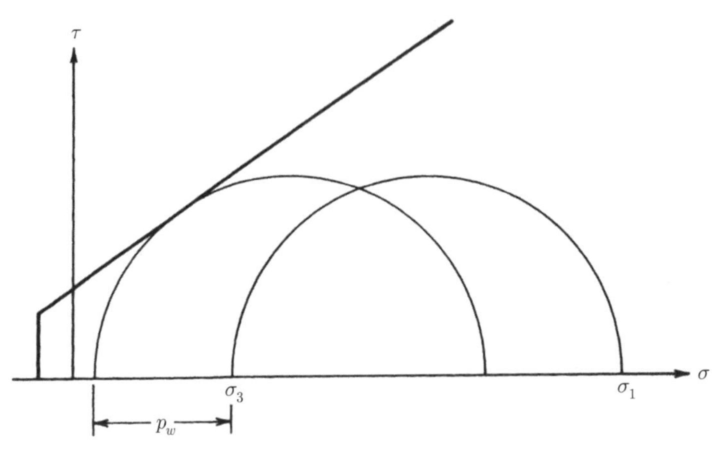

그림 3.18 주어진 초기응력 상태에서 무결암의 파괴를 유발하는 수압

3.8 파괴에서의 주응력의 비의 영향

통상적인 삼축압축시험에서 암석에는 주응력의 비($K = \sigma_3/\sigma_1$)가 1인 정수압이 먼저 가해진다. 그 이후 σ_1을 증가시키게 되며, σ_1이 증가함에 따라 암석 내에 균열이 발생할 때까지 K 값은 점차 감소하다가 결국은 최대강도에 이르게 된다. 그러나 이러한 하중재하 방법은 모든 상황에서 현실적이지는 않고, 주응력의 비가 어떤 일정한 값에 고정되었을 때 암석의 거동을 고려하는 것이 필요한 경우도 있다. 예를 들면 암반 내에 지하공간의 굴착으로 인하여 발생하

는 상황을 시험할 때, 공동의 영향을 받는 지역의 주응력의 방향 및 상대적 크기를 얻을 수 있다. 초기 지하응력의 크기에 대한 가정의 변화는 이러한 응력을 증가시키거나 감소시키기는 하지만 암석이 탄성적으로 거동하는 한 K 값은 변하지 않는다. 그러므로 Heok(1968)가 논의한 바와 같이 파괴기준은 주응력의 비로써 표현하면 장점이 있다. 주응력의 비에 의한 파괴기준의 표현은 파괴가 일어나지 않을 최소한의 K 값을 쉽게 구할 수 있고 실험에 의하여 증명할 수 있다. 식 (3.8)의 모어-쿨롱 파괴기준에서 양변을 $\sigma_{1,p}$로 나눈 뒤 $K=\sigma_3/\sigma_1$를 대입하면

$$\sigma_{i,p} = \frac{q_u}{1-K\tan^2\left(45+\dfrac{\phi}{2}\right)} \tag{3.14}$$

가 된다. 위의 식에서 K가 $\cot^2\left(45+\dfrac{\phi}{2}\right)$에 근접하면 최대 주응력이 매우 커지게 된다. 예를 들면, $\phi=45°$인 경우 주응력의 비 $K=0.17$ 이상에서는 파괴가 일어나지 않는다.

3.9 실험적인 파괴기준

모어-쿨롱 파괴기준은 적용하기가 쉽고 현장조건을 다룰 수 있는 유용한 식으로 가치가 있지만, 좀 더 정확한 파괴기준은 실험실에서 파괴 시의 주응력에 의하여 그려진 모어 원의 포락선에서 구할 수 있다. 그림 3.19와 같이 실험에 의하여 구해진 파괴기준선은 아래로 휘어진 형태를 보이고, Jaeger and Cook(1976)과 Heok(1968)에 의하면 파괴포락선은 직선과 포물선의 중간에 위치한다. Griffith의 파괴이론은 인장응력 영역에서 포물선의 형태를 보인다. 이 이론은 암석 내의 임의의 방향을 가진 균열들이 분포하고 있다는 전제가 필요하며, 균열에 의하여 국부적인 응력집중이 발생하여 새로운 균열의 발생이 용이해진다고 가정한다. 그러나 Griffith 이론은 두 개의 주응력이 모두 압축응력인 영역에서는 물리적 타당성이 없다. 실제로 주어진 암종에 대한 파괴기준의 결정은 실험에 의한 적합곡선을 찾는 것이 최상의 방법이며, 이에 대한 사항은 Herget and Unrug(1976)의 논문을 참조하기 바란다. 여러 목적에 적합한 식은 $\sigma_3=-T_0$으로 표현되는 인장강도 컷오프(tension cutoff)와 지수법칙을 결합하여 만들 수 있다(Bieniawski, 1974).

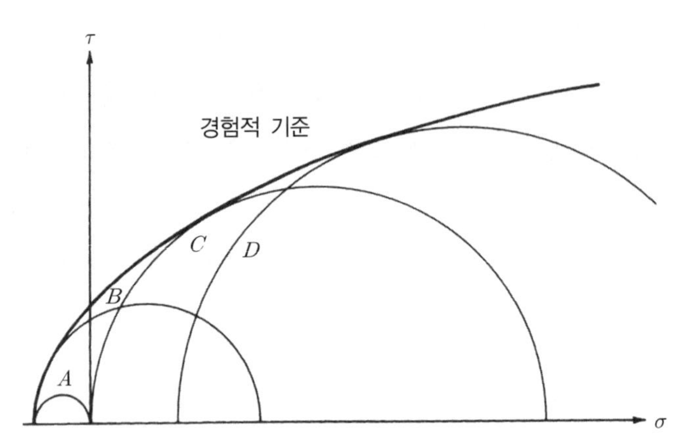

그림 3.19 여러 개의 모어 원에 대한 포락선들로 정의된 경험적 파괴기준. A. 직접전단. B. 브라질리언. C. 일축압축. D. 삼축 압축

$$\frac{\sigma_{1,p}}{q_u} = 1 + N\left(\frac{\sigma_3}{q_u}\right)^M \tag{3.15}$$

상수 N과 M은 아래의 점들에 대한 최적화 과정을 통해 구할 수 있다.

$$\left(\frac{\sigma_3}{q_u},\ \frac{\sigma_{1,p}}{q_u} - 1\right)$$

무결한 암석의 모어 포락선에 대한 경험식은 링 전단시험(그림 3.3e)에서 얻어진 자료를 최적화하여 구할 수도 있다(Lundborg, 1966). 강도 포락선을 구하기 위해서는 σ에 대한 최대전단강도(τ_p) 식 (3.4)를 도시해야 한다. Lundborg는 자료를 최적화한 결과 절편이 S_i이고 S_f에 점근하는 곡선의 포락선을 발견했으며 아래 식으로 표시된다.

$$\tau_p = S_i + \frac{\mu' \sigma}{1 + \dfrac{\mu' \sigma}{S_f - S_i}} \tag{3.16}$$

(μ'는 Lundborg의 μ 관련식에 모어-쿨롱 내부마찰각 $\mu = \tan\phi$와 구분하기 위하여 사용되

었다.) 식 (3.16)은 아래와 같이 고쳐 쓸 수 있으며

$$\frac{1}{\tau_p - S_i} = \frac{1}{\mu'\sigma} + \frac{1}{S_f - S_i} \tag{3.17}$$

μ'은 가로축을 $(\sigma)^{-1}$ 축으로, 세로축을 $(\tau_p - S_i)^{-1}$로 하여 자료를 도시할 때 구해지는 기울기의 역수(그림 3.20b)이다. 표 3.4는 대표적 Lundborg 계수를 보여준다. 링 전단시험에 의하여 구해진 강도는 삼축압축시험에 의하여 구해진 강도보다 약간 큰 경향을 보인다.

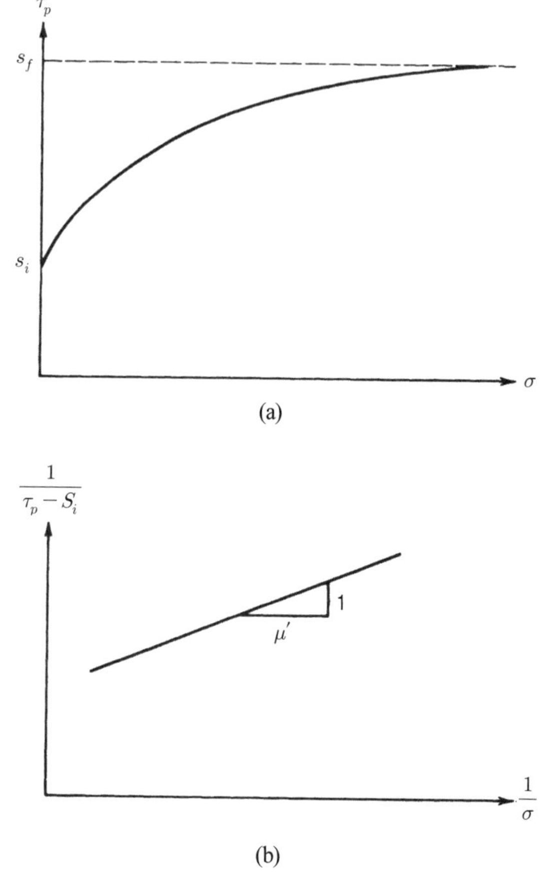

그림 3.20 링 전단시험으로부터 획득한 경험적 파괴 기준(Lundborg, 1966)
(a) 식 (3.16)의 도시, (b) μ'의 도해적 결정

표 3.4 Lundborg의 강도식에서 상수들의 값

	μ'	S_i(MPa)	S_f(MPa)
화강암	2.0	60	970
페그마타이트	2.5	50	1170
규암	2.0	60	610
점판암	1.8	30	570
석회암	1.2	30	870

3.10 강도에 미치는 크기의 영향

암석은 균열과 열극을 포함하고 있는 조직형태로 결정과 입자로 구성되어 있다. 따라서 강도에 영향을 미치는 모든 요소들을 통계적으로 완벽히 고려하기 위해서는 다소 큰 시료가 필요하다. 시료의 크기가 작으면 균열의 분포가 거의 없어서 파괴는 새로운 균열이 생성되면서 일어나는 반면에 시료의 크기가 크면 파괴에 매우 큰 영향을 미치는 위치에 기존의 균열이 분포하고 있을 수도 있다. 그러므로 암석의 강도는 시료의 크기에 영향을 받는다. 석탄, 변질된 화강암, 셰일이나 열극이 잘 발달한 암석에서는 크기효과가 매우 심하여 실험실 강도와 현장강도의 비가 10배 이상이 되기도 한다.

다양한 크기의 시료를 이용하여 압축강도에 대한 크기의 영향을 보고한 여러 논문들이 발표되어 있다. Bieniawski(1968)는 석탄광의 광주를 절단하여 최대 크기가 1.6×1.6×1 m에 이르는 다양한 각주형 시료에 대하여 양 단면을 콘크리트로 보강한 다음 평판 잭을 이용하여 압축시험을 실시하였으며, 이에 대한 실험결과를 발표하였다. Jahns(1966)는 석회질 철광에서 겹쳐지게 시추하여 정방형의 시료를 제작한 다음 실시한 실험결과를 발표하였다. Jahns는 10개의 불연속면이 모서리를 지나도록 시료 크기를 제안했다. 큰 크기의 시료는 추가적인 크기 감소 없이 비싸지만 작은 시료는 부자연스러운 높은 강도 값을 보인다. 자료의 개수가 적기 때문에 Jahns의 제안은 모든 암종에 적용하기에는 무리가 있으나 시료가 일정한 크기 이상이면 강도의 변화가 거의 없다는 것을 보여준다. 그림 3.21은 석탄과 철광석뿐만 아니라 Pratt 외(1972)의 균열이 분포하고 변질된 석영 섬록암의 실험결과에서 유사한 거동을 보여준다.

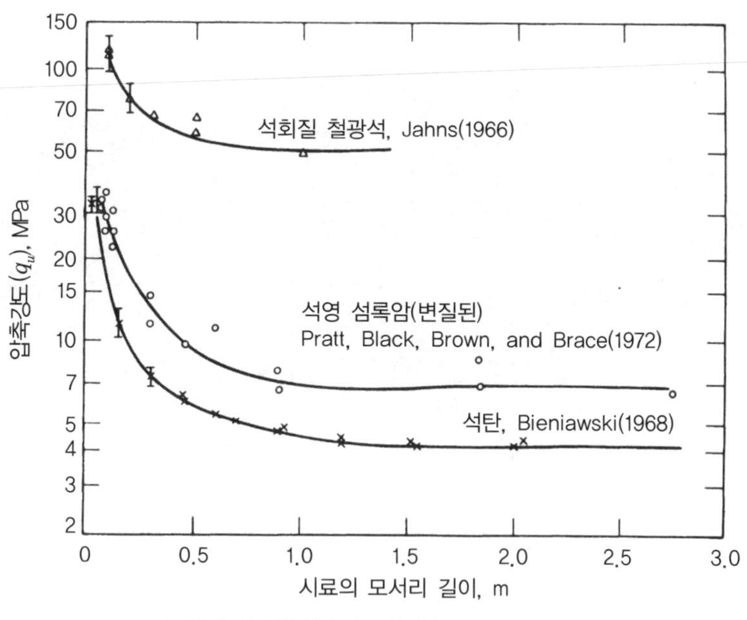

그림 3.21 일축압축강도에 대한 시료 크기의 영향

이러한 일련의 현명한 실험들은 길이 9 ft(2.74 m), 모서리 길이 6 ft(1.88 m)인 삼각 단면의 시료를 한쪽 끝에 수직 홈과 함께 스텐리스 평판 잭을 통해 하중을 가하였다. 그림 3.22a는 60° 경사진 홈을 천공하여 시료를 추출하는 모습을 보여주고 있으며, 그림 3.22b는 홈이 완전히 파여 있고, 한쪽 끝에 잭(jack)이 물려 있는 신장계(extensometer)가 표면의 변형률 측정을 위해 부착된 시료의 표면을 보여준다. 실험에 사용된 석영 섬록암은 상당히 큰 크기효과를 보여주는데 심하게 균열이 발달한 장석과 각섬석 반정(phenocryst)이 흩어진 점토가 기질을 구성하고 있기 때문이다. 이 암석의 공극률은 8~10%이다.

전단시험과 인장시험에서 크기효과는 잘 문서화되어 있지 않지만 의심할 여지없이 불연속면을 포함하는 암석에서 심할 것이다. 크기효과의 주제는 7장의 지하 공동 부분에서 좀 더 다루어질 것이다.

그림 3.22 Cedar City의 석영 섬록암에 대해 TerrTek가 실시한 현장 일축압축시험

3.11 이방성 암석

암석의 강도가 주응력의 방향에 따라 변하는 것을 '강도 이방성'이라 한다. 강한 이방성은 운모, 녹니석 그리고 점토 같은 편평한 광물이나 각섬석 같은 길쭉한 광물이 평행하게 배열된 암석의 특징이다. 따라서 편암이나 점판암 같은 변성암은 거동에 있어서 뚜렷한 방향성을 보인

다. 예를 들면, Donath(1964)는 Martinburg 점판암의 최소 일축압축강도와 최대 일축압축강도의 비가 0.17임을 발견했다. 이방성은 호상편마암, 사암과 셰일이 교호하는 층 혹은 쳐트와 셰일이 교호하는 층과 같이 다른 성분의 층이 규칙적으로 사이에 끼는 암석에서도 일어난다. 이러한 모든 암석에서 강도는 시험방향에 따라 연속적으로 변하고, 암석의 구조가 최대 주응력에 경사진 경우에 최소값을 보인다.

여러 개의 절리군이 분포하는 암반도 강도 이방성을 보이지만 절리의 방향이 주응력에 직각인 방향과 30° 이내의 각도를 이루는 경우에는 이방성을 보이지 않는다. 절리를 포함한 암석의 강도에 대한 이론은 제5장에서 다루어질 것이다.

강도 이방성은 방향이 기재된 블록시료에서 여러 방향으로 시추한 시추 코어를 이용한 실내시험을 통하여 가장 잘 평가될 수 있다. 주어진 방향성에 대하여 구속압을 달리하면서 일련의 삼축압축시험을 실시하면 방향성에 따른 계수 S_i와 ϕ를 구할 수 있다. McLamore(1966)는 Jaeger 1960)에 의하여 제안된 이론을 확대하여 S_i와 ϕ는 방향의 연속함수로 다음과 같이 나타낼 수 있다고 제안하였다.

$$S_i = S_1 - S_2[\cos 2(\psi - \psi_{\min,\, s})]^n \tag{3.18}$$

$$\tan\phi = T_1 - T_2[\cos 2(\psi - \psi_{\min,\, \phi})]^m \tag{3.19}$$

이때, S_1, S_2, T_1, T_2, m과 n은 상수이고, ψ는 벽개(편리, 층리, 혹은 다른 방향성)의 방향과 σ_1의 방향이 이루는 각, $\psi_{\min,\, s}$와 $\psi_{\min,\, \phi}$는 S_i와 ϕ에서 최소에 해당하는 ψ의 값이다.

McLamor는 점판암에서 ψ 값이 각각 50°와 30°일 때 마찰각과 전단강도의 최소값을 결정하였다. 슬레이트의 강도 변수는 다음과 같다.

$$S_i = 65.0 - 38.6[\cos 2(\psi - 30)]^3 \text{(MPa)} \tag{3.18a}$$

$$\tan\phi = 0.600 - 0.280\cos 2(\psi - 50) \tag{3.19a}$$

일반적으로 0°에서 90°까지 전체 구간의 ψ에 대해서 일련의 값으로 잘 맞출 수는 없는데 이론적(식 (3.18)과 식 (3.19))으로 예측한 $\psi=0°$일 때의 강도가 $\psi=90°$일 때의 강도보다도 낮기 때문이다. 실제로 하중이 점판암의 벽개, 편리 혹은 층리와 평행하게 가해졌을 때의 강도가 직각으로 하중이 가해졌을 때의 강도보다 강하다(그림 3.23a와 b를 비교하라). 이회암과 케로진(kerogen)이 반복적으로 나타나는 층으로 이루어진 오일 셰일에서 McLamore는 $0° \leq \psi < 30°$ 구간에서 한 조의 값을, $30° \leq \psi \leq 90°$ 구간에서 두 번째 조의 값을 사용하였다.

방향에 따른 마찰각의 변화는 일반적으로 전단강도 절편값의 변화보다 심하지 않다. 단순화하기 위해서 $n=1$, $\psi_{\min,s}=30°$ 그리고 ϕ는 방향에 상관없다고 가정하면, 강도 이방성은 $\psi=30°$와 $\psi=75°$에서 실시된 압축시험에서 구해질 수 있다(문제 12번을 보라).

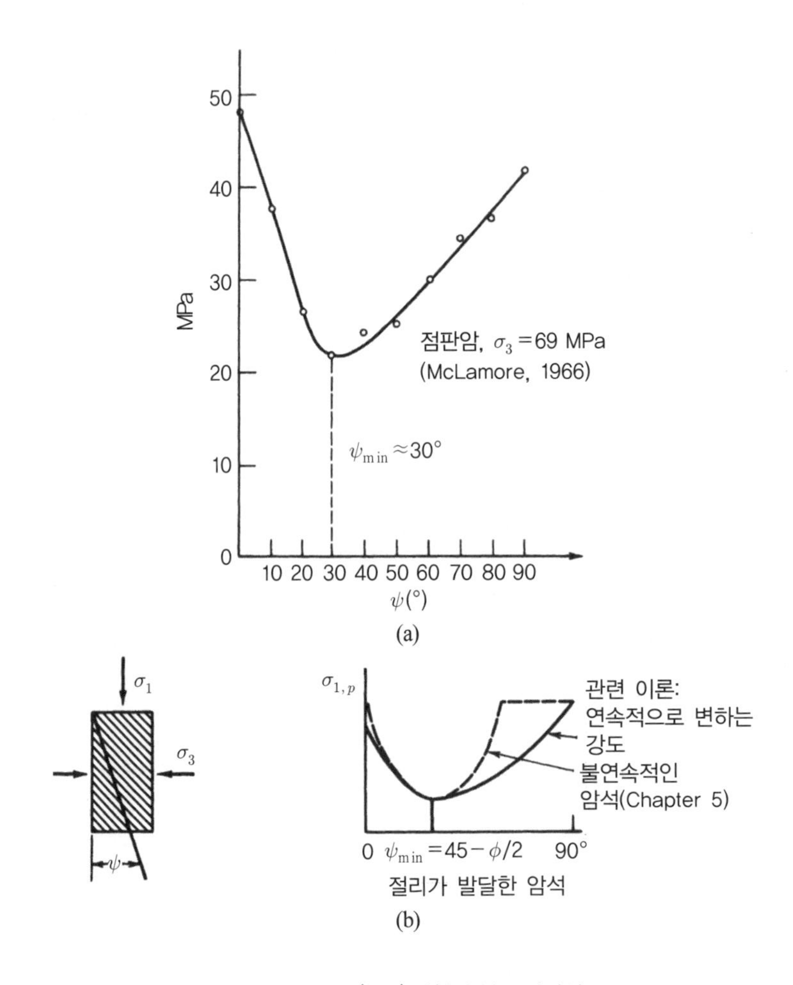

그림 3.23 삼축압축시험의 강도 이방성

참고문헌

Bieniawski, Z. T. (1967a) Stability concept of brittle fracture propagation in rock, *Eng. Geol.* 2: 149-162.

Bieniawski, Z. T. (1967b) Mechanism of brittel fracture of rock, *Int. J. Rock Mech. Min. Sci.* 4: 395-430.

Bieniawski, Z. T.(1968) The effect of specimen size on compressive strength of coal, *Int. J. Rock Mech. Min. Sci.* 5: 325-335.

Bieniawski, Z. T. (1972) Propagation of brittle fracture in rock, *Proceedings, 10th Symposium in Rock Mechanics* (AIME), pp. 409-427.

Bieniawski, Z. T. (1974) Estimating the strength of rock materials, *J. South African Inst. Min. Metall.* 74: 312-320.

Bieniawski, Z. T. and Bernede, M. J. (1979) Suggested methods for determining the uniaxial compressive strength and deformability of rock materials, for ISRM Commission on Standardization of Laboratory and Field Tests, *Int. J. Rock Mech. Min. Sci.* 16 (2).

Bieniawski, Z. T. and Hawkes, I. (1978)Suggested methods for determining tensile strength of rock materials, for ISRM Commission on Standardization of Lab and Field Tests, *Int. J. Rock Mech. Min. Sci.* 15: 99-104.

Bieniawski, Z. T. and Van Heerden, W. L. (1975) The significance of in-situ tests on large rock specimens, *Int. J. Rock Mech. Min. Sci.* 12: 101-113.

Broch, E. (1974) The influence of water on some rock properties, *Proc. 3rd Cong. ISRM* (Denver) Vol. II A, pp. 33-38.

Brown, E. T. Richards, L. W., and Barr, M. V. (1977) Shear strength characteristics of Delabole slates, *Proceedings, Conference on Rock Engineering* (British Geotechnical Society, Vol. 1, pp. 33-51.

Cook, N. G. W. and Hodgson, K. (1965) Some detailed stress-strain curves for Rock, *J. Geophys. Res.* 70: 2883-2888.

Donath, F. A. (1964) Strength variation and deformational behavior in anisotropic rocks. In W. Judd (Ed.), *State of stress in the Earth's Crust*, Elsevier, New York, pp. 281-300.

Fairhurst, C. (1964) On the validity of the Brazilian test for brittle materials, *Int. J. Rock Mech. Min. Sci.* 1: 535-546.

Haimson, B. C. (1974) Mechanical behavior of rock under cyclic loading, *Proc. 3rd Cong. ISRM* (Denver), Vol. II A, pp. 373-378.

Hallbauer, D. K., Wagner, H., and Cook, N. G. W. (1973) Some observations concerning the microscopic and mechanical behavior of quartzite specimens in stiff triaxial compression test, *Int. J. Rock Mech. Min.*

Sci. 10: 713-726.

Heard, H. C. (1967) The influence of environment on the brittle failure of rocks, *Proceedings, 8th Symposium on Rock Mechanics* (AIME), pp. 82-93.

Herget, G. and Unrug, K. (1976) In situ rock strength from triaxial testing, *Int. J. Rock Mech. Min. Sci.* 13: 299-302.

Heuze, F. E. (1980) Scale effects in the determination of rock mass strength and deformability, *Rock Mech.* 12 (3).

Hoek. E. (1968) Brittle failure of rock. In K. Stagg and O. Zienkiewicz (Eds.), *Rock Mechanics in Engineering Practice,* Wiley, New York.

Hoek. E. and Brown, E. T. (1980) Empirical strength criterion for rock masses, *J. Geotech. Eng.* ASCE 106: 1013-1035.

Hoek, E. and Franklin, J. A. (1968) Sample triaxial cell for field or laboratory testing of rock, *Trans. Section A. Inst. Min Metal.* 77: A22-A26.

Hudson. J. A., Crouch, S. L., and Fairhurst, C. (1972) Soft, stiff and servo-controlled testing machines: A review with reference to rock failure, *Engl. Geol.* 6: 155-189.

Hustrulid, W. and Robinson, F. (1972) A simple stiff machine for testing rock in compression, *Proceedings, 14th Symposium on Rock Mechanics* (ASCE), pp. 61-84.

Hustrulid, W. A. (1976) A review of coal pillar strength formulas, *Rock Mech.* 8: 115-145.

Jaeger, J. C. (1960) Shear failure of anisotropic rocks, *Geol. Mag.* 97: 65-72.

Jahns, H. (1966) Measuring the strength of rock in-situ at an increasing scale, *Proc. 1st Cong. ISRM* (Lisbon), Vol. 1, pp. 477-482 (in German).

Kulhawy, F. H. (1975) Stress-deformation properties of rock and rock discontinuities, *Eng. Geol.* 9: 327-350.

Lundborg, N. (1966) Triaxial shear strength of some Swedish rocks and ores, *Proc. 1st Cong. ISRM* (Lisbon), Vol. 1, pp. 251-255.

Maurer, W. C. (1965) Shear failure of rock under compression, *Soc. Petrol. Eng.* 5: 167-176.

McLamore, R. T. (1966) Strength-deformation characteristics of anisotropic sedimentary rocks, Ph. D. thesis, University of Texas, Austin.

Mesri, G. and Gibala, R. (1972) Engineering properties of a Pennsylvanian shale, *Proceedings, 13th Symposium on Rock Mechanics* (ASCE), pp. 57-75.

Pratt, H. R., Black, A. D., Brown, W. D., and Brace, W. F. (1972) The effect of specimen size on the mechanical properties of unjointed diorite, *Int. J. Rock Mech. Min. Sci.* 9: 513-530.

Reichmuth, D. R. (1963) Correlation of force-displacement data with physical properties of rock for percussive drilling systems, *Proceedings, 5th Symposium on Rock Mechanics,* p. 33.

Robinson, L. H. Jr. (1959) Effects of pore pressures on failure characteristics of sedimentary rocks, *Trans. AIME* 216: 26-32.

Tourenq, C. and Deenis, A. (1970) The tensile strength of rocks, *Lab de Ponts et Chauseés－Paris, Research Report 4* (in French).

Townsend, F. C. and Gilbert, P. A. (1974) Engineering properties of clay shales, Corps of Engineers, WES Tech, Report S-7i-6.

Vogler, U. W. and Kovari, K. (1978) Suggested methods for determining the strength of rock materials in triaxial compression, for ISPM Commission on Standardization of Laboratory and Field Tests, *Int. Rock Mech. Min. Sci.* 15: 47-52.

Wawersik, W. R. (1972) Time dependent rock behavior in uniaxial compression, *Proceedings, 14th Symposium on Rock Mechanics* (ASCE), pp. 85-106.

Wawersik, W. R. and Brace, W. F. (1971) Post failure behavior of a granite and a diabase, *Rock Mech.* 3: 61-85.

Wawersik, W. R. and Fairhurst, C. (1970) A study of brittle rock fracture in laboratory compression experiments, *Int. J. rock Mech. Min. Sci.* 7: 561-575.

Yudhbir, Lemanza, W., and Prinzl, F. (1983) *Proc. 5th Cong. ISRM* (Melbroune), pp. B1-B8.

1 사암에 대하여 일련의 삼축압축시험을 실시하여 다음과 같은 최대하중을 얻었다.

시험	σ_3(MPa)	σ_1(MPa)
1	1.0	9.2
2	5.0	28.0
3	9.5	48.7
4	15.0	74.0

자료에 가장 잘 맞는 S_i와 ϕ 값을 구하라.

2 문제 1의 사암에서 지하의 한 점에 작용하는 초기응력의 상태가

$$\sigma_3 = 1300 \text{ psi}$$
$$\sigma_1 = 5000 \text{ psi}$$

이다. 저수지의 건설로 인하여 공극수압(p_w)이 높아졌을 때 사암의 파괴를 유발하는 공극수압의 크기를 구하라(파괴는 최대응력에서 발생한다고 가정).

3 문제 1, 2의 암석에서 파괴가 발생하지 않는 주응력의 비(σ_3/σ_1)는 얼마 이상인가?

4 파면(wave front)에 작용하는 압력은 파면에 직각으로 작용하는 압력의 $\nu/(1-\nu)$배이다. 파면이 암석을 지나갈 때 압축파괴나 전단파괴가 발생하지 않는 최소 포아송 비의 크기를 구하라.

5 다공질 암석의 삼축압축시험 결과 S_i는 1.0 MPa이고 ϕ는 35°이다. 일축압축강도를 계산하고 전단강도를 추정하라.

6 문제 5번의 암석 아래에 놓인 다공질 석회암에서 저수지 근처 한 점의 응력이 $\sigma_1 = 12$ MPa, $\sigma_3 = 4$ MPa이다. 공극압이 증가하여 균열이 발생하는 저수지의 깊이를 구하라(수압의 증가를 MPa와 psi 단위로 나타내고 저수지의 깊이는 m나 ft 단위로 나타내어라).

7 만약 모어–쿨롱 파괴기준에 인장 컷오프가 중첩된 직선의 파괴기준이 이용된다면, 전단파괴와 인장파괴 기준을 동시에 만족시키는 값 σ를 구하라(σ는 T_0, S_i 및 ϕ를 이용하여 나타내어라).

8 (a) 그림 3.10의 사암에서 주어진 최대 강도에 가장 잘 맞는 ϕ_p와 S_{ip} 값을 결정하라(아래 첨자 p는 최대를 나타냄).
(b) 사암의 잔류강도에 가장 잘 맞는 ϕ_r와 S_{ir} 값을 결정하라.
(c) 그림 3.10의 사암에서 최대강도를 나타내는 식 (3.15)의 M과 N 값을 구하라.
(d) 그림 3.10의 노라이트(norite)에 대하여 ϕ_p와 S_{ip} 값을 결정하라.
(e) 그림 3.10의 노라이트(norite)에 대하여 ϕ_r와 S_{ir} 값을 결정하라.
(f) 그림 3.10의 노라이트(norite)에 대하여 M과 N 값을 결정하라.

9 코어 시료에 대한 3점 휨 시험에서 파단 강도 TMR을 표현하는 식을 유도하라(단면은 원형임).

10 압축을 받고 있는 암석 코어의 단위부피당 부피의 변화량($\Delta V/V$)은 3방향의 수직변형률의 합과 같음을 보여라.

11 (a) 점판암에서 강도 이방성이 식 (3.18a)와 식 (3.19a)로 표현되는 (1) $\psi = 0°$, (2) $\psi = 30°$, (3) $\psi = 45°$, (4) $\psi = 90°$인 경우, 강도의 모어 포락선을 그려라.

(b) (1) $\sigma_3 = 0$과 (2) $\sigma_3 = 30$ MPa에 대하여 점판암의 최대압축강도를 ψ의 함수로 그려라.

12 $\psi = 30°$ 및 $\psi = 75°$인 점판암 시료에 대하여 일련의 일축압축강도시험을 실시하여 $q_{u,30}$ 및 $q_{u,75}$를 구하였다. 방향별 강도는 다음의 식으로 나타낼 수 있음을 보여라.

$$\sigma_{1,p} = \sigma_3 \tan^2\left(45 + \frac{\phi}{2}\right) + q_{u,75} - (q_{u,75} - q_{u,30})\cos 2(\psi - 30)$$

13 최대강도 대 최소강도의 비로 표시되는 이방성의 정도는 구속압이 증가하면 감소한다. 이 현상을 설명하라.

14 파괴강도 시험에서는 내부의 2점 간에 전단응력이 발생하지 않으며 모멘트가 일정하기 때문에 4점 시험이 바람직하다. 빔(beam) 실험에서 암석 빔의 중앙 부분에 작용하는 모멘트는 0이고 일정한 전단응력이 작용하는 다른 배열을 찾아라.

15 (a) 잔류강도에 적합한 식 (3.15)와 유사한 경험식을 유도하라.

(b) 그림 3.10의 사암에 대한 잔류강도자료에 최적화된 상수 M과 N을 찾아라.

(c) 노라이트(norite)의 잔류강도에 대하여서도 동일한 값을 얻어라.

16 Hoek and Brown(1980)은 암석의 파괴에 대한 실험적인 기준을 다음과 같이 제시하였다.

$$\frac{\sigma_{1,p}}{q_u} = \frac{\sigma_3}{q_u} + \left(m\frac{\sigma_3}{q_u} + s\right)^{1/2}$$

이때 m과 s는 상수이다.

$$s = \left(\frac{q_u \text{ 암반}}{q_u \text{ 암석물질}} \right)^2$$

(a) $m = 0$, $s = 1$인 경우 이 식을 식 (3.15)와 비교하여라.

(b) Hoek and Brown은 여러 개의 자료를 통하여 다음의 개략적인 값을 얻었다. 탄산염암은 $m = 7$, 점토질 암석은 $m = 10$, 사암과 규암은 $m \cong 15$, 화성암은 $m = 17$, 화강암이나 분출암은 $m = 25$이다. $q_u = 100$ MPa인 대리암, 유문암, 화강암에 대하여 구속압의 함수로 나타내어라. m의 물리적 의미는 무엇인가?

17 Yudhbir et al.(1983)은 식 (3.15)의 오른쪽 A 값에 1을 대입하여 일반화시켰다. A를 1에서 0 사이에 변할 수 있게 하면 파괴기준 내 암질의 연속적인 변화를 나타낼 수 있다. 그들은 Barton의 Q 값과 A를 $A = 0.0176Q^M$ 식으로 연결하였다.

(a) A와 RMR의 상관관계를 찾아라.

(b) (a)의 답을 근거로 하여 식 (3.15)를 이용하여 $M = 0.65$, $N = 5$, $q_u = 2.0$ MPa 그리고 RMR=50인 약한 사암에서 최대 주응력을 구속압의 함수로 나타내라.

04

지하의 초기응력 및 측정

04 지하의 초기응력 및 측정

교란받지 않은 원위치 암반은 상부의 물질, 구속압, 과거의 응력 이력으로 인하여 0이 아닌 응력의 성분을 가진다. 산악지역에서 표면 부근의 원위치 응력은 어떤 지점에서는 거의 0에 가까운 반면에 다른 지점에서는 거의 암석의 강도에 가까울 수도 있다. 전자의 경우에는 절리가 벌어져 있고 약하기 때문에 지표면이나 굴착된 지하에서 낙석이 발생할 수 있고, 후자의 경우에 터널굴착이나 지표면 굴착에 의한 응력장의 교란은 저장된 에너지를 격렬하게 방출시킬 수도 있다. 이 장은 공사 현장에서 초기응력의 크기와 방향의 결정에 대하여 논의할 것이다.

4.1 초기응력의 영향

응력의 크기와 방향을 평가하는 것은 가능하지만, 평가를 뒷받침하는 측정 결과가 없는 경우에는 오차의 범위를 확신할 수 없다. 그러한 응력의 측정은 광산에서는 매우 광범위하게 적용되고 있으나, 토목 분야에서는 비용이 많이 들기 때문에 통상적으로는 시행되지는 않고 있다. 그러나 응력의 상태를 파악하는 것이 유용한 토목공사도 있으며, 응력의 상태를 모르고 시행하면 나중에 큰 대가를 치루기 때문에 응력의 측정이 필수적인 공사도 가끔 있다. 예를 들면, 지하 공동의 **방향**을 선정할 때, 공동의 장축이 최대 주응력과 직각을 이루는 것은 피하도록 해야 한다. 만약 원위치 응력이 매우 크다면, 응력의 집중을 최소화하는 형태를 선택해야 한다. 암석의 응력에 대한 지식은 복잡한 지하 공사의 배치에 도움을 준다. 예를 들면, 지하 동력실은 기계실, 변압 갱도, 저전압 분기 수갱, 압력터널, 서지 수갱, 암석 트랩, 진입터널, 환기터널, 버럭 운반터널, 수로터널, 흡출관 및 다른 공간을 포함한 공간들의 3차원 배치로 구성된다. 그러므로 특정 공간에서 시작된 균열이 다른 공간으로 전파되지 않아야 한다(그림 4.1). 균열은 σ_3에 직각인 면으로 전파되므로 응력의 방향에 대해서 알고 있으면 이러한 위험을 감소시킬 수 있는 배치를 선택할 수 있다. 만약 초기응력이 내부 수압보다 크면 압력터널과 수로터널은 라이닝이 없이 건설되고 운영될 수 있으므로, 그러한 응력 측정의 적용은 많은 비용을 절감할 수 있게 한다. 건설 및 운영 동안에 암석의 성능을 계측하기 위하여 지하굴착이나 지표면 굴착에 변위계가 설치되면, 사전에 실시된 응력 측정은 자료의 분석을 위한 체계를 제공하고 계측의 가치를 증대시킨다. 프리스플릿(presplit) 기법을 이용한 대규모의 지표면 굴착을 시행할 때, σ_3에 직각인 방향으로 굴착을 시행하면 경제적일 것이다(그림 4.1b, c). 유체의 저류암 내 지하 저장에서, 응력의 초기상태에 대한 지식은 지진을 유발할 수 있는 잠재적인 위험요소의 평가에 도움을 준다. 이들은 응력 상태에 대한 지식이 공학적 설계에 통합될 수 있는 상황에 대한 몇 가지 사례들이다. 그러나 좀 더 일반적으로, 응력의 상태는 방향과 크기가 전반적인 암석의 강도, 투수성, 변형성과 다른 중요한 암반의 특성에 영향을 미치는 기본적인 암석의 속성으로도 간주될 수 있다. 그러므로 원위치에서 암석을 다룰 때 초기응력의 상태를 파악하는 것이 적절하다.

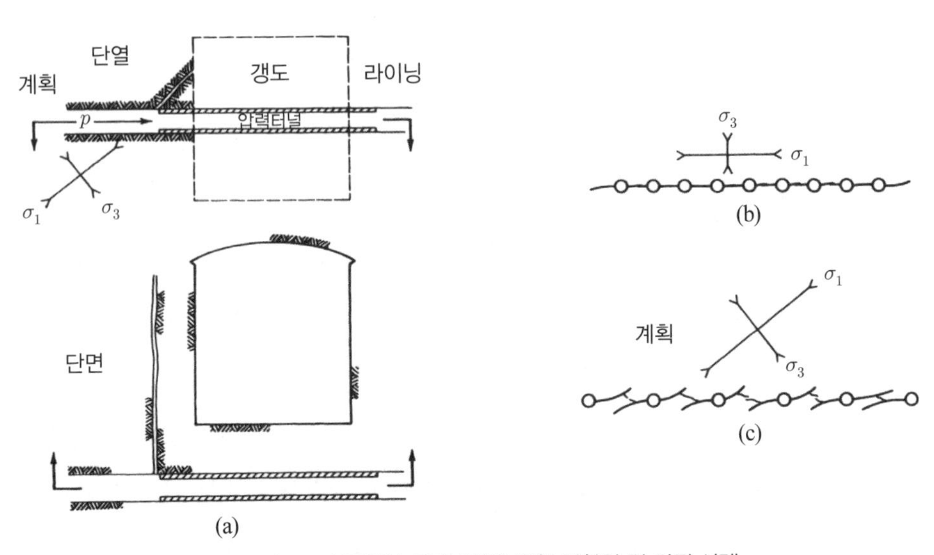

그림 4.1 실무에서 응력방향에 의한 영향의 몇 가지 사례

가끔은 초기응력이 매우 커서 공사가 암석의 파괴를 유발할 수도 있다. 굴착지역의 최대응력이 일축압축강도보다 25% 이상 크면, 아무리 주의를 기울여 건설을 하여도 새로운 균열이 발생할 것을 예상하여야 한다. 위의 결과는 다음의 두 관찰에서 추론되었다. (1) 지하공간 주위의 최대응력집중은 항상 2 이상이고, (2) 응력이 일축압축강도의 1/2 정도에 도달하면 일축압축강도 시료 내에는 균열이 발생한다. 노르웨이의 피요르드 지역에서는 굴착지점과 산 정상과의 각도가 25° 이상으로 경사가 급한 계곡 가까이에서, 위에 놓여 있는 암석 무게가 0.15q_u 이상일 때 거의 언제나 응력의 문제가 발생하는 경향이 있다는 것을 자료는 보여주고 있다(Brekke and Selmer-Olsen, 1966; Brekke, 1970). 그러한 응력의 문제는 계곡에 가까운 터널 벽에서 판상으로 쪼개지는 현상과 여굴의 발생에서부터, 급격한 벽면에서의 암석 분리나 파괴적인 파열까지 다양하게 나타난다. 캐나다의 Kirkland Lake 지역이나 남아프리카 공화국의 금광, 미국 아이다호주의 Coeur d'Alene 지역 등과 같이 지하 11,000피트 이하에서 광산 굴착이 시행되는 깊은 광산의 지하에서 암석 파열의 조건이 나타난다. 토목 분야에서는 앞에서 설명한 계곡부의 응력 문제 외에도, 알프스 산맥의 Mont Blanc 터널과 같이 매우 높은 산 아래의 철도나 도로 터널에서 심각한 응력의 문제를 직면하게 된다. 낮은 q_u를 가지는 셰일이나 암석에서 초기응력의 집중에 의한 암석파괴의 상태는 격렬한 붕괴보다는 느린 압축('압착')과 터널 지보의 파괴이지만, 어려움은 여전히 심각한 문제일 수 있다. 지보의 설치에 필요한 최장 시간인 터널의 '자립시간'은 최대초기응력에 대한 q_u의 비와 밀접하게 관련되어 있다.

4.2 초기응력의 평가

수직응력

수직방향의 응력은 계산지점 상부에 있는 암석의 무게, 즉 평균 0.027 MPa/m 혹은 1.2 psi/ft로 가정해도 문제가 없다. 수평인 지표 근처의 주응력은 수직방향과 수평방향이다. 심도가 깊은 지점에서도 주응력의 방향을 수직과 수평으로 가정하기도 한다(그림 4.2). 그러나 이것은 미지수의 개수를 줄이기 위한 가정이고, 정단층과 역단층의 경사각이 각각 60°와 30°이라는 Anderson의 관찰을 뒷받침하는 가정이다(Jaeger and Cook, 1976 참조). 주응력이 수직과 수평이라고 단순화시키는 가정은 현장에서 광범위하게 채택되고 있다. 수직응력과 전단응력이 없는 지반의 지표면은 언제나 주응력 궤적을 형성하기 때문에, 물론 이 가정은 산지 아래의 얕은 심도에서는 맞지 않는다(그림 4.2). 계곡부 아래에서 하나의 주응력은 경사면에 수직이고 0인 반면에, 다른 두 주응력은 경사면과 평행하다(그림 4.2b). 이 응력들은 암석 사면이 위로 볼록하면 거의 0에 접근하지만 사면이 위로 오목하면 매우 커진다. V형 계곡의 날카로운 골짜기 아래에서는, 원위치 응력이 거의 암석의 강도와 비슷하거나 일치할 수도 있다.

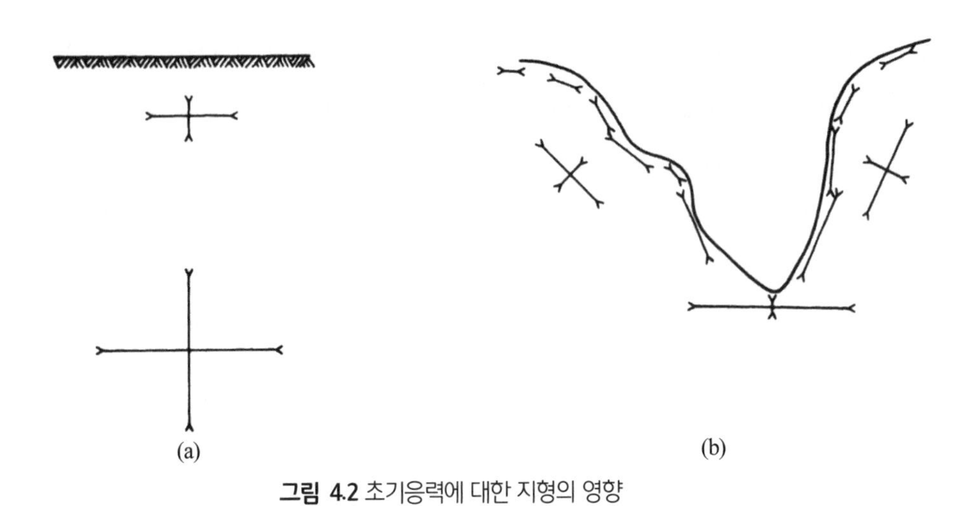

그림 4.2 초기응력에 대한 지형의 영향

수평인 층이 넓게 분포하는 지반에서 평균 수직방향의 응력은 상부의 암석 무게에 의하여 아래로 누르는 힘과 비슷하므로, 다음과 같은 법칙이 기술되었다.

$$\overline{\sigma}_v = \gamma Z \tag{4.1}$$

여기서 $\overline{\sigma}_v$는 단위중량이 γ인 암석의 심도 Z에서의 평균 수직응력이다. 이 법칙은 많은 측정에 의하여 뒷받침되었고(그림 4.7a) 신뢰할 만한 원위치 응력의 공식 중의 하나이다. 그러나 지질구조의 영향에 의하여 수평층의 거리가 짧아지면 잘 맞지 않을 수 있다. 예를 들면, 그림 4.3은 향사와 배사로 습곡이 형성되고 강한 지층과 약한 지층이 연속적으로 구성된 지층에서 수평방향으로 가로지르는 면의 수직응력 변화를 보여준다. 선 AA'을 따라 향사 아래에서는 수직응력이 γZ보다 60% 큰 값에서부터 배사 아래에서는 0까지 변하고, 더 강한 지층은 보호 덮개로 기여하여 힘의 흐름을 습곡의 가장자리로 향하게 한다. BB' 선을 따라 굴착된 터널은 향사의 저부 아래를 통과할 때 더욱 강한 사암으로 건너가기 때문에 약한 셰일 내에서 상대적으로 응력을 받지 않는 암석으로부터 심한 응력을 받는 암석을 통과할 것으로 기대할 수 있다. 만약 습곡 동안에 층간의 미끄러짐에 의하여 생성된 낮은 강도의 전단대가 접촉부를 따라서 있다면, 수직응력은 접촉부를 지나면서 갑자기 증가할 것으로 기대할 수 있다. 지질구조가 수직응력과 주응력의 방향을 변화시킬 수 있기 때문에, 힘의 방향을 수직으로부터 편향시킬 것이 기대되는 지질적인 이방성이 있는 장소마다 분석을 통한 지질적인 영향을 연구하는 것이 현명하다. 그림 4.4는 이방성인 지질에 예리한 V 형태의 지형이 합쳐진 지역에 유한요소법을 이용하여 실시된 분석의 결과를 보여준다.

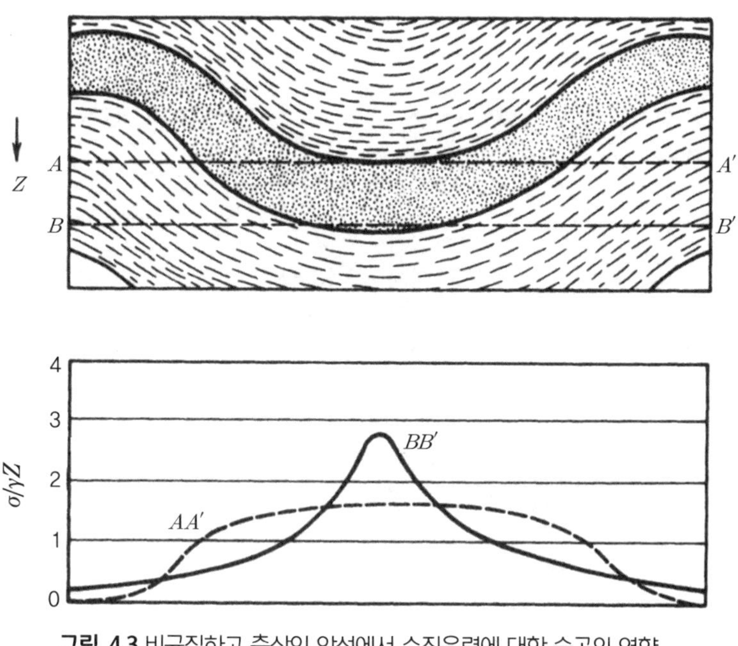

그림 4.3 비균질하고 층상인 암석에서 수직응력에 대한 습곡의 영향

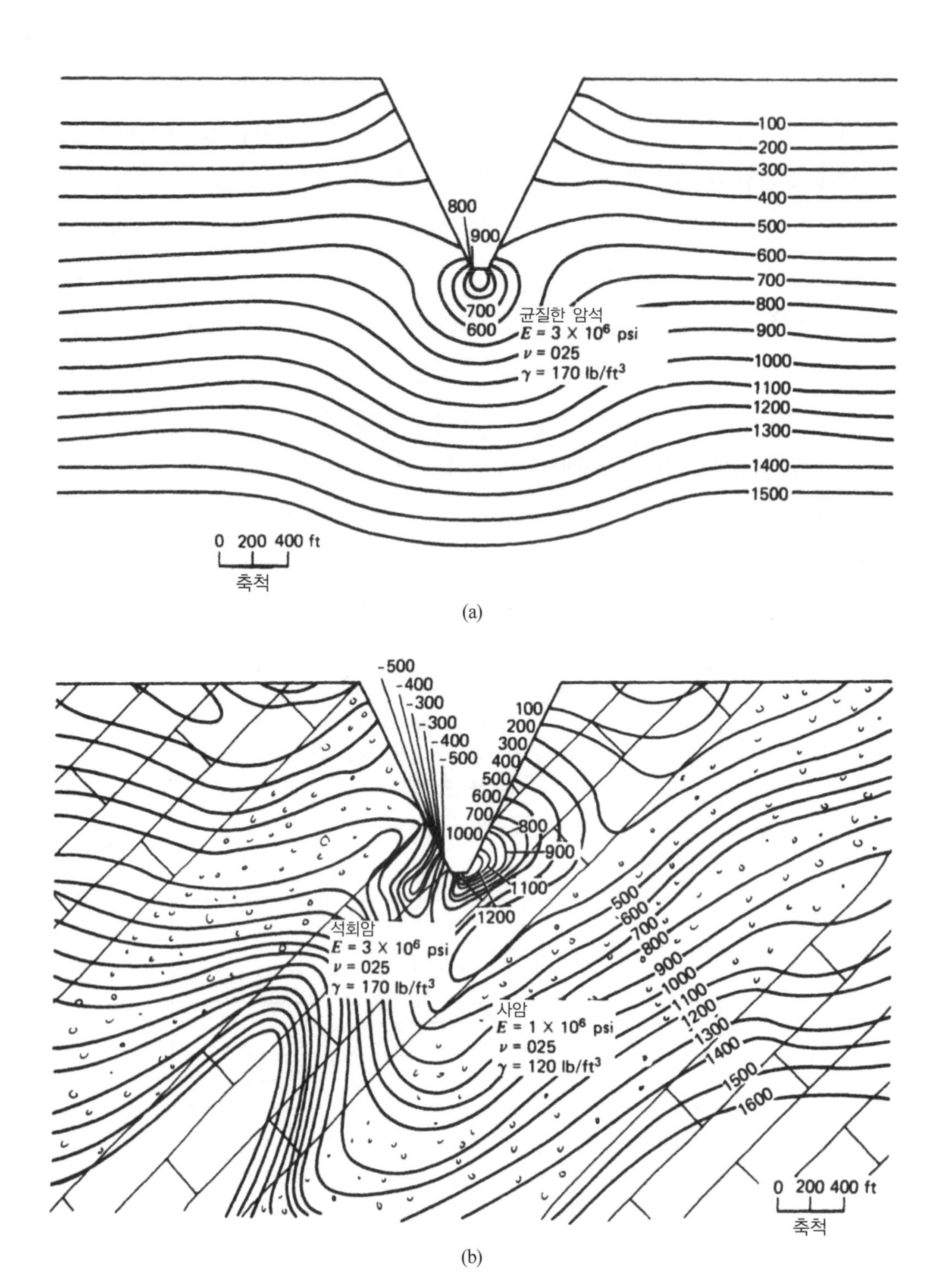

(a)

(b)

그림 4.4 (a) 균질한 층과 (b) 비균질한 층의 계곡 하부의 최대전단응력의 비교. 전단응력의 단위는 단위 피트당 백 파운드이다.

수평응력

수평응력의 크기와 관련하여 수평응력 대 수직응력의 비를 이용하면 편리하다.

$$K = \frac{\sigma_h}{\sigma_v} \tag{4.2}$$

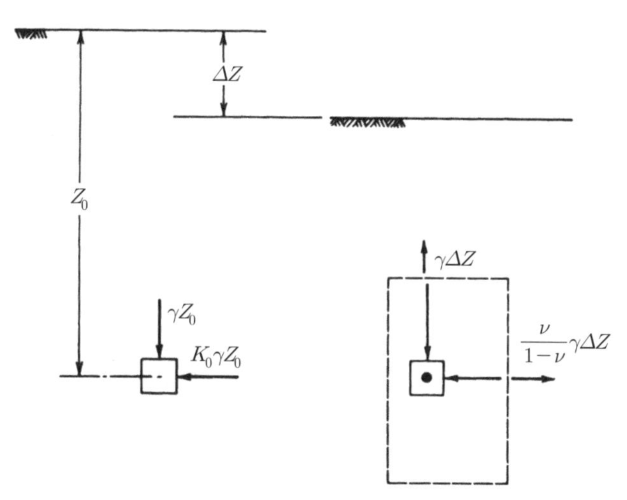

그림 4.5 지하의 응력에 대한 침식의 영향

미시시피 삼각주와 같이 최근에 퇴적된 지역에서는 탄성론을 이용하여 K는 $\nu/(1-\nu)$와 같을 것이라고 예측할 수 있다. 이 표현은 수평방향으로 변형률이 발생하지 않는 조건에서 연속적인 평면 위에 있는 탄성 물질에 가해진 일차원 하중의 대칭으로부터 유도된다. 이러한 식은 재하(loading)와 제하(unloading)의 사이클을 겪은 암반에게는 유효하지 않다. 초기값이 $K = K_o$인 깊이 Z_o에서 상부의 암석이 ΔZ 두께만큼 제거되어 하중이 감소된 경우를 고려해보자. 수직응력이 $\gamma \Delta Z$만큼 감소하였기 때문에 수평응력은 $\gamma \Delta Z \frac{\nu}{(1-\nu)}$만큼 감소한다. 그러므로 ΔZ 두께의 암석이 침식된 후, $Z = Z_0 - \Delta Z$ 심도에서의 수평응력은 $K_0 \gamma Z_0 - \gamma \Delta Z \frac{\nu}{(1-\nu)}$가 되고

$$K(Z) = K_0 + \left[\left(K_o - \frac{\nu}{1-\nu}\right)\Delta Z\right] \cdot \frac{1}{Z} \tag{4.3}$$

이다. 그러므로 상부의 암석이 침식되면 K 값이 증가하고, 특정한 값 이하의 깊이에서는 수평응력이 수직응력보다도 크게 된다.[1] 식 (4.3)에 의하여 예측된 $K(Z)$의 포물선 관계식은 다른 설명에 의해서도 만들어질 수 있다. 수직응력은 γZ이라고 알려진 반면에, 수평응력은 그림 4.6의 두 극한값 $K_a\sigma_v$와 $K_p\sigma_v$ 사이의 어떤 값으로도 될 수 있다. K_a는 수직응력이 최대 주응력이고 파괴는 수평방향의 신장에 의하여 생성되는 정단층 상태에 해당한다(그림 4.6b). 쿨롱의 법칙을 가정하면

$$K_a = ctn^2\left(45+\frac{\phi}{2}\right) - \left[\left(\frac{q_u}{\gamma}\right)\ ctn^2\left(45+\frac{\phi}{2}\right)\right]\cdot\frac{1}{Z} \tag{4.4}$$

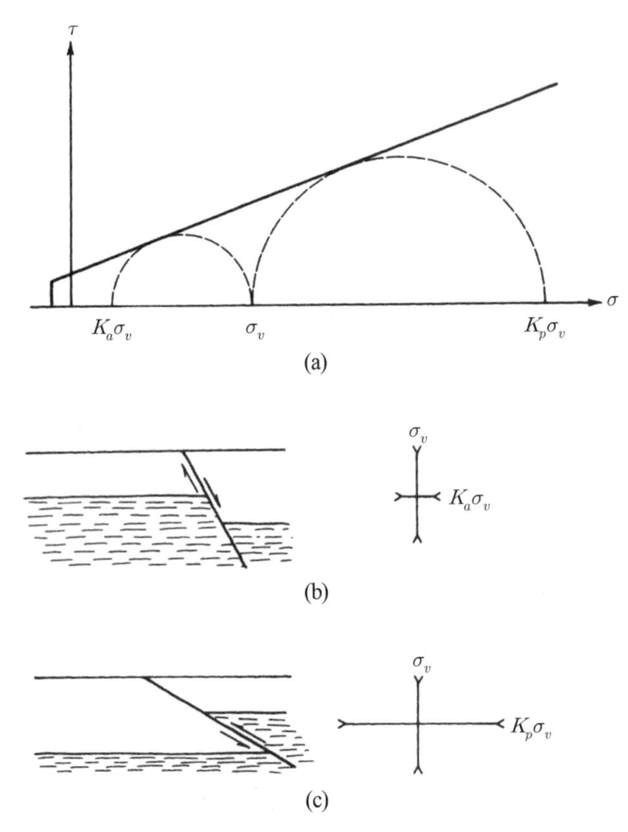

그림 4.6 정단층 및 역단층의 발생에 필요한 응력

1 $K \le K_p$인 (4.5) 식의 제한으로 인하여 열의 영향은 무시되었다.

K_p는 수직응력이 최소 주응력이고 파괴는 수평의 압축에 의하여 발생하는 역단층의(그림 4.6c) 상태에 해당하고

$$K_p = \tan^2\left(45 + \frac{\phi}{2}\right) + \frac{q_u}{\gamma} \cdot \frac{1}{Z} \tag{4.5}$$

이다. 추정된 암석의 특성에 대한 수평응력의 극한값은 표 4.1에 수록되어 있다. 만약 기존의 단층이 없다면, 가능한 K 값의 범위는 $K_a \leq K \leq K_p$로 매우 넓은 것을 알 수 있다. 그러나 기존의 단층 인근에서는 q_u는 0으로 가정할 수 있고 K의 범위는 상당히 좁혀진다. 비록 인장응력도 가능은 하지만 거의 측정되는 경우가 없고, 인장응력이 측정되면 특수한 경우로 받아들여진다.

Brown and Hoek(1978)은 원위치 응력과 관련하여 발표된 많은 자료를 연구하였고(그림 4.7b) K(Z)의 극한에 대한 포물선의 관계를 다음과 같이 발견하였다.

$$0.3 + \frac{100}{Z} < \overline{K} < 0.5 + \frac{1500}{Z} \tag{4.6}$$

표 4.1 정단층과 역단층에 대한 조건에 해당하는 수평응력의 극한값

		단층 이동 발생 전 단층이 존재하지 않음 수평응력 σ_h				단층 이동 발생 이후 단층이 존재하고 있음 수평응력 σ_h			
		q_u=13.8 MPa ϕ=40°		q_u=2 MPa ϕ=20°		q_u=0 ϕ=40°		q_u=0 ϕ=20°	
심도 (m)	수직응력 σ_v(MPa)	정단층 (MPa)	역단층 (MPa)	정단층 (MPa)	역단층 (MPa)	정단층 (MPa)	역단층 (MPa)	정단층 (MPa)	역단층 (MPa)
10	0.26	−2.94	14.99	−0.85	2.53	0.06	1.19	0.13	0.53
20	0.52	−2.88	16.18	−0.73	3.06	0.11	2.38	0.25	1.06
40	1.04	−2.77	18.56	−0.47	4.11	0.23	4.76	0.51	2.11
60	1.55	−2.66	20.95	−0.22	5.17	0.34	7.15	0.76	3.17
100	2.59	−2.43	25.72	0.29	7.28	0.56	11.91	1.27	5.28
150	3.89	−2.16	31.68	0.92	9.92	0.84	17.87	1.90	7.92
200	5.18	−1.87	37.64	1.56	12.57	1.13	23.82	2.54	10.57
400	10.36	−0.74	61.49	4.10	23.13	2.25	47.64	5.08	21.13
750	19.43	1.23	103.2	8.54	41.62	4.22	89.633	9.52	39.62
1000	25.90	2.64	133.0	11.72	54.83	5.63	119.1	12.70	52.83
2000	51.80	8.28	252.4	24.42	107.6	11.26	238.2	25.40	105.6

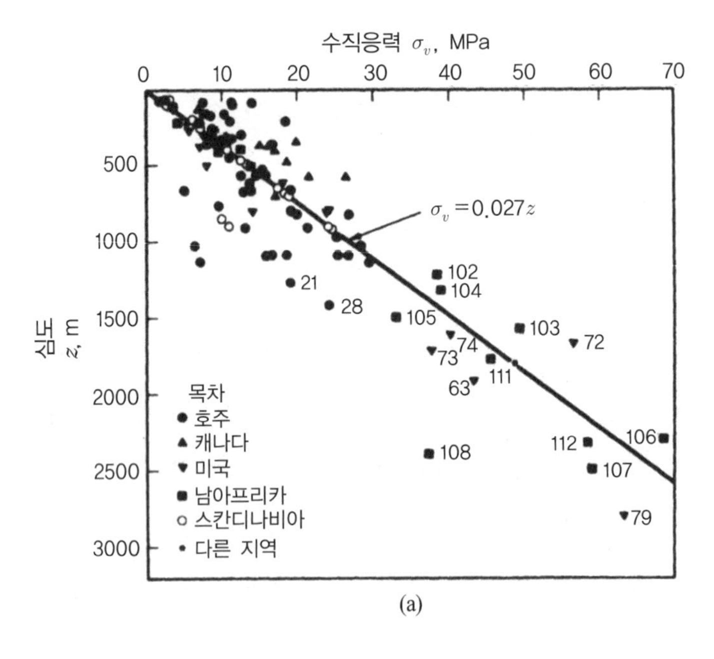

(a)

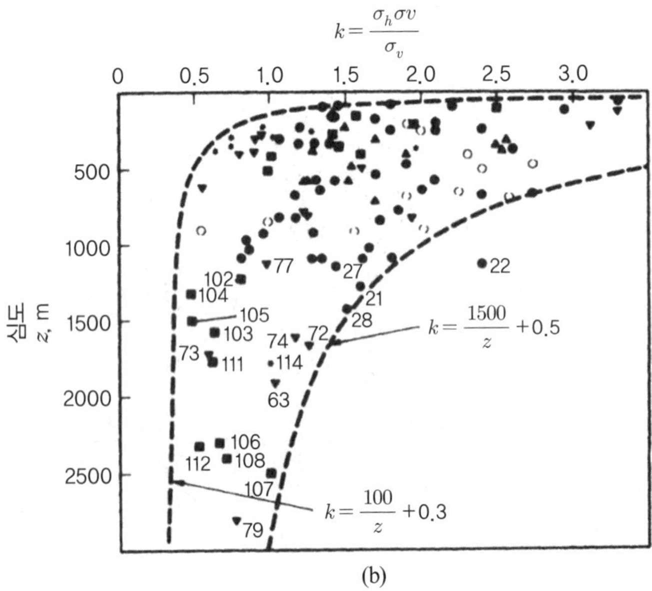

(b)

그림 4.7 응력 측정의 결과[Brown and Hoek(1978)]
(a) 수직응력, (b) 평균 수평응력

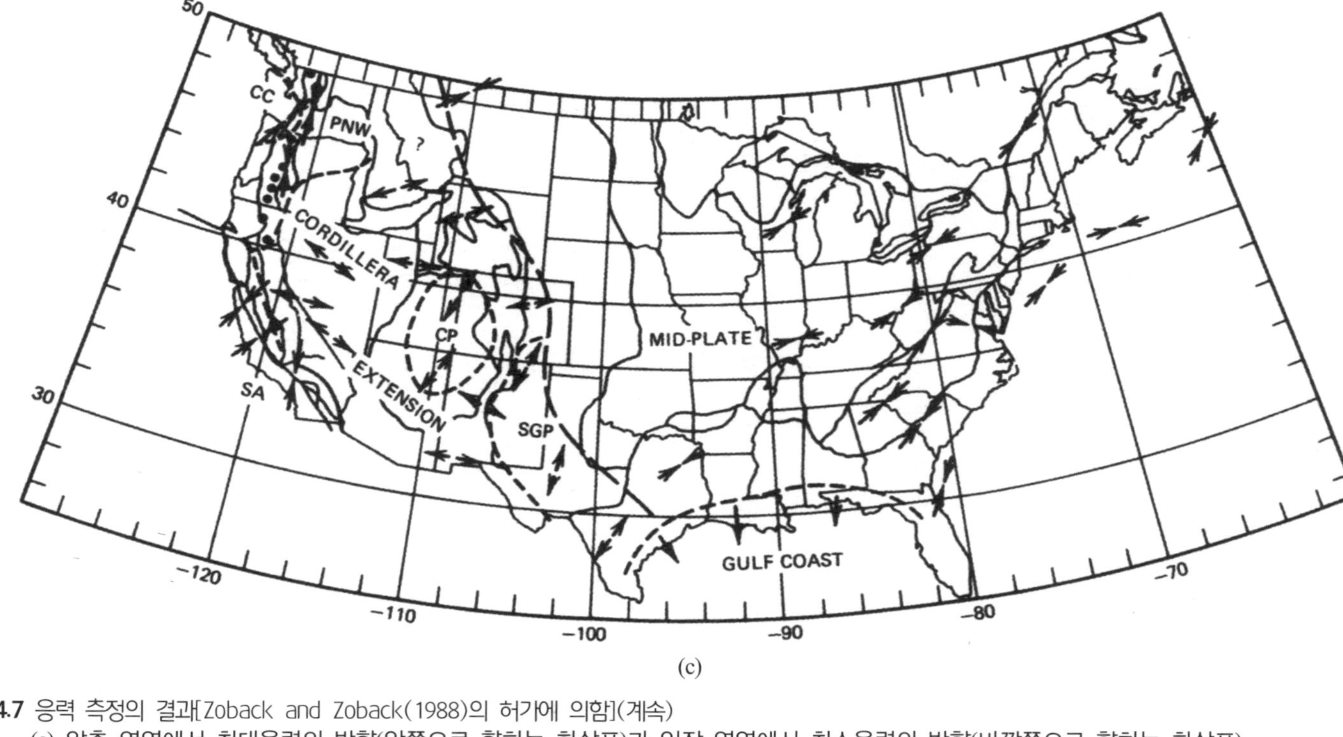

(c)

그림 4.7 응력 측정의 결과[Zoback and Zoback(1988)의 허가에 의함](계속)
(c) 압축 영역에서 최대응력의 방향(안쪽으로 향하는 화살표)과 인장 영역에서 최소응력의 방향(바깥쪽으로 향하는 화살표)

여기서 Z는 m 단위의 깊이이고, $\overline{K}$는 수직응력에 대한 평균 수평응력의 비이다. 이 경험적 기준에 의한 $\overline{K}$의 극한값 범위는 q_u가 0이 아닐 때는 식 (4.4)와 (4.5)에서 주어진 K_a에서 K_p까지 범위보다 상당히 작은데, 이는 앞의 기준에서는 수평응력의 최대 및 최소가 이용된 반면에 이 기준에서는 평균 수평응력이 사용되었기 때문이다. 어떠한 경우이든지, 위의 식들에서 제시된 $K(Z)$뿐만 아니라 실제로 측정된 자료에 의한 $K(Z)$도 일관되게 Z에 역수의 관계를 보인다. 그러므로 측정이 없이도 넓은 한계 내에서는 심도에 따른 수평응력의 변화를 추정할 수 있다. 수평응력의 크기는 개략적으로 추정되지만, 방향은 정확하게 추정할 수 있다.

수평응력의 방향

만약 현재의 응력 상태가 육안으로 볼 수 있는 지질구조에서 기원한 응력의 결과물이라면, 지질에 대한 관측으로부터 응력의 방향에 대한 추측은 가능할 것이다. 그림 4.8은 주응력의 방향과 여러 형태의 지질구조와의 관계를 보여준다. 정단층을 유발하는 응력의 상태는 σ_1이 수직이고 σ_3는 도면에서 보이는 것처럼 단층 자취에 수직인 수평방향을 향한다. 역단층의 경우에 파괴를 발생시킨 응력은 σ_3가 수직이고, σ_1은 수평이며 단층 자취에 직각이다. 습곡축면도 최대응력의 면으로 정의될 수 있다. 주향이동단층은 σ_1이 수평이며 단층의 이동 감각에 따라 시계 방향 혹은 반시계 방향으로 단층 자취에 약 30° 경사진 응력의 상태에 의하여 생성된다. 이러한 수평응력의 방향은 한 쌍의 평행 단층 사이에 놓여 있으면서 압착된 지각 블록에서는 다르다. 그러한 블록에서는 Moody and Hill(1956)에 의하여 논의된 바와 같이, 주된 파괴 면과 직접적으로 연결된 지각의 주된 응력의 상태는 축적된 단층운동으로 생성된 변형률의 영향이 중첩되어 나타날 것이다.

암맥과 큰 분화구의 주위에 형성되는 기생화산 또한 다른 관측 가능한 선이다. 어떤 암맥은 수압파쇄를 나타내어, 암맥의 방향이 σ_3에 직각이다. 주 분화구의 중심에서 기생화산과 이루는 선의 직각방향은 최소 주응력의 방향과 일치한다.[2] 지진학자들은 지진의 초동으로부터 주응력의 방향을 인지할 수 있었다. 만약 진앙에서 다른 지진 관측지점으로 그린 벡터의 방향을 단위

2 K. Nakamura(1977) Volcanoes as possible indicators of tectonic stress orientation−Princi ple and proposal. *J. Volcanol. Geothermal Res.* 2: 1-16.

기준 반구에 평사투영하면, 두 구역은 압축 초동을 수신한 관측 지점에 대한 벡터를 가지고, 반면에 다른 두 구역은 신장 초동의 벡터를 가지게 된다(그림 4.8f). 이러한 구역을 나누는 두 개의 대원을 그릴 수 있고 교점은 σ_2의 방향을 지시한다. σ_1의 방향은 신장 초동 구역의 경계 대원 사이의 각을 둘로 나누는 대원을 따라서 σ_2의 방향으로부터 90 ℃이다. σ_3의 방향은 σ_1과 σ_2가 이루는 평면에 직각이다(평사투영의 원리는 부록 5에 제시되어 있다).

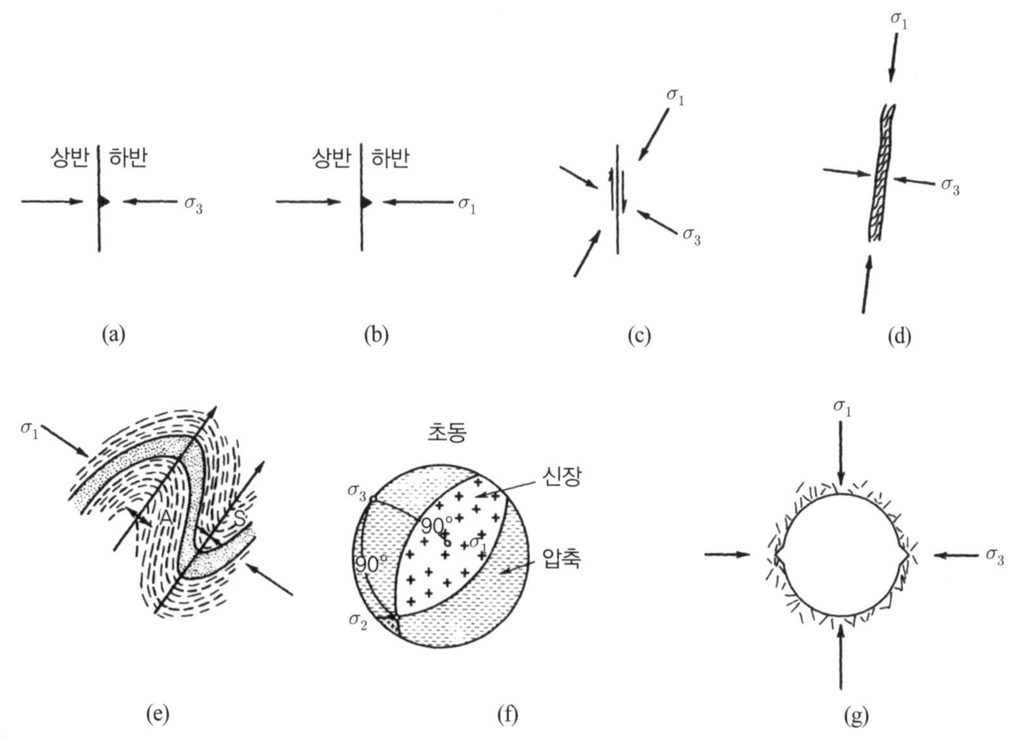

그림 4.8 지질학적 특징으로부터 추론된 응력의 방향. (a)에서 (e)는 평면도임
(a) 정단층, (b) 역단층, (c) 주향이동단층, (d) 암맥, (e) 습곡
(f) 지진으로부터 온 초동 벡터의 평사투영, (g) 응력의 방향과 시추공 브레이크아웃의 관계

다른 접근법은 우물이나 시추공 벽의 암석 파괴로부터 응력의 방향을 결정하는 방법으로, '브레이크아웃(breakout)'이라고 불리며, 시추공이 커지는 양쪽 구역에서 생성되는 경향이 있다. 이러한 형태는 시추공의 캘리퍼 로그(caliper log), 사진, 텔레뷰어 로그를 통하여 볼 수 있으며, 한 지역에서는 모든 시추공에서 일정한 방향을 보인다. Haimson and Herrick(1985)은 그림 4.8g

에서 묘사된 것과 같이 브레이크아웃은 최소 주응력과 일치하는 방향으로 생성됨을 실험적인 결과로 확인하였다.

여러 가지 시험법으로 추정된 미국 대륙 내의 수평응력의 방향은 Zoback and Zoback(1988)에 의하여 그림 4.7c와 같이 나타난다. 이 지도는 변형의 형태도 지시하여, 즉 최소 수평주응력은 신장이고 최대 수평주응력은 수축이다.

4.3 지하의 응력 측정법

원위치 응력은 시추공, 노두, 지하 갱도의 벽에서 그리고 지하에서 측정된 변위로부터 역해석을 통하여 측정될 수 있다. 활용 가능한 기법들은 표 4.2에 요약되어 있으며 매우 다양한 측정도구들과 함께 다양한 실험적 접근법이 포함되어 있다. 가장 잘 알려지고 가장 많이 사용되는 세 가지 기법은 수압파쇄법, 평판 잭 방법(flat jack method) 및 오버코어링법(overcoring)이다. 다음에서 보이듯이 그 기법들은 상호보완적으로, 각 방법은 서로 다른 장점과 단점을 가지고 있다. 모든 응력 측정 기법은 암석을 교란하여 반응을 발생시킨 후, 이론적인 모델을 사용하여 원위치 응력의 일부분을 추정하기 위하여 반응이 측정되고 분석될 수 있다. 수압파쇄법에서 암석에는 시추공 내로 주입된 물에 의하여 균열이 생성된다. 이미 알고 있는 암석의 인장강도와 시추공벽에서의 추정된 응력집중을 분석하여 시추공에 직각인 면의 초기응력을 산출한다. 평판 잭 방법에서는 암석에 얇은 틈새를 만들게 됨에 따라 일부분 제하되고, 이후 다시 재하된다. 얇은 틈새에 직각인 원위치 응력은 틈새를 자른 결과로 생성된 변위를 0으로 만들기 위하여 필요한 압력과 관련되어 있다. 오버코어링법에서 암석은 큰 코어 시료를 시추함에 따라 완전히 제하되고, 방사상 변위 혹은 암석의 표면 변형률은 시추공과 평행한 방향으로 중심에서 측정된다. 제하된 두꺼운 벽 원통 모델을 사용한 분석을 통하여 시추공에 직각인 면의 응력을 산출한다. 각각의 경우에 응력은 추정되었으나, 변위는 실제적으로 측정되었다. 높은 정밀도는 어렵지만, 만약 결과가 일관성이 있고 약 50 psi 이내로 정확하게 산출되면 만족스러운 것으로 간주된다. 모든 응력 측정 기법의 주된 문제점은 응력을 측정하기 위하여 접근하는 과정에서 교란되는 지역에 대하여 측정되어야만 한다는 것이다. 이 모순은 다음에서와 같이 분석적 기법에서의 교란의 영향을 설명함으로써 다루어진다.

표 4.2 암석 내의 절대적인 응력의 상태를 측정하기 위한 방법들

원리	과정	참고문헌
완전한 변형률 해방	중앙 시추공 내에서 방사상 변형 게이지의 오버코어링(미국 광산국 방법)	Merrill and Peterson(1961)
	변형률 게이지를 포함하고 있는 연성 포유물의 오버코어링(LNEC와 CSIRO 방법)	Rocha et al.(1974), Worotnicki and Walton(1976)
	시추공벽에 변형률 게이지가 부착된 시추공의 오버코어링(Leeman 방법)	Leeman(1971), Hiltscher et al.(1979)
	암석의 표면에 부착된 로젯 게이지 둘레의 오버코어링	Olsen(1957)
	시추공 바닥에 부착된 로젯 게이지의 오버코어링(도어스토퍼 방법)	Leeman(1971)
	연성 광탄성 포유물의 오버코어링	Riley, Goodman, and Nolting(1977)
	지반으로부터 분리된 암석의 표면에서 시간 의존적인 변형률 측정	Emery(1962), Voight(1968)
부분적인 변형률 해방	암석 벽에 판상의 틈을 절단함으로써 발생한 변위의 원상회복(평판 잭 방법)	Bernède(1974), Rocha et al.(1966)
	시추공 편광기로 강성의 광탄성 포유물의 오버코어링(유리 응력 측정기)	Roberts et al.(1964, 1965)
	응력을 포획한 강성 포유물의 오버코어링, 포획된 응력을 실험실에서 측정(주조 포유물 방법)	Riley, Goodman, and Nolting(1977)
	계측기가 포함된 강성 포유물의 오버코어링(강성 포유물 방법)	Hast(1958), Nichols et al.(1968)
	암석의 표면에 배열된 로젯 형태의 중심 시추(언더코어링 방법)	Duvall, in Hooker et al.(1974)
	시추공을 굴진함에 따라 방사상 변위의 계측	De la Cruz and Goodman(1970)
암석 유동 혹은 단열	시추공 잭으로 시추공에 균열을 발생시키는 변형률 측정(잭 파쇄법)	De la Cruz(1978)
	시추공에 수직의 균열을 발생시키고 연장시키는 수압 측정(수압파쇄법)	Fairhurst(1965), Haimson(1978)
	점탄성 암석 내에 단단하게 설치된 탄성 포유물 내에 축적된 변형률 측정	
	코어 디스킹-코어 디스킹의 발생 여부를 관측	Obert and Stephenson(1965)
암석의 물성과 응력 간의 상관관계: 기타 기법	비저항	
	암반 소음(카이저 효과)	Kanagawam Hayashi, and Nakasa(1976)
	파의 속도	
	X선으로 석영 내의 격자 간격 측정	Friedman(1972)
	결정 내의 밀도 전위	

수압파쇄법

수압파쇄법은 시추공을 이용하여 상당히 깊은 심도까지 암석 내의 응력 측정을 가능하게 한다. 패커(packer)에 의하여 고립된 시추공 구간에 펌프를 이용하여 물을 주입한다. 물의 압력이 증가함에 따라, 시추공 벽의 초기 압축응력은 점차 줄어들어서 어떤 순간에는 인장응력으로

바뀌게 된다. 응력이 $-T_o$에 이르게 되면 균열이 형성되고, 이때 시추공 내 물의 압력은 P_{c1}이다(그림 4.9a). 물의 주입이 계속되면 균열은 계속 연장되고, 시추공 내의 압력은 '폐쇄(shut-in) 압력'이라고 불리는 일정한 압력 P_s로 떨어지게 된다.

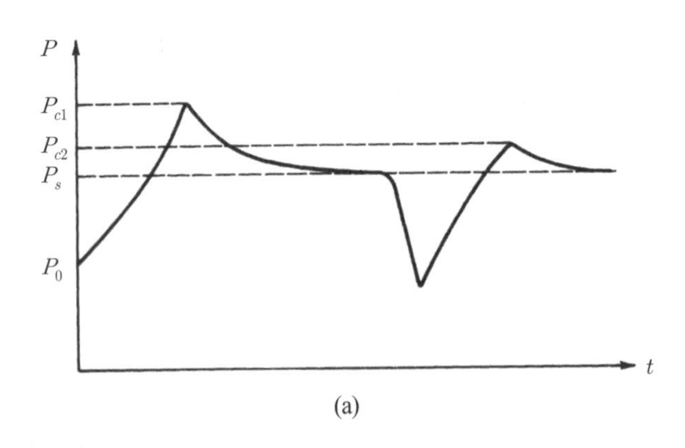

(a)

(b)

그림 4.9 수압파쇄
(a) 밀폐된 구간으로 물이 주입됨에 따라 시간에 따른 압력 변화
(b) 실험 진행 장면(Tom Doe의 사진)

수압파쇄 시험에 의하여 얻어진 자료로부터 초기응력을 해석하기 위해서는 수압에 의하여 발생한 균열의 방향을 알아야 한다. 가장 많은 정보는 수직으로 균열이 발생하는 경우에 얻을

수 있고 지하 약 800 m 이하의 심도에서는 대부분 이와 같은 결과가 나온다. 균열의 방향은 시추공 사진기나 텔레비전을 이용하여 관찰할 수 있으나, 사진기를 집어넣기 위하여 압력을 낮추면 균열이 닫히게 되므로 사진으로 균열을 관찰하기는 어렵다. 그러므로 내부의 압력이 유지되면서 벽에 연질의 고무 라이닝을 밀어 넣어 고무 표면에 자국을 남겨서 균열을 기록하는 Lynes사의 자국 패커(impression packer)를 사용하는 것이 훨씬 좋다.

만약 공극 내로의 물의 침투가 시추공 주위의 응력에 영향을 거의 미치지 않는다고 가정하면 압력 시험의 분석은 간단하다. 균열이 발생한 지점의 초기응력 계산은 균질하고 탄성이며 등방인 암석 내에 분포하는 원형의 시추공 주위에 분포하는 응력(Kirsch 해)을 이용한다. 시추공 벽의 접선응력은 A와 A'에서 최소이고(그림 4.10), 그 크기는

$$\sigma_\theta = 3\sigma_{h,\min} - \sigma_{h,\max} \tag{4.7}$$

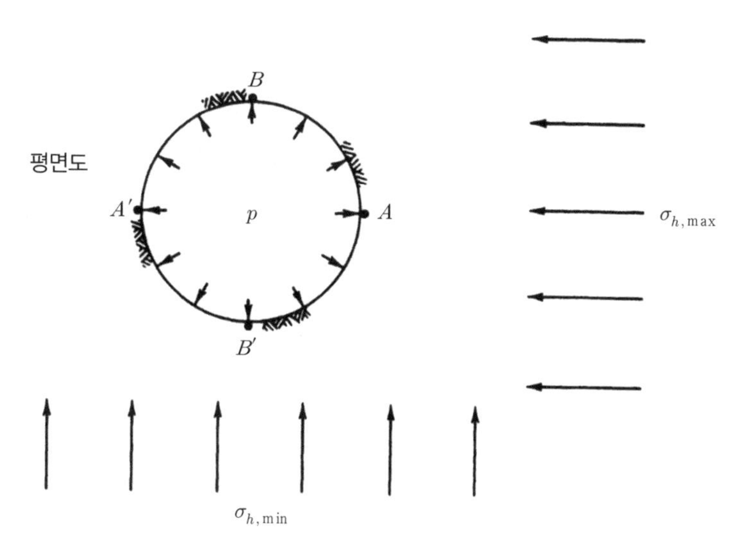

그림 4.10 수압파쇄에 사용된 시추공 둘레의 임계지점 위치

이다. 시추공 내의 물의 압력이 P이면, 시추공 주위의 모든 점에는(대수적으로) $-P$의 인장응력이 더해진다. 수직의 새로운 균열이 발생할 조건은 점 A의 인장응력이 인장강도 $-T_o$와 같아져야만 한다. 이 원리를 수압파쇄법에 적용하면 수압파쇄가 일어날 조건은

$$3\sigma_{h,\min} - \sigma_{h,\max} - p_{c1} = -T_0 \quad (4.8)$$

이다.

균열은 한번 형성되면 수압이 균열 면에 직각방향으로 작용하는 응력보다 클 때에는 계속 전파된다. 만약 균열 내의 물의 압력이 균열에 작용하는 수직응력보다 작으면 균열은 닫히고 크면 열리게 된다. 암석에서 균열은 σ_3에 직각방향으로 전파된다. 수직균열이 발생한 수압파쇄는 균열 면에 수직인 응력이 폐쇄 압력 P_s와 일치한다는 것을 의미하여

$$\sigma_{h,\min} = p_s \quad (4.9)$$

가 된다. 만약 암석의 인장강도를 안다면 시추공에 수직인 면의 최대 및 최소 주응력은 식 (4.8)과 식 (4.9)에 의하여 구할 수 있다. 만약 시추공의 압력이 감소한 후 다시 P_s 값 이상으로 증가하면, 수압파쇄에 의하여 생성된 균열은 닫혔다가 다시 열리게 된다. P_{c1}보다 작은 새로운 최대 압력을 P_{c2}라고 부르자. 식 (4.8)의 T_o와 P_{c1}에 0과 P_{c2}를 대입한 후 이 식에서 식 (4.8)을 빼주면, 실험 조건에 적용된 시추공 주위 암석의 인장강도를 구하는 식이 된다.

$$T_0 = p_{c1} - p_{c2} \quad (4.10)$$

수직응력이 γZ이고 주응력이라고 가정하면, 이 실험은 시추공에 수직인 면의 최대 및 최소 주응력의 크기와 방향을 완전히 규명하였기 때문에 응력의 상태는 완전히 규명되었다.

만약 암석이 투수성이면 물은 균열과 공극으로 들어가서 내부 압력 경사를 유발하게 되지만, 위에서 설명한 이론은 시추공벽에서 압력이 갑자기 하강하는 것으로 가정하였다. 이러한 효과는 P_{c1}의 값을 저하시키고 그림 4.9의 최대값을 둥글게 만든다. Haimson(1978)은 이러한 경우에 주응력을 구하는 분석이 어떻게 수정되어야 하는지를 보여준다.

수압파쇄 시험에서 수평 균열이 발생하면 위의 결과는 산출되지 않는다. 수평 균열의 발생 조건은 내부의 압력이 수직응력과 인장강도의 합과 같을 때이다. 수직균열과 수평 균열이 생성될 때 인장강도가 같다고 가정하면, 수직균열은 수직응력이 식 (4.11)을 만족하는 깊이 이하의

심도에서 생성될 수 있다.

$$\sigma_v \geq (3N-1)\sigma_{h,\max} \tag{4.11}$$

여기서 $N = \sigma_{h,\min}/\sigma_{h,\max}$이다. 수직균열이 발생하는 최소 깊이를 예측하기 위해서, 수직응력에 대한 평균 수평응력의 비인 $\overline{K}$를 이용하여 식 (4.11)을 표시하는 것이 유용하다. 이 항을 이용하면 수직균열은 $\overline{K}$가 $(1+N)/(6N-2)$보다 작은 심도에서 발생할 것이고, 여기서 $N = \sigma_{h,\min}/\sigma_{h,\max}$이고 1/3보다 커야 한다. 식 (4.6)에 주어진 $\overline{K}(Z)$의 상한과 하한에 따른 수직균열의 최소 깊이는 표 4.3에서 여러 N 값에 대해서 주어져 있다. N 값이 작거나 평균 수평응력이 경험의 범위에서 최소값으로 접근하면, 얕은 심도에서도 수직의 균열이 발생할 것이다. 이것은 유정이나 가스정에 인공적인 자극을 주기 위해서 수백만 번 이상의 수압균열을 발생시킨 석유산업에서 경험한 일이다.

표 4.3 수직방향의 수압파쇄를 위한 최소 깊이

$\sigma_{h,\min}/\sigma_{h,\max}$ (N)	$\overline{K}=\overline{\sigma_h}/\sigma_v$의 변환값[a] $(\overline{K}_T)$	다음과 같이 가정할 때 수직방향의 수압파쇄를 위한 최소 깊이(m)	
		$Z=\left(\dfrac{100}{\overline{K}-0.3}\right)$	$Z=\left(\dfrac{1500}{\overline{K}-0.5}\right)$
≤0.33	∞	0	0
0.40	3.5	31	500
0.50	1.5	83	1500
0.60	1.0	143	3000
0.667	0.833	188	4505
0.70	0.773	2011	5495
0.80	0.643	292	10,490
0.90	0.559	386	25,424
1.00	0.500	500	∞

a $\overline{K}=\dfrac{1+N}{6N-2}, N>\dfrac{1}{3}$

평판 잭 방법

수압파쇄법은 시추공 내에서만 실시될 수 있다. 만약 지하 갱도의 벽면과 같은 암석의 표면에 접근할 수 있으면, 1952년 프랑스의 Tincelin에 의하여 소개된 간단하고도 믿을 만한 기법을

이용하여 응력을 측정할 수 있다. 이 방법은 모서리 둘레가 용접된 두 개의 철판과 철판 사이의 공간에 유압유를 주입할 수 있는 접속관으로 구성된 평면의 유압잭을 사용한다. 잘 용접되고 미리 제작된 곡선 부분이나 내부의 띠를 사용하면, 이러한 잭에서 파괴됨 없이 5000 psi 이상의 압력을 얻을 수 있다. 첫 번째 단계는 암석의 표면에 하나 혹은 그 이상의 측정 핀들을 설치하는 것이다. 측정점 간의 거리는 6인치가 통상적이나, 이용 가능한 변위계의 길이에 맞추어야 한다. 그런 다음 측정점 사이의 암석 표면에 직각으로 깊고 가는 틈새를 만든다(그림 4.11b). 틈새는 휴대용 착암기로 겹쳐서 시추를 하거나, 시추유도 형판을 사용하거나, 다이아몬드 톱을 이용하여 절단하여 만들 수 있다(Rocha et al., 1966). 만약 암석이 틈새 면에 직각인 압축응력을 받고 있다면, 틈새를 만든 결과로 핀 간의 거리는 d_o로부터 줄어들게 된다(그림 4.11c). 만약 암석의 탄성계수를 안다면 측정된 핀의 변위로부터 초기의 수직응력을 계산할 수 있다. 그러나

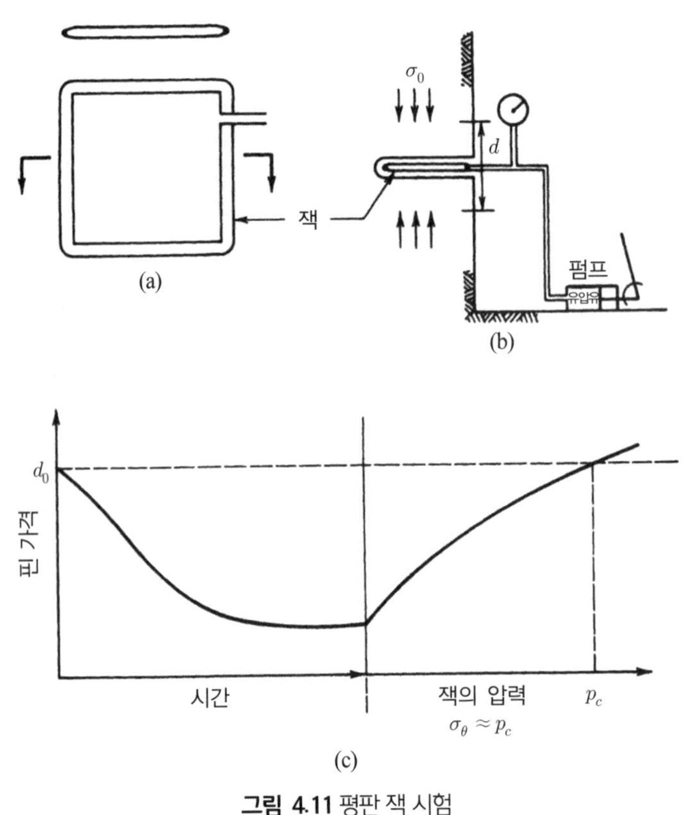

그림 4.11 평판 잭 시험

암석의 특성을 결정할 필요가 없는 응력결정의 자기보상법이 선호되고 있다. 평판 잭을 틈새 속에 삽입하고 시멘트를 타설한 후 압력을 가한다. 핀이 초기의 거리인 d_o로 회복되었을 때, 잭 내의 압력(P_c)은 잭에 수직방향의 초기응력과 거의 일치한다. 이론적으로 틈새에 평행한 초기응력과 잭 내부와 틈새 내부의 기하학적 형태 차이 때문에 이 결과는 보정이 필요하다(Alexander, 1960). 그러나 보정은 자주 오차 한계 이내이고, 만약 틈새가 다이아몬드 톱으로 만들어졌다면 보정은 무시할 수 있을 정도로 작다. 그러므로 P_c('잭의 상쇄압력')는 잭에 직각방향의 수용할 만한 평균응력이다.

평판 잭 시험은 응력 텐서의 한 성분을 결정하는 대규모의 튼튼하고 경제적인 방법이다. 장비는 현장에서 제작할 수 있고 내구성이 좋은데, 이런 점들은 지하의 장비설치나 측정 프로그램에서 매우 중요한 고려 사항이다. 이 방법의 심각한 한계점은 측정된 응력이 갱도에 의하여 교란을 받은 지역에 있다는 점이다. 만약 갱도가 주의를 기울여 굴착되었다면, 이러한 교란은 수치해석(즉, 유한요소법)을 이용한 독립적인 응력집중의 연구를 통하여 계산될 수 있다. 일반적으로, 갱도 단면 둘레의 세 점에서 잭의 면에 직각방향으로 응력이 결정되어 이 점들의 표면 근처의 접선응력인 $\sigma_{\theta A}$, $\sigma_{\theta B}$, $\sigma_{\theta C}$의 값이 산출되었다면, 갱도에 직각인 면에 작용하는 초기응력은 아래 관계식의 역수에 의하여 계산된다.

$$\begin{Bmatrix} \sigma_{\theta,A} \\ \sigma_{\theta,B} \\ \sigma_{\theta,C} \end{Bmatrix} = \begin{pmatrix} a_{11} & a_{12} & a_{13} \\ a_{21} & a_{22} & a_{23} \\ a_{31} & a_{32} & a_{33} \end{pmatrix} \begin{Bmatrix} \sigma_x \\ \sigma_y \\ \sigma_z \end{Bmatrix} \tag{4.12}$$

여기서 계수 a_{ij}는 수치해석에 의하여 결정된다. 예를 들면, 평판 잭이 완전한 원형 지하공간의 천장과 측벽 내에 R과 W에 위치해 있다고 가정하자. 만약 초기응력 방향이 수평과 수직으로 알려져 있고, 터널의 반경이 잭의 폭에 비하여 크다면, 식 (4.12)는 다음 식과 같이 간단히 될 수 있다.

$$\begin{Bmatrix} \sigma_{\theta,W} \\ \sigma_{\theta,R} \end{Bmatrix} = \begin{pmatrix} -1 & 3 \\ 3 & -1 \end{pmatrix} \begin{Bmatrix} \sigma_{horiz} \\ \sigma_{vert} \end{Bmatrix} \tag{4.13}$$

그 결과

$$\sigma_{horiz} = \frac{1}{8}\sigma_{\theta,W} + \frac{3}{8}\sigma_{\theta,R}$$
$$\sigma_{vert} = \frac{3}{8}\sigma_{\theta,W} + \frac{1}{8}\sigma_{\theta,R} \tag{4.14}$$

이다. 지하 갱도 둘레의 응력은 반경의 제곱에 역으로 변한다(식 (7.1) 참조). 그러므로 만약 갱도 직경보다 깊은 심도의 시추공에서 응력이 측정되면, 결과는 측정 갱도를 굴진하기 전의 초기응력 상태에 해당하여야만 하고, 이것은 오버코어링 시험을 통하여 달성될 수 있다.

오버코어링

먼저 작은 직경의 시추공을 뚫은 다음 직경의 변화에 반응하는 기구를 삽입한다. 이러한 기구중의 하나가 미국 광산국의 여섯 암(arm) 변형 게이지로, 변형률 게이지가 부착된 캐틸레버가 휘어짐으로써 변위에 비례하는 전압을 보내주는 비교적 단단한 장비이다(그림 4.12a와 그림

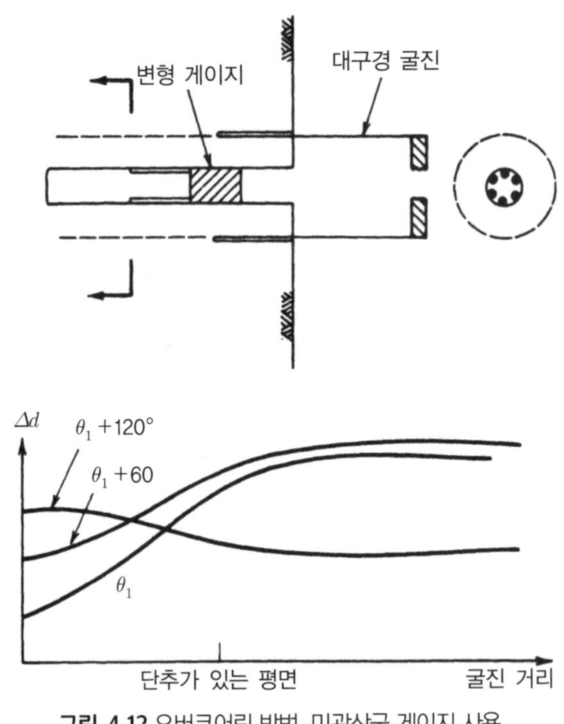

그림 4.12 오버코어링 방법, 미광산국 게이지 사용

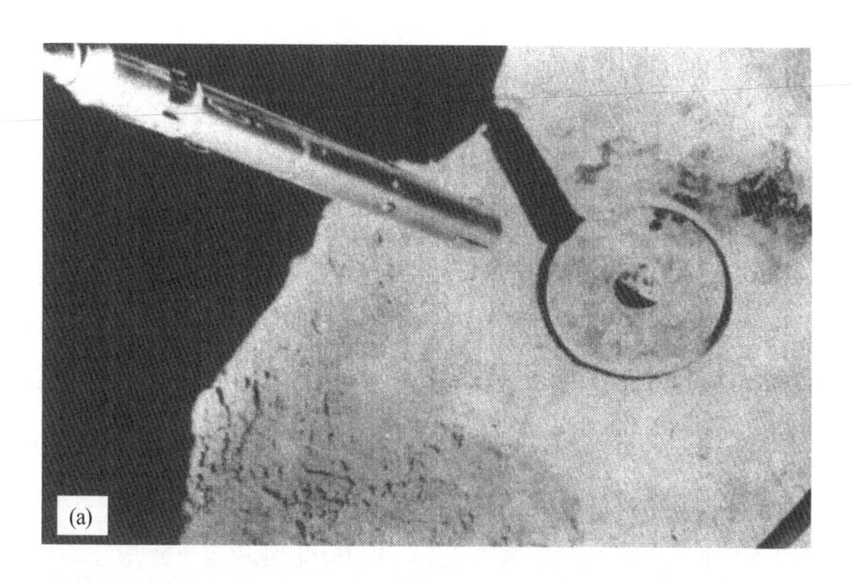

그림 4.13 암석 노두로부터 오버코어링에 의한 원위치 응력 측정
(a) 6성분 시추공 변형 게이지와 오버코어된 측정 시추공
(b) 실험 진행 장면(Rick Nolting의 사진; Terra Tek의 허가)

4.13b). 이 장비에는 세 쌍의 탄소 카바이드(carbide)로 끝부분이 만들어진 단추가 있으며, 각각의 단추는 기초 판에 고정된 캔틸레버 암을 누르며 스프링에 의하여 시추공의 벽에 밀착된다. 각각의 6개 지점에서 적절한 크기의 단추를 선택함으로써, 각각의 캔틸레버는 시험 전에 휘어져서 선형 구역의 중심에서 초기 전압을 출력하고, 시추공의 직경이 증가하는지 혹은 감소하는

지의 시추공 직경 변화는 세 개의 직경을 따라서 동시에 측정될 수 있다. 게이지가 삽입된 후 출력전선은 시추 로드(drill rod)의 내부를 지나 스위벨(swivel)을 통과하여 밖으로 나오고, 큰 직경의 시추공이 처음의 시추공과 중심이 일치되게 시추된다(그림 4.13b). 이 과정은 두꺼운 벽의 암석 원통을 만들게 되고, 암반에서 분리되어 응력으로부터 자유로워진다. 만약 암석이 초기에 압축응력의 상태 아래에 있었다면, 변형 게이지는 '오버코어링'에 대한 반응으로 두 방향 또는 모든 방향으로 증가를 기록할 것이다(그림 4.12b). 시추공에 직각인 면의 최대응력에 대한 최소응력의 비가 1/3 이상이면 모든 방향으로 반경은 증가한다. 이 실험 결과로 60° 떨어진 세 직경을 따라 시추공 직경의 변화를 알게 된다. 시추공에 직각인 평면에서 편리한 방향으로 x축을 선택하고, $0x$에서부터 반시계 방향으로 $\Delta d(\theta)$의 결과를 산출하는 한 쌍의 단추가 이루는 각을 θ라 하자. 시추공에 직각을 이루는 평면을 xz 평면이라 하고 평행한 방향을 y축으로 하자. 측정된 변형은 xyz 좌표계의 초기응력과 다음과 같은 상관관계를 보인다.

$$\Delta d(\theta) = \sigma_x f_1 + \sigma_y f_2 + \sigma_z f_3 + \tau_{xz} f_4 \tag{4.15}$$

여기서, $f_1 = d(1 + 2\cos 2\theta)\dfrac{1-\nu^2}{E} + \dfrac{d\nu^2}{E}$

$$f_2 = -\frac{d\nu}{E}$$

$$f_3 = d(1 - 2\cos 2\theta)\frac{1-\nu^2}{E} + \frac{d\nu^2}{E}$$

$$f_4 = d(4\sin 2\theta)\frac{1-\nu^2}{E}$$

위에서 E는 영률이고 ν는 포아송 비이며 d는 측정이 이루어진 시추공의 직경이다. 식 (4.15)에서 시추공과 평행한 전단응력 성분 τ_{xy}와 τ_{yz}는 시추공의 직경에 영향을 미치지 않기 때문에 포함되지 않았다. Gray and Toews(1968)는 여러 방향에서 반복적으로 측정된 직경의 변화로부터는 단지 세 개의 선형적으로 독립적인 식들만 얻어지므로, 하나의 시추공에서 기록된 직경의 변화로부터는 일반적인 응력의 상태를 계산할 수 없음을 보여주었다. 그러나 하나의 응력 성분을 알고 있거나 가정될 수 있으면, 해는 발견될 수 있다. 만약 얕은 심도에서 암석 표면에 직각인 시추공에서 측정되었다면, σ_y는 0으로 취급해도 된다. 반면에 σ_y를 알고 있거나 가정할 수 있으면, $f_2\sigma_y$항을 여러 방향을 따른 측정을 대표하는 세 개의 식의 등호 왼쪽에 놓을 수 있으며, 나머지 세 응력의 성분은 결정될 수 있다. 이러한 방법으로 시추공에 직각인 면의 응력 상태는 단지 σ_y의 함수로 계산될 수 있다. 뒤에서 논의될 다른 접근법으로는 세 개 이상의 서로 직각이 아닌 시추공으로부터의 측정을 결합하여, 각각의 시추공에서 계산될 응력을 하나의 보편적인 좌표계로 변환시키는 방법이다. 결과적으로 얻어진 식들은 쓸모가 없고, 더욱이 한 번 이상의 측정에서 동일한 부피의 암석을 차지하는 것은 불가능하기 때문에, 결과는 매우 분산될 것이다.

y축에 평행한 하나의 시추공에서 측정이 실시되고 σ_y 값은 계산을 위해서 가정한 일반적인 상황에서, θ_1, θ_1+60 및 θ_1+120 방향으로 측정된 직경의 변화는 세 개의 변수가 있는 세 개의 식을 산출한다.

$$\begin{Bmatrix} \Delta d(\theta_1) - f_2\sigma_y \\ \Delta d(\theta_1+60) - f_2\sigma_y \\ \Delta d(\theta_1+120) - f_2\sigma_y \end{Bmatrix} = \begin{pmatrix} f_{11} & f_{13} & f_{14} \\ f_{21} & f_{23} & f_{24} \\ f_{31} & f_{33} & f_{34} \end{pmatrix} \begin{Bmatrix} \sigma_x \\ \sigma_z \\ \tau_{xz} \end{Bmatrix} \tag{4.16}$$

위의 식에서 σ_y의 값을 가정한 후 식 (4.16)의 역수를 구하면 시추공에 직각인 면의 응력 상태를 계산할 수 있다.

오버코어링 시험은 암석의 표면에서 약간의 깊이까지 응력을 측정할 수 있다. 그러나 실제적으로는 다른 시추공과 중심이 일치하는 시추공을 굴진할 수 있는 깊이에는 한계가 있다. 균질하고 단열이 발달하지 않은 암석에서는 시추공을 붙잡기 위한 형틀을 이용하면, 표면에서 30 m까지도 가능하나 일반적으로 5 m 이상에서는 시험을 실시하지 않아야 한다.

스웨덴의 전력국에서는 오버코어링의 기계적 문제를 완전히 해결하여 Leeaman형태의 삼축 측정 기구를 이용하여 500 m 이상의 깊이에서 측정에 성공하기도 하였다. 이 시험은 76 mm 시추공 바닥의 중심에 36 mm 시추공을 정확하게 굴진하여 시추공의 벽면에 로젯 변형률 게이지를 부착하여 시행되었다. 이것은 좀 더 큰 시추공까지 확장하여 사용할 수 있다(Hiltscher, Martna, and Strindell, 1979; Martna, Hiltscher, and Ingevald, 1983).

미국 광산국 오버코어링 시험의 주요 단점은 응력이 탄성상수에 직선적으로 의존한다는 점이다. 광산국은 회수된 코어를 특수하게 큰 직경의 삼축압축 챔버 내에서 압축을 가하여 오버코어(overcore)에서 직접적으로 E와 ν를 결정하였고, 시추공 변형 게이지는 코어의 내부에서 반응하였다. 수평 시추공에 적용할 수 있는 다른 접근법으로는 ν 값을 가정하고 응력의 수직 성분이 벽 뒤의 어떤 지점에서 암석의 단위중량에 지표 아래 심도를 곱한 값과 일치하도록 만드는 E 값을 이용하는 방법이다. 다른 접근법으로는 변형 게이지를 더욱 강성인 게이지(즉, 유리나 강철)로 대체하여 '강 탄성 포유물'을 형성하는 법이다. 이러한 경우에 오버코어링 시 포유물 내의 응력은 암석의 탄성계수와는 거의 무관하게 된다. 그러나 측정의 정확성은 감소하여 시험을 더욱 어렵게 만든다. 오버코어링 방법의 다른 어려움은 큰 직경의 시추 코어(즉, 직경 6인치)가 필요하다 점이다. 이론적으로는 외부 시추공의 직경 크기에는 제한은 없으며, 실험에 의해 구해진 응력은 외부 시추공의 직경에 영향을 받지 않는다. 그러나 실제로는 외부 시추공의 직경이 내부 시추공의 두 배 이하이면 암석이 부서지는 어려움을 경험하였다.

도어스토퍼(doorstopper) 방법은(그림 4.14) 시추공 바닥의 중심 부분에 변형률 게이지를 부착한 후, 원래 크기의 직경으로 계속 굴진하여 바닥 부분을 주위의 암석으로부터 분리하는 방법이다(Leeman, 1971). 이 방법은 깊은 심도까지의 응력 해석을 가능하게 하지만 자료의 해석은 더욱 불안정해 지게 된다. 이 시험은 다음의 과정에 의하여 실시된다. 먼저 측정지점까지 시추를 한 후, 편평하고 코어를 생산하지 않는 비트를 이용하여 바닥면을 매끈하고 편평하게 연마한다. 바닥면을 깨끗하게 청소한 후 상부 면에 로젯 변형률 게이지를 가진 금속 포일을 바닥에 부착한다. 교결물질이 굳어지면 전선들을 시추로드 내부를 통하여 연결한 후 굴진을 한다. 이 과정은 바닥 부분을 응력으로부터 해방시키고, 변형률 ϵ_x, ϵ_z, γ_{xz}가 발생한다(y축은 시추공과 평행하고, x, z축은 시추공에 직각인 면에 있음). 로젯 변형률 게이지에서 측정된 값을 변형률 성분 ϵ_x, ϵ_z, γ_{xz}로 변환시키는 방법은 부록 2에 수록되어 있다.

시추공 바닥에서의 응력의 변화($\Delta\sigma_{x,B}$, $\Delta\sigma_{y,B}$, $\Delta\tau_{xy,B}$)는 선형 탄성 등방체의 응력-변형률 관계식을 이용하여 변형률 성분에서 계산할 수 있다.

$$\begin{Bmatrix} \Delta\sigma_{x,B} \\ \Delta\sigma_{z,B} \\ \Delta\tau_{xz,B} \end{Bmatrix} = \frac{E}{1-\nu^2} \begin{bmatrix} 1\,\nu & 0 \\ \nu\,1 & 0 \\ 0\,0 & \dfrac{1-\nu}{2} \end{bmatrix} \begin{Bmatrix} \epsilon_x \\ \epsilon_z \\ \gamma_{xz} \end{Bmatrix} \tag{4.17}$$

x, y, z 축의 초기응력은 시추공 바닥의 응력 변화와 다음의 관계를 가진다.

$$\begin{Bmatrix} \Delta\sigma_{x,B} \\ \Delta\sigma_{z,B} \\ \Delta\tau_{xz,B} \end{Bmatrix} = -\begin{pmatrix} a & c & b & 0 \\ b & c & a & 0 \\ 0 & 0 & 0 & d \end{pmatrix} \begin{Bmatrix} \sigma_x \\ \sigma_y \\ \sigma_z \\ \tau_{xz} \end{Bmatrix} \tag{4.18}$$

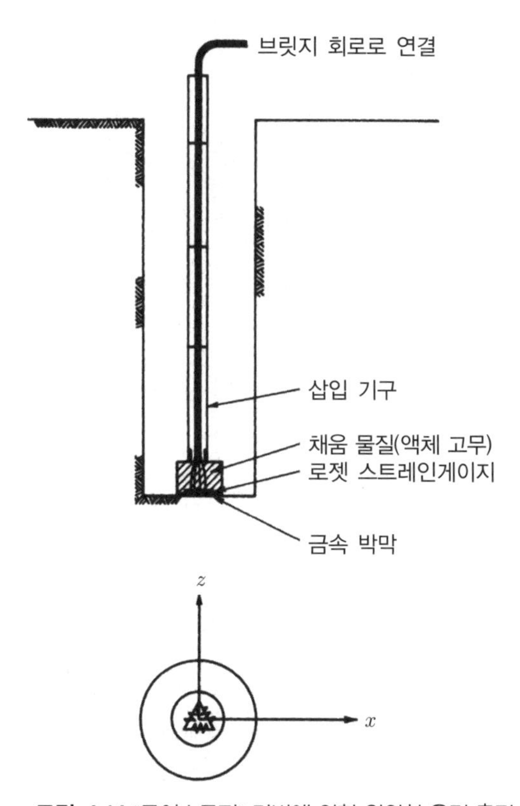

그림 4.14 "도어스토퍼" 기법에 의한 원위치 응력 측정

상수 a, b, c, d는 여러 독립된 연구자들에 의하여 평가되었다. De la Cruz and Raleigh(1972)는 유한요소법에 근거하여 다음과 같은 값을 제시하였다.

$$\begin{aligned} a &= 1.30 \\ b &= (0.085 + 0.15\nu - \nu^2) \\ c &= (0.473 + 0.91\nu) \\ d &= (1.423 - 0.027\nu) \end{aligned} \tag{4.19}$$

오버코어링 시험과 같이 σ_y는 가정되거나 독립적으로 평가되어야 한다. 그러면

$$\begin{Bmatrix} \sigma_x \\ \sigma_z \\ \tau_{xz} \end{Bmatrix} = -\begin{pmatrix} a & b & 0 \\ b & a & 0 \\ 0 & 0 & d \end{pmatrix}^{-1} \begin{Bmatrix} \Delta\sigma_{x,B} + c\sigma_y \\ \Delta\sigma_{z,B} + c\sigma_y \\ \Delta\tau_{xz,B} \end{Bmatrix} \tag{4.20}$$

이다. '도어스토퍼'법은 수갱의 바닥뿐만 아니라 시추공의 바닥에서도 실시할 수 있다.

암석 표면에서의 직접적인 측정

만약 기계 굴착한 수갱이나 터널이 암석 역학적인 작업에 이용가능하면, 단열의 발달이 심하지 않은 암석의 벽에서 직접적으로 응력 측정이 가능하다. 이러한 측정에는 최소한 두 가지의 방법이 있다. 암석의 표면에 직접 부착된 로젯 변형률 게이지를 오버코어링하는 방법과 측정지점들의 중앙에 시추를 하는 방법이다(언더코어링).

암석 표면에 로젯 변형률 게이지를 부착하는 방법은 Leeman(1971)에 의하여 시추공에서 사용되었는데, 여러 지점에서 동시에 로젯 게이지를 이동, 유지할 수 있는 독창적인 장치가 사용되었다. 오버코어링 시 로젯 게이지는 변환되어 완전한 응력의 상태 $(\sigma)_{xyz}$를 산출할 수 있는 변형률의 변화를 측정한다. 현재의 상태에서는 암석 표면의 점들에 직접 부착된 로젯 게이지를 오버코어링할 수 있다. 로젯 게이지가 부착된 암석이 오버코어링될 때 로젯 게이지 성분의 측정값으로부터 변형률의 상태(ϵ_x, ϵ_z, γ_{xz})를 계산하는 식이 부록 2에 수록되어 있다. 이러한 변형률은 식 (4.17)을 이용하여 응력으로 변환될 수 있다.

언더코어링은 Duvall(1974)에 의하여 명명되었고(Hooker et al., 1974에 있음), 중앙의 시추공 주위 점들의 방사상 변위를 측정하여 노출된 표면의 응력을 측정하는 과정이다(그림 4.15). 반경이 a인 중앙 시추공에서 극좌표로 r, θ에 위치한 점의 방사상 변위 및 접선 변위의 계산은 평면변형률에 대하여 식 (7.2)에 주어져 있다. 식 (7.1)과 식 (7.2)의(부록 4) 유도에서 논의된 바와 같이 ν 자리에 $\nu/(1+\nu)$를 대입하면 이 표현은 평면응력으로 변한다.

식 (7.2)는 측정면의 최대 및 최소 주응력의 방향을 알고 있는 상태에 대하여 개발되었다. 응력 측정의 문제에서 이러한 방향은 미리 알지 못하므로 임의의 (x, z) 축을 선택한다(그림 4.16). 그러면 응력 $\{\sigma\}_{xz}$는 각각의 점에 대하여 다음의 식을 이용하여 세 점(r, θ)에서 측정된

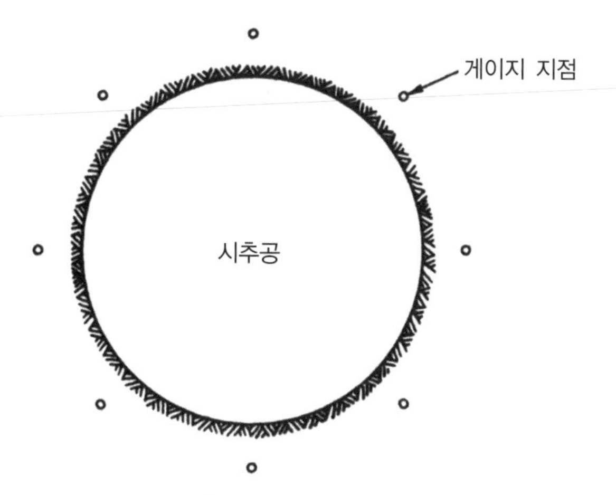

그림 4.15 언더코어링

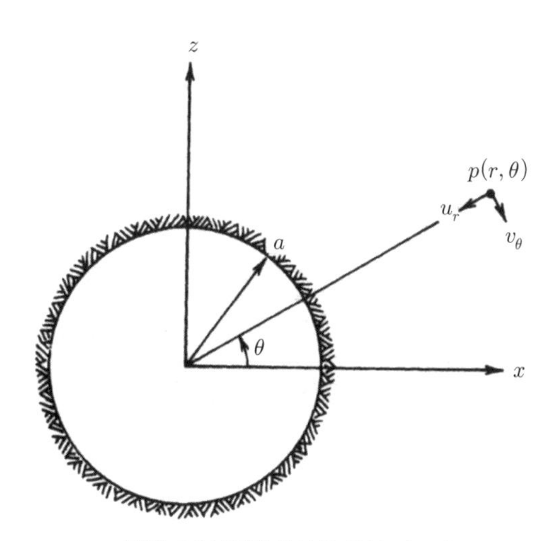

그림 4.16 변위 공식을 위한 좌표계

방사상 변위(u_r)로부터 결정될 수 있다.[3]

$$u_r = \sigma_x f_1 + \sigma_z f_2 + \tau_{xz} f_3 \tag{4.21}$$

3 접선 변위 ν_θ는 측정된 방사상 변위에 영향을 주지 않는 것으로 가정한다.

여기서, $f_1 = \frac{1}{2E}\frac{a^2}{r}[(1+\nu)+H\cos 2\theta]$

$$f_2 = \frac{1}{2E}\frac{a^2}{r}[(1+\nu)-H\cos 2\theta]$$

$$f_3 = \frac{1}{E}\frac{a^2}{r}(H\sin 2\theta)$$

$$H = 4-(1+\nu)\frac{a^2}{r^2}$$

r_1 및 θ_1에서 측정된 $u_{r,1}$, r_2 및 θ_2에서 측정된 $u_{r,2}$, r_3 및 θ_3에서 측정된 $u_{r,3}$의 방사상 변위를 이용하여 식 (4.21)로부터 응력을 결정할 수 있는 다음의 식을 이끌어낼 수 있다.

$$\begin{Bmatrix} u_{r,1} \\ u_{r,2} \\ u_{r,3} \end{Bmatrix} = \begin{bmatrix} f_{11} & f_{12} & f_{13} \\ f_{21} & f_{22} & f_{23} \\ f_{31} & f_{32} & f_{33} \end{bmatrix} \begin{Bmatrix} \sigma_x \\ \sigma_z \\ \tau_{xz} \end{Bmatrix} \tag{4.22}$$

측정지점들이 중앙 시추공 표면에 가깝거나 암석의 변형이 크지 않으면 변위 u 값이 매우 작을 것이므로, 이 방법은 아주 정밀한 결과를 산출할 수 없다. Duvall은 직경 10인치의 원을 따라 측정핀을 설치하고 EX 파일럿 시추공(pilot borehole)을 확공하여 6인치의 중앙 시추공을 굴진하였다. Vojtec Mencl은 산사태 선단 부분의 연암에서 응력을 측정하기 위해서 언더코어링을 실시하였으며, E의 값이 매우 낮아서 비교적 적은 응력에도(0.6 MPa) 불구하고 측정할 만한 크기의 변위가 발생하였다.[4] 중앙 시추공 주위 점들의 초기 방사상 변위를 0으로 만들기 위하여 중앙 원통형 팽창셀(팽창계)을 사용한 변형된 언더코어링 방법이 Dean, Beatty and Hogan에 의하여 호주의 Broken Hill광산에서 시행되었다.[5]

만약 측정지점의 응력집중을 알 수 있다면 측벽에서 측정된 응력 성분으로부터 **최초응력**(virgin stress, 시험지역이 굴착되기 전의 초기응력)을 계산할 수 있다. 풀어야 하는 문제는 평판

4 O. Zaruba, and V. Mencl (1976) *Landslides and Their Control,* Elsevier, New York.

5 North Broken Hill Ltd.에서 원통형 잭과 평판 잭을 이용해 측정한 암석 응력(Rock stress measurements using cylindrical jacks and flat jacks at North Broken Hill Ltd. from Broken *Hill Mine Monography No. 3* (1968), Australian Inst. Min. Metal. Melbourne, Austra lia (399 Little Collins St.).

잭 시험과 연관하여 논의된 것과 유사하다. 지하 갱도의 형태가 원형이고 벽면이 매끈하기 때문에, 응력의 집중은 고전적인 Kirsch 해(이 해의 유도는 Jaeger and Cook(1976)에 주어져 있음)로부터 구해진다. 좌표계는 그림 4.17에 보이고 ′ 표시가 없는 좌표, $x_1y_1z_1$, $x_2y_2z_2$는 1, 2 등과 같이 각각의 측정현장의 국지적인 좌표 방향을 의미하며, y_1y_2....는 항상 터널 표면에 직각인 방향이고(터널이나 수갱의 반경), x_1x_2 등은 측정하는 터널이나 수갱의 축과 평행하다. x', y', z'는 전체 좌표계로 y'는 터널이나 수갱의 축과 평행하고 x'와 z'는 터널의 단면 내에서 직교하는 좌표축이다.

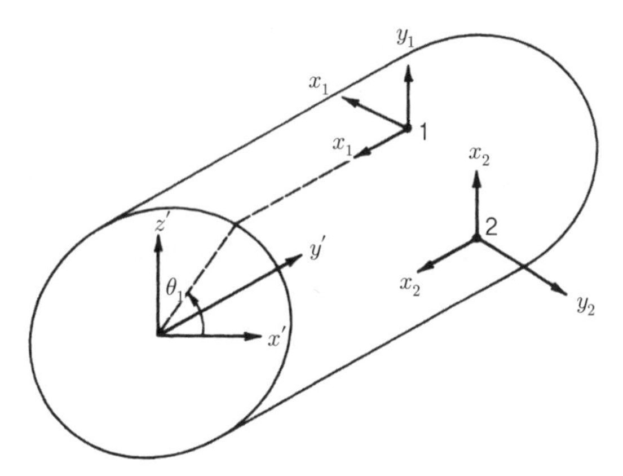

그림 4.17 터널 벽의 응력 측정을 위한 좌표계

표면에서의 응력집중은 Leeman(1971)에 의하여 주어진 일반적인 Kirsch 해로부터 측정현장의 벽면의 점들을 나타내는 r=a를 대입하면 구해질 수 있다(부록 4 참조). 위의 좌표를 이용하면 각 현장에서는

$$\sigma_r = \sigma_y = 0$$

$$\sigma_\theta = \sigma_z$$

$$\sigma_{long} = \sigma_x$$

$$\tau_{r\theta} = \tau_{yz} = 0$$

$$\tau_{long,\theta} = \tau_{xz}$$

$$\tau_{long,r} = \tau_{xy} = 0$$

$$\begin{Bmatrix} \sigma_z \\ \sigma_x \\ \tau_{xz} \end{Bmatrix} = \begin{pmatrix} d & 0 & e & 0 & 0 & f \\ g & 1 & h & 0 & 0 & i \\ 0 & 0 & 0 & n & p & 0 \end{pmatrix} \begin{Bmatrix} \sigma_{x'} \\ \sigma_{y'} \\ \sigma_{z'} \\ \tau_{x'y'} \\ \tau_{y'z'} \\ \tau_{z'x'} \end{Bmatrix} \tag{4.23}$$

이고, 여기서 $d = 1 - 2\cos\theta$ $\quad h = 2\nu\cos 2\theta$

$e = 1 + 2\cos\theta$ $\quad i = -4\nu\sin 2\theta$

$f = -4\sin\theta$ $\quad n = -2\sin\theta$

$g = -2\nu\cos 2\theta$ $\quad p = 2\cos\theta$

이다.

둘 이상의 지점에서 응력이 측정되면(즉 (1) $\theta_1 = 90°$인 천장과 (2) $\theta_2 = 0$인 벽면, 그림 4.17) 완전한 응력의 상태를 결정할 수 있는 6개의 식이 만들어진다. 현장의 선택에 따라, 상수 행렬은 특이 행렬이 되기도 하여, 완전한 응력의 상태를 알기 위해서는 제3의 측정지점을(불필요한 자료와 함께) 필요로 한다.

주응력

만약 측정 평면 내에서 임의로 선택된 두 방향 x, z를 기준으로 응력이 결정되었다면, 수직 응력의 값은 좌표축의 선택에 달려 있을 것이다. 따라서 결과를 주응력의 크기와 방향 형태로 나타내는 것이 유리하다. (만약 xz 평면이 주평면이 아니면, 그 평면 내에서 전단응력이 0이 되는 주평면을 찾는 것이 가능하다. 이것들은 '이차적인 주응력'이라고 불린다.) 주어진 σ_x, σ_z와 τ_{xz}에서 주응력은 다음의 식으로 발견된다.

$$\sigma_{\text{major}} = \frac{1}{2}(\sigma_x + \sigma_z) + \left[\tau_{xz}^2 + \frac{1}{4}(\sigma_x - \sigma_z)^2\right]^{1/2}$$
$$\sigma_{\text{minor}} = \frac{1}{2}(\sigma_x + \sigma_z) - \left[\tau_{xz}^2 + \frac{1}{4}(\sigma_x - \sigma_z)^2\right]^{1/2} \tag{4.24}$$

최대 주응력 σ_1은 $0x$로부터 반시계 방향으로 θ인 방향으로 작용한다.

$$\tan 2\theta = \frac{2\tau_{xz}}{\sigma_x - \sigma_z} \tag{4.25}$$

arctan는 여러 개의 값을 가지므로, 다음의 법칙을 따라야 한다.[6] $-\pi/2 \le \alpha \le \pi/2$일 때 $\alpha = \tan^{-1}[2\tau_{xz}/(\sigma_x - \sigma_z)]$라 하면

$$\begin{aligned} 2\theta &= \alpha && \text{if } \sigma_x > \sigma_z \\ 2\theta &= \alpha + \pi && \text{if } \sigma_x < \sigma_z \text{ and } \tau_{xz} > 0 \\ 2\theta &= \alpha - \pi && \text{if } \sigma_x < \sigma_z \text{ and } \tau_{xz} < 0 \end{aligned}$$

이 된다.

삼차원의 응력 측정

토목이나 광산에서는 모든 응력의 성분을 알아야 하는 경우가 드물다. 만약 모든 응력 성분을 알아야 한다면 한 번의 실험으로 완전한 응력의 상태를 계산할 수 있는 방법이 있다(즉, Leeman, 1971; Rocha et al., 1974). 또한 위에서 열거한 기법에 의한 자료를 결합하여 완전한 응력 행렬을 계산할 수도 있다. 이러한 계산 과정은 굴진된 수갱이나 터널의 표면에서 변형률 측정을 통한 사례에서 이미 설명되었다. 각각의 사례에서 전략은 여러 측정 현장에서 평행하지 않은 방향의 자료를 결합하기 위하여 측정된 응력 성분을 전체 좌표 시스템으로 변환시키는 것이다.

예를 들면 서로 평행하지 않은 여러 개의 시추공에서 시행된 오버코어링 측정을 고려해보자. 시추공 A에서는 y_A가 시추공의 축과 평행하게 x_A, y_A, z_A좌표축을 설정하면, θ_{A1}, θ_{A2} 그리고 θ_{A3} 방향으로 직경 변위가 측정된다. 각 방향으로 식 4.15를 적용하면 다음과 같다.

6 이 법칙들은 Minnesota 대학의 Steven Crouch 교수에 의해서 제안되었다.

$$\begin{Bmatrix} \Delta d(\theta_{A,1}) \\ \Delta d(\theta_{A,2}) \\ \Delta d(\theta_{A,3}) \end{Bmatrix} = \begin{pmatrix} f_{11} & f_{12} & f_{13} & f_{14} \\ f_{12} & f_{22} & f_{23} & f_{24} \\ f_{31} & f_{32} & f_{33} & f_{34} \end{pmatrix} \begin{Bmatrix} \sigma_{x,A} \\ \sigma_{y,A} \\ \sigma_{z,A} \\ \tau_{xz,A} \end{Bmatrix} \tag{4.26}$$

여기서 상수 f_{ij}는 각각의 θ에 대해 식 (4.15)의 f_j로 정의된다. x_A, y_A, z_A좌표계의 응력을 x', y', z'좌표축으로 새로이 변환시키면 다음의 식으로 표현된다.

$$\begin{Bmatrix} \sigma_{x,A} \\ \sigma_{y,A} \\ \sigma_{z,A} \\ \tau_{xz,A} \end{Bmatrix} = (T_\sigma)\{\sigma\}_{x'y'z'} \tag{4.27}$$

여기서 (T_σ)는 부록 1의 식 23에 정의된 상수 행렬의 1, 2, 3 그리고 5번째 열에 해당하는 4×6 행렬이고, $\{\sigma\}_{x'y'z'}$는 같은 식의 여섯 개의 응력 성분의 행이다. (f_A)가 (4.26)의 3×4 상수 행렬을 나타낸다고 하면, 식 (4.26)과 식 (4.27)은 다음과 같이 결합될 수 있다.

$$\{\Delta d\}_A = (f_A)(T_\sigma)_A\{\sigma\}_{x'y'z'} \tag{4.28}$$

A와 평행하지 않는 시추공 B에서도 유사하게 결합할 수 있다.

$$\{\Delta d\}_B = (f_B)(T_\sigma)_B\{\sigma\}_{x'y'z'} \tag{4.29}$$

(4.28)과 (4.29)의 여섯 열을 결합하면 오른손 벡터와 같은 여섯 개의 $\sigma_{x'y'z'}$식이 만들어진다. 그러나 Gray and Toew(1968)는 유도된 상수 행렬이 특이 행렬임을 보였다. 그러므로 $\{\sigma\}_{x'y'z'}$를 풀기 위한 충분한 정보를 획득하기 위해서는 세 개의 서로 평행하지 않은 시추공이 필요하다. 여섯 개의 풀 수 있는 식을 얻기 위해서 여분의 열(row)은 제거할 수 있다. 또한 최소 자승법을 이용할 수도 있다. Panek(1966)과 Gray and Toew(1975)는 여분을 처리하는 방법과 한 측정지점에서부터 다른 측정지점으로의 응력 상태의 변화와 관련한 오차를 최소화시키는 법을 보여

주었다.

서로 평행하지 않은 3개의 시추공에서 실시된 '도어스토퍼 시험'의 결과를 결합하여 완전한 응력의 상태를 얻는 과정 또한 유사하다.

참고문헌

Alexander, L. G. (1960) Field and lab. test in rock mechanics, *Proceedings, Third Australia－New Zealand conference on Soil mechanics,* pp. 161-168.

Bernède, J. (1974) New Developments in the flat jack test (in French), *Proc. 3rd Cong, ISRM* (Denver), Vol. 2A, pp. 433-438.

Booker, E. W. and Ireland, H. O. (1965) Earth pressures at rest related to stress history, *Can. Geot.* J. 2: 1-15.

Brekke, T. L. (1970) A survey if large permanent underground opening in Norway, *Proceedings of Conference on Large Permanent Underground Openings,* pp. 15-28 (Universities Forlaget, Oslo).

Brekke, T. L. and Selmer-Olsen, R. (1966) A survey of the main factors influencing the stability of underground construction in Norway, *Proc. 1st Cong. ISRM* (Lisbon), Vol. II, pp. 257-260.

Brown, E. T. and Hoek, E. (1978) Trends in relationships between measured in situ stresses and depth, *Int. J. Rock Mech. Min. Sci.* 15: 211-215.

De la Cruz, R. V. (1978) Modified borehold jack method for elastic property determination in rocks, *Rock Mech.* 10: 221-239.

De la Cruz, R. V. and Goodman, R. E. (1970) Theoretical basis of the borehole deepening method of absolute stress measurement, *Proceedings, 11th Symposium on Rock Mechanics* (AIME), pp. 353-376.

De La Cruz, R. V. and Raleigh, C. B. (1972) Absolute stress measurements at the Rangely Anticline, Northwestern Colorado, *Int. J. Rock Mech, Min. Sci.* 9: 625-634.

Emery, C. L. (1962) The measurement of strains in mine rock, *Proceedings, International Symposium on Ming Research* (Pergamon), Vol. 2, pp. 541-554.

Fairhurst, C. (1965) Measurement of in-situ stresses with particular reference to hydraulic fracturing, *Rock Mech. Eng. Geol.* 2: 129-147.

Friedman, M. (1972) X-ray analysis of residual elastic strain in quartzose rocks, *Proceedings, 10th Symposium in Rock Mechanics* (AIME), pp. 573-596.

Gray, W. M. and Toews, N. A. (1968) Analysis of accuracy in the determination of the ground stress tensor by means of borehole devices, *Proceedings, 9th Symposium on Rock Mechanics* (AIME), pp. 45-78.

Gray, W. M. and Toews, N. A. (1975) Analysis of variance applied to data obtained by means of a six element borehole deformation gauge for stress determination, *Proceedings, 15th Symposium on rock Mechanics* (ASCE), pp. 323-356.

Haimson, B. C. (1976) Pre-excavation deep hole stress measurements for design of underground chambers－

case histories, *Proceedings, 1976 Rapid Excavation and Tunneling Conference* (AIME), pp. 699-714.

Haimson, B. C. (1978) The hydrofracturing stress measurement technique-method and recent field results., *Int. J. Rock Mech. Sci.* 15: 167-178.

Hiamson, B. C. and Fairhurst, C. (1967) Initiation and extension of hydraulic fractures in *rock, Soc. Petr. Eng. J.* 7: 310-318.

Haimson, B. C. and Herrick, C. G. (1985) In situ stress evaluation from borehole breakouts－Experimental studies, *Proceedings, 26th U.S. Symposium on Rock Mechanics* (Balkema), pp. 1207-1218.

Hast, N. (1958) The measurement of rock pressure in mines, *Sveriges Geol. Undersökning Arsbok* 52(3).

Hiltscher, R., Martna, F. L., and Strindell, L. (1979) The measurement of triaxial stresses in deep boreholes and the use of rock stress measurements in the design and construction of rock openings, *Proceedings of the Fourth International Congress on Rock mechanics,* Montreux, (ISRM) Vol. 2, 227-234.

Hooker, V. E., Aggson, J. R. Bicket, D. L., and Duvall, W. (1974) Improvement in the three component borehole deformation gage and overcoring technique, *U.S.B.M. Rep. Inv. 7894;* with Appendix by Duvall on the undercoring method.

Jaeger, J. C. and Cook, N. G. W. (1976) *Fundamentals of Rock Mechanics,* 2d ed., Chapman & Hall, London.

Kanagawa, T., Hayashi, M., and Nakasa, H. (1976) Estimation of spatial geostress in rock samples using the Kaiser effect of acoustic emission, *Proceedings, 3rd Acoustic Emission Symposium* (Tokyo, Separately available from Central Research Inst. of Elec. Power Ind., Japan).

Leeman, E. R. (1971) The CSIR "Doorstopper" and triaxial rock stress measuring instruments, *Rock Mech.* 3: 25-50.

Linder, E. N. and Halpern, J. A. (1978) In situ stress in North America－a compliation, *Int. J. Rock Mech. Sci.* 15: 183-203.

Martna, J., Hiltscher, R., and Ingevald, K. (1983), Geology and rock stresses in deep boreholes at Forsmark in Sweden, *Proceedings of the Fifth International Congress on Rock Mechanics, Melbroune,* (ISRM), Section F, pp. 111-116.

Merrill, R. H. and Peterson, J. R. (1961) Deformation of a borehole in rock, *U.S.B. Mines R.I. 5881.*

Moody, J. D. and Hill, M. J. (1956) Wrench fault tectonics, *Bull. Geol. Soc. Am.* 67: 1207-1246.

Nichols, Jr., T. C., Abel, Jr., J. F., and Lee, F. T. (1968) A solid inclusion borehole probe to determine three dimensional stress changes at a point of a rock mass, *U.S.G.S. Bulletin 1258C,* pp. C1-C28.

Obert, L. and Duvall, W. (1967) *Rock Mechanics and the Design of Structures in Rock,* Wiley, New York.

Obert, L. and Stephenson, D. E. (1965) Stress conditions under which core discing occurs. *Trans. Soc. Min.*

Eng. 232: 227-234.

Olsen, O. J. (1957) Measurements of residual stress by the strain relief method, *Qtly. Colorado School of Mines,* Vol. 52, July, pp. 183-204.

Panek, L. A. (1966) Calculation of the average ground stress components from measurements of the diametral deformation of a drill hole, in *ASTM Spec. Tech. Publ. 402* (American Society of Testing and materials). pp. 106-132.

Riley, P. B., Goodman, R. E., and Nolting, R. E. (1977) Stress measurement by overcoring cast photoelastic inclusions, *Proceedings, 18th Symposium on Rock mechanics,* paper 4C4.

Roberts, A. et al. (1964, 1965) The photoelastic stress meter, *Int. J. Rock Mech. Sci.* 1: 441-454; 2: 93-103.

Rocha, M. (1971) A new method of integral sampling of rock masses, *Rock Mech.* 3: 1.

Rocha, M., Baptista Lopes, J., and DaSilva, J. (1966) A new technique for applying the method of the flat jack in the determination of stresses inside rock masses, *Proc. 1st Cong, ISRM* (Lisbon), Vol. 2, pp. 57-65.

Rocha, M., Silverio, A., Pedro, J., and Delgado, J. (1974) A new development of the LNEC stress tensor gauge, *Proc. 3rd Cong. ISRM* (Denver), Vol. 2A, pp. 464-467.

Stauder, W. (1962) The focal mechanism of earth quakes, *Adv. Geophys.* 9: 1-75.

Terzaghi, K. and Richart, R. E. (1952) Stresses in rock about cavities. *Geotechnique,* 3: 57-90.

Tincelin, M. E. (1952) Measurement of pressure in the iron mines in the East: Methods (in French), *Supplement to Annales ITBTP,* October.

Voight, B. (1968) Determination of the virgin stste of stress in the vicinity of a borehole from measurements of a partial anelastic strain tensor in drill holes, *Rock Mech. Eng. Geol.* 6: 201-215.

Voight, B. and St. Perre, B. H. P. (1974) Stress history and rock stress, *Proc. 3rd Cong. ISRM* (Denver), Vol. 2A, pp. 580-582.

Worotnicki, G. and Denham, D. (1976) The state of stress in the upper part of the earth's crust in Australia according to measurements in mines and tunnels and from seismic observations, *Proceeding, Symposium on Investigation of Stress in Rock (ISRM)* (Sydney, Australia), pp. 71-82.

Worotnicki, G. and Walton, R. J. (1976) Triaxial "hollow inclusion" guages for determination of rock stresses in situ, *Proceedings, Symposium on Investigation of Stress in Rock* (Sydney), Supplement 1-8 (ISRM and Inst. of Engineers of Australia).

Zoback, M. D. and Healy, J. H. (1984) Friction, faulting, and "in situ" stress, *Ann. Geophys.* 2: 689-698.

Zoback, M. D., Moos, D., and Mastin, L. (1985) Well bore breakouts and in situ stres, *J. Geophys. Res.* 90: 5523-5530.

Zoback, M. L. and Zoback, M. D. (1980) State of stress in the conterminous United States, *J. Geophys. Res.* 85: 6113-6156.

Zoback, M. L. and Zoback, M. D. (1988), Tectonic stress field of the continental U.S., in *GSA Memoir* (in press), *Geophysical Framework of the Continental United States,* edited by L, Pakiser and W. Mooney

1 고생대 퇴적암 내에 분포하는 정단층 지역에서 심도 500 m의 수직응력 및 수평응력을 구하라. 그림 4.7b를 이용하고 정단층은 최근에 생성된 것으로 가정하라.

2 시추공 내 지하 3000 ft에서 수직의 수압파쇄 균열이 시작되었다. 지하는 지표면에서부터 포화되어 있고 지하수에 의한 공극압은 정수압으로 가정한다. 수압을 공극압보다 710 psi만큼 크게 증가시킨 결과, 수압은 더 이상 올라가지 않았다. 물의 공급을 중단하였을 때 수압은 원래의 공극압보다 110 psi 큰 값으로 하강하였다. 하루 후 수압을 다시 증가시켰을 때 수압은 이전의 압력(shut-in 압력)에서 100 psi까지만 증가하였다. 측정지점의 수평응력, 암석의 인장강도, 연직 압력을 계산하라.

3 시추공에 오버코어링이 실시되어 시추공에 직각인 면의 응력 성분이 다음과 같이 측정되었다.

$$\sigma_x = 250 \text{ psi}$$
$$\sigma_y = 400 \text{ psi}$$
$$\tau_{xy} = -100 \text{ psi}$$

x 축이 수평방향의 오른쪽일 때, 시추공에 직각인 면의 최대 및 최소 주응력의 크기와 방향을 구하라.

4 자연 사면이 45° 각도로 높이 1000 m까지 분포한 후 수평으로 되었다. 일축압축강도는 50 MPa이다. 지하 압력관을 위한 터널이 사면 바닥의 입구에서 시작하여 산 속으로 굴진되었다. 노르웨이의 경험에 근거할 때 압력의 문제가 발생하는 입구로부터의 거리를 계산하라.

5 활성 트러스트 단층(저각의 역단층) 지역이며 $\phi = 30°$, $q_u = 1000$ psi, 단위중량이 150 lb/ft^{3}인 암석에서 심도 3500 ft 지점의 단층이 이동할 최대 및 최소 주응력을 구하라. 결과를 그림 4.7의 결과와 비교하라.

6 심도 5000 m에서 암반의 K(수직응력에 대한 수평응력의 비)가 0.8이었다. 만약 포아송 비가 0.25이면 2000 m 침식 후의 K를 계산하라.

7 만약 평판에 직각방향으로 인장응력인 초기응력이 작용하고 있다면 평판 잭 시험의 자료는 어떠한 형태일까? 자료를 어떻게 이용하면 인장응력의 크기를 계산할 수 있을까?

8 12 in^{2}인 두 개의 평판 잭을 직경이 8 ft이고 거의 원형인 시험 갱도의 벽면과 천장에 설치하였다. 평판 잭 1은 수평으로 측벽에 설치되었고, 평판 잭 2는 수직이고 모서리가 갱도의 축과 평행하였다. 1번 평판 잭의 보상압력은 2500 psi이고 2번은 900 psi일 때, 수직과 수평의 초기응력을 구하라. 가정을 열거하라.

9 터널의 벽면에 수직으로 굴진된 시추공에서 응력을 측정하기 위하여 미 광산국 오버코어링법이 시행되었다. 측정지점(측정 핀이 있는 평면)은 직경 10 ft인 시험 갱도의 5 m 깊이이고, 측정 시추공의 직경은 1.25 in이다. 첫 번째 쌍의 단추는 수평방향이고 두 번째 쌍은 1번으로부터 반 시계 방향으로 60°, 세 번째 쌍의 단추는 첫 번째 쌍에서부터 반시계 방향으로 120°의 각을 이룬다. 오버코어링 결과 다음과 같은 변형이 측정되었다. 1번 쌍은 3×10^{-3}인치 바깥으로, 2번 쌍에서는 2×10^{-3}인치 바깥으로, 3번 쌍에서는 1×10^{-3}인치 바깥으로 변형이 발생하였다. 만약 $E = 2 \times 10^{-6}$ psi이고 $\nu = 0.2$이면 시추공에 직각인 면의 응력 성분과 최대 및 최소 주응력의 크기와 방향을 구하라(시추공의 축과 평행한 초기응력은 미미하다고 가정하라).

10 수평인 노두에 수직방향의 평판 잭을 사용한 응력 측정 결과, 모든 측정에서 보상압력이 약 80 MPa이었다. 암석은 화강암이며 $E = 5 \times 10^4$ MPa이고 $\nu = 0.25$이다. 만약 암석이 $\sigma_h = \sigma_y$인 10 km 지하에서 생성되어 침식에 의해 지표로 이동하였다면, 수평응력의 크기는 얼마인가? ($\gamma = 0.027$ MN/m^3). 만약 차이가 있다면 그 원인을 설명하라.

11 암석 내의 공극압이 p_w일 때 수압파쇄에서 균열이 생성되기 시작하는 유효응력($p_{c1} - p_w$)을 표현하는 식 (4.8)에 해당하는 공식을 유효응력의 원리를 이용하여 유도하라.

12 Bearpaw 셰일의 넓은 면적에 하중이 0에서부터 2000 psi으로 수직방향으로 가해졌고, 수평 변형률은 0으로 가정할 수 있다. 하중이 가해지는 동안 포아송 비는 0.4이었다. 이후 수직하중이 1000 psi로 감소하였고 하중이 감소될 때의 포아송 비는 0.31이었다.

(a) 최대 수직응력 및 최종 수직응력이 작용할 때 수평응력을 계산하라.

(b) 비슷한 응력 이력에서 어떠한 자연적인 사건이 발생할까?

13 $\nu = 0.3$, $E = 3.0 \times 10^4$ MPa인 암석에서 10 m 깊이의 수직 시추공 바닥에 60° 로젯 게이지를 부착하여 '도어스토퍼'법에 의해 측정된 변형률은 다음과 같다. OX와 평행한(동—서 방향) 게이지에서 $\epsilon_A = -20 \times 10^{-4}$, OX에서 반시계 방향으로 60° 방향인 게이지에서 $\epsilon_B = -3.8 \times 10^{-4}$ 그리고 OX에서 반시계 방향으로 120° 방향인 게이지에서는 $\epsilon_C = -5.0 \times 10^{-4}$이다. 시추공은 y축과 평행하다. σ_y는 단지 암석의 무게에 의하여 생성되고 $\gamma = 0.027$ MN/m^{3}라고 가정할 때 시추공 바닥면(xz 평면)에서의 최대 및 최소 수직응력의 크기 및 방향을 구하라.

05

암석의 연약면

05 암석의 연약면

5.1 서 론

암석을 굴착해본 사람들은 암석은 수학자가 분석하는 물체와 상당한 차이가 있다는 것을 발견하게 된다. 엔지니어에게 암석은 이방성이고 불연속적인 물체이다. 조절되지 않은 과도한 발파가 실시된 암석의 경우에는 특히 암석이 불연속적이라는 사실을 더욱 깨닫게 된다. 그러나 엔지니어들이 조각가처럼 조심스럽게 암석을 다룬 경우에도 자연적으로 생성되어 암반을 가로질러서 완전하게 맞추어 놓은 블록을 분리시키는 연약면에 직면하게 된다. 더욱이 굴착이 진행됨에 따라 응력이 재조정되어 주위의 암석에 새로운 균열이 발생한다(그림 5.1a, b).

열극(fissure)이라고 불리는 작은 균열들은 조그마한 시료의 크기에서도 관찰되지만, **절리**는 일반적으로 노두에서 나타난다(그림 5.2). 절리는 수 cm에서 10 m 정도의 간격으로 떨어져 있는 평행하고 평탄한 균열들이며, 보통 한 개의 절리군이 층리면과 평행하고 둘 이상의 절리군이 다른 방향으로 발달한다. 화성암이나 변성암은 셋 이상의 규칙적인 절리군을 가지는 것이 보통이다. 습곡에 의하여 변형된 암석에서는 소규모의 단층이나 층간의 미끄러짐에 의하여 생성되어 전단되거나 파쇄된 얇은 층들이 거의 평행하게 분포한다. 이러한 **전단대**는 보통 절리보다 간격이 넓으며 수 mm에서 1 m 정도에 이르는 연약하고 부서지기 쉬운 암석이나 흙으로 이루어져 있다. 층리면과 평행하게 발달한 전단대는 계곡의 측면부 근처에 습곡을 받지 않은 지역에서 관찰되며, 이는 암반이 수평적으로 이완될 때 발생하는 층간 미끄러짐에 의해서 발생한다.

그림 5.1 남아프리카 공화국에 있으며 규암으로 이루어진 매우 깊은 심도에서 긴 벽면을 채굴하여 생긴 균열. 두 사진 모두에서 새로운 균열은 셰일의 갈라짐을 따라 발달하였으며, 이미 존재하고 있는 수평의 절리에 의하여 천장에서 종료되어 있다.
(a) 채굴에 의해 유발되었으며 균열에 의해 형성된 얇은 판들이 굴착공간으로 전도되는 것을 볼 수 있다.
(b) 새로운 균열들은 굴착공간 방향으로 기울어진 기존의 전단대에서 아래쪽이 종료되었다.

(a) (b) (c) (d)

그림 5.2 불연속적인 암석

(a) Arizona의 Glen Canyon에 있는 Navajo 사암 내에 록볼트가 설치된 판상 절리
(b) Glen Canyon에 있는 사층리와 판상절리가 발달한 Navajo 사암
(c) British Columbia에 있는 Peace River의 Bennett 댐 기초에 있는 층리가 발달한 사암, 셰일, 탄질 퇴적물
(d) 가나의 Akosombo 댐의 규암층 사이의 열린 절리에 대한 그라우팅

(e) (f) (g) (h)

그림 5.2 불연속적인 암석(계속)

(e) 주상 절리의 발달에 의해 형성된 하천

(f) 긴 연장의 절리에 의해 깨어진 벽면의 열화로 형성된 아치[(e), (f)는 New York의 Ithaca 근처의 Enfield Glen에 있는 데본기 실트암과 셰일에 있는 것임]

(g) 짧은 연장을 지닌 각각의 절리들이 연결되어 형성한 연장이 긴 절리면

(h) Utah에 있는 Zion Canyon의 Navajo 사암에서의 짧은 직교절리와 하나의 긴 불연속면[(g)에서와 같음]

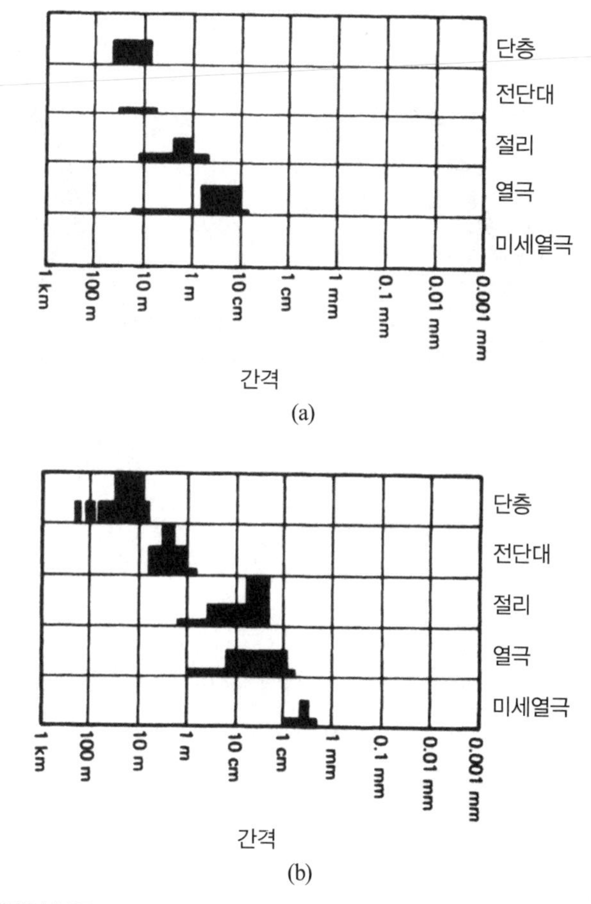

그림 5.3 불연속면의 상대적인 분포
(a) 규암으로 구성된 Ta Chien 댐 현장
(b) 편암질 편마암으로 이루어진 Malpasset 댐 현장[B. Schneider(1967)에서 인용]

단층은 모든 지질 구조를 어긋나게 만들며, 공사 현장의 암석에서도 나타날 수 있다. 그러므로 암반에 평탄한 연약면이 폭넓게 분포하면, 다양한 규모에서 간격과 방향에 대한 통계적 분포를 구할 수 있다. 그림 5.3a와 b는 Schneider(1967)가 연구한 두 개의 댐 현장에서 관측된 불연속면의 히스토그램을 보여준다. 단열 구조는 항공사진 해석, 야외관찰, 박편에 대한 현미경관찰을 종합하여 연구되었다. Formosa에 있는 Ta-Chien 댐 현장에서 연약면이 50 m부터 작게는 10 cm의 간격으로 암석을 가로지르고 있었다. Malpasset 댐 현장에서는 암석 내에 100 m 이상에서부터 5 mm 이하의 다양한 간격의 균열이 분포하였다. Malpasset 댐은 교대의 암석에 분포하는 불연속면의 특성 때문에 파괴되었다.

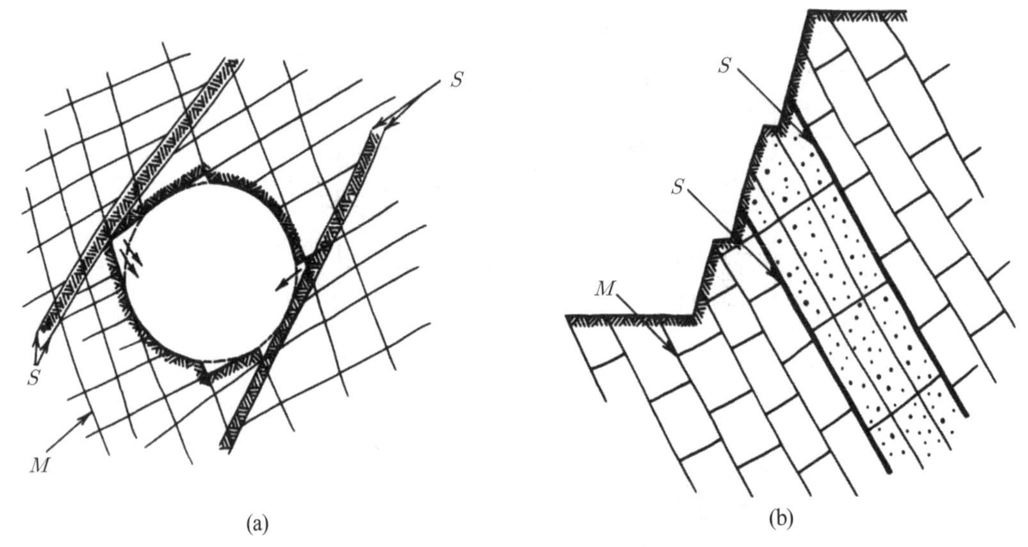

그림 5.4 굴착의 영향 영역에 있는 단일 불연속면(S)과 복합적인 형태(M)

현장에서 단면 또는 평면적으로 나타나는 간격이 20 m 이상인 불연속면을 분석을 할 때에는 개별적으로 고려할 수 있다. 반면에 좀 더 좁은 간격을 가진 연약면은 훨씬 많이 나타나며 이 불연속면의 영향을 평가할 수 있는 유일하고 가능한 방법은 암반의 탄성계수를 감소시키는 것과 같이 암반의 물성을 적절하게 조정하는 것이다. 그림 5.4는 터널과 지표면 굴착 주위의 암석에 단일 불연속면 형태(S)와 여러 개의 불연속면 형태(M)의 예를 보여준다. 그림 5.4a에서 절리의 위치가 터널의 형태에 어떤 영향을 미쳤는지 주목하라. 그림 5.4a에 나타난 것과 같은 패턴은 개략적인 것일 뿐이며, 보통은 여러 개의 불연속면 형태에 대한 정확한 위치는 그림에 보이지 않을 것이다. 그러나 단일 형태의 상세 분포는 그릴 수 있으면 그려야 하고, 이는 공사의 질과 비용에 근본적으로 영향을 미칠 수 있기 때문이다.

연약면은 그들의 형태가 암석에 가하는 특별한 물성들 때문에 중요하다. 불연속면과 평행한 방향으로는 전단강도가 약해지고 투수계수가 커지며, 불연속면과 직각방향으로는 압축률이 증가하며 인장강도는 감소(근본적으로는 0)하기 때문에, 암반은 근본적으로 더욱 약해지고 변형이 더욱 잘 일어나며 이방성이 더욱 커지게 된다. 이러한 요소들은 복합적으로 작용하여 여러 가지의 잠재적인 문제를 야기한다. 절리가 발달한 암석 위의 기초(그림 5.5a)에서는 비록 암석 자체의 강성은 매우 클지라도 하중에 의하여 절리가 닫히면서 침하가 상당히 많이 발생한다.

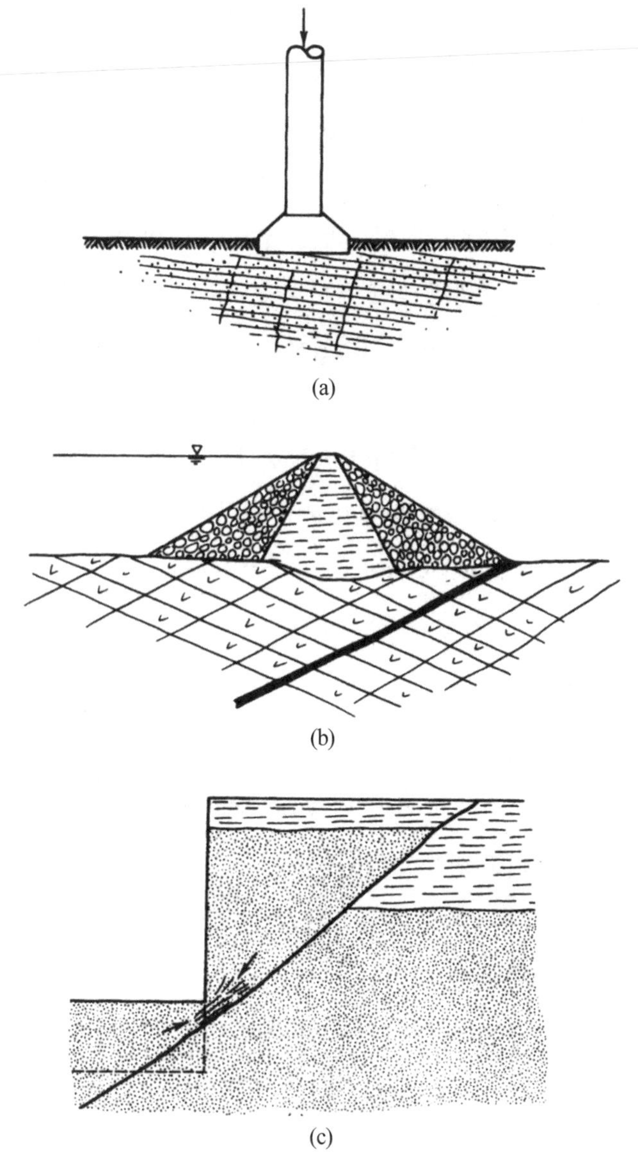

그림 5.5 절리 및 다른 불연속면이 기초와 굴착에 미치는 영향에 관한 사례

불연속면이 발달한 암석 위에 건설된 댐(그림 5.5b)에서는 하나 이상의 연약면을 따른 암석 블록의 미끄러짐이 시작될 수 있다. 여러 댐이 이러한 메커니즘에 의하여 파괴되었다(그림 9.15 참조, 위에서 언급한 Malpasset 댐 포함). 암석 사면은 하나 혹은 여러 개의 연약면을 따라 암석 블록이 이동하여 파괴가 발생한다. 예를 들면 그림 5.5c의 암석 사면은 굴착이 깊어져서 점선에

도달하면 파괴가 발생할 가능성이 매우 크다. 그림 5.4a는 교차하는 절리면에 의하여 어떻게 블록이 터널의 천장에서 떨어질 수 있는지를 보여준다. 큰 규모에서는 연약면이 운이 나쁘게 교차하면 지하공간 전체가 무너질 수도 있다. 절리성 암반에서 절리면을 따라 블록이 이동하는 것 이외의 또 다른 거동 패턴에는 응력하에 놓인 블록의 휨 현상이 있다. 얇은 층상 암석으로 이루어진 천장에서 휨 현상이 발생하면 휨 균열이 발생하여 암석이 떨어지게 된다. 비슷하게 그림 5.4b에서와 같이 암석을 굴착하면 급한 경사의 절리와 접촉면 때문에 생성된 경사진 '캔틸레버 보(역자 주: 여기에서는 사면 경사와 역방향으로 급하게 경사진 층리를 뜻함)'는 휘어져서 균열이 발생한다.

절리면은 이러한 강한 이방성을 지닌 연약면을 형성하기 때문에, 가장 중요한 절리 속성은 **방향**이라고 할 수 있으며, 다행히도 방향은 비교적 정확하게 측정될 수 있다.

5.2 절리의 방향

자연적으로 생성된 연약면의 방향을 측정해보면 균열들이 완전히 임의의 방향을 보이는 경우는 드물고, 저자의 경험에 의하면, 대부분의 경우에 하나 이상의 우세한 방향 주위에 연약면들이 군집을 이루고 있다. 이러한 방향성은 연약면의 법선을 평사투영도 또는 등면적투영도에 작도하면 쉽게 인지된다(평사투영의 이론은 부록 5에 나와 있다). 상반구 및 하반구 모두에 법선을 작도할 수 있다. 상반구에서는 법선이 경사 벡터의 방향과 같은 방향을 가지기 때문에 상반구가 더 많이 사용된다. 즉, 주향이 북쪽이고 경사가 30°E이면, 상향 법선은 동쪽에서 60°의 각도로 올라갈 것이다. 그림 5.6a는 서로 직각인 세 방향에 군집을 이루고 있는 일련의 법선을 나타내고 있다. 그림 5.6b에는 두 무리를 보여주고 있으나, 절리군 1의 경우에는 매우 큰 분산을 보이고 있는 반면, 절리군 2는 습곡에 의하여 회전되고 펼쳐져서 점들이 대원의 한 부분과 같은 형태로 분포한다. 만약 법선들이 중심 주위에 골고루 분포하고 있으면, 법선들이 가장 집중된 지점을 택하여 방향성을 찾아낼 수 있으며, 또한 등고선을 그리거나(예를 들면 8장에 언급된 Hoek and Bray(1977)을 참조하라) 법선을 벡터적으로 합하여 방향성을 기술하는 방법도 있다.

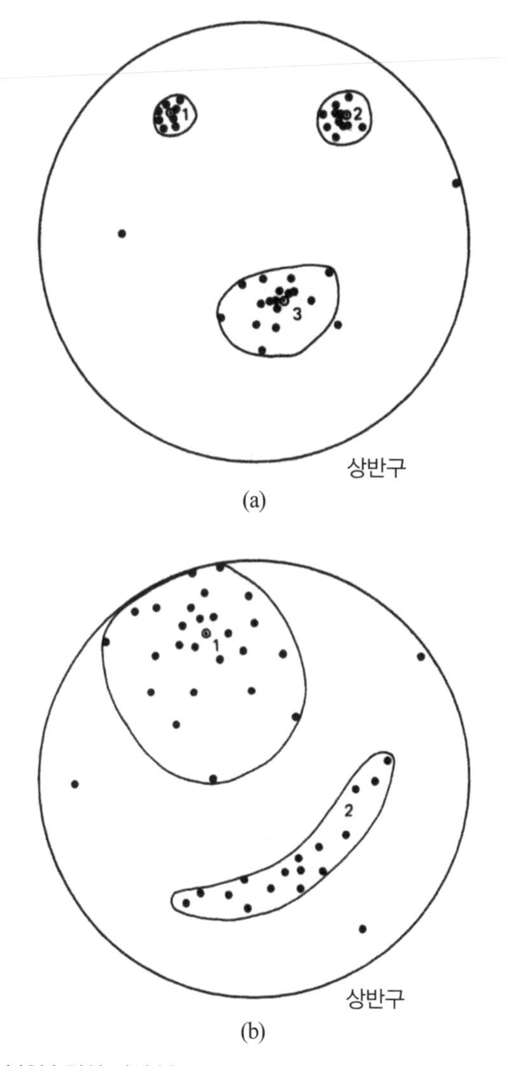

그림 5.6 평사투영도에 도시된 불연속면의 법선 분포
(a) 명확한 두 절리군과 좀 더 분산이 큰 세 번째 절리군
(b) 매우 분산이 큰 절리군과 대원 형태로 분포하는 두 번째 절리군

각 절리의 법선은 단위벡터로 간주될 수 있고, 한 무리의 모든 개체들의 합의 방향은 절리군의 우세한 방향(평균)을 나타낸다. 합은 방향코사인을 더하여 구할 수 있다(부록 1을 참조하라). x는 북쪽의 수평을, y는 서쪽의 수평을 그리고 z는 수직의 위쪽 방향을 지시한다고 하자. 절리면의 법선의 방향을 북쪽으로부터 반시계 방향으로 측정할 때 각 β이고, 수평면에서 위쪽으로 δ 각으로 경사져 있을 때, 이 법선의 방향코사인은 다음과 같다.

$$
\begin{aligned}
l &= \cos\delta\ \cos\beta \\
m &= \cos\delta\ \sin\beta \\
n &= \sin\delta
\end{aligned}
\tag{5.1}
$$

만약 하나의 절리군에서 많은 절리가 측정되었다면, 절리군의 우세한 또는 평균 방향은 각각의 l, m, n의 합과 일치하는 방향코사인으로 정의된 선과 평행하다. 각 방향코사인의 합을 최종적인 합 벡터의 크기로 나누면 평균 절리방향의 방향코사인(l_R, m_R, n_R)을 구할 수 있다.

$$
l_R = \frac{\sum l_i}{|\overline{R}|} \quad m_R = \frac{\sum m_i}{|\overline{R}|} \quad n_R = \frac{\sum n_i}{|\overline{R}|}
\tag{5.2}
$$

여기서, $|\overline{R}| = \left[\left(\sum l_i\right)^2 + \left(\sum m_i\right)^2 + \left(\sum n_i\right)^2 \right]^{\frac{1}{2}}$

평균 방향의 법선의 경사각 δ_R과 경사방향 β_R은 역코사인의 정확한 부호에 관한 다음의 법칙과 식 (5.1)을 이용하여 구할 수 있다.

$$
\begin{aligned}
&\delta_R = \sin^{-1}(n_R) && 0 \le \delta_R \le 90^{\circ} \\
&\beta_R = \cos^{-1}\left(\frac{l_R}{\cos\delta_R}\right) && m_R \ge 0 \text{ 이면,} \\
&\beta_R = -\cos^{-1}\left(\frac{l_R}{\cos\delta_R}\right) && m_R < 0 \text{ 이면,}
\end{aligned}
\tag{5.3}
$$

(위의 식에서 $\cos^{-1}$로 표현되는 수는 0°에서 180° 사이에 놓여 있다고 가정한다.)

평균방향에 대한 법선의 분산정도는 합 벡터의 길이와 해당 절리의 개수 N을 비교하면 계산할 수 있다. 만약 절리가 모두 평행하다면 합 벡터는 N과 같지만, 절리의 방향이 매우 다양하다면 합은 N보다 상당히 작을 것이다. 이는 변수 K_F로 나타낼 수 있다. 즉,

$$
K_F = \frac{N}{N - |\overline{R}|}
\tag{5.4}
$$

절리방향의 분산이 작아질수록 K_F는 매우 커지게 된다.

반구상의 법선 분포(Fisher, 1953)에 따르면, 어떠한 법선이 평균방향과 $\psi°$ 이하의 각도를 이룰 확률 P는 다음과 같이 함축적으로 나타난다.

$$\cos\psi = 1 + \frac{1}{K_F}\ln(1-P) \tag{5.5}$$

따라서 평균에 대한 값들의 펼쳐진 정도를 분산이라고 하며, 이는 확실성에 대한 정도를 나타낸다. 반구상의 법선 분포에 대한 표준편차($\overline{\psi}$)는 평균에 대한 법선의 분산을 표현하는 데 사용될 수도 있다.

$$\overline{\psi} = \frac{1}{\sqrt{K_F}} \tag{5.6}$$

각 절리군의 방향에 관한 변수인 δ_R, β_R, K_F, $\overline{\psi}$를 계산하거나 산정할 때, 분석을 위한 개체들이 편향되지 않도록 선택하여야 한다. 불행하게도 Terzaghi(1965)가 지적하였듯이, 노두와 시추공은 편향되어 있다. 그림 5.7a는 노두 표면과 평행한 절리(즉, 노두의 법선과 절리의 법선이 평행한 경우)를 관찰할 수 없다는 것을 보여준다. 만약 α_0가 절리의 법선과 노두의 법선이 이루는 각도라고 하면, 단일 절리를 $1/\sin\alpha_0$와 동일한 개수의 절리로 치환하는 것과 같이 계산에 가중치를 두어 편향을 없앨 수 있다. 이와 유사하게, 법선이 시추공의 축과 직각인 절리는 시추공에서는 나타나지 않을 것이다(그림 5.7b). 따라서 시추 코어와 같은 방향을 지닌 각각의 절리 개체는 방향 분석에서 절리가 $1/\cos\alpha_H$개의 절리인 것처럼 다루어 가중치를 주어야 한다. 여기에서 α_H는 절리의 법선과 시추공 축 사이의 각도를 나타낸다. 일반적으로, 코어가 지표로 회수되면서 알지 못하는 양만큼 회전하기 때문에 절리의 방향은 시추공 자료로 결정할 수 없다. 코어의 방향을 맞추는 방법은 Goodman(1976)에 논의되어 있다.

여기에서 토의된 절리방향에 관한 변수들은 암반의 기본적인 물성들이다. 일반적으로 각 절리군에는 특징적인 물리적인 기술사항이 있고, 가장 중요하게 절리강도를 나타내기 위해 필요한 변수들을 포함하는 물성을 지니고 있다.

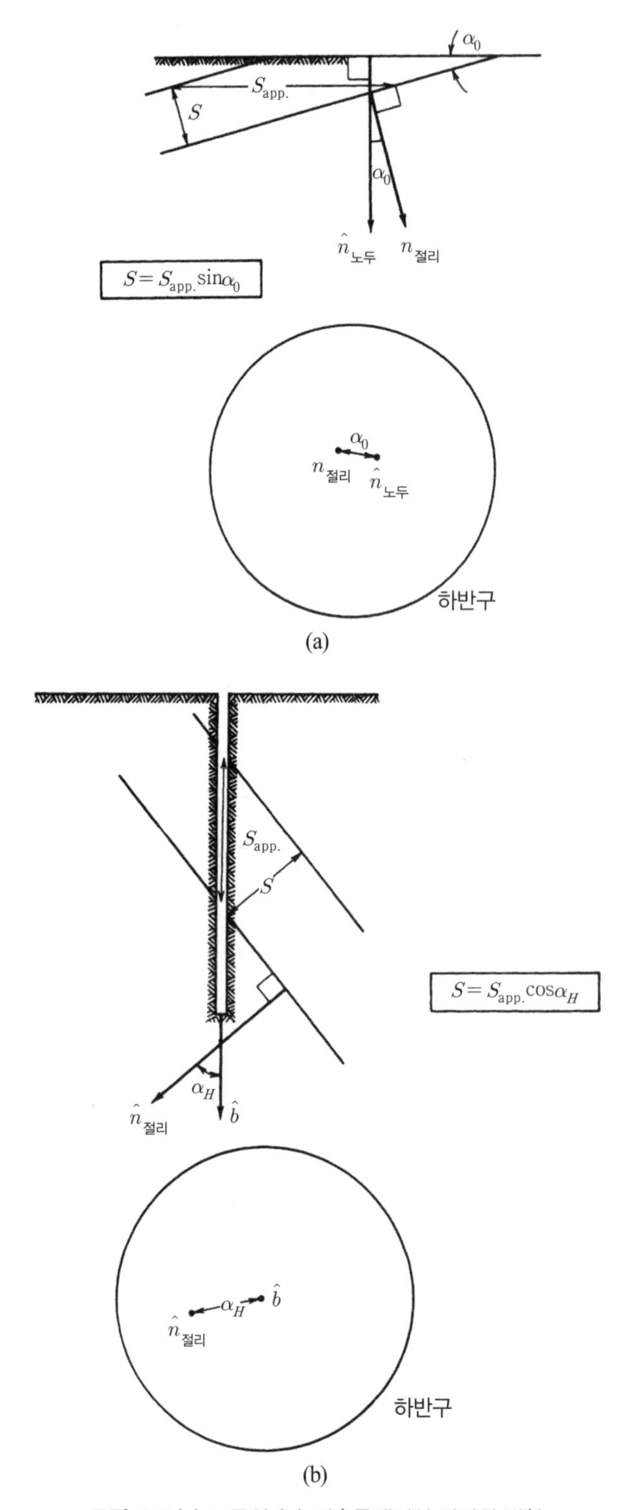

그림 5.7 (a) 노두와 (b) 시추공에서의 절리의 편향

5.3 절리에 대한 시험

암반을 굴착하면 어떤 절리는 열리는 반면 다른 절리는 닫히기도 하며, 몇몇 블록은 절리면을 따라 미끄러지기도 한다. 실제의 문제에서 이러한 이동의 크기와 방향은 절리의 변형성과 강도를 지배하는 물성을 이용하면 계산될 수 있다. 필요한 특성을 얻기 위해서는 두 가지의 방법이 있다. 즉, (1) 지질기술자나 지반기술자가 노두나 코어 시료를 관찰하여 상세하게 기술한 절리면의 특성에 근거하여 절리의 물성에 관한 합리적인 값을 결정하기 위해 경험과 판단을 이용하는 방법과 (2) 현장이나 실험실에서 물성을 직접 측정하는 방법이다. 후자의 경우가 보다 적절하지만 이러한 목적에 알맞은 양호한 시료를 구하는 것이 가끔 불가능할 때가 있다.

실험실 시료는 그림 5.8a에 나타난 것과 같이, 노두에서 절리면과 평행하게 시추하여 얻을 수 있다. 다른 방법으로는 현장에서 액체 고무를 이용하여 절리면 형태의 본을 만든 후 실험실

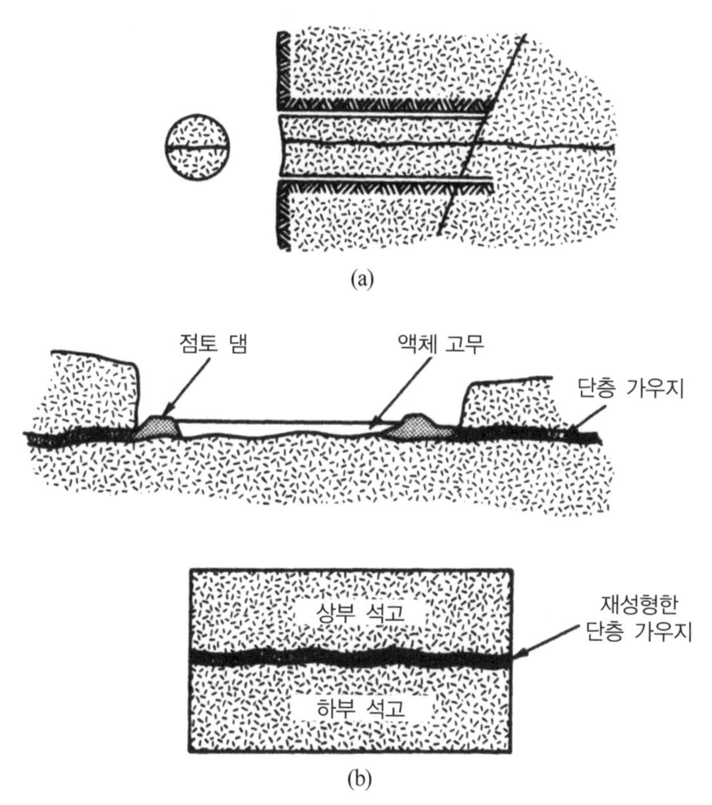

그림 5.8 절리 시료를 채취하는 방법
(a) 방향 시추, (b) 복제

(c)

그림 5.8 절리 시료를 채취하는 방법(계속)
(c) (b)의 방법으로 만든 절리 모형, 왼편 사각형은 H. Schneider가 제공한 연흔 층리면의 복제이고, 중간 사각형은 직접전단시험을 위해 준비한 석고로 만든 동일 절리면의 복제틀이며, 오른편 정사각형은 소형 직접전단시험기에서 수행한 전단시험 이후의 동일한 절리면의 상부 및 하부 면(연흔의 경사면을 따라 마모된 것에 주목하라.)

에서 석고나 시멘트 혹은 황을 이용하여 위와 아래 블록을 복제하기도 한다(그림 5.8b, c). 모형 절리는 거칠기를 정확하게 나타내주며 현장 상태를 모사할 수 있도록 현장에서 채취한 점토나 충전물을 절리 표면에 도포할 수도 있다. 이러한 방법에서 압축강도에 대한 수직응력 비를 조정하면 좋은 결과를 얻을 수 있다. 예를 들면, 압축강도가 16,000 psi인 석회암의 절리면에 500 psi의 수직응력이 작용하는 절리의 전단력을 연구하기 위해서는, 압축강도가 8000 psi인 황으로 만든 절리 모형에는 250 psi의 수직응력을 가하면 된다.

삼축압축시험과 직접전단시험이 절리가 있는 시료의 시험에 사용되기도 한다. 직접전단시험에서는(그림 5.9a) 절리면을 전단하중이 작용하는 방향과 평행하게 조정한 후, 절리 시료의 양면을 실캡(Cylcap)이나 콘크리트, 석고, 에폭시 등을 이용하여 전단상자에 고정시킨다. 한 블록이 다른 블록에 대하여 모멘트를 일으키거나 회전하는 것을 방지하기 위하여 그림 5.9b와 같이 전단하중을 약간 경사지게 줄 수도 있지만, 매우 낮은 수직 하중에서는 전단이 발생하지 않을 수도 있다. 시험 그림 5.9c와 같이 수직응력과 전단응력이 케이블로 전달되는 전단시험기에서는 전단 시 회전이 발생할 수도 있으며, 전단 시 회전이 발생한 시험은 회전이 발생하지 않은 시험에서 보다 낮은 전단강도를 보이게 된다. 위의 두 하중 상태는 자연 상태에서 모두 존재하고 있다.

전단상자 내의 응력의 상태는 그림 5.9d와 같은 모어 원으로 나타난다. 파괴면의 수직응력 σ_y와 전단응력 τ_{xy}는 A'점에 표시되어 있으며, 절리면과 평행한 수직응력 σ_x는 미지수로 전단상자 내에 시료를 고정시키는 방법에 따라 0부터 σ_y에 근사한 값까지 갖기도 한다. 절리면에 수직으로 작용하는 전단응력은 τ_{xy}와 같으므로, 응력의 상태는 직경이 AA'인 모어 원으로 표현된다(그림 5.9d). σ_x가 작으면 부분적으로 인장응력 영역에 놓이게 되므로, 무결암이나 흙에

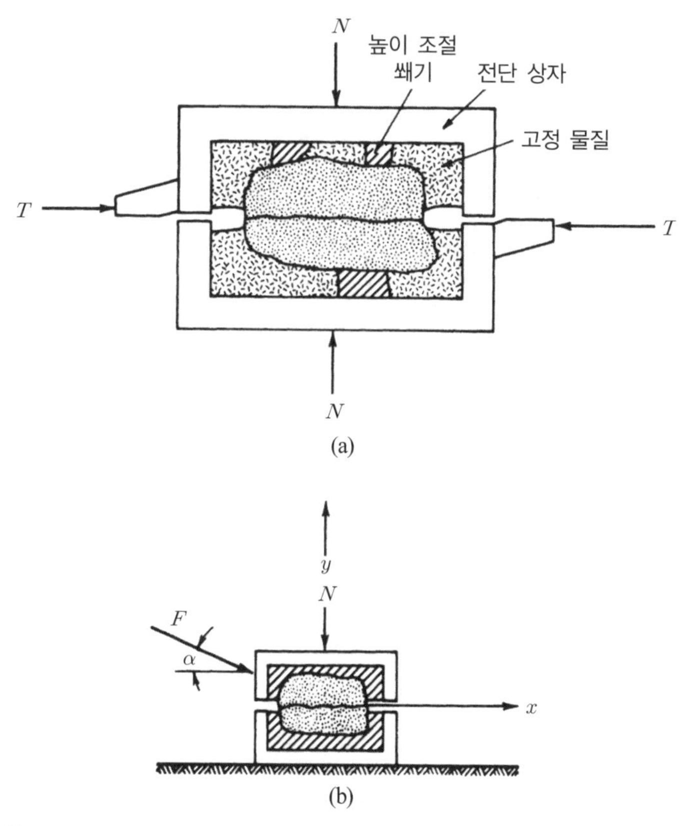

그림 5.9 직접전단시험
(a) 전단상자에 정렬된 시료
(b) 모멘트가 발생하지 않도록 전단력을 경사지게 적용한 시험 시스템

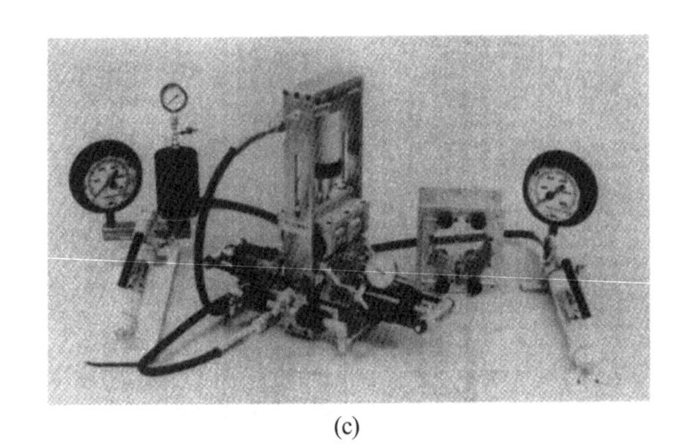

(c)

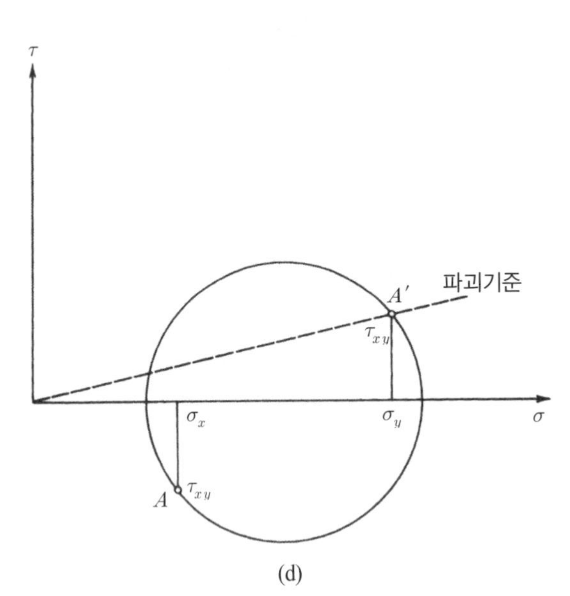

(d)

그림 5.9 직접전단시험(계속)

(c) 휴대용 전단시험기와 최대 절리면 면적을 115×115 mm까지 시험할 수 있는 ISRM 제안방법에 기초한 하중유지시스템. (N.Y., Plattsburg에 있는 Roctest Inc.의 승인으로 게재)

(d) 전단상자 내의 대략적인 응력 상태로 x는 절리면에 평행하고 y는 절리면에 수직이다.

대한 전단시험은 좋은 방법이 아니다. 그러나 절리면의 미끄러짐에 대한 직접전단시험은 전단 시 수직 및 전단 변위를 쉽게 측정할 수 있고, 전단 거리가 길어지면서 절리면의 마모가 발생하여 '잔류강도(residual strength)'라고 불리는 최소전단강도를 구할 수 있다는 장점이 있다. 직접전단시험은 절리 블록을 굴착하여 현장에서도 실시할 수 있다. 구속압을 달리하여 일련의 직접전단시험을 실시하면 A_1, A_2 등과 같은 일련의 측정값을 취득할 수 있어서 절리면 전단강도 곡선 또는 직선을 그릴 수 있다.

절리면 시험의 다른 방법은 제3장에서 설명한 **삼축압축시험**이다. 만약 그림 5.10a와 같이 절리면이 하중축과 이루는 각 ψ가 25°와 40° 사이라면, 절리면의 미끄러짐은 암석이 파괴되기 이전에 발생하기 때문에 절리면의 강도기준을 얻을 수 있다. 파괴는 대부분 임계 방향으로 발달하는 것이 아니라 ψ 각도의 절리면을 따라 발생되기 때문에, 강도기준은 무결암의 경우에서처럼 일련의 모어 원에 접하는 파괴포락선은 아니다. 그림 5.10b는 모어 원 위에 적절한 점을 도시하는 간단한 방법을 보여준다. $\sigma_x = p$와 $\sigma_y = \sigma_{\text{axial}}$로 주어진 삼축압축시험에 대한 모어 원을 그리는 Bray의 과정(부록 1)을 이용하면, 초점은 모어 원 오른편의 점 F에 놓이게 된다. 최대하

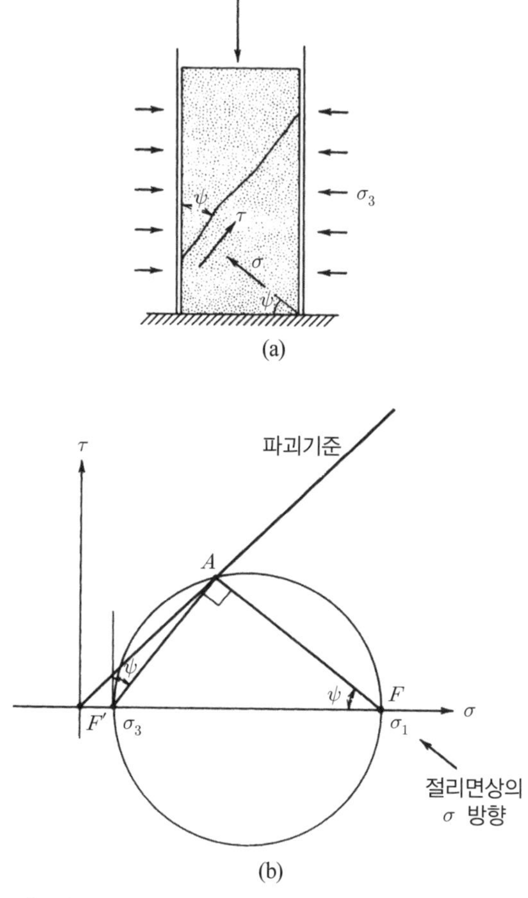

그림 5.10 절리 시료에 대한 삼축압축시험
(a) 절리 시료 준비
(b) 응력 상태

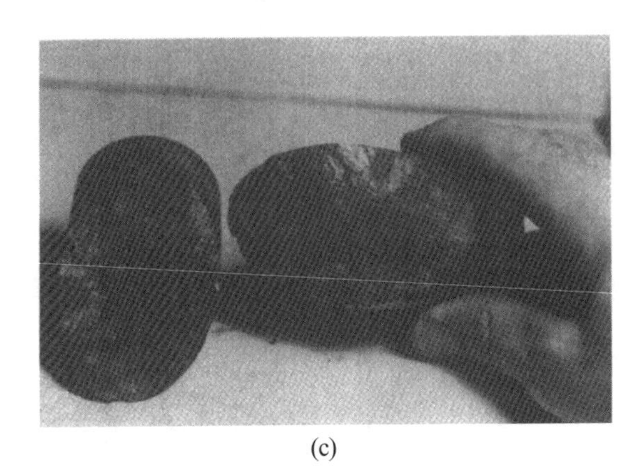

(c)

그림 5.10 절리 시료에 대한 삼축압축시험
(c) 다단계 삼축압축시험을 위해 정렬된 흑연 편암 내의 자연 절리의 시험 이후 모습. 절리는 초기에는 닫혀 있었지만 첫 하중단계에서 열리게 되었다.

중에서 절리면에 작용하는 수직응력과 전단응력은 점 F에서 수평선과 ψ의 각도를 이루는 선을 작도하여 모어 원과 만나는 점 A를 구하면 얻게 된다(혹은 다른 방법으로는 모어 원 왼편의 점 F'에서 수직과 ψ 각도를 이루는 선을 작도하면 된다). 수직응력을 달리하며 일련의 삼축압축시험을 실시하면 A_1, A_2 등과 같은 일련의 점들을 얻게 되고, 이를 이용하여 절리면의 파괴기준을 그릴 수 있다.

만약 삼축압축시험을 낮은 구속압에서 시작하여 최대 축 하중에 도달한 후 갑자기 구속압을 증가시키면, 단 한 번의 시험에서 얻은 절리면 미끄러짐에 대해 일련의 모어 원을 그릴 수 있다. 이러한 과정을 '다단계 시험'이라고 하며, 그림 5.11은 그림 5.10c에서 보이는 흑연 편암의 절리면에 실시한 다단계 시험으로부터 얻어진 모어 원들을 보여준다(다단계 시험은 직접전단시험에서도 설정될 수 있다). 모형이 아닌 실제 암석에 대해 시험이 실시될 때, 시험 이전의 거칠기와 동일한 일련의 시료를 구하기는 불가능하다. 그러나 다단계 시험은 강도기준을 규명하는 데 사용될 수 있다. 높은 수직응력에서 미끄러짐이 발생하면 마모가 진행되기 때문에, 다단계 시험에 의한 결과는 시험을 하지 않은 일련의 동일한 시료에 대하여 수직응력을 달리하여 측정한 결과와는 다를 것이다. 그러나 실제 암석에 대한 시험을 할 경우에는 어느 정도의 절충이 필요하다.

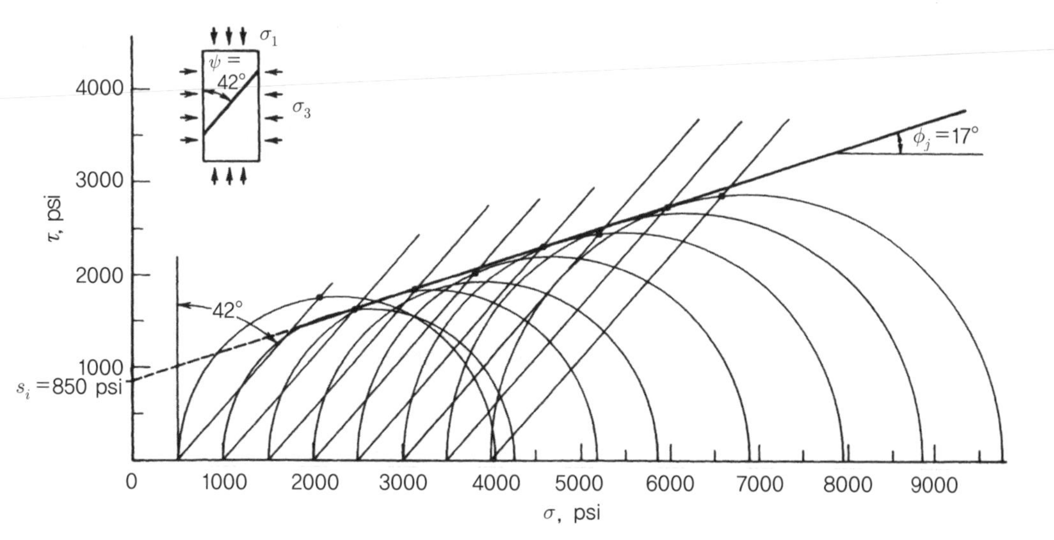

그림 5.11 흑연 편암에서 편리와 평행하며 시험 전에는 봉합된 절리에 대한 다단계 삼축압축시시험 결과(그림 5.10c에서와 동일한 시료)

그림 5.12는 직접전단시험에서 구한 자료의 형태를 보여준다. 절리면을 가로지르는 **전단변위** Δu는 전단면과 평행한 방향으로 측정된 위쪽 블록과 아래쪽 블록의 변위차이다. 만약 절리면이 거칠다면 절리면의 마루를 관통하고 골 위를 지나는 평균 절리면을 인지할 수 있다. 절리면의 이러한 기복 때문에 전단 시 팽창되거나 두꺼워진다. 부피팽창(dilatancy) Δv는 전단변위의 결과로 발생하는 위쪽 블록과 아래쪽 블록의 수직 변위차이고, 열림(두꺼워짐)은 양의 부피팽창으로 여겨진다. 전단응력이 가해짐에 따라, 약한 팽창이 발생하는 초기의 조정기간 이후에는 부피팽창이 급격히 증가하게 된다. 최대전단응력(전단강도)에 도달하면 부피팽창은 최대가 된다. 이후 전단응력은 계속적으로 감소하고 절리는 최대값 이후에 수 mm 또는 수 cm에 이르는 잔류변위에 도달할 때까지 지속적으로 팽창한다. 현장의 매우 거친 절리면의 경우에는 1 m 이상 이동한 후에 잔류변위에 도달하기도 한다. 부피팽창과 절리의 강도는 절리의 거칠기에 상당한 정도로 좌우된다.

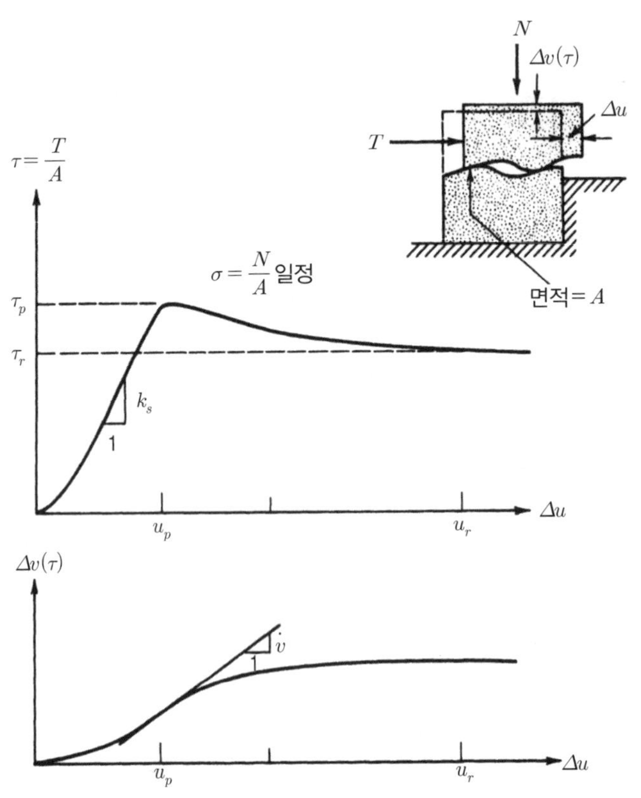

그림 5.12 거친 절리면에 대한 직접전단시험 동안 발생한 전단변위 및 수직변위

5.4 절리의 거칠기

평균 절리면과 i의 각도를 지닌 동일한 돌출부를 지닌 절리의 표면을 생각해보고(그림 5.13), 매끈한 절리면의 마찰각을 ϕ_μ라 하자. 최대전단응력 시점에서 절리면에 작용하는 합력 R은 운동이 막 발생하려는 면에 대한 법선과 ϕ_μ의 각도를 이룬다. 이 면은 절리면과 $i°$의 경사를 이루고 있으므로, 절리의 마찰각은 평균 절리면의 방향에 대해서 $\phi_\mu + i$가 된다. Patton(1966)은 이러한 간단한 개념의 정확성과 유용성을 잘 보여주었다.

ϕ_μ 값은 여러 연구자들에 의하여 보고되었는데, 대부분의 값은 21°에서 40°의 범위를 보이고 그 중 합리적인 값은 30°인 것으로 보인다. Byerlee(1978)는 ϕ_μ =40°의 값이 톱으로 자르거나 연마된 여러 종류의 암석에서 2 kbar까지 잘 맞다는 것을 발견하였다(16 kbar까지의 높은 압력

에서는 $\tau_p = 0.5 + 0.6\sigma$kbar가 적용된다). 흔히, 운모, 활석, 녹니석이나 다른 판상의 규소 광물이 미끄러짐면을 형성하고 있거나 단층점토가 분포하고 있으면 ϕ_μ 값은 낮아진다. 절리면 사이에 갇혀 있으며 포화된 점토의 공극으로부터 배수되기는 매우 어려우므로 몬모릴로나이트 점토로 충진된 절리면의 전단시험에서 6° 정도의 낮은 ϕ_μ가 보고되었다. 거칠기 각 i는 나중에 논의되는 것과 같이 낮은 압력에서는 0에서 40° 이상의 값이 될 수 있다.

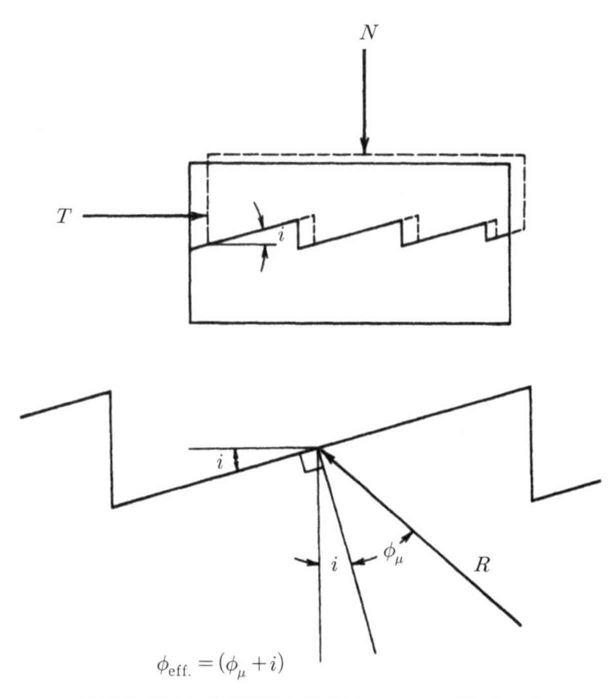

그림 5.13 절리전단강도에 관한 Patton 법칙의 기초

만약 수직응력이 상대적으로 크면 절리의 요철 위로 들어 올리는 것보다 표면을 따라 요철 사이로 절리를 전단시키는 것이 더욱 용이할 수 있다. 요철이 파괴되는 암석 강도가 가해져 발생되는 전단강도 S_J와 새로운 마찰각 ϕ_r은 부서진 암석 표면 위에서의 미끄러짐과 관련되어 있으며, 따라서 무결암 시료에 대한 잔류마찰각으로 대략적으로 계산된다(잔류마찰각은 무결암시료에 대한 일련의 삼축압축시험에서 얻은 잔류강도 값을 이용하여 작도한 여러 모어 원에 대한 선형 포락선의 경사이다). 그림 5.14는 Patton의 법칙과 요철을 가로지르는 전단조건이 결

합된 절리에 대한 절리의 이중선형 파괴기준이다.

$$\begin{aligned} \tau_p &= \sigma \tan(\phi_\mu + i) \quad &\sigma\text{가 작을때} \\ \tau_p &= \sigma \tan\phi_\mu \quad &\sigma\text{가 클때} \end{aligned} \tag{5.7}$$

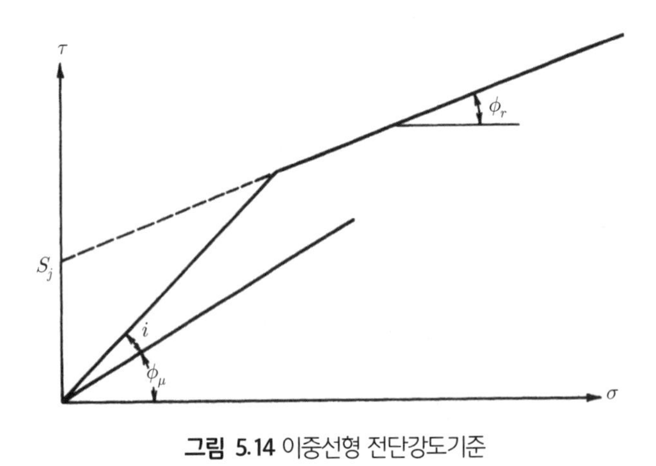

그림 5.14 이중선형 전단강도기준

두 번째 식에서 ϕ_r와 ϕ_μ 값은 비슷하기 때문에 여러 목적으로 ϕ_r을 ϕ_μ로 대치하여도 충분하다. 실제 자료에서는 $\phi_\mu + i$인 초기 기울기에서 최종 기울기 ϕ_r로 전이되는 현상을 볼 수 있다. 이러한 완만한 전이에 영향을 미치는 절리강도 이론은 Ladanyi and Archambault(1970), Jaeger(1971) 및 Barton(1973)에 의해서 잘 설명되었으며, Goodman(1976)에 의해서도 논의되었다.

거칠기는 낮은 수직응력에서의 최대전단강도뿐만 아니라 전단응력-전단변형 곡선의 형태와 팽창률에도 영향을 미친다. 그림 5.15와 그림 5.16은 Renger(1970)와 Schneider(1976)의 측정자료에 근거한 거칠기의 영향을 보여준다. 그림 5.15a에서처럼 절리면의 단면이 정확하게 측정되었다면, 단면을 따라 nS 거리만큼 떨어진 두 점은 절리면의 평균면과 각도 i로 경사진 선으로 나타낼 수 있다. 만약 측정점들이 절리면 전체를 따라 이동하고 측정 기준거리를 변화시키면, 다양한 각도가 측정된다. 그림 5.15b는 기준거리에 대해 측정된 각도를 도시한 것이며, 모든 점에 대한 포락선이 도시되었다. 거친 표면에서 측정된 최대 각도들은 측정거리가 거칠기의 파장과 표면의 만곡정도보다 아주 커지게 되면 0에 근접한다. 그림 5.15b의 포락선은 각 기준거리 nS와 수치적으로 같은 전단변위에 해당하는 일련의 i 값을 나타낸다. 상부 포락선은 위쪽

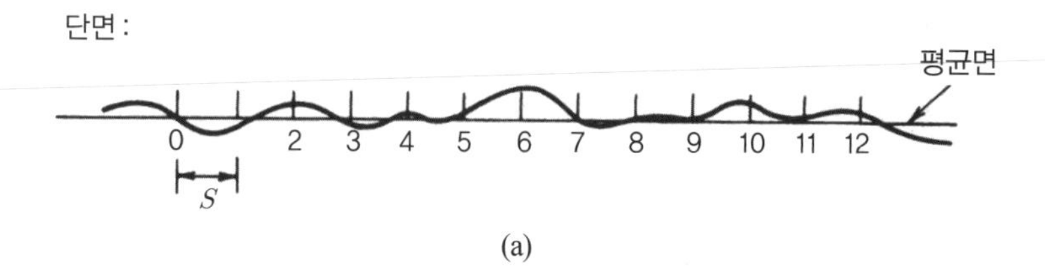

(a)

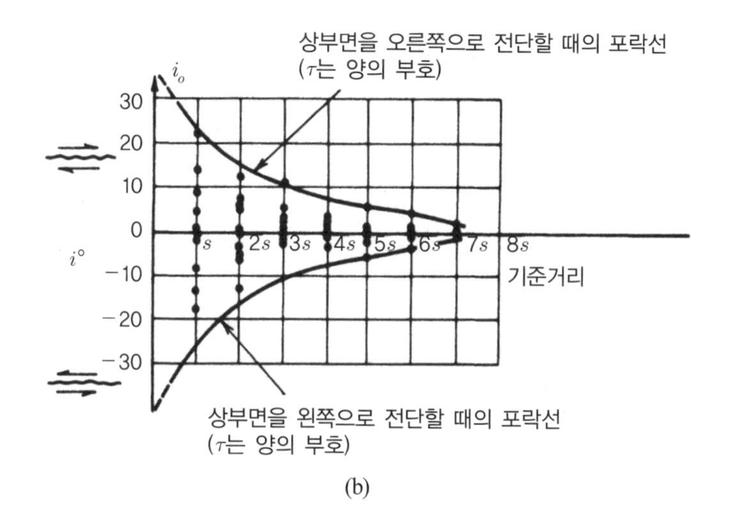

(b)

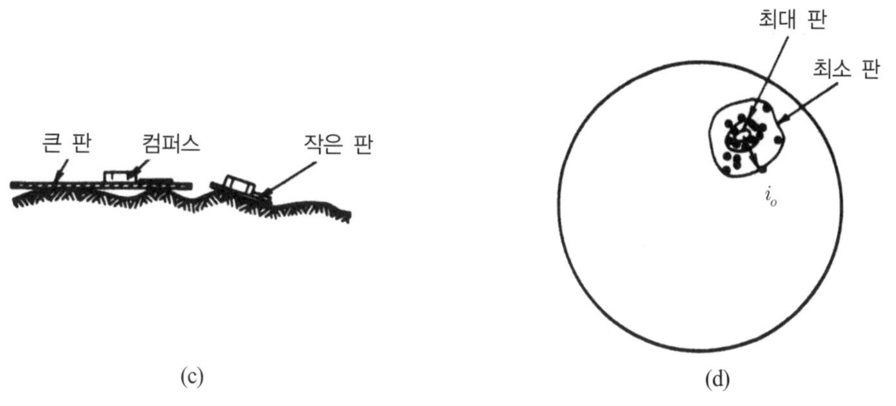

(c)

(d)

그림 5.15 Renger의 거칠기 분석

(a) 거칠기면

(b) 기준길이의 함수로서의 거칠기각에 대한 포락선

(c)와 (d) Fecker and Rengers의 방법에 의한 Renger의 거칠기 각에 대한 근사값

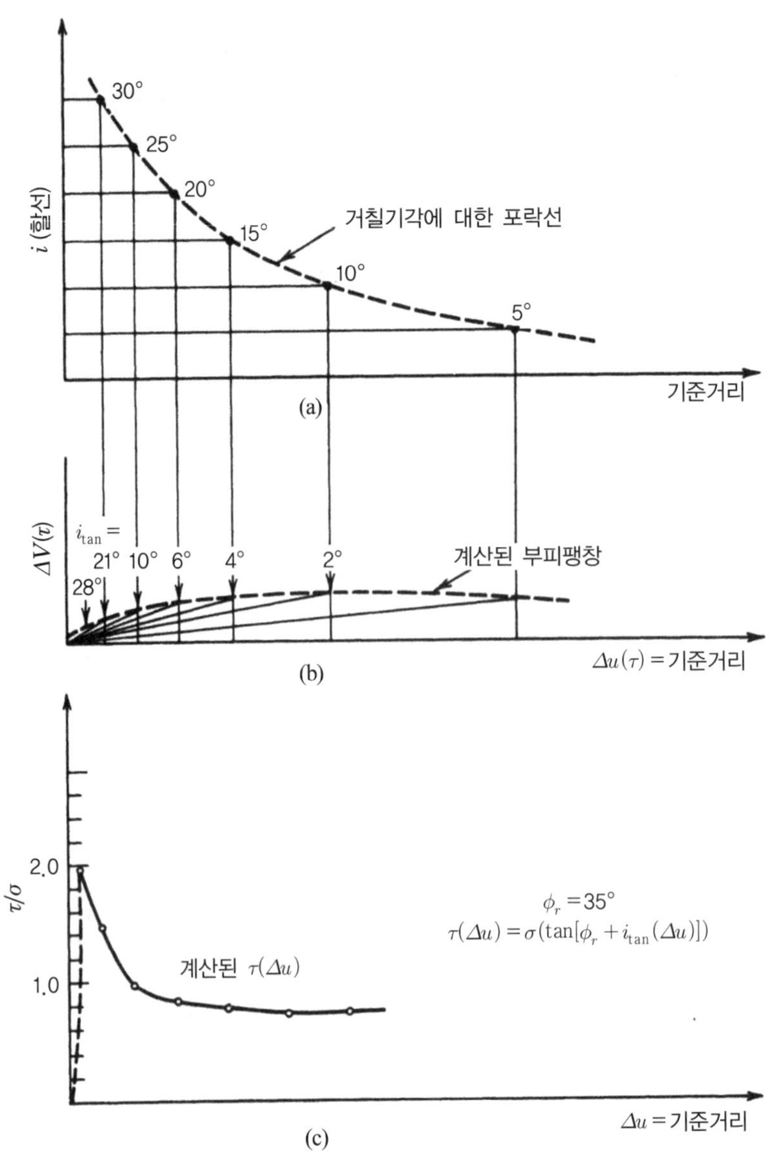

그림 5.16 H. Schneider(1976) 방법에 따라 Renger의 포락선으로부터 팽창곡선과 전단응력 - 전단변위 곡선의 작성

블록이 오른쪽으로 전단될 때에 해당하고 하부 포락선은 위쪽 블록이 왼쪽으로 전단될 때에 해당한다. 오른쪽으로 전단될 때를 고려해보자. 그림 5.16a는 적절하게 다시 그린 포락선을 나타내고 있다. 바로 그 아래의 그림 5.16b는 각 기준거리에 대한 적절한 i 값의 할선을 연속적으로 그려 완성한 팽창곡선을 보여주고 있다. 절리면의 유효마찰각이 현재의 i 값과 잔류마찰각

의 합으로 표현될 수 있고(Schneider, 1976), 이 절리면에 작용하는 수직응력으로부터 각 전단응력의 값 $\tau(\Delta u)$을 계산할 수 있다고 가정하면, 팽창곡선을 이용하여 전단변위에 대한 전단응력 곡선을 그릴 수 있다(그림 5.16c). 즉,

$$\tau(\Delta u) = \sigma \tan\left[\phi_r + i_{\tan(\Delta u)}\right] \tag{5.8}$$

이다. 여기서 $i_{\tan(\Delta u)}$는 Δu의 값에서 팽창곡선의 접선의 기울기이다.

연약면의 거칠기 단면은 아주 가치가 크다는 것을 보았다. 거칠기를 결정하는 여러 방법이 있으면 유용할 것이다. 그림 5.15c는 Facker and Rengers(1971)가 제시한 다른 방법을 보여주고 있다. 하나의 거친 표면 위에 놓인 평판의 방향을 비교하여보면, 평균값에 대하여 이 방향들이 분산되어 있는 것을 볼 수 있다. 크기가 일정한 평판으로 여러 번 수행한 측정값의 평균에서 구한 최대각인 i 값은 평사투영도에 법선을 작도하여 모든 점들에 대한 포락선을 그리고 포락선과 평균 방향 사이의 각을 측정하면 얻을 수 있다(그림 5.15d). 다른 방법으로는, 평행하지 않은 면들의 평균을 구하였던 5.2절에 논의되었던 과정을 모사함으로써 수학적으로도 가능하다. 여기에서 차이점은 하나의 면만 측정한다는 것이고, 다른 점들은 그 면의 다른 위치에서 측정한 다른 방향을 대표한다.

5.5 변위와 강도의 상호관계

절리면을 포함하는 블록에 절리면과 평행한 전단응력이 작용하면, 전단변위 Δu와 수직변위 Δv가 발생한다. 만약 절리면에 수직으로 압축력을 가하면 절리가 닫히게 되어 수축될 것이며, 절리면에 수직으로 잡아당기면 절리가 열리면서 궁극적으로 두 개의 블록으로 분리될 것이다. 이러한 모든 현상들이 그림 5.17에서 보이는 것처럼 서로 결합되어 있다. 그림 5.17a에 나타난 절리의 압축거동은 매우 비선형적이고 절리의 초기 두께나 틈에 관련된 최대 폐쇄값(V_{mc})으로 점근하고 있다.

수직응력을 가하지 않은 상태에서 시험을 하지 않은 시료를 전단시키면, 마찰저항이 없기 때문에 전단응력은 0이 되는 반면(그림 5.17c의 제일 아래 곡선), 그림 5.17b의 상부 곡선에서

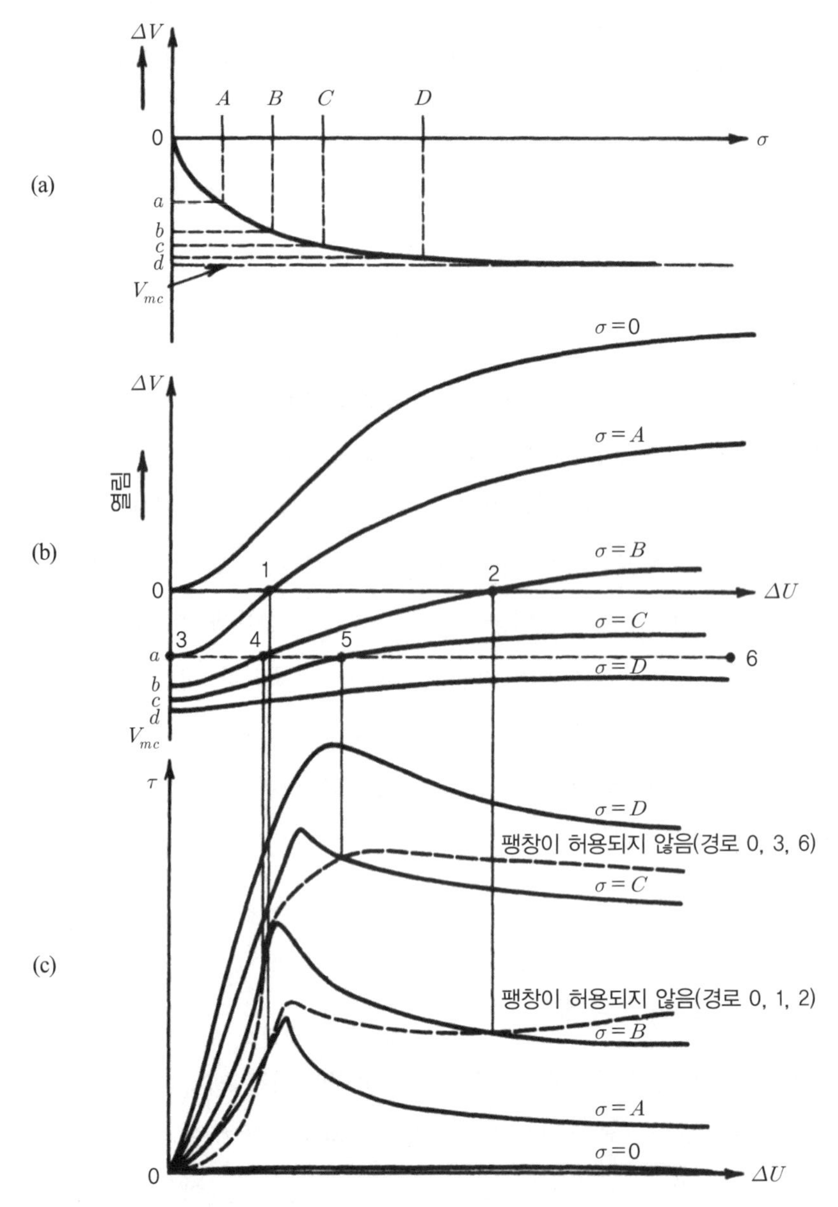

그림 5.17 거친 절리면에 대한 수직변형, 전단변형 및 팽창 법칙의 연동과 경로독립성에 관한 해석

보여주는 것과 같이 팽창이 발생할 것이다. 만약 시료에 A, B, C, D와 같은 크기의 압축응력이 초기에 작용하면, 전단변위에 대한 팽창 및 전단응력의 관계는 그림 5.17b와 5.17c의 여러 곡선이 나타내는 것과 같다. 수직응력이 증가하면 절리면의 돌기는 전단이 발생되는 동안 더 많이

부서지기 때문에 팽창은 감소된다. 위의 모든 팽창과 전단 곡선은 초기에 가해진 수직응력이 전단이 진행되는 동안 일정하게 유지된다는 가정하에 작성되었다. 그러나 블록이 평행한 두 절리면 사이를 통하여 터널 내부로 이동하는 경우와 같이 수직변위가 제한되는 경우에는 이것은 사실이 아니다. 그러나 이러한 조건에 대한 전단변위-전단응력의 함수는 제시된 자료로부터 결정될 수 있다. 예를 들어, 절리면의 수직응력이 처음에는 0이고 전단 동안의 팽창은 허용되지 않는다고 가정하자. 그러면 절리면이 1 지점까지 전단 이동되면 A 크기의 수직응력이 절리면에 작용하게 되고, 전단변위-전단응력 곡선상에서 수직응력 A에 해당하는 점에 적절한 전단저항력을 갖게 된다. 그러므로 전단이 진행되면, 전단응력은 전단변위가 발생함에 따라 점선 궤적 0, 1, 2를 따라 증가하게 된다. 비슷한 방법으로, 절리면에 초기 수직응력 A가 압축력으로 작용하고 팽창 없이 전단하면 전단응력-전단변위 곡선을 얻을 수 있다(0, 3, 6 궤적). 위의 두 경우에서 보는 바와 같이, 수직변위가 제한되면 상당한 추가적인 전단강도가 발생하게 되었고 거동은 취성보다는 소성의 특성을 띠게 되어 최대응력에 도달한 이후에도 강도의 급격한 저하가 거의 없거나 없게 된다. 이것은 록볼트 보강이 암석 사면이나 굴착의 안정에 성공적인 이유를 설명해준다.

수직응력에 대한 최대응력의 변화를 기술하는 수학적인 관계는 이미 제시되었다(식 (5.7)). 추가적으로 수직응력을 최대 팽창의 저하와 관련시킨 공식(Ladanyi and Archambault, 1970)과 절리의 압축성에 관한 공식(Goodman, 1976)이 제시되었다.

5.6 물의 영향

절리는 제3장에서 논의한 유효응력법칙을 따른다. 절리 내의 수압은 절리에 작용한 수직응력의 강도 강화효과를 직접적으로 상쇄시킨다. 절리나 단층의 미끄러짐을 유발하는 데 필요한 수압은 단층이나 절리면에 작용하는 수직응력 및 전단응력이 파괴기준의 한계상태가 되는 지점까지 현 응력 상태를 나타내는 모어 원을 왼쪽으로 이동한 양을 계산하면 얻을 수 있다(그림 5.18). 이러한 계산은, 초기응력과 강도 변수 이외에도, 절리면의 방향(σ_1 방향으로 ψ)을 고려해야 하므로, 절리가 없는 경우보다 약간 복잡하다. 초기응력이 σ_3 및 σ_1이면 단층의 미끄러짐에 필요한 수압은 다음과 같다.

$$p_w = \frac{S_j}{\tan\phi_j} + \sigma_3 + (\sigma_1 - \sigma_3)\left(\sin^2\psi - \frac{\sin\psi\cos\psi}{\tan\phi_j}\right) \tag{5.9}$$

p는 (a) $S_j = 0$과 $\phi_j = \phi + i$와 (b) $S_j \neq 0$ 과 $\phi_j = \phi_r$을 이용하여 식 (5.9)로부터 계산된 최소값이다.

유효응력 원리를 이런 식으로 간단하게 적용하면 콜로라도 덴버 부근의 폐수처리심정(Healy et al., 1968)과 서부 콜로라도 란제리 유전 부근(Raleigh et al., 1971)에서 물을 주입함으로써 지진이 발생하는 것을 설명할 수 있다. 이 원리는 활성단층 부근에서 저수지 건설에 의한 지진 촉발 가능성을 고려할 때 이용될 수 있다. 그러나 단층의 마찰 특성뿐만 아니라 지각의 초기응력도 알아야 한다.

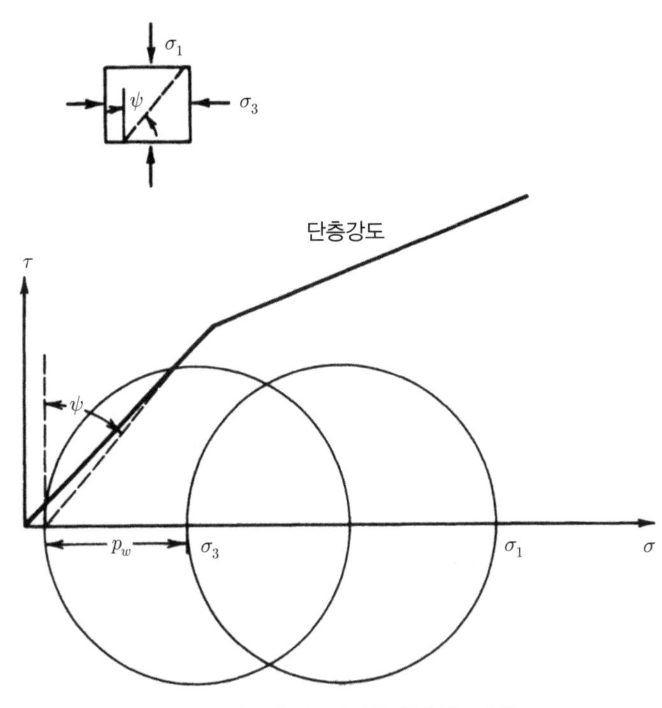

그림 5.18 절리의 미끄러짐을 유발하는 수압

참고문헌

Barton, N. (1973) Review of a nes shear strength criterion for rock joints, *Eng. Geol.* 7: 287-332.

barton, N. (1976) The shear strength of rock and rock joints, *Int. J. Rock Mech. Min. Sci.* 13: 255-279.

Barton, N. et al. (1978) Suggested methods for the quantitative description of discontinuities in rock masses, for ISRM Commission on Standardization of Lab and Field Tests, *Int. J. Rock Mech. Min. Sci.* 15: 319-367.

Barton, N. R. and Choubey, V. (1977) The shear strength of rock joints in theory and practice, *Rock Mech.* 10: 1-54.

Bray, J. W. (1967) A study of jointed and fractured rock, I. Fracture patterns and their failure characteristics, *Rock Mech. Eng. Geol.* 5: 117-136.

Byerlee, J. (1978) Friction of rocks, *Pure and Applied Geophysics,* American Geophysical Union.

Fecher, E. and Rengers, N. (1971) Measurement of large scale roughness of rock planes by means of profilograph and geological compass, *Proceedings, International Symposium on Rock Fracture,* Nancy (ISRM), paper 1-18.

Fisher, R. A. (1953) Dispersion on a sphere, *Proc. R. Soc. London, Ser. A* 217: 295.

Goodman, R. E. (1970) The deformability of joints, *ASTM Spec. Tech. Publ. 477,* pp. 174-196.

Goodman, R. E. (1976) Reference given in Chapter 1.

Healy, J. H., Rubey, W. W., Griggs, E. T., and Raleigh, C. B. (1968) The Denver earthquake, *Science* 161: 1301-1310.

Jaeger, J. C. (1971) Friction of rocks and the stability of rock slopes－Rankine Lecture, *Geotechnique* 21: 97-134.

Ladanyi, B. and Archambault, G (1970) Simulation of the shear behavior of a jointed rock mass, *Proceedings, 11th Symposium on Rock Mechanics* (AIME), pp. 105-125.

Patton, F. D. (1966) Multiple modes of shear failure in rock, *Proc. 1st Cong. ISRM* (Lisbon), Vol. 1, pp. 509-513.

Priest, S. D. and Judson, J. A. (1976) Discontinuity spacings in rock, *Int. J. Rock Mech. Min. Sci.* 13: 135-148.

Raleigh, C. B., Healy, J. H., Breehoeft, J. D., and Bohn, J. P. (1971) Earthquake control at Rangely, Colorado, *Trans AGU* 52: 344.

Rengers, N. (1970) Influence of surface roughness on the friction properties of rock planes, *Proc. 2nd Cong. ISRM* (Belgrade), Vol. 1, pp. 229-234.

Schneider, B. (1967) Reference given in Chapter 6.

Schneider, H. J. (1976) Comment in *Proceedings of International Symposium on Numerical Methods in Soil Mechanics and Rock mechanics,* G. Borm and H. Meissner, Eds., pp. 220-223 (Inst. für Bodenmechanik und Felsmechanik of Karlsfuhe University, D-7500, Karlsruhe 1, Germany).

Terzaghi, R. (1965) Sources of error in joint surverys, *Geotechnique* 15: 287.

1 다음의 현장 수집 자료에서 구한 각 절리군들의 평균 방향과 Fisher 분포변수 k_f를 계산하여라.

절리 또는 다른 불연속면	주향(°)	경사(°)	절리 또는 다른 불연속면	주향(°)	경사(°)
1	S40 E	35 NE	16	A38 W	62 NW
2	S42 E	35 NE	17	S36 W	63 NW
3	S40 E	39 NE	18	S38 E	41 NE
4	S30 W	60 NW	19	S25 E	38 NE
5	S35 W	61 NW	20	S30 W	58 NW
6	S41 E	34 NE	21	N30 E	30 SE
7	S32 W	59 NW	22	N35 E	32 SE
8	S35 W	62 NW	23	N22 E	28 SE
9	S38 E	37 NE	24	N45 E	60 NW
10	S40 E	37 NE	25	N55 E	58 NW
11	S33 W	61 NW	26	N50 E	59 NW
12	S33 W	64 NW	27	N30 W	90
13	S40 E	37 NE	28	N40 W	88 NE
14	S41 E	36 NE	29	N40 W	1 NE
15	S40 W	62 NW	30	N30 E	24 SE

2 문제 1의 절리면의 법선을 상반구 평사투영도에 도시하고, 계산된 우세한 방향과 법선의 최대 밀도를 보이는 점들과 비교하라.

3 코어 축과 45°의 방향으로 톱으로 절단한 절리면에 대한 다단계 삼축압축시험을 실시하여 얻은 다음의 자료를 이용하여 ϕ_μ를 구하라.

구속압(p) (MPa)	최대 축응력 (MPa)
0.10	0.54
0.30	1.63
0.50	2.72
1.00	5.45

4 문제 3의 암석 내에 팽창각이 5°이고 수평과 20°의 경사를 가진 역단층이 있다. 이 암석 내 지하 2000 m의 깊이에서 받을 수 있는 최대의 수평응력을 구하라.

5 그림 5.15a의 거칠기 단면을 종이에 그린 다음 가위로 잘라서 직접전단시험 시료의 모형을 만들어라. 회전이나 파쇄가 일어나지 않게 상부를 오른쪽으로 이동하면서 상부 블록 위의 한 점에 대한 궤적을 그려라. 이 궤적을 그림 5.16b의 팽창 곡선과 비교하라. 전단변위에서 잠재적으로 파쇄가 발생할 위치를 표시하라.

6 경사가 65°인 정단층이 방해석에 의하여 부분적으로 교결되어 있다. 지하 600 m 깊이에서 수압이 10 MPa에 도달하였을 때 단층의 이동이 발생하였다. 만약 $S_j = 1$ MPa이고 $\phi_j = 35°$이면 단층이 이동하기 전에 작용하고 있던 수평응력의 크기를 구하라.

7 수직과 50° 방향으로 톱으로 절단한 절리에 삼축압축시험을 실시하여 $S_j = 0$, $\phi_j = 28.2°$를 얻었다. 절리의 수압은 없는 상태에서 구속압이 1.5 MPa, 축응력 $\sigma_1 = 4.5$ MPa이다. σ_1과 σ_3가 일정하게 유지된다면 절리의 미끄러짐을 유발하는 수압의 크기를 구하라.

8 다음의 자료는 현장에서 면적이 0.50 m^2인 암석절리에 직접전단시험을 실시하여 얻은 자료이다. 절리면 상부 블록의 무게는 10 kN이다.

T, 전단력(kN)	0	1.0	2.0	3.0	5.0	6.5	6.0	5.5	5.4	5.3
u, 전단변위(mm)	0	0.5	1.0	1.5	3.0	5.2	7.5	9.5	11.5	≥12

절리의 점착력을 0, $\phi_u = \phi_{\mathrm{resid}}$으로 가정하고, 최대 및 잔류마찰각, 전단강성(MPa/m), 최대 및 최대 이후의 변위에서의 팽창각을 구하라.

9 절리면의 수직방향과 $\alpha°$를 이루도록 절리면 전단시험 시료에 공동을 뚫어 록볼트를 설치하고 인장력 F_B를 가한 후(그림 참조), 절리가 미끄러질 때까지 전단력 T를 가하였다.

(a) 전단력 T가 가해질 때 미끄러짐이 발생하지 않을 볼트의 인장력 F_B를 구하라.

(b) 절리의 미끄러짐이 일어나지 않도록 F_B의 값이 최소가 되는 α를 구하라.

(c) 만약 절리가 전단도중 팽창각 i로 팽창하고 볼트의 강성이 k_b이면 (a)와 (b)의 답은 어떻게 변해야 하나?

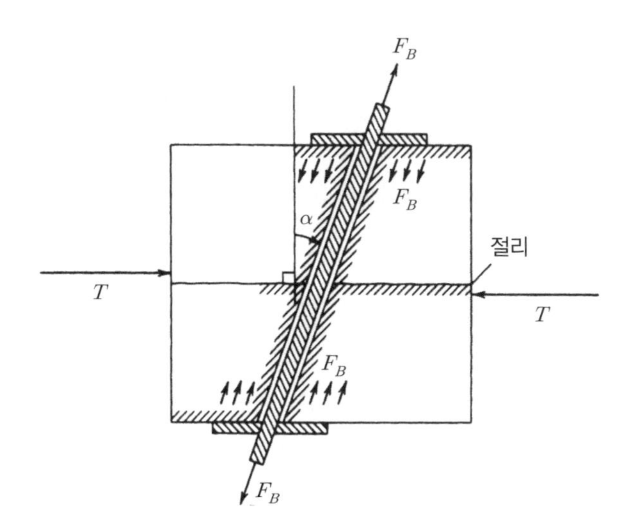

10 John Bray(1967)는 절리의 미끄러짐에 필요한 한계 유효 응력을 다음의 식으로 나타내었다.

$$K_f \equiv \frac{\sigma'_3}{\sigma'_1} = \frac{\tan|\psi|}{\tan(|\psi| + \phi_j)}$$

여기서 ψ는 σ_1의 방향과 절리면이 이루는 각이다(이 식은 부록 4의 식 (7.11)에서 식 (7.16) 사이에 유도되어 있음). (a) $\phi_j = 20°$, (b) $\phi_j = 30°$일 때, $\psi(-\pi/2 \le \psi \le \pi/2)$의 함수로서 한계상태에 대한 σ'_3/σ'_1 비의 극점을 그려라. 이 도표에 미끄러짐이 발생할 주응력의 비와 안전한 주응력의 비에 해당하는 구역을 표시하라.

11 문제 10에 주어진 식을 이용하여 문제 5.7을 다시 풀어라.
(힌트 : σ'_1과 σ'_3 대신에 $\sigma_1 - p_w$ 및 $\sigma_3 - p_w$를 대입하라.)

12 (a) 퇴적이 되면 상재 하중의 두께(z)가 증가하고 암반 내의 수직응력(σ_v)이 증가한다. 암석 강도는 S_i = 1 MPa, ϕ = 30°로 주어져 있다고 가정하자. ν = 0.2, γ = 0.025 MPa/m일 때, 암석에서 전단 파괴가 일어나는 한계 모어 원을 그리고 그에 해당하는 z, σ_v와 σ_h를 구하라.

(b) 이제 전단균열이 (a)에서 발생한 전단파괴 방향으로 생성되었다고 가정하자. 새로운 절리는 ϕ_j = 20°이다. 파괴가 일어난 후의 새로운 모어 원을 도시하고 σ_j에 대한 새로운 값을 구하라(σ_v는 변하지 않음).

(c) 퇴적이 계속되어 σ_v가 문제 (b)에서보다 1.5배 증가하였다. 이에 해당하는 z와 σ_h를 구하고, 모어 원을 그려라.

(d) 침식이 시작되어 σ_v가 감소함에 따라 감소되는 σ_h는 $\sigma_h = [\nu / (1-\nu)] \sigma_v$로 주어진다고 가정하자. 일련의 모어 원을 그려서 $\sigma_h = \sigma_v$일 때의 z 값을 구하라.

(e) 침식이 계속되면 최대 주응력이 수평이 되기 때문에, (a)에서 생성된 절리는 응력 원과는 더 이상 관련되지 않는다. 모어 원이 암석 강도 포락선에 접할 때 새로운 절리가 생성된다. 이때의 모어 원을 그리고, 그에 해당하는 z, σ_h 및 σ_v를 구하라.

(f) 모어 원이 새로운 절리에 의하여 제한을 받는다고 가정하자. σ_h에 대한 적절한 새로운 값을 구하라(σ_v는 변화 없음).

(g) z가 문제 (c)에서 구해진 최대까지 증가한 후 0으로 감소할 때, σ_v와 σ_h의 변화를 나타내는 그래프를 그려라.

13 코어의 평균 절리 빈도(λ)는 자연 절리의 총 개수를 총 코어 길이로 나눈 것이다.

(a) 단지 하나의 절리군만 발달해 있고 λ는 절리군에 수직한 방향으로 측정한 절리의 빈도로 가정할 때, 법선과 θ만큼의 각을 이루는 방향에 대해 λ를 나타내는 식을 유도하라.

(b) λ 값이 각각 λ_1, λ_2인 두 개의 절리군이 분포할 때, λ_1으로부터의 θ 각을 이루는 방향에서 측정된 λ의 식을 유도하라.

(c) 1 m당 λ_1 = 5.0, λ_2 = 2.0의 절리가 분포할 때, 절리빈도가 최대가 되는 θ와 λ를 구하라. 이 방향으로 절리 평균 간격을 구하라.

14 Barton(1973)은 절리의 최대전단강도를 다음의 실험식으로 제시하였다.

$$\tau = \sigma_n \tan[\mathrm{JRC} \log(\mathrm{JCS}/\sigma_n) + \varphi_b]$$

여기서, JCS는 절리벽면의 일축압축강도이고 JRC는 절리의 거칠기 계수이다(이 식에서 tan의 변수는 각으로 표현되었다). 이 식을 식 (5.8)과 비교하여라.

06

암석의 변형성

06 암석의 변형성

6.1 서 론

변형성이란 하중이 가해지거나 가해진 하중이 제거되었을 때 발생하는 변형을 암석이 수용하는 능력을 의미한다. 암석의 변형은 공학적으로 중요한 문제로, 비록 가해진 하중에 의하여 암석이 파괴될 위험은 없더라도 국부적으로 큰 변형이 발생하면 구조물에는 응력이 유발된다. 예를 들면 그림 6.1과 같이 변형특성이 서로 다른 여러 종류의 암석 위에 댐이 건설될 경우 지반의 변형량 차이로 인해 전단응력과 인장응력이 유발된다. 그러나 만약 암석의 특성을 알 수 있고 기초의 변형특성을 파악할 수 있다면, 이러한 변형에 대처할 수 있는 댐을 건설할 수 있다. 더욱이 중력 댐과 같은 대규모의 콘크리트 구조물에 있어서는 암석의 변형성이 콘크리트의

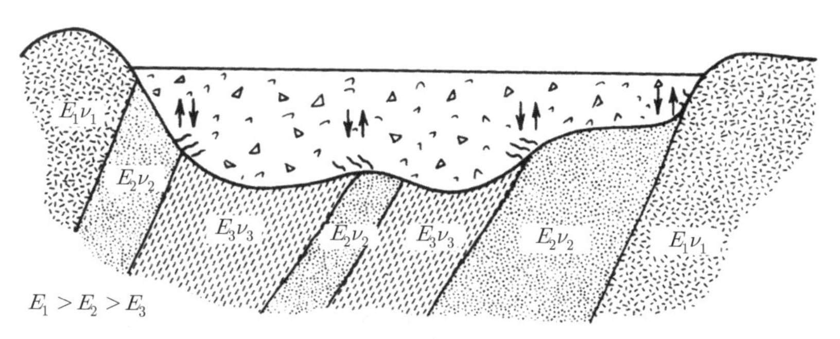

그림 6.1 기반암의 다양한 변형성으로 인해 발생하는 콘크리트댐 내 발생된 전단응력

열응력(thermal stress)과도 관계가 있으며, 열응력은 열팽창계수와, 온도변화 그리고 변형성의 곱으로 계산될 수 있다.

암석의 변위가 계산되어야만 하는 경우가 다수 존재한다. 압력터널의 설계에서는 운영 시 발생하는 압력에 의하여 발생하는 라이닝(lining)의 팽창뿐만 아니라 압력이 감소하였을 때 라이닝이 회복되는 정도도 파악되어야 한다. 교대에 압력이 작용하는 아치 댐의 경우에도 마찬가지이다. 고층빌딩에서는 하중에 따른 암석의 침하정도도 설계에 중요한 요소이다. 프리스트레스(prestressed) 천장 구조를 지닌 암석 내의 장대교량의 정착구(anchorage)나, 암석을 누르는 구조물 또는 암석 위에 놓인 무거운 블록 등의 경우에 대해서 암석의 변위와 회전에 대한 지식은 상세 설계를 위한 기초적인 사항들이다. 계측이 되고 있는 굴착에서는 측정값의 해석 체계를 제공하기 위해서 예측변위는 계산되어야 한다.

탄성과 비탄성 거동

많은 암석은 비탄성이기 때문에 탄성계수만으로 암석의 변형성을 규명하는 것은 충분하지 못하다. 탄성이란 하중에 따라 발생하는 변형의 회복 특성을 의미한다. 대부분의 신선하고 단단한 암석은 실험실 시료 정도의 크기에서는 탄성을 보인다. 그러나 현장규모에서는 암석 내에 균열, 열극, 층리, 다른 암석과의 접촉부, 변질된 부분, 소성의 점토 등이 분포하고 있기 때문에 암석은 완전한 탄성이 아니다. 그림 6.2에 나타난 예와 같이, 하중 사이클에 따라 변형이 회복되지 않은 정도는 하중-변형 곡선의 기울기로 나타낼 수 있으며 이는 설계에 중요하다. 아치 댐 상부의 저수지에서 수위가 상승하면 암석은 곡선 1을 따라 반응한다. 하중-변형 곡선은 위로 오목한 형태를 보이고 있는데, 이러한 곡선의 형태는 균열을 포함하는 암석의 대표적 경로이며 균열이 닫히면서 암석의 강성이 증가하기 때문에 나타나는 현상이다. 어떤 이유로 수위가 하강하면 하중이 감소되고 암석은 경로 2를 따라 반응하면서 영구변형을 남기게 된다. 댐은 하중 작용 곡선을 따라 거동하려고 하나 암석보다 더 탄성적이기 때문에 하중이 제거될 때 암석에서 떨어지게 된다. 이러한 현상은 암석이나 콘크리트에 열린 절리를 형성하거나 댐을 통해 작용하는 압축응력을 감소시킨다. 반복된 저수지의 수위 상승과 하강에 의한 반복된 하중의 증가와 감소는 그림 6.2에서와 같이 일련의 이력곡선(hysteresis)을 만들게 된다. 따라서 암석의 탄성계수는 적합하더라도 큰 이력곡선을 보이는 지역에서는 콘크리트 댐의 설치가 불가능한 경우도 있다. 이와 관련된 기준은 이후에 평판재하시험과 결합하여 다시 논의될 것이다.

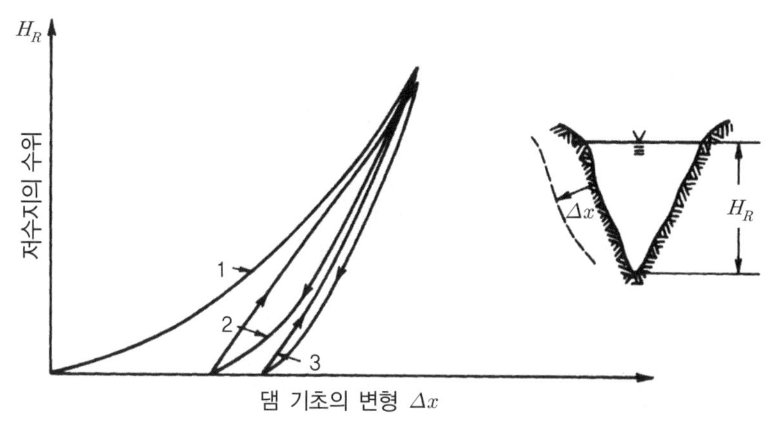

그림 6.2 저수지의 수위 변화에 의해 유발되는 영구 기초의 변형

6.2 탄성계수

응력 증가에 따른 등방성 및 선형 탄성적인 물체의 변형은 2개의 물성만 알 수 있다면 계산 가능하다. 제4장에서 설명한 바와 같이 영율 E와 포아송 비 ν가 그 값들이다. 삼차원의 일반화된 후크의 법칙은 다음과 같다.

$$\begin{Bmatrix} \epsilon_x \\ \epsilon_y \\ \epsilon_z \\ \gamma_{xy} \\ \gamma_{yz} \\ \gamma_{zx} \end{Bmatrix} = \begin{bmatrix} \frac{1}{E} & \frac{-\nu}{E} & \frac{-\nu}{E} & 0 & 0 & 0 \\ \frac{-\nu}{E} & \frac{1}{E} & \frac{-\nu}{E} & 0 & 0 & 0 \\ \frac{-\nu}{E} & \frac{-\nu}{E} & \frac{1}{E} & 0 & 0 & 0 \\ 0 & 0 & 0 & \frac{2(1+\nu)}{E} & 0 & 0 \\ 0 & 0 & 0 & 0 & \frac{2(1+\nu)}{E} & 0 \\ 0 & 0 & 0 & 0 & 0 & \frac{2(1+\nu)}{E} \end{bmatrix} \begin{Bmatrix} \sigma_x \\ \sigma_y \\ \sigma_z \\ \tau_{xy} \\ \tau_{yz} \\ \tau_{zx} \end{Bmatrix} \tag{6.1}$$

E와 ν의 값은 가해진 응력을 알고 변형률이 측정되면 직접 구할 수 있다. 만약 변형이 가해

지고 응력변화가 측정되면 라메 상수 λ와 전단계수(shear modulus) G, 이 두 물성을 이용하는 것이 더 자연스럽다. 그 관계는 다음과 같다.

$$\begin{Bmatrix} \sigma_x \\ \sigma_y \\ \sigma_z \\ \tau_{xy} \\ \tau_{yz} \\ \tau_{zx} \end{Bmatrix} = \begin{pmatrix} \lambda+2G & \lambda & \lambda & 0 & 0 & 0 \\ \lambda & \lambda+2G & \lambda & 0 & 0 & 0 \\ \lambda & \lambda & \lambda+2G & 0 & 0 & 0 \\ 0 & 0 & 0 & G & 0 & 0 \\ 0 & 0 & 0 & 0 & G & 0 \\ 0 & 0 & 0 & 0 & 0 & G \end{pmatrix} \begin{Bmatrix} \epsilon_x \\ \epsilon_y \\ \epsilon_z \\ \gamma_{xy} \\ \gamma_{yz} \\ \gamma_{zx} \end{Bmatrix} \tag{6.2}$$

전단계수 및 라메상수와 영율, 포아송 비의 관계는 다음과 같다.

$$G = \frac{E}{2(1+\nu)} \tag{6.3}$$

$$\lambda = \frac{E\nu}{(1+\nu)(1-2\nu)} \tag{6.4}$$

또 다른 유용한 상수가 체적계수(K, bulk modulus)인데 정수압 p와 체적 변형률 $\frac{\Delta V}{V}$ 사이의 관계를 나타낸다.

$$p = K\frac{\Delta V}{V} \tag{6.5}$$

$$K = \frac{E}{3(1-2\nu)} \tag{6.6}$$

(압축률은 K의 역수이다.)

많은 암반은 층리, 절리, 광물이나 미세균열 등의 분포로 인해 방향에 따라 다른 거동을 보이는 이방성을 보인다. 극단적인 이방성은 수학적으로 취급하기가 거의 불가능하지만 직각등방대칭(orthotropic symmetry)은 수학적 부담 없이 계산할 수 있다. 직각대칭에는 주 대칭방향(principal symmetry directions)으로 불리는 서로 직각인 세 방향의 대칭이 존재한다. 만약 암석 내에 서로 직각인 3개의 절리계가 분포한다면, 암석은 직각등방으로 거동할 것이다. x, y, z를 서로 직각등방 대칭방향으로 잡으면 후크의 법칙은 다음과 같이 정리된다.

$$\begin{Bmatrix} \epsilon_x \\ \epsilon_y \\ \epsilon_z \\ \gamma_{xy} \\ \gamma_{yz} \\ \gamma_{zx} \end{Bmatrix} = \begin{bmatrix} \frac{1}{E_x} & \frac{-\nu_{yx}}{E_y} & \frac{-\nu_{zx}}{E_z} & 0 & 0 & 0 \\ \frac{-\nu_{yx}}{E_x} & \frac{1}{E_y} & \frac{-\nu_{zy}}{E_z} & 0 & 0 & 0 \\ \frac{-\nu_{zx}}{E_x} & \frac{-\nu_{zy}}{E_y} & \frac{1}{E_z} & 0 & 0 & 0 \\ 0 & 0 & 0 & \frac{1}{G_{xy}} & 0 & 0 \\ 0 & 0 & 0 & 0 & \frac{1}{G_{yz}} & 0 \\ 0 & 0 & 0 & 0 & 0 & \frac{1}{G_{zx}} \end{bmatrix} \begin{Bmatrix} \sigma_x \\ \sigma_y \\ \sigma_z \\ \tau_{xy} \\ \tau_{yz} \\ \tau_{zx} \end{Bmatrix} \tag{6.7}$$

포아송 비 ν_{ij}는 i 대칭방향에서 가해진 응력에 의하여 j 대칭방향으로 발생한 수직변형률에 의하여 결정될 수 있다. 직각인 암반에서는

$$\frac{\nu_{ij}}{E_i} = \frac{\nu_{ji}}{E_j} \tag{6.8}$$

이 된다. 만일 암석이 한 평면에 대하여 등방이면 9개의 독립된 상수는 5개로 줄어들 수 있다. 이러한 경우는 서로 다른 2개의 층이 교호하거나, 운모, 활석, 녹니석, 사문석과 같은 편평한 광물이 평행으로 배열된 암석이나, 각섬석과 같은 길쭉한 광물들이 평면 내에서 임의의 방향으로 배열된 암석에 적용될 수 있다. 평행한 층리면과 같이 한 방향의 규칙적인 절리계가 평면등방(transversely isotropic) 대칭이 성립하면 탄성계수는 4개로 줄어들게 된다.

평면 등방의 탄성을 기술하기 위해서, s와 t를 대칭축(층리면)에 직각인 면 내의 직각인 두 방향, n을 대칭축과 평행한 방향(즉, 층리면에 수직인 방향)이라 하면, $E_s = E_t$, $v_{ts} = v_{st}$가 되고 식 (6.7)은 다음과 같이 된다.

$$\begin{Bmatrix} \epsilon_n \\ \epsilon_s \\ \epsilon_t \\ \gamma_{ns} \\ \gamma_{nt} \\ \gamma_{st} \end{Bmatrix} = \begin{bmatrix} \frac{1}{E_n} & \frac{-\nu_{sn}}{E_s} & \frac{-\nu_{sn}}{E_s} & 0 & 0 & 0 \\ \frac{-\nu_{sn}}{E_n} & \frac{1}{E_s} & \frac{-\nu_{st}}{E_s} & 0 & 0 & 0 \\ \frac{-\nu}{E} & \frac{-\nu}{E} & \frac{1}{E} & 0 & 0 & 0 \\ 0 & 0 & 0 & \frac{2(1+\nu)}{E} & 0 & 0 \\ 0 & 0 & 0 & 0 & \frac{2(1+\nu)}{E} & 0 \\ 0 & 0 & 0 & 0 & 0 & \frac{2(1+\nu)}{E} \end{bmatrix} \begin{Bmatrix} \sigma_x \\ \sigma_y \\ \sigma_z \\ \tau_{xy} \\ \tau_{yz} \\ \tau_{zx} \end{Bmatrix} \tag{6.9}$$

일상적인 토목공사에서는 암석을 등방으로 가정하는 것이 일반적이나, 편암과 같은 경우에는 부적절하다. 추가적인 변형 상수를 결정하기 위해서는 여러 방향으로 시추된 코어 시료를 측정하는 것이 필요하다. 만약 이방성이 규칙적인 구조로부터 발생한다면 나중에 보이는 것과 같이 직각등방 상수가 계산될 수 있다.

6.3 정적인 시험에 의한 변형특성 측정

응력-변형률의 관계는 실험실에서나 현장에서 정적인 시험과 동적인 시험을 이용하여 측정하여 구할 수 있다. 변형특성은 이상적인 모델이 시험방법에 따른 암석의 거동을 묘사할 수 있다고 가정하면 측정된 자료로부터 계산될 수 있다. 또한 변형특성은 처음과 나중의 응력 상태를 알면 구조물의 이동이나 굴착 시 장비로부터 획득된 자료를 이용하고 4장의 방법을 역으로 이용하여 역계산할 수도 있다.

변형특성의 측정에 가장 널리 쓰이는 방법은 실험실에서의 압축시험과 휨 시험, 실험실과 현장에서의 속도측정, 현장에서의 평판 잭 시험, 평판재하시험, 공내 팽창시험 등이다.

실험실에서의 압축시험

길이/직경의 비가 2이고 시료 양 끝면이 잘 처리된 코어 시료에 대한 일축압축시험은 그림 6.3a와 같은 응력-변형률 곡선을 얻을 수 있다. 축방향의 변형률은 시료의 길이 방향과 평행하게 부

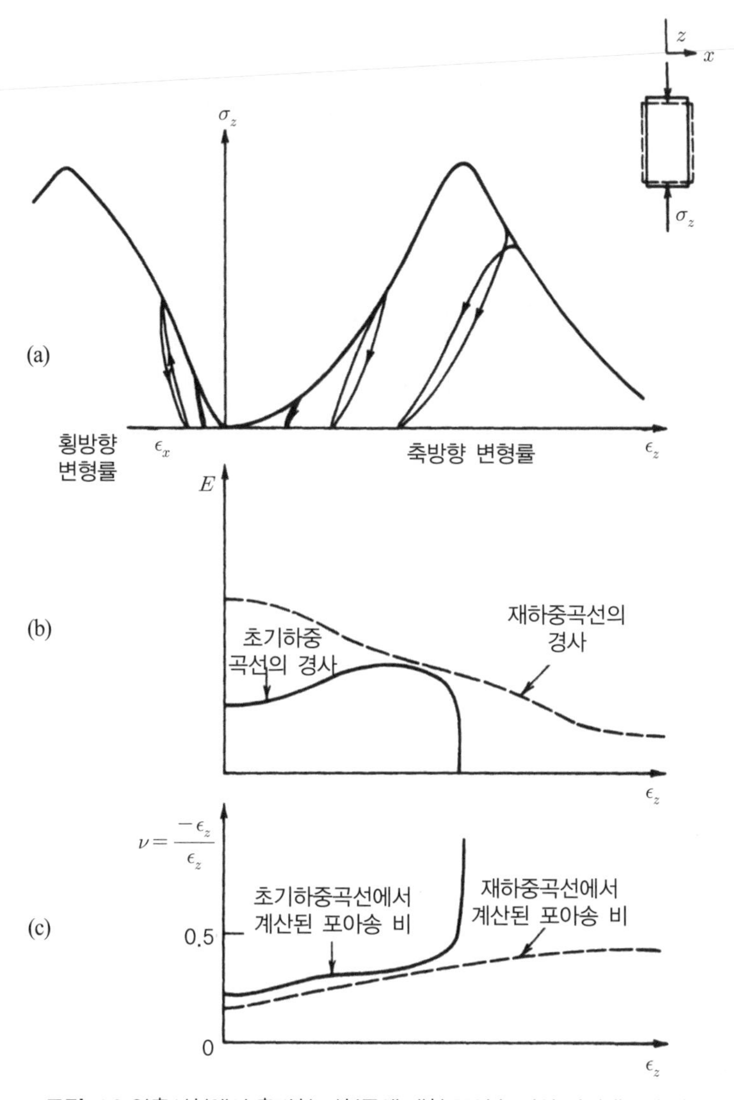

그림 6.3 압축시험에서 축방향 변형률에 대한 포아송 비와 탄성계수의 변동

착된 변형률 게이지나 변위계(extensometer)를 통하여, 횡방향의 변형률은 코어 둘레를 따라 부착된 변형률 게이지나 지름을 가로질러 설치된 변위계를 통하여 측정할 수 있다. 축방향에 대한 횡방향의 변형률의 비가 포아송 비 ν이다. 경암에서 압축시험기의 시험판 사이의 거리 변화를 이용하여 축방향의 변형률을 측정하는 것은 시험기의 가압판과 암석이 접하는 부분에서 많은 변위가 발생하기 때문에 적절하지 않다.

그림 6.3b는 E의 의미를 정확하게 정의하는 것이 어렵다는 것을 보여준다. 암석에 처음으로

하중을 가하면 암석에서는 탄성변형뿐만 아니라 영구변형도 발생하기 때문에, E는 단순히 처음 하중을 가했을 때 그려지는 곡선의 기울기가 아니다. 그러므로 하중의 증가와 감소를 1회 실시한 후 다시 하중을 가할 때나 하중을 감소시킬 때 얻어지는 곡선의 기울기가 더 나은 E의 측정법이다. 이러한 정의는 E의 측정을 심지어 최대하중 이후, 즉 암석에 균열이 발생한 이후 결정하도록 한다(그림 6.3b).

Deere(1968)는 일축압축강도와 탄성계수의 비를 기초로 하여 일축압축강도 값과 함께 무결암 시료를 분류하는 도표를 제시하였다. 대부분의 암석에서는 $\frac{E}{q_u}$의 비가 200~500의 범위에 해당되었으나 극단적인 경우에는 100~1200의 범위를 보이기도 하였다. 일반적으로 계수 비(modulus ratio) $\frac{E}{q_u}$는 결정질 암석이 쇄설성 암석보다 크고 사암이 세일보다 크다. 표 6.1은 표 3.1에서

표 6.1 표 3.1의 암석 시료에 대한 포아송 비와 계수비(E/q_u)

	E/q_u	ν
Berea 사암	261	0.38
Navajo 사암	183	0.46
Tensleep 사암	264	0.11
Hackensack 실트암	214	0.22
Monticello 댐 사암(잡사암)	253	0.08
Solenhofen 석회암	260	0.29
Bedford 석회암	559	0.29
Tavernalle 석회암	270	0.30
Oneota 백운암	505	0.34
Lockport 백운암	565	0.34
Flaming Gorge 셰일	157	0.25
운모질 셰일	148	0.29
Dworshak 댐 편마암	331	0.34
석영질 운모 편암	375	0.31
Barboo 규암	276	0.11
Taconic 대리암	773	0.40
Cherokee 대리암	834	0.25
Nevada 시험장 화강암	523	0.22
Pikes Peak 화강암	312	0.18
Cedar City 토날라이트(tonalite)	189	0.17
Palisade 휘록암	339	0.28
Nevada 시험장 현무암	236	0.32
John Day 현무암	236	0.29
Nevada 시험장 응회암	323	0.29

a 여기서 보고된 E 값은 회복 가능한 변형과 회복 불가능한 변형이 모두 포함되었으며, 알 수 없는 비율로 혼합되어 있다.

고려된 압력에 대하여 '변형계수'와 일축압축강도의 비 그리고 이에 해당하는 포아송 비 값을 보여준다. 탄성계수(modulus of elasticity) 대신에 변형계수(modulus of deformation)를 대입하면 회복 가능한 변형과 회복 불가능한 변형을 모두 포함하는 변형특성을 지시한다. 일반적으로 처음 하중을 가한 곡선으로부터 획득된 값들은 탄성계수보다는 변형계수로 보고하는 것이 더욱 타당하지만, 실제로 대부분의 경우는 그렇지 않다.

완전한 응력-변형률 곡선에서 음의 기울기를 보이는 꼬리 부분은 통상적인 응력-변형률 곡선이 아니고 하중을 다시 가했을 때 발생하는 항복점의 포락선이다. 그림 6.3c는 하중을 처음 가했을 때 발생하는 압축에 의한 횡방향의 변형으로부터 구해진 포아송 비를 보여준다. 횡방향과 축방향 변형률의 비는 초기 0.2의 값을 보인 후 점차 증가하다가 최대하중에서부터 급격히 증가하여 등방성 암석에서의 이론적인 최대값 0.5를 초과하게 된다(식 (6.6)은 포아송 비가 0.5에 가까워지면 K는 무한대에 가까워진다). 암석이 최대하중 이후의 항복상태로 이동하면 암석 내에는 미세균열이 발생하고 쐐기형태의 움직임과 함께 횡방향으로 큰 변형이 발생하므로 더 이상 탄성적이지 않다. 그러나 하중을 감소시키거나 다시 하중을 증가시키면, 0.5 이하의 포아송 비에서 횡방향 변형이 발생한다. 따라서 탄성계수는 하중을 다시 가할 때 구하는 것이 바람직하다는 결론을 내릴 수 있다.

변형성의 완전한 기술은 탄성계수 E와 ν뿐만 아니라 가해진 응력의 수준에 따른 영구변형을 포함하여야 한다. 그림 6.4는 응력을 0으로 감소시켰을 때 측정되는 영구변형에 대한 응력의 비를 나타내는 영구변형계수(modulus of permanent deformation) M을 결정하는 방법을 보여준다. M은 압축시험에서 일련의 하중 사이클을 통하여 구할 수 있다. 또한 횡방향의 영구변형증분에 해당하는 포아송 비 ν_p를 계산할 수도 있다.

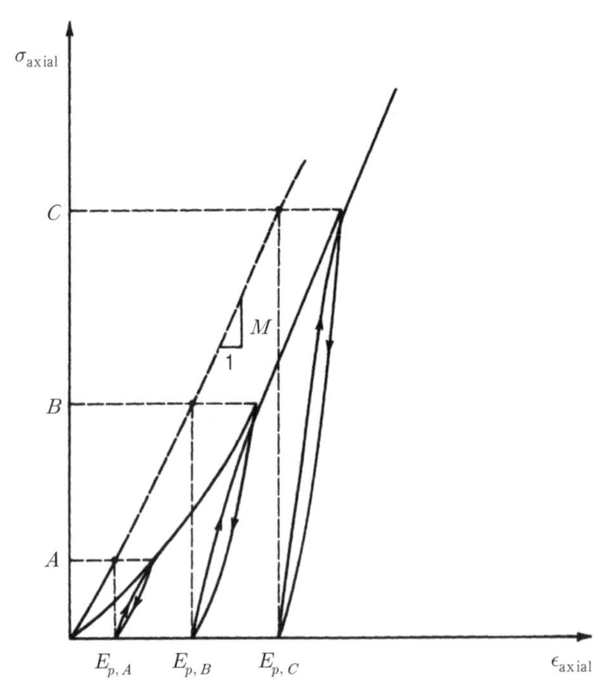

그림 6.4 압축시험에서 하중 사이클로부터 영구변형계수 M의 결정

평판재하시험

암석의 변형성은 현장에서 암석의 표면에 하중을 가한 후 변형을 계측함으로써 측정할 수 있다. 이는 그림 6.5a와 같이 지하 갱도에서 쉽게 실시할 수 있다. 먼저 암석 전체의 평균 상태를 잘 나타낼 수 있도록 느슨하거나 변질이 심한 부분은 피하여 시험 지점을 선택하여야 한다. 암석 표면을 일부 파낸 후 직경 50 cm~1 m의 평판이 놓일 수 있도록 시멘트 반죽을 이용하여 편평한 수평면이 되도록 만든다. 시험에 의하여 영향을 받는 깊이는 하중이 가해지는 평판의 직경에 비례하므로 큰 평판을 사용하는 것이 좋다. 그러나 200톤 이상의 하중을 가하기는 어려우므로 적정한 평판의 크기를 선택하여야 적정한 응력을 가할 수 있다. 하중은 유압 실린더나 나사식 잭을 이용하여 터널의 반대 벽면에 가할 수 있다. 충분한 이동거리를 가진 평판 잭이 이용될 수도 있다. 변위는 평판의 회전이나 휨을 보정하기 위해서 여러 지점에서 측정되어야 한다. 변위는 평판 위를 가로지르는 기준 막대에 설치된 다이얼 게이지를 이용하여 측정한다. 또한 평판의 중심부에 위치한 시추공 내에서 기준점을 이용하여 측정할 수 있다(그림 6.5a). 지하 갱도가 아닌 지표면에서는 평판의 중앙부에 시추공을 뚫어서 앵커를 설치한 케이블을 들어

올려 시험을 실시하기도 한다(Zienkiewics and Stagg, 1966).

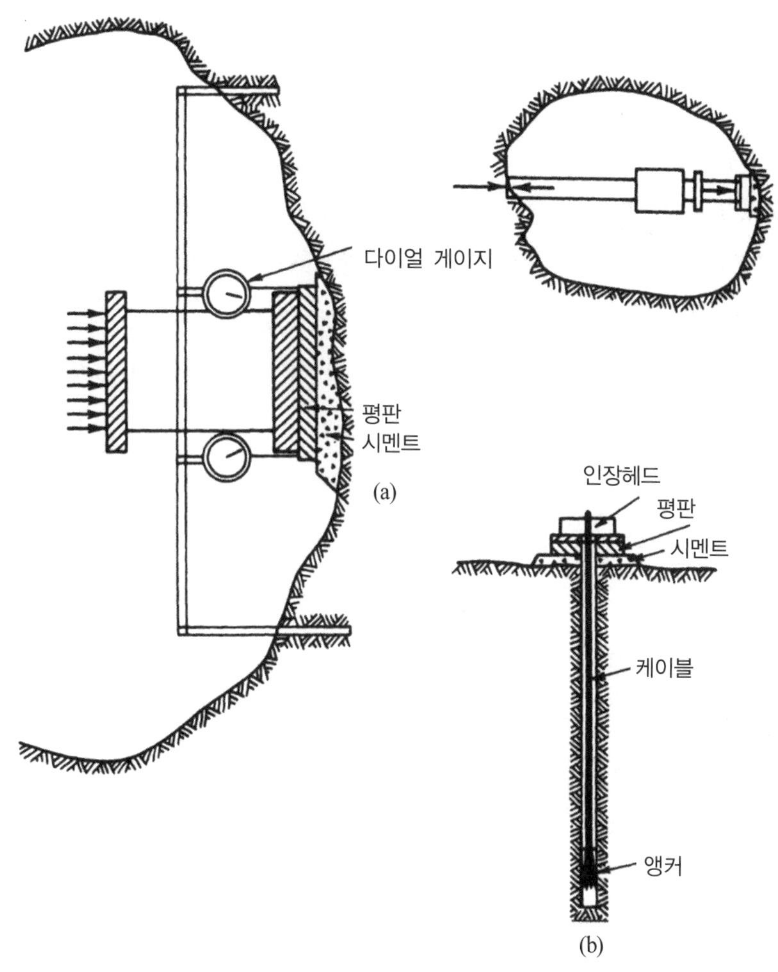

그림 6.5 평판재하시험 시험
(a) 터널 내, (b) 지표면

평판재하시험에서 얻어지는 자료로는 평판의 반경 a, 평판에 가해지는 압력(단위면적당 하중) p, 회전에 대해 보정된 평균변위 $\overline{\omega}$이다. 만일 암석이 등방이며 탄성인 암석이 균질하게 반무한 공간이라고 가정하면 Timoshenko and Goodier(1951)에 의해서 구해진 다음의 식에서 E를 구할 수 있다.

$$\bar{\omega} = \frac{Cp(1-\nu^2)a}{E} \tag{6.10}$$

이때 포아송 비 ν로 E를 계산할 수 있다고 가정한다.

C는 경계조건에 따른 상수이다. 평판이 완전 강성체이면 $C = \frac{\pi}{2}$(최소값)이고 유연성이 있으면 C=1.70(최대값)을 사용한다. 평판의 평균변위가 측정되는 한 경계조건 내의 양극단 값에 해당하는 E의 변화는 크지 않다. 그러나 일정 압력 경계조건에 해당하는 유연하고 휘는 평판의 평균변위량을 결정하기 위해서는 일반적인 경우보다 더 많은 다이얼게이지를 필요로 한다. 암석이 매우 단단하지 않으면, 두꺼운 강철 평판과 강성 배열을 이용하면 일정 평판 변위조건에 쉽게 도달할 수 있다.

평판재하시험은 반무한 매질에서보다도 지하 갱도에서 많이 시행되지만, E의 계산에는 여전히 식 (6.10)을 이용한다. 이 계산 결과에 매우 중요한 영향을 미치는 요소는 이상적이지 않은 암석 상태로부터 벗어난다는 점이며, 이는 변위 측정을 위한 깊은 지점의 수준점을 이용하여 올바르게 계산될 수 있다. 가정된 조건에서 어긋나는 모든 사항은 변위를 크게 만들어 평판재하시험이 탄성계수를 과소평가하게 만든다. 갱도에서 연직방향으로 시행된 시험은 천장에 존재하는 절리들이 중력에 의하여 열리는 경향을 보이기 때문에 낮은 E 값을 보이게 된다.

만약 평판재하시험 시에 반복하중을 가하면 영구변형과 탄성변형을 구별할 수 있게 된다. 탄성계수는 재하 곡선 기울기에서 구해야 한다.

$$E = Ca(1-\nu^2)\frac{p}{\bar{\omega}_{\text{elas}}} \tag{6.11}$$

이때 $\bar{\omega}_{\text{elas}}$는 0에 가까운 압력에서 압력 p까지 평판 압력을 재차 가할 때 발생하는 평균변위이다. 영구변형계수 M은 다음과 같이 계산된다.

$$M = Ca(1-\nu^2)\frac{p}{\bar{\omega} - \bar{\omega}_{\text{elas}}} \tag{6.12}$$

Schneider(1967)는 다양한 종류의 암석으로 구성된 여러 댐의 기초 지반에 대하여 반경 14~50 cm의 평판과 최대 200 bar의 평판 압력을 가하여 평판시험을 실시하였다. 그는 영구변형이 0.01 mm/bar 이상인 암반은 콘크리트 댐의 기초로 부적당하다고 보고하였다. 이러한 영구변형은 $a=50$ cm, $\nu=0.3$인 경우에 $M=7700$ MPa와 동일하다.

시추공 시험 및 갱도 시험

암석의 변형은 시추공 내에서 정적인 시험으로도 측정될 수 있다. 팽창계(dilatometer) 시험(공내재하시험)은 고무관을 이용하여 시추공을 팽창시키는 실험으로(그림 6.6a), 시추공의 팽창은 압력을 높일 때 고무관에 주입되는 기름이나 가스의 양을 측정하거나 고무관 속에 내장된 분압기(potentiometer)나 LVDT를 이용하여 측정한다. 갱도 시험은 터널의 차단벽(bulkheaded section) 내에서 실시되는 유사한 시험으로, 비용이 많이 들기 때문에 최근에는 거의 시행되지 않고 있다. 시추공 잭(Goodman Jack)은 팽창계와 유사하나 하중이 한 방향으로만 가해진다. 해석은 거의 유사하나 경계조건이 더 복잡하기 때문에 식의 적용에 주의를 해야 한다(Goodman et al., 1972; Heuze and Salem, 1979). 팽창계나 갱도 시험에서 반경이 a인 시추공이나 갱도벽면에 압력 p가 균일하게 작용하였을 때 탄성계수는 변위 Δu로부터 다음 식을 이용하여 계산될 수 있다.

$$E=(1+\nu)\Delta p\frac{a}{\Delta u} \tag{6.13}$$

시추공 변형 측정의 한 가지 문제점은 측정되는 암석의 체적이 작아서 절리의 영향을 잘 반영하지 못한다는 점이다. 따라서 이 시험이 시행될 가치가 없다고 주장하는 사람들도 있다. 그러나 시추공 시험은 조사의 초기 단계에 지하 깊은 곳의 암석의 특성에 대한 범위를 제시할 수 있다는 장점이 있다. 위의 시험을 시행하면, 지반의 잠재적인 어려움을 파악할 수 있으며, 균질한 특성의 구역으로 세분할 수 있어 기초로 사용되는 암반을 구획화할 수 있고 각각의 세분된 구역에 대하여 정밀한 시험을 시행할 수 있다. 대규모 지역에 대한 시험은 다수의 갱도를 필요로 하고 이에 따라 많은 비용이 요구된다. 실제 구조물에 의하여 영향을 받는 암석의 크기만큼 큰 규모의 현장시험이 존재하기 어렵기 때문에 해석에 어려움이 따른다.

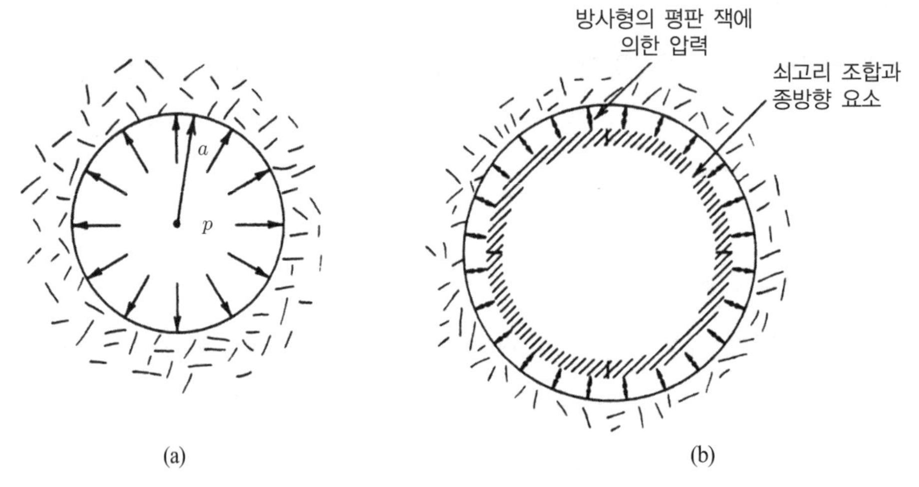

그림 6.6 원통형의 공간 내에서 가압의 개념
(a) 시험 영역 내 유압을 이용한 팽창계 또는 갤러리(gallery) 시험
(b) 내부에 하중을 가하는 잭에 의해 하중이 가해지는 방사성 잭 시험(radial jacking) 또는 TIWAG 시험

방사성 잭 시험

현장에서 시행되는 암석의 변형성 시험에서 가장 큰 규모의 시험 중 하나가 방사성 잭 시험인데(그림 6.6.b) 유럽에서는 'TIWAG' 시험으로 채택되어 사용되었다. 하중은 원형의 쇠고리에 작용하는 일련의 잭을 이용하여 터널의 원주를 따라 가해진다. 잭에 압력을 가하는 방식에 따라 방향을 변화시켜가며 하중을 가할 수도 있다. 미국 국토개발국이 활석 편암의 분포로 인하여 교대의 안정성과 변형성에 대한 의문점이 제기된 Auburn 댐에서 이 시험을 시행하였다. 이 시험에는 상당한 비용이 소요되었지만 전체적인 공사비에 비하면 미미하였다. Auburn 댐에서는 실내시험, 시추공 시험, 평판재하시험 등도 시행되어 암석의 변형성의 변화 및 분포에 대한 많은 자료가 획득되었다.

평판 잭 시험

지하의 응력 측정에서 설명된 평판 잭 시험(flat jack test)은 부수적으로 암석의 변형성에 대한 자료를 얻을 수 있다. 특수하게 용접된 스테인레스 평판 잭을 이용하여 70 MPa 이상의 큰 압력을 큰 부피의 암석에 대하여 시험을 실시할 수 있다. 대표적 평판 잭의 넓이는 600 cm^2 정도이며 더 큰 평판 잭이 사용되기도 한다. 따라서 암석에 매우 큰 하중을 가할 수 있다. 평판 잭 시험의 가압 단계에서 평판 잭에 가해진 압력이 p일 때의 핀 사이 거리 $2\Delta y$의 변화와 관련된 자료를 얻을 수 있다(그림 6.7). 재하 싸이클이 설정되어 있으면, Jaeger and Cook(1976)이 유도한 아래의 관계식을 이용하여 재하 관계식으로부터 E를 구할 수 있다.

$$E = \frac{p(2c)}{2\Delta y}\left[(1-\nu)\left(\sqrt{1+\frac{y^2}{c^2}} - \frac{y}{c}\right) + \frac{1+\nu}{\sqrt{1+\frac{y^2}{c^2}}}\right] \tag{6.14}$$

이때 y는 측정 핀의 중앙에 있는 잭으로부터의 거리이고 $2c$는 잭의 길이이다(영구변형계수 M도 평판재하시험을 통해 획득할 수 있다).

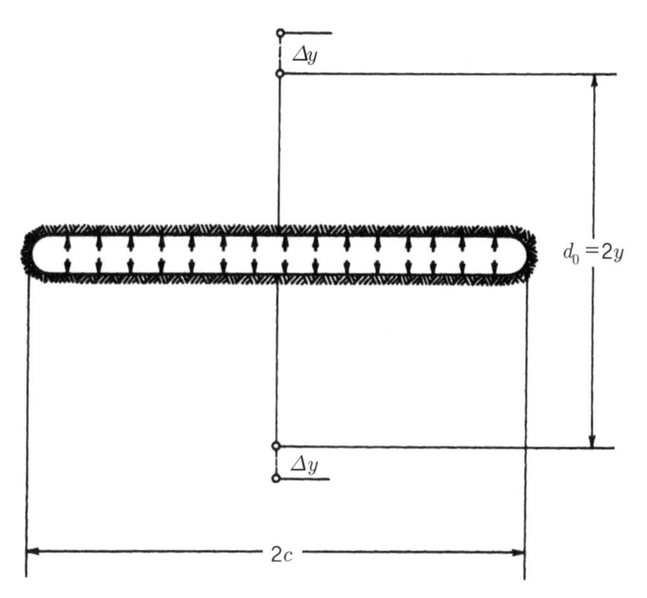

그림 6.7 겹쳐진 공동을 뚫어 만든 틈을 이용한 평판 잭(flat jack) 시험

6.4 동적 측정

응력파의 속도는 실험실 시료와 현장에서 측정될 수 있다. 실험실에서의 탄성파속도 측정시험(pulse velocity test)은 편평하고 평행한 원주형 코어의 양 단면에 압전결정(piezoelectric crystals)을

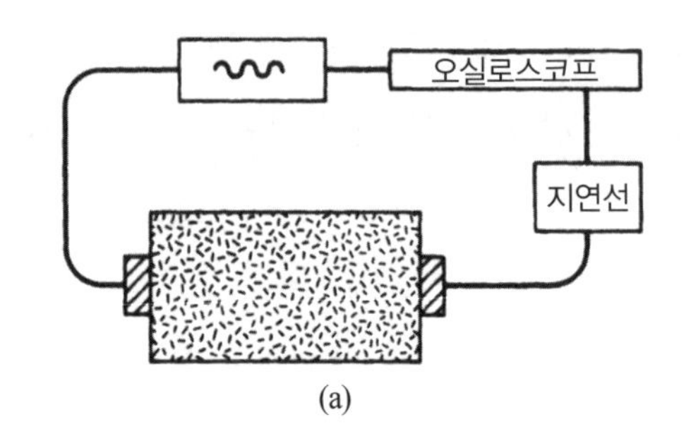

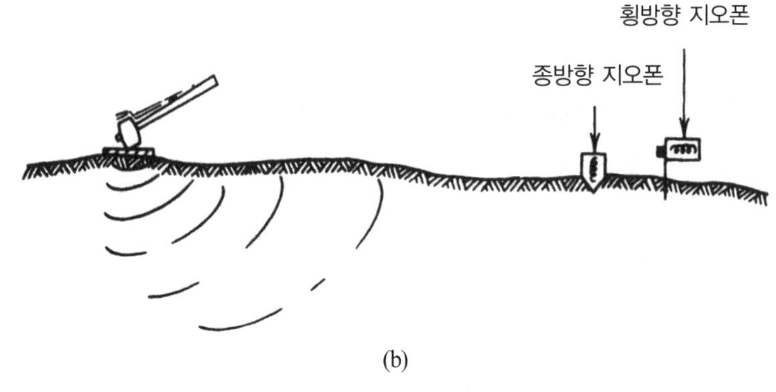

그림 6.8 동적 탄성계수 산정 기법
(a) 실험실에서의 초음파속도시험
(b) 현장에서의 음파속도측정

부착하여 실시한다(그림 6.8a). 첫 결정에 전달된 고주파의 전기 펄스는 응력파를 생성하여 다른 결정으로 전달되고 전기적인 신호로 바뀌게 된다. 수신된 파형은 지연선(delay line)에서 오실로스코프에서 발신 파형에 따라 조정되는 과정에서 발생한 지연을 이용하여 시료를 통과하는 데 걸리는 시간을 측정한다. 종파 및 전단파를 발생시키는 진동결정(cut cristal)은 종파와 횡파를 관찰할 수 있도록 하므로 종파의 속도 V_l과 횡파의 속도 V_t를 측정할 수 있다. 만약 암석이 이상적인 등방, 탄성체이고, 시료의 직경이 길이에 비하여 아주 작다면 E와 G는 다음의 식에서 계산된다.

$$E = V_l^2 \rho \tag{6.15}$$

$$G = V_t^2 \rho \tag{6.16}$$

이때 ρ는 암석의 밀도이다. $G = E/[2(1+\nu)]$이므로(식 (6.3))

$$\nu = \frac{1}{2}\left(\frac{V_l^2}{V_t^2}\right) - 1 \tag{6.17}$$

이 된다.

야외에서의 속도측정은 큰 망치로 노두를 가격한 후 약 50 m 이상의 거리에 설치한 지오폰까지 이동 시간을 측정한다. 현재 시판되고 있는 이동식 탐사기는 이러한 목적으로 활용될 수 있다. 다른 방법은 50~100 m 떨어진 시추공 내의 측점 간의 이동 속도를 측정하는 것이다. 파동의 발생은 망치나 폭약을 이용할 수 있다. 만일 지오폰에 도달한 파의 특징이 나타나면 종파의 속도 V_p와 횡파의 속도 V_s를 획득할 수 있다. 암석이 균질하고 등방이며 탄성이라고 가정하면 다음의 관계를 가진다.

$$V_p = \sqrt{\frac{\lambda + 2G}{\rho}} \tag{6.18}$$

$$V_s = \sqrt{\frac{G}{\rho}} \tag{6.19}$$

식 (6.3)과 (6.4)를 이용하면

$$\nu = \frac{(V_p^2/V_s^2) - 2}{2[(V_p^2/V_s^2) - 1]} \tag{6.20}$$

$$E = 2(1+\nu)\rho V_s^2 \tag{6.21}$$

$$= \frac{(1-2\nu)(1+\nu)}{(1-\nu)}\rho V_p^2 \tag{6.22}$$

가 된다. 이 방법에 의해 암석을 통하여 전달되는 응력은 작고 점이적이다. 암반은 물론이고 실험실 시료도 식 (6.15)와 (6.22)에서 가정된 이상적인 물체와는 상당한 차이가 있다. 결과적으로 이 방법에 의하여 구해진 탄성계수는 평판재하 시험과 같은 정적인 시험에 의하여 계산된 탄성계수보다 상당히 큰 값을 보이게 된다. 특히 균열이 발달된 암석에서는 더욱 그렇다.

정적인 방법에 의하여 구한 계수들과 동적인 방법에 의하여 구해진 계수들에는 각각 s와 d의 아래첨자를 사용하여 구분한다(E_s, ν_s는 정적인 탄성상수를, E_d, ν_d는 동적인 탄성상수를 의미한다).

6.5 균열이 분포하는 암석

Schneider(1967)에 의해 보고된 바와 같이 균열이 분포하는 암석에서의 평판재하시험 결과는 그림 6.9에서와 같은 하중-변형 곡선으로 나타나며 항복점의 영향을 잘 보여주고 있다. 하중 사이클 포락선의 경사인 '항복함수'는 Γ로 표시되었다. Schneider는 열린 균열이 심하게 발달한 암석에서의 E/Γ 비가 45 정도로 높다는 것을 밝혔으며 표 6.2와 같은 분류기준을 제시하였다.

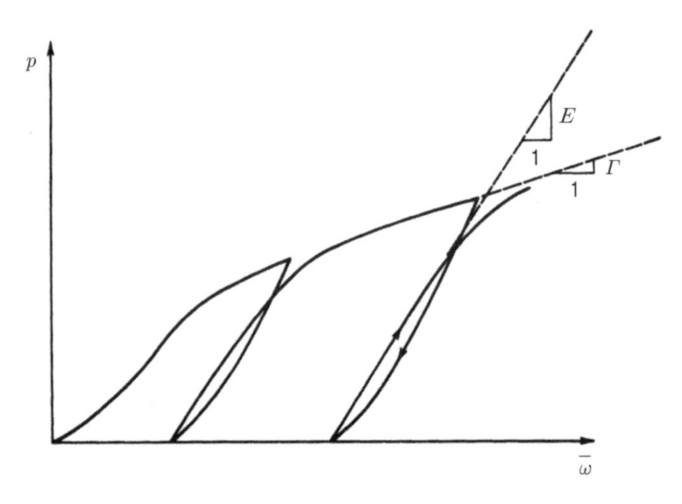

그림 6.9 Schneider(1967)에 의해 보고된 균열암반에 대한 평판재하시험의 대표적 자료. p는 평판에 가한 평균압력. $\overline{\omega}$는 평판의 평균변위

표 6.2 E/Γ에 의한 균열의 상태

	E/Γ
모두 닫힌	<2
중간 정도 열린	2-10
매우 열린	>10

만약 암석 내에 하나의 절리군이 규칙적으로 분포하고 있다면, 암반을 표현할 수 있는 등가 연속체에 대한 탄성상수들을 계산할 수 있다. 암석자체가 상수 E와 ν를 갖는 등방이고 선형 탄성으로 가정한다(그림 6.10). 절리는 간격 S로 규칙적으로 분포한다고 가정한다. 암석에서 전단응력－전단변위 곡선의 기울기를 k_s(전단강성)라 하자(그림 5.12). 또한 n과 t를 암반 내의 주 대칭방향으로 놓인 절리면에 수직한 축과 평행한 축이라고 놓을 수 있다. 전단응력 τ_{nt}가 가해지면, 각 암석블록은 $(\tau_{nt}/G)S$만큼의 변위가 발생하고 각각의 절리는 (τ_{nt}/k_s)의 거리만큼 미끄러지게 된다(그림 6.10b). 만일 절리를 가진 암반의 전단계수(shear modulus)가 G이고 $(\tau_{nt}/G)S$가 암석과 절리의 변위의 합이면, 연속체의 전단변형은 절리를 가진 암반의 전단변형과 일치할 것이다. 그러므로

$$\frac{1}{G_{nt}} = \frac{1}{G} + \frac{1}{k_s S} \tag{6.23}$$

이 된다. 유사하게 절리면 압축곡선 σ와 Δv의 기울기(그림 5.17a)를 k_n(수직강성)이라고 한다. 압축곡선은 심한 비선형이므로, k_n은 수직응력에 좌우된다. 유사한 연속체의 탄성계수가 E이면 $(\sigma_n/E_n)S$는 암석의 변형$(\sigma/E)S$와 절리의 변형(σ/k_n)의 합이 되므로(그림 6.10a)

$$\frac{1}{E_n} = \frac{1}{E} + \frac{1}{k_n S} \tag{6.24}$$

가 된다. t 방향의 수직응력에 의하여 n 방향으로 발생한 변형에 의하여 계산된 포아송 비는 단순히 ν가 되고

$$\nu_{\mathrm{tn}} = \nu \tag{6.25}$$

t 방향의 탄성계수는 단순히 E가 된다.

$$E_t = E \tag{6.26}$$

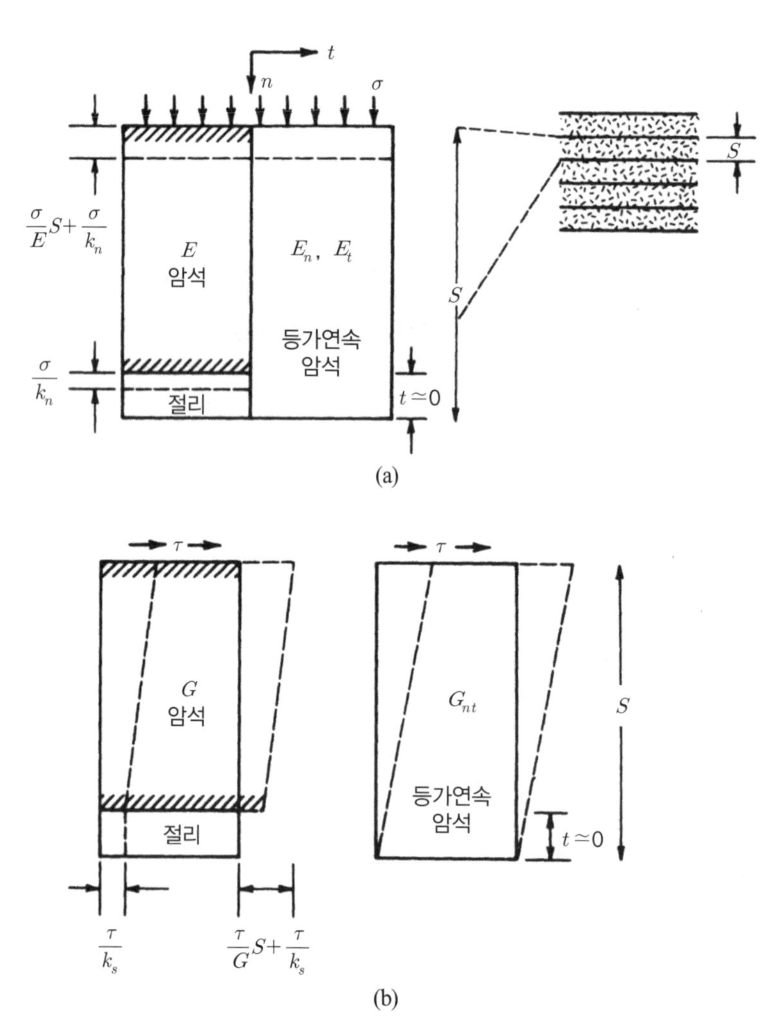

그림 6.10 동등한 평면 등방 물체로 표현된 규칙적 절리 분포 암석

결국, 응력-변형률 관계의 대칭 때문에 $v_{tn}/E_t = \nu_{nt}/E_n$가 되어

$$\nu_{nt} = \frac{E_n}{E}\nu \tag{6.27}$$

가 된다. 따라서 규칙적인 절리가 발달한 암석을 대표할 수 있는 동등한 평면 등방 물체의 5개의 상수를 식 (6.23)에서 (6.27)까지의 식을 이용하여 계산할 수 있다.

만약 암석 내에 여러 방향으로 절리가 심하게 발달해 있다면 식 (6.24)는 암반을 대표하는 '저감된 계수'를 구하는 데 사용될 수 있다. 과정은 다음과 같다. 시험 시료나 시험 현장의 각각의 절리군에서 절리의 평균 간격을 구한다. 측정된 탄성계수 값과 무결암의 E 값으로부터 식 (6.24)를 사용하여 k_n 값을 계산한다. 그리고 어떤 특정한 단열의 간격에서의 계산에 k_n 값을 대입한다. 이러한 방법으로 계산된 암반의 계수는 절리의 발달정도(Raphael and Goodman, 1979)나 RQD와 연관시킬 수 있다(Kulhawy, 1978).

Bieniawski(1978)는 암석이 만약 2장에서 논의된 지질역학적 분류(geomechanics classification)로 분류되어 있다면 암반의 탄성계수는 개략적으로 추정될 수 있음을 보여주었다. 그림 6.11은 여러 현장에서 많은 큰 규모의 현장시험에 의하여 결정된 현장변형계수가 RMR에 대하여 도시된 것을 보여준다. RMR 값이 55 이상인 암석에서는

$$E = 2\ \mathrm{RMR} - 100$$

의 관계가 잘 적용된다. RMR 값이 10~50인 연약한 암석에 대해서는 Serafim and Pereira(1983)가 다음의 관계를 제시하였다.

$$E = 10^{(\mathrm{RMR} - 10)/40}$$

변형계수란 용어는 E 값이 탄성 및 영구변형 모두를 포함하는 하중-변형 곡선의 하중을 가하는 부분의 자료로부터 계산된다는 것을 의미하며 단위는 GPa($=10^3$ MPa)이다. 자료를 나타내는 점들은 이암, 사암, 점판암, 천매암, 규암에 관한 것이다.

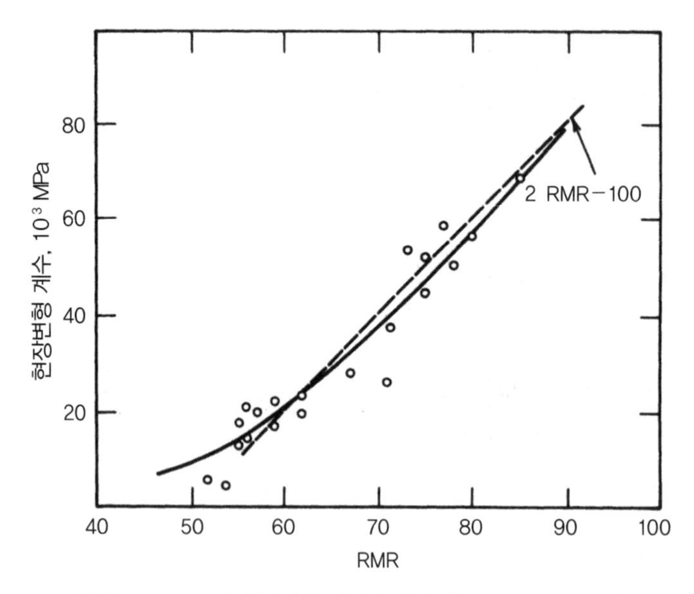

그림 6.11 RMR과 암반변형 사이의 관련성(Bieniawski, 1978)

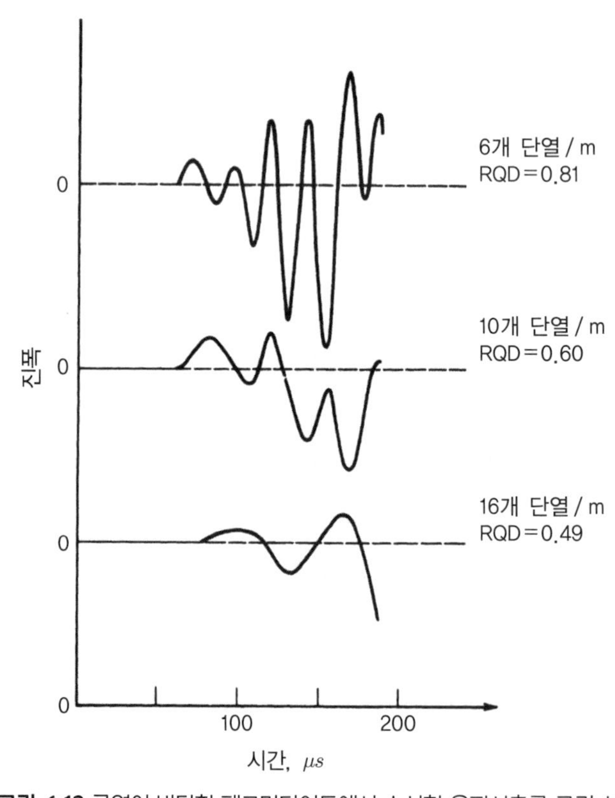

그림 6.12 균열이 발달한 페그마타이트에서 수신한 음파시추공 로깅 신호

균열이 분포하는 암석에서 측정된 동탄성계수 E_d는 정적인 하중시험에서 측정되거나 위의 방법에 의하여 계산된 암반의 계수 E_s보다 상당히 큰 값을 보이는 경향이 있다. Schneider(1967)는 균열이 있는 경암에서는 E_d/E_s의 값이 최대 13을 보인다고 밝혔으며, 고주파는 균열이 분포하는 암석에서 선택적으로 감쇄됨을 관찰하였다. King et al.(1975)도 이와 비슷한 결과를 보고하였다(그림 6.12). 그러면 균일한 형태의 탄성파 발신부에서 표준거리만큼 떨어진 지점에서 수신된 진동수나 파장을 측정하면 E_d/E_s와 관련이 있을 것이다. 그림 6.13은 Schneider가 댐 건설지에서 망치 타격에 의한 파원과 탄성파 탐사기(MD1)를 이용하여 측정된 결과로 이러한 관계를 확인시켜준다. 이 장비는 적절한 기준 이상의 신호에 대해 처음으로 도착한 파의 시간만을 얻을 수 있다. 탄성파 탐사기의 극성(polarity)을 바꾸어 여러 번의 실험을 한 결과 그림 6.13b와 같이 약 반 주기의 도달시간의 차이를 보였다. 그러므로 진동수, 속도, 파장은 간단한 망치 파원(hammer source)과 탐사기를 이용하여 결정될 수 있다. 따라서 현장 보정 과정을 거치면 정탄성계수와 동탄성계수를 연결시킬 수 있다.

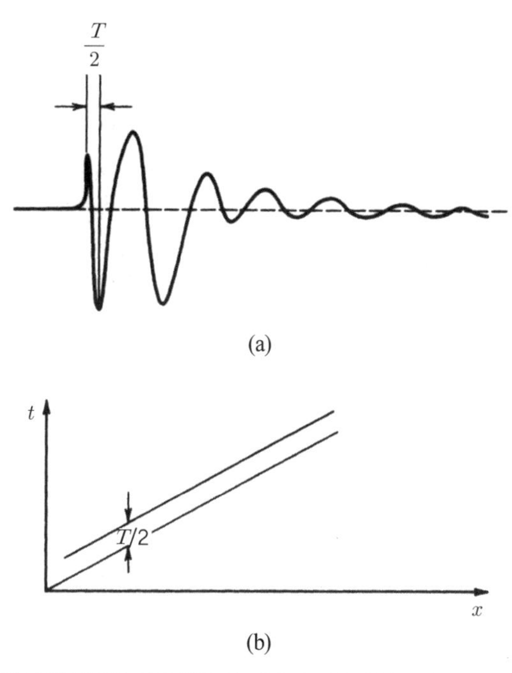

그림 6.13 Schneider(1967)에 의해 관찰된 균열 정도와 진동 주파수와의 관계
(a) 해머의 타격에 의해 암석을 관통하는 대표적 파형
(b) 장비의 극성(polarity)의 변화로 인해 시간-거리 그래프에서 분리된 지진계의 반환신호를 이용한 주파수 측정

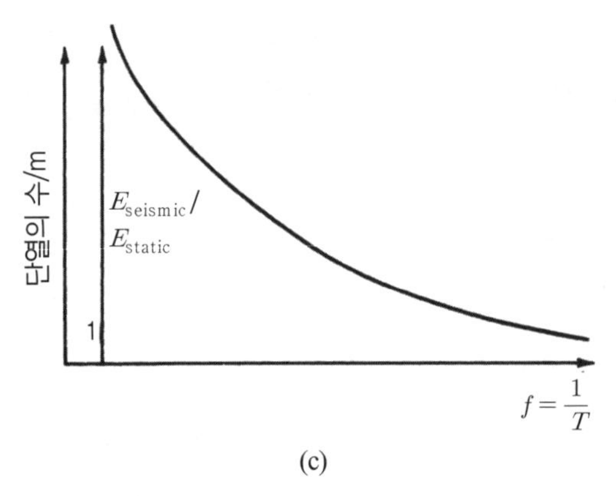

그림 6.13 Schneider(1967)에 의해 관찰된 균열 정도와 진동 주파수와의 관계(계속)
(c) 균열 정도와 주파수 사이의 역관계

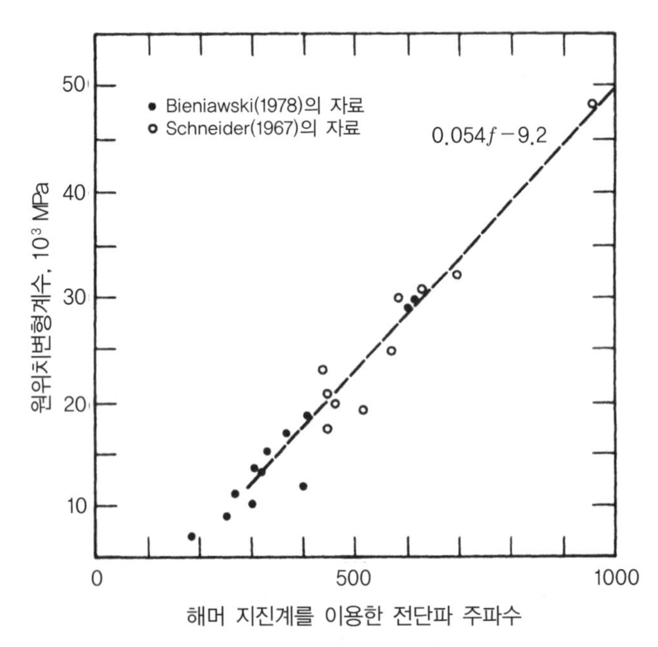

그림 6.14 암반 변형성과 진동 주파수와의 관계(Bieniawski, 1978)

다른 방법으로 현장시험은 현장 정탄성계수와 횡파의 주파수의 직접적인 관계를 구할 수도 있다. 예를 들면 그림 6.14는 원위치 정적 변형계수와 표준화된 해머 지진계를 사용하여 측정된 횡파와의 관계를 보여준다(Bieniawski, 1978). Schneider와 Bieniawski의 결과는 다음 식의 동일한 직선에 잘 맞는다.

$$E = 0.054f - 9.2$$

이때, E의 단위는 GPa이고[1] f는 망치 파원에서 30 m 떨어진 암석 표면에서 수신된 주파수로 단위는 Hz이다.

6.6 암석의 변형에 미치는 시간의 영향

지금까지 암석의 변형에 영향을 미치는 변수로써 시간은 생략되었다. 그러나 어떠한 영향도 순간적으로 발생하는 것은 없기 때문에 응력과 변형률의 관계식에 시간이 포함되어야만 한다. 암석의 변형은 시간의 영향을 고려하지 않고도 대부분 만족스럽게 계산될 수 있으나, 그렇지 않은 경우도 있다.

암석에 작용하는 하중이나 압력이 시간에 따라 변하면 응력 혹은 변위도 시간에 따라 변하게 된다. 예를 들어 지하수의 흐름에 따른 변화, 굴착에 따른 하중의 형태나 굴착 지역의 변화, 풍화나 탈수에 의한 암석의 변형성 변화 혹은 암석이 응력이나 변형에 대하여 서서히 반응하는 경우 등이 있다. 마지막 경우를 제외한 모든 경우 탄성 분석의 과정에서 응력 증가분에 대한 중첩의 원리를 이용하여 분석될 수 있다. 그러나 시간 의존적인 경향의 마지막 이유인 점성거동은 더욱 자세히 논의될 필요가 있다.

점성거동과 크리프(creep)

고체는 형태를 무한정 유지하는 물체로 고려하는 반면, 액체는 용기에 따라 형태를 달리 한다고 생각한다. 그러나 명백하게 고체로 보이는 물체는 전단응력이 작용하면 서서히 연속적으로 변형할 수 있기 때문에 부분적으로는 점성을 지닌 액체이다. 그림 6.15b에서 대시포트(dashpot)로 묘사된 동점성(dynamic viscosity) η는 전단응력 τ와 전단변형률의 증가율 $\dot{\gamma}$ 사이에서 비례한다.

$$\tau = \eta\dot{\gamma} \tag{6.28}$$

1 gigapascal(1 GPa)은 1000 MPa.

변형률의 단위는 없으므로 η의 단위는 psi/min나 MPa/s와 같은 $FL^{-2}T^{-1}$가 된다. 대부분의 암석은 하중이 가해질 때 순간적인 변형뿐만 아니라 지연된 변형도 보이며, 이와 같은 성질을 점탄성(viscoelastic)이라 부른다.[2] 탄성의 경우와 마찬가지로 대부분의 이론은 선형 점탄성을 고려하지만, 실제의 변형 자료는 비선형을 나타낸다.

그림 6.15 선형 점탄성 모델의 요소
(a) 선형 스프링
(b) 선형 대시포트 충격 흡수기

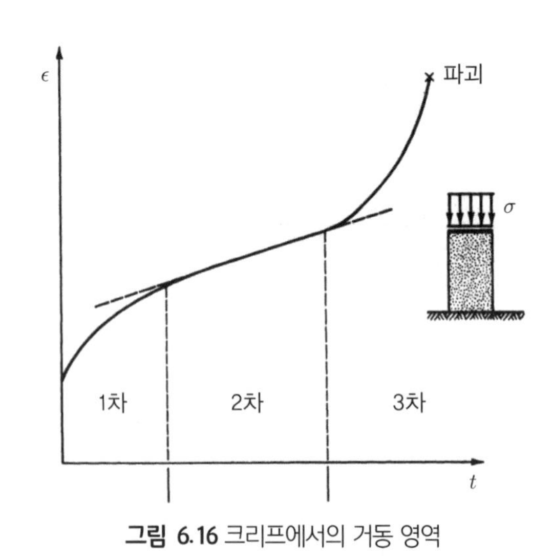

그림 6.16 크리프에서의 거동 영역

실험실 자료는 크리프 시험에서부터 얻어진 변형률-시간의 형태이다. 크리프 시험에서는 하중을 순간적으로 가한 후 일정하게 유지하면서 점차 증가하는 변형률을 기록한다. 이완시험(relaxation test)으로 불리는 다른 방법의 크리프 시험은 변형률을 일정하게 유지할 때 감소하는 응력을 측정한다. 그림 6.16은 일반적인 암석의 크리프 곡선을 보여준다. 1차 크리프는 순간 변형률 이후에 나타나는데 시간에 따라 변형률의 증가율이 점차 감소한다. 일부 암석에서는

2 통상적인 단위인 'poise(P)'는 여기에서는 사용되지 않을 것이다. 1 P=0.1 Pa/s=1.450×10^{-5} psi/s

일차 크리프 곡선이 2차 크리프라 불리는 크리프가 일정한 상태에 접근한다. 최대강도에 근접한 응력이 작용한 시료에서 2차 크리프는 3차 크리프로 전환되는데 변형률 증가율이 급격히 증가하게 되어 파괴에 이르게 된다.

암석의 크리프는 유동(mass flow)과 균열(cracking)의 두 가지 메커니즘으로 설명될 수 있다. 일부 암석(즉, 암염, 타르 사암과 압축 셰일 등과 같은 암석)은 균열이 전혀 없는 무결암에서 상당히 낮은 축차응력하에서도 크리프가 발생한다. 소금과 칼슘의 경우에는 결정 내 미끄러짐이나 이동에 의하여 크리프가 발생하는 반면, 미고결 점토에서는 물이나 점토판이 이동하여(즉, 압밀이 발생) 크리프가 발생한다. 역청탄과 같은 아스팔트질 암석은 특히 높은 온도에서 고유의 점성을 보인다. 화강암이나 석회암 같은 경암은 새로운 균열을 발생시킬 만큼 충분히 큰 축차응력하에서 크리프 현상을 보인다(즉, 일축압축시험에서 s가 q의 1/2을 넘어서는 경우). 가해진 응력의 증가는 기존의 균열을 연장시키거나 새로운 균열을 생성시켜서 균열의 분포에 변화를 유발한다. 이러한 과정은 하중이 증가될 때마다 암석에 변화를 일으키므로 비선형적이다. 비선형적인 점탄성 물체의 응력-변형의 관계를 계산하기 위해서는 특성이 결정되어 응력의 함수로 사용되어야만 한다. 이상적인 선형 점탄성의 암석은 존재하지 않는다. 선형 탄성이론이 시간에 비의존적인 응력-변형률 계산에 사용되는 것과 마찬가지로 선형 점탄성 이론은 시간에 의존적인 문제에 대한 접근법으로 여전히 사용된다.

선형 점탄성 모형

크리프 곡선을 경험적으로 지수함수나 멱함수로 적용하는 것은 가능하다. 크리프 자료를 스프링과 대시포트로 구성된 모형에 적용하면 결과는 상당히 유용하다. 따라서 이러한 과정이 사용될 것이다.

앞에서 설명한 바와 같이 등방 물체의 선형 탄성이론은 두 개의 상수에 기초를 두고 있다. 그 중의 하나(K)는 정수압하에서의 순수한 체적 변형과 관련되어 있다. 두 번째 상수(G)는 모든 비틀림에 대해서 설명한다. 현재 우리가 직면하고 있는 문제는 시간 의존적인 변형을 나타내기 위해서는 얼마나 더 많은 상수가 필요한지를 파악하는 것이다.

그림 6.17은 하나, 둘 혹은 세 개의 상수가 더 필요한 5개의 가능한 모형을 보여준다. 그림 6.17a의 Maxwell 물체 혹은 2개의 상수 액체 모형으로 불리는 배열이다. 전단응력이 갑자기 가

해진 후 일정하게 유지되면 일정한 비율로 계속적으로 유동한다. 그림 6.17b는 Kelvin 또는 Voight 물체 혹은 2개의 상수 고체 모형이다. 갑자기 가해진 일정한 전단응력에 의해 전단변형 비율은 지수적으로 감소하여 시간이 무한히 흐른 후에는 0으로 접근한다.

그림 6.17c와 6.17d는 3개의 상수 액체 모형과 3개의 상수 고체 모형이다. 전자는 일반화된 Maxwell 물체로 불리며 초기에는 지수적인 전단변형률의 비율을 보이다가 감소하여 일정한 전단변형률 비율로 접근하게 된다. 후자는 일반화된 Kelvin 물체로 불리며 초기 순간 변형률 이후 전단변형률 비율은 지수적으로 감소하다가 결국에는 0이 된다.

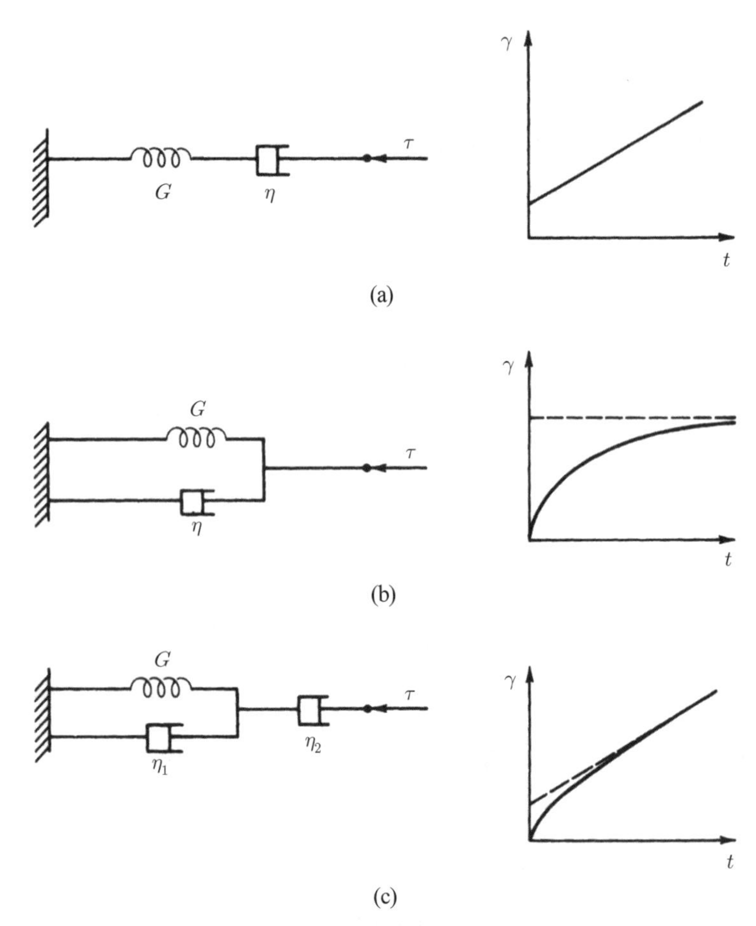

그림 6.17 단순한 선형 점탄성 모델과 크리프 시험에 대한 이들의 반응
(a) 2개의 상수 액체(Maxwell 물체)
(b) 2개의 상수 고체(Kelvin 물체)
(c) 3개의 상수 액체(일반화된 Maxwell 물체)

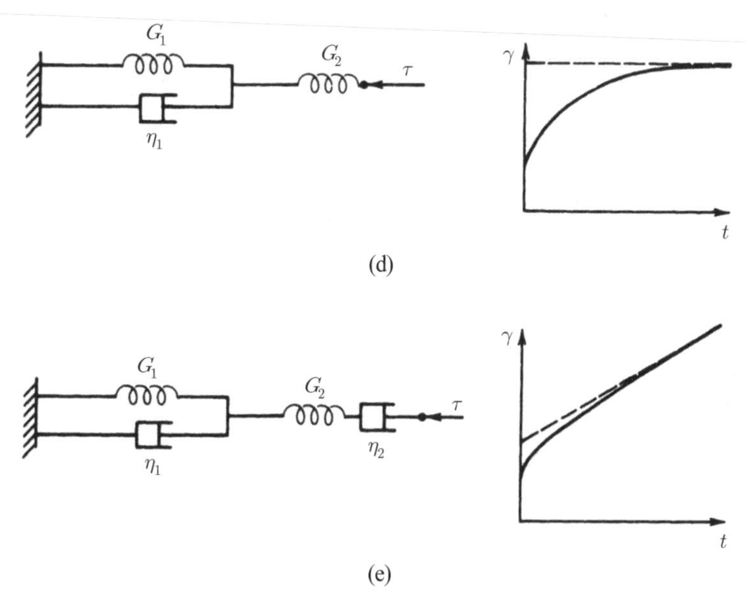

그림 6.17 단순한 선형 점탄성 모델과 크리프 시험에 대한 이들의 반응(계속)
(d) 3개의 상수 고체
(e) 4개의 상수 액체(Burger 물체)

마지막으로 그림 6.17e는 Burger 물체로 불리는 4개의 상수 액체 모형으로 Maxwell 물체와 Kelvin 물체가 연결되어 구성되어 있다. 갑자기 가해진 후 일정하게 유지되는 전단응력에 대한 반응은 앞에서 본 모든 요소의 합으로 나타난다. 즉, 초기에 순간 전단변형률이 발생한 후 지수적으로 감소하는 비율을 보이다가 일정한 전단변형률을 보이는 선에 근사적으로 접근한다. 그림 6.16과 같은 일반적인 크리프 곡선의 형태로 볼 때 이 모형은 3차 크리프의 시작 지점까지의 변형률을 추적하는 데 이용될 수 있는 가장 간단한 모형이다. 더욱 복잡한 모형은 스프링과 대시포트를 더 첨가하면 가능하지만 Burger 물체는 현실적인 목적에 충분하다. 크리프에 대한 여러 스프링-대시포트 모형과 실험적인 식들은 퇴적암에 대해서 Afrouz and Harvey(1974)가 실험한 자료가 있다. 그러나 스프링-대시포트 모형 중에서 Burger 모형이 최선의 모형이다.

실험실 시험에 의한 점탄성 상수의 결정

점탄성 상수를 결정하는 가장 단순한 과정은 원주형 시료에 대하여 장시간 일축압축응력을 가하는 것이다. 수 시간에서 수 주일 또는 그 이상이 걸리는 시험 기간 동안 일정한 응력, 일정한 온도와 습도를 유지하여야 한다. 하중은 지렛대를 이용하여 직접 시료에 가하거나 유압을 이용하여 사하중을 가한다. 서보조정 유압 혹은 압축된 스프링을 이용할 수도 있다. 시험은 시료의 단면적의 변화에 따른 하중의 보정과 장기간의 이동에 대한 고려 없는 변형률 측정 등에 세심한 주의를 기울어야 한다.

일정한 축응력 σ_1이 가해진 Burger 모형에서의 시간에 따른 축변형률 $\epsilon_1(t)$는

$$\epsilon_1(t) = \frac{2\sigma_1}{9K} + \frac{\sigma_1}{3G_2} + \frac{\sigma_1}{3G_1} - \frac{\sigma_1}{3G_1} e^{-(G_1 t/\eta_1)} + \frac{\sigma_1}{3\eta_2} t \tag{6.29}$$

이다. 이때 $K = E/[3(1-2\nu)]$는 체적계수로 시간의 함수가 아니며, η_1, η_2, G_1과 G_2는 다음에서 구해지는 암석의 특성이다.

그림 6.18은 식 (6.29)에 해당하는 시간 t에 대한 ϵ_1의 도표이다. t =0일 때 절편은 $\epsilon_0 = \sigma_1(2/9K + 1/3G_2)$인 반면에, t가 커지면 절편은 $\epsilon_B = \sigma_1(2/9K + 1/3G_2 + 1/3G_1)$이고 기울기는 $\sigma_1/3\eta_2$이다.

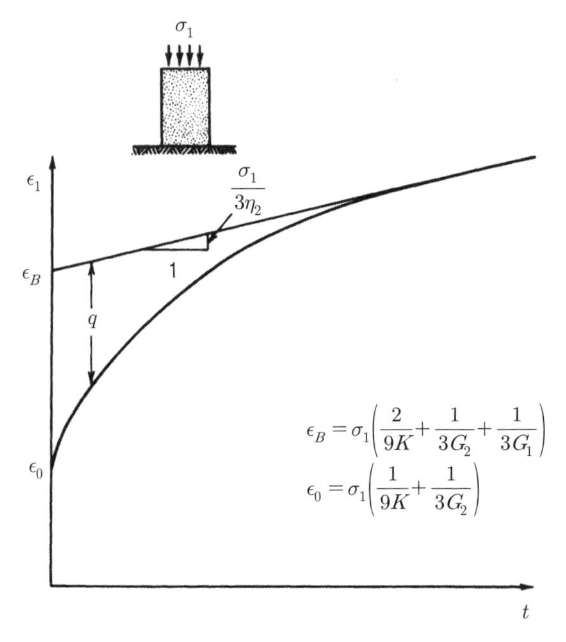

그림 6.18 축차응력하에서 Burger 물체로 거동하지만 정수압하에서 탄성 물체로 거동하는 암석의 일축압축하의 크리프 현상

하중은 순간적으로 가할 수 없으므로 실제적으로는 회귀분석에 의하여 절편 ϵ_0를 구하는 것이 좋다. q가 크리프 곡선과 2차 크리프 곡선의 점근선 사이의 양의 값을 갖는 거리라면(그림 6.15)

$$\log q = \log\left(\frac{\sigma_1}{3G_1}\right) - \frac{G_1}{2.3\eta_1}t \tag{6.30}$$

이 된다. 반대수 용지에 $\log_{10}q$를 t에 대하여 그리면 절편은 $\sigma_1/3\eta_1$이 되고 기울기는 $-G_1/2.3\eta_1$이 되어 G_1과 η_1을 결정할 수 있다.

만약 축방향의 변형률 ϵ_1과 동시에 횡방향의 변형률 ϵ_3이 측정된다면, 평균응력은 $\sigma_1/3$이고 체적 변형률은 $\Delta V/V = \epsilon_1 + 2\epsilon_3$로 결정된다. 그러므로 K와 G_2는 다음의 식에서 결정된다.

$$K = \frac{\sigma_1}{3(\epsilon_1 + 2\epsilon_3)} \tag{6.31}$$

$$\frac{\sigma_1}{3G_2} = \epsilon_B - \sigma_1\left(\frac{1}{3G_1} + \frac{2}{9K}\right) \tag{6.32}$$

실례로 그림 6.19에서 표현된 Hardy et al.(1970)의 크리프 시험의 자료로부터 인디애나 석회암에 대한 Burger 상수를 구할 수 있다. 암석은 평균 입자의 크기가 14 mm이며 공극률이 17.2%인 균질한 석회암이다. 일축압축강도 q_u는 9000-11000 psi(건조)이다. 직경이 1.12인치이고 길이가 2.25인치인 원주상의 석회암에 지렛대를 이용한 사하중을 다양한 크기로 가하여 여러 개의 크리프 곡선을 얻었다. q_u의 40% 이하의 응력을 가한 경우에는 시간 의존성이 보이지 않으며 σ_1이 q_u의 60% 이하인 경우에는 2차 크리프가 중요하지 않았다. 표 6.3은 하나의 시료에 대한 자료이다. 그림 6.19의 주어진 각각의 크리프 곡선에 점근하는 직선을 그리면 기울기 $\Delta\sigma_1/3\eta_2$와 절편 ϵ_B를 구할 수 있다. 휴대용 계산기를 이용한 회귀분석을 통하여 상수 $\Delta\sigma_1/3G_1$와 G_1/η_1를 결정하였다(반대수 도표가 대신 사용될 수 있음). 결정된 값 K, G_1, G_2, η_1과 η_2는 표 6.4에 나타나 있다. G_1과 점성을 나타내는 항은 처음 두 번의 하중 증가에서 큰 값을 보인다. 그때 시간 의존성을 보이지 않고 축하중이 증가함에 따라 점차 감소된다. G_2와 K는 거의 응력에 영향을 받지 않는다. 이것은 균열이 생성되어 성장하기 때문에 나타나는 비선형 점탄성 형태이다. 변형 상수는 실제적인 물리적 의미를 갖고 있다. 즉, G_2는 탄성 전단계수이며, G_1은 지연된 탄성의 크기를 조정하며, η_1은 지연된 탄성의 비율을 결정하며 η_2는 점성유동의 비율을 나타낸다.

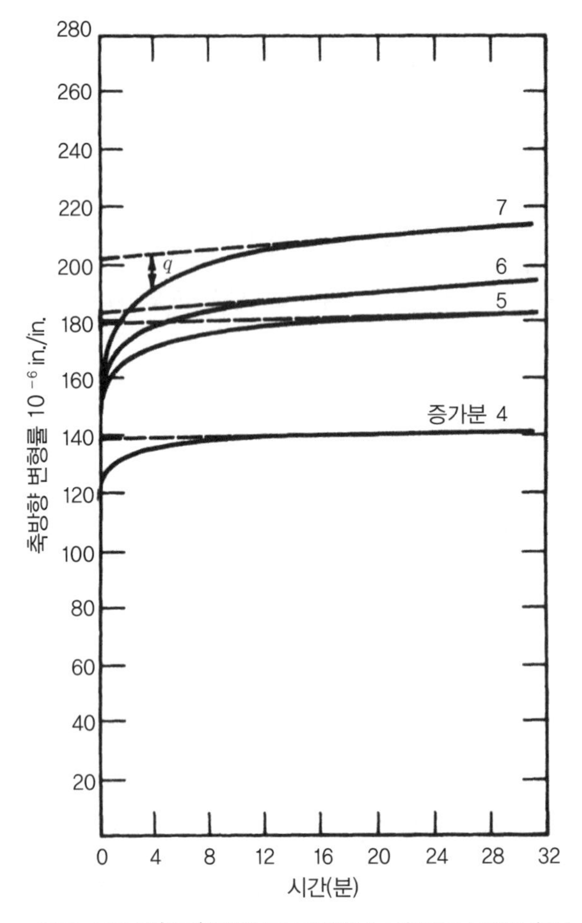

그림 6.19 일축압축하에서의 인디애나 석회암의 크리프 현상

표 6.3 Indiana 석회암의 크리프 증가분

증가분	초기 σ_1[b] (psi)	단계 $\Delta\sigma_1$ (psi)	점근선의 경사 $\Delta\sigma_1/3\eta_2$	점근선의 절편 ϵ_B[c]	초기 축변형률 ϵ_0[c]	초기 횡변형률 ϵ_3[c]	$q(t)=(\Delta\sigma_1/3 G_1)e^{-(G_1 t/\eta_1)}$	
							$\Delta\sigma_1/3G_1$	G_1/η_1
1+2	0	3693	0	685	685	−175		
3	3693	2030	0	436	407	−128	16.7×10^{-6}	
4	5723	699	0.105 $\mu\epsilon$/min	139	125	−33	9.7×10^{-6}	0.32
5	6392	782	0.16 $\mu\epsilon$/min	179	150	−39	16.2×10^{-6}	0.28
6	7174	781	0.41 $\mu\epsilon$/min	183	147	−41	19.1×10^{-6}	0.295
7	7955	782	0.42 $\mu\epsilon$/min	203	142	−42	33.5×10^{-6}	0.27

[a] Hardy et al.(1970)의 자료
[b] 40분간 지속된 q_u =9565의 시험
[c] 주어진 모든 변형률을 $\mu\epsilon(10^{-6}$ in./in.)으로 하중의 각 증가분으로부터 측정되었다.

표 6.4 표 6.3의 자료에 적합한 Burger 물체의 상수

증가분	재하 이후 q_u	K (10^6 psi)	G_1 (10^6 psi)	G_2 (10^6 psi)	η_1 (10^6 psi/min)	η_2 (10^6 psi/min)
1과 2	39	3.7		2.7	∞	∞
3	60	4.5	28.9	2.1	84	∞
4	67	3.8	23.0	2.5	71.8	2120
5	78	3.6	16.1	2.3	57.5	1630
6	83	4.0	13.6	2.2	46.1	640
7	91	4.5	7.8	2.0	28.9	620

현장시험에 의한 점탄성 상수의 결정

하중이 수일에서 수주일 동안 유지될 수 있는 어떠한 시험도 암반의 점탄성계수를 측정하는 데 이용될 수 있다. 지표면에서 실시되는 시험(즉, 케이블을 이용한 평판재하시험)의 경우에는 환경조건의 변화에 대한 수정이 필요하다. 그러나 시추공이나 지하 갱도의 경우에 온도나 습도는 거의 변화가 없다.

팽창계 시험(dilatometer test)은 크리프 시험에 편리하다. 원주형 암석에 대한 실내시험과 달리 팽창계가 시추공 내에서 압력을 받고 팽창할 때 평균응력의 변화가 없다. 그러므로 방사상 변위의 시간 기록에 영향을 미치는 K항은 포함되지 않는다. Burger 물질인 경우 시추공 벽의 방사상 변위는

$$u_r(t) = \frac{pa}{2G_2} + \frac{pa}{2G_1} - \frac{pa}{2G_1}e^{(G_1 t/\eta_1)} + \frac{pa}{2\eta_2}t \tag{6.33}$$

가 된다. 이때 p는 팽창계 내의 압력이다.

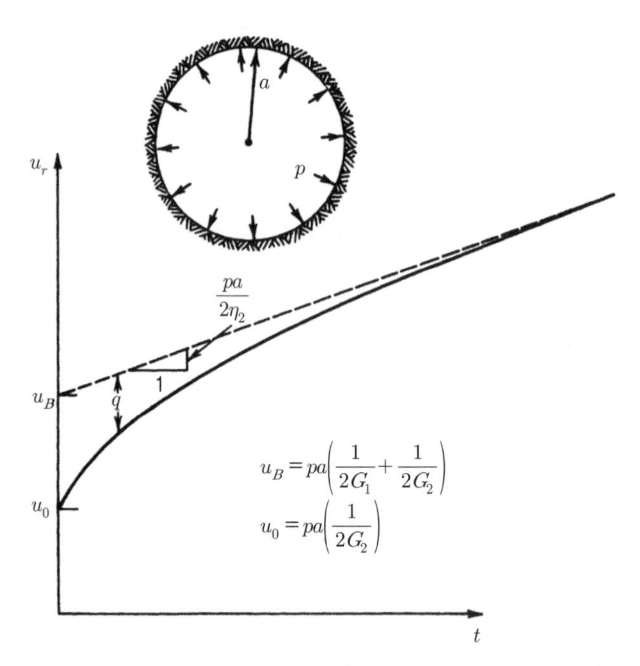

그림 6.20 축차응력하에서 암석이 Burger 물체로 거동할 때 팽창계 또는 갤러리 시험에 대한 크리프 반응

시간에 대한 변위는 그림 6.20과 같이 압축시험의 곡선과 유사한 형태를 보이며 절편과 기울기가 다른 것 외에는 앞에서 논의한 것과 동일하다. $t=0$에서 변위는

$$u_0 = \frac{pa}{2G_2} \tag{6.33a}$$

이고, 변위-시간 곡선의 점근선은 절편이

$$u_B = pa\left(\frac{1}{2G_2} + \frac{1}{2G_1}\right) \tag{6.33b}$$

이고 기울기는 $pa/2\eta_2$이다. q를 특정 시간에서의 점근선과 변위－시간 곡선의 양의 수직 거리이라 하면

$$\log q = \log \frac{pa}{2G_1} - \frac{G_1}{2.3\eta_1} t$$

가 된다. 그러므로 팽창계 시험에서 압력을 증가시킨 후 유지하는 일련의 시험을 통하여 상수 G_1, G_2, η_1, η_2를 구할 수 있다.

평판재하시험을 통해서도 점탄성계수를 구할 수 있다. 그러나 압력이 가해졌을 때 평균압력뿐만 아니라 축차응력도 변하기 때문에 체적변화계수 K항이 포함된다. 반경이 a인 원형의 유연한 평판에 압력 p가 순간적으로 가해지면 평균변위 $\overline{\omega}$는 시간에 따라 다음과 같이 변화한다.

$$\begin{aligned}\overline{\omega} = & \frac{1.70pa}{4}\left(\frac{1}{G_2} + \frac{1}{K} + \frac{1}{\eta_2} + \frac{1}{G_1}(1 - e^{-(G_1 t/\eta_1)}\right) \\ & + \frac{3}{(G_1 + 3K)}(1 - e^{-(G_1 + 3K)t/\eta_1}) - \frac{G_2}{K(3K + 2G_2)} e^{-3KG_2 t/[\eta_2(3K + G_2)]}\end{aligned} \tag{6.34}$$

단순화를 위하여 암석은 압축되지 않는다고 가정하면($K = \infty$, $\nu = 1/2$), 식 (6.34)는

$$\overline{\omega} = \frac{1.70pa}{4}\left(\frac{1}{G_2} + \frac{t}{\eta_2} + \frac{1}{G_1}(1 - e^{-(G_1 t/\eta_1)})\right) \tag{6.34a}$$

와 같이 된다. 그러면 초기변위는 $\omega_0 = (1.70pa/4)\ (1/G_2)$가 되고 지연된 탄성이 발생한 후 평판의 침하는

$$\overline{\omega_B} = \frac{1.70pa}{4}\left(\frac{1}{G_2} + \frac{1}{G_1} + \frac{t}{\eta_2}\right) \tag{6.34b}$$

가 된다.

현장실험에 대한 분석 결과는 크리프 시험을 모사할 수 있으므로 G_1, G_2, η_1, η_2의 값을 얻을 수 있다(만일 ν가 0.5보다 작으면, η_2를 제외한 다른 값은 오류가 발생한다).

단단한 평판을 이용한 시험에서는 탄성의 경우와 유사하게 1.70을 $\pi/2$로 대체하려는 시도가 있다. 그러나 점탄성의 경우에는 수정할 수 없다.

Kunetsky and Eristov(1970)가 편암과 사암에 대하여 장기간에 걸친 평판재하시험으로부터 얻은 자료가 제시되었다.

3차 크리프

응력이 최대값에 접근함에 따라 2차 크리프가 끝나고 3차 크리프와 함께 격렬한 파괴가 일어나게 된다(그림 6.16). 그림 3.13을 돌이켜 볼 때, 3차 크리프가 발생하는 시간을 정의하는 가장 중요한 변수는 누적된 변형률이다. 왜냐하면 응력과 누적 변형률이 완전한 응력－변형률 곡선의 오른쪽 부분을 정의하는 지점에서 파괴가 일어나기 때문이다. 염기성 분출암인 노라이트에 대하여 John(1974)이 실험한 자료는 이러한 원리를 잘 보여준다. 크리프 시험은 여러 응력의 크기에서 일축압축으로 시행되었다. 그림 6.21a는 시간의 대수 값에 대한 축응력을 보여준다. 수평선은 크리프 시험의 경로를 보여주는데 음의 경사를 보이는 궤적을 따라 끝나게 된다. 변형률은 시간에 따라 변해서(비록 여러 크리프 시험에서 일치하지 않지만) 그림 6.21은 응력－변형률 공간에 나타낼 수도 있다.

응력 속도의 영향

그림 6.21a는 응력 속도(stress rate)가 낮아지면 노라이트의 강도가 낮아지는 현상을 보여준다. 2.1 MPa/s(약 100시간 동안)의 속도로 최대응력까지 가해진 시료는 1.8×10^4 MPa/s(약 20여 초 동안)의 속도로 응력이 가해진 시료에 비하여 2/3 정도의 강도를 보인다. 역시 John에 의하여 실험된 그림 6.21b는 다른 응력 속도에서 측정된 일축압축시험의 응력－변형률 곡선으로 응력 속도가 낮아지면 강성이 저하되는 것을 보여준다. 탄성계수(응력－변형률 곡선의 기울기)는 특정한 응력수준까지는 응력 속도에 의하여 영향을 받지 않지만, 이후에는 파괴(파괴점은 보이지 않음) 전에 휘어지고 명백한 항복을 보인다. 이러한 관찰은 점탄성 이론에 의하여 설명될 수 있다.

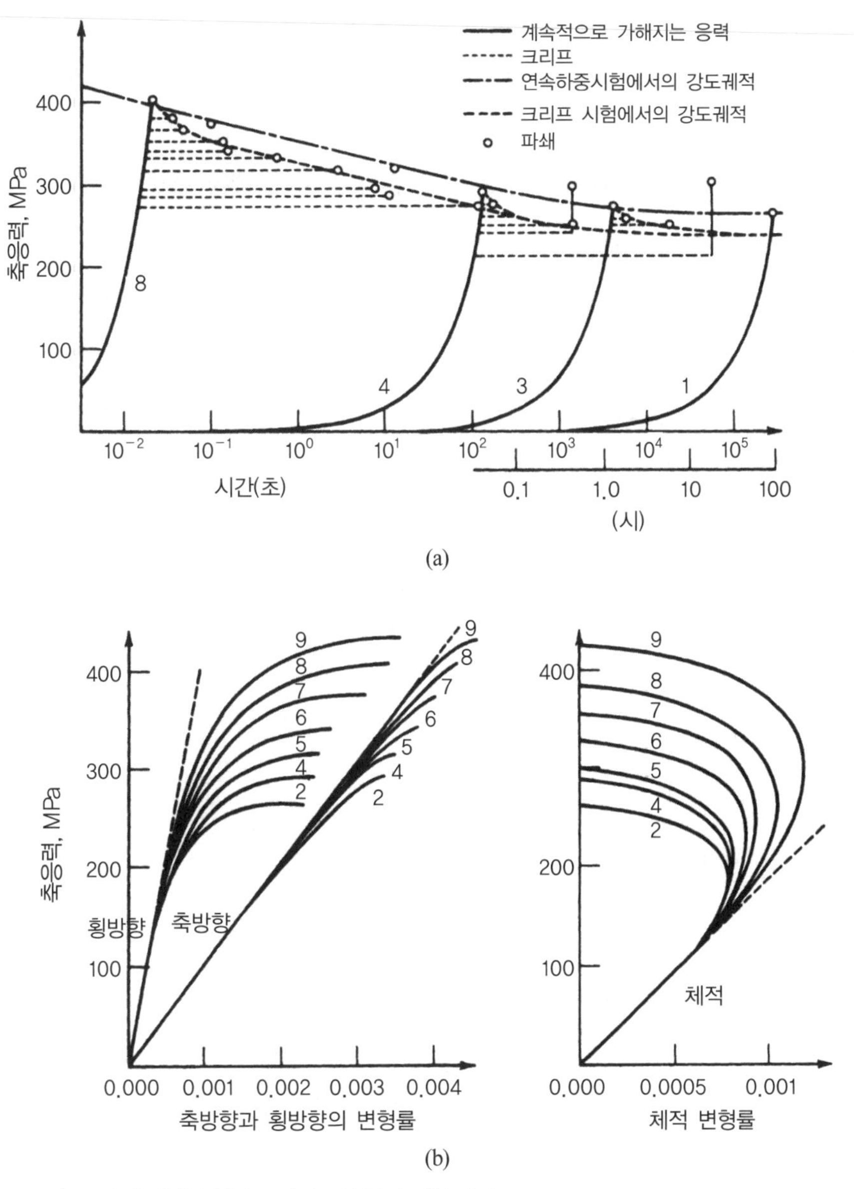

그림 6.21 John(1974)에 의해 수행된 노라이트의 동적 실험 결과

(a) 다양한 하중 경로(loading path)에 대한 응력 이력(stress history)

(b) 다양한 응력 속도에 대한 변형과 축응력. 응력 속도는 다음과 같다(MPa/s).

(1)$=8.4\times10^{-4}$, (2) $=4.1\times10^{-3}$, (3) $=6.4\times10^{-2}$, (4) $=2.1$, (5) $=2.5\times10^{1}$, (6) $=2.2\times10^{2}$, (7) $=3.9\times10^{3}$, (8) $=1.8\times10^{4}$, (9) $=2.8\times10^{5}$.

응력 속도 $\dot{\sigma}_1$로 일정하게 증가하는 응력 σ_1이 정수압하에서의 탄성물질과 비틀어지는 Burgers 물체처럼 거동하는 암석에 가해지면 축변형률은

$$\epsilon_1 = \sigma_1\left(\frac{1}{3G_2} + \frac{1}{3G_1} + \frac{2}{9K}\right) - \frac{\dot{\sigma}_1\eta_1}{3G_1^2}\left(1 - e^{-G_1\sigma_1/\eta_1\dot{\sigma}_1}\right) + \frac{\sigma_1^2}{6\eta_2\dot{\sigma}_1} \tag{6.35}$$

이 된다. 그러면 응력－변형률 관계 E는 $\dot{\sigma}_1$에 의존하게 된다. 예를 들면, Burger 물질 상수와 체적계수가 표 6.4에 제시된 Indiana 석회암을 고려해보자. 표 6.4에서 대략적으로 선정된 η_1, η_2, G_1, G_2의 상수와 함께 각각의 응력의 증가에 대해서 식 (6.35)를 적용하면 표 6.5에 나타난 E 값이 계산된다. 임의로 선정된 4개의 응력 속도에 대한 응력－변형률 곡선의 궤적 OA, OB, OC 그리고 OD가 그림 6.22에 나타나 있다. 완전한 응력－변형률 곡선이 선 AP로 정의되어 오른쪽에 하나의 궤적으로 존재한다면 응력－변형률 곡선은 선 AP와 만나는 점 A, B, C, D에서 최대값을 가질 것이다. 이러한 이상적인 예에서 하중속도가 변형성과 강도를 변화시킬 수 있다는 것을 보여준다.

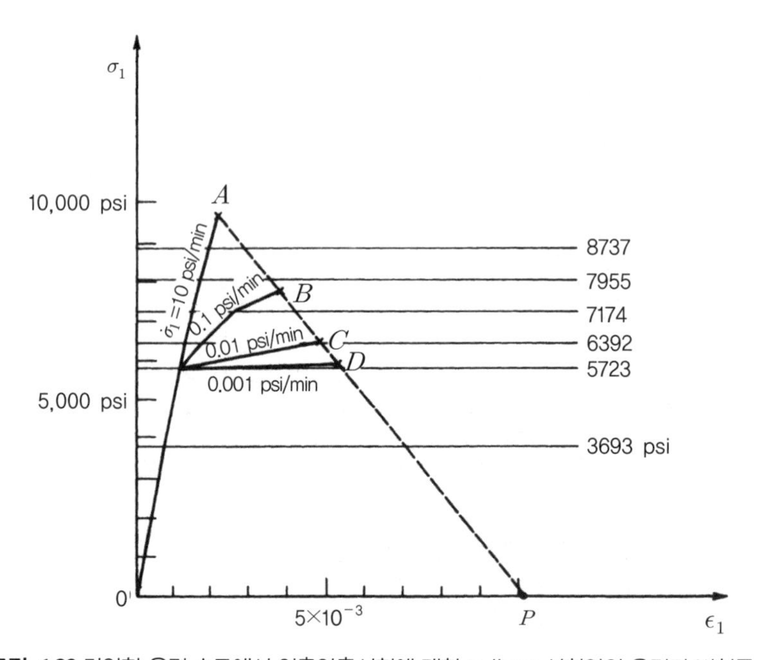

그림 6.22 다양한 응력 속도에서 일축압축시험에 대한 Indiana 석회암의 응력과 변형률

표 6.5 Hardy et al.(1970)에 의한 크리프 시험에 기초한 Indiana 석회암의 특성과 다양한 응력 속도에 대하여 계산된 영률

초기 축응력	응력 증가분	$\dot{\sigma}_1 = 0.001$ psi/min		$\dot{\sigma}_1 = 0.01$ psi/min		$\dot{\sigma}_1 = 0.1$ psi/min		$\dot{\sigma}_1 = 10$ psi/min	
σ_1 (psi)	$\Delta\sigma_1$ (psi)	$\Delta\epsilon_1$ (10^{-6})	E (10^6 psi)	$\Delta\epsilon_1$ (10^{-6})	E (10^6 psi)	$\Delta\epsilon_1$ (10^{-6})	E (10^6 psi)	$\Delta\epsilon_1$ (10^{-6})	E (10^6 psi)
0	3693	678	5.45	678	5.48	678	5.45	678	5.45
3693	2030	418	4.86	418	4.86	418	4.86	418	4.86
5723	669	35,320	0.0189	3,650	0.183	483	1.38	135	4.98
6392	782	62,700	0.0125	6,400	0.122	794	0.99	174	4.49
7174	781	159,000	0.0049	16,060	0.0486	1759	0.444	186	4.19
7955	782	165,000	0.0048	16,620	0.0470	1829	0.428	200	3.91

a 응력 속도 240 psi/min 9565 psi 하중 시 파쇄된 시료

참고문헌

Arfouz, A. and Harvey, J. M. (1974 Reology of rocks within the soft to medium strength range, *Int. J. rock Mech, Min. Sci.* 2: 281-290.

Benson, R. P., Murphy, D. K., and McCreath, D. R. (1969) Modulus testing of rock at the Churchill Falls Underground Powerhouse, Labrador, *ASTM Spec. Tech. Rept. 477,* 89-116.

Bieniawski, Z. T. (1978) Determining rock mass deformability－Experience from case histories, *Int. J. Rock Mech. Min. Sci.* 15: 237-248.

Deere, D. V. (1968) Geological considerations, in Stagg, K. G. and Zienkiewicz, O. C. (Eds.), *Rock Mechanics in Engineering Practice,* Wiley, New York.

Flügge, W. (1975) *Viscoelasticity,* 2d ed., Springer, Berlin.

Goodman, R. E. and Duncan, J. M. (1971) The role of structure and solid mechanics in the design of surface and underground excavation in rock, *Proceedings, conference on Structure, Solid Mechanics and Engineering Design,* Part 2, paper 105, p. 1379, Wiley, New York.

Goodman, R. E., Van, T. K., and Heuze, F. E. (1972) The measurement of rock deformability in boreholes, *Proceedings, 10th Symposium on Rock Mechanics* (AIME). pp. 523-555.

Hardy, H. R., Jr., Kim, R. Y., Stefanko, R., and Wang, Y. J. (1970) Creep and microseismic activity in geologic materials, *Proceedings, 11th Symposium on Rock Mechanics* (AIME), pp. 377-414.

Heuze, F. E. and Salem, A. (1979), Rock deformability measured in-situ－Problems and Solutions, *Proceedings, International Symposium on Field Measurements in Rock Mechanics* (Balkema, Rotterdam, Vol. 1, pp. 375-388.

Jaeger, J. C. and Cook, N. G. W. (1976) *Fundamentals of Rock Mechanics,* 2d ed., Chapman & Hall, London.

John, M. (1974) Time dependence of fracture processes of rock materials (in German), *Proc. 3rd Cong. ISRM* (Denver), Vol. 2A, pp. 330-335.

King, M. S., Pobran, V. S., and McConnel, B. V. (1975) Acoustic borehole logging systems, *Proceedings, 9th Canadian Rock Mechanics Symposium* (Montreal).

Kubetsky, V. L. and Eristov, V. S. (1970) In-situ investigations of creep in rock for the design pressure tunnel linings, *Proceedings, Conference on In-situ Investigations in Soils and Rocks* (British Geot. Soc.), pp. 83-91.

Kulhawy, F. H. (1975) Stress-deformation properties of rock and rock discontinuities, *Eng. Geol.* 9: 327-350.

Kulhawy, F. H. (1978) Geomechanical model for rock foundation settlement, *J. Geotech. Eng. Div.* (ASCE)

104 (GT2): 211-228.

Lane R. G. T. and Knill, J. L. (1974) Engineering properties of yielding rock, *Proc. 3rd Cong. ISRM* (Denver), Vol. 2A, pp. 336-341.

Raphael, J. M. and Goodman, R. E. (1979) Strength and deformability of highly fractured rock, *J. Geotech. Eng. Div.* (ASCE) 105 (GT11): 1285-1300.

Rutter, E. H. (1972) On the creep testing of rocks at constant stress and constant force, *Int. J. Rock Mech. Min. Sci.* 9: 191-195.

Schneider, B. (1967) Moyens nouveaux de reconaissance des massifs rocheux, *Supp. to Annales de L'Inst. Tech. de Batiment et des Travaux Publics,* Vol. 20, No. 235-236, pp. 1055-1093.

Serafim, J. L. and Pereira, J. P. (1983) Considerations of the geomechanics classification of Bieniawski, *Proceedings, International Symposium on Engineering Geology and Underground Construction* (L.N.E.C., Lisbon, Portucal) Vol. 1, Section II, pp. 33-42.

Timoshenko, S. and Goodier, J. N. (1951) *Theory of Elasticity,* 2d., McGraw-Hill, New York.

Van Heerden, W. L. (1976) In-situ rock mass property tests, *Proceedings of Symposium on Exploration for Rock Engineering,* Johannesburg, Vol. 1, pp. 147-158.

Wawersik, W. R. (1974) Time dependent behavior of rock in compression, *Proc. 3rd Cong. ISRM* (Denver), Vol. 2A, pp. 357-363.

Zienkiewicz, O. C. and Stagg, K. G. (1967) The cable method of in-situ rock testing, *Int. J. Rock Mech. Min. Sci.* 4: 273-300.

1 축차변형률 e_{ij}와 축차응력 τ_{ij}를 연결하는 응력과 변형률의 관계는 6개의 연결되지 않은 다음의 식으로 구성되어 있음을 보여라.

$$\tau_{ij} = 2Ge_{ij}$$
$$i, j = 1,3$$

('축차변형률'은 부록 2에서 논의되어 있음)

2 σ_1과 p를 동시에 변화시키며 실시된 삼축압축시험에서 E와 ν의 식을 축변형률과 횡변형률, 응력 σ_1과 p로 나타내어라.

3 평균응력은 일정하게 유지하면서 축차응력을 증가시키는 삼축압축시험의 과정에 대하여 기술하라.

4 다음의 자료는 직경이 5 cm이고 길이가 10 cm인 원주형의 점토질 암석에 실시한 일축압축시험에서 측정된 힘과 변위이다. 탄성변형과 관련된 E와 ν 그리고 영구변형에 해당하는 M과 ν_p를 구하라.

(N)	(mm)	(mm)	(N)	(mm)	(mm)
0	0	0	0.	0.080	0.016
600	0.030		2,500	0.140	
1000	0.050		5,000	0.220	
01500	0.070		6,000	0.260	
2000	0.090		7,000	0.300	
2500	0.110	0.018	7,500	0.330	0.056
0	0.040	0.009	0	0.120	0.025
2500	0.110		7,500	0.330	
3000	0.130		9,000	0.400	
4000	0.170		10,000	0.440	0.075
5000	0.220	0.037	0	0.160	0.035

5 삼축압축시험이 다음과 같이 실시되었다. (a) 모든 방향에서 동일한 압력이 피복된 시료에 가해졌다. 평균응력 $\overline{\sigma}$를 평균변형률 $\overline{\epsilon}$에 대하여 도시하여 기울기 $D_1 = \Delta\overline{\sigma}/\Delta\overline{\epsilon}$를 결정하였다. (b) 평균응력은 일정하게 유지하면서 축차응력을 증가시켜서, 축차응력 $\sigma_{1,\,\mathrm{dev}}$를 축차변형률 $\epsilon_{1,\,\mathrm{dev}}$에 대하여 도시하여 기울기 $D_2 = \Delta\sigma_{1,\,\mathrm{dev}}/\Delta\epsilon_{1,\,\mathrm{dev}}$를 결정하였다. E와 ν의 식을 D_1과 D_2를 이용하여 나타내어라.

6 (a) 재하중에 의하여 측정된 응력−변형률 곡선에서 계산된 탄성계수 E와 영구변형계수 M 및 처음 하중을 가하여 얻은 응력−변형률 곡선의 기울기로부터 계산된 E_{total}과의 관계를 유도하라.

(b) 완전한 응력−변형률 곡선에서 M이 축변형률에 따라 변화하는 양상을 보여라.

7 탄성파 탐사에서 종파와 횡파의 속도가 V_p = 4500 m/s, V_s = 2500 m/s로 측정되었다. 암석의 밀도를 0.027 MN/m라 할 때 E와 ν를 계산하라.

8 그림 6.9와 같은 평판재하압력과 변위 곡선이 의미하는 물리적 현상을 설명하라.

9 암반이 간격 S = 0.40 m인 절리계로 절단되었다.

(a) 만약 절리의 수직변형 및 전단변형이 암석 자체의 변형과 동일하다면 k_s와 k_n을 E와 ν로 나타내어라.

(b) E = 10 MPa, ν = 0.33으로 가정할 때 동등한 횡방향으로 등방인 매질에서의 응력−변형률 관계의 모든 항들을 계산하라(식 (6.9)와 관계됨).

10 식 (6.23)과 (6.24)를 서로 직각인 3방향의 절리계가 분포하는 암반에 해당하는 식으로 수정하여라.

11 간격 S인 한 방향의 절리계로 절단된 암석에서 n, s, t의 좌표계에 해당하는 수직변형률과 수직응력은 다음과 같은 관계를 가짐을 보여라.

$$\begin{pmatrix} \epsilon_n \\ \epsilon_s \\ \epsilon_t \end{pmatrix} = \frac{1}{E}\begin{bmatrix} p & -\nu & -\nu \\ -\nu & 1 & -\nu \\ -\nu & -\nu & 1 \end{bmatrix}\begin{pmatrix} \sigma_n \\ \sigma_s \\ \sigma_t \end{pmatrix}$$

단 $p = 1 + \dfrac{E}{k_n S}$이고, E와 ν는 영율과 포아송 비이며, k_n는 절리면의 수직강성이고, n은 절리면에 수직한 방향이다.

12 한 변의 길이가 50 cm이고 피복이 된 정육면체의 시료에 모든 방향에서 동일한 압력 p가 가해졌고 압력에 대한 체적 변형률의 곡선은 그림과 같다. 암석 내에 간격 5 cm인 서로 직각의 3절리계가 분포한다고 가정할 때, 하중을 감소시키는 궤적이 시작하는 압력(2.4, 4.8, 10.3 MPa)에서의 절리면의 수직강성 k_n를 구하라.

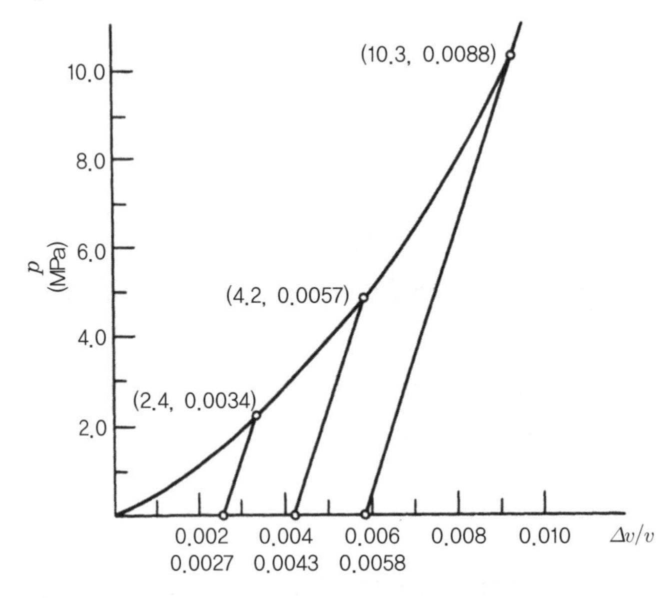

13 ν_p, ν_t, ν가 소성, 전체, 탄성인 경우의 포아송 비라 하자. ν_t의 식을 E, M, ν와 ν_p의 함수로 나타내어라.

07

지하공간 공학에서 암석역학의 응용

07 지하공간 공학에서 암석역학의 응용

7.1 서 론

지하공간 공학은 다양한 면을 가지고 있으며, 그중의 일부는 암석의 상태와 관련이 없다. 그러나 일반적으로 암석역학은 지하공간의 위치, 크기, 형태, 방향 등의 계획과 지보의 선택, 진입로의 배열, 발파, 기기 장치의 설계 등과 같은 공사에 대단히 중요한 사항들을 직접적으로 포함하고 있다. 암석역학은 초기응력의 측정, 지하공간 주변에서 발생하는 응력의 계측, 암석 특성의 측정, 설계 보조 자료로서의 응력, 변형, 온도 및 물의 흐름 등의 분석 그리고 특히 변위와 같은 계기 측정치의 해석 등과 같이 매우 연관성이 높은 정보를 제공한다.

지하공간은 건조한 상태의 단순한 공간에서부터, 다양한 점성과 압력을 가진 뜨겁거나 차가운 유체로 채워져 있으며 삼차원의 대규모이고 복잡한 공간까지 다양하게 사용된다. 고속도로와 철도용으로 건설된 터널은 계곡 아래에서는 짧은 구간일 수도 있고, 주요 산맥 아래에서는 매우 긴 구조물일 수도 있다. 고속도로용 터널에 대한 환기 요구조건 때문에 고속도로 터널을 매우 크게(15 m의 폭으로) 건설하는 경향이 있다. 도수터널(water supply tunnel)이나 하수터널들은 일반적으로 작으나, 종종 매우 길고 내부 압력이 걸린 상태에서 가동될 수도 있다. 수력에 의한 전기의 생산과정에서는 압력 도수로 터널(pressure headrace tunnel)에서 지상이나 지하의 수압관으로 물을 보내고 이후 지상이나 지하의 발전소로 보내므로, 경우에 따라서는 단지 암석만으로 높은 수압을 지탱하여야 한다. 주요 기계실 공간은 구간이 대개 25 m 수준인 공간인 반면에, 진입터널과 다른 공간들도 역시 매우 클 수도 있다. 이러한 공간은 암석이 기본적으로 자립할 수 있을 때만 가능하다(그림 7.1).

(a)

(b)

그림 7.1 Churchill 폭포 지하 동력실의 건설 중 사진: D.R. McCreath, Acres Consulting Service와 캐나다의 Niagara 폭포의 허가를 받음

(a) 길이 297 m, 폭 25 m 그리고 높이 47 m의 기계실로 편마암 내에 약 300 m 심도에서 굴착되었다.

(b) 흡출관(draft tube) 입구가 오른쪽에 있는 서지 챔버(surge chamber). 열쇠 공동 모양은 암반에 인장응력 구역의 범위를 감소시키기 위하여 유한요소분석에 의하여 결정되었다. 지하공간은 길이가 약 275 m, 최대 단면에서 폭 19.5 m, 바닥의 폭 12 m 그리고 높이 45 m이다. [Benson et al.(1971) 참조]

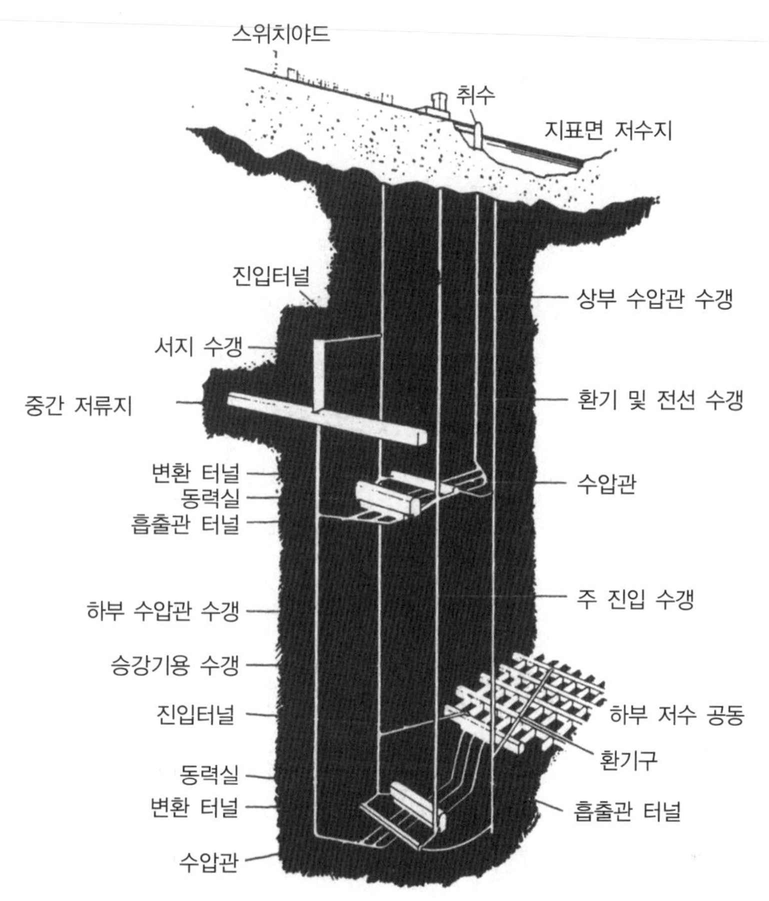

그림 7.2 두 개 층의 지하 양수 프로젝트의 개요(McCreath and Willett(1973)로부터 허락을 받고 다시 그렸음)

양수발전소 프로젝트에는 암반 터널, 지하 동력실과 다른 공간들이 요구되기도 한다(그림 7.2). 유류 저장과(그림 1.4) 다양한 종류의 최대 수요 에너지 변환 계획에 사용되는 뜨거운 공기나 뜨거운 물과 같은 에너지 저장 역시 지하공간이 요구된다. 만약 열에 의한 균열과 손실 문제가 극복될 수 있다면 천연액화가스(LNG)는 더욱 광범위하게 지하 공동(carvern)에 저장될 것이다. 방사성 폐기물은 높은 열전도도와 균열이 없는 연속성 때문에 선택된 암염 내에 굴착된 저장소에 저장될 것이다. 광산 분야에서는 광석이 채굴되는 동안에는 안정하여야 하는 공간 그리고 지상의 동굴로 송출되는 파쇄된 암석을 생산하기 위하여 의도적으로 붕괴되는 공간의 두 종류의 지하공간이 있다. 국방 분야에서는 충격으로부터 장비들을 보호할 수 있도록 깊은 공간이 요구된다. 최종적으로 산업에서는 제품 저장, 사무실 및 수영장과 같은 공공시설물을 위한 지하공간이 필요하다.

이렇게 다양한 범위의 지하공간 사용에는 다양한 암석 역학적 고려가 다루어져야 한다. 그러나 모든 지하 공사에 공통적인 어떤 특성이 있으나, 실제로 건설되기 전까지는 일반적으로 접근하기 어렵다. 가끔 기존의 시설이 확장될 때, 엔지니어는 작업을 시작하기 이전에 현장에 접근할 수 있으나, 일반적으로 엔지니어는 시추공, 수직갱 및 수평갱에서 획득한 정보로부터 숙고를 시작하여야 한다. 모든 지하공사는 암반이 **초기응력**을 받고 있는 상태에서 건설되고, 모든 공간은 건설되었을 때 초기응력의 변화를 일으킨다. 대부분의 지하공사는 **지하수위면** 아래에서 시행되고, 평균 지표 온도에 지온경사율과 심도의 곱을 더한 값과 같은 일정한 **온도** 환경에서 건설된다. 지온경사율은 0.5°/100 m에서부터 5°/100 m까지 다양하다.

지하에서 암석역학을 이용하여 공사를 할 때 인식되어야 하는 조건들이 있다. 지하의 환경은 물, 발파 및 트럭의 통행으로 인하여 장비에 대하여 매우 적대적이다. 공사 공간은 많은 경우 비좁고, 조명이 불량하며, 습하다. 결과적으로 장비의 실험과 개념은 가능한 한 단순하여야 하고 장비들은 튼튼하여야 한다. 너무 정교한 시험 기술이나 자료 처리, 너무 상세한 측정은 피하여야 한다. 그러나 작업 현장 인근의 지하에서 획득한 자료는 멀리 떨어지거나 시추공에서 획득한 자료보다는 유용하다. 가능하면 대규모 실험 및 측정은 지하 현장에서 시행할 기회를 얻을 때까지 연기되어야 한다. 이것은 현장 접근이 가능해질 때까지 확정된 계획의 결정도 연기되어야 함을 요구한다. 예를 들면, 콜롬비아에서 800 m 심도에 건설된 지하 동력실은, 건설 계약 초기에 별도로 건설된 진입터널이 완공될 때까지, 위치는 확정되었으나 방향은 확정되지 않았다. 응력 측정, 변형성 측정 및 다른 시험들이 진입터널로부터 제시간에 굴착된 수평갱에서 시행되어 최종 설계 과정에 종합될 수 있었다.

지하공학을 위한 암석역학은 암석의 특성에 대한 적절한 인식에서부터 시작한다. 뚜렷한 지보없이 20 m 이상의 공간을 가로지르는 다리의 역할을 할 수 있는 암석은 견고하다고 간주될 수 있다. 그러한 암석에서는 **탄성론**에서 도출된 공간 주변의 응력집중을 고려하여 설계할 수 있다.

암석이 휨이나 분리의 발생이 가능한 층으로 이루어져 있을 때, **탄성 보**(beam)와 **탄성 평판** 이론을 적용할 수 있다. 암염과 같이 시간 의존적인 특성을 보이는 암석에서는 **선형 탄소성 이론**이 유용한 개념을 제공한다. 연약한 암석에서는 공간 주위의 응력이 파괴기준에 의한 한계에 도달하여 느리게 수렴되고(압착), 그러한 암석에서는 **소성이론**에서 유도된 응력과 변위에 대한 해가 공사에 대한 유용한 기초를 제공한다. 절리가 발달한 암석에서는, 단지 개별적인 **한계평형분석**이나 **수치모델** 혹은 **물리적 모델**만이 적절할 수 있다. 견고한 암석, 층상 암석 및 소성인 암석에 대한 논의는 공학적 실무지침에 대한 단순한 모델을 제공하려고만 하는 것이다. 이러한 모델은 강력한 수치해석 기술을 사용하여 언제나 개선될 수 있으나, 엔지니어가 모든 의문에 대하여 그러한 기술에 의존할 수는 없다. 엔지니어는 계산, 크기의 수준 예측 그리고 변수 변화를 통한 민감성 분석을 점검하는 실질적인 도구를 가져야만 한다. 이것이 다음의 이론이 나타내는 진정한 의미이다.

7.2 견고한 암석 내의 공간

암석이 탄성한계 이하의 응력, 즉 압축강도의 반 이하의 응력을 받고 있고, 절리의 분포 간격은 넓으며 단단하게 압축을 받고 있거나 아문(healed) 상태이면, 공간을 무한한 부피 내에 일정한 단면적을 가진 긴 공동으로 간주해도 된다. 이것은 평판 안에 있는 공동과 같은 평면변형률[1] (plane strain) 상태이고, 이축(biaxial) 하중이 가해진 균질하고 등방이며 연속적이고 선형 탄성인 평판에 있는 원형의 공동에 대한 문제의 해(Kirsch 해)를 이용할 수 있다. 반경이 a인 공간 인근에서 극좌표가 r, θ인 지점은 아래의 식과 같은 응력 σ_r, σ_θ, $\tau_{r\theta}$를 받는다.

$$\sigma_r = \frac{p_1 + p_2}{2}\left(1 - \frac{a^2}{r^2}\right) + \frac{p_1 - p_2}{2}\left(1 - \frac{4a^2}{r^2} + \frac{3a^4}{r^4}\right)\cos 2\theta \tag{7.1a}$$

$$\sigma_\theta = \frac{p_1 + p_2}{2}\left(1 + \frac{a^2}{r^2}\right) + \frac{p_1 - p_2}{2}\left(1 + \frac{3a^4}{r^4}\right)\cos 2\theta \tag{7.1b}$$

$$\tau_{r\theta} = -\frac{p_1 - p_2}{2}\left(1 + \frac{2a^2}{r^2} - \frac{3a^4}{r^4}\right)\sin 2\theta \tag{7.1c}$$

여기서 σ_r는 r이 변하는 방향의 응력이고 σ_θ는 θ가 변하는 방향의 응력이다.

1 평면변형률의 개념은 부록 4의 식 7.1의 유도에서 논의되었다.

식 (7.1)에 $r = a$ 값을 대입하면 공간 벽에서의 응력의 변화가 계산되며, 방사상 응력과 전단 응력은 벽면이 자유면이므로 0이다. 접선응력 σ_θ는 $\theta = 90°$에서 최대인 $3p_1 - p_2$에서부터 $\theta° = 0$에서 최소인 $3p_2 - p_1$까지 변화한다(이 결과는 4장에서 사용되었다). 공간에서 멀어지면 그림 7.3b와 표 7.1처럼 응력의 집중은 급속히 감소한다.

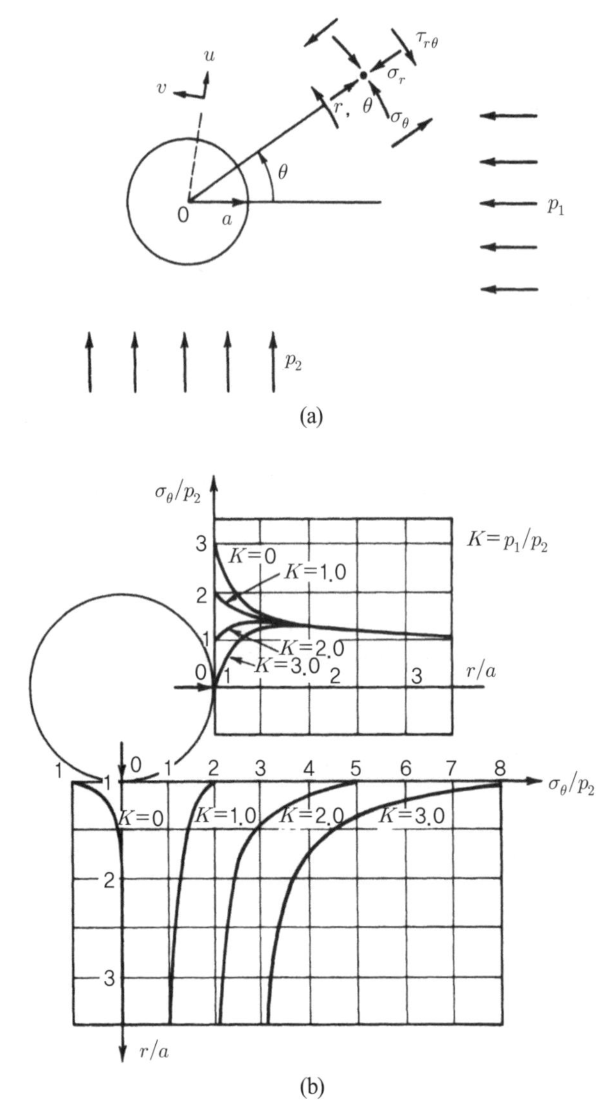

그림 7.3 등방성이고 선형 탄성이며 균질한 연속체 내에 있는 원형 공동 주위의 응력

표 7.1 Kirsch 해에 따른 천장($\theta=0$)과 벽($\theta=90°$)의 응력집중 σ_θ/σ_v

σ_h/σ_v:	0		0.3		0.6		1.0	1.5		2.0		3.0	
r/a \ θ:	0°	90°	0°	90°	0°	90°	모든 θ 값	0°	90°	0°	90°	0°	90°
1.0	−1.00	3.00	−0.10	2.70	0.80	2.40	2.00	3.50	1.50	5.00	1.00	8.00	0.00
1.0	−0.61	2.44	0.12	2.25	0.85	2.07	1.83	3.05	1.52	4.26	1.22	6.70	0.60
1.2	−0.38	2.07	0.25	1.96	0.87	1.84.1.	1.69	2.73	1.51	3.77	1.32	5.84	0.94
1.3	−0.23	1.82	0.32	1.75	0.86	68	1.59	2.50	1.48	3.41	1.36	5.23	1.13
1.4	−0.14	1.65	0.36	1.60	0.85	1.56	1.51	2.33	1.44	3.16	1.37	4.80	1.24
1.5	−0.07	1.52	0.38	1.50	0.84	1.47	1.44	2.20	1.41	2.96	1.37	4.48	1.30
1.75	−0.00	1.32	0.40	1.32	0.80	1.33	1.33	1.99	1.33	2.81	1.36	3.97	1.33
2.0	+0.03	1.22	0.40	1.23	0.76	1.24	1.25	1.86	1.27	2.47	1.28	3.69	1.31
2.5	+0.04	1.12	0.38	1.13	0.71	1.14	1.16	1.72	1.18	2.28	1.20	3.40	1.24
3.0	+0.04	1.07	0.36	1.09	0.68	1.10	1.11	1.65	1.13	2.19	1.15	3.26	1.19
4.0	+0.03	1.04	0.34	1.04	0.65	1.05	1.06	1.58	1.08	2.10	1.09	3.14	1.11

Kirsch 해는 터널지역에서 절리에 의한 잠재적 영향을 계산할 수 있게 한다. 주어진 위치와 방향을 가진 절리가 응력장을 변화시키지 않는다고 가정하면, 절리면의 전단응력과 수직응력을 제5장에 제시된 최대전단강도 기준과 일치하는 전단강도의 한계값과 비교할 수 있다. 이 과정을 거치면 절리의 영향 구역이 정의되고, 실제 또는 가정된 지질단면과 겹쳐서 천장이나 벽에서 잠재적인 문제가 발생할 구역을 구별할 수 있다.

그림 7.4는 하나의 예로 $K=2.33$ ($p_2/p_1=0.43$)이고 세 방향의 절리가 발달하였을 때 위의 접근법에 따라 절리가 미끄러질 수 있는 구역을 보여준다. 절리는 $\phi_j=31°$이고 쿨롱의 법칙을 따른다고 가정하였다. 등고선에 표시된 값은 등고선 안쪽의 폐쇄된 구역에 있는 주어진 방향의 절리가 미끄러지기 위하여 필요한 횡압력으로 1000 psi에 곱해야 하는 숫자이다. 등고선 값은 절리면 전단강도의 절편 S_j와 곱한 다음 100으로 나누어주어야 한다. 예를 들면, 주향이 터널과 평행하고 경사가 30°이며, 마찰각이 31°이고, 전단강도 절편이 50 psi인 절리는 만약 수평응력이 250 psi이고 수직응력이 108 psi이면 0.5로 표시된 등고선의 안쪽의 폐쇄된 구역에서 미끄러짐이 발생할 것이다.

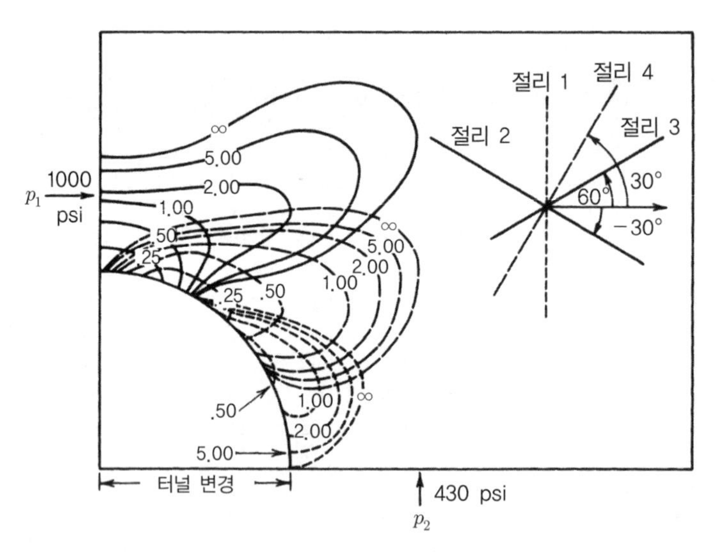

그림 7.4 응력의 상태가 Kirsch 해(식 (7.1))에 의하여 주어지는 원형터널 주위에서 여러 방향의 절리가 미끄러지는 정도. 등고선 값은 미끄러짐을 유발하기 위하여 곱해져야 하는 경계 압력의 배수를 나타낸다. 등고선 값에 절리의 점착력 $S_j/100$ psi를 곱하라.

지하공간에서의 효과적인 계측법은 벽에 있는 점들 사이의 상대적인 변위를 측정하는 것으로, 예를 들어 두 점 사이에 설치된 정밀한 줄자로 또는 시추공 내의 여러 깊이에 앵커된 로드(anchored rod)를 통하여(복합 위치 신장계) 측정한다. 그러한 자료를 해석하기 위해서는 탄성거동과 관련된 변위의 크기 수준을 아는 것이 도움이 된다. 평면변형률 조건을 가정하면 변위는 Kirsch 해로부터 결정될 수 있다.

$$u_r = \frac{p_1 + p_2}{4G}\frac{a^2}{r} + \frac{p_1 - p_2}{4G}\frac{a^2}{r}\left(4(1-\nu) - \frac{a^2}{r^2}\right)\cos 2\theta \tag{7.2a}$$

$$u_\theta = -\frac{p_1 - p_2}{4G}\frac{a^2}{r}\left(2(1-2\nu) + \frac{a^2}{r^2}\right)\sin 2\theta \tag{7.2b}$$

이때 그림 7.3처럼, u_r은 바깥쪽 방향의 방사상 변위이고, v_θ는 접선변위이며, G는 전단계수이고 ν는 포아송 비이다.

위의 식에서 중력의 영향은 충분히 반영되지 않았음을 이해해야 한다. 중력은 p_1 혹은 p_2로 표시된 수직의 응력을 발생시키고, 또한 암석이 어디서 거동하든지 천장 인근의 느슨해진 암석에 밀어내는 힘으로 작용한다. 이 영향은 경계부에서 하중을 어떻게 선택하더라도 모델화될 수 없다. 터널의 계산에 중력을 넣기 위한 하나의 접근법은 절리면이 미끄러지는 구역의 암석 무게를 고려하는 것으로, 그림 7.4와 같이 Kirsch 해에 의한 응력과 배정된 절리나 암석 특성에 따라 계산되었다. 이렇게 더해진 무게는 록볼트나 숏크리트와 같은 지보 시스템에 할당될 수 있다. 중력을 고려하지 않는 것은 Kirsch 해가 **크기효과**를 반영하지 않기 때문으로, 즉 식 (7.1)에 의하여 예측된 벽의 응력은 터널의 직경에 관계없이 동일하다. 경험으로부터 작은 터널이 큰 터널보다 더욱 안정하다는 것을 알고 있기 때문에 이것은 절대 진실일 수 없다. 터널 인근의 암석에 작용하는 중력에 의한 추가적인 하중을 포함시키는 것뿐만 아니라 암석의 강도에 크기 효과를 삽입함으로써 실제의 터널에 크기효과가 도입될 수 있다. 암석 시료 내에 불연속면의 숫자가 더욱 많이 포함되면 강도는 저하되어야 한다. 따라서 지하공간의 구간이 불연속면의 평균 간격보다 몇 배로 클 때, 공간이 인위적인 지보 없이 유지될 것으로 기대할 수 없다.

다른 형태의 지하공간은 수학적으로 해결되어 Muskhelishvili(1953)에 의한 해가 제시되었다. 타원형과 다른 이상적인 형태는 Jaeger and Cook(1976)과 Obert and Duvall(9167)에 의하여 논의되었다. 삼차원 문제에 대해서는 구와 타원체의 해가 제시되어 있다.

정수압인 초기응력 p가 작용하는 암반에 굴착된 반경 a인 구형의 공동으로부터 거리 r 떨어진 지점의 안쪽 방향 방사상 변위 u는

$$u = \frac{pa^3}{4r^2 G} \tag{7.2c}$$

이다. 암반이 탄성적으로 거동한다고 가정하고, $p_2 = p_1$일 때 식 (7.2c)와 (7.2a)를 비교하면 정수압하에 있는 구형 공동의 벽에 있는 한 점의 방사상 변위는 역시 정수압하에 있는 동일한 반경의 원형터널의 절반이다. 이 관계는 긴 챔버(chamber)와 짧은 챔버에 설치된 계측기의 상대적인 반응을 취급할 때 매우 유용하다.

표 7.2 수직응력만 있을 때($K=0$) 지하공간 주위의 응력집중

형태	높이/폭	응력집중(σ_θ/σ_v)	
		천장	옆면
타원형	1/2	−1.0	5.0
계란형	1/2	−0.9	3.4
사각형(둥근 모서리)	1/2	−0.9	2.5
원	1	−1.0	3.0
타원	2	−1.0	2.0
계란형	2	−0.9	1.6
사각형	2	−1.0	1.7

원형도 구형도 아닌 공간에서의 응력은 일반적으로 모서리와 작은 반경의 오목한 굴곡에 집중되고 볼록한 굴곡에서는 0으로 감소하는 경향이 있다. 응력을 받지 않는 암석은 절리가 벌어져서 풍화가 가속화되고, 얕거나 중간 깊이의 지하에서 높은 응력을 받고 있는 암석에 비하여 종종 더욱 부담스럽다. 응력의 집중은 보통 측벽에서 높고, 최대의 초기응력이 작용하는 선이 공간을 가로지르는 지점에서 제일 낮다. 만약 모서리나 오목한 부분이 없이 매끈한 형태가 사용되고 폭과 높이의 비가 K에 비례하면서 주된 축이 최대 주응력과 방향이 일치하면, 응력의 집중은 일반적으로 거의 문제가 되지 않는다(Duvall, 1976). 표 7.2는 단지 수직응력만 작용할 때($K=0$) 타원형, 계란형 및 사각형의 극단 점들(천장과 측면)에 대한 응력집중을 보여준다. 다른 K 값에 대한 응력집중은 중첩에 의하여 구할 수 있다.

여러 개의 지하공간에 대해서는 모델에서 연구되었고 결과는 Obert and Duvall(1967)에 의해 제시되었다. 만약 두 지하공간 사이의 암석의 두께가 두 지하공간이 떨어진 방향과 평행한 방향으로 지하공간 크기 합의 2배 이하이면, 탄성 조건하에서는 두 개의 지하공간이 서로 상호작용할 것이다. 지하공간이 서로 접근함에 따라 두 지하공간 사이의 광주(pillar)의 평균응력은 증가하여 최대 접선응력에 접근한다. $K=0$(즉, 단지 수직응력만 작용)일 때 벽에서의 최대 압축응력집중은 하나의 지하공간에 대한 값인 3으로부터 지하공간 폭의 1/5 거리만큼 떨어진 두 개의 지하공간에서는 4.2로 증가한다. 실제로 여러 개의 지하공간은 종속권(tributary area) 이론에서 주어진 광주의 평균응력 $\bar{\sigma}_v$를 근거로 설계된다.

$$\bar{\sigma}_v = \frac{A_t}{A_p}\sigma_v \tag{7.3}$$

여기서 A_t는 하나의 광주에 의하여 지지되는 면적이고 A_p는 광주의 면적이며, σ_v는 지하공간 천장 높이에서의 수직응력이다. 사각형 광주에 대해서는(그림 7.5a) A_t는 $(w_o + w_p)^2$가 되고, 여기서 w_o는 채광방(room)의 폭이고 w_p는 광주의 폭이다. 사각형 광주 내의 경사진 절리는 측면에서 교차할 것이며, 안정성을 저하시킨다. 이러한 이유 때문에 가장 문제가 될 수 있으며 심하게 경사진 절리의 주향에 수직인 긴 방을 사용하도록 선택하기도 한다. 불연속면의 주향이 광벽(rib)과 평행하고 경사가 $45 + \phi_j/2°$일 때 광주의 강도는 가장 심하게 저하된다. 이러한 방향이거나 이러한 방향에 가까운 불연속면이 광벽의 방향을 지배하여야 한다. 하나의 챔버에서 장축을 모든 주된 불연속면군의 주향과 경사지도록 선택하는 것이 일반적으로 바람직하다(7.8절 참조).

광주의 크기를 결정하거나 주어진 광주 배열의 안정성 정도를 평가하기 위해서는 식 (7.3)으로 계산된 평균 광주 응력 $\bar{\sigma}_v$는 **광주의 강도** σ_p와 비교되어야 한다. 형태와 크기의 영향으로 인하여 일축압축 원기둥의 파괴 강도로부터 상당히 수정되어야 하기 때문에 후자는 단순히 광주를 구성하는 암석의 일축압축강도 q_u가 아니다. Hustulid(1976)는 수많은 열극으로 인하여 크기의 영향이 큰 석탄에 적용할 수 있는 형태 보정과 크기 보정에 대하여 검토하였다. 예를 들면, 높이가 1 m인 석탄 광주의 강도는 직경이 5 cm이고 높이가 10 cm인 시험용 원기둥 강도의 1/4 수준이다(Bieniawski, 1968). 한편으로, 많은 지하 광주의 크기는 폭과 높이의 비가 일축압축 시료의 통상적인 값인 1/2보다 상당히 큰 사각기둥 형태에 가깝다. 이러한 사실로 인하여 반대의 보정값이 만들어져서, 상대적으로 짧은 광주의 강도는 동일한 부피의 상대적으로 긴 광주의 강도보다 크다.

Hustulid에 의하여 검토된 자료의 분석은 사각기둥 광주의 사각형 단면에 대한 압축강도를 다음과 같이 평가하였다.

$$\sigma_p = \left(0.875 + 0.250\frac{W}{H}\right)\left(\frac{h}{h_{crit}}\right)^{1/2} q_u \tag{7.4}$$

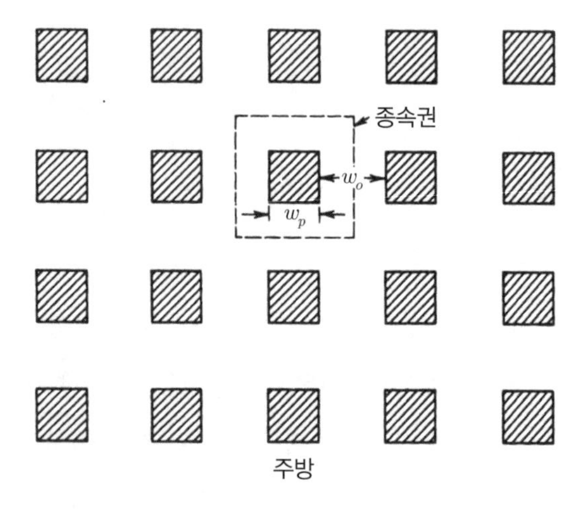

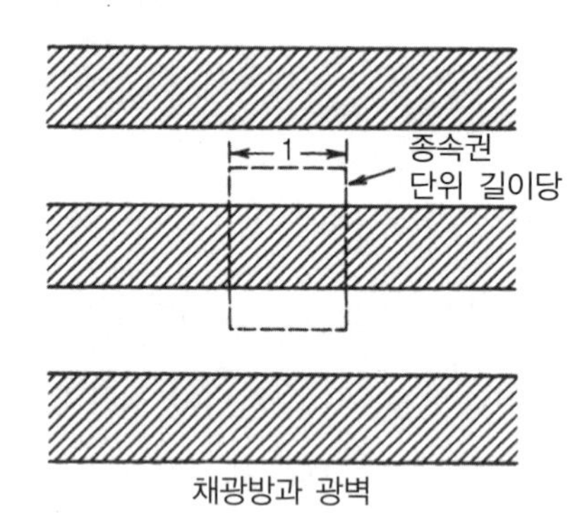

그림 7.5 지하 채광방의 규칙적인 배치에서 종속권의 개념

여기서 σ_p는 형태와 크기 영향에 대한 보정을 한 사각 광주의 강도로 높이는 h_{crit}보다 큰 것으로 가정하였다. W와 H는 광주의 폭과 높이이다. q_u는 광주 암석의 일축압축강도로 높이 h가 직경의 2배인 원기둥에 실시한 것이다. h_{crit}은 광주 암석의 정육면체 시료의 최소 높이이고, 시료의 크기가 증가하여도 강도의 저하가 발생하지 않을 것이다. Bieniawski(1968)에 의해 시행된 실험에서 h_{crit}은 1 m이었다(그림 3.2.1). 식 (7.4)는 $h \leq h_{crit}$에 대해서만 적용된다.

주방식 패널에서 사각 광주를 사용하면 채광방의 교차점에서 긴 천장구간이 나타난다. 만약 천장의 안정성이 문제라면 긴 광주는 보증될 것이다. 채광방 안정성은 채광방의 폭을 결정하고, 반면에 광주의 강도는 채광방의 상대적으로 떨어진 거리를 결정한다. 채광방 안정성은 수평의 층상 암석에서는 대단히 중요할 수 있다.

7.3 수평의 층상 암석

수평 층리의 암석이 천장 위에 분포할 때, 지하공간 인근의 얇은 층은 주된 암반으로부터 떨어져서 분리될 것이고 독립된 보를 형성할 것이다. 만약 수평응력이 분포하고 있고 구간 대 두께의 비가 상당히 작으면 이러한 보는 매우 안전하다. 공간 바로 상부의 얇은 지층은 록볼트 또는 이를 포함한 조합으로 즉시 지보되지 않으면 낙하할 것이다.

그림 7.6은 수평 층리의 암석이 분포하는 지하공간의 천장에서의 점진적인 붕괴 모델을 보여준다. 먼저 천장면 바로 위의 비교적 얇은 보가 상부의 암반으로부터 분리되어 아래로 휘어지고, 보의 윗면 끝부분과 아랫면 중간에서 균열이 생성된다. 끝부분의 균열이 먼저 생성되지만 지하에서는 보이지 않는다. 보 끝부분에서의 경사진 응력 궤적은 대각선 방향의 균열 발달을 지시한다. 첫 번째 보의 붕괴는 다음 보에 교대(abutement)로 작용하는 캔틸레버(cantilever)를 남겨서, 천장 상부의 각 층은 점진적으로 작은 구간을 가진다. 계속되는 보의 파괴와 낙반은 결국 안정한 사다리꼴의 공간을 만들고, 이 형태는 이러한 암석에 대한 토목 분야에서 적용될 수 있다. 수평응력이 작용하면 보는 $(\pi^2 Et^2)/(3L^2)$ 인 Euler의 휨 응력의 1/20까지의 크기로 강해진다. 여기서 E는 영률이고, t는 보의 두께이며 L은 구간이다(Duvall, 1976). 만약 천장이 양 끝이 고정된 보처럼 작용한다고 가정하면, 최대인장응력은 윗면의 끝에서 발생하고, 위의 $\sigma_h < \pi^2 Et^2/60L^2$를 적용하면 크기는

$$\sigma_{\max} = \frac{\gamma L^2}{2t} - \sigma_h \tag{7.5}$$

가 된다. 보의 아랫면 중심에서의 최대 인장응력은 식 (7.5)에서 주어진 값의 1/2이다. 보수적으로 계산할 경우에는 σ_h를 0으로 가정할 수도 있다.

천장에서의 눈에 띌만한 변위는 분리된 보가 생성되었음을 경고한다. 광부들은 천장과 바닥 사이에 막대기를 활 모양으로 밀어 넣어 양쪽 끝을 실로 팽팽하게 연결하면, 실의 인장력이 느슨해지는 것은 천장이 지속적으로 아래로 처짐(혹은 바닥이 부풀어 오름)을 지시한다는 것을 알고 있었다. 천장의 층 사이 틈을 측정하기 위해서는 시추공 잠망경이나 텔레비전 장비가 사용되어야 한다.

그림 7.6 수평의 층상 암석 내에서 천장의 거동 모델 (a)와 (b)는 두꺼운 보 아래의 얇은 보의 경우에 휘어짐과 균열 발생을 보여준다.

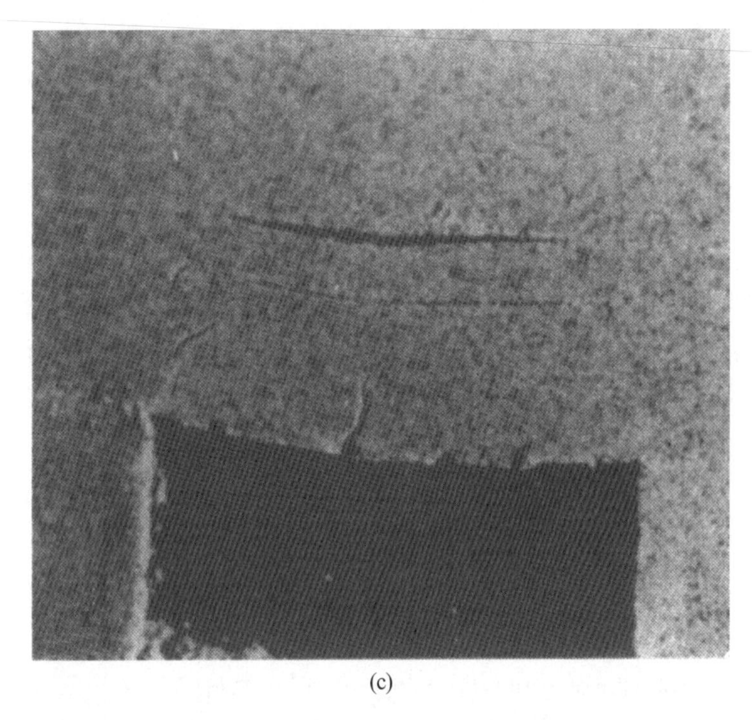

(c)

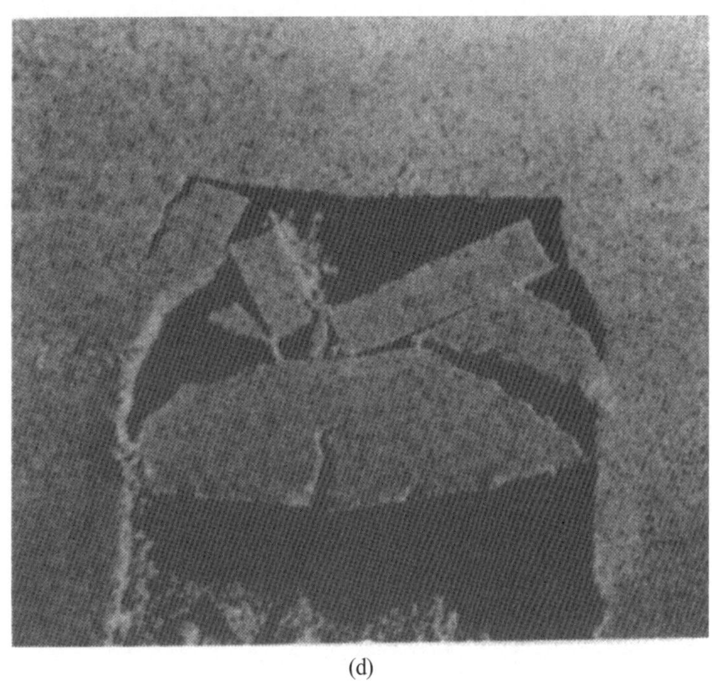

(d)

그림 7.6 수평의 층상 암석 내에서 천장의 거동 모델 (c)와 (d)는 반대의 경우인 얇은 보 아래의 두꺼운 보에서 휘어짐과 파괴를 보여준다. 이 모델들은 기본 마찰각 장비에서 제작되었다. [Goodman(1976) 참조.] (계속)

양 끝이 고정되고 탄성인 보의 최대변위는 아래와 같다.

$$u_{\max} = \frac{\gamma L^4}{32Et^2} \tag{7.6}$$

각 층들의 E와 γ가 일정한 암석으로 이루어진 보에서 만약 얇은 층이 두꺼운 층 위에 있으면 얇은 층의 하중은 두꺼운 층으로 전달된다. 아래층의 응력과 처짐은 다음에 주어진 증가된 단위중량 γ_a를 대입하면 계산할 수 있다.

$$\gamma_a = \frac{E_{thick}t_{thick}^2(\gamma_{thick}t_{thick} + \gamma_{thin}t_{thin})}{E_{thick}t_{thick}^3 + E_{thin}t_{thin}^3} \tag{7.7}$$

이 식은 n개의 보에 대하여 일반화할 수 있으며, 보의 두께는 위로 갈수록 점차 감소한다. 얇은 보가 두꺼운 보 아래에 있는 경우, 앞에서 설명한 바와 같이 층의 분리가 발생하는 경향이 있다. 만약 록볼트가 사용되면 층의 분리가 발생하기 위해서는 볼트의 길이가 늘어나야 하므로, 두꺼운 층 아래의 얇은 층의 경우에 자연적으로 발생하는 하중의 전달은 볼트의 작용을 통하여 달성될 수 있다. 이 경우에 볼트는 단위면적당 Δq의 힘을 제공할 수 있도록 설계되어야 한다. 각 보의 단위 표면적당 하중은 강성(stiffer)인 경우에는 $\gamma_1 t_1 + \Delta q$이고 강성이 약한(less stiff) 경우에는 $\gamma_2 t_2 - \Delta q$이다. 이러한 하중을 식 (7.6)의 γt 자리에 대입하고, 각 보의 처짐($\sigma_h = 0$에 대하여)과 일치시키면

$$\frac{(\gamma_1 t_1 + \Delta q)L^4}{32E_1 t_1^3} = \frac{(\gamma_2 t_2 - \Delta q)L^4}{32E_2 t_2^3}$$

이다. Δq에 대하여 풀면

$$\Delta q = \frac{\gamma_2 t_2 E_1 t_1^3 - \gamma_1 t_1 E_2 t_2^3}{E_1 t_1^3 + E_2 t_2^3} \tag{7.8}$$

이다. 두 층에서의 응력은 아래와 같다.

$$\sigma_{\max} = \frac{(\gamma t \pm \Delta q)L^2}{2t^2} \tag{7.9}$$

이 형태의 하중 전달을 Obert and Duvall(1967)과 Panek(1964)은 '매달기(suspension)' 효과로 명명하였다. 층 사이의 마찰력에 의하여 보에 더해지는 강도는 다음과 같다. x를 보의 한쪽 끝에서 시작하고 보와 평행한 좌표라 하면, 양 끝이 고정된 보에 작용하는 단위 폭당 전단력은

$$V = \gamma t\left(\frac{L}{2} - x\right)$$

이다. 임의의 좌표 x에서의 최대전단응력 τ는 $3V/(2t)$가 되므로

$$\tau = \frac{3\gamma}{2}\left(\frac{L}{2} - x\right)$$

이 되고, 최대전단응력은 $x = 0, L$인 양 끝단에서 발생한다.

$\gamma_1 = \gamma_2$이고 $E_1 = E_2$인 층으로 된 보를 고려해보자. 만약 층간의 마찰각이 $\phi_j(S_j = 0)$이고, 모든 층간의 미끄러짐이 방지되면 보를 균질한 것처럼 거동하게 만들 수 있다. 이러한 거동을 얻기 위해서는, 모든 x에서 다음의 식을 만족하는 단위면적당 평균 힘이 제공되는 간격으로 록볼트가 설치될 수 있다.

$$p_b \tan\phi_j \geq \frac{3\gamma}{2}\left(\frac{L}{2} - x\right) \tag{7.9a}$$

식 (7.9)에서 주어진 Δq와 함께 마찰력과 '매달기'를 동시에 고려하고 일정한 간격의 록볼트가 요구된다면, 볼트 시스템에 의하여 작용하는 단위면적당 평균 힘은 적어도 다음의 식이 되어야 한다.

$$p_b = \frac{3\gamma L}{4\tan\phi_j} + \Delta q \tag{7.9b}$$

7.4 경사진 층의 암석

위에서 살펴본 바와 같이 수평의 층리를 가진 암석은 지하공간의 천장에서 벌어지는 경향을 보이나, 벽면에서는 단단하게 압축된 상태로 유지된다. 층이 경사진 경우에는, 층 사이가 분리되는 구역과 잠재적인 휨이 발생하는 구역은 층의 중앙으로부터 벗어나고 벽면은 미끄러짐으로 인하여 약화된다. 층간의 미끄럼이 없이는 휨이나 미끄러짐이 불가능하기 때문에, 이러한 암석 파괴 메커니즘이 얼마나 심하게 진행될 것인가는 층간의 마찰에 달려 있다(그림 7.7a).

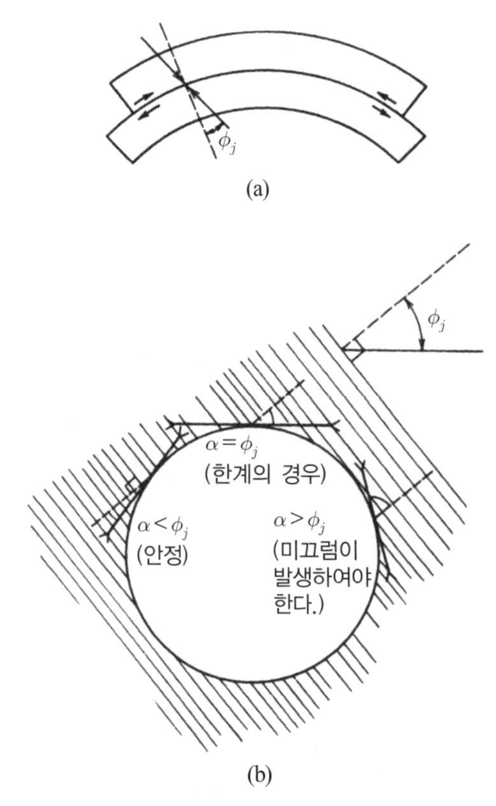

그림 7.7 지하공간 주위의 응력 흐름과 층간의 마찰 한계 사이의 양립성에 대한 요구사항이 미끄럼 구역과 안정 구역의 범위를 결정한다.

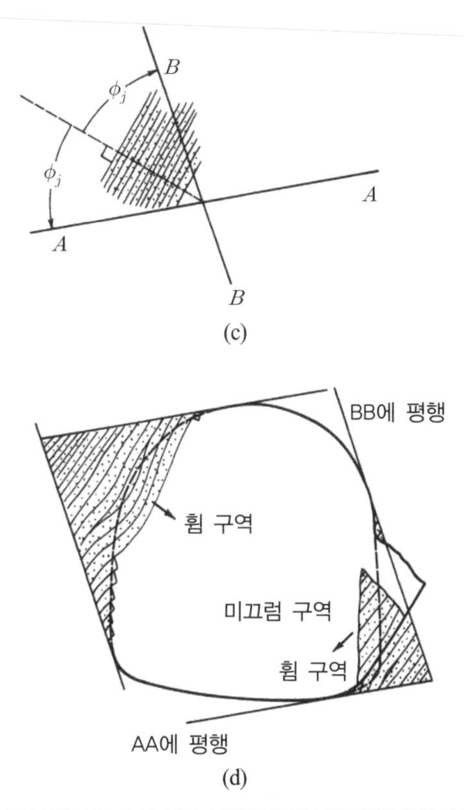

그림 7.7 지하공간 주위의 응력 흐름과 층간의 마찰 한계 사이의 양립성에 대한 요구사항이 미끄럼 구역과 안정 구역의 범위를 결정한다. (계속)

암석의 층이 서로 미끄러질 때, 층간의 힘은 각 층에 수직한 방향에 대하여 ϕ_j 각도로 기울어진다. 결과적으로, 층들이 정적 평형을 이루고 있다면, 층간의 힘은 층에 수직한 방향에서 ϕ_j 이상의 각도를 이루 수 없다(예외적으로, 층과 수직한 방향에 하나의 값인 90°, 즉 층과 평행하게 될 수도 있으나, 그런 경우에는 전단저항이 층을 따라 동원될 필요가 없다).

길이가 단면에 비하여 길고 단면에 작용하는 초기 주응력이 p_1과 p_2인 지하공간을 고려해보자. 지보가 없는 공간의 표면에서는 수직응력과 전단응력이 0이다. 그러므로 접선응력은 층을 가로지르는 단위면적에 대한 힘이다. 위의 관점으로 볼 때 지하공간의 원주에서 접선응력은 층에 직각인 방향으로부터 ϕ_j 각도 이내로 놓이거나 층과 완전히 평행하게 놓여야 한다. 터널 벽이 위에서 언급한 내용과 다른 각도로 층을 만나면 층은 점착력을 동원하거나 미끄러져야만 한다. 층이 이동하면 응력의 재배치가 발생하거나 터널의 형태가 변하게 된다(그림 7.7b). 층간

이동은 공간방향으로 층이 경사진 경우에는 미끄러짐을 촉진시키고 층의 방향이 다를 경우에는 휨을 촉진시킨다(그림 7.7d). 다시 말하면, 규칙적인 층으로 된 암석에서는 처음 가정했던 형태와 다른 형태의 터널인 것처럼 응력은 터널주위를 흐른다.

위에서 언급한 원리는 그림 7.7c와 d에서 보이듯이 단순하게 건설할 것을 제안한다. 모든 형태의 터널 주위에서 잠재적인 미끄러짐과 휨과 함께 층간의 이동이 발생하는 지역을 찾기 위해서는

1. 터널의 단면에서 층의 정확한 방향을 그린다.
2. 층에 직각인 방향과 ϕ_j 각도로 기울어진 선 AA와 BB를 그린다.
3. 터널의 원주에 AA와 BB에 평행한 접선을 그린다.
4. 이 접선들에 의하여 경계가 정해진 층간 이동의 두 개의 반대되는 구역을 찾는다. 이 구역 내에서는 터널 표면의 접선이 층에 직각인 방향과 ϕ_j 각도 이상의 경사를 이룬다.

중력이 작용하면, 층간의 미끄러짐 지역은 만족할 만한 지보가 될 때까지 점진적으로 느슨해지고, 결합이 와해된다. 지보를 아주 빨리 설치하거나 작은 미끄러짐 지역이 형성되는 것을 초기에 방지하는 충분한 압력 없이는 불가능할 수도 있다. 그러나 그림 7.7에 묘사된 바와 같이 중력의 작용과 풍화에 의한 암석의 이완으로 이러한 지역이 점진적으로 넓어지는 것은 '여굴'을 최소화하는 적절한 지보를 통하여 방지되어야 한다. 어떤 경우에는 터널이 한꺼번에 붕괴되기도 한다.

연성 지보는 수동적으로 작용하여 느슨해진 암반을 대표하는 작은 마찰각 값을 보이며 광범위한 미끄럼 지역의 무게를 지탱할 수 있어야 한다. 다른 극한에서는, 층간의 미끄러짐을 방지함으로써 공간의 최소 부분에 접선방향인 응력을 유지하기 위하여 프리스트레스(prestressed) 지보가 설계될 수도 있다. 그림 7.8의 A와 같은 지점에서, 이것을 시행할 때 요구되는 방사상 지보 압력 p_b는 6장의 문제 10에 주어진 것같이 Bray의 공식으로부터 계산될 수 있다.

$$p_b = (N_1 p_1 + N_2 p_2)\left\{\frac{\tan|\psi|}{\tan(|\psi| + \phi_j}\right\} \tag{7.10}$$

여기서 ψ는 층과 터널 표면 사이의 각이고, p_1과 p_2는 공간의 단면에 작용하는 큰 초기응력

과 작은 초기응력이며, N_1과 N_2는 점 A의 접선응력 집중으로, 어떠한 지보도 설치되기 전을 의미한다.

$$\sigma_{\theta,A} = N_1 p_1 + N_2 p_2$$

그리고 ϕ_j는 암석 층간의 마찰각이다.

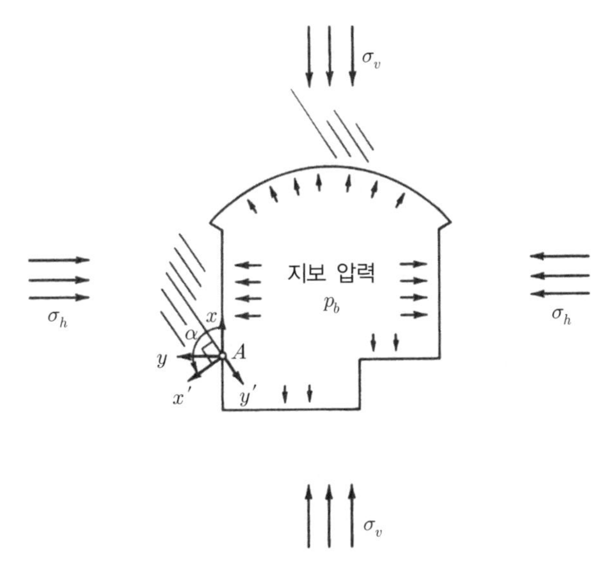

그림 7.8 절리 - 좌표계 시스템의 지보 압력 및 미끄러짐

주어진 ϕ_j에 대하여 모든 터널 표면 주변의 점에서, 식 (7.10)은 모든 미끄러짐을 방지하기 위하여 이론적으로 요구되는 지보 압력의 계산에 사용될 수 있다. 이 점들에 대한 N_1과 N_2는 물리적 모델이나 수치해석 모델, 일반적인 형태의 터널에 대해서는 폐쇄형 해(closed form solution)로부터 계산될 수 있다. 원형터널의 경우, N_1과 N_2는 $r = a$일 때 식 (7.1)의 두 번째 식에 의하여 결정되고, $N_1 = 1 - 2\cos 2\theta$이고 $N_2 = 1 + 2\cos 2\theta$이다(θ는 문제 7.12에서와 같이 p_1의 작용선으로부터 측정되었다). 결과를 여러 ϕ_j 값과 비교함으로써 식 (7.10)은 암석의 점진적인 느슨해짐 조사에도 사용될 수 있다.

불연속면의 미끄러짐에 이어서 발생하는 터널 주변의 암석 열화는 중력이나 초기응력(지반응력)에 의하여 발생하는 낙반이나 암석 쐐기의 안쪽으로의 거동의 결과로 발생하기도 한다. Cording and Deere(1972)와 Cording and Mahar(1974)는 경험을 터널의 쐐기파괴와 연관시키고 결과를 Terzaghi의 경험적 공식과 비교하였다(Terzaghi, 1946).

터널이 연약한 암석이나 상당히 깊은 심도에 굴착되었을 때, 새로운 파괴면을 따라 벽체 암석이 파괴될 수도 있으며, 점진적인 폐합을 일으킨다. 이 문제는 7.5절에서 고려된다.

7.5 터널 주위의 소성거동

지하공간 주위의 접선응력이 일축압축강도의 절반보다 크면 균열이 생성되기 시작한다. 일반적으로 터널 건설 시 일부 암석이 파괴되고 터널 표면을 따라서 이완영역이 생성되지만, 새로운 균열은 원주와 평행한 판을 형성하며 뚜렷하게 나타난다. 깊은 심도에서 이러한 암석의 파괴는 격렬한 '파열(burst)'을 유발할 수도 있다.

셰일과 같이 약한 암석은 얕은 심도에서 암석의 균열을 발생시키는 상태에 도달할 수 있다. 예를 들면 압축강도가 500 psi이고 K가 2인 셰일은 단지 50 ft의 심도의 원형터널의 둘레에서도 새로운 균열이 발생할 정도로 충분히 큰 응력을 받게 된다. 더욱이 이러한 암석에서는 물과 공기가 풍화를 가속시킴에 따라 새로운 균열이 암석을 더욱 느슨하게 만들 수 있다. 암석 강도의 점진적인 파괴는 파괴구역을 벽면 안쪽의 깊은 곳까지 확대시켜, 터널의 지보 시스템에 하중을 증가시키고 터널전체를 폐쇄시킬 수도 있다. 지보는 자주 '압착(squeeze)'으로 알려진 점진적인 압력 증가를 경험하게 된다. 압착의 정도는 일축압축강도에 대한 초기응력의 비 그리고 암석의 내구성과 관련이 있다.

그림 7.9에서 보이듯이 압착성 지반에는 두 가지 형태의 거동이 나타날 수 있다. 아치를 이루려는 경향이 있는 암석과 터널 성능의 점진적인 약화를 중지시키기 위해 필요하고 충분한 하중을 지보가 제공할 수 있는 암석에서는, 벽의 내측 방향 변위는 시간이 지남에 따라 감소하여 수렴하게 될 것이다. 만약 지보가 너무 늦게 설치되거나, 지보가 지탱할 수 없을 정도의 하중이 작용할 경우, 일정 시간 후에는 변위가 가속되고 적절한 공학적 대응이 없으면 터널은 붕괴될 것이다. 이러한 암석에서는 많은 지점에서 터널 주변의 변위를 계측하고 계측된 자료를 즉시 도시하는 것이 매우 중요하다.

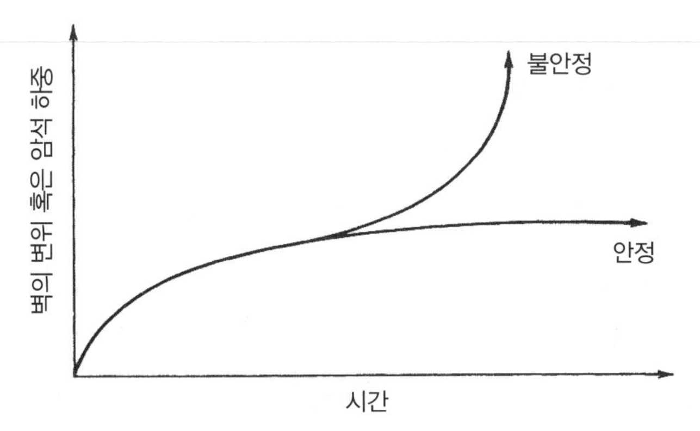

그림 7.9 안정과 불안정에 해당하는 터널 벽 사이의 수렴

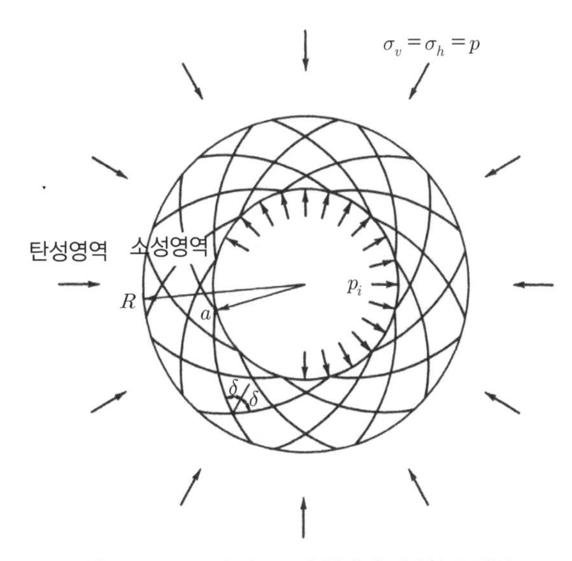

그림 7.10 Bray의 탄-소성 해에서 가정한 조건들

압착성 터널의 메커니즘을 더 잘 이해하고, 적절한 지보를 선택하기 위한 해석적인 시스템을 제공하기 위해서는 John Bray(1967)에 의하여 제안된 이론적인 모델을 고려할 수 있다.[2] 터널의

2 Coulomb의 식에 의한 소성거동을 가정한 응력의 이론은 다음의 여러 저자들에 의하여 원형 터널에 적용되었다. (1) H. Labasse(1948, 1949) Les pressions de terrains..., *Revue Universelle des Mines, Series 9*, Vols. V and VI; (2) H. Kastner(1949), Über den echten Gebirgsdruck beim Bau tiefliegender Tunnel *Österreich Bauzeitschrift*, Vol. 10, No. 11; (3) J. A. Talobre(1957), *La méchanique des Roches*(Dunod); (4) T. A. Lang(1962). Notes on rock mechanics and engineering for rock construction(unpublished); (5) N. Ikeda, T. Tanaka, and I. Higuchi(1966), The loosening of the rock around the tunnel and its effect on steel support, *Qtly. Report RTRI*, Vol. 7, No. 4; (6) John Bray(1967), A study of jointed and fractured rock-part II, *Felsmechanik und Ingenieurgeologie*, Vol. V, No. 4;(7) N. Newmark(1969), Design of rock silo

건설로 인하여 허용할 수 없는 응력의 상태가 유발되어 모어−쿨롱 이론에 따른 암석의 파괴가 일어난다고 가정하자. 파괴의 정도, 즉 소성영역을 분석하기 위해서 $K=1$인 축 대칭의 응력의 상태를 가정하자. 모어−쿨롱 이론의 엄격한 적용에 의하여 예측된 것과 같이(그림 7.10 참조), 반경 R로 확장된 소성영역 내에서, Bray는 균열이 방사상 방향과 δ의 각도로 경사진 로그 나선형으로 발달한다고 가정하였다(그림 7.10). 균열이 터널의 벽과 바닥에 평행하게 형성되는(원형 균열) 많은 암석의 분석에는 로그 나선형 가정이 적절하지 않다. 그러나 셰일이나 점토에서는 Bray의 로그 나선형 가정이 적절한 것으로 고려되고 있다. 최소 강도에 대해서는 적절한 δ의 값이 $45+\phi/2$이지만, δ의 크기는 해의 독립적인 변수로 남아 있을 것이다. Q의 크기를 다음과 같이 정의하는 것이 유용하다.

$$Q=\frac{\tan\delta}{\tan(\delta-\phi_j)}-1 \tag{7.11}$$

소성영역 내의 파괴된 암석이 $\tau_p=S_j+\sigma\tan\phi_j$의 전단강도를 가진 로그 나선형의 표면을 포함한다고 가정하면, 소성−탄성 영역 경계의 반경 R은 다음과 같다.

$$R=a\left(\frac{2p-q_u+[1+\tan^2(45+\phi/2)]S_j\cot\phi_j}{[1+\tan^2(45+\phi/2)](p_i+S_j\cot\phi_j)}\right)^{1/Q} \tag{7.12}$$

여기서 p는 초기응력이고($\sigma_v=\sigma_h=p$), q_u는 무결암의 일축압축강도이며, p_i는 지보에 의하여 제공되는 터널의 내부 압력이고, ϕ는 무결암의 내부 마찰각이다.

탄성영역 내에서, 방사상 응력과 접선응력의 Bray 해는 다음과 같다.

---

and rock cavity linings, *Tech. Report*, Contract 155, Air Force Systems Command, Norton Air Force Base; (8) A. J. Hendron and A. K. Aiyer(1972), Stresses and strains around a cylindrical tunnel in an elasto-plastic material with dilatancy, *Corps of Engineers Omaha, Techni cal Report No. 10*; (9) Ladanyi, B.(1974) Use of the long term strength concept in the determina lion of ground pressure on tunnel linings, *Proc. 3rd Cong. ISRM*(Denver), Vol. 2B, pp. 1150-1156. Solutions for plastic *displacements* were pioneered by Bray, Newmark, Hendron and Aiyer, and Ladanyi.

$$\sigma_r = p - \frac{b}{r^2}$$

$$\sigma_\theta = p + \frac{b}{r^2}$$

여기서

$$b = \left(\frac{[\tan^2(45+\phi/2)-1]p + q_u}{\tan^2(45+\phi/2)+1}\right)R^2 \tag{7.13}$$

이다. 소성영역 내의 방사상 응력과 접선응력은

$$\sigma_r = (p_i + S_j\cot\phi_j)\left(\frac{r}{a}\right)^Q - S_j\cot\phi_j$$

및 (7.14)

$$\sigma_\theta = (p_i + S_j\cot\phi_j)\frac{\tan\delta}{\tan(\delta-\phi_j)}\left(\frac{r}{a}\right)^Q - S_j\cot\phi_j$$

이다. 변위는 엔지니어에게 관찰의 윤곽을 제공하기 때문에 역시 중요하다. 안쪽으로의 방사상 변위, u는

$$u_r = \frac{1-\nu}{E}\left(p_i\frac{r^{Q+1}}{a^Q} - pr\right) + \frac{t}{r} \tag{7.15}$$

이다. 여기서

$$t = \frac{1-\nu}{E}R^2\left[(p+S_j\cot\phi_j) - (p_i + S_j\cot\phi_{j)}\left(\frac{R}{a}\right)^Q\right] + \frac{1+\nu}{E}b \tag{7.16}$$

(b는 식 (7.13)에 주어져 있음)

이다.

예를 들면, 다음의 특성을 가진 경우를 고려해보자. 균열은 $\phi_j=30°$, $S_j=0$, $\delta=45°$이고, 암석의 특성은 $q_u=1300$ psi, $\phi=39.9°$이며, 초기응력은 $p=4000$ psi, 지보의 압력은 $p_i=40$ psi이다. 그러면 $q=2.73$, $R=3.47$ 그리고 $b=33{,}732a^2$이 된다.

소성영역에서의 응력(psi)은 다음과 같이 정의된다.

$$\sigma_r = 40\left(\frac{r}{a}\right)^{2.73}$$

$$\sigma_\theta = 149\left(\frac{r}{a}\right)^{2.73}$$

반면에, 탄성영역에서의 응력(psi)은 다음과 같다.

$$\sigma_r = 4000 - 33{,}732\ \ a^2/r^2$$

$$\sigma_\theta = 4000 + 33{,}732\ \ a^2/r^2$$

그림 7.11은 이 사례의 경우와 암석이 모든 곳에서 탄성인 경우에(Kirsch 해) 대하여 터널 주위의 응력이 어떻게 변하는지를 보여준다. 소성의 경우에, 이러한 응력의 차이는 허용될 수 없고 접선응력은 암석의 강도인 149 psi와 일치하는 최대값으로 이완된다. 터널 벽 뒤의 조금 떨어진 거리에서, 접선응력은 탄성론에 의하여 예측된 값보다 더 적고, 이후에는 더 커지게 된다. 터널 벽 뒤에서 상대적으로 높은 응력을 받는 영역은 터널 벽을 따라서 탄성파 굴절법 측정을 통하여 감지될 수도 있다.

터널 주위의 소성변형을 보이는 영역은 주위의 암석에 상당히 멀리까지 터널에 의한 영향을 미친다. 완전한 탄성의 경우, 접선응력은 터널 반경의 3.5배 되는 지점에서 초기응력보다 단지 10% 높은 값을 보인다. 그림 7. 11에서 고려된 탄소성의 경우, 탄성영역의 응력은 이 거리에서의 초기응력보다 70% 크고, 반경의 10배가 되어야 터널에 의하여 교란된 응력은 초기응력보다 10%의 큰 값을 갖는다. 그러므로 탄성지반에서는 서로 상호작용을 하지 않는 두 개의 터널이 소성지반에서는 상호작용할 수 있다.

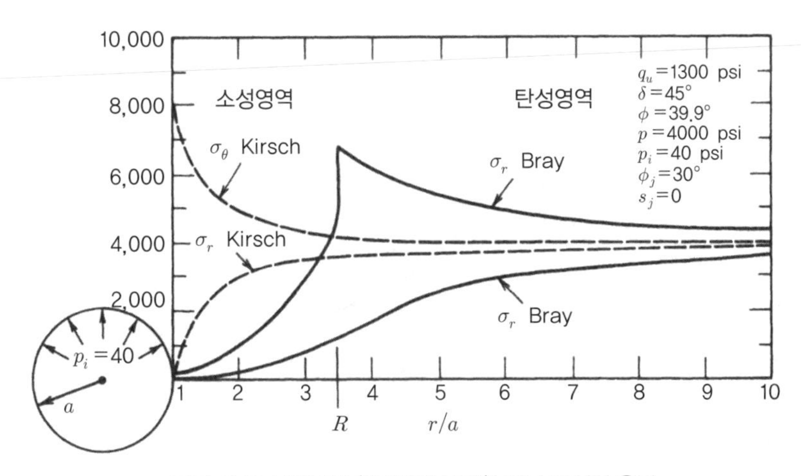

그림 7.11 사례에서 항복점에 도달한 터널 주위의 응력

만약 탄성특성 E, ν와 터널반경의 값이 주어지면 사례에서의 변위는 논의될 수 있다. $E=$ 107 psi, $\nu=0.2$ 그리고 $a=96$인치라 하면, $t=62.21$, $u=0.62$인치가 된다. 이 변위는 터널 벽에서 측정된 반면에 탄소성 경계에서의 탄성변위는 0.11인치이다. 완전한 탄성의 문제에서는, 터널 벽에서의 탄성변위가 0.046인치일 것이고, 이러한 변위의 값은 p_i의 값에 민감하다. 만약 내부압력이 40 psi 대신에 5 psi가 초기에 가해지면 R은 $7.44a$가 되고 u_r은 1.55인치가 될 것이다. p_i가 1 psi가 되면 R은 $13.42a$가 되고 u_r은 4.26인치가 될 것이다. 이러한 큰 R 값은 상당한 양의 암석이 터널 주위에서 느슨한 상태로 존재함을 의미한다. 이러한 사실은 암석이 중력의 영향하에서 계속 거동할 수 있다고 가정하고, 암석을 그 자리에 고정시키려면 예비적인 지보의 능력을 추가적으로 증강시키는 것이 현명할 것이다. 단순하게 말해서, 느슨해진 영역 $c\gamma(R-a)$ 내 암석의 무게에 해당하는 지보 압력을 더해주어야 한다. 여기서 c는 ≤ 1인 상수이다. 그러면 지보에 의하여 공급되어야 하는 총 압력은

$$p_{i,\,\mathrm{total}} = p_i + \gamma(R-a)c \tag{7.17}$$

이 된다. 중력에 의한 하중은 포아송 효과에 의하여 지붕과 벽에서 감지된다. R/a가 p_i에 역의 관계로 증가하므로 암석의 느슨해짐에 의하여 발생하는 하중 증가는 p_i에 역으로 증가할 것이다(그림 7.12a). 결과적으로, 총 지보 압력은 초기에 설치된 지보 압력에 대하여 도시하였을 때 최소를 보일 것이다(그림 7.12b). 변위 역시 R/a가 증가함에 따라 증가하므로 변위에 대한 p_i

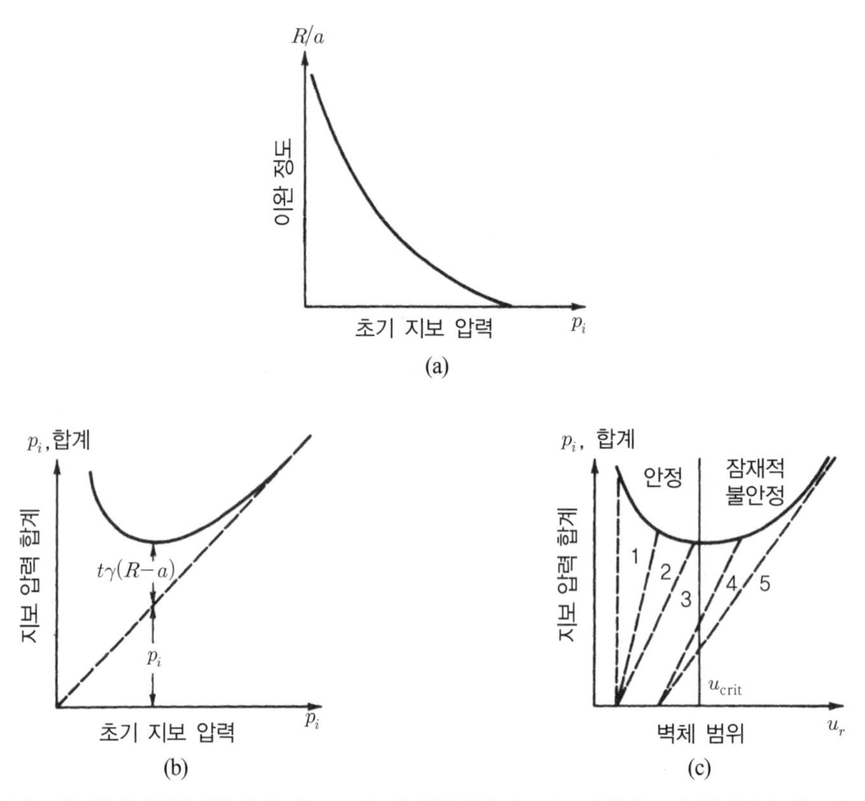

그림 7.12 지보의 선택과 과정에 대한 개념: 지보 1, 2와 3은 안정하다. 지보 4는 잠재적으로 불안정하다. 지보 5는 불안정하다.

곡선은 $u_r = u_{\text{crit}}$의 값에서 최소값을 보이게 된다(그림 7.12c). 만약 지보가 초기 압력으로 설치되어 암석과 지보 사이의 평형이 $u_r < u_{\text{crit}}$ 값에서 도달하면 터널은 안전할 것이다. 터널 벽의 추가적인 변위는 필요한 지보 압력을 감소시킨다. 만약 지보의 설치가 지연되거나 지보가 너무 연성이면, 암석의 압력과 지보의 압력 간의 초기 평형은 u_{crit}보다 큰 방사상 변위의 값에서 도달하게 될 수도 있다. 이 상황에서는 약간의 변위라도 더 발생하면 지보 압력을 증가시켜야 하기 때문에 만족스럽지 못하게 된다. 그림 7.12a에서 보이듯이, 만약 u_r에 대한 $p_{i,\,\text{total}}$의 곡선이 지보의 강성보다 더 큰 기울기로 증가하면 터널은 붕괴된다.

Bray의 해는 그림 7.12c와 같은 설계 곡선의 평가에 이용될 수 있다. 고려된 사례의 경우에서 $c=1$로 가정한 경우,[3] 최초에 설계된 지보 압력이 각각 40, 5, 1 psi이면 최종적인 지보 압력은

3 이것은 과도하게 보수적인 가정이다.

표 7.3에서와 같이 64.6, 58.7, 104.5 psi가 된다. 만약 최초 지보 압력이 40 psi보다 크고, 유보된 하중 수용 능력과 함께 신속하게 설치되었다면, 지보는 설치된 후 추가적인 하중을 얻게 되고, 만약 지보가 충분히 강성이면 터널은 평형에 이르게 된다. 만약 지보 압력이 너무 천천히 설치되었거나 너무 연성이면, 지반은 그림 7.12c의 잠재적으로 불안정한 구역으로 느슨해지고 터널은 언제든지 붕괴될 수 있다. 위의 모든 과정은 소성영역 내의 특성 ϕ_j와 S_j가 느슨해지는 것에 의하여 영향을 받지 않는다고 가정한 것이다. 만약 암석 내에 점토 성분이 있으면, 슬레이킹이나 팽창에 의한 풍화의 가능성이 있고, ϕ_j는 낮은 값이 된다(이것은 분석의 입력 자료가 될 수 있다). 터널에 사용가능한 지보는 표 7.4에서와 같이 지보의 능력과 강성의 범위를 제공한다(1장의 참고문헌 Hoek and Brown, 1980을 참조하라).

표 7.3[a]

p_i(psi)	u_r(in.)	R/a	$R-a$(ft)	$c\gamma(R-a)/144$(psi)	$p_{i,\,\text{total}}$(psi)
40	0.62	3.47	19.8	20.6	64.6
5	1.55	7.44	51.5	53.7	58.7
1	4.26	13.42	99.4	103.5	104.5

[a] $a=8$ ft, $\gamma=150$ lb/ft^3, $c=1$

표 7.4 대표적 지보 압력[a]

지보의 종류	p_i의 범위	p_i가 유효할 때까지 지연시간
록볼트	0-50 psi	수 시간
숏크리트 2-8인치 두께	50-200 psi	수 시간
강제	0-400 psi	하루에서 몇 주일
콘크리트 라이닝	100-800 psi	몇 주일에서 몇 달
철제 라이닝	500-3000 psi	몇 달

[a] 블로킹의 방법과 지보의 지연에 따라 하중은 달라진다.

7.6 지질역학적 분류의 이용

불완전한 암반 내에 불충분하게 지보가 설치된 터널이 결국은 무너질 것이라고 예견하기 위해서는 분석이 필요하지 않다. 굴착하고 있는 터널의 무지보 굴착면 구역이 얼마나 오래 견딜

지를 알면 엔지니어와 도급자는 적절한 지보의 종류와 굴진 장(drill round)의 최적 길이를 선택할 수 있다. 무지보 암석 구간의 파괴가 발생하는 시간을 '자립시간'이라고 하는데 이를 평가하기 위한 만족스럽고 전적으로 합리적인 방법은 아직 없지만, 많은 엔지니어는 암반분류와의 상관관계를 통하여 이 문제에 대한 공학적 판단에 도움을 주었다. Lauffer[4]는 자립시간이 암석의 상태와 터널의 폭과 굴착면의 무지보 길이의 최소값으로 정의되는 '활동 구간'에 달려 있음을 알게 되었다. 활동 구간의 대수 값과 자립시간의 대수 값의 상관관계인 Lauffer의 차트는 그림 7.13에서 보이고 제2장에서 소개된 지질역학적 분류 측면에서 Bieniawski(1976, 1984)에 의하여 수정되었다. 하단과 상단의 곡선들은 주어진 시간 후에 파괴가 발생하는 활동 구간에 대한 예측 범위의 경계선을 나타낸다. 이 두 경계선 사이의 암반 분류값 등고선은 구역을 구분한다. 그러므로 주어진 암반 분류값과 활동 구간에서, 그림 7.13은 파괴의 예측 시간을 제공한다. 차트는 남아프리카에서 시행된 것을 요약한 점들에 기초하고 있으며, 이것들은 호주에서의 경험보다는 다소 보수적이다.

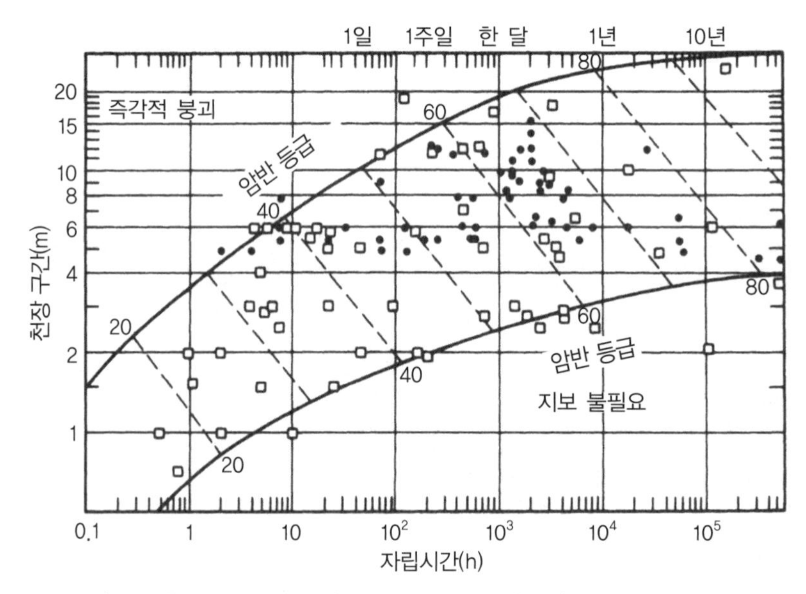

그림 7.13 터널 상태의 예측에 적용된 암반의 지질역학적 분류. 천장 구간은 굴착면에서 지보되지 않은 구간의 길이 혹은 터널의 폭 중에서 큰 값이다. Bieniawski(1984)의 **광산 및 터널굴착에서 암석역학 설계**(Balkema)에서 허락을 받아 재구성하였다. 점들은 천장의 낙반 사례를 나타낸다. 원은 광산을, 사각형은 터널을 나타낸다.

4 H. Lauffer(1958), Gebirgsklassiferung für den Stollenbau, *Geologie und Bauwesen* 24: 46-51.

7.7 터널의 시간 의존적인 거동

우리가 이미 언급한 '압착'은 지보에 하중이 서서히 축적되는 것을 말한다. 층상 암석이 느슨해지는 것과 터널 주위의 소성거동에 관련된 논쟁에서 어떠한 것도 시간 개념을 명쾌하게 도입하지 못하였다. 국지적인 파괴, 균열의 전파 및 응력의 재분배가 점진적으로 발생하여, 그들의 전체적인 영향이 굴착 후 단지 하루나 일주일 안에 나타날 수 있다는 것을 상상하는 것은 어려운 일이 아니다. 다른 현상도 터널 압착의 원인이 될 수 있다. 추가적인 굴착에 의하여 암반하중이 변하기도 한다. 유효 응력은 터널 내의 물을 배수함으로써 증가할 수 있고, 역으로 터널 굴진 시의 수위하강에 뒤따르는 지하수위의 상승으로 인하여 감소할 수도 있다. 굴착의 결과로 발생하는 습도 및 온도의 변화에 대응하여 암석은 수화('팽창'), 산화, 열화 혹은 풍화될 수도 있다. 그러면 암석은 응력－변형률 반응에서 점성이나 점탄성이 될 수 있다. 6.5절에서도 언급하였듯이 역청질 퇴적물, 점토질 퇴적물 및 염분 퇴적물은 상대적으로 낮은 응력 차이(differential stress)에서도 크리프(creep)가 발생할 수도 있다.

만약 점탄성 반응이 직선적이면, 선형 점탄성 이론을 이용하여 터널의 변위율을 만족할 정도로 예측할 수 있다. 그러나 6장에서 논의한 Indiana 석회암의 사례와 같이, 균열 성장에 의한 암반의 기하학적 형태의 변화에 시간 의존성이 발생할 때 점탄성 특성은 응력에 의해 결정되고 반응은 선형이 아니다. 그러면 터널 주변 암석의 각 요소에서 서로 다른 응력의 상태가 나타나므로, 암반은 불균질하게 되고 균질성에 근거한 간단한 해는 잘못된 것일 수 있다. 첫 번째 근사치와 관찰된 변위의 역 계산에서는 단순한 선형 점탄성 모델은 비선형 점탄성 암석에 대해서도 도움이 된다. 이러한 정신에서 여러 이상적인 시스템을 고려할 수 있다.

이축 응력장하에서 라이닝이 설치되지 않은 원형터널

만약 터널이 탄성 문제에 대한 Kirsch 해와 같은 평면변형률 상태에 있고(식 (7.1)), 정수압 상태에서는 탄성적으로 거동하는(6.5절 참조) Burgers 암석에 비틀림에 의해 굴착되어 있다고 가정하자. 터널에 직각인 면의 주응력은 p_1과 p_2이다. 터널에 라이닝이 설치되지 않아서 벽에서의 경계조건이 0이거나 일정한 압력이라면, 식 (7.1)은 점탄성 암석에 작용하는 응력에 대해서도 여전히 유효하다. 그러나 암석에는 크리프가 발생하고 변형률과 변위는 시간에 따라 변하게 된다. 식 (7.2)에서 좌표점 r과 θ에서의 방사상 변위 u_r은 다음과 같다.

$$u_r(t) = \left(A - C + B\frac{d_2}{d_4}\right)\frac{m}{q} + \left(\frac{B(d_2/G_1 - d_1)}{G_1 d_3 - d_4} - \frac{A - C}{G_1}\right)e^{-(G_1 t/\eta_1)}$$
$$+ B\left(\frac{d_2(1 - m/\alpha) + d_1(m - \alpha)}{G - 2(G_1 d_3 - d_4)}\right)e^{-(\alpha t/\eta_1)} + \frac{A - C + B/2}{\eta_2}t \tag{7.18}$$

여기서

$$A = \frac{p_1 + p_2}{4}\frac{a^2}{r}$$

$$B = (p_1 - p_2)\frac{a^2}{r}\cos 2\theta$$

$$C = \frac{p_1 - p_2}{4}\frac{a^4}{r^3}\cos 2\theta$$

$m = G_1 - G_2$　　　　$d_3 = 6K + 2G_2$

$q = G_1 G_2$　　　　$d_3 = 6K + 2G_2$

$d_1 = 3K + 4G_2$　　　　$\alpha = \dfrac{3Km + q}{3K + G_2}$

$d_2 = 3Km + 4q$

이다. (7.18)의 유용하고 특수한 사례는 비압축성의 암반($\nu = 1/2$)에 해당하고, 그러면

$$u_r(t) = \left[A + B\left(\frac{1}{2} - \frac{a^2}{4r^2}\right)\right]\left(\frac{1}{G_2} + \frac{1}{G_1} - \frac{1}{G_1}e^{-(G_1 t/\eta_1)} + \frac{t}{\eta_2}\right) \tag{7.19}$$

가 된다.

위의 식을 설명하기 위해서 다음의 특성을 가진 암염 내에 심도가 500 ft이고 직경이 30 ft인 원형의 터널을 고려해보자.

$K = 0.8 \times 10^6$ psi(체적탄성계수)

$G_1 = 0.3 \times 10^6$ psi

$G_2 = 1.0 \times 10^6$ psi

$\eta_1 = 7.0 \times 10^8$ psi min

$\eta_2 = 8.3 \times 10^{10}$ psi min

$\gamma_{\text{wet}} = 140$ lb/ft^3

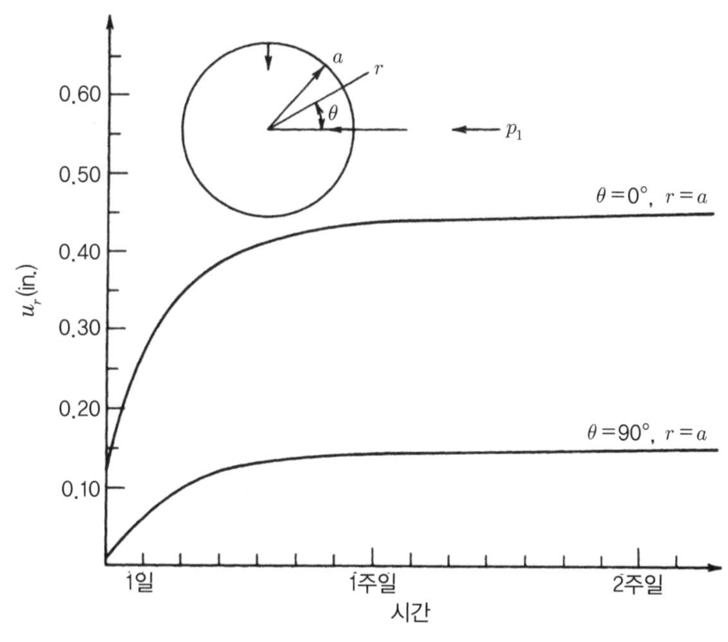

그림 7.14 가상의 사례에서 터널 벽의 크리프에 의한 방사상 변위

수평응력을 수직응력의 두 배로 가정하면(가정은 $\eta_2 < \infty$로 선택하는 것과 일치하지 않음) $p_2 = 468$ psi(수직), $p_1 = 927$ psi이다. 그림 7.14에 시간에 대한 터널 벽의 변위를 도시하였다. 처음에 탄성적이고 즉각적인 작은 변위가 발생하고, 이후 지연된 탄성 반응은 약 4일 후에 점차 사라지며 느린 이차 크리프 변형이 뒤따른다. 만약 터널 주위의 암석이 파괴되지 않고 변형될 수 있다면, 이차 크리프는 오랜 시간 동안 지속될 것이다. 그렇지 않다면 변형률은 국지적인 파괴를 유발할 정도의 충분한 크기에 도달하고, 소성영역의 발달에 의하여 응력의 상태가 바뀐다. 만약 록볼트가 설치되면 벽에서의 변위는 단지 약간만 줄어들 것이다. 이것은 a 자리에 a^2/r을, p 자리에 록볼트의 압력 p_b를 대입하여(록볼트는 길다고 가정) 식 (7.18)에 식 (6.33)에

의하여 예측된 변위를 충첩시키면 개략적으로 구할 수 있다. 터널 주위에서 이차 크리프 속도는 다음과 같이 줄어든다.

$$\dot{u}_r = \frac{(A - C + B/2) - (p_b/2)(a^2/r)}{\eta_2}$$

구조적 라이닝은 상당히 다르게 거동할 것이다.

정수압에서 라이닝이 설치된 원형터널

강성의 라이닝이 암석에 설치되어 터널이 변형됨에 따라 암석의 표면에 접촉을 유지하고 있을 때, 변위 경계 조건이 도입된다. 이제는 Kirsch 해 응력장은 더 이상 적용되지 않는다. 만약 암석이 Burgers 물체로 거동한다면, 즉시 압력이 라이닝에 축적될 것이고 반면에 암석 내의 응력의 차이는 감소한다. 라이닝에 작용하는 최종적인 압력은 암석의 초기응력과 동일하고 일정한 외부압력이 작용하는 두꺼운 벽의 실린더에 하중이 가해지는 것으로 가정하여 근사치를 구할 수 있다. η_1과 η_2의 값에 따라 수년 혹은 수십 년이 걸릴 수도 있다.

비압축성이고 점탄성인 암석 내의 강성이고 탄성인 라이닝의 특별한 경우를 고려해보자. Gnirk and Johnson(1964)은 Burgers 물체에 대하여 이 문제를 논의하였다. 현재의 목적에서는, 즉각적이고 탄성인 변위가 발생할 때까지 일반적으로 라이닝이 설치되지 않을 것이므로, 암반을 비압축성의 일반화된 Maxwell 물체로 고려해도 충분하다(그림 6.17c). η_1, η_2와 G_1은 암석의 시간 의존적인 특성이고 ν'와 G'는 라이닝의 탄성 특성을 나타낸다고 하자. 암석 터널의 반경은 b이고 라이닝의 내부 반경은 a이다. 라이닝/암석의 접촉면에 발생하는 압력 $p_b(t)$은 다음과 같다.

$$p_b(t) = p_o(1 + Ce^{r_1 t} + De^{r_2 t}) \qquad (7.20)$$

여기서 p_o는 암석의 초기응력이고($\sigma_1 = \sigma_2 = p_o$)

$$C=\frac{\eta_2}{G_1}r_2\left(\frac{r_1(1+\eta_1/\eta_2)+G_1/\eta_2}{(r_1-r_2)}\right) \tag{7.20a}$$

$$D=\frac{\eta_2}{G_1}r_1\left(\frac{r_2(1+\eta_1/\eta_2)+G_1/\eta_2}{(r_2-r_1)}\right) \tag{7.20b}$$

그리고 r_1, r_2는 다음의 실제곱근이다.

$$\eta_1 Bs^2+\left[G_1B+\left(1+\frac{\eta_1}{\eta_2}\right)\right]s+\frac{G_1}{\eta_2}=0 \tag{7.20c}$$

여기서

$$B=\frac{1}{G'}\left(\frac{(1-2\nu')b^2+a^2}{b^2-a^2}\right) \tag{7.20d}$$

라이닝 내의($a \le r \le b$) 응력과 변위는

$$\sigma_r=p_b\frac{b^2}{b^2-a^2}\left(1-\frac{a^2}{r^2}\right) \tag{7.21a}$$

$$\sigma_\theta=p_b\frac{b^2}{b^2-a^2}\left(1+\frac{a^2}{r^2}\right) \tag{7.21b}$$

그리고

$$u_r=-\frac{b^2rp_b(1-2\nu'+a^2/r^2)}{2G'(b^2-a^2)} \tag{7.21c}$$

이고, 반면에 암석 내의($r \ge b$) 응력과 변위는 다음과 같다.

$$\sigma_r = p_o\left(1 - \frac{b^2}{r^2}\right) + p_b\frac{b^2}{r^2} \tag{7.22a}$$

$$\sigma_\theta = p_b\left(1 + \frac{a^2}{r^2}\right) - p_b\frac{b^2}{r^2} \tag{7.22b}$$

그리고

$$u_r = -\frac{b^2}{r}p_b\left(\frac{(1-2\nu')b^2 + a^2}{(2G')(b^2 - a^2)}\right) \tag{7.22c}$$

식 (7.21)과 (7.22)에서 p_b는 (7.20)에 따라 변한다.

사례로서 두께가 2 ft인 라이닝이 $p_1 = p_2 = p_o = 1000$ psi인 증발암 내에 직경이 30 ft인 원형터널 내부에 설치되었다. 암석의 특성은 $G_1 = 0.5\times10^5$ psi, $G_2 = 0.5\times10^6$ psi, $\eta_1 = 5\times10^{10}$ psi/min, $\eta_2 = 5\times10^{13}$ psi/min 그리고 $K = \infty(\nu = 1/2)$이다. 콘크리트의 탄성계수는 $\nu' = 0.2$이고 $E' = 2.4\times10^6$ psi이므로 $G' = 1\times10^6$ psi가 된다. 식 (7.2)에서 $p_1 = p_2 = 1000$ psi이고 $G_2 = 0.5\times10^6$ psi를 대입하면 라이닝이 설치되지 않은 터널의 즉각적이고 탄성인 변위는 $u_r = 0.18$인치가 된다. 식 (7.20)과 (7.22)에 G_1, η_1 및 η_2의 할당된 값을 대입할 때 변위와 응력은 표 7.5에 수록되어 있다. 그림 7.15a는 라이닝이 있을 때와 없을 때의 암석 표면에서 발생하는 시간 의존적인 변위를 보여준다.

표 7.5 사례에서의 변위와 응력

시간 (t)	암석의 변위: 라이닝 없음 (in., total)	암석의 변위: 라이닝 설치 후 (in.)	콘크리트 내의 최대응력 (psi)	암석 표면의 응력: σ_r(psi)	암석 표면의 응력: σ_θ(psi)
0	0.180	0	0	0	2000
1일	0.183	0.003	43	5	1995
1주일	0.198	0.018	293	36	1964
28일	0.251	0.066	1093	136	1864
반년	0.320	0.121	1997	248	1751
1년	0.598	0.273	4491	559	1441
2년	0.921	0.353	5799	721	1278
10년	1.360	0.383	6292	783	1217
	2.018	0.381	6365	792	1208

라이닝이 설치된 터널의 변위량은 $u_r=0.44$인치로 상대적으로 적다. 그러나 콘크리트는 강성이므로, 10년 후에 최대 압축응력은 약 반 년 내에 콘크리트를 부술 수 있을 정도로 크게 되어, 이론적으로 10년 내에 6365 psi에 도달한다(그림 7.15b). 압착성 터널에 대한 하나의 해법은, 예를 들면 부서질 수 있는 나무 블록이나 다공질 콘크리트와 같은 연성 지보나 항복 지보 시스템을 사용하는 것이다. 만약 라이닝의 탄성계수가 사례에서 입력된 값의 반이면, 암석과 라이닝의 경계면에서 10년 후의 최대응력은 5268 psi이며 변위는 0.64인치가 된다. 라이닝의 탄성계수가 사례에서 사용된 값의 10분의 1이면 암석과 라이닝의 경계면에서 최대응력은 2207 psi이고 변위는 1.34인치가 된다. 비교해보면, 10년 후의 라이닝이 없는 터널의 변위는 2.02인치이다.

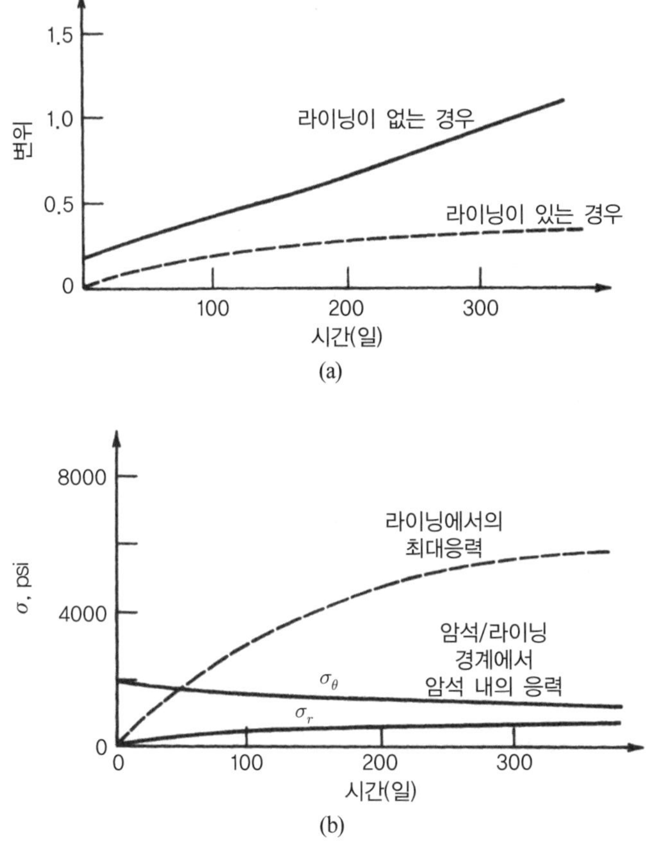

그림 7.15 사례에서의 터널의 시간 의존적 거동
(a) 라이닝이 있는 경우와 라이닝이 없는 경우에 대한 벽면의 안쪽으로 이동
(b) 라이닝이 있는 터널의 시간에 따른 응력의 변화

7.8 블록으로 된 암석 내의 지하공간 – '블록이론'

여러 개의 불연속면군이 분포하는 암반 내의 굴착은 여러 크기의 암석 블록을 자유롭게 만들 수 있다. 이러한 블록들 중에서 가장 결정적인 위치에 있는 블록의 잠재적인 이동은 주변의 블록을 약화시킬 수 있고, 뒤따라 발생하는 낙석과 미끄러짐은 공사 계획을 위협할 수도 있다. 만약 굴착이 지보되지 않으면, 블록의 이동은 굴착 주위를 수용할 수 없을 정도로 변형시킬 수도 있고, 블록은 재산이나 인명에 피해를 유발할 수도 있다. 만약 굴착이 지보되면, 블록이 이동하려는 경향은 지보에 하중을 전달할 것이고, 만약 지보가 이 하중을 지탱할 수 있도록 설계되지 않았으면 파괴가 발생할 수도 있다. 일반적으로 암석자체는 매우 강하기 때문에, 설계자의 주의가 요구되는 부분은 주로 잠재적인 블록의 낙석과 미끄러짐이고, 만약 이러한 것들이 적절하게 취급되어서 낙석이나 미끄러짐의 가능성이 없으면 굴착의 안정성은 보장될 것이다.

암석 블록이 불연속면과 굴착면의 교차에 의하여 고립되어 있다고 가정해보자. 블록이 아무리 많은 면을 가지고 있어도, 블록은 낙하, 한 면을 따라 미끄러짐, 두 면을 따라 미끄러짐(혹은 미끄러짐과 회전에 의하여) 등과 같은 단지 몇 가지 방법으로 이동할 수 있다. 이러한 모든 이동은 특정 면이 노출되어 있어야 한다. 그러므로 블록 이동의 첫 경고는 특정 절리가 넓어지는 것이다. 반면에, 잠재적으로 위험한 블록이 이동하기 전에 발견되었고 안정성이 확보되어 있다면, 블록의 이동은 어디에서도 발생하지 않을 것이다. 이것이 '블록이론'의 원리이다(Goodman and Shi, 1984). 가장 위험하게 위치하고 있는 블록은 '키 블록(key block)'이라고 불린다. 이 이론은 키 블록을 기술하고 찾아내는 과정과 지보 요구량을 결정하는 과정으로 구성되어 있다. 이 과정을 사용함으로써 최적의 보강 계획을 수립하고, 인공적인 지보의 필요성을 최소화하거나 완전히 제거하는 굴착방향과 형태의 선택이 가능하다.

키 블록의 형태와 위치는 완전하게 삼차원이다. 특정 종류의 공학적 분석에서는 단순한 이차원 배치가 적절하다. 예를 들어, 층상의 광산 천장은 평판보다는 보로 분석할 수 있고, 잠재적인 전단파괴는 구형보다는 원통형으로 분석될 수 있다. 절리가 발달한 암반의 경우에 이차원적인 분석은 현명하지 못한 단순화일 수 있다. 세 번째 차원을 무시함으로써 기하학적 형태를 통하여 실현할 수 있는 장점이 무시되는데, 블록이론을 사용한 삼차원 분석이 아주 쉽기 때문에 이런 행동은 매우 어리석다. 삼차원 블록의 기하학적 형태는 절리가 매우 연약할 때조차도 최소로 지보된 굴착에 대하여 안전하고 공간적인 방향을 찾을 수 있게 한다. 설명을 단순화시키기 위하여, 일련의 이차원적인 삽화가 처음에 검토되었고 이후에 평사투영을 광범위하게 적용한 삼차원 분석이 소개되었다.

블록의 형태

그림 7.16은 굴착 주위의 여섯 가지 형태의 블록을 보여준다. 형태 VI는 굴착 둘레에 면을 가지지 않는, 즉 자유면이 없는 절리블록이다. 형태 V는 자유면을 가지고 있으나 블록은 무한하다. 새로운 균열이 굴착 주위에 생성되지 않는 한, 이러한 형태의 블록은 키 블록이 될 수 없다. 점점 작아지는 형태를 가진 블록 IV도 동일하여, 점점 작아지는 블록은 주위의 블록을 굴착공간으로 밀지 않으면 굴착공간을 향하여 이동할 방향이 없다.

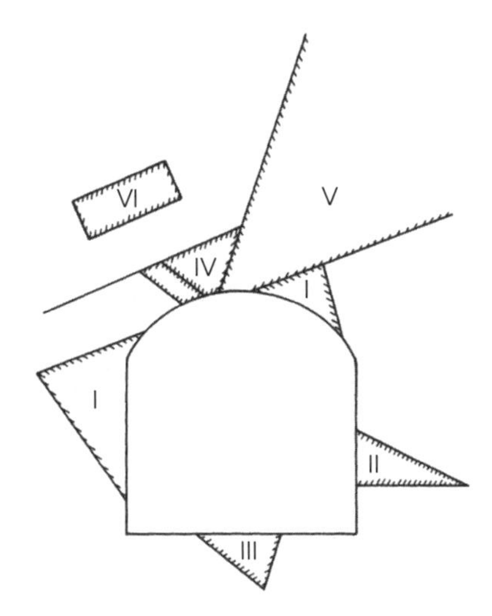

그림 7.16 블록의 종류: I 키 블록, II 잠재적인 키 블록, III 안전하게 제거될 수 있는 블록, IV 작아지는 블록, V 무한 블록, VI 절리 블록

다른 모든 블록은 유한하고 이동할 수 있다. 이 블록들이 이동할지의 여부는 기하학적 형태뿐만 아니라 힘의 합력의 방향과 면의 마찰각의 크기에 달려 있다. 블록 III은 중력의 영향에 대하여 안전하다. 형태 II의 블록은 마찰 덕분에 역시 안전하다. 천장에 있는 블록은 평행한 면을 가지고 있기 때문에 단지 한 방향, 즉 평행한 면의 방향으로만 이동이 가능하다. Goodman and Boyle(1986)에 의하여 논의된 바와 같이, 이동할 수 있는 자유에 대한 제약은 면의 전단저항을 상당히 증가시킨다. 벽면에 있는 형태 II의 블록은 평탄한 바닥면을 가지고 있기 때문에 마

찰각이 일정 값을 가지면 (물, 혹은 면에 작용하는 견인력, 혹은 가속도가 합력의 방향을 자유 공간에 대하여 직각인 방향으로부터 틀어지게 회전시키지 않는 한) 이동할 가능성이 거의 없다. 형태 I 블록은 이 블록들을 개별 블록들로 분리시킨 굴착 이후 즉시 지보되지 않으면 이동할 것이다. 천장에 있는 형태 I의 블록은 낙하할 것이고 벽면에 있는 블록은 미끄러질 것이다. 이 블록들은 키 블록들이다. 형태 II의 블록은 잠재적인 키 블록들이다.

블록이론은 모든 블록을 이러한 그룹으로 나누는 시스템을 제공한다. 제일 먼저 해야 할 결정은 Shi의 정리에 의하여 이동할 블록으로부터(I, II 및 III) 이동할 수 없는 블록을 분리하는 것이다(IV, V 및 VI). 합력의 방향이 주어지면 미끄러지려는 경향과 낙하하려는 경향의 방향을 고려하는 '유형 분석'은 형태 II와 I의 블록으로부터 형태 III의 블록을 구별한다. 마지막으로 블록면의 마찰력에 의한 한계평형분석은 키 블록을 설정하고 지보 요구량을 결정한다. 기본적인 분석은 절리의 상대적인 방향에 의존하나 특정한 블록 주변부에 의존하지는 않아서, 불연속면의 교차에 의하여 생성되는 블록 형태의 무한성은 몇 개의 분석에 의하여 모두 나타난다.

블록의 이동성 - SHI의 정리

유한한 블록의 기하학적인 특성은 블록의 유한성과 이동성을 매우 간단하게 판단할 수 있게 한다. 2차원에서의 유한한 블록은 그림 7.17과 같다. 만약 경계 면이 회전 없이 블록의 중앙으로 모두 이동하면, 블록은 한 점이 될 때까지 연속적으로 줄어들게 된다. 이는 무한 블록에서는 실현될 수 없다. 그림 7.17의 블록은 면 1 위의 반-공간 U_1, 면 2 아래의 반-공간 L_2, 면 3 위의 반-공간 U_3 및 면 4 위의 반-공간 U_4의 4개의 반-공간이 교차하며 구성되어 있다. 처음의 두 면은 절리면에 의하여 형성되었고 나머지 두 면은 자유면, 즉 굴착에 의해 생성된 면이다. 그림 7.18에서 이 모든 면들이 한 점 O를 통과하도록 회전 없이 이동되었다. 교차 구역 U_1L_2는 절리 피라미드로 표시되고, JP란 약자로 표시된다. JP는 O에 꼭짓점을 가진 각이다. 비슷하게 교차 구역 U_3U_4는 굴착 피라미드로 불리면서 EP란 약자로 표시된다. 자유 반-공간의 교차 구역은 O에서의 각이다. 문제의 블록은 유한하기 때문에, JP와 EP는 교차하지 않는다. Shi의 정리는 만약 JP와 EP가 교차하지 않으면 블록은 유한하다고 정의한다. 이 2차원의 예시에서 문제의 구역은 평면 내의 각이다. 3차원에서 이 구역은 원점에 꼭짓점이 있는 피라미드가 된다.

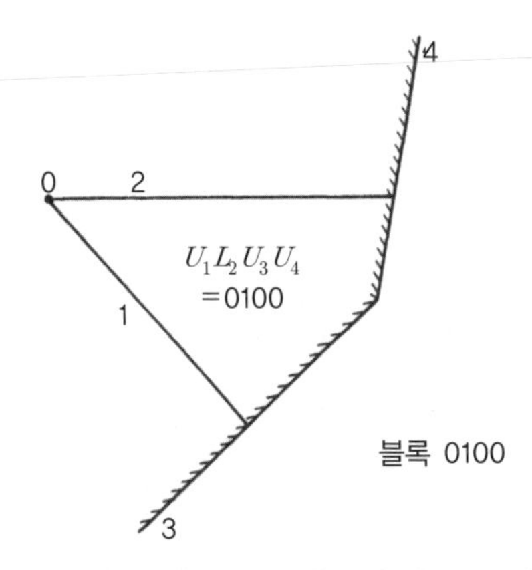

그림 7.17 두 개의 절리와 두 개의 자유면을 가진 제거 가능한 블록(2차원 사례)

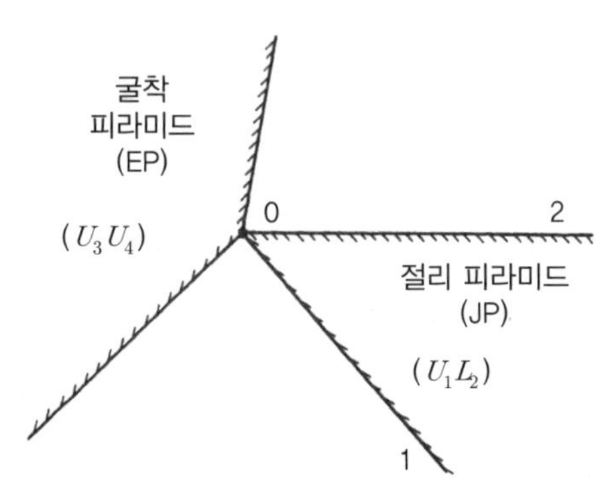

그림 7.18 2차원의 제거 가능한 블록에 대한 절리 피라미드와 굴착 피라미드

블록의 이동성을 찾기 위한 평사투영의 이용

평사투영은(부록 5) 3차원의 블록이론에 대한 논의를 단순화시킨다. 이것은 투영되는 기하학적인 형태를 한 차원씩 감소시킨다. 즉 기준구의 중심을 통과하는 선은 한 점으로 투영되고, 기준구의 중심을 통과하는 면은 대원으로 투영된다. 북쪽에서 시계 방향으로 측정할 때 β의 방향으로 경사각이 α인 면을 가정하자. 이 면이 투영된 대원의 중심은 C이고, 반경 R인 기준원의 중심으로부터의 거리는 다음과 같이 주어지고

$$OC = R\tan\alpha \tag{7.23}$$

반면에, 대원의 반경은 아래와 같다.

$$r = R/\cos\alpha \tag{7.24}$$

평사투영의 초점이 기준구의 바닥에 있으면, 거리 OC는 경사 벡터의 방향, 즉 방위각 α를 따라서 측정된다. 이러한 경우, 기준원의 내부의 구역은 상반구로 향하는 기준 구의 중심을 통과하는 모든 선을 나타낸다. 비슷하게, **C에서 반경 r인 원의 내부 구역은 그 원에 의하여 대표되는 면의 상부 반-공간으로 향하는 기준구의 중심을 통과하는 선의 완전한 세트를**, 즉 면 α/β를 나타낸다.

그림 7.19는 절리의 평사투영과 두 개의 반-공간의 예를 보여준다. 절리는 동쪽으로 30° 경사져 있다($\alpha=30°$, $\beta=90°$). 만약 임의로 $R=5$를 선택하면, $OC=2.89$, $r=5.77$이다(R을 바꾸면 그림의 크기는 바뀌지만 각의 관계는 바뀌지 않는다). C에서 반경 r로 원을 그리면 $\alpha/\beta=30/90$의 경사진 면의 평사투영이 결정된다. 기준원의 내부 구역을 가로지르는 원의 구역은 상반구로 향하는 면 내부의 선들을 나타낸다. 기준원의 외부에 놓인 원의 구역은 이 선에 반대되는 선, 즉 하반구로 향하는 면 내부의 선의 투영을 나타낸다. C에 대한 원 내부의 공간은 O를 통과하여 면 30/90의 상부 반-공간으로 향하는 모든 선을 포함한다. C에 대한 원의 외부의 점들, 즉 투영면의 나머지는 O를 통과하고 하부 반-공간을 향하는 모든 선들을 나타낸다. 만약 C에 대한 원이 절리군 1의 투영이면, 이 원의 내부 구역은 U_1이고 이 원의 외부 구역은 L_1이다.

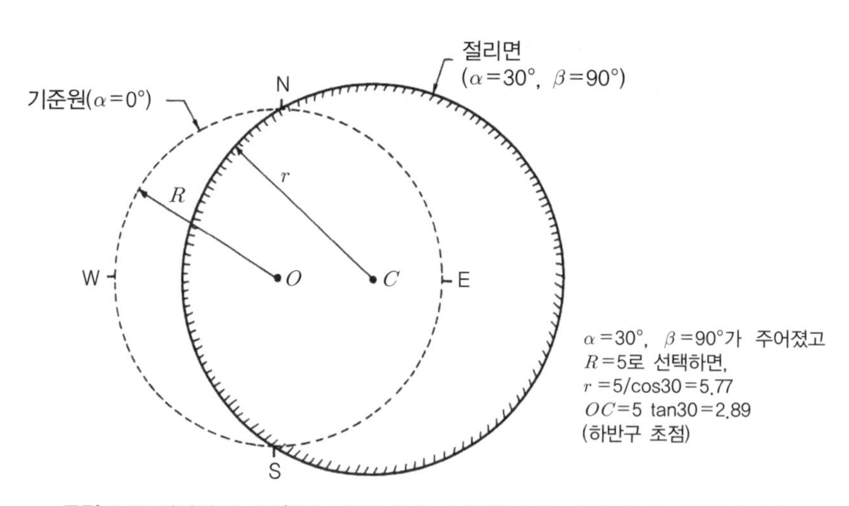

그림 7.19 경사와 경사방향이 주어진 면을 상반구(하반구 초점)에 평사투영한 대원

그림 7.20처럼 세 개의 절리군으로 구성된 절리 시스템을 고려해보자. 층리인 절리군 1은 α/β=30/90인 앞에서 그린 면으로 나타난다. 유사하게 절리군 2는 60/30 면과 평행한 전단면 세트이고, 진짜 절리군인 절리군 3은 20/330면과 평행하다. 그림 7.20에서 이 세 개의 면들이 투영되었고 세 개의 대원이 그려졌다. 그들의 교차는 8개의 구형 삼각형(spherical triangle)을 생성하였다. 기준구의 중심에 있는 점 O를 고려해보자. 이 점은 일제히 각 원의 내부에 있으므로, 이 점이 나타내는 선은 세 개의 절리군이 나타내는 상부 반-공간을 향하고 있다. 숫자 0과 1이 각각 절리면의 상부 반-공간과 하부 반-공간을 나타내도록 하고, 절리군의 번호 순서에 따라 숫자의 순서를 나타내도록 하자. 그러면 점 O의 구형 삼각형은 000으로 표시된다. 반면에 점 $C2$는 단지 2번 대원의 내부이고 1번과 3번 대원의 외부에 놓인다. 그러므로 점 $C2$의 구형 삼각형은 101으로 표시된다.

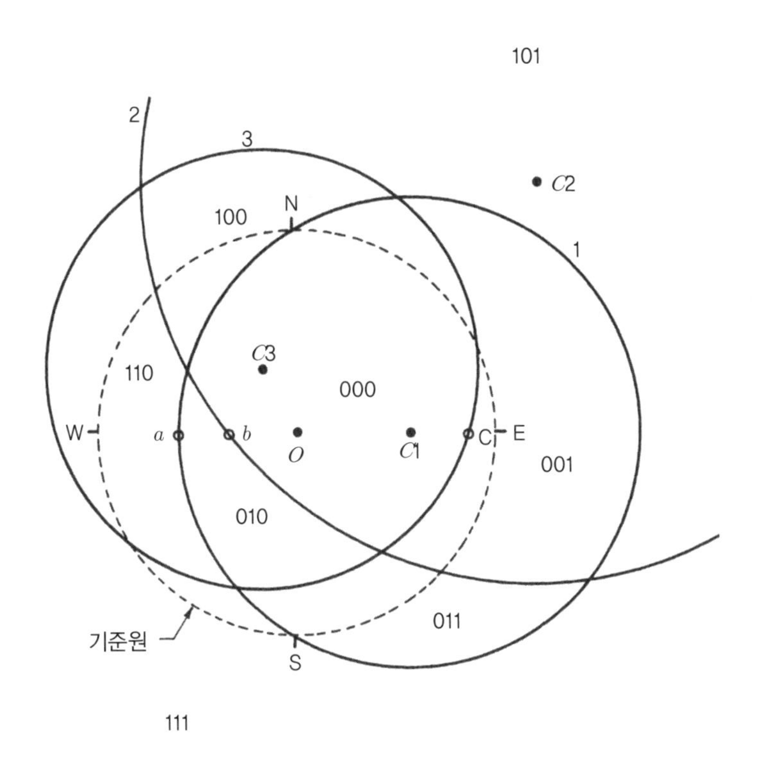

	불연속면	경사(α)	경사방향(β)	마찰각(ϕ)
1.	층리면	30°	90°	25°
2.	전단면	60°	45°	16°
3.	주된 절리군	20°	330°	35°

그림 7.20 대원과 주어진 절리 시스템에 대한 JP의 그림

그림 7.20의 8개의 구형 삼각형은 그림 7.18의 각 U_1L_2의 삼차원 유사체이고, 다른 말로 하면, 시스템의 절리 피리미드(JP들)이다. Shi의 정리는 블록이 평사투영에서 JP를 가지고 있으며 JP가 굴착 피라미드(EP)와 교차하지 않으면 이동할 수 있는 블록임을 결정한다.

지하 공동에 대한 적용

각각의 굴착 면과 다양한 굴착 가장자리 및 모서리는 특정한 EP를 가진다. 예를 들어 지하 공동의 수평 천장을 고려해보자. 그림 7.18의 이차원 사례에서, 굴착 피라미드는 블록을 포함하는 굴착 평면의 반-공간 사이의 각이다. 공동 천장 내에 있는 모든 블록은 천장면의 반-공간 상부에 놓일 것이다. 그러므로 천장의 경우, 굴착 피라미드는 천장 상부의 반-공간이고, 기준원의 내부 구역이다.

지하 공동의 천장에 대한 JP와 EP를 확인하였으면, EP와 교차하지 않는 JP를 찾기 위하여 Shi의 정리를 적용한다. 빠르게 확인할 수 있듯이 단지 JP 101만 이 요구를 만족시킨다는 사실을 알게 된다(그림 7.21에서 모든 다른 JP는 제거되었다). 이러한 작업을 통하면 천장과 1번 및 3번 절리의 하부 반-공간 및 2번 절리의 상부 반-공간이 교차하면서 형성하는 블록만이 공동의 천장으로부터 이동 가능한 것으로 명확하게 증명된다.

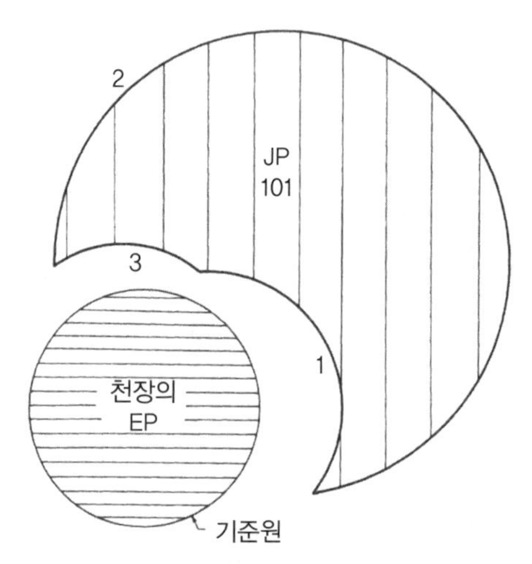

그림 7.21 천장의 EP와 교차하지 않는 유일한 JP

다음 단계는 천장을 쳐다보았을 때 이동 가능한 블록의 면을 그리는 것이다. 아래로 내려다보면서 통상적인 평면 내의 자유면을 먼저 그리는 것이 훨씬 쉬울 것이다. 그림 7.22에서 알려진 값 β로부터 각 절리군의 주향이 그려졌다. 그림 7.22a에 표시된 것처럼, 경사진 면의 상부 반-공간은 경사 벡터를 포함하는 주향선의 측면이다. JP 101이 이동 가능한 블록이므로, 1번 절리와 3번 절리의 하부 반-공간 및 2번 절리의 상부 반-공간에서 블록은 그림 7.22b에 그려진 면을 가져야만 한다. 이후 수평 EW선에 대하여 회전시키고 천장을 보았을 때 나타나는 면의 그림을 얻기 위하여 북쪽을 남쪽으로 돌린다(그림 7.22c). 이 그림을 현장으로 가져가서 블록들이 굴착에 의하여 부분적으로 분리되었을 때 위험한 블록을 확인할 수 있다. 그러한 블록은 완전히 분리되기 전에 지보되어야 한다.

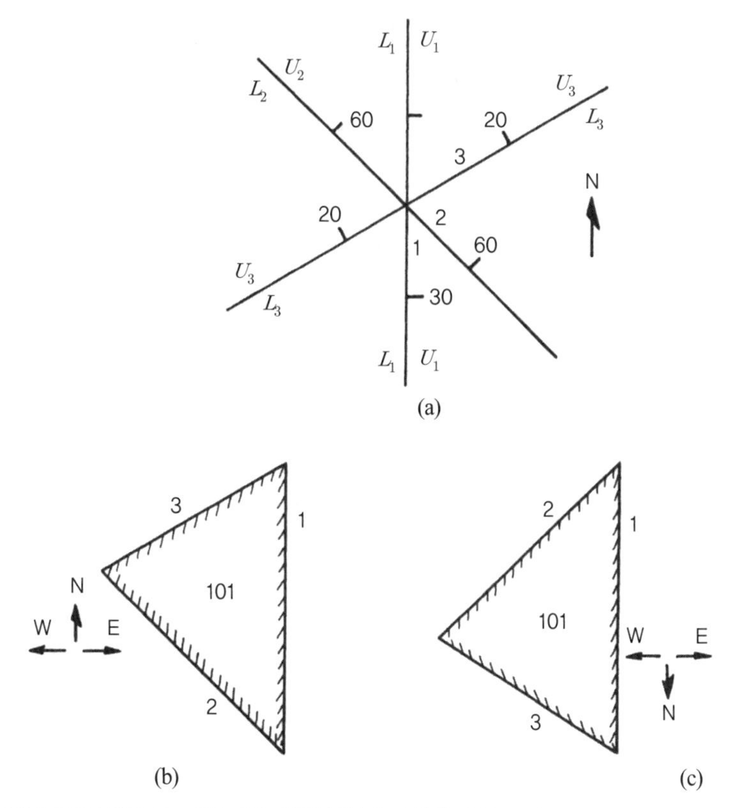

그림 7.22 천장면에서 뾰족하고 제거 가능한의 블록의 자취에 대한 그림
(b) 위에서 볼 때, (c) 아래에서 볼 때

지하 공동의 수직 벽에서 이동 가능한 블록을 고려해보자. 예를 들어, 동－서 방향 공동의 남쪽 벽을 고려해보자. 수직 벽의 경사는 α =90°이므로, 식 (7.24)에 의하여 대원의 반경은 무한하다. 그러므로 수직 벽의 평사투영은 직선이다. 지하공간의 남쪽 벽의 경우에, 암석은 남쪽에 있고 공간은 벽의 북쪽에 위치한다. 그러므로 그림 7.23에서 보이듯이 남쪽 벽의 EP는 O를 통과하여 그은 동－서 방향 선의 아래 구역이다. 그림 7.20의 JP들의 전체 시스템과 함께 이 EP는 단지 JP 100만이 이 벽에서 이동 가능한 블록이 될 수 있음을 즉각적으로 보여줄 것이다. (100의 '사촌'인 JP 011만이 공동의 북쪽 벽에서 이동 가능한 블록이 될 것임을 확인할 수 있다.)

JP 100에 속하는 이동 가능한 블록의 자유 면을 그리기 위해서는, 동－서 방향의 수직 벽에 있는 절리군의 경사를 찾아야 한다. 그림 7.24는 그림으로부터 이 경사를 측정하기 위한 일반적인 과정을 보여준다(각도는 투영망을 사용하여 읽을 수 있다). 경사는 절리군의 대원 1, 2 및 3이 기준원의 동－서 방향의 직경을 가로지르는 점 a, b 및 c로 나타나는 선들이다. 이것들은 동－서 벽에 있는 절리군의 '겉보기 경사'들이다. 벽에 있는 이 절리면들의 자취는 서쪽 위 30°, 서쪽 위 53° 그리고 동쪽 위 9°이다. '서쪽 위'는 이 자취의 각이 수평선의 서쪽 끝에서 위로 측정되었음을 의미한다. 만약 평사투영 점이 기준원의 서쪽에 있으면 서쪽 위인 것을 알고 있다. 결정적인 JP는 100이라는 것을 알면, 그림 7.25처럼 이동 가능한 블록의 자유면을 그릴 수 있다. 그림 7.25a는 북쪽을 보았을 때 보이는 절리군의 흔적의 그림이다. 각 절리군의 상부

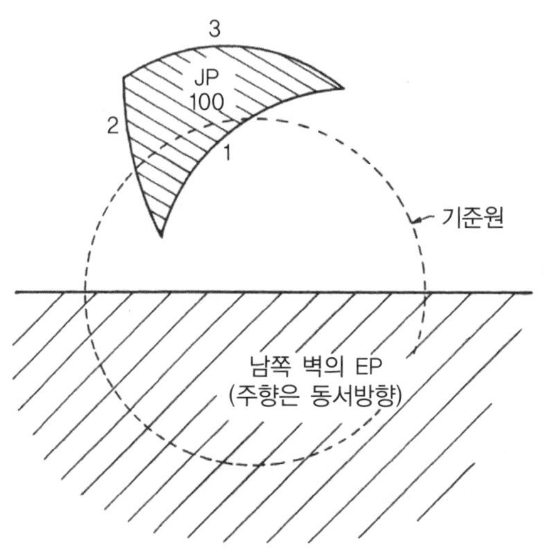

그림 7.23 남쪽 벽의 EP와 교차하지 않는 유일한 JP

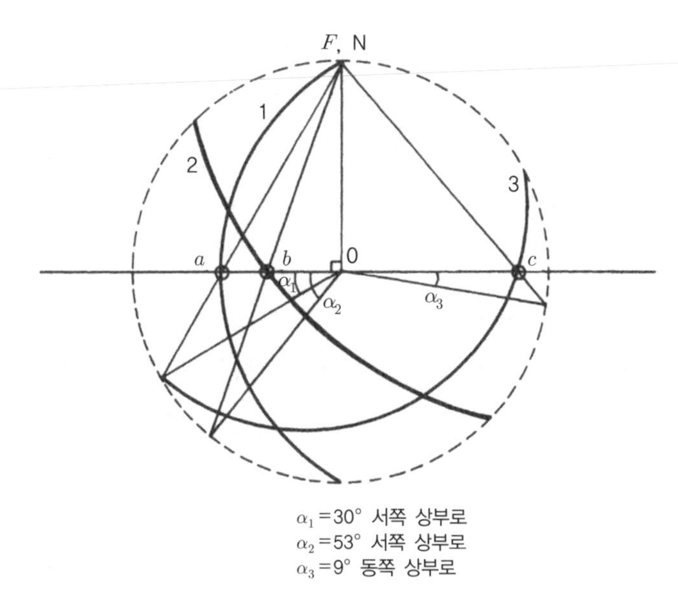

그림 7.24 남쪽 벽의 제거 가능한 블록의 모서리에 대한 그림

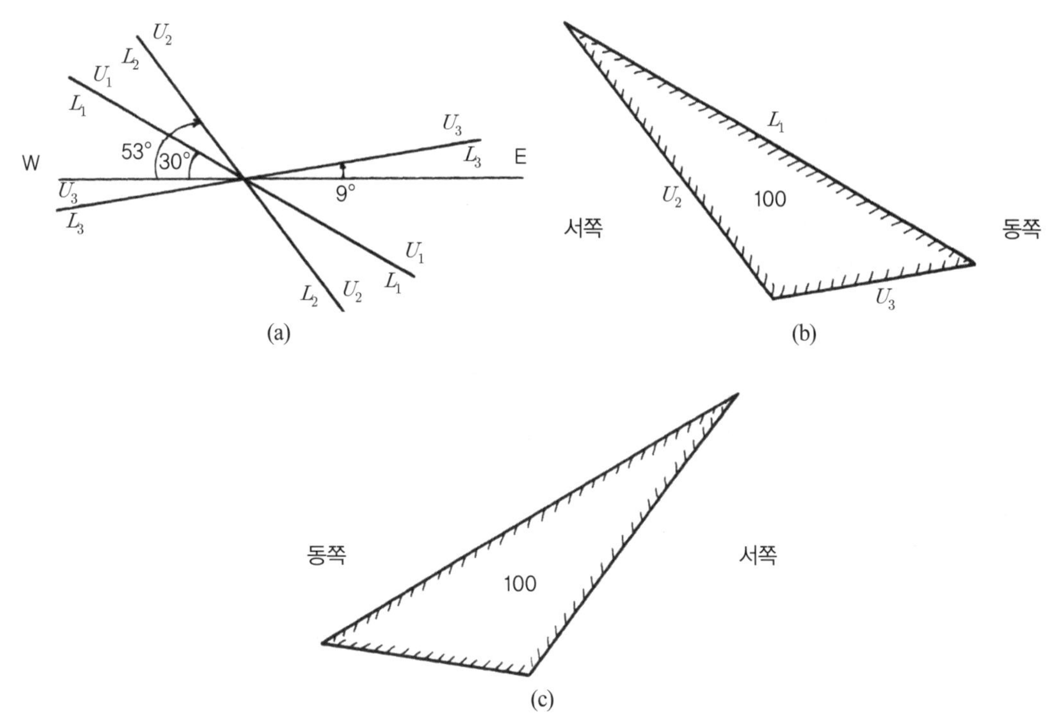

그림 7.25 남쪽 벽의 뾰족하고 제거 가능한 블록의 모서리에 대한 그림
(b) 남쪽 벽에서 북쪽을 바라볼 때
(c) 남쪽 벽에서 남쪽을 바라볼 때

및 하부 반-공간이 표시되어 있다. 그러면 그림 7.25b는 북쪽을 보았을 때 반-공간의 조합으로부터 JP 100의 이동 가능한 블록의 자유면을 결정한다. 이후 수직선에 대하여 그림을 회전시킴으로써 동쪽이 서쪽으로 회전하고, 남쪽을 보았을 때 공동의 내부로부터 남쪽 벽을 볼 수 있다. 그림 7.25c는 굴착에 의하여 블록의 분리에 접근함에 따라 잠재적으로 위험한 블록의 확인에 사용될 수 있다.

이제 그림 7.26a와 같이 남쪽 벽의 절리 자취 지도를 볼 수 있다. 절리 자취의 교차는 많은 다각형을 만든다. 앞의 분석으로 이 면 중에서 어떤 면이 이동 가능한 블록인 지가 결정된다. 이동 가능한 블록의 자유 면은 아래쪽 가장자리에 그려진 그림의 형태를 가진다. 자취 지도에

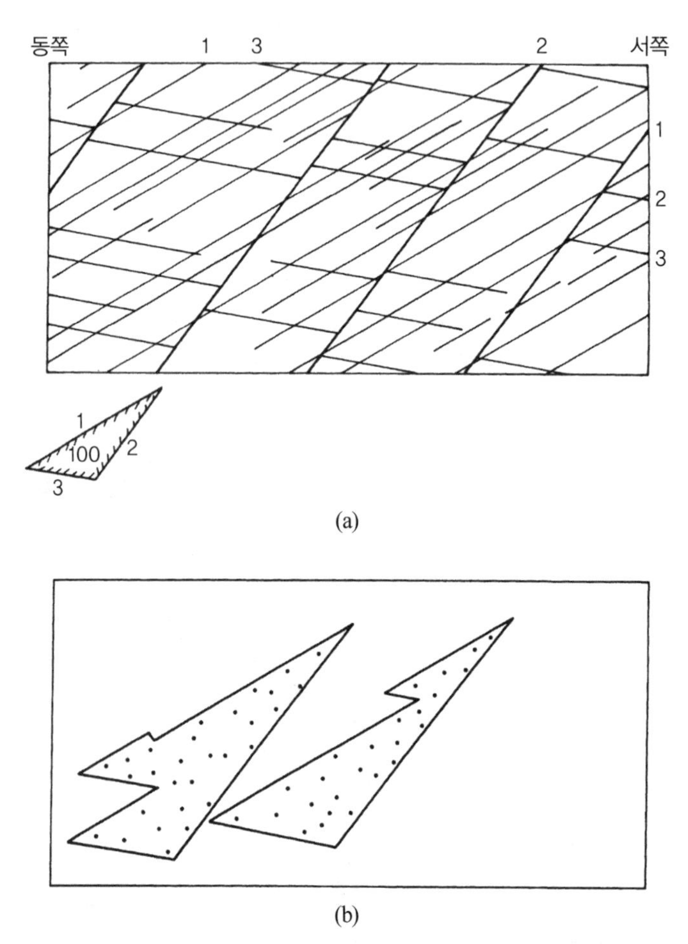

그림 7.26 (a) 남쪽을 바라볼 때 남쪽 벽의 절리 자취, (b) 그림 7.26(a)로부터 JP100에 대하여 결정된 남쪽 벽의(남쪽을 바라볼 때) 제거 가능한 블록들

서 이러한 패턴을 인지하는 것이 가능하다. 그림 7.26b는 모든 이동 가능한 블록의 면을 보여준다. 만약 이 블록들이 지보되면 아무 블록도 이동할 수 없고 전체 벽은 안전하다. 더욱 복잡한 절리 시스템과 일반적으로 경사진 굴착에 의한 더욱 복잡한 자취 지도에서 이동 가능한 블록을 찾기 위한 공식적인 과정은 Goodman and Shi(1985)에 제시되어 있다. 이 방법을 사용하는 엔지니어나 지질학자는 평사투영을 이용하여 수작업으로 그리거나, 다수의 대화형의 컴퓨터 프로그램[5]을 사용하는 선택권이 있다. 컴퓨터 프로그램은 평면 굴착면과 곡선의 굴착면에 대하여 절리 통계학을 사용하여 모사된 암반에 대하여 절리 자취 지도를 그릴 수 있도록 개발되었다.

터널에 대한 적용

터널의 경우에 굴착된 표면은 터널 축에 평행한 면의 집합체이다. 그러므로 거의 모든 JP는 터널 내부 주위의 어느 지점에나 이동 가능한 블록을 만들 수 있다. 그러나 이러한 이동 가능한 블록은 터널 표면의 특정 구역에 한정된다. 예를 들어 그림 7.27의 이차원 단면에서 보이는 절리면을 고려해보자. 만약 블록들이 이 그림의 각 절리면의 하부 반-공간에 동시에 놓여야만

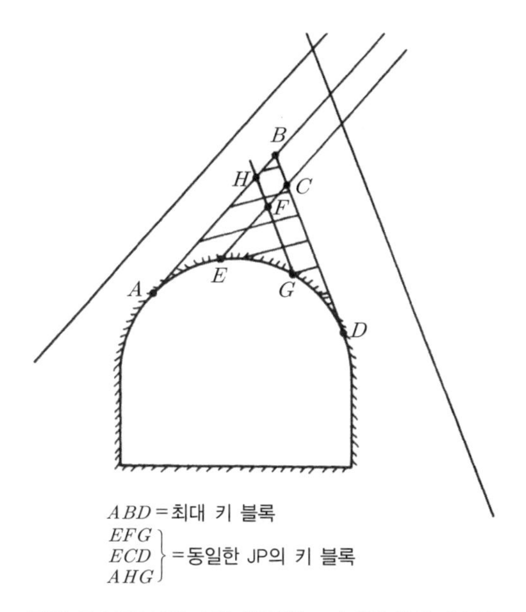

그림 7.27 주어진 JP에 해당하는 터널의 최대 키 블록

5 Gen hua Shi의 블록이론에 대한 프로그램은 주소가 715 Arlington, Berkeley, CA 94707인 Discontinuous System Research로부터 구할 수 있다.

한다고 가정하면, 어떠한 블록도 ABD 구역보다 클 수가 없다. 실제 블록은 더욱 작을 것이다. 절리의 간격과 연장성에 대한 정보가 없으면, 이동 가능한 최대 블록, ABD를 근거로 설계하는 것이 현명하다. 주어진 터널의 단면에서 각 JP(터널 축방향을 포함하는 JP는 제외)는 이동 가능한 최대 블록을 가지고 있다. 이동 가능한 블록을 결정하는 방법은 다음과 같다.

그림 7.28a에서 하나의 특정한 JP, 010은 음영 처리가 되어 있다. 터널은 수평이고 N21°E 방향이다. 터널 축의 투영은 점 a이거나 반대인 $-a$이다. JP의 모서리는 절리군의 교차점이고 각각은 a에 직각인 수직면에 직각 투영을 가진다. JP 모서리의 이러한 직각 투영은 터널 구간을 따라 세 점을 만들고, 세 점 중에서 두 점은 터널의 단면에서 보이는 것처럼 JP 010에 대한 이동 가능한 최대 블록의 최대 한계의 투영이다. 이동 가능한 최대 블록의 최대 한계의 경사를 결정하기 위하여 JP를 완전히 둘러쌀 수 있도록 a와 $-a$ 및 JP의 모서리를 통과하는 두 개의 대원을 그린다. 이와 같이 그려진 한계 평면의 자취는 터널 단면을 횡단하는 점으로 나타난다. 이러한 자취들의 경사는 평사투영의 특성을 사용하여 그림 7.28a처럼 측정될 수 있거나, 투영망을 사용하여 발견될 수도 있다. 만약 모서리가 기준원의 외부에 놓인다면 그 모서리의 반대편이 내부에 놓일 것이다. 한계 평면은 모서리와 모서리의 반대편을 통과해야만 한다. 만약 모서리가 기준원의 중심으로부터 x 떨어진 거리에 있다면, 모서리의 반대편은 중심에서 반대 방향으로 R^2/x의 거리에 있다(여기서 R은 기준원의 반경이다). 그림 7.28a의 경우에 JP는 각각의 포락 대원의 내부에 놓여서 JP는 그들의 상부에 위치한다. 터널 단면에 있는 모서리의 직각 투영의 경사각을 그림 7.28b의 터널 단면으로 이동하였고, 이동 가능한 블록은 직각 투영의 상부에 해당하는 구역으로 발견되었다. 이 경우에, 만약 중력이 블록에 작용하는 최종 힘의 방향에 주요 기여 인자라면 최대 이동 가능한 블록은 키 블록이 아니다. 그림 7.29a는 JP 001에 대하여 유사하게 그린 것을 보여준다. 이 JP의 모서리 I_{12}는 이 종이의 범위를 벗어나 있으므로 모서리의 반대편 $-I_{12}$가 그려졌다. (반대편은 수직선 n_1과 n_2에 직각이므로 수직선 n_1과 n_2를 연결하는 대원에 직각인 상반구 선(upper hemisphere line)이다.) 각 모서리를 통과하는 대원들은 각 점들에서 터널 단면과 교차하고, 한계 대원은 I_{23}와 I_{13}를 통과하는 대원으로 나타나며 각각 동쪽 24° 상부로 그리고 서쪽 83° 상부로 터널 단면과 교차한다. JP는 첫 번째 교차점의 외부이고 두 번째 교차점의 내부에 있어서 JP 001은 첫 번째 교차점의 아래에 그리고 두 번째 교차점의 위에 있다. 그림 7.29b는 이 정보들을 터널 단면으로 이동하였다.

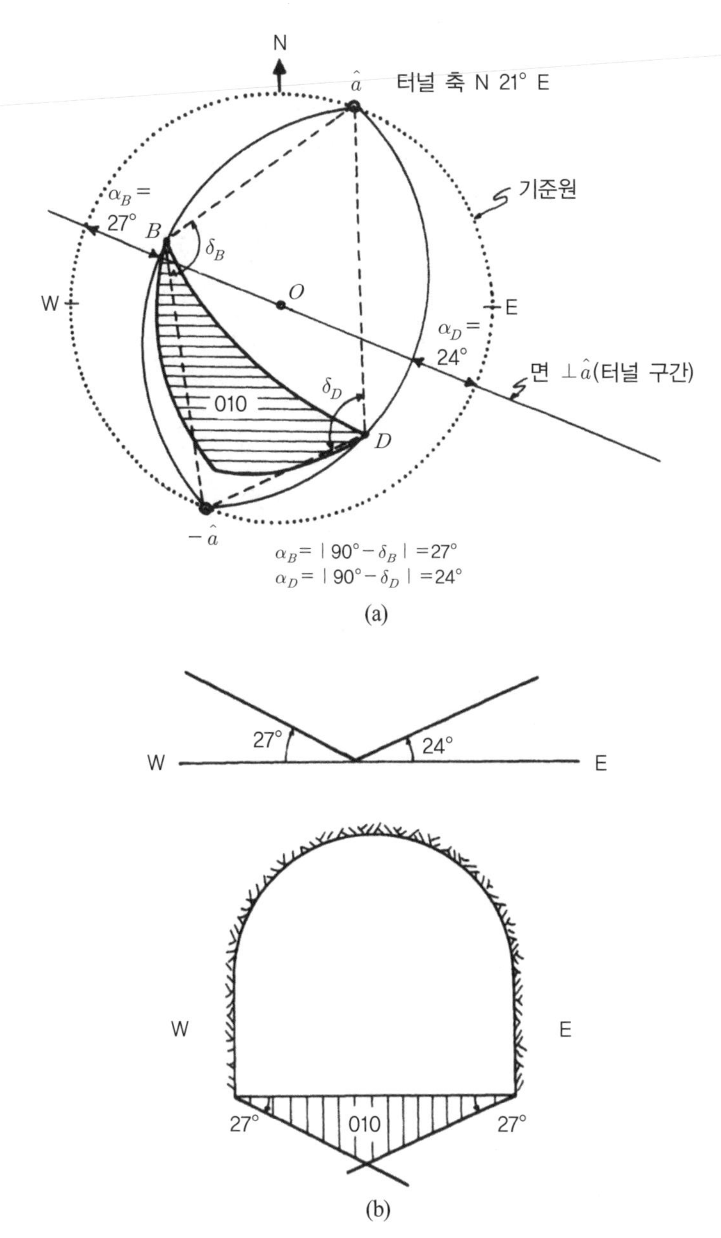

그림 7.28 (a) 터널 구간에서 JP010에 해당하는 최대 제거 가능한 블록 모서리의 투영 그림, (b) 터널 구간에서 JP010에 해당하는 최대 제거 가능한 블록의 투영

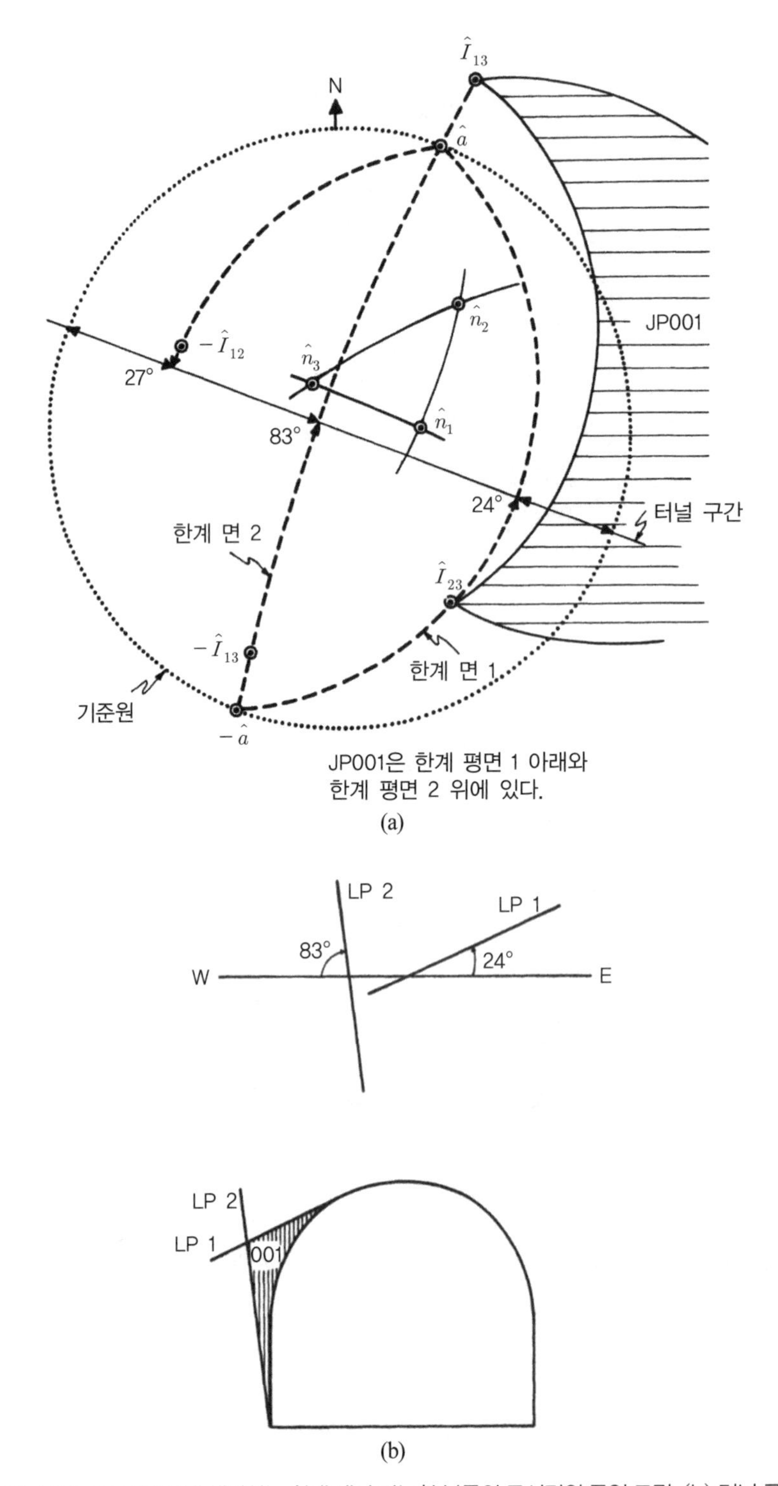

그림 7.29 (a) 터널 구간에서 JP001에 해당하는 최대 제거 가능한 블록의 모서리의 투영 그림, (b) 터널 구간에서 JP001에 해당하는 최대 제거 가능한 블록의 투영

두 JP들에 대한 최대 키 블록 분석을 시행하였으므로, 이제 나머지 모든 것을 찾기 위한 과정을 진행하자. JP 000과 JP 111은 터널 축을 포함하고 있으므로, 이 JP들은 터널 단면에서 최대 키 블록 구역을 가지지 않는다. 모든 다른 JP의 최대 키 블록 구역은 그림 7.30과 같고, 각 터널 단면은 문제되는 JP에 해당하는 곡선의 다각형으로 그려졌다. 중력하에서는 JP 101, JP 100 그리고 JP 001은 지보가 요구되는 블록을 만들 것이라는 것을 금방 알게 된다. 비록 이 그림들은 2차원으로 그려졌으나 삼차원 최대 키 블록은 이들 절리 피라미드에 상응하게 그릴 수 있고 한계평형분석을 받을 수 있다. 중력하에서 미끄러지는 방향은 Goodman and Shi(1985)에 의하여 논의된 바와 같이 합력의 방향과 절리 피라미드의 기술에 근거한 모드 분석에 의하여 결정된다. 이후 마찰각이 각 면에 입력되면, 지보력 벡터는 다음 장에서 논의되는 분석법을 이용하여 각각의 최대 키 블록에 대하여 계산될 수 있다. 어떠한 블록도 지보를 요구하지 않을 수 있다. 반면에 어떤 터널 방향에서는 동일한 절리군과 마찰각이 큰 지보력을 요구할 수도 있다. 이것은 터널의 방향이 변함에 따라 최대 키 블록의 크기가 변하기 때문이다.

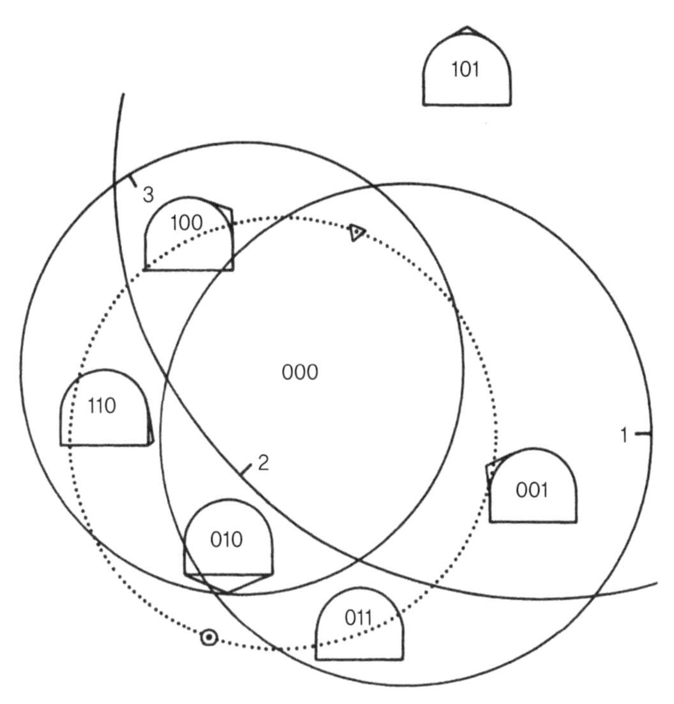

그림 7.30 JP들의 평사투영에 중첩되어 각 JP에 대한 최대 제거 가능한 블록을 보여주는 터널 구간

사례 연구 - '터널 지보 스펙트럼'

암반의 지보 요구량에 대한 터널 방향의 영향은 그림 7.30의 암반에 대하여 터널 방향에 대한 함수로 가장 결정적인 블록의 평형에 대한 지보력의 연구로서 나타나 있다. 고려된 모든 사례들은 N21°E 방향의 수평 터널 축에 해당한다. 잠시 수평 터널에 대해서만 고려하면, 그림 7.31에서 다섯 방향의 터널에 대한 가장 결정적인 키 블록의 상대적인 크기를 관찰할 수 있다. 최대 키 블록은 방향이 315°(N45°W)에 근접함에 따라 극적으로 커지게 된다. 폭 6 m, 높이 5.4 m의 말 발굽 형태의 터널에서, 그림 7.32에 도시된 것같이 이 시스템의 한계평형분석은 최대 키 블록에 대하여 터널 길이 1 m당 최소 1톤 이하에서부터 최대 33톤까지 변하는 지보력을 요구한다. 이 그림에서 최대값의 명확성은 '터널 지보 스펙트럼'이라는 이름에 적절하다.

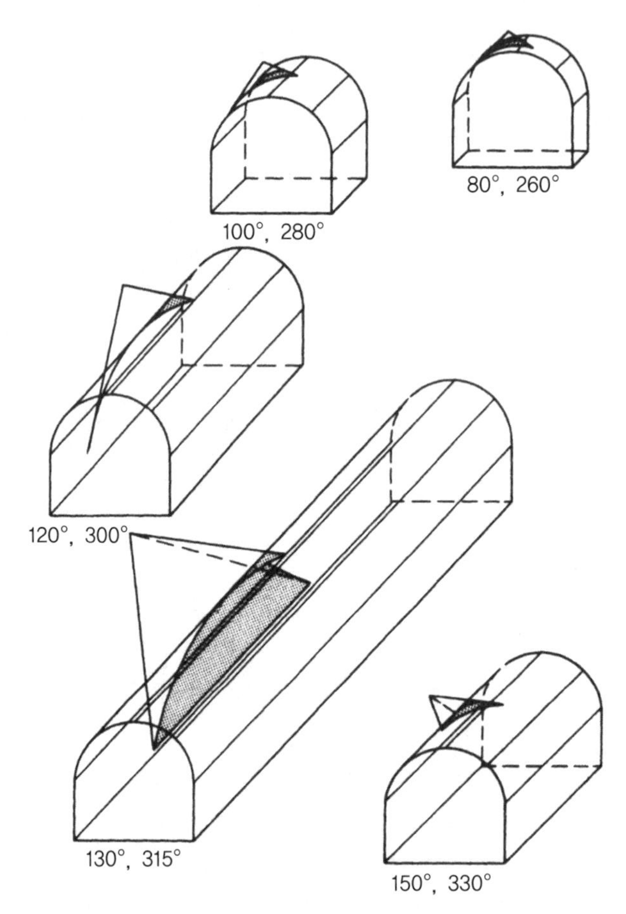

그림 7.31 다양한 방향의 터널에 대하여 한계평형분석이 고려된 가장 결정적인 절리 피라미드의 최대 키 블록들 (터널의 방향은 숫자로 주어져 있다.)

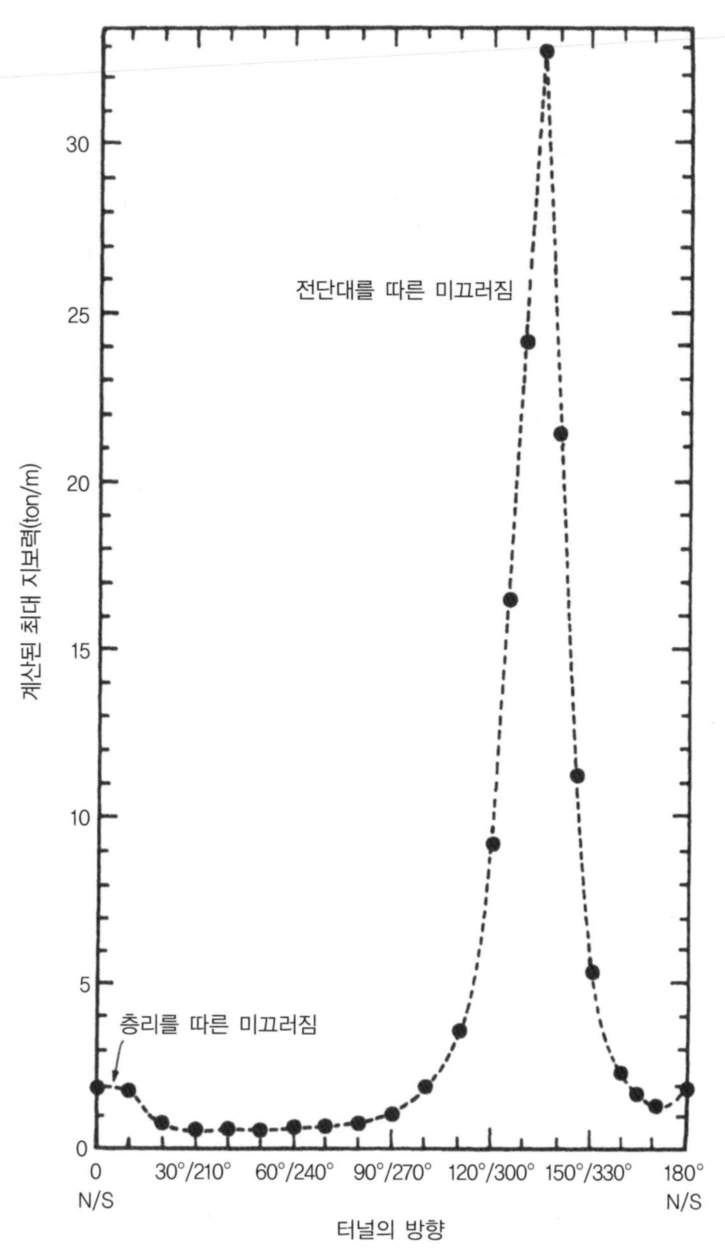

그림 7.32 폭 6 m, 높이 5.4 m인 말발굽 형태의 터널에 대한 '터널 지보 스펙트럼' - 모든 방향의 수평 터널에서 가장 결정적인 제거 가능한 블록에 대하여 한계평형에 도달하기 위한 미끄러지는 방향과 반대 방향인 지보력

모든 터널의 방향에서 키 블록의 지보 요구량을 완전하게 분석하기 위하여 마이크로컴퓨터 프로그램이 사용되었다. 이 프로그램의 입력 자료는 절리군의 방향, 절리군의 마찰각 및 터널 단면의 크기로 구성된다. 출력 자료는 모든 터널/수갱 방향에 대하여 등고선으로 그려진 지보력 요구량의 '등면적 투영'과 모든 미끄러짐의 유형 및 미끄러짐 힘 방향의 목록들이다. 등면적 투영은 어디에서 투영하든지 투영망의 '사각형'에 대하여 동일한 면적이 산출되도록 평사투영을 변형시킨 것이다.

그림 7.33은 논의된 문제에 대한 그림을 보여준다. 이 그림은 최악의 터널 방향은 315°(N45°W) 방향의 수평과 305°(N55°W) 방향으로 수평에서 위로 23° 방향임을 보여준다. 이 방향 인근의 방향이 아닌 대부분의 터널/수갱 방향에서는 아주 작은 지보가 요구된다.

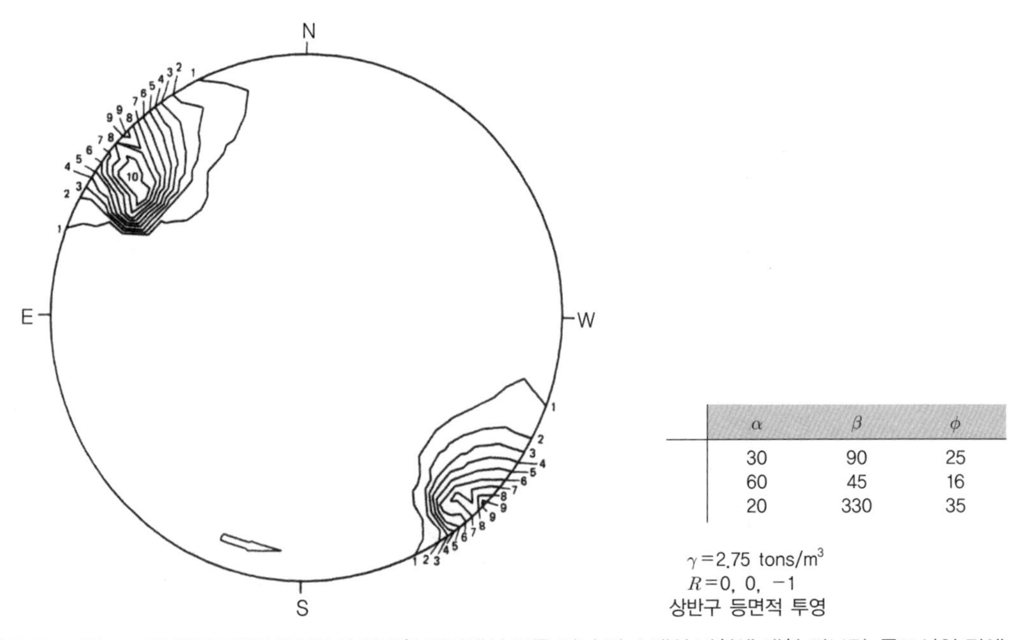

α	β	ϕ
30	90	25
60	45	16
20	330	35

그림 7.33 그림 7.32와 같이 3개의 절리군이 발달한 암반에서 모든 터널 및 수갱의 방향에 대한 지보력: 등고선의 값에 3.3 ton/m를 곱하라.

다른 사례가 그림 7.34에 제시되어 있으며, 여기서는 네 번째 절리군이 앞에서 고려한 세 개의 절리군에 추가되었다. 추가된 절리군은 경사가 75°이고 경사방향이 190°이며, 마찰각으로 15°가 할당되었다. 터널/수갱의 지보력 등고선은 약간 약하게 양극화되어 있고, 수갱에서는 지보 요구량이 증가되었다. 최대의 힘을 요구하는 터널의 방향과 그때의 지보력의 크기는 세 개의 절리군이 있는 그림 7.33의 것과 동일하다. 최악의 터널에 대한 지보력의 크기는 터널 1 m당 32톤이다.

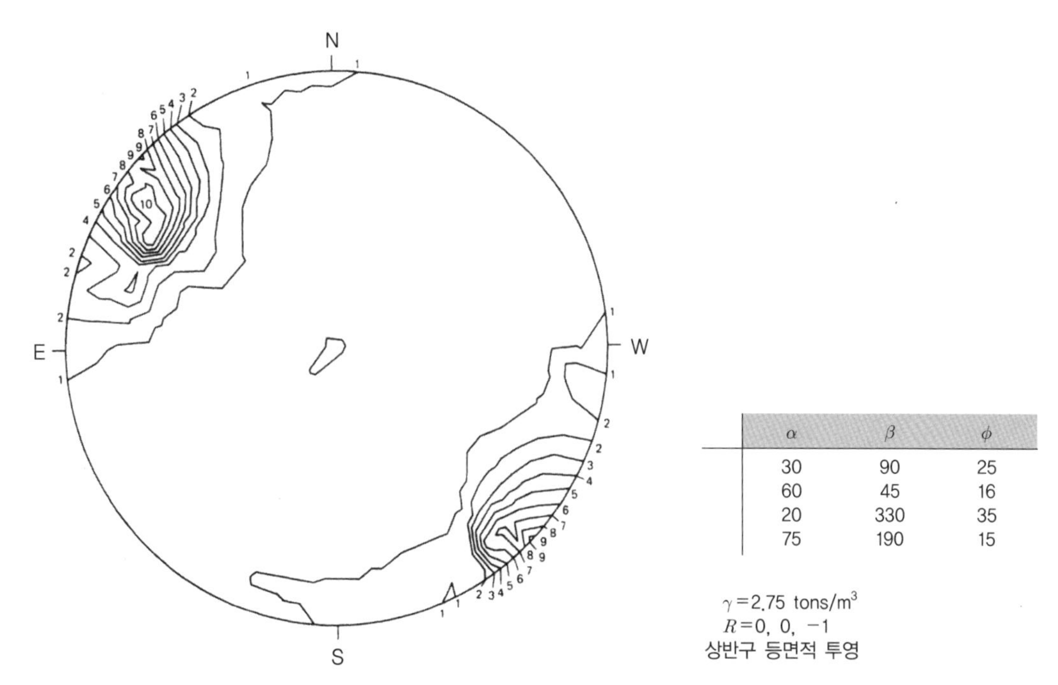

α	β	ϕ
30	90	25
60	45	16
20	330	35
75	190	15

그림 7.34 그림 7.33과 같이 4개의 절리군이 발달한 암반에서 모든 터널 및 수갱의 방향에 대한 지보력: 등고선의 값에 3.3 ton/m를 곱하라.

요약

강하고 절리가 발달한 암반에 대한 터널 지보의 설계는 기존의 절리와 터널 표면이 교차함으로써 생성되는 잠재적인 키 블록의 안정화에 필요한 힘을 근거로 하여야 한다. 이 블록들의 기술 및 분석에는 삼차원적인 접근이 필요하다. 블록이론은 주어진 터널 방향, 형태 및 크기에서 가장 결정적인 블록을 알아내는 편리한 방법이다. 암반을 기술할 때 필요한 정보는 단순히 절리면의 방향과 마찰각이다.

이 절은 블록이론을 터널 지보력의 계산에 적용하는 이론적인 기초와 도식적인 과정을 소개하였다. 이 과정들은 지보 요구량에 따른 터널 및 수갱 설계를 최적화하는 가능성을 제시한다.

이 분석을 수행할 때 필요한 암석에 대한 정보는 최소이고, 마이크로컴퓨터가 이용가능하기 때문에 계산은 길지 않다. 블록이론은 터널과 수갱의 배치와 설계를 절리 암반의 기하학적 특성에 맞출 때 비용이 절감될 가능성을 제공한다.

참고문헌

Benson, R. P., Conlon, R. J., Merritt, A. H., Joli-Coeur, P., and Deere, D. V. (1971) Rock mechanics at Churcill Falls, *Proceedings, Symposium on Underground Rock Chambers* (ASCE), pp. 407-486.

Bieniawski, Z. T. (1968) op, cit., Chapter 3.

Bieniawski, Z. T. (1975a) op, cit., Chapter 3.

Bieniawski, Z. T. (1975b) Case studies: Prediction of rock mass behavior by the geomechanics classification, *Proceedings, 2nd Australia-New Zealand Conference on Geomechanics* (Brisbane), pp. 36-41.

Bieniawski, Z. T. (1976) op, cit., Chapter 2.

Bieniawski, Z. T. (1984) op, cit., Chapter 1.

Bray, J. W. (1967) A study of jointed and fractured rock, II. Theory of limiting equilibrium, *Felsmechanik und Ingenieurgeologie (Rock Mechanics and Engineering Geology)* 5: 197-216.

Coates, D. F. (1970) See references, Chapter 1.

Cording, E. J. and Deere, D. V. (1972) Rock tunnel supports and field measurements, *Proceedings, 1st Rapid Excavation and Tunneling Conference* (AIME), Vol. 1, pp. 601-622.

Cording, E. J. and Mahar, J. W. (1974) The effect of natural geologic discontinuities on behavior of rock in tunnels, *Proceedings, 1974 Excavation and Tunneling Conf.* (AIME), Vol. 1, pp. 107-138.

Dube, A. K. (1979) Geomechanical evaluation of tunnel stability under falling rock conditions in a Himalayan tunnel, Ph.D. Thesis, University of Roorkee, India.

Duvall, W. (1976) General principles of underground opening design in competent rock, *Proceedings, 17th Symposium on Rock Mechanics* (University of Utah), Paper 3A1.

Gnirk, P. F., and Johnson, R. E. (1964) The deformational behavior of a circular mine shaft situated in a viscoelastic medium under hydrostatic stress, *Proceedings, 6th Symposium on Rock Mechanics,* University of Missouri (Rolla), pp. 231-259.

Goodman, R. E. and Boyle, W. (1986) Non-linear analysis for calculating the support of a rock block with dilatant joint faces, *Felsbau* 4: 203-208.

Goodman, R. E. and Shi, G. H. (1985) *Block Theory and Its Application to Rock Engineering,* Prentice-Hall, Englewood Cliffs, NJ.

Hoek & Brown (1980) op. cit. chap 1.

Holland, C. T. (1973) Pillar design for permanent and semi-permanent support of the overburden in coal mines, *Proceedings, 9th Canadian Rock Mechanics Symposium.*

Hustrulid, W. A. (1976) A review of coal pillar strength formulas, *Rock Mech.* 8: 115-145.

Indraratna, B. and Kaiser, P. K. (1987) Control of tunnel convergence by grouted bolts, *Proc. Rapid Eacav. and Tunneling Conf.* (RETC), New Orleans.

Jaeger, J. and Cook, N. G. W. (1976) See references, Chapter 1.

Jethwa, J. L. (1981) Evaluation of rock pressure in tunnels through squeezing ground in the lower Himalayas, Ph.D. thesis University of Roorkee, India.

Jethwa, J. L. and Singh, B. (1984) Estimation of ultimate rock pressure for tunnel linings under squeezing rock conditions, *Proceedings, ISRM Symposium on Design and Performance of Underground Excavations* (Cambridge), pp. 231-238 (Brit. Geotech. Soc., London)

Kaiser, P. K. and Morgenstern, N. R. (1981, 1982) Time-dependent deformation of small tunnels. I, Experimental facilities; II, Typical test cata; III, Pre-failure behaviour, *Int. J. Rock Mech. Min. Sci.* I, 18: 129-140; II, 18: 141-152; III, 19: 307-324.

Kastner, H. (1962) *Statik des tunnel−und stollenbaues.* Springer-Verlag, Berlin.

Korbin, G. (1976) Simple procedures for the analysis of deep tunnels in problematic ground, *Proceedings, 17th Symposium on Rock Mechanics* (University of Utah), Paper 1A3.

Ladanyi, B. (1974) Use of the long term strength concept in the determination of ground pressure on tennel linings. *Proc. 3rd Cong. ISRM* (Denver), Vol. 2B, pp. 1150-1156.

Lang, T. A. (1961) Theory and practise of rock bolting, *Trans. Soc. Min. Eng.,* AIME 220: 333-348.

Lang, T. A. and Bischoff, J. A. (1981) Research study of coal mine rock reinforcement, A report to the U.S. Bureau of Mines, Spokane (available from NTIS, #PB82-21804).

Lang, T. A., Bischoff, J. A., and Wagner, P. L. (1979) Program plan for determining optimum roof bolt tension−Theory and application of rock reinforcement systems in cial mines; A report to the U.S. Bureau of Mines, Spokane (available from NTIS, #PB80-179195).

McCreath, D. R. (1976) Energy related underground storage, *Proceedings, 1976 Rapid Excavation ad Tunneling Conf.* (AIME), pp. 240-258.

McCreath, D. R. and Willett, D. C. (1973) Underground reservoirs for pumped storage, *Bull. Assoc. Eng. Geol.* 10: 49-64.

Muskhelishvili, N. I. (1953) *Some Basic Problems of the Mathematical Theory of Elasticity,* 4th ed., translated by J. R. M. Radok, Noordhof, Groningen.

Obert, L. and Duvall, W. (1967) See references, Chapter 1.

Panek, L. A. (1964) Design for bolting stratified roof, *Trans. Soc. Min. Eng.,* AIME, Vol. 229, pp. 113-119.

Peck, R. B., Hendron, Jr., A. J., and Mohraz, B. (1972) State of the art of soft ground tunneling, *Proceedings 1st Rapid Excavation and Tunneling Conference* (AIME) 1: 259-286.

Stephenson, O. (1971) Stability of single openings in horizontally bedded rock, *Eng. Geol.* 5: 5-72.
Szechy, K. (1973) *The Art of Tunnelling,* 2d ed., Akademiado, Budapuest.
Terzaghi, K. (1946) Rock defects and loads on tunnel supports, in R. V. Proctor and T. L. White, *Rock Tunneling with Steel Supports,* Commercial Shearing and Stamping Co, Youngstown, OH.

1 다음 그림의 A, B 및 C점에서 단층의 궤적을 따라서 psi 단위로 수직응력 및 전단응력을 나타내는 벡터를 그려라. 단층의 주향은 터널의 원주와 평행하고 반경은 15 ft이며, 터널과 가장 가까운 지점은 터널과 10 ft 떨어져 있다. 경사는 60°이다. 터널은 화강암의 500 ft 심도에서 굴진되었다. $K = 1.0$으로 가정하라.

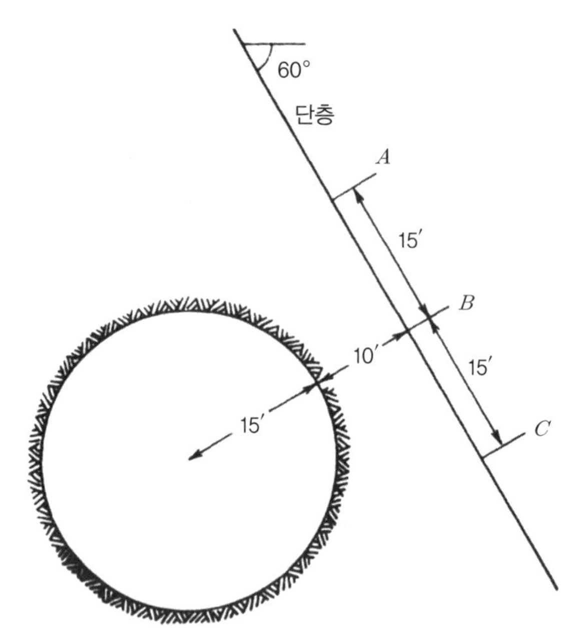

2 K 값이 0, $\frac{1}{3}$, $\frac{2}{3}$, 1, 2, 3에 대하여 높이가 폭의 2배인 타원형의 지하공간 둘레에서 최대 압축응력을 계산하라. 터널의 심도는 1000 ft이다. 각각의 경우에 최대응력이 발생하는 지점을 표시하라.

3 탄성 거동을 가정할 때 폭이 50 ft인 광산 챔버의 천장 상부 각 층의 처짐 및 응력을 계산하라. 지하공간에 가장 가까운 층은 사암이고, 두께는 5 ft이며, 단위중량은 160 lb/ft³이다.

4 Bray의 함수를 사용하여 σ_r과 σ_θ의 곡선을 반경의 함수로 그리고 터널 벽에서의 u_r을 계산하라.

(a) 특성은 $\phi_j = 20°$; $S_j = 0$; $\delta = 55°$; $q_u = 500$ psi; $\phi = 35°$; $p = 400$ psi; $p_i = 40$ psi; $a = 96''$; $E = 10^6$ psi; $\nu = 0.2$이다.

(b) $p_i = 400$ psi이고 다른 값들은 동일할 때 u_r과 R을 구하라.

5 폭이 30 ft인 지하공간에서 6 ft 두께의 사암 아래에 3 ft 두께의 석회암이 있다.

(a) 수평응력을 0으로 가정하면, 천장에서 '매달기 효과'를 얻기 위하여 3 ft 간격의 사각형 패턴으로 록볼트를 설치할 때 선-인장 힘의 크기를 구하라. (사암은 $E = 1\times10^6$ psi이고, 석회암은 $E = 0.3\times10^6$ psi; $\gamma = 150$ lb/ft³이다.)

(b) 각 층의 최대 인장응력을 구하라.

6 직경이 50 ft인 원형의 지하공간에서 수평의 직경방향으로 각 측벽에 10 ft 깊이로 설치된 기준점(bench mark) 사이에서 발생하는 변위의 변화를 시간의 함수로 계산하고 도시하라. 암석은 탄성적이고, 시간 의존적인 부피의 변화가 없는 정수압 상태로 가정하고, 뒤틀림은 아래의 성질을 가진 Burger 물질로 거동한다고 가정한다.

$$G_1 = 0.5\times10^5 \text{ psi}$$
$$G_2 = 0.5\times10^6 \text{ psi}$$
$$\eta_1 = 8.3\times10^9 \text{ psi/min}$$
$$\eta_2 = 8.3\times10^{11} \text{ psi/min}$$
$$K = 1.0\times10^6 \text{ psi}$$

수직 및 수평 방향의 초기응력은 2000과 4000 psi이다.

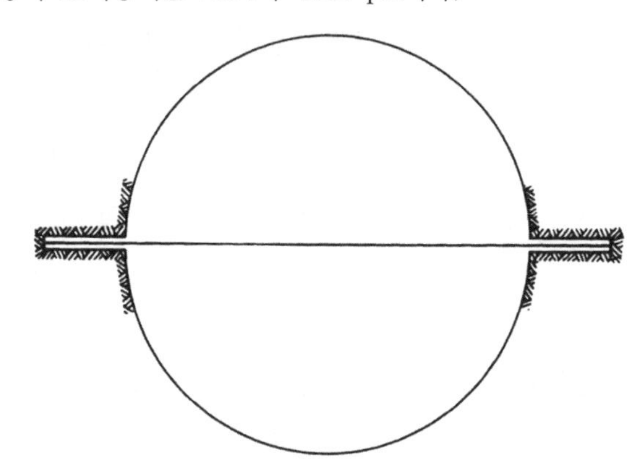

7 6번 문제에서 15 ft 길이의 록볼트가 굴착 12시간 후에 수평에서 30° 상향인 반경 방향으로 설치되었다. 록볼트가 터널의 변위를 감소시키기에는 강성이 부족하다고 가정하고 (a) 볼트의 변형률을 시간의 함수로 계산하라. (b) 만약 볼트가 직경이 1.25 in인 철제로 제작되었다고 하면, 볼트에 발생하는 힘을 시간의 함수로 구하라.

8 초기응력이 정수압이고 굴착 24시간 후에 100 psi의 내부 압력이 갑자기 가해졌을 때, 암염 내에 심도 1000 ft에서 직경 40 ft인 터널의 시간에 따른 방사상 변위를 계산하라. 암석은 $K = 0.8\times10^6$ psi, $G_1 = 0.1\times10^6$ psi, $G_2 = 0.6\times10^6$ psi, $\eta_1 = 10^8$ psi/min, $\eta_2 = 10^{12}$ psi/min, $\gamma_{wet} = 150$ lb/ft ^{3}이고, 정수압에서는 탄성적이며 뒤틀림에 대해서는 Burger 물체이다. (힌트 : 6장의 팽창계 시험과 7장의 터널에 대한 해답을 중첩하라.)

9 지질역학적 분류(RMR 분류)에 의한 암반의 등급이 20이다. 미터 단위의 비-지보 구간에 대한 자립시간 곡선을 도시하라.

10 직경 5 m의 암석 터널이 굴착면에서 4 m인 최대 비–지보 길이까지 굴진되었다. 터널에서 암반분류 등급에 대한 자립시간의 곡선을 도시하라.

11 동일한 직사각형 기둥 블록들이 주어졌고(두께 t, 길이 s, 폭 b), 그 블록들로 아치 터널을 건설하기를 원한다고 가정하자.

(a) 안전하며 가장 넓은 터널의 형태와 크기를 계산하라. (힌트: 블록 i는 아래에 있는 블록에서 거리 x_i만큼 연장할 수 있고(그림 참조) 완전한 아치는 그러한 가로보 블록의 대칭적인 배열로서 계산될 수 있다.)

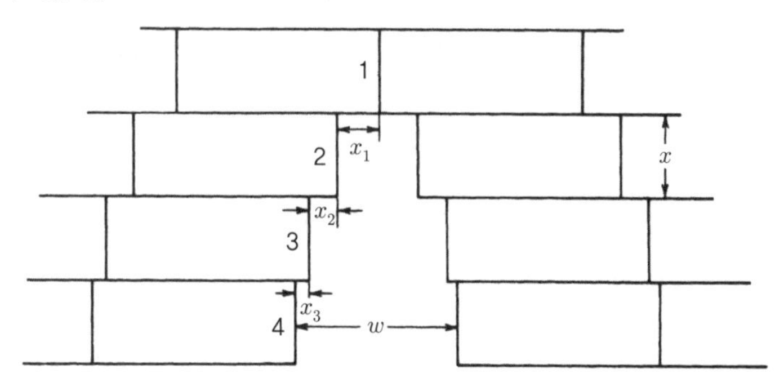

(b) 그러한 터널의 안정성에 암반의 수평응력이 미치는 영향을 논의하라.

(c) 시스템의 안정성에 한정된 인장강도의 영향을 논의하라.

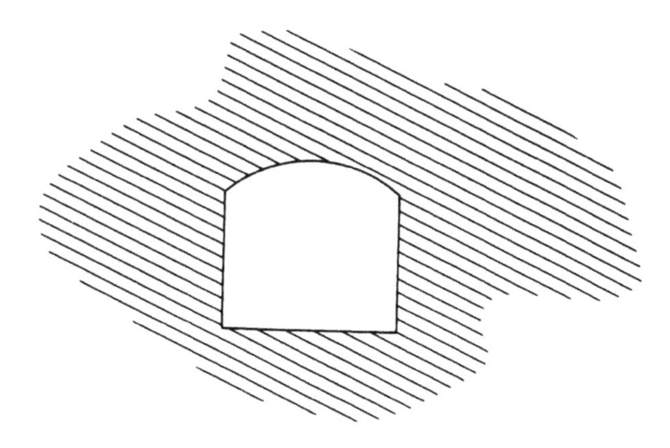

12 단면이 위와 같고 길이가 긴 지하 챔버가 오른쪽으로 25° 경사진 암석에 건설되려고 한다. (a) 마찰각 ϕ_j를 50°로 가정하고, 그림 7.7을 사용하여 공간 주위에서 잠재적으로 곤란이 발생할 지점을 찾아라. (b) $\phi_j = 20°$로 이 과정을 반복하여 암석의 열화가 터널 주위의 응력 흐름에 미치는 영향을 조사하라.

13 (a) 주어진 σ_3, σ_1과 ϕ_j 값에서, 층에 수직인 방향에 대한 σ_1의 최대경사를 계산할 수 있는 식을 유도하라.

(b) $\phi_j = 20°$와 $\sigma_1 = 1$ MPa인 층상 암석에서, σ_1이 층에 수직인 방향에 30° 경사를 가지기 위한 σ_1의 크기를 결정하라.

(c) 문제 12의 터널에 대한 지보 요구량을 평가하기 위하여 이 예제가 어떻게 사용될 수 있나?

14 초기응력 $p_1 = 1.5$ MPa이 수평으로 작용하고 $p_2 = 1.0$ MPa가 수직으로 작용하며, 규칙적이고 왼쪽으로 45° 경사져 있는 층상 암석에 원형의 터널을 건설하려고 한다(그림 참조). 터널 내부에 방사상의 지보 압력 p_b를 굴착 직후에 적용하는 것이 가능하여 암석의 층간 미끄럼은 방지될 수 있다. $\phi_j = 30°$로 가정하고 터널 표면 주위의 $\theta = 0°$, 15°, 60°, 90°, 120° 그리고 180° 지점에서 이러한 결과를 달성하기 위하여 필요한 p_b를 계산하라.

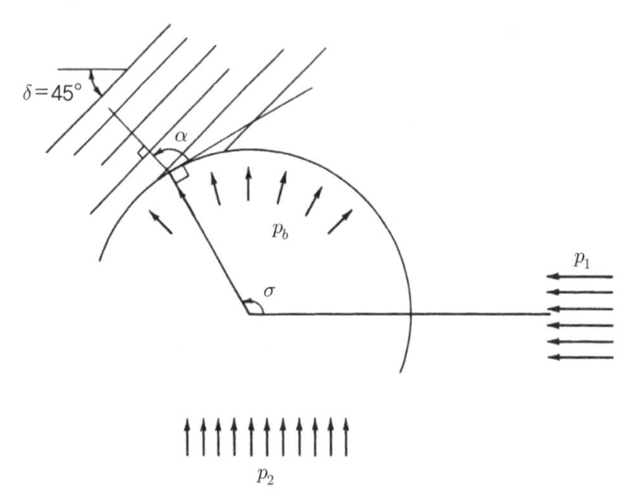

15 (a) 반경 a인 원형터널에서 반경 a와 b 사이의($b > a$) 암석 링의 팽창에 의하여 안쪽으로 향한 방사상 변위(U_a)를 표현하는 공식을 유도하라. 팽창계수 k_B는 암석의 파괴나 감압에 의한 부피의 팽창을 암석이 팽창하기 전의 원래부피로 나눈 것이다. 링의 외부 원은 고정되었다고 가정하라 ($U_b = 0$).

(b) $U_b = 0$일 때 암석 팽창계수 k_B를 U_a, a 및 b의 함수로 표현하는 관계식을 풀어라.

(c) $U_b \neq 0$인 더욱 일반적인 경우에 대하여 위의 k_B 공식을 유도하라.

16 천매암 내의 반경 2.12 m인 원형터널에 압착이 발생하였다. 반경을 따라 설치된 신장계가 시간에 따른 방사상 변위 U_r를 다음과 같이 측정하였다(자료의 출처는 Jethwa(1981)).

t(일)	r(cm)	U_r(mm)
20	2.12	75
	4.5	49
	7.0	30
	9.4	18
100	2.12	135
	4.5	93
	7.0	65
	9.4	49
80	2.12	253
	4.5	180
	7.0	142
	9.4	117

문제 15c의 결과를 사용하여 신장계 설치 지점 사이의 3개의 링에서 부피팽창계수 k_B를 계산하라.

17 문제 16번의 신장계 자료에 대하여 다음의 두 방법을 사용하여 응력저감 구역의 반경 R을 계산하라.

(a) Dube(1979)는 응력저감 구역의 수축 영역으로부터 팽창 영역을 분리하는 $R \simeq 2.7\ r_c$임을 보였다. 이 반경은 문제 16번의 해답으로부터 외삽하여 구할 수 있다.

(b) Jethwa(1981)는 R은 log r에 대한 u의 선이 반경 r인 원형 공간의 탄성변위에 대한 곡선과 교차하는 지점의 r 값이다.

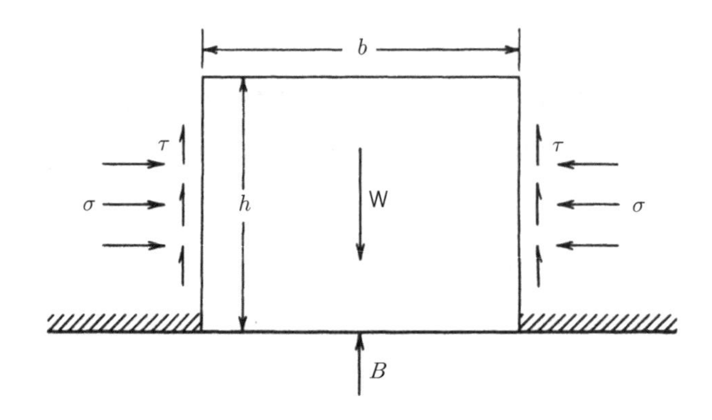

$p=0.4$ MPa, $\nu=0.2$ 그리고 $E=500$ MPa일 때 $u_{\text{elas}}=[(1+\nu)/E]$를 계산하고, $\log r$에 대한 u_{elas} 선을 도시하라. 각각의 시간에서 $\log r$에 대한 자료 u를 도시하고 $u_{\text{elas}}(r)$과 교차점을 결정하라.

18 (a) 한계평형조건 아래에 있는 천장 블록을 안정시키기 위하여 무게에 대한 지보 힘의 비, B/W에 대한 공식을 유도하라. 마찰각 ϕ_j는 모든 절리에서 동일하고(그림 참조), 단위중량은 γ이며 절리는 매끈하다.

(b) 지보가 필요하지 않는 블록의 최대 폭 b를 찾기 위하여 문제 (a)를 풀어라.

19 문제 18번에서 한계평형에 대하여 모든 마찰력이 동원되었다고 가정한다. 이것은 약간의 블록 변위가 요구된다. 옆면은 평행하기 때문에 대칭으로 인하여 팽창변위는 발생할 수 없다. 각 절리의 팽창각은 i로 초기 수직응력은 없는 것으로 가정하고, 블록의 변위 u의 함수로 평형에 요구되는 블록의 무게에 대한 지보력의 비를 구하라. (힌트 : 벽체 암석은 강성으로 가정하라. 만약 팽창이 허용되면 발생할 암석 블록의 변형률을 계산하라. 이러한 변형률에 의한 수직응력의 증가를 구하라.)

20 문제 18번의 수직 절리에 대한 팽창 제한은 그림 5.17b를 가로지르는 수평 경로를 요구하는 것에 해당한다. 그러므로 초기 수직응력이 이 그림의 a에 해당하면 변위 경로는 그림 5.17b의 선 3, 4, 5, 6을 따를 것이다. σ와 τ의 결과 값은 변위 u의 함수로 결정될 것이고, u의 함수 B/W를 결정하는 평형공식 내에 들어갈 수 있다(Goodman and Boyle, 1986 참조). 그림과 같이 문제의

블록을 천장의 대칭적인 쐐기로 가정하면, 무엇이 그림 5.17b를 가로지르는 변위 경로에 해당할 것인가?

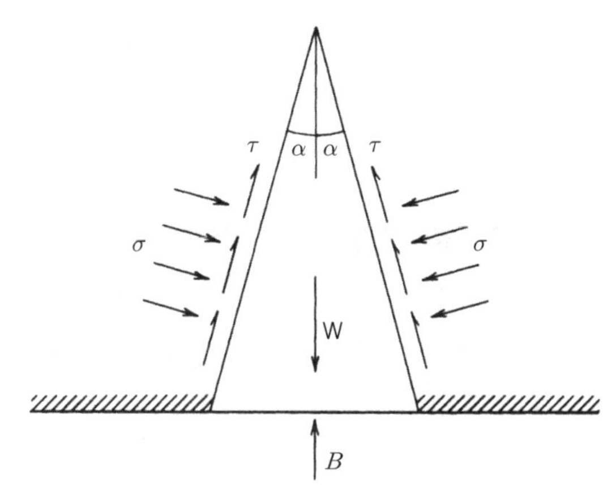

21 원형터널의 천장에 대칭인 암석 쐐기가 있다. 전체 블록이 낙반하는 대신에 블록은 두 개로 갈라져서 상부 조각은 남아 있고 하부조각은 낙하하였다. 이러한 거동에 대하여 어떤 설명이 가능한가?

22 (a) 지하공간의 천장에 세 개의 경첩이 있는 보(three hinged beam)의 한계평형에 대하여(그림 참조) 교대작용(abutment reaction) H 및 V와 그들의 위치를 계산하라.

(b) 불안정성이 발달하는 지점의 침하 Δy의 한계값을 계산하라. 각 교대의 수평 변위 Δx에 해당하는 값을 구하라.

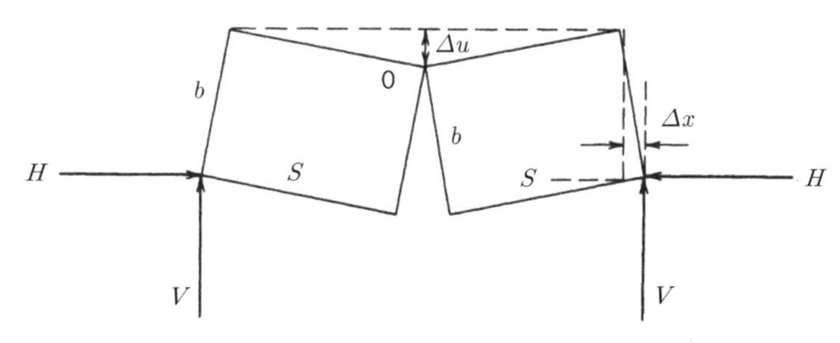

23 인장 볼트의 양 끝단이 볼트 축의 중심에 대하여 45°인 원추 내에 압축응력을 만들어낸다고 가정하자 (그림 참조). 압축응력이 연속적인 구역으로 되는 간격에 대한 길이의 비 l/s를 결정하라.

(a) 직선인 암석 보의 중간지점, $l/2$에서 최소두께를 결정하라.

(b) 내부 반경이 a인($s = r\theta$) 곡선의 보에서 $a/2$ 지점의 최소 두께를 구하라.

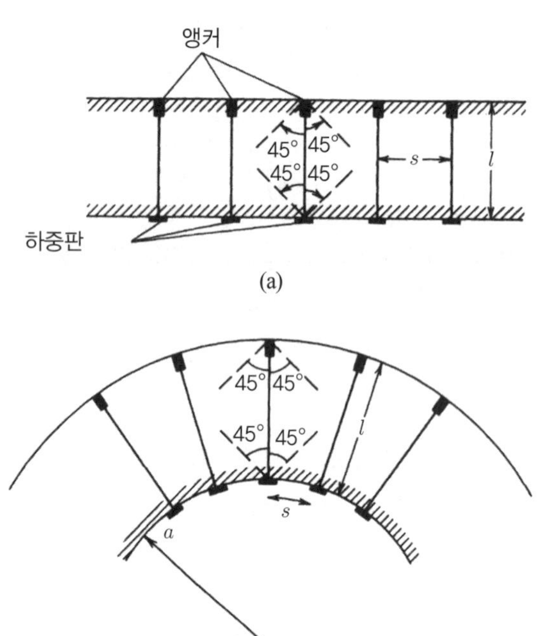

(a)

(b)

24 평평한 층리의 천장에 대한 록볼트 보강 시스템이 아래 그림과 같다. 경사 볼트의 목적은 무엇인가?

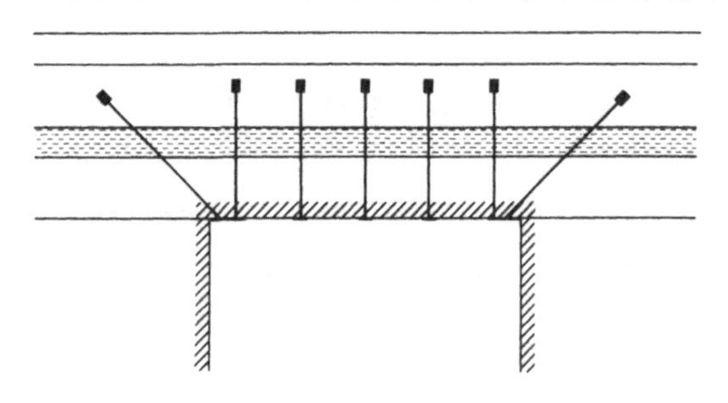

25 (a) 다음의 절리군을 가진 암반에 굴착된 지하 챔버의 북쪽 벽에서 이동 가능한 모든 블록의 절리 피라미드 코드를 결정하라.

절리군	경사	경사방향
1	30°	70°
2	50°	140°
3	60°	270°
북쪽 벽	90°	0°

(b) 남쪽 벽에 대하여 위와 동일하게 실시하라.

(c) 굴착 내부에서 바라본(북쪽을 바라보았을 때) 북쪽 벽 내에 있는 결정적인 블록의 면을 그려라.

26 문제 25번의 암반에 N20°E 방향으로 수평의 원형터널이 굴착되었다. 터널의 한 구간에서 터널 굴진방향으로 보았을 때 JP101에 대한 최대 키 블록 구역을 그려라.

08

암석역학의 암반사면 응용

08 암석역학의 암반사면 응용

8.1 서 론

암반의 표면 굴착은 쇼핑센터의 공간을 만들기 위해 불도저를 이용하여 작은 암반 벽면을 만드는 규모부터 1 km 깊이와 1 km^3 규모의 대규모 노천광산을 만드는 규모까지 다양하다. 이 장에서는 암반사면이 안전하게 본래의 기능을 할 수 있도록 암반사면의 굴착방향, 크기, 부대시설 등을 계획하는 방법에 대하여 다루고 있다.

운송도로를 위해서는 산악지대에 대규모 사면이 필요하다. 도로의 곡률에 대한 제한 규정으로 인해 운하와 철도를 위한 사면이 고속도로의 사면보다 더 높고, 더 많이 건설된다. 아주 넓은 표면의 굴착면에 대한 완벽한 안전을 위해 투자되는 비용을 감당할 수 없기 때문에, 도로를 따라 발생하는 어느 정도 규모의 낙석이나 사면거동은 불가피한 사항이다. 그러나 철도사면과 도시고속도로의 굴착사면은 사고에 의한 비용이 매우 크기 때문에, 항상 그리고 절대적으로 안전하게 설계되어야만 한다. 도시에서 굴착사면은 주변 대지의 가치를 보존하기 위하여 거의 수직에 가까운 사면을 만들고 필요한 경우 영구보강을 실시한다.

암반사면이 빌딩, 발전소, 지하공간의 입구 등과 같은 곳에 형성되면 붕괴에 의한 비용은 굴착비용에 비해 매우 크다. 따라서 이와 같은 굴착공사는 시설물의 건설과 같이 매우 신중하고 주의를 기울여야 하고, 배수, 보강, 기기장치 그리고 건설과정에 대한 규정이 명시되어야 한다.

흙댐의 배수로와 도수로를 위한 사면은 붕괴 시 대규모 피해를 유발할 수 있기 때문에 이러한 규정이 잘 정립되어야 한다.

노천광산은 광석을 덮고 있는 암석을 제거하기 위한 목적으로 만들어진 대규모 암반 굴착으로, 사면 경사, 벤치의 폭, 전체 형태 결정과 같은 노천광산 설계는 최대 수익을 얻기 위해 여러 채광비용 요소 등을 고려하여야 한다. 사면이 너무 평평하면 추가적인 굴착과 지나친 버력의 형성이 발생하는 반면, 사면이 너무 가파르면 수송로가 폐쇄되거나 사고가 발생할 가능성이 증가된다. 광산은 지속해서 확장되기 때문에 노천광산 내 사면은 사실상 임시시설이다.

비슷한 규모의 토목 공사 시 발생하는 사면에 비해 급한 경사를 보이는 사면에 대해서는 간단한 계측을 수행하고 불안정한 사면에 대해서 빠른 대처를 함으로써 광산회사가 안전하게 일할 수 있다.

심하게 풍화된 화강암, 열수변질대, 셰일과 같은 연암에서는 지반이 함몰하거나 토체가 미끄러지는 붕괴가 발생하기 때문에 안전한 사면 설계를 위해서는 토질역학의 일환으로 고려되어야 한다. 대부분의 경암과 일부 연암에서는 이미 존재하는 불연속면들이 암반 거동을 좌우하기 때문에 사면파괴 형태를 분석하기 위해서는 암반역학에서 활용하는 특별한 방법이 사용된다.

급경사의 인공사면으로 만들어서 높은 암반사면이 거동하여, 이를 제어하기 위해 대규모의 하중을 가해야 하는 인공보강을 설치하는 방법보다는 암반사면을 안전한 경사로 건설하는 것이 경제적인 것으로 밝혀졌다. 안전한 경사를 선택하기 위해서는 불연속면의 전단강도 특성을 구하여야 하며 경우에 따라 현장과 실험실에서의 전단시험이 필요하다. 그러나 만일 절취면의 주향을 암반의 구조적 특성에 맞게 결정할 수 있다면 불연속면의 마찰각 값에 대한 고려 없이도 파괴가 발생하지 않도록 굴착방향을 선택할 수 있다. 이는 파괴 형태가 지구조적인 연약면을 따른 방향에 크게 좌우되기 때문이다.

8.2 경암에서의 사면파괴 유형

경암은 매우 단단하기 때문에 불연속면을 따라 암반 블록들이 이동할 경우에만 중력에 의한 파괴가 발생할 수 있다. 규칙적인 층리나 엽리가 발달한 암석이 절리에 의해 분리될 수 있는 경우에 연약면을 따라 블록거동이 발생할 가능성이 높고 다양한 거동유형이 나타날 가능성이 높다. 파괴 유형에 대한 평가와 함께 파괴확률 또는 안전율을 계산할 수 있으며 위험도를 감당하기 힘든 경우 대책안을 시공할 수 있다. 여러 불연속면군이 비스듬히 분포하여 서로 교차하는 경우에 운동학적 연구가 사면파괴 유형을 예측하는 데 도움이 된다. 불연속면상의 암석블록이 거동하는 경우에 세 가지 기본 파괴 유형－평면파괴, 쐐기파괴, 전도파괴－중 하나 또는 그 이상과 결합하여 파괴가 발생한다.

평면파괴는 암석블록이 자유공간에 노출되는(daylight) 경사진 연약면 위에 놓여 있을 때 중력에 의해 발생한다(그림 8.1a). 미끄러짐이 발생하는 면의 기울기는 그 면의 마찰각보다 커야 한다. 굴착이나 암석의 움직임이 블록의 병진운동을 막는 장애물이 제거되면 파괴가 발생할 수 있다. 그림 8.1a에 나타난 것과 같은 블록의 움직임이 있다는 것은 미끄러짐면뿐만 아니라 측면을 따라 나타나는 구속력이 없어졌다는 것을 의미한다. 셰일 같은 연암에서는 미끄러짐면의 경사가 마찰각보다 훨씬 클 때, 측면의 구속은 암석 자체의 파괴로 인하여 균열에 의해 해방된다. 경암의 경우에 다른 불연속면이나 계곡의 횡단면이 사면 상부에 존재하여 블록의 측면이 분리될 수 있을 때 평면파괴가 발생할 수 있다. 그림 8.2a와 b는 절리에 의한 분리면이다.

쐐기파괴(그림 8.1b와 8.2c)는 사면체 형태의 블록을 만들 수 있도록 2개의 불연속면이 교차하는 경우에 발생한다. 만일 두 불연속면의 교차선이 굴착된 방향으로 사면에 노출되어 있다면 지형적인 또는 구조적인 분리면 없이도 미끄러짐이 발생 할 수 있다. 프랑스의 Malpasset 댐(1959)에서는 대규모 쐐기파괴로 인해 댐의 붕괴와 수많은 인명피해가 발생했다(그림 1.5 참고).

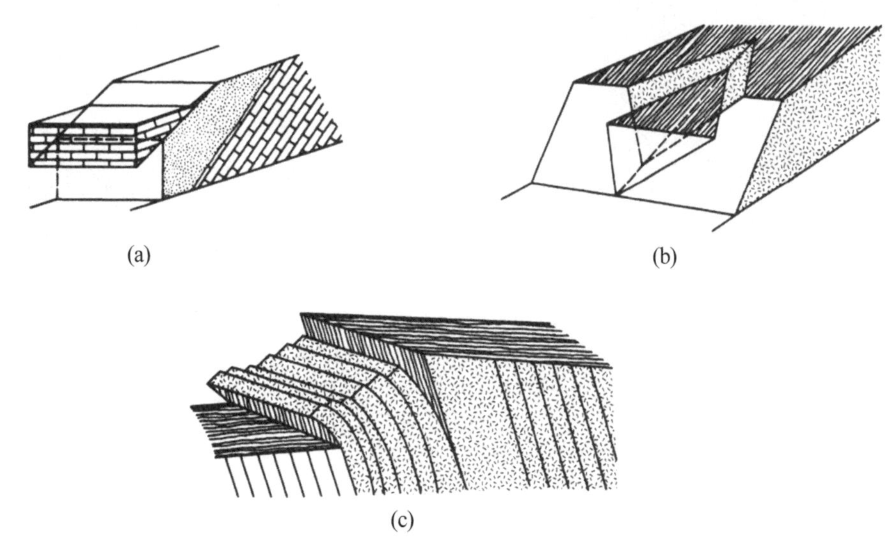

그림 8.1 암반사면의 파괴 유형
(a) 평면파괴, (b) 쐐기파괴, (c) 전도

(a)

(b) (c)

그림 8.2 경암에서 불연속면에 의해 좌우되는 미끄러짐
(a) 록볼트 시스템에 의해 제어되는 층리면에서 발생되는 얕은 미끄러짐(Columbia)
(b) 수직 절리에 의해 측면이 분리되고 급경사로 기울어진 층리면에서 발생한 미끄러짐으로 점판암의 채석장에서 발생한 벤치의 파괴(North Wales)
(c) 쐐기파괴의 표면(Norway의 Trondheim 주변)

전도파괴(그림 8.1c와 8.3)는 점판암, 편암 그리고 얇은 층의 퇴적암에서 사면 안쪽으로 급하게 경사진 일련의 캔틸레버 보와 같은 형태의 암석 층의 전도를 의미한다. 각 층은 자중에 의해

사면 아래로 휘어져서 사면 하부로 힘이 이동된다. 만일 선단부에서 미끄러짐이나 쓰러짐이 발생되면 휨균열이 상부 층에 형성되어 대규모 암체가 분리된다. 만일 직각 절리가 다수 존재하면, 층들은 휨에 의한 붕괴보다 강성 기둥으로 전도될 수 있다. 어떤 경우든 정단층 형태의 층간 미끄러짐이 시작되어 파괴에 이르는 사면거동이 발생한다(그림 8.3e).

(a) (b) (c) (d)

그림 8.3 전도파괴

(a) 그랜드 캐니언의 Clear Creek Canyon 내 편암지역에서 발생한 소규모 전도
(b) 대규모 전도의 선단
(c) 암반표면으로부터 암반의 분리로 인해 발생한 Alberta 지역의 전도파괴
(d) 셰일과 사암 내 전도파괴의 하부 세부 사진(영국, North Devon). 파괴는 없으나 날카로운 휨과 휨 균열이 집중된 영역이 나타남

(e) (f)

그림 8.3 전도파괴(계속)
(e) North Wales의 대규모 전도파괴 상부. 개방된 인장균열과 점판벽개를 따라 정단층 형태의 거동이 발생한 사면
(f) 암기둥의 균열과 휨균열에서 발생한 미끄러짐을 보여주는 셰일과 사암 층 내 전도의 선단(North Devon)

많은 '고차원 유형'의 파괴는 복잡한 절리와 층리로 인해 평면파괴, 쐐기파괴, 전도파괴가 동시에, 경우에 따라서는 휨, 전단, 쪼개짐 등에 의해 암교가 파괴되며 연속적으로 발생한다(그림 8.3f). Goodman and Bray(1977)는 미끄러짐과 동시에 전도가 발생하는 복잡한 파괴의 여러 사례를 제시했다. 무결암에서 발생하는 파괴도 앞서 언급된 이런 형태와 함께 발생할 수 있다. 예를 들어 '하반 미끄러짐(footwall slide)'은 고경사의 사면 선단 근처의 층의 좌굴(buckling)에 의해 발생한다(문제 8 참고). 매우 약한 연속성 암반과 열수변질 지역, 풍화가 심한 암석과 같은 지역의 암반사면에서는 점토질 흙에서의 함몰과 같은 무결암 내부 전체의 파괴가 발생한다. 심하게 절리가 발달한 암석은 가연속적인(pseudocontinuous) 형태로 거동하는데 이는 다양한 파괴 형태가 절리들의 결합에 의해 나타나기 때문에 연속체의 파괴발생 위치에 해당하는 기존의 균열을 따라 나타나는 파괴가 발생할 수 있기 때문이다. 이런 암석 사면은 토질역학의 기법을 사용해 분석해야 한다(Hoek and Bray, 1977). 반면에 암석이 명확한 경계를 보이는 규칙적인 불연속면에 의해 영향을 받으면 운동학적 강성체(rigid body) 분석이 적절하다.

8.3 사면의 운동학적 분석

'운동학적(kinematic)'이란 움직임을 유발하는 힘에 대한 고려 없이 발생하는 물체의 움직임을 의미한다. 많은 암절취사면은 상당히 낮은 강도를 가지고 심하게 기울어진 연약면을 포함한 급경사에서도 안전할 수 있다. 이는 연약면 상에 무결암의 돌출부가 미끄러짐을 방해하고 있기 때문에 블록이 연약면을 따라 자유롭게 이동하는 것을 막기 때문이다. 만일 돌출부가 침식, 굴착, 균열의 발달 등으로 제거된다면 사면은 즉시 파괴된다. 이 장에서는 잠재적으로 붕괴 가능한 블록의 이동을 방해하는 암석을 확인하여 불연속적인 암반의 방향을 활용하는 사면 설계 방법에 대하여 다룬다. 암석의 강도 특성은 거의 사용되지 않으며 주로 평면상 연약면의 방향과 굴착방향과의 상관관계가 주로 검토된다(이 주제는 8.7절 블록이론에서 다시 논의됨).

그림 8.4는 암반사면에서 가장 기본이 되는 3개의 선요소,[1] 즉 연약면의 경사를 지시하는 경사 벡터($\hat{D}_i$), 연약면에 수직인 방향을 지시하는 수직 벡터($\hat{N}_i$), 연약면 i와 j의 교차선($\hat{I}_{ij}$)을 보여준다.

경사 벡터는 주향으로부터 90°인 선구조이며 수평으로부터 δ° 아래로 기울어져 있다. 이 장에서는 하반구 투영망이 사용되기 때문에 경사 벡터는 항상 수평면으로 표현되는 원 내에 표시된다(평사투영의 원리는 부록 5에서 설명된다). 하반구의 수직 $\hat{N}$ 점은 경사 벡터를 포함하는 수직면 내에 경사 벡터로부터 90°에 표시된다(그림 8.4a).

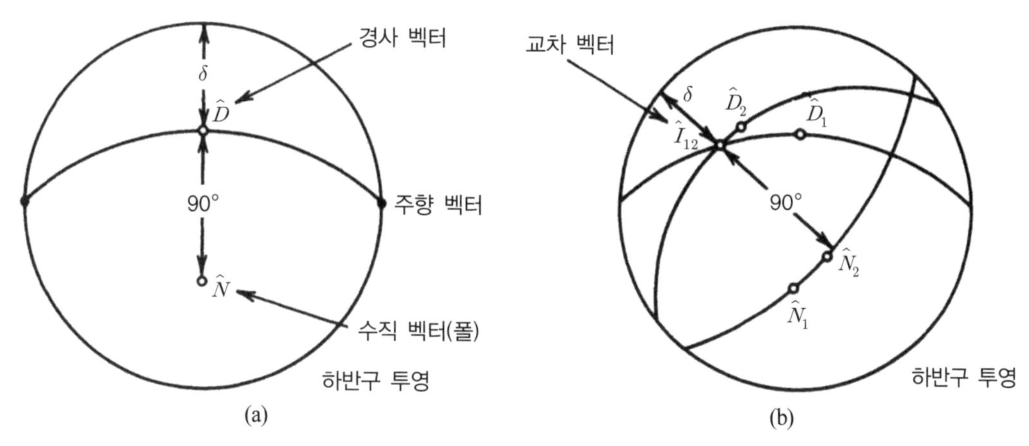

그림 8.4 암반사면의 해석과 관련 있는 선구조들의 평사투영

두 평면 i와 j의 교차선 $\hat{I}_{ij}$는 각 평면의 대원이 교차하는 점으로 찾을 수 있다(그림 8.4b). 또 다른 방법으로 $\hat{I}_{ij}$는 수직 벡터 $\hat{N}_i$와 $\hat{N}_j$를 포함하는 대원에 수직인 선구조로 결정할 수 있다. 5장

1 꼬깔(^)이 있는 문자는 단위 벡터를 나타낸다.

에서 논의된 바와 같이 절리조사를 통해 연약면의 수직 벡터를 표시할 수 있으므로 두 번째 교차선 결정방식이 실무에서는 유용한다. 일단 암반 내 모든 선요소 $\hat{D}$, $\hat{N}$ 그리고 $\hat{I}$들이 표시되면 특정 주향과 경사를 갖는 암반사면에 대해 사면파괴 가능성에 대한 운동학적 조건을 검토한다.

중력에 의한 평면파괴를 고려하자(그림 8.5). 단일 평면을 따라 특정 블록이 미끄러지려고 하면 연약면의 경사에 평행하게, 즉 $\hat{D}$에 평행하게 사면 아래 방향으로 병진이동이 발생할 것이다. 만일 사면이 수평면에 대해 각도 $\alpha°$로 절취되었다면 미끄러짐의 조건은 단순히 $\hat{D}$가 굴착의 바깥쪽으로 기울어져 있고 각도가 $\alpha°$보다 작으면 된다(그림 8.5a). 그림 8.5b는 절취사면이 하반구에 대원으로 투영된 것을 보여준다. 평면파괴의 운동학적 요구사항은 미끄러짐의 경사 벡터가 절취사면 위의 빗금 친 영역 내에 도시되는 경우이다. 예를 들면 평면 1은 미끄러짐이 발생하는 반면에 평면 2는 그렇지 않다. 잠재적으로 문제가 있는 연약면의 경사 벡터가 주어진다면 그림 8.5c와 같은 단순한 작업을 통하여 주어진 주향을 가진 절취면에 해당하는 한계안정각도(즉, 안정할 수 있는 최대경사각도)를 결정할 수 있다. 그림 8.5c의 주향 1을 가진 절취사면의 경우에 주향 1과 $\hat{D}_1$을 통과하는 대원의 경사값이 최대안정경사각 α_1이 된다. 유사하게 주향

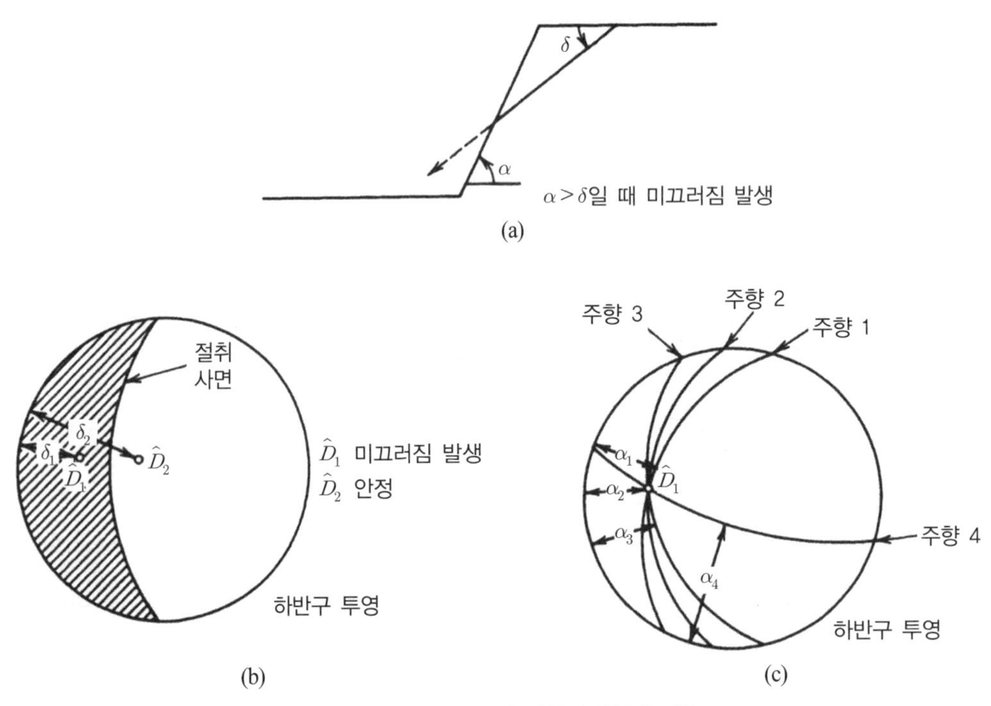

그림 8.5 평면파괴에 대한 운동학적 시험

2를 가진 절취면의 최대안정경사각은 α_2로 주향 2와 $\hat{D}_1$를 통과하는 대원의 경사이다. 단일 연약면의 평면파괴에서는 가능한 절취방향의 약 절반만이 미끄러짐에 대해 운동학적으로 자유롭다. 즉, 연약면의 경사방향에 거의 평행한 절취방향은 절취면이 거의 수직에 가까운 경우에도 안정하다. 두 면의 교차선을 따라 발생되는 쐐기파괴의 경우에 선요소 $\hat{D}$ 대신 $\hat{I}$를 대체한다면 주어진 주향에서의 사면에 최대안정각도를 찾는 과정은 정확히 동일하다. 그림 8.6은 3개의 절리군으로 구성된 암반의 쐐기파괴에 대한 운동학적 분석의 예이다. 만일 사면이 그림에서와 같은 주향을 갖는다면 평면 1과 3 또는 평면 1과 2로 만들어진 쐐기만 미끄러질 수 있다. 만일 절취면이 그림에서 주어진 주향을 갖고 $\hat{I}_{13}$을 통과하는 대원의 경사에 해당하는 각도 $\alpha°$로 기울어졌다면 평면 1과 2로 만들어진 쐐기만 미끄러질 수 있다. 게다가 $\hat{I}_{12}$는 낮은 각도로 기울어져 있어 문제를 일으킬 가능성이 적다.

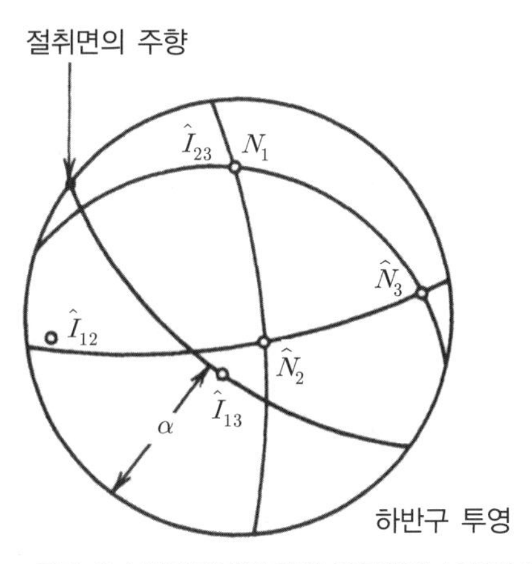

그림 8.6 쐐기파괴에 대한 운동학적 시험의 예

전도파괴는 대규모 휨 변형이 발생하기 전에 층간 미끄러짐이 먼저 발생해야 가능하다. 암반사면에서는 절취법면이 전체 사면연장에 걸쳐 최대 주응력 방향이다. 만일 층들이 ϕ_j의 마찰각을 보이면 작용한 압축방향이 층의 수직과 ϕ_j 이상의 각도를 보일 때 미끄러짐이 발생할 수 있다. 그러므로 그림 8.7과 같이 층간 미끄러짐의 사전조건은 수직 벡터들이 기울어진 ϕ_j보다는 완만해야 한다는 것이다. 만일 층의 경사가 δ이면 경사 α의 사면에서 전도파괴가 발생할 조건은 $(90-\delta)+\phi_j < \alpha$이다. 평사투영에서 이는 수직 벡터 $\hat{N}$이 절취면과 ϕ_j 사이에 표시되

면 전도파괴가 발생한다. 게다가 층의 주향이 사면의 주향과 평행(30° 내외[2]로)하면 전도파괴가 가능하다. 따라서 규칙적이고 간격이 조밀한 불연속면군에서 발생하는데 수직 벡터가 그림 8.7b의 빗금으로 표시된 영역에 표시되는 경우이다. 이 영역은 절취면의 주향에 평행하고 절취면 아래 ϕ_j의 대원, 수평면의 대원, 투영망을 중심으로부터 30° 떨어진 그리고 절취면의 주향에 수직인 두 개의 작은 원(small circle)들로 구성된다.

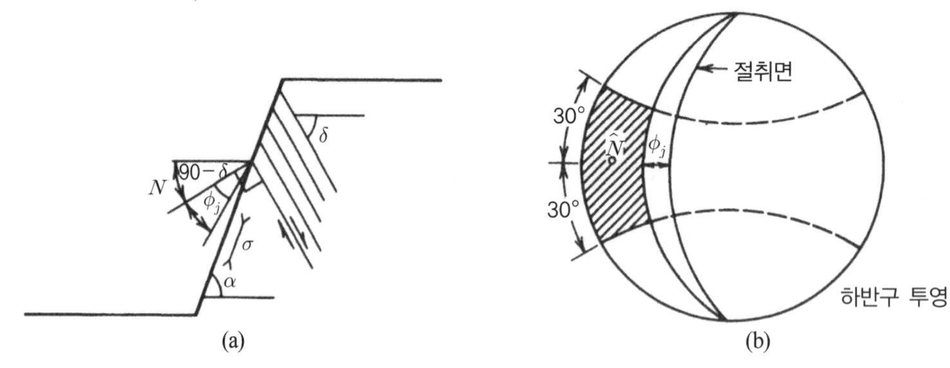

그림 8.7 전도에 대한 운동학적 시험
(a) $(90-\delta)+\phi_j<\alpha$
(b) $\hat{N}$은 빗금 친 영역에 도시되어야 함

어떤 경우라도 절리조사는 다수의 불연속면을 획득하며 각 경사 벡터, 수직 벡터, 교차선 등이 획득된다. 그러나 그림 8.8과 같이 두 개의 단순한 중첩을 준비하여 분석에서 다룰 수 있는 선의 숫자로 줄일 수 있다. 자중에 의한 평면파괴의 경우, 파괴는 미끄러짐면의 경사가 ϕ_j보다 큰 경우에만 발생할 수 있다(매우 날카로운 쐐기의 경우 연약면의 거칠기가 고려할 만한 강도로 포함되며 따라서 쐐기파괴가 발생하지 않으면서 $\hat{I}$가 ϕ_j보다 급경사를 보일 수 있다). 그림 8.8a에서와 같이 투영망의 중심에서 $90-\phi_j$의 반지름을 갖는 작은 원을 그린다. 이 원 외부의 빗금지역은 ϕ_j보다 완만한 모든 선들을 포함한다. 따라서 빗금내 모든 $\hat{I}$와 $\hat{D}$는 추가적인 고려로부터 제외할 수 있다. 유사하게 전도는 연약면의 수직 벡터가 90-ϕ_j보다 완만한 경우에서 발생한다. 따라서 그림 8.8b의 빗금 내의 모든 $\hat{N}$를 제외할 수 있다. 이 영역은 투영망의 중심에서 반지름 ϕ_j의 원 내를 의미한다.

2 Goodman and Bray(1977)에 의하여 추천된 15°는 너무 작은 것으로 판명되었다.

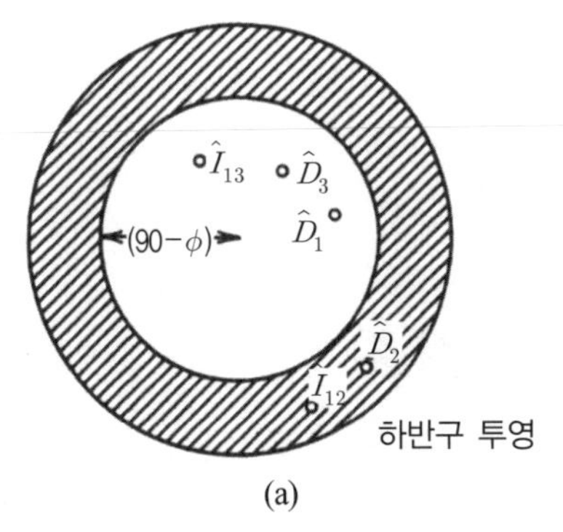

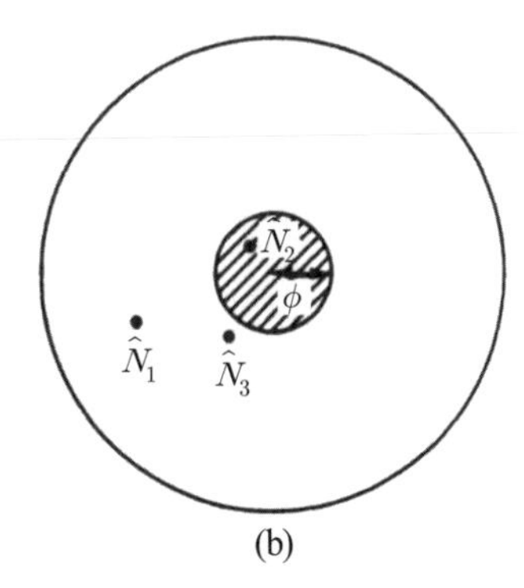

그림 8.8 추가적인 분석을 위한 중요한 선구조의 선정을 위한 운동학적 시험의 활용
(a) $\hat{I}_{13}$, $\hat{D}_3$, $\hat{D}_1$은 미끄러짐이 가능
(b) $\hat{N}_1$, $\hat{N}_3$은 전도 가능

운동학적 분석의 예로 2개의 불연속면군의 방향이 그림 8.9a에서와 같이 도시된 원형의 노천광산 설계를 고려해보자. 불연속면 1은 주향 N32°E을 가지며, N58°W 방향으로 65° 경사져 있다. 불연속면 2는 남북 방향의 주향과 60°E의 경사를 가진다. 두 면의 교차선은 N18°E 방향으로 28° 기울어져 있다. ϕ_j는 25°로 가정한다.

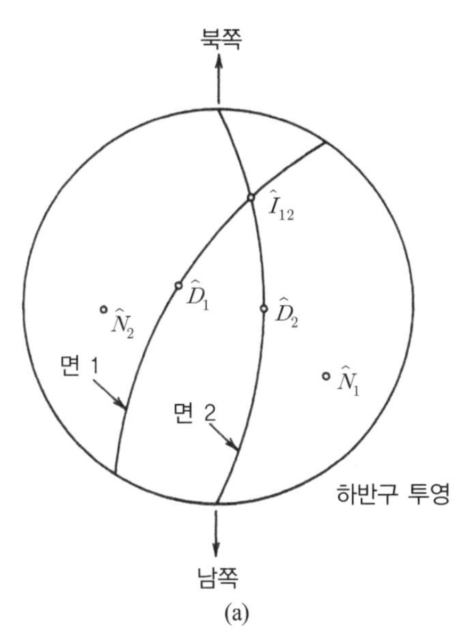

그림 8.9 원형의 노천광산을 위한 운동학적 해석의 예
(a) 선으로 표현된 암반 내 평면 구조

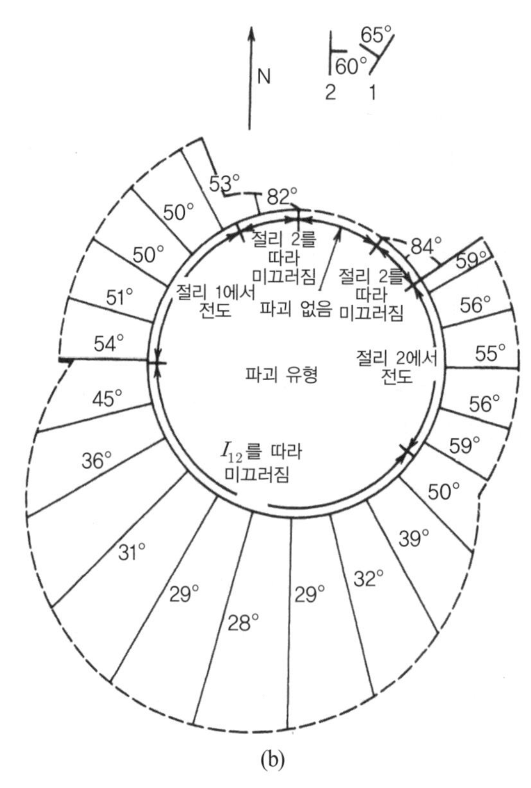

그림 8.9 원형의 노천광산을 위한 운동학적 해석의 예(계속)
(b) 노천광산 둘레를 15°마다 분할하여 구한 최대사면안정각도. 길이는 $\cot\alpha$에 비례

노천광산에서 절취면은 모든 방향의 주향을 가진다. 이러한 상황은 광산의 다른 부분을 개발하기 위해서는 바닥으로부터 접근로를 고려해야 하므로 실제로 발생하기 어려울 수 있다. 그러나 운동학적 해석은 다른 주향을 보이는 사면은 안전을 위해 각기 다른 조건을 만족시켜야 한다는 것을 보여준다. 각 선들의 요소 $\widehat{D}_1$, $\widehat{D}_2$, $\widehat{I}_{12}$, $\widehat{N}_1$, $\widehat{N}_2$를 고려하고 그림 8.5를 참고하여 광산을 둘러가며 15° 각도마다 최대안정각도를 결정하였다(표 8.1). 5개의 파괴 형태 중 가장 낮은 각도 α를 설계를 위한 최대안정각도를 결정했다. 표 8.1과 그림 8.9b는 광산을 둘러가며 가장 취약한 파괴 형태와 경사각을 보여준다. 이 분석은 방향이 동에서 S60°E 사이라면 수직사면이라도 안정한 반면 N75°W의 주향을 보이는 사면은 28°보다 급한 절취면은 파괴가 가능함을 보여준다. 만일 불연속면의 마찰각이 28° 이상이면 $\widehat{I}_{12}$는 더 이상 문제가 되지 않으며 사면은 전도의 가능성이 발생하는 50°까지 경사를 증가시킬 수 있다. 만일 불연속면의 간격이 넓거

나 불규칙하다면 전도는 발생하지 않으며 사면은 적어도 60°까지 급하게 건설할 수 있다.

표 8.1 원형 굴착에 대한 운동학적 시험. 절리 1 주향 N32E, 절리 2 주향 NS

절취면의 주향	절취면의 경사방향	D_1 절리군 1의 미끄러짐 분석 최대안전 절취경사	D_2 절리군 2의 미끄러짐 분석 최대안전 절취경사	I_{12}를 따라 평면 1과 2에서 발생한 미끄러짐 분석 최대안전 절취경사	T_1 절리 1을 따라 전도분석 ($\phi=25°$)	T_2 절리 2를 따라 전도분석 ($\phi=25°$)	적용된 유형	최대안정 사면경사
N	W	90°	60°	61°	54°	90°	T_1	54°
N15°E	SE	90°	61°	85°	51°	90°	T_1	51°
N30°E	SE	90°	64°	90°	50°	90°	T_1	50°
N45°E	SE	90°	68°	90°	50°	90°	T_1	50°
N60°E	SE	90°	74°	90°	53°	90°	T_1	53°
N75°E	SE	90°	82°	90°	90°	90°	D_2	82°
E	S	90°	90°	90°	90°	90°	None	90°
S75°E	SW	90°	90°	90°	90°	90°	None	90°
S60°E	SW	90°	90°	90°	90°	90°	None	90°
S45°E	SW	84°	90°	90°	90°	90°	D_1	84°
S30°E	SW	78°	90°	90°	90°	59°	T_2	59°
S15°E	SW	73°	90°	90°	90°	56°	T_2	56°
S	W	69°	90°	90°	90°	55°	T_2	55°
S15°E	NW	66°	90°	85°	90°	56°	T_2	56°
S30°E	NW	65°	90°	69°	90°	59°	T_2	59°
S45°E	NW	66°	90°	50°	90°	90°	I_{12}	50°
S60°E	NW	68°	90°	39°	90°	90°	I_{12}	39°
S75°E	NW	71°	90°	32°	90°	90°	I_{12}	32°
W	N	76°	90°	29°	90°	90°	I_{12}	29°
N75°E	NE	82°	81°	28°	90°	90°	I_{12}	28°
N60°E	NE	89°	74°	29°	90°	90°	I_{12}	29°
N45°E	NE	90°	68°	31°	90°	90°	I_{12}	31°
N30°E	NE	90°	64°	36°	90°	90°	I_{12}	36°
N15°E	NE	90°	61°	45°	90°	90°	I_{12}	45°

미끄러짐에 대한 운동학적 분석은 주어진 주향에 $\hat{I}$ 또는 $\hat{D}$를 포함하고 있는 절취면의 경사를 찾는 것으로 구성된다. 구조지질학적 관점에서는 알고 있는 방향에 대한 위경사(apparent dip) δ를 보이는 절취사면의 진경사(true dip)를 결정하는 것이다. Σ를 평면파괴와 쐐기파괴에 대해 각각 절취면의 주향과 $\hat{D}$ 또는 $\hat{I}$ 사이의 각도라고 하면 최대안정경사는

$$\alpha = \tan^{-1}\frac{\tan\delta}{\sin\Sigma} \tag{8.1}$$

이다. 예를 들어, 앞서 설명된 노천광산 문제에서 사면 주향이 N60°E이고, SE 방향으로 경사졌다고 가정하면 절리군 2는 N 방향의 주향을 지니고 60°E로 경사지고 이 절리군에 대한 $\delta=60°$ 그리고 $\Sigma=30°$이 된다. 식 (8.1)로부터 $\alpha=74°$이다.

8.4 평면파괴의 분석

평면파괴의 한계평형에 대한 간단한 수식은 실제 파괴사례에 대한 역계산에 유용하다. 이는 암반의 새로운 굴착을 설계하려 할 때 중요한 과정이며 자연적인 파괴에 대해서는 거대한 '시험 시료'를 나타낸다. 크기효과에 대해 알려지지 않은 중요성 때문에 현장시험 프로그램을 시도하는 것이 사례에서 확인되지 못한 지질구조와 가정을 확인할 수 있으므로 더 유용하기는 하지만 적절한 모델을 활용하여 현장자료를 재검토하는 것이 더 적절하다. 현장사례를 바탕으로 암반 특성을 평가하는 기본 방법이 Hoek and Bray(1977)의 '암반사면공학'에 나와 있다.

그림 8.10은 고려할 필요가 있는 두 가지 경우의 평면파괴를 보여준다. 항상 인장 절리는 사면 상부의 뒤쪽 한 지점에서 미끄러짐의 최상부에 발생한다. 경우에 따라 인장 절리가 사면법면을 가로지르기도 한다. 두 경우 모두 인장 절리의 깊이가 사면 상부에서 절리의 바닥까지 수직거리 Z로 표현된다. 만일 인장 절리가 깊이 Z_w까지 물로 채워져 있다면 물이 미끄러짐을 따라 침투되어 인장 절리에서 사면 선단 사이에서 수두가 선형적으로 감소하는 것으로 가정한다. 만일 블록이 강체처럼 거동하면 미끄러짐면 아래로 작용하는 전단응력과 미끄러짐면의 전단강도가 같을 때 한계평형조건에 도달한다.

즉, 사면파괴는 다음과 같을 때 발생한다.

$$W\sin\delta + V\cos\delta = S_j A + (W\cos\delta - U - V\sin\delta)\tan\phi_j \tag{8.2}$$

이때, δ는 미끄러짐면의 경사

S_j와 ϕ_j는 미끄러짐면의 전단강도 절편(점착력)과 마찰각

W: 미끄러질 가능성이 있는 쐐기의 무게

A : 미끄러지는 면의 길이(면적/단위 폭)

U: 미끄러지는 면에 작용하는 수압

V: 인장 절리에 작용하는 수압

(사면 선단에서는 자유롭게 배수된다.)

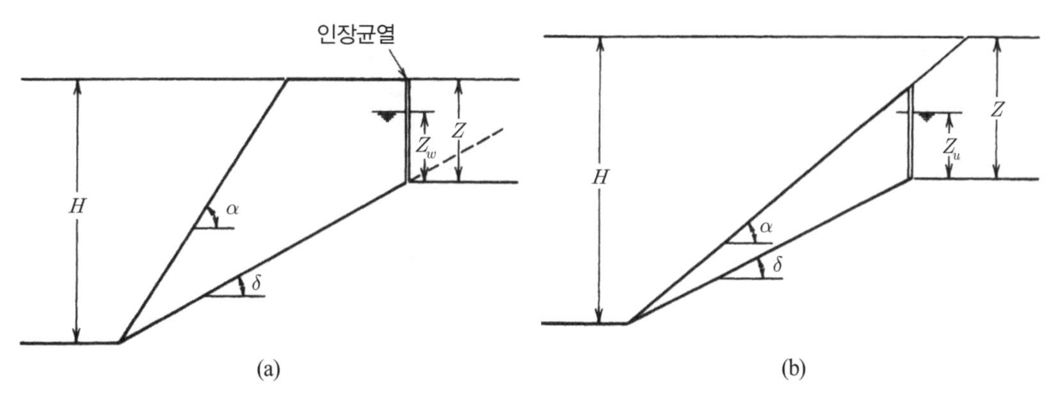

그림 8.10 평면파괴 해석을 위한 기하학적 특성

그림 8.10을 고려할 때 깊이 Z의 인장균열에 Z_w 깊이까지 물이 채워져 있다면

$$A = \frac{H-Z}{\sin\delta} \tag{8.3}$$

$$U = \frac{1}{2}\gamma_W Z_W A \tag{8.4}$$

$$V = \frac{1}{2}\gamma_W Z_W^2 \tag{8.5}$$

이 되며, 만일 인장균열이 사면 상부에서 형성되면(일반적 상황)

$$W = \frac{1}{2}\gamma H^2 \left\{ \left[1 - \left(\frac{Z}{H} \right)^2 \right] \cot\delta - \cot\alpha \right\} \tag{8.6a}$$

이 된다. 반면 인장균열이 법면에 형성된 경우

$$W = \frac{1}{2}\gamma H^2\left[\left(1-\frac{Z}{H}\right)^2 \cot\delta\,(\cot\delta\tan\alpha - 1)\right] \tag{8.6b}$$

이 된다.

사면 붕괴 사례를 이용하는 편리한 방법은 파괴 시의 알려진 규모와 추정된 지하수 조건을 활용하여 식 (8.2)를 계산한다. 이런 방식을 통해 S_j 값의 분포가 결정되면 식 (8.2)는 설계를 위한 H가 cotα에 대하여 도시된 사면차트(slope chart)를 만들기 위해 사용될 수 있다. 이러한 목적으로 안전율 F는 식 (8.2)의 왼쪽 항에 F를 곱하면 구할 수 있다. 안전율 F를 포함한 사면차트를 만들기 위해 cotα에 대해 식 (8.2)를 정리하면

$$\cot\alpha = \frac{[a(F\sin\delta - \cos\delta\tan\phi) + U\tan\phi + V(\sin\delta\tan\phi + F\cos\delta)] - S_j A}{b(F\sin\delta - \cos\delta\tan\phi)} \tag{8.7}$$

이 된다. 이때 인장균열이 사면 상부를 가로지른다고 가정하면, 상수 a와 b는 다음과 같다.

$$a = \frac{1}{2}\gamma H^2\left[1-\left(\frac{Z}{H}\right)^2\right]\cot\delta$$

$$b = \frac{1}{2}\gamma H^2$$

식 (8.2)의 매개변수의 변화를 통해 Hoek and Bray는 다음과 같은 사항을 보여주었다.

ϕ_j의 감소는 저경사보다 급경사에서 안전율의 감소를 유발한다. 게다가 물로 채워진 인장균열은 모든 높이와 경사의 사면을 불안정하게 만든다. 배수는 종종 인장균열이 존재하고 거동의 시작을 알려주는 다른 징조를 보이는 암반사면을 안정화시키는 데 효율적이다.

8.5 평사투영상에서 평면파괴 분석

평사투영에서 3차원의 관계를 도시하고 작업을 수행할 수 있는 기능은 암반사면의 문제, 특히 3차원의 거동이 발생하는 쐐기파괴에서 매우 매력적인 기법이다. 그러한 문제에 평사투영을 적용하는 데 있어서 기본적인 과정은 면들 사이의 마찰각을 평사투영에서는 작은 원으로 표현하는 것이다. 마찰각 ϕ_j의 정의에 따르면, 암블록에 작용하는 힘들의 합력이 면에 수직인 방향으로부터 ϕ_j보다 작은 각도로 기울어져 있다면 블록은 안정하다(그림 8.11a). 만일 암블록이 어떤

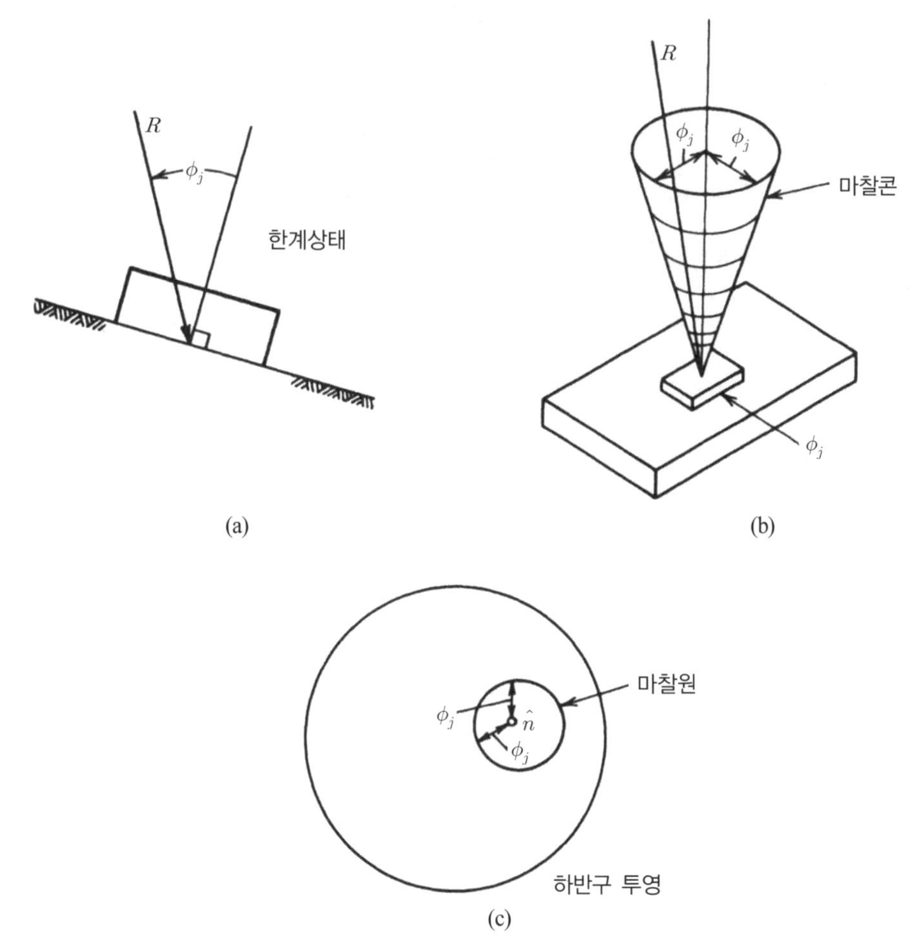

그림 8.11 마찰각 개념
(a) 한계상태
(b) 정적 마찰의 영역
(c) 마찰원. R은 원 내에 도시될 경우 안정

방향으로도 움직일 수 있다면 블록에 작용할 수 있도록 허용되는 합력의 포락선이 면에 수직인 벡터를 중심으로 천장부의 각도가 $2\phi_j$가 되는 콘의 형태이다(그림 8.11b). 정적 마찰의 콘은 평사투영에서 수직 벡터 $\hat{n}$을 중심으로 ϕ_j의 반경을 갖는 소원으로 그려진다. 평사투영에서 소원을 투영하기 위하여 원의 지름 거리에 있는 두 점(그림 8.12의 p와 q)을 표시하고 이 점들을 이등분하는 중심을 찾은 후 컴파스를 이용하여 원을 그린다. 평사투영의 특성상 기준 구에서 경사축에 대한 콘을 표현하는 소 원의 기하학적 중심은 경사축이 투영된 것으로부터 외곽으로 이동하기 때문에 컴파스를 점 $\hat{n}$에 놓고 그리는 오류를 하지 말아야 한다. 마찰원은 잠재적으로 위험한 블록의 안정성에 영향을 미치는 힘들을 쉽게 도시적으로 평가할 수 있도록 한다. 힘들은 다음과 같은 방법으로 평사투영상에 표기된다. $\mathbf{F}_1$을 크기 $|F_1|$과 방향 $\hat{f_1}$을 가진 블록에 작용하는 특정 힘이라고 하자. 한 점으로부터 방사상으로 퍼지는 모든 단위벡터의 궤적이 기준구(reference sphere)로 인식된다. $\hat{f_1}$는 그런 단위벡터 중 하나이다. 투영상의 한 점으로 $\hat{f_1}$이 표현되며 크기 $|F_1|$는 아래 따로 설명된다.

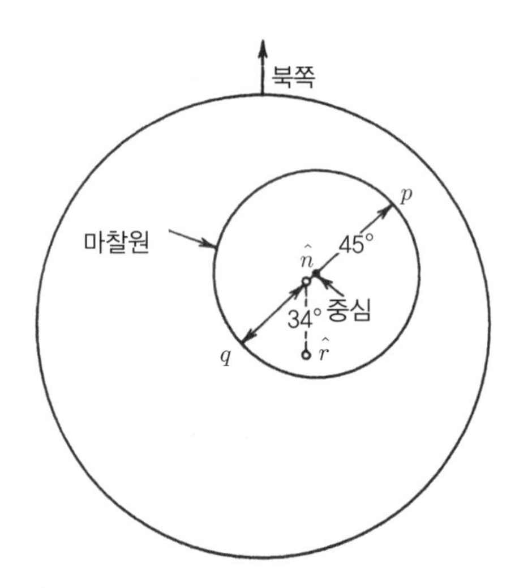

그림 8.12 마찰원 해석의 예. $\hat{n}$은 N50°E 방향으로 60° 기울어지고., $\hat{r}$은 S55°E 방향으로 63° 기울어졌다.

두 힘 $\mathbf{F}_1$과 $\mathbf{F}_2$의 방향이 그림 8.13에 도시되어 있다. $\mathbf{F}_1$은 20 MN에 N40W 방향으로 30° 기울어져 있고 $\mathbf{F}_2$는 30 MN에 N35°E 방향으로 40° 기울어져 있다. 만일 회전과 관련한 분석이 고려되지 않는다면 하나의 힘은 다른 힘과 같은 평면에 놓일 때까지 평행하게 이동될 수 있다. 두 힘이 공동으로 존재하는 평행사변형 법칙(parallelogram rule)을 이용하여 면에서 벡터합력을 획득할 수 있다. 평사투영은 공통평면을 찾을 수 있도록 해주며 두 힘 사이의 각도도 계산가능하다. $\hat{f}_1$와 $\hat{f}_2$를 포함하는 선분이 같은 대원($\hat{f}_1\hat{f}_2$로 표시)을 만날 때까지 회전한다. 그리고 그 둘 사이의 소원(small circle)을 세어 $\hat{f}_1$와 $\hat{f}_2$ 사이의 각도를 측정한다. 이 예에서의 각은 60°이다. 그러고 나서 별개의 도해에서 $\mathbf{F}_1$와 $\mathbf{F}_2$를 첨가하면, 그림에서처럼 합력 $\hat{R}$은 $\hat{f}_1\hat{f}_2$ 평면에서 $\hat{f}_1$로부터 36° 떨어진 방향 $\hat{r}$을 보인다. 어떤 수의 벡터들에 대한 결과로 이런 과정을 반복하면 개수에 상관없이 많은 벡터의 결과를 투영할 수 있으며, 이러한 방법으로 블록에 작용하는 모든 힘들의 합력 방향을 도시할 수 있다.

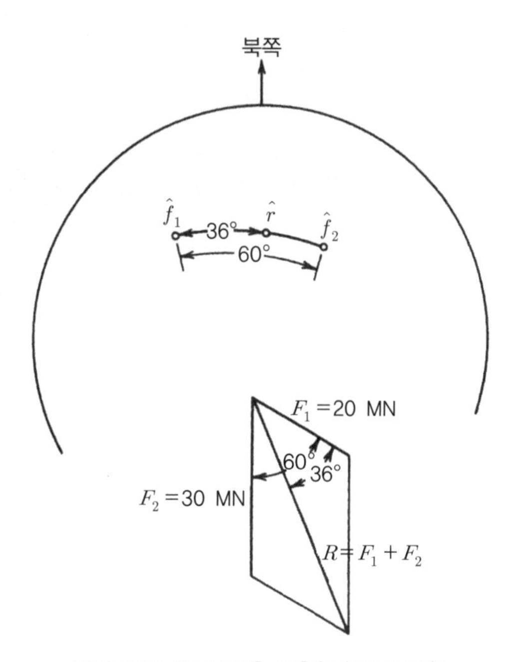

그림 8.13 평사투영을 사용한 힘들의 결합

만일 $\hat{r}$이 마찰각 내에 도시되면 블록은 움직이지 않는다. 예를 들어 그림 8.12에서 $\phi_j > 34°$이면 $\hat{r}$은 안정하다. 이 분석에서 우리는 $\hat{n}$가 블록에서 지지점으로 향하는 방향의 수직 벡터이고 도시된 힘들은 블록에 작용하고 있다는 관례를 사용하였다.

안정성 계산에 포함되는 힘에는 블록의 자중, 인접 블록에서 전달되는 하중, 수압, 지진이나

다른 동적 하중, 보강력 등이 있다(그림 8.14). 무게에 의한 힘은 하반구 중심에 도시된다. 즉,

$$\mathbf{W} = |W|\hat{w} \tag{8.8}$$

그림 8.14 굴착 이후 빠른 속도로 붕괴된 편암질 암석의 굴착면에 사용된 암반사면 보강 방법(베네수엘라). 초기 굴착면은 앵커된 케이블 또는 록볼트에 결착된 와이어메쉬와 숏크리트로 덮였다.

주변 블록의 하중에는 같이 접하고 있는 면에 수직인 방향과 평행한 수직압력 $\mathbf{F}_N$과 그 면에서의 전단 운동 방향과 평행한 전단하중 $\mathbf{F}_T$가 포함된다.

수직 벡터 $\widehat{n_1}$의 면에 작용하는 수압 $\mathbf{U}_1$은 $-\widehat{n_1}$ 방향으로 작용한다. 만일 블록 밑부분의 면 1의 면적을 A라고 하면, 수압 $\mathbf{U}_1$은 면에 작용하는 평균 수압 $\mathbf{u}_1$과 관련이 있다.

$$\mathbf{U}_1 = |\mathbf{U}_1|(-\hat{n}_1) = \mathbf{u}_1 \cdot A(-\hat{n}_1) \tag{8.9}$$

때로 지진력이 일정한 가속도 $\mathbf{a} = \mathbf{K}\mathrm{g}$를 가지고 유사정적(pseudostatic) 하중으로 작용하는 경우가 있다. 그러면 관성력은

$$\mathbf{F}_N = \mathbf{K}g\frac{|\mathbf{W}|}{g} = \mathbf{K}|\mathbf{W}| \tag{8.10}$$

이 되고, 이때 **K**는 무차원의 크기로 지진가속도의 반대방향이다. 지진가속도의 방향은 좀처럼 알 수 없기 때문에, 가장 중요한 방향이 일반적으로 선택된다.

능동적 보강(선-인장 록볼트)과 수동적 보강(옹벽, 그라우팅 보강 강재, 사하중)의 작용도 도시될 수 있다. 보강력을

$$\mathbf{B} = |\mathbf{B}|\hat{b} \tag{8.11}$$

이라고 놓으면, 다음 사례에 나타나 있듯이, 시험적으로 구한 일련의 해 중에서 가장 경제적인 것으로 $\hat{b}$가 가장 적절한 방향이 될 수 있다.

그림 8.15에서 ϕ_j가 45°이고 N50°E 방향으로 60° 기울어진 $\hat{n}$가 포함된 그림 8.12를 다시 고려해보자. 무게 100 MN의 잠재적으로 불안정한 블록이 면에 놓여 있을 때, 다음과 같은 기초적인 질문들을 고려해보자.

1. 해당 블록의 안전율은 얼마인가? 안전율은 다음과 같이 정의된다.

$$F = \frac{\tan\phi_{\text{available}}}{\tan\phi_{\text{required}}} \tag{8.12}$$

이때 $\phi_{\text{available}}$은 설계를 위해 채택된 마찰각, ϕ_{required}는 주어진 일련의 힘에 의한 한계평형상태에 해당하는 마찰각이다. ϕ_{required}는 합력을 관통하여 지나는 마찰원에 해당하는 마찰각이다. 이 예에서 주어진 안전율 1.73에 대한 ϕ_{required}는 30°이다.

2. 안전율을 2.5로 증가시키기 위해 어떠한 록볼트 벡터 **B**를 사용하여야 하는가? F=2.5에서 ϕ_{required}는 22°이다. ϕ_j=22°인 마찰원이 그림 8.15에 도시되어 있다. **W**가 수직이므로 볼트벡터 **B**와 **W**가 동일한 면상에 놓이면 수직면이 된다. 즉, 투영망의 중심을 통과하는 직

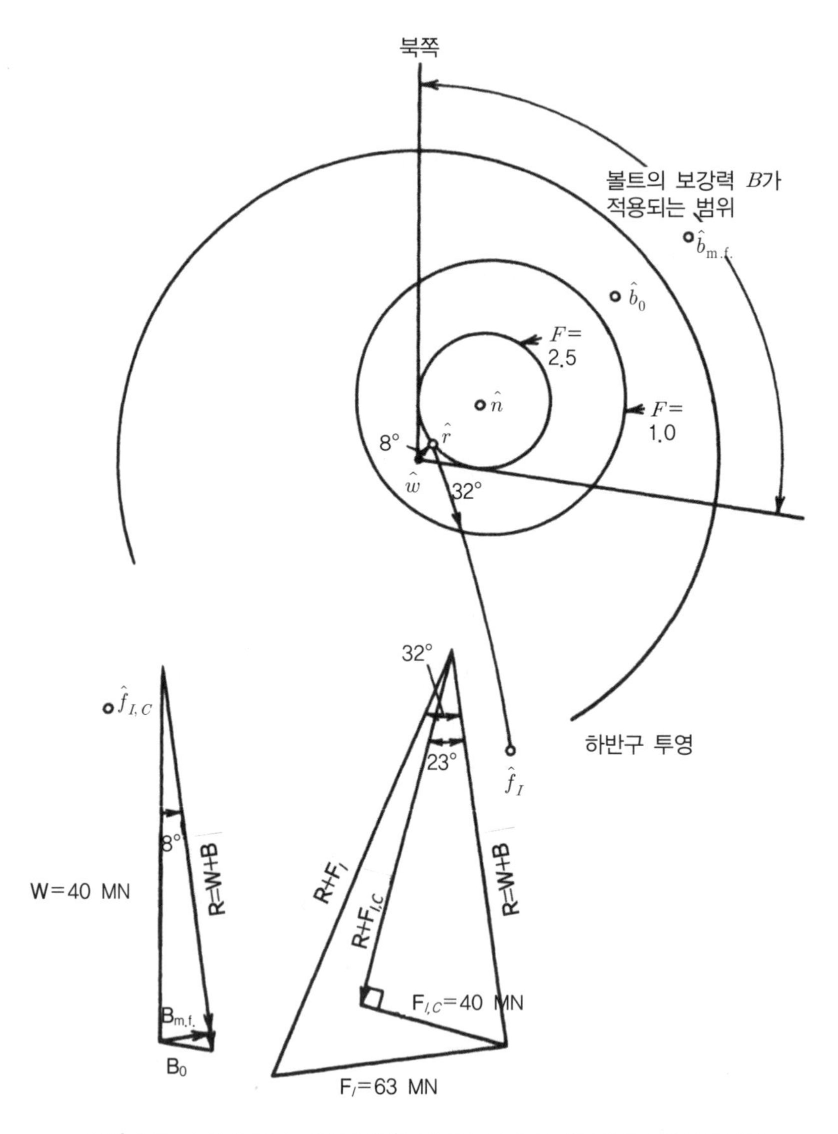

그림 8.15 평면파괴를 보강하기 위한 록볼트 설계를 위한 마찰원 해석의 적용

선이다. N83°E와 S83°E 사이에 있는 모든 범위의 방위각을 지닌 $\hat{b}$는 충분한 보강 벡터를 제공한다. 선택된 실제 방향은 접근성, 천공 간격, 천공 비용, 강재의 가격 등을 포함한 여러 요소를 통합적으로 고려한다. 최소 보강력은 최소 힘으로 **W**와 **B**의 합력을 회전시켜 22° 마찰원 위에 위치하기 위하여 방향이 결정된 특정 벡터에 의해 주어진다. 그 방향은 $\hat{b}_{m,f}$로, N50°E 방향으로 수평면으로부터 8° 위이다. 힘다각형은 $\hat{b}_{m,f}$ 방향에 대한 볼트

힘 $\mathbf{B}_{m.f.}$가 13.9 MN임을 보여주고 있다. 볼트의 최소 길이는 $\hat{n}$ 방향이지만, 필요한 보강력은 이보다 상당히 더 클 것이다. 강재와 천공의 비용이 주어지면, 최적의 방안이 찾아질 것이다. 만일 볼트가 수평면으로부터 10° 아래, $\hat{b_0}$ 방향으로 설치된다면(그림 8.15), 필요한 볼트의 힘 $\mathbf{B}_0$는 14.6 MN이다.

3. 볼트를 $\hat{b}_0$ 방향으로 시공하고 14.6 MN의 힘으로 인장을 가한다고 가정할 때, 지진가속도가 N20°W, N20°E 방향으로 수평적으로 작용한다고 가정하면 블록의 거동을 유발할 수 있는 지진가속도 계수는 얼마인가? 가장 중요한 관성력은 S50°W 방향으로 $\hat{r}$으로부터 23°+90°, 즉 15° 상향(그림 8.15에서 $\hat{f}_{IC}$)로 작용하는 것이다. 그러나 여기에서는 S20°E 방향으로 수평인 $\hat{f}_I$ 방향이 주어져 있다. 지진이전에 합력은 $\hat{r}$ 방향이었다. 지진 동안에는 합력은 $\hat{r}$와 $\hat{f}_I$에 공통인 대원을 따라 이동하여, 합력이 32° 회전하면 블록은 움직이기 시작한다. 힘의 다각형은 $\boldsymbol{K}$g=0.63g일 때 필요한 관성력 $\boldsymbol{KW}$가 63.4 MN임을 보여준다. $\hat{f}_{IC}$ 방향으로 최소한의 항복가속도는 0.41g이다.

비슷한 성질의 다른 사례와 쐐기파괴의 경우는 Hoek and Bray(1977)과 Goodman(1976)[3]에 제시되었다. 한 개 이상의 잠재적인 파괴면과 한 개 이상의 교차선을 가진 블록에서는 마찰원은 소원과 대원이 결합된 더 복잡한 형태가 된다. 그러나 이 모든 경우 전체 영역은 안정과 불안정으로 구분된다. 여기서 논의된 사례와 같이 힘들은 도시되어 처리된다.

8.6 평사투영을 이용한 쐐기파괴 해석

한 개 이상의 잠재적으로 위험한 면을 가진 블록에 대한 일반적인 방법에 관한 실례로서,

3 Londe et al., Hoek and Bray와 hendron et al.의 문헌을 참고하시오. 평사투영에 의한 암석블록의 분석은 K.John Wittke에 의하여 시작되었고, Londe et al.은 다른 접근법을 제안하였다. Hendron, Cording과 Aiyer는 미국 육군공병단에서 발간한 Nuclear Cratering Group 36번 보고서인 "Analytical and graphical methods for the analyses of slopes in rock masses(1971)"에서 이 분야를 요약하였다.

두 개의 자유면과 두 개의 접촉면을 가진 사면체의 쐐기 경우를 고려해보자(그림 8.16b). 이 절에서는 일반화된 마찰원을 그리는 기본적인 과정을 도해적으로 설명할 것이다. 자세한 설명과 이들 관계에 대한 설명은 Goodman(1976)을 참조하라.

두 면이 접촉하고 있는 쐐기는 세 개의 미끄러짐 형태가 존재한다. 두 개의 형태는 각각의 평면을 따른 미끄러짐이고 한 개의 형태는 교차선을 따른 미끄러짐이다. 그러나 블록이 어느 한 면의 경사 벡터 아래로 미끄러지게 되면 다른 면은 닫히기 때문에 이러한 거동은 발생되지 않는다. 따라서 운동학적으로 미끄러짐에 안정한 방향들이 존재한다.

교차선이 $\hat{I}_{12}$인 평면 1과 2에 놓인 쐐기에 대한 안전지역을 도시하기 위하여 다음의 과정을 수행한다.

1. 블록으로부터 지지면을 향하는 수직 벡터 $\hat{n}_1$과 $\hat{n}_2$를 도시한다(일부 경우의 한 개 또는 두 개의 수직 벡터가 상반구에 존재하게 된다. 이 경우, 두 개의 독립된 반구 투영도를 사용하거나, 투영 영역을 수평원 밖으로 연장하여 하나의 투영도에 투영할 수 있다. Goodman(1976) 참조하라).
2. 자유공간으로 향하는 교차선 벡터 $\hat{I}_{12}$를 도시한다. (경우에 따라 상반구를 향하는 경우도 있다.)
3. $\hat{n}_1$과 $\hat{I}_{12}$를 포함하는 대원(그림 8.16의 $\hat{n}_1\,\hat{I}_{12}$평면)과 $\hat{n}_2$와 $\hat{I}_{12}$를 포함하는 대원(그림 8.16의 $\hat{n}_2\,\hat{I}_{12}$평면)을 그린다.
4. $\hat{n}_1\,\hat{I}_{12}$을 따라 $\hat{n}_1$로부터 ϕ_1거리에 $\hat{p}$와 $\hat{q}$를 표시한다(그림 8.16). 이때 ϕ_1는 평면 1의 마찰각이다.
5. $\hat{n}_2\,\hat{I}_{12}$를 따라 $\hat{n}_2$로부터 ϕ_2거리에 $\hat{s}$와 $\hat{t}$를 표시한다. 이때 ϕ_2는 평면 2의 마찰각이다.
6. $\hat{p}$와 $\hat{s}$를 통과하는 대원과 $\hat{q}$와 $\hat{t}$를 통과하는 대원을 그린다.
7. $\hat{n}_1$를 중심으로 ϕ_1반지름인 마찰원을 그리고 $\hat{n}_2$를 중심으로 ϕ_2반지름인 마찰원을 그린다. 그림 8.16과 같이 마찰원의 일부만을 사용하여 표시하면 그 외의 지역이 운동학적으로 위험한 지역이다.

그림 8.16에서 빗금 친 지역이 쐐기에 대한 일반화된 마찰원이다. 세 개의 미끄러짐 형태는 세 부분에 표시되어 있다. 그림 8.15의 단순한 마찰원을 이용하여 응용한 것과 같이, 합력이 빗금 친 영역 내에 도시되면 안정, 빗금 친 영역 바깥에 도시되면 불안정하다고 할 수 있다. 한쪽 면에서만 미끄러짐이 발생하는 두 개의 영역에서는 안전율이 이전(식 (8.11))과 같이 정의되고 계산된다. 그러나 교차선을 따라 미끄러짐이 발생하는 형태에서는 ϕ_1과 ϕ_2의 무한히 많은 결합을 통해 빗금 친 영역 내부에 주어진 지점을 통과하는 영역으로 안정영역이 줄어든다. 따라서 무한히 많은 수의 안전율이 존재한다. $\phi_{2,\,\mathrm{required}}$에 대하여 $\phi_{1,\,\mathrm{required}}$를 도시하면 변수들 중 한 변수의 변동에 대한 블록 안정성의 민감도(sensitivity)를 알 수 있다. 실무에서 결정되는 마찰각 값의 불확실성 관점에서 보면, 억지로 안전율의 개념을 사용해 결정하기보다 그러한 민감도 개념을 사용하여 안정성의 정도를 표현하는 것이 보다 유용하다.

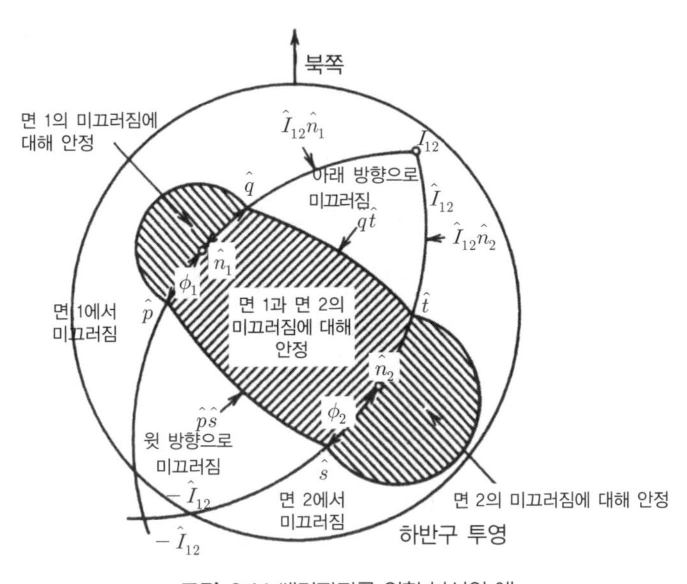

그림 8.16 쐐기파괴를 위한 분석의 예

8.7 암반사면에 대한 블록이론의 적용

7.8절에서 소개된 블록이론의 원리는 암반사면에 적용될 수 있다. 그림 8.17은 두 개의 절리군에 의해 단절된 암반으로 구성된 2차원 암반사면을 보여준다. 두 개 절리군은 네 개 절리피라

미드(joint pyramid, JP), 즉 00, 01, 10, 11을 형성한다. Shi의 이론에 따라 JP01이 급경사의 법면에서 이동 가능한 블록이고 JP00은 법면이나 상부사면 방면 또는 양쪽으로 동시에 이동이 가능할 수 있다. 또한 절리 1만을 가진 블록, 즉 JP20이 이동 가능하다. 이때 '2'는 하나의 절리가 생략됨을 의미한다. 그 밖의 JP는 이동이 불가능하다.

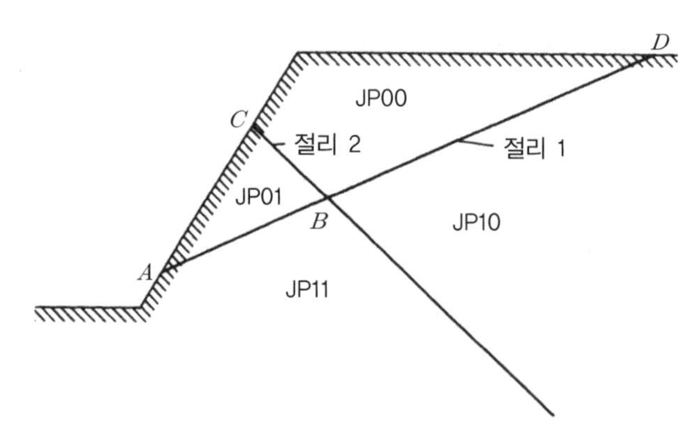

그림 8.17 2개의 절리면이 네 개의 JP를 만든 2차원 암반사면

하나의 블록이 이동 가능할 수 있는 첫 번째 조건은 유한하다는 것이다. 즉, 연속적인 여러 법면에 의해 형성된 블록이 암반으로부터 완전히 분리된다는 것이다. 가장 단순한 형태가 사면체이므로 3차원 상에서 블록이 분리되기 위한 최소 법면의 개수는 4개이다. 굴착면이 형성하는 법면의 수에 따라 사면체 블록의 분리에 활용되는 절리면의 수는 4 또는 그 이하이다.

이러한 논의의 목적은 굴착사면의 절취로 인하여 형성되는 순간에 자유롭게 움직이는 블록인 키 블록에 대한 기준을 만들기 위한 것이다. 키 블록에는 동일한 절리군의 절리 2개로 형성된 평행하게 마주보는 법면은 거의 없다. 이런 법면을 지닌 블록들은 문제 7.19에 논의된 바와 같이 절리의 거칠기가 크기 때문에 제자리에서 고정되어 있기 쉽기 때문이다. 게다가 키 블록은 이미 존재하는 절리블록을 굴착해서는 형성할 수 없는데 그런 블록들은 점차 가늘어지는 형상을 보여서 이동이 불가능하기 때문이다. 키 블록은 굴착된 공간으로 미끄러지려하는 평행하지 않는 면을 가진 이동 가능한 블록이다.

그림 8.18은 3개의 절리군을 가진 암반 내의 굴착사면에 형성된 4 형태의 사면체 키 블록을 나타내고 있다. 블록 1은 급경사 굴착면 내에서만 이동 가능하며, 절리면들에 의해 형성된 3개의 면을 지니고 있다. 블록 1은 절리 1과 2의 하부 반공간들의 교차선과 절리 3의 상부 반공간

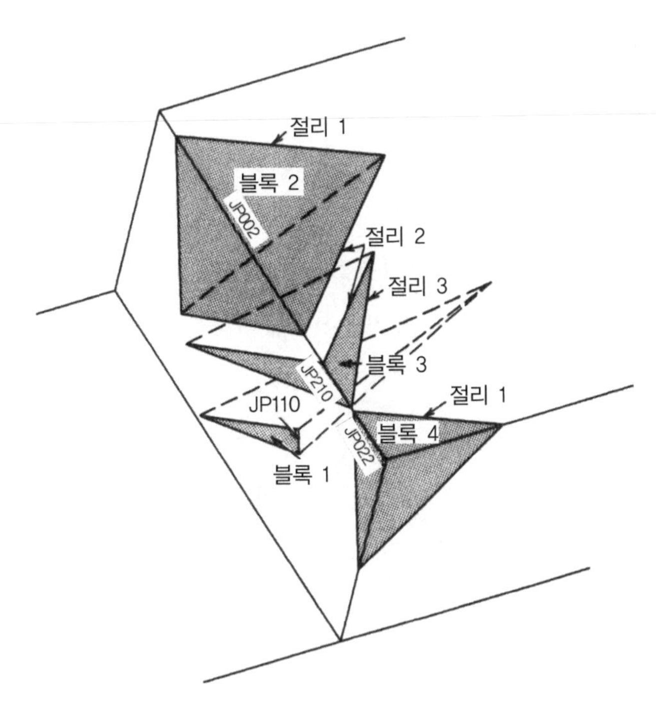

그림 8.18 암반사면에서 이동 가능한 블록의 몇 가지 종류

으로 만들어진 JP 110에 의해 형성되어 있다. 블록 2는 암반사면 블록에서 가장 흔하고 중요한 경우로, 급경사 굴착면과 상부 자유면과 교차하기 때문에 두 개의 절리면만 있으면 형성된다. 이 블록을 형성하는 JP는 002로 절리 1과 2의 상부 반공간이 교차하고 절리 3은 개입되지 않는다. 블록 3도 굴착면과 상부사면이 교차하므로 두 개의 절리면만 필요로 하지만, 한 절리는 하부 반공간과 교차하고 두 번째 절리는 상부 반공간과 교차(JP210)하기 때문에 블록 2와는 다르다. 블록 4는 세 개의 굴착면과 교차하기 때문에 단지 한 절리면만 있으면 형성된다. 1개의 절리면만으로 형성되는 키 블록은 매우 드물다. 이런 상황은 두 개의 굴착면과 교차하거나 암절취면이 지류로 형성된 계곡과 교차할 때 발생한다.

블록이론은 Shi의 이론과 평사투영기법을 이용, 3차원에서 이동 가능성을 평가할 수 있다. 그림 7.20에서와 같이 JP를 구형다각형(spherical polygon)으로 투영할 수 있다. 이동 가능 블록은 굴착 피라미드(excavation pyramid, EP)와 교차되지 않는 JP로 형성되어져야 한다. 그림 8.19a의 법면 1과 같이 한 개의 굴착면에 의해 단순하고 평탄한 암절취면에 대한 굴착 피라미드는 굴착면 아래에 있는 암반 표면이다. 따라서 이 경우의 EP는 법면의 경사와 경사방향에 상응하는 대원의 바깥쪽 영역이다(이 법면은 아래쪽 초점을 이용하여 투영되어 상반구는 기준원의 내부가 된다고 가정한다. 기준원 내부에 하반구를 위치시키는 상부 초점 투영이 사용된다면, EP는 절취면에 대한 대원의 내부에 도시된다). 기준원과 암절취면에 대한 대원이 그림 8.19b에 도시되어 있다. EP는 대원의 바깥쪽에 빗금 친 영역이다. 공간 피라미드(space pyramid, SP)를 EP의 여집합으로 고려하면 편리하다. 그러면 SP는 절취면의 대원 내부에 빗금이 없는 영역이 된다. 만일 JP가 SP 안에 전부 투영되면. JP는 이동 가능하다.

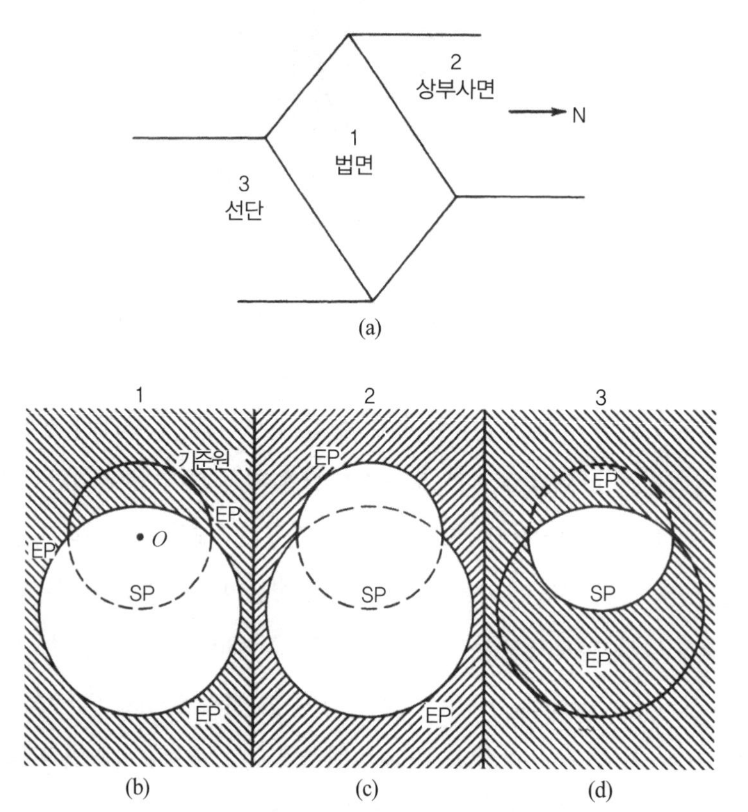

그림 8.19 (a) 복합된 암반사면의 영역, (b) 법면의 EP와 SP, (c) 사면 상부, (d) 사면 선단

그림 8.19는 복잡한 굴착에서 EP와 SP가 어떻게 형성되는지를 보여준다. 사면 상단부는 굴착면과 그림에서와 같이 수평인 상부 자유면으로 구분된다. 사면 상단부에 대한 EP는 각 면들의 하부 반공간들이 교차하여 만드는 볼록한 영역이다. 즉, 그림 8.19c와 같이, 상부사면을 나타내는 작은 대원과 급경사진 법면을 나타내는 큰 대원의 바깥쪽영역이다. 그리고 SP는 두 면 상부

의 볼록하지 않은 영역으로, 두 원 중의 한 원 안에 있는 영역으로 투영된다. SP의 크기가 커지면 이동 가능한 JP가 더 많이 형성될 수 있다. 반대로 선단영역은 급경사면과 하부 자유면 모두의 아래에 있는 볼록하지 않은 영역인 EP를 형성한다. 이것은 둘 중 하나의 원의 외부에 빗금친 영역으로 투영된다. SP는 각 원 내부에 동시에 빗금치지 않은 영역이다. 사면 선단에 대한 SP는 법면에 대한 SP에 비해 매우 작기 때문에 선단에서 이동 가능한 JP는 거의 없다. 여기서 언급된 원칙들은 두 개의 평행하지 않은 굴착면의 모서리 내부나 외부에 적용할 수 있다. 따라서 평면이나 단면상에서 어떠한 모양을 지닌 굴착에 대해서도 이동 가능한 블록이 발견될 수 있다.

이동 가능한 블록이 있는 모든 JP는 추가적인 해석이 필요하다. 만일 블록에 작용하는 합력이 오직 중력에 의한 것이라면, 이동을 위해 상승이나 위로의 미끄러짐이 필요한 블록들을 제외시킬 수 있다. 예를 들어 그림 8.18의 블록 2가 상부 자유면에서 이동 가능하다고 할지라도, 중력만 작용하는 경우 그와 같이 붕괴되지 않는다(지진이나 발파, 수압, 케이블을 이용하여 잡아당기는 힘 등으로는 붕괴될 수도 있다). 유형 분석(mode analysis)이라 불리는 모든 JP들에 대해 허용할 수 있는 유형(mode)을 정밀하게 분석하는 것은 이후에 설명된다. 네 개 또는 그 이상의 절리군이 있는 경우 특정 JP는 허용 가능한 유형이 부족하다. 만일 미끄러짐 유형이 없는 블록만이 이동할 수 있도록 굴착방향이 결정되면, 굴착은 어떠한 보강 없이도 완벽하게 안전할 것이다.

블록이 이동 가능하고 미끄러짐 유형이 합력의 방향과 일치한다면 한계평형해석이 수행되어 보강이 필요한지 또는 마찰각에 의해 안전하게 유지되는지 판단해야 한다. 암반사면에서 한계평형을 수행하는 방법들은 이미 논의되었다. 블록이론은 분석에서 사용되는 교차선과 수직 벡터들의 방향을 즉시 결정할 수 있다는 점에서 기여하는 바가 크다.

JP의 한계평형해석

각 EP는 특정한 평형해석을 갖고 있다. 만일 이동이 불가능한 JP로 구성된 블록이 있다면 이런 분석 결과를 고려하는 것은 의미가 없다. 따라서 우선적으로 어떤 블록이 거동하는지를 판단하고, 그 이후에 안정성 해석을 위한 주요 JP를 선정해야 한다.

예를 들어 그림 7.20에서 투영한 절리 시스템을 갖는 암반을 고려해보자. 세 개 절리군의 경사/경사방향은 30/090, 65/045, 70/330이고 굴착면은 70/300이다. 그림 8.20은 확인된 JP와 더불어 절리들의 하부초점 평사투영이다. 암절취면에 대한 대원은 점선으로 표시되어 있다. EP는 점선으로 표시된 원의 외부 영역이고 SP는 이 원의 내부 영역이다. SP 내에 전적으로 도시된 JP로 구성된 블록은 이동 가능하다. 여기에서는 JP100 하나만 존재한다.

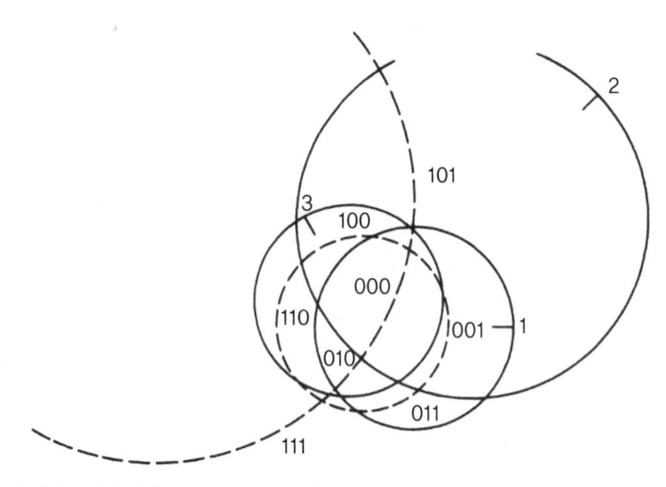

그림 8.20 그림 7.20의 암반사면에 대한 평사투영(하부 초점). 경사/경사방향이 70°/300°인 굴착면이 추가되었다. 모든 JP가 표기되었다.

단순한 2차원 사례를 통해 마찰원(8.5절)에 대한 논의에서 설명한 개념을 다시 검토하자. 그림 8.21에서 절리면 1의 위와 절리면 2의 아래 사이 각도인 JP01로 형성된 블록의 안정성을 검토하고자 한다. 만일 합력이 O 점으로부터 이 각도로 다른 방향으로 향한다면, JP01으로부터 만들어진 모든 블록은 두 개의 절리에서 떨어져야 한다. 우리는 이런 파괴 형태를 O 유형이라고 부른다. 이제 JP의 바깥쪽으로 향하는 각각의 절리면에 대한 수직 벡터를 고려해보자. 만일 합력이 O 점에서 시작하여 수직 벡터들 사이의 각도로 향하면, JP01에 의해 형성된 블록은 마찰각에 상관없이 안정하다. 절리 1과 절리 2에 대한 마찰각을 고려하면, 합력이 가질 수 있는 안전한 방향의 한계는 그림에서와 같이 각 면의 수직 벡터로부터 각각의 마찰각을 추적하여 그려서 얻을 수 있다. 합력에 대한 모든 방향은 빗금치지 않은 안정한 영역과 빗금 친 불안정 영역으로 구분할 수 있다.

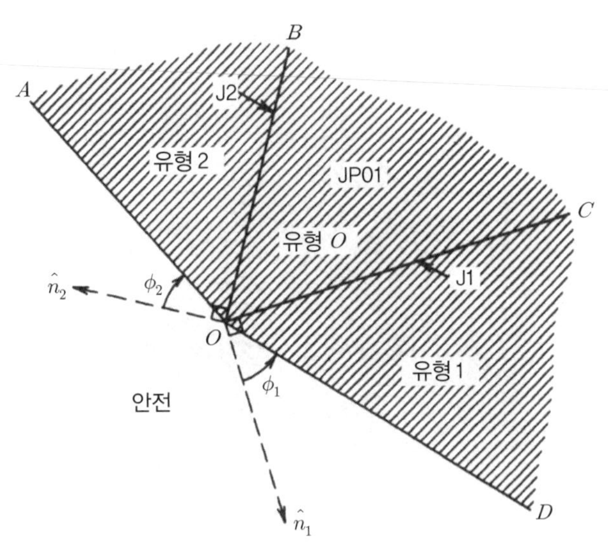

그림 8.21 한계평형해석의 도해적 표현. 안정영역은 빗금이 없다.

같은 원리를 3차원에 적용하자. 어떠한 각도 대신에, JP는 원점에 꼭짓점이 있고 바닥이 없는 피라미드가 된다. 이 피라미드의 평사투영은 해당 절리면의 대원들로 경계 지어져 있는 휘어진 다각형이다. 휘어진 다각형의 모서리는 절리면의 교차선인 JP의 가장자리이다. 그림 8.22a는 상반구 중심에 위치한 JP(000)의 안정성 해석을 보여준다. 출발점이 중심인 합력이 JP의 내부로 향하게 되면, O 유형의 블록은 모든 평면으로부터 떨어지게 된다. JP 000 내의 영역은 O로 표시된다.

한 평면상에서 미끄러지기 위해서는 그림 8.23에 보이듯이 경계 가장자리 사이의 중간에 있는 면에서의 미끄러지는 방향이 필요하다. i 평면을 미끄러지는 평면으로, 주변에 있는 평면을 j와 k 평면으로 표시한다면, 미끄러짐 방향 $\hat{s}$은 $\widehat{I_{ij}}$와 $\widehat{I_{ik}}$ 방향의 양의 성분을 합하여 구할 수 있다. 합력은 $\hat{s}$ 방향에 평행한 전단력과 바깥방향의 수직 벡터 $\widehat{n_i}$ 따라 기울어진 수직력으로 구성되어 있다(i 평면에 수직인 벡터는 JP의 중심에서 멀어지는 방향의 궤적을 따라 놓인다). 이러한 표현들을 결합하기 위해선 합력이 $\widehat{I_{ij}}$, $\widehat{n_i}$, $\widehat{I_{ik}}$가 모서리인 구형 삼각형(spherical triangle) 내에 표시되어야 한다. 이 삼각형은 JP의 두 개의 꼭짓점과 i 평면에 바깥으로 수직한 벡터를 꼭짓점으로 가진다. 한 평면상의 세 개의 미끄러짐 유형인 유형 1, 2, 3은 그림 8.22a와 같이 바깥방향의 수직 벡터를 도시하고 JP의 꼭짓점에 상응하는 대원을 그려 확인할 수 있다.

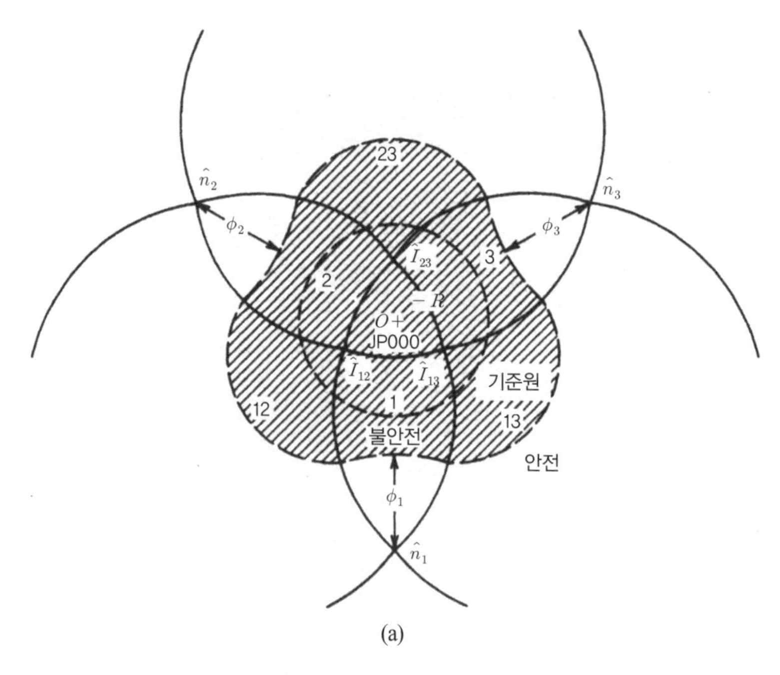

(a)

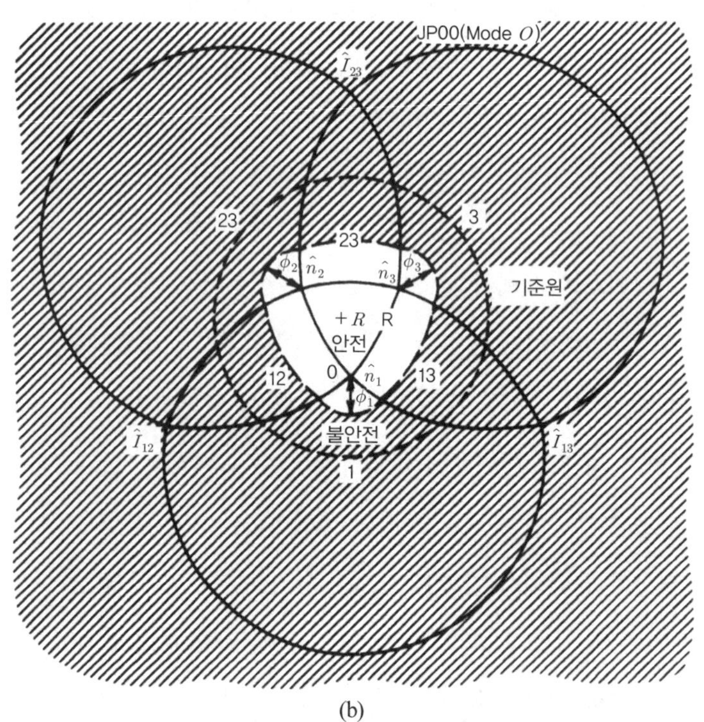

(b)

그림 8.22 (a) 3차원에서 JP000에 대한 한계평형해석(하부 초점 평사투영). 절리의 경사/경사방향은 45°/0°, 45°/120°, 45°/240°. 모든 절리는 25°의 마찰각을 보이며 안정영역은 빗금이 없다. (b) 그림 8.22a의 한계평형해석. 그러나 상부 초점으로 투영된다.

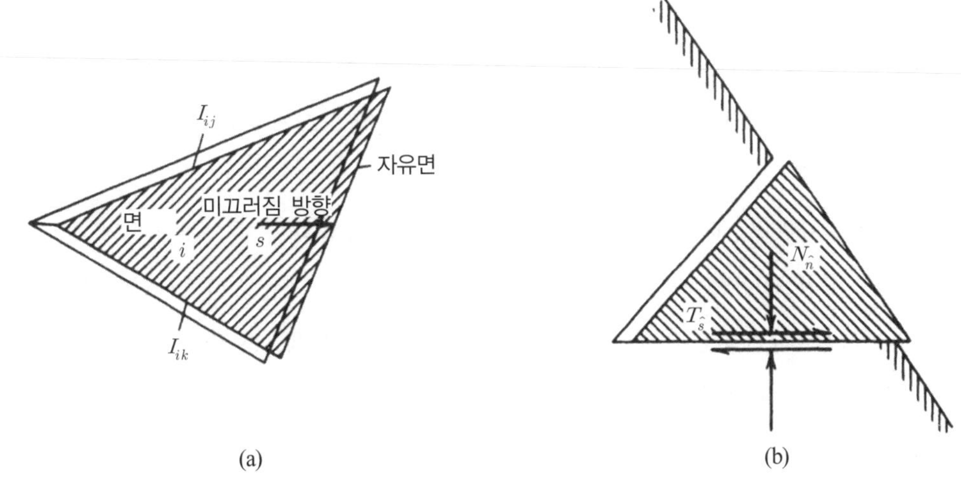

그림 8.23 평면 i에서의 미끄러짐
(a) 면에 수직으로 봄
(b) 미끄러짐 방향 s에 평행한 면

두 평면 i와 j에서 발생하는 미끄러짐의 경우, 미끄러짐의 방향이 교차선 $\hat{I}_{ij}$와 평행하여야 하므로 단 하나의 미끄러짐 방향 $\hat{s}$만 존재한다. 결론적으로 합력은 바깥쪽으로 향하는 수직 벡터 $\hat{n}_i$와 $\hat{n}_j$ 그리고 미끄러짐 방향 $\hat{I}_{ij}$에 평행한 양의 성분들로부터 얻어진다. 평사투영에서 두 평면 미끄러짐 모드 ij는 꼭짓점이 $\hat{n}_i$, $\hat{I}_{ij}$ 그리고 $\hat{n}_j$인 구형 삼각형 내에 위치한다. 그림 8.22는 (JP000에 대해) 이러한 형태에 대한 세 개의 유형 12, 23 그리고 31로 표시한다.

$\hat{n}_i$의 방향으로부터 합력의 기울어지는 정도의 한계는 마찰각 ϕ에 의해 결정된다. 마찰각은 한 평면에서의 미끄러짐에 해당하는 각 영역 내에 있는 부분 마찰원은 마찰각으로 결정된다. 3개의 부분 마찰원은 그림 8.22a에 도시되었다. ij 유형과 경계를 만드는 대원들과 부분 마찰원의 교차로 인하여 그림 8.16의 $\hat{p}$, $\hat{q}$ 그리고 $\hat{t}$와 같은 점들이 결정된다. 각각의 ij영역을 관통하여 이러한 점들 사이에 만들어진 대원을 그림으로써 JP에 대한 일반적인 마찰원 작도를 완성할 수 있으며, 모든 힘 방향은 안정한 방향과 불안정한 방향으로 구분할 수 있다. 안정영역 내 도시된 합력은 그 자체만으로도 블록의 가속도 없이 평형상태를 유지할 수 있다.

주된 힘으로써 중력이 고려된 안정해석에서는 관심영역 대부분이 하반구 안에 있다. 따라서 상부 초점을 지닌 안정된 영역에 대한 투영을 준비하는 것이 유용하다. 그림 8.22b는 기준원 내에 하반구를 형성하는 상부 초점으로 투영된 JP000의 안정성 해석을 보여준다. 이제 일반화된 마찰원은 바깥으로 향하는 수직 벡터를 연결하는 대원들로 정의된 구형 삼각형을 둘러싼 궤적으로 볼 수 있다. 합력이 수직 벡터들의 구형 삼각형 내에 도시될 때 마찰력이 없는 경우에도 완벽하게 안전하다.

앞선 예제에서는 JP000에 대해서는 단순히 하부 초점투영에서 JP를 중심에 위치시키는 것을 보여주었다. 그런데 JP000은 중력만으로는 절대 미끄러지지 않기 때문에 암반사면에서 키 블록을 만들지 않는다. 그림 8.20에서 30/090, 60/045, 20/330와 같이 세 개 절리군을 가진 암반에 대해 70/300의 방향의 절취면에서 JP100만이 유일한 거동가능 블록임을 결정하였다. 그림 8.24a에서는 하부 초점투영을 이용한 JP100에 대한 안정성 해석을 보여주고 있다. 평면 1과 2의 수직 벡터는 그림 내에 도시되나 $\hat{n}_3$은 선택된 축척 내에 도시되기엔 너무 멀리 떨어져 있다. 안정영역은 미끄러지는 평면의 숫자에 따라 한두 개의 숫자를 이용하여 표시한다. 마찰각 25°, 16° 그리고 35°(그림 7.20과 같이)만큼 수직 벡터에서 이격되어 표시되고 나서 보는 바와 같이 마찰원이 도시된다. JP100의 안정성 분석에 대한 상부 초점투영은 그림 8.24b에 도시되었다. 또한 이 그림에서는 기준원의 중심에 십자 형태로 표시된 중력의 방향을 나타내고 있으며, JP100은

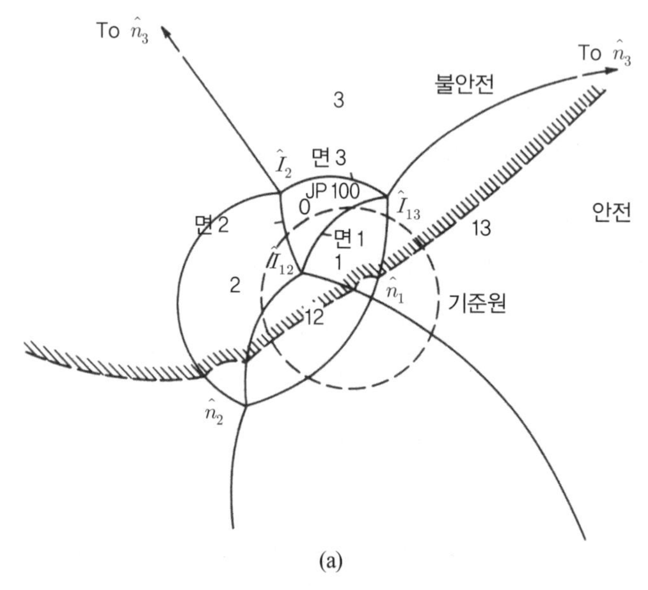

그림 8.24 (a) 그림 8.20의 암반 내 JP100에 대한 안정해석. 하부 초점(기준원 내에 상반구에 위치). (b) 그림 8.24a와 동일. 기준원 내 하반구에 위치하도록 상부 초점으로부터 투영

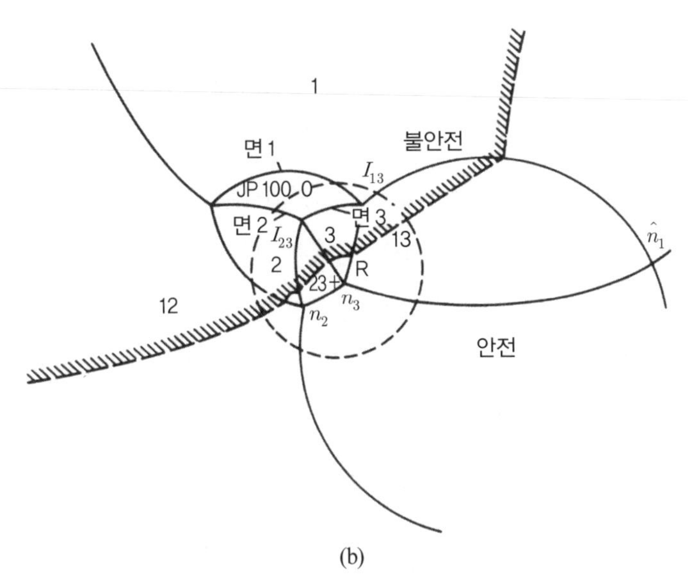

그림 8.24 (a) 그림 8.20의 암반 내 JP100에 대한 안정해석. 하부 초점(기준원 내에 상반구에 위치). (b) 그림 8.24a와 동일. 기준원 내 하반구에 위치하도록 상부 초점으로부터 투영(계속)

안정하고 미끄러짐 경향이 유형 3(3번 평면에서만 미끄러짐)인 것을 알 수 있다. 예를 들어 1번 평면에서의 수압(블록 쪽을 향하므로 $\hat{n}_i$에 반대방향)과 같은 서쪽으로 향하는 매우 작은 힘은 블록을 유형 23으로 이동시킬 수 있다.

유형 분석

블록이론을 사면 설계에 활용하기 위해서 이동 가능성 해석과 한계평형 해석을 이용하고 있다. 전자를 이용하면 어떠한 JP가 특정 굴착면에서 이동 가능 블록을 나타내는지를 결정할 수 있고, 후자로는 주어진 JP에 해당하는 블록의 정역학적인 관계를 평가할 수 있다. 평사투영에 도시되는 한계평형해석은 다른 것들은 고정되고 합력의 방향이 변하는 경우에 대한 영향을 보여주는 지도로 고려될 수 있다. 또한 합력의 방향이 고정되어 있을 때 JP 부호가 바뀌는 것에 대한 영향을 연구하는 것도 유용하다. 이러한 그림을 유형 분석(mode analysis)이라고 한다.

Goodman and Shi(1985)는 합력의 일반적인 방향에 대해 유형 분석을 수행하는 방법을 보여준다. 여기서 우리는 합력이 중력방향과 같은 단순하고 특별한 경우를 검토한다. 이의 목적은 중력만이 작용하는 암반에서 각 JP에 대한 거동 유형을 결정하는 것이다. 물론 블록이 이동 가능한 경우에만 유형이 인식될 수 있으며, 결과에 나타나지는 않지만 독립적으로 결정되어야 한다.

각 JP는 다음 가능성 중 하나를 가진다. 즉, 각 절리의 개방에 해당하는 유형 O와 i 평면에서만 미끄러지고 다른 모든 면에서는 개방되는 유형 i, 면 i와 j에서 동시에 미끄러지고 다른 모든 면에서는 개방되는 유형 ij 그리고 모든 절리면의 마찰각이 0일지라도 안정한 무유형(no mode) 등이 있다. 각 유형은 다음의 법칙을 관찰하여 설정될 수 있다.

- 유형 O는 하향 방향을 포함한 JP에 해당하며, 상부 초점투영에서는 기준원의 중심을 포함하는 JP이다.
- 유형 i는 평면 i(하부 초점투영에서)의 경사 벡터를 포함하는 평면 I에 대한 대원 일부 내에 존재하는 JP이다. 하부 초점투영에서 경사 벡터는 평면 i에 대한 대원과 기준원의 중심으로부터 그린 어떠한 크기의 반지름과 교차하는 것 중 더 멀리 있는 점이다.
- 유형 ij는 꼭짓점들 중의 하나로 하반구 교차점 $\hat{I}_{ij}$을 가진 JP에 해당한다. 이런 경우는 다양하지만 다음의 법칙을 따르는 경우는 오직 하나이다. 만일 평면 j에 대한 대원 내에 평면 i의 경사 벡터가 존재한다면 유형 ij를 갖는 JP는 평면 j의 대원 외부에 있다. 또한 평면 j의 경사 벡터가 평면 i의 대원 내부에 있다면 유형 ij를 갖는 JP는 평면 i의 대원 바깥쪽에 있다(이러한 법칙은 Goodman and Shi(1985)에 의해 만들어진 두 개의 불균등식에서 도출되었다).
- 어떠한 유형도 갖지 못한 JP는 무유형(no mode)이다.

그림 8.25는 세 개 절리군을 갖는 그림 8.20의 암반에 대한 유형 분석 결과를 보여준다. JP100(그림 8.20과 비교하라)은 이러한 JP에 대한 한계평형해석에서 얻은 결과인 유형 3을 갖고 있다는 것에 주목하라. 유형이 없는 하나의 JP(010)가 존재한다.

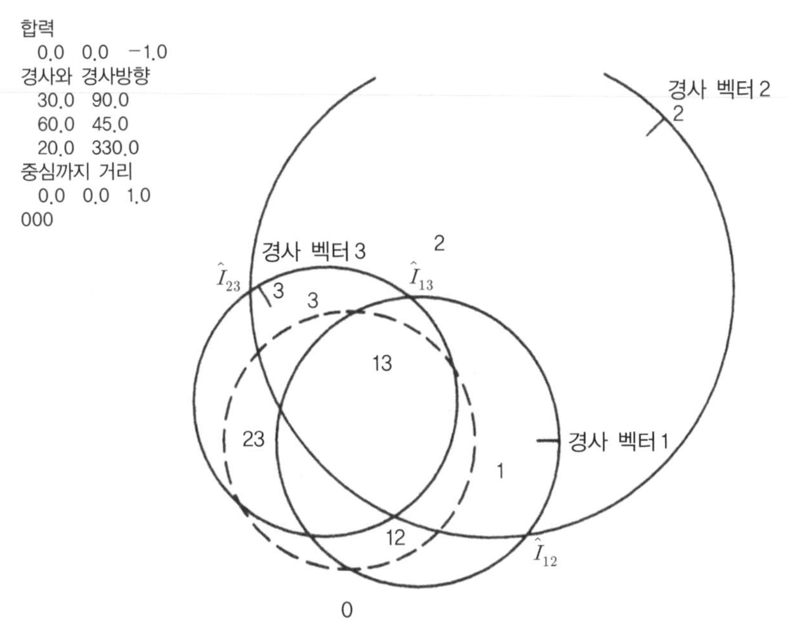

그림 8.25 그림 8.20 내 암반의 JP에 대해 유형 분석을 표기. 하부초점 평사투영

8.8 두 개의 블록으로 형성된 미끄러짐 분석

미끄러짐면에 존재하는 점착력 S_j에 대해 식 (8.2)를 해결하기 위해 실제 파괴 경험을 역해석하는 유용한 방법이 제안되었다. 그러나 5장에서는 경암의 불연속면은 낮은 압력에서 점착력이 드러나지 않는다는 것이 확인되었지만 전단면을 따라 있는 돌기들로부터 더 큰 마찰각을 대신 얻을 수 있다. 자연사면과 지표면 굴착 아래에서의 미끄러짐면에 작용하는 수직 압력은 무결암의 전단강도와 비교했을 때 매우 작은 값이기 때문에 실제 파괴 분석에서 점착력을 계산한다면 이는 다른 메커니즘을 실제로 반영할 수도 있다.

그림 8.26에 설명된 다른 메커니즘은 절리가 사면에 노출(daylight)되는 운동학적 조건에 부합되지 않는 미끄러짐면이 사면 선단까지 연결된 평평한 두 번째 면과 결합되는 경우이다. 상대적으로 평평한 미끄러짐면 위에 놓여 있는 사면 선단('수동영역')에서 축적된 강도는 바닥을 따라 발생하는 마찰력만으로 지탱할 수 없는 상부 영역('주동영역')으로부터 발생한 과도한 힘에 의해 무너지게 된다. 이러한 형태의 파괴가 발생할 조건은 아래쪽 면의 경사가 ϕ_j보다 완만한 반면 상부 쪽 면의 경사가 ϕ_j보다 급해야 한다. 수동 블록과 주동 블록 사이 경계가 수직이

라면 그림 8.26에서 보인 힘은 다음 식에 의해 얻을 수 있다.

$$F_b = \frac{W_1 \sin(\delta_1 - \phi_1)\cos(\delta_2 - \phi_2 - \phi_3) + W_2 \sin(\delta_2 - \phi_2)\cos(\delta_1 - \phi_1 - \phi_3)}{\cos(\delta_2 - \phi_2 + \theta)\cos(\delta_1 - \phi_1 - \phi_3)} \tag{8.13}$$

이때 F_b : 식에서 입력된 마찰각으로 한계평형상태에 도달하기 위해 수동 블록에 요구되는 수평 아래 θ 방향으로의 지지력

ϕ_1, ϕ_2, ϕ_3 : 각각 상부, 하부, 수직의 미끄러짐면을 따라 미끄러짐에 적용되는 마찰각

δ_1, δ_2 : 각각 상부와 하부 미끄러짐면의 기울어진 정도

W_1, W_2 : 단위 폭당 주동 및 수동 블록의 무게

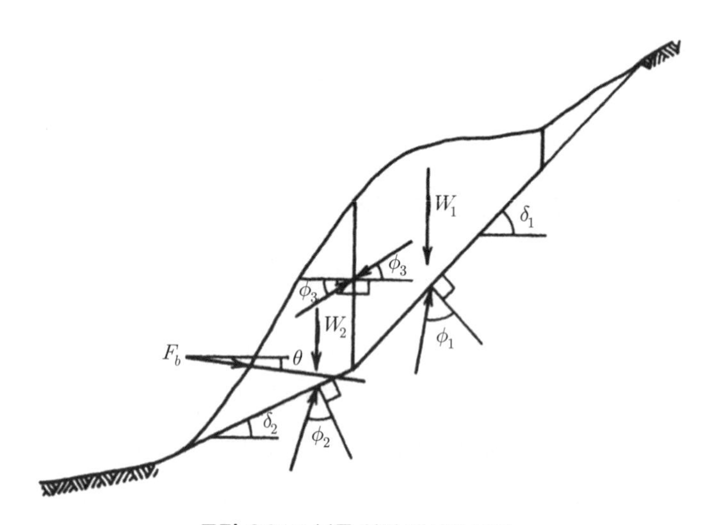

그림 8.26 2 블록 안정 해석의 모델

단순화를 위해 모든 마찰각은 동일하다고 가정한다.

사면의 안전율은 주어진 F_b, W_1, W_2, δ_1, δ_2를 이용하여 다음의 과정으로 결정할 수 있다. 식 (8.12)를 참으로 만드는 이 방정식의 근을 풀어 마찰각의 값을 계산한다. 이는 평형을 위해 필요한 마찰각(즉, ϕ_{required})을 정의한다. $\phi_{\text{available}}$의 주어진 값에 대해 안전율을 식 (8.12)를 이용하여 얻을 수 있다.

미끄러짐 초기의 실제 경우에서 조사된 자료는 사면 상부 및 선단 그리고 그 외 다른 곳에서 합 변위의 크기와 방향을 정의할 수 있다. 만일 합 변위의 크기가 사면 전체에서 동일하고 거동 방향이 바깥쪽 그리고 아래쪽이면 강성체 블록의 움직임에 의한 미끄러짐이 가능하다. 합 변위 벡터의 방향은 δ_1와 δ_2의 값을 결정하는 데 사용할 수 있고 인장균열의 위치는 W_1와 W_2를 도해적으로 결정할 수 있게 한다. 안전율이 1이라면 $\delta_{\text{available}}$의 값은 식 (8.12)의 해를 계산하여 얻을 수 있다. 주동영역의 굴착정도, 수동영역의 채움, 수동영역에서의 앵커 설치에 의한 안전율의 증가는 새로운 조건에 대한 ϕ_{required}의 결정 그리고 $\phi_{\text{available}}$의 입력을 통해 계산될 수 있다.

참고문헌

Goodman, R. E. (1976) *Methods of Geological Engineering in Discontinuous Rock,* Chapters 3 and 6, West, St. Paul, MN.

Goodman, R. E. and Bray, J. W. (1977) Toppling of rock slopes, *Proceedings, Speciality Conference on Rock Engineering for Foundations and Slopes,* ASCE (Boulder, Colorado), Vol. 2, pp. 201-234.

Goodman, R. E. and Shi, G. H. (1985) op. cit., Chapter 1.

Heuze, F. E., and Goodman, R. E. (1972) Three dimensional approach for design of cuts in jointed rock, *Proceedings, 13th Symposium on Rock Mechanics* (ASCE), p. 347.

Hoek, E. and Bray, J. W. (1974, 1977) *Rock Slope Engineering,* Institute of Mining and Metallurgy, London.

John, K. W. (1968) Graphical stability analyses of slopes in jointed rock, J. *Soil Mech. Found. Div.* (ASCE) 94 (SM2): 497-526.

Londe, P., Vigier, G., and Vormeringer, R. (1969) Stability of rock slopes, a three dimensional study, *J. Soil Mech. Found. Div.* (ASCE) 95 (SM1): 235-262.

Londe, P., Vigier, G., and Vormeringer, R. (1970) Stability of rock slopes, graphical methods, *J. Soil Mech. Found. Div.* (ASCE) 96 (SM4): 1411-1434.

Pentz, D. T. (1976) Geotechnical factors in open pit mine design, *Proceedings, 17th Symposium on Rock Mechanics* (University of Utah), paper No. 2B1.

Schuster, R. L. and Krizek, R. J. (Eds.) (1978) *Landslides −Analysis and Control,* Trans. Res. Board Special Report 176 (NAS), including Chapter 9, Engineering of rock slopes, by D. R. Piteau and F. L. Peckover, and Chapter 2, Slope movement types and processes, by D. J. Varnes.

Wittke, W. (1965) Methods to analyze the stability of rock slopes with and without additional loading (in German), *Rock Mechanics and Engineering Geology, Supplement II,* p. 52.

1 노천광산에서 굴착되는 암반에 다음과 같은 반복적인 불연속면이 존재한다.

절리군 1 (층리) 주향 N32°E, N58°W 방향으로 75° 경사
절리군 2 (절리) 주향 NS, 경사 65°E
절리군 3 (절리) 수평

하반구 투영망을 이용하여 이들의 경사 벡터, 교차선, 수직 벡터를 도시하라.

2 각 불연속면의 ϕ_j를 25°로 가정하고 1번 문제의 암반 내에 있는 원형의 노천광 둘레를 15° 각도로 분할하여 얻은 모든 파괴 유형에 대해 최대안전사면각도에 대한 표를 제시하라.
이 암반에서 고속도로 절취면 형성을 위한 최적의 방향은 무엇인가?

3 절취면에 노출된 평면 P의 방향이 주향 N30°W, 경사 50°NE이다. 잠재적으로 이동 가능한 블록의 하부 면적이 200 m^2이고 무게는 400톤이며, 마찰각이 30°라 추정된다.
(a) 안전율이 1.0과 1.5가 되도록 하는 최소 록볼트력의 방향과 크기를 구하라.
(b) 안전율이 1.5가 되도록 설치한 록볼트가 존재하는 상태에서 파괴를 유발할 수 있는 P 평면에 작용하는 수압은 얼마인가?
(c) 이 문제에서 최소의 필요지지력을 위한 록볼트의 방향이 록볼트 시공을 위한 최선의 방향인가?

4 무게 200 MN인 블록이 주향이 북이고 경사가 60°W인 면 위에 놓여 있다. 마찰각은 33°로 추정된다.
(a) 록볼트를 이용하여 안전율 2.0으로 안정화시키려 할 때 필요한 최소한의 힘은?
(b) 만일 볼트가 N76°E 방향으로 수평에서 아래로 10° 경사로 설치되었다면 안전율 2.0으로 안정화시킬 때 필요한 힘은?
(c) 만일 관성력이 수평으로 북쪽으로 작용한다면 블록의 움직임을 유발할 지진계수 K는 얼마인가? (볼트가 (b)의 사례와 같이 설치된 것으로 가정한다.)

5 (a) 화강암 지대의 암반에 다음과 같이 불연속면들이 분포하다고 가정하면 N60°E 방향의 고속도로 양쪽에 존재하는 절취면의 최대안전각도를 운동학적 해석을 이용하여 계산하라.

(1) 주향 N80°E 경사 40°N

(2) 주향 N10°E 경사 50°E

(3) 주향 N50°W 경사 60°NE

가정 $\phi_j = 35°$

(b) 암반사면 안정성만 고려할 때 절취면의 최적의 방향은?

6 아래 그림과 같이 암블록이 수평면과 δ만큼 경사진 면 위에 놓여 있다. 마찰각이 ϕ_j이라면

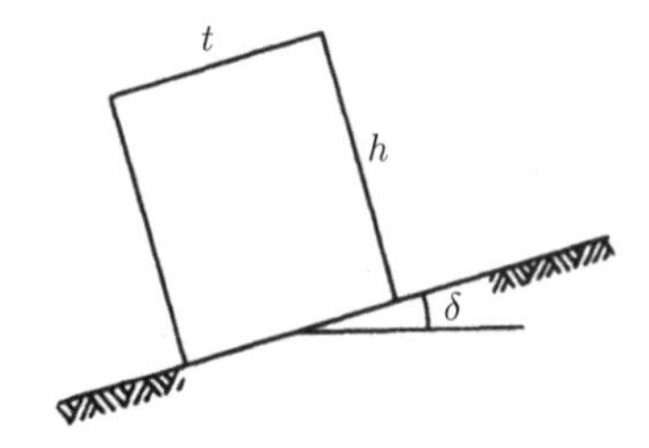

(a) 미끄러짐이 시작될 δ 각도는?

(b) 전도가 시작될 δ 각도는?

7 두 개의 암블록이 그림과 같이 경사진 면에 놓여 있다. 두 블록 사이의 마찰각과 하부면의 마찰각이 동일하다면 두 블록이 평형을 유지할 조건에 대해 설명하라.

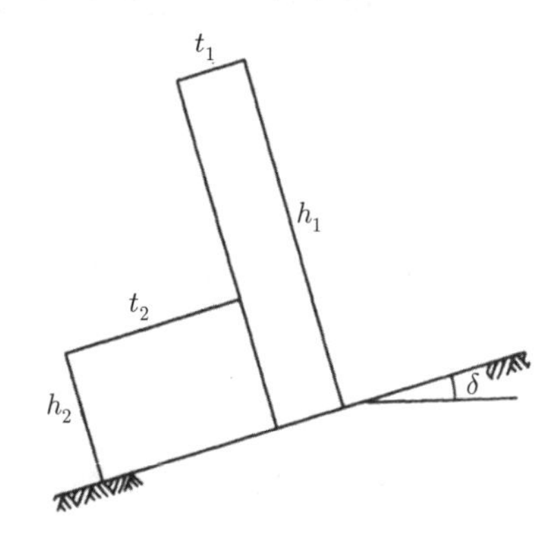

8 (a) 아래 그림은 급경사의 사면에서 발생한 사면붕괴형태를 보여준다. 석탄광에서 이런 거동을 하반 파괴(footwall failure)라 부른다. 만일 파괴가 그림처럼 좌굴(buckling)에 의해 시작된다면 이런 파괴가 발생하지 않을 좌굴 구간 위에 놓인 사면의 최대 길이 L을 나타내는 식을 유도하라. 사면 선단에서는 완전히 배수되고 좌굴된 암기둥의 무게는 고려하지 않는다. 암석은 E의 탄성계수, 단위중량 γ, 층 사이의 마찰각 ϕ_j를 가지고 있다.

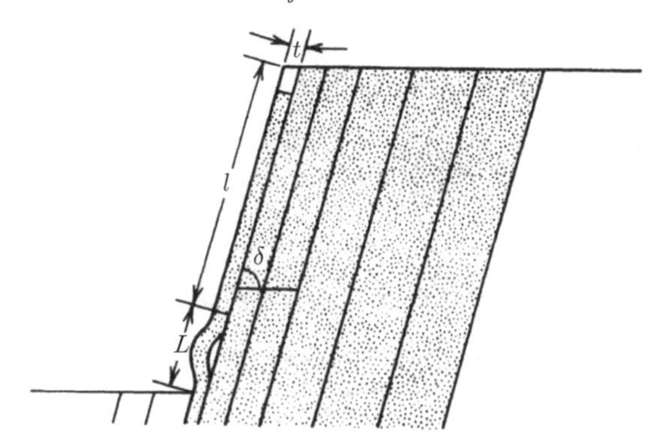

(b) $L = 40$ m, $\phi_j = 10°$, $\delta = 80°$, $\gamma = 0.027$ MN/m^3, $E = 3\times10^3$ MPa일 때 한계사면의 길이를 결정하는 식을 이용하여 계산하라.

9 도로 위에서 발생하는 크리프형 산사태로 총 3 m의 이동이 발생했다. 사면 상부에서 발생한 거동의 방향은 수평에서 아래 방향으로 60°인 반면에 사면 하부의 이동방향은 수평에서 아래 방향으로 25°였다. 이러한 방향과 사면 상부 인장균열의 위치를 이용한 단면도를 작성하여 주동 블록의 크기가 10,000 m^3, 수동 블록의 크기는 14,000 m^{3}를 확인하였다. 이 사면에서 앵커는 사용되지 않았다.

(a) 미끄러짐에 대한 안전율이 1.0이고 모든 마찰각이 동일하다(즉, $\phi_1 = \phi_2 = \phi_3$)고 가정하면 허용되는 마찰각을 계산하라.

(b) 주동 블록에서 4000 m^{3}가 굴착되어 미끄러짐면에서 제거되었을 경우의 안전율 증가를 계산하라.

(c) (b) 예의 굴착에서 계산된 것과 동일한 안전율을 얻기 위한 사면의 단위 폭당 필요한 수평앵커의 힘을 계산하라. 대략 몇 개의 앵커가 필요한가?

10 9번 문제에서 ϕ_1과 ϕ_2가 같다는 제한이 없을 경우의 안전율을 어떻게 보고할 것인지를 설명하라(ϕ_3는 고정된 값으로 가정).

11 인장균열이 사면의 법면에 위치할 때 식 (8.6)은 어떻게 수정되어야 하나.

12 그림과 같이 두 개의 평행한 수직 절리 J_1와 J_2 사이에 프리즘 형태의 블록이 $\delta°$ 경사를 가진 단층($P3$)에서 미끄러지려 한다. 절리면은 매끈하고 마찰각은 ϕ_j로 동일하다고 가정한다.

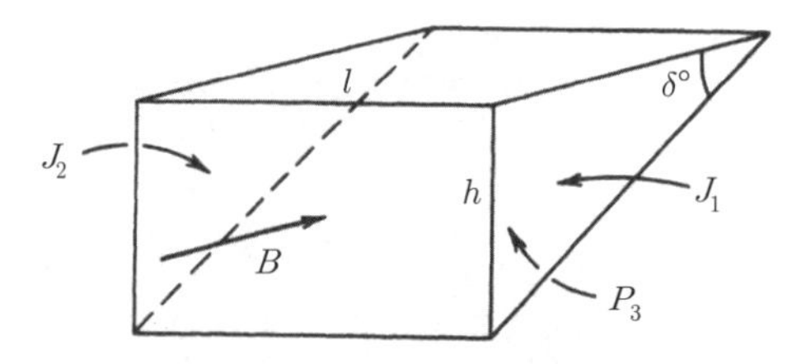

(a) 수평의 지지력 B가 블록에 작용하고 있다. 절리에 수직인 응력 σ_j에 대한 함수로 (한계평형상태에 해당하는) 보강력 B에 대한 식을 유도하라. B/W의 항에 대한 답으로 표현하라.

(b) 만일 $\delta = 60°$, $\phi_3 = \phi_j = 30°$이라면 폭이 각각 1, 5, 10, 20 m인 블록에 대해 보강 없이 ($B = 0$) 한계평형상태에 도달하는 데 필요한 σ_j를 구하라. 단위는 kPa와 psi를 사용하여 답을 작성하라.

13 (a) 문제 12에서 측면 절리의 마찰각은 주어진 것으로 가정했다. 만일 이들 절리에 초기응력 σ_j가 존재하지 않지만 사면 하부로 u만큼 블록이 이동함에 따라 거칠기 i가 응력을 유발한다고 가정하자. 양쪽 측면의 암석은 강성체이고 암블록이 탄성계수 E를 가진다고 가정하자. 블록 변위의 함수로서 수직응력과 정규화된 필요 보강력 B/W를 계산하라.

(b) 12b의 문제에서 초기 수직응력이 0, 절리 팽창각 $i = 10°$, 암석의 탄성계수가 $E = 2 \times 10^4$ MPa이라면 한계평형을 위해 필요한 변위 u를 계산하라.

14 한 블록이 두 개 굴착면의 하부 반공간과 두 개 절리면의 상부 반공간으로 이루어져 있다. 블록이론분석에 의하면 블록은 이동 가능하고 우리는 이를 안정시키고자 한다. 두 절리면의 경사와 경사방향은 다음과 같다.

절리면	경사	경사방향
1	40°	100°
2	50°	200°

블록 무게는 100톤이다.

(a) 면 1의 마찰각은 20°, 면 2의 마찰각은 15°로 가정하자. 만일 록볼트가 N10°E 방향(방위각 10°)로

수평에서 아래로 10°로 설치되었다면 한계평형에 도달하기 위한 보강력을 계산하라. 벡터계산과 투영법을 활용하라.

(b) 만일 면 2의 마찰각이 30°이고 록볼트가 (a)와 같이 시공되어 있다면 한계평형조건을 맞추기 위한 면 1의 마찰각은 얼마인가?

15 7장 25번 문제에서 중력만 작용하는 경우 모든 JP에 대해 적절한 모드를 이용하여 명명하라.

16 그림 8.24의 조건에서 붕괴된 블록이 JP100이고 50톤 이하면 면 1에 작용하는 수압을 계산하라. 면 1의 면적이 7.5 m^2이다(힌트 : 면 1에 작용하는 수압은 수직 벡터 $\widehat{n_1}$에 반대방향인 $-\widehat{n_1}$로 작용한다).

17 7장 21번 문제의 암반에 경사/경사방향 50°/30°의 절취면을 만들려고 한다. 세 개 절리군이 30°/70°, 50°/140°, 60°/270°의 방향으로 존재한다면

(a) 이 절취면에서 이동 가능한 블록을 만드는 JP를 결정하라.

(b) 앵커가 남쪽 방향으로 수평으로 시공되어 있다. 무게가 90톤인 블록을 구성하는 절리면에서 안전율 2.0이 되는 데 필요한 앵커의 힘은 얼마인가? 각 불연속면의 마찰각은 35°이다.

09

기초공학에 대한 암석역학의 응용

09 기초공학에 대한 암석역학의 응용

9.1 암석 기초

이 장에서는 암석의 거동을 구조적 기초로서 고려하고 있다. 대부분의 암석은 흙에 비하여 강하고 강성이 크기 때문에, 구조적인 하중을 지탱하는 암석은 충분한 지지력을 지니게 된다. 그러나 고층건물이나 교각과 같은 큰 하중이 작용할 경우에는 설계상으로는 강한 암석의 지지력에 근접하는 압력이 작용할 수 있다. 백악 또는 점토 셰일, 부스러지기 쉬운 사암, 응회암, 매우 공극이 많은 석회암과 같이 암석이 원래부터 약한 경우이거나, 암석이 풍화되었거나, 공동이 많거나 매우 파쇄되어 있을 경우와 같이 암석이 불량하다면, 이러한 상황에서는 상대적으로 큰 변형을 유발할 수 있다. 예를 들어, Sowers(1977)는 기초 압력이 10 kPa 이하로 작용하는 풍화된 다공성 석회암으로 구성된 지반에서 최대 8인치의 침하가 발생했다고 보고하고 있다. 따라서 기초공학에서 암석을 조심스럽게 평가하여야 하는 경우가 많이 있다.

그림 9.1a는 흙에 직접적으로 지지력을 가하는 것보다 암석을 기초로 우선적으로 사용하는 이상적인 경우를 보여주고 있다. 암석은 강하고 상대적으로 균열이 없고, 기반암 표면은 매끈하고 평평하며 경계가 명확하게 드러나 있다. 반면, 그림 9.1b와 같이 풍화된 암석에서는 기반암 표면의 경계가 명확하지 않고, 서로 가까운 거리에도 암석의 수직 및 수평 물성이 크게 변하기 때문에 기초의 깊이와 허용 지지력을 예측하는 것은 쉽지가 않다. 그림 9.1c에 묘사되어 있는 것처럼, 카르스트지형의 석회암은 보이지 않는 동굴과 점토층(clay seams), 예측 불가능한

암질을 지닌 암석뿐만 아니라 절벽과 사면, 다양하고 알려지지 않은 토양 깊이, 불규칙한 지하수면 등으로 심하게 깎여 울퉁불퉁한 기반암 표면을 지니고 있다.

카르스트 지형은 결국 예측하기 힘든 지하 상태를 형성할 수 있다. 그림 9.1d는 강한 층(교결된 사암)과 약한 층(점토암)으로 이루어진 혼합층으로 인하여 주기적으로 변하는 물성을 지닌 암석을 나타내고 있다. 강한 층은 지지력을 견딜 수 있는 휨강성과 휨강도는 부족하지만 말뚝(pile) 항타나 피어(pier) 천공을 어렵게 만들기 때문에 총괄적인 물성은 개별적인 물성보다 더 골칫거리가 될 수 있다. 단층은 압축성 가우지(그림 9.1e)와 변질된 암벽, 지하수 수위의 격차 때문에 추가적인 기초 문제를 유발할 수 있다. 또한 단층 때문에 하중을 지지하는 층까지의 깊이를 분석하는 데 어려움이 있을 수 있다. 그림 9.1f에 그려진 것과 같이, 균열이 심한 암석에서는 안전한 지지력이 현저하게 감소할 수 있으며, 양호한 암석에서는 절리의 닫힘과 미끄러짐과 연관된 뚜렷한 변형이 발생한다. 더욱이 건물들이 절벽근처에 위치하여 있을 때, 절벽 표면에 노출되어 있는(daylighting) 불량한 균열로 인하여 건축물의 안정성이 약화될 수 있다.

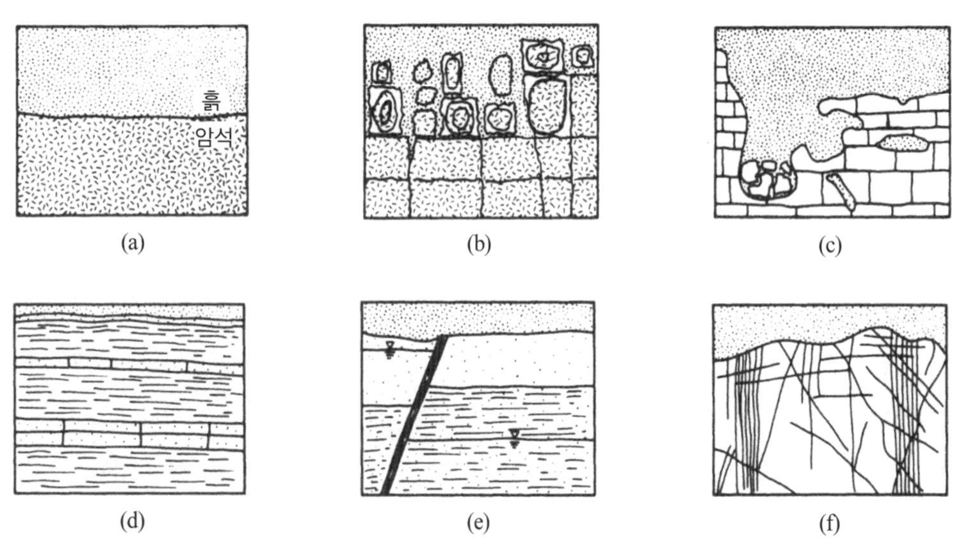

그림 9.1 기반암 표면의 형태

(a) 기반암 상부의 빙퇴석(glacial till)
(b) 분해된(decomposed) 화강암
(c) 카르스트 지형의 석회암
(d) 사암과 셰일 상부에 놓인 풍화된 암석과 잔류토
(e) 퇴적암 내에 발달된 단층 상부의 흙
(f) 균열이 심한 암석 상부의 운적토(transported soil)

기초 문제의 다른 유형은 몬모릴로나이트(montmorillonite)를 포함한 점토 셰일, 논트로나이트(nontronite)를 포함한 현무암 그리고 자황철석, 백철석 혹은 다른 황화광물을 지닌 암석과 같이 팽창성 또는 불안정한 광물로 이루어진 암석에서 발생한다. 황화광물을 지닌 암석의 산화과정에서 방출된 황산은 콘크리트와 격렬하게 반응할 수 있다. 물을 저류하는 구조나 사용 중인 우물이나 배수로 근처에 위치한 구조물의 기초에서는 석고와 소금과 같이 용해가 아주 잘 되는 암석에 대한 특별한 주의가 요구된다. 심각한 암석 기초 문제는 기초 하부에 부분적 또는 전체적으로 채굴된 석탄광, 황, 암염 또는 다른 광물 광산이 분포할 때에도 발생한다. 폐광산 상부 지표면에 있는 구조물에 대한 확실한 보강을 하려면 특별 조사를 수행하여야 하고 가끔은 값비싼 처치가 필요하기도 한다.

공사에서는 매우 다양한 암석 기초 문제가 나타난다. 집, 창고 그리고 다른 가벼운 구조물에 의해 발생한 하중은 약한 암석에서도 문제를 발생시키지 않지만, 공동이 많거나 채굴된 지하층 또는 팽창성 암석이 분포하는 지역과 관련된 암반 조사는 필요할 것이다. 병원, 사무용 건물, 공항터미널과 같은 대규모 공공건물은 서로 인접한 곳에 작용하는 아주 넓으면서 크지 않은 하중을 가질 수 있다. 이러한 시설은 종종 상대적으로 넓은 지역에 걸쳐 있기 때문에 다양하게 변화하는 기초 상태와 공학적 해법을 포함하기도 한다. 터빈, 보일러, 원자로, 가속기와 같은 산업용 구조물은 우수한 암반에 설치되더라도 정밀하고 계속된 구조물의 정렬(alignment)을 하도록 엄격히 규정되어 있으며, 이를 위해선 기초 거동에 대해 상세한 조사를 하여야 한다. 타워와 초고층건물은 풍력과 지진력에 의하여 큰 수직 및 수평 하중을 발생시킨다. 교량은 물과 흙을 통과하여 기반암에 건설되는 기초가 필요할 뿐만 아니라 암반사면 안정성 분석이 기초공사의 일부분이 되는 가파른 계곡사면에 교각을 설치한다(그림 9.2a). 상대적으로 크고 경사진 하중이 기저와 계곡부 교대에 발생하는 댐에 대해서도 동일하다. 콘크리트 아치 댐은 저수지와 구조적 하중의 일부분을 교대(abutment) 암석으로 전이시킨다(그림 9.2b). 사력댐에 의해 암석 기초에 가해지는 응력과 변형은 좀 더 작고 보통 허용할 수 있는 정도이다. 모든 유형의 댐은 균열이 발달하였거나 카르스트 지형 기초에서의 누수 때문에 생기는 문제를 겪고 있으며, 모든 댐은 침투력 또는 구조적 하중 혹은 다른 원인들에 의한 교대에서의 암석 미끄러짐 때문에 악영향을 받을 수 있다.

(a)

(b)

그림 9.2 매우 경사가 급한 지형에 위치한 교량의 기초와 댐
(a) Navajo 사암 지역의 가파른 협곡을 가로질러 미 간척국이 건설한 Glen Canyon Bridge의 독립기초
(b) 다른 교량의 교대와 Glen Canyon 아치 댐의 좌측

허용 변위 이내로 건물 하중을 지지하기 위하여, 다양한 종류의 기초를 사용하는 것이 가능하다. 우리는 하중의 일부 또는 전부를 암석에 전달하는 건물들에게만 주목을 할 것이다. 그림 9.3a는 흙을 얕게 굴착하고 준비된 암석 표면에 직접 독립기초를 설치하는 일반적인 해법을 보여주고 있다.

공사의 특성과 하중의 크기에 따라 암석에 대한 간단한 조사와 시추, 시험를 수행하거나 기초 등급을 확정하기 이전에 실증하중을 가할 수 있다. 기초 등급은 건설하는 동안 결정되는 것이 일반적이고, 엔지니어의 판단 또는 암석 분류에 따라 대부분 결정된다(즉, 2장에 논의된 지질역학적 분류를 이용). 공사기간 동안 흙이나 풍화암을 깎아 형성한 사면의 안정성은 확보되어야 하고, 굴착은 콘크리트와의 접촉면이 양호하게 전개될 수 있도록 배수와 잔해 처리가 잘 되어야 하며, 하중을 지지하는 표면은 콘크리트가 타설되기까지의 기간에 열화되지 않아야 한다. 비교적 가벼운 하중만 지탱하는 독립기초에서는, 암반 지지력 또는 암반 침하에 대한 기준이 없어도 구조공학자와 건축가의 특별한 요구를 충족하도록 설계할 수 있다. 그러나 큰 하중 또는 암질이 좋지 않은 암석의 경우에는 계산 또는 시험을 통하여 허용 하중에 대한 합리적인 평가가 요구될 수 있다. 이러한 작업을 하기 위한 과정은 다음 절에 논의되어 있다.

말뚝(그림 9.3b)은 하중을 하부로 전달할 수 있도록 충분한 지지력을 지니는 층까지 삽입된다. 말뚝은 지표면으로부터 삽입되거나 또는 시추공 내에 타설된다. 만약 상부층이 연약하거나, 말뚝이 상당히 짧다면, 대부분의 반작용은 말뚝 끝으로부터 발생된다. 이 경우에는 일정 거리의 관입에 지정된 항타 수 이상의 항타가 요구될 때까지 말뚝을 암반 속 보통 1 m 정도, 경우에 따라서는 더 깊이 타입한다. 말뚝은 이러한 방식으로 백악, 응회암, 점토암, 여러 종류의 풍화암과 같은 연약한 암반에 타입될 수 있지만, 강화강철타입점(hardened steel-driving points)을 장착하지 않고는 신선한 석회암이나 사암과 같은 강한 암석에는 몇 센티미터 이상을 타입할 수 없다. 불규칙하거나 경사진 기반암 표면에서는 말뚝 안착을 장담하기는 힘들다. 석회암 표면에 저각으로 타입된 강철 말뚝이 암석에서 미끄러지면서 휘어져 파괴된 경우가 있다. 시추공 내에 타설된 말뚝은 풍화암과 상부층과 접합하여 상당한 주면 마찰력이 발생하고, 점토에 타입된 '마찰말뚝'처럼 거동한다. 시추공 타설말뚝은 기반암 표면을 지나 어느 정도 더 천공하여 암반에 '안착하게' 되고, 이 경우에는 주면 결합력과 선단지지력이 모두 작용하게 된다. 연약한 층과 흙을 지지하는 말뚝은 시추공 하부를 확공하여 만든 확장된 기반에 설치되기도 한다. 이것은 하중을 분산시켜 규정된 지지력을 가지게 한다. 추후에 논의되겠지만, 대부분의 암석의 지지력은 확장된 기반이 거의 필요하지 않을 만큼 충분히 크며, 최대 하중은 암석 강도보다 오히려 콘크리트에 의해 영향을 받는다.

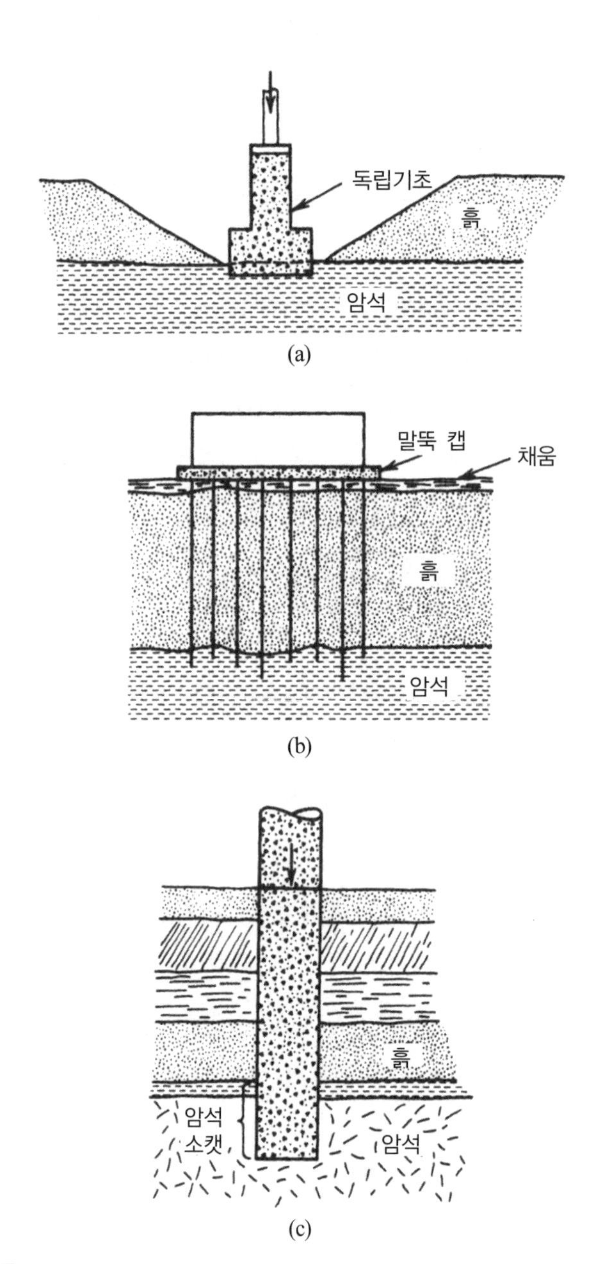

그림 9.3 암석 기초의 종류
(a) 암석 위의 독립기초
(b) 암석상의 선단지지 말뚝
(c) 암석 내부로 근입한 피어

아주 무거운 하중은 현장타설 피어를 사용함으로써 암석 위로 지지되도록 전달될 수 있다(그림 9.3c). 대구경 버켓 오거(bucket auger)나 나선형 오거는 크레인에 장착되어 상부층, 점토암, 부스러지기 쉬운 사암, 백악, 풍화암 그리고 증발 퇴적물과 같은 연약한 암석 그리고 심지어는 보통 강한 암석을 천공할 수 있다. 천공된 수갱은 청소한 후 콘크리트로 채워진다. 만약 수리 조건이 건조한 상태에서의 콘크리트 타설을 허용하지 않으면, 트레미(tremie) 공법이 사용된다. 우수한 암석에서 만족할 만한 접촉면과 지지력을 얻기 위해서, 수 미터 또는 그 이상의 수갱을 암석에 천공하여 '암석 소켓'을 만드는 것은 일반적인 관행이다. 추후에 논의되듯이, 이러한 경우에 하중은 선단지지력과 주면 전단력(결합력 또는 마찰력)의 조합에 의해 전달된다. 만약 케이싱이 필요 없거나, 유동지반(flowing ground)을 처리하거나 경암 블록을 천공하거나 또는 다른 특별한 건설 과정을 위해 작업을 중단시키는 일이 없다면, 아주 큰 수직하중(예를 들어 10 MN)을 지탱하는 천공말뚝은 경제적이다. 기술자나 지질기술자가 들어갈 정도로 암석 소켓은 충분히 큰 구경을 지니고 있기 때문에, 지지력과 암석의 변형성을 평가하는 조사와 시험은 암석 소켓 내에서 수행될 수 있다. 이것은 지지하는 지반이 깊고 접근이 불가능한 말뚝 기초보다는 유리한 점이다. 그러나 경도 또는 표면의 돌출부, 물의 침투 상태 때문에 천공을 할 수 없는 암석은 비싼 장비를 놀리게 되어 비용절감이 되지 않는다.

암석에서는 다른 유형의 기초가 종종 요구된다. 중력댐, 교량 교각, 발전소와 같은 거대한 콘크리트 구조물은 상부층과 물 속에 잠긴 케이슨(caisson) 위에 세워지기도 한다. 폐광산 갱도 상부의 건물은 폐광산 갱도의 바닥 위에서 지탱하는 분쇄된 암석으로 이루어진 그라우트된 기둥(grout columns) 위에 받쳐져 있다(그림 9.4a). 여수로 문과 여수로 슬래브(spillway slab)처럼 암석 굴착지에 있는 구조물은 홀드다운 피어(그림 9.4b)나 암석 팽윤으로 생긴 부풀음을 감소시키기 위하여 인장 록 앵커가 필요할 수 있다. 층상 암석 위에 세워진 댐 버팀벽의 하부에서와 같이, 고용량의 인장 앵커는 수압 상승에 대항하여 기초의 압축력을 증가시키기 위하여 사용된다(그림 9.4c).

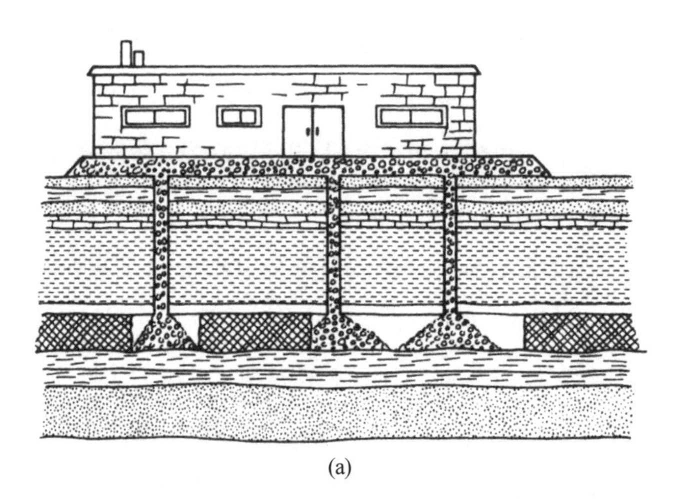

(a)

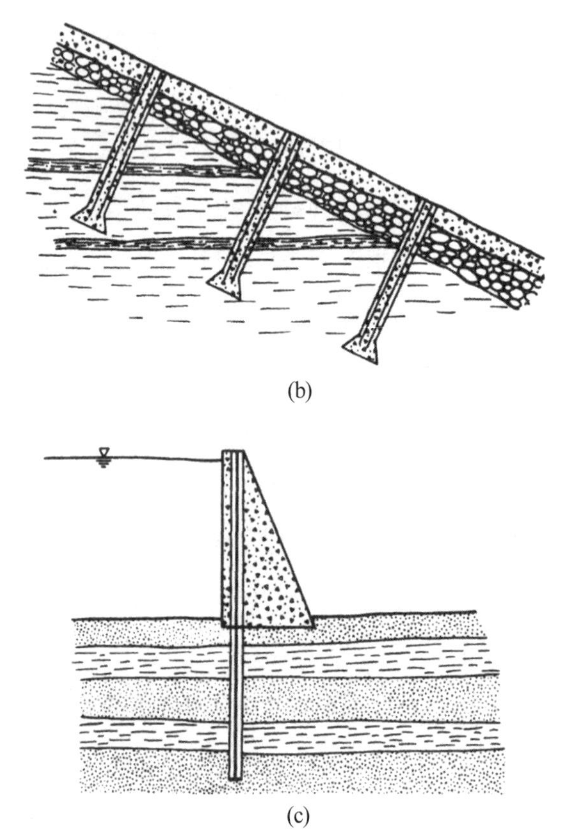

(b)

(c)

그림 9.4 특별한 기초

(a) 오래된 광산 위의 건설에 사용하는 그라우트 기둥
(b) 팽윤성 암반에서의 홀드다운 피어
(c) 중력 구조의 유효 하중을 증가시키기 위하여 깊게 앵커를 박은 케이블

9.2 허용 지지력 규정 : 거동 형태

기초 설계를 위해서는 각 지질단위에서 허용하는 기초 요소의 밑바닥과 측면에 대한 지지력과 결합력이 확립되어 있어야 한다. 선택한 값은 하중 전달 능력의 손실(지지력 파괴)에 대한 여유 있는 안전성은 가져야 하고, 큰 변형 없이 작용하여야 한다. 일상적인 작업에서, 이러한 값은 보수적이고 안전한 지지력을 제공하고 지역적인 경험을 반영하는 건축 규정에서 가져오는 것이 일반적이다. 더 유용한 시행 규정은 지질공학적 이력을 반영하고 암석 지표뿐만 아니라 현지의 층서명을 포함한다. 예를 들어, 뉴욕의 Rochester시에서는 현지 암층들 각각에 대한 지지력을 명시하고 있고, 표 9.1에 요약되어 있는 것과 같이 기초에 허용되지 않는 결점들을 정의하고 있다. 표 9.2는 지지력과 침하 한계를 만족시키고 안전율을 나타내는 규정 압력이며 건축 규정 사례에서 가져온 허용 지지력을 나타내고 있다. 지역 건축 법규를 벗어나도 얻는

표 9.1 뉴욕 Rochester시의 건축 규정 조항(날짜는 괄호 안에 기입되어 있음)

암석 분류

연암 : Clinton과 Queenston 셰일
보통암 : Rochester 셰일
경암 : Lockport 돌로마이트와 Medina 사암

지지면 아래의 시추공이 5 ft 이상 암석을 관통하면 지지력은 다음과 같다(5 ft 심도까지 모두 같은 종류의 암석으로 구성되어 있다고 가정) (10/13/33)

연암에서는 15 tons/ft^2 (1.4 MPa)
보통암에서는 25 tons/ft^2 (2.4 MPa)
경암에서는 50 tons/ft^2 (4.8 MPa)

6층 또는 높이 75 ft 이하인 건물에서 건축물 감독관이 암석의 성질과 상태가 시추공을 생략하여도 타당하다고 판단되면, 건축물 감독관은 지지 면적의 1/5에 해당하는 면적에 시추되는 시추공의 개수로 시추공의 수를 감소시킬 수 있다. (1/11/66)

박층의 암석(Seamy Rock) (11/29/60)

지지력이 거의 또는 전혀 없는 흙이나 연약한 암석의 박층(seam)이 지지면 아래 5 ft의 깊이 이내에 있다면,

1. 두께가 1/4 in.(6 mm)인 박층은 무시할 수 있다.
2. 3 ft 이상의 깊이에 있는 두께가 1/4에서 1/2 in.(6~13 mm)인 박층은 무시할 수 있다.
3. 1/2 in.(13 mm)보다 두껍고 5 ft 이상의 깊이에 있는 박층은 건축물 조사관의 재량에 따라 무시할 수 있다.
4. 1/2 in.(13 mm)보다 두껍고 5 ft 이내의 깊이에 있는 박층 혹은, 1/4 in.(6 mm)보다 두껍고 3 ft 이내의 깊이에서 발견되는 박층은 양호하지 않다. 이 조항을 준수하기 위해서는 지지면을 가장 깊은 곳에 있다고 밝혀진 1/2 in.보다 두꺼운 박층의 밑바닥 아래나 더 깊이 낮춰야 한다. 그 다음 추가로 한 개 또는 여러 개의 시추공이 필요하고 추가로 뚫은 시추공에서 박층이 보이면 상기와 같이 조사하여야 한다.
5. 건축물 감독관은 박층에 대한 압력 그라우팅과 그라우팅이 완료된 기초에 대한 지지력을 산정하기 위하여 시험을 지시할 것이다.

표 9.2 다양한 종류의 신선한 암석에 대한 허용지지력. 표준 건축물 규정에 따름. 풍화 또는 대표적이지 않은 균열 발달을 고려하여 값을 감소시켰다.[a,b]

암석 종류	연령	위치	허용지지력(MPa)
괴상의 층상 석회암[c]		영국[d]	3.8
백운석	고생대 하부층	Chicago	4.8
백운석	고생대 하부층	Detroit	1.0−9.6
석회암	고생대 상부층	Kansas 시	0.5−5.8
석회암	고생대 상부층	St. Louis	2.4−4.8
운모 편암	선캠브리아기	Washington	0.5−1.9
운모 편암	선캠브리아기	Philadelphia	2.9−3.8
Manhattan 편암[e]	선캠브리아기	New York	5.8
Fordham 편마암[e]	선캠브리아기	New York	5.8
편암 및 점판암		영국[d]	0.5−1.2
규질 점토암	선캠브리아기	Cambridge, MA	0.5−1.2
Newark 셰일	트리아스기	Philadelphia	0.5−1.2
견고히 교결된 셰일		영국[d]	1.9
Egleford 셰일	백악기	Dallas	0.6−1.9
점토 셰일		영국[d]	1.0
Pierre 셰일	백악기	Denver	1.0−2.9
Fox Hills 사암	제3기	Denver	1.0−2.9
단단한 백악	백악기	영국d	0.6
Austin 백악	백악기	Dallas	1.4−4.8
이쇄성(friable) 사암 및 점토암	제3기	Oakland	0.4−1.0
이쇄성 사암(Pico 층)	제4기	Los Angeles	0.5−1.0

[a] Thorburn(1966)와 Woodward, Gardner and Greer(1972)에서 인용한 값
[b] 어떤 범위가 주어질 때, 그 범위는 암석 상황의 일상적인 범위와 관련 있다.
[c] 층의 두께가 1 m보다 크고, 절리 간격이 2 m보다 큼. 일축압축강도가 7.7 MPa보다 큼(4 in. 정육면체 시료를 대상)
[d] 토목기술자협회의 실무 규정 4
[e] 타격 시 울리는 소리를 내고 부서지지 않는 단단한 암석. 균열은 풍화되지 않고 1 cm 미만의 벌어짐이 있다.

것이 거의 없을 때 또는 지지력과 변형을 독립적으로 평가하는 것이 가능하지 않을 때, 해당 규정을 지켜야만 한다. 그러나 기술보고서로 뒷받침이 된 요구가 있으면 대부분의 규정은 변동을 허용한다. 시행규정은 매우 보수적인 경향을 가지기 때문에 많은 경우에 이러한 절차를 따르는 것이 경제적이다.

암석은 다양한 재료를 포함하기 때문에, 암석 기초는 수많은 유형으로 거동한다. 풍화된 점토 셰일과 풍화된 화산암들의 일부처럼 암석이 전단 시에 아주 약하다고 알려지지 않았다면, 지지력에 관한 토질역학 연구 결과의 이러한 암석에 대하여 적용 가능 여부는 분명하지 않다. 그림 9.5e에 나타난 것과 같이 점토의 파괴는 회전과 전단변위로 나타난다. 무결암은 인장력에

가장 약하며, 암석 상부에 하중이 가해진 부분에 눌림 현상이 발생하는 것은 인장균열의 전파로 인한 것이다.

그림 9.5는 Ladanyi(1972)가 기술한 것처럼, 취성이며 공극이 없는 암석으로의 침투 발달과정을 그린 것이다. 암반이 비교적 균열이 발달하지 않았다고 가정하면, 하중은 초기에는 식 (6.10)과 같은 공식으로 예측이 가능한 탄성 하중-처짐 관계를 따르며, 정밀한 형태는 독립기초의

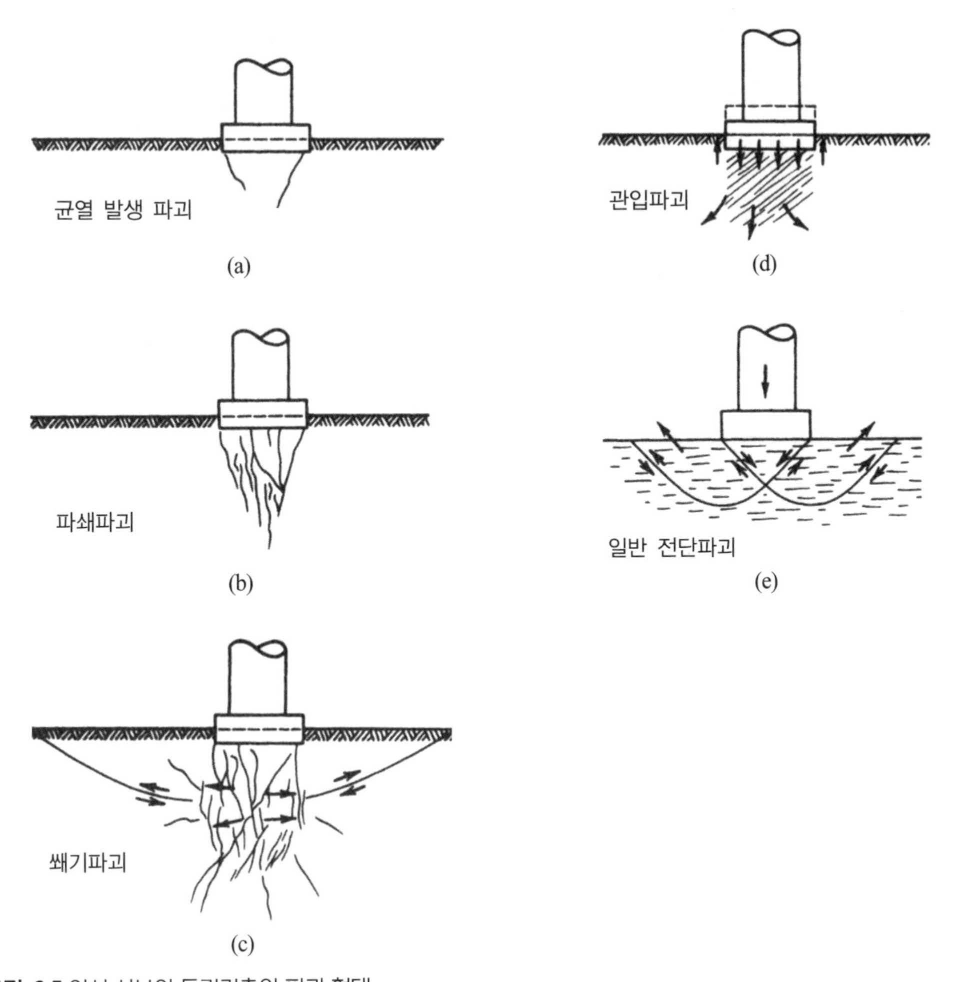

그림 9.5 암석 상부의 독립기초의 파괴 형태
(a) 독립기초 아래에서의 균열 전파와 파쇄에 의한 파괴의 발달
(b) 독립기초 아래에서의 균열 전파와 파쇄에 의한 파괴의 발달
(c) 독립기초 아래에서의 균열 전파와 파쇄에 의한 파괴의 발달
(d) 공동의 함몰에 의한 관입(punching)
(e) 전단파괴

형상과 변형성에 따라 결정된다. 균열이 시작되는 하중에 도달한 후에, 하중이 더욱 가해지면 균열은 연장되고(그림 9.5a) 계속해서 하중이 높으므로 균열은 병합되고 간섭하게 된다. 결국, 균열은 추가적으로 하중이 증가하여 휘어지고 부스러진 조각들과 쐐기들을 분리한다(그림 9.5b). 팽창 때문에, 하중이 가해진 부분 아래의 균열이 발생하고 부스러진 암석구근은 외부로 확장하여, 궁극적으로 방사상 균열망을 생성하게 되고, 결국에는 그림 9.5c처럼, 균열 중 하나가 자유면으로 전파해나갈 수도 있다. 독립기초에서의 하중 분포와 균열이 발생한 상태의 암석 특성에 따르면, 최대허용 변형은 그림 9.5 a~c 단계 중의 한 단계에서 발생할 것이다.

실제로, 암반은 열극과 균열, 공극의 닫힘으로 인한 추가적인 영구변형을 겪는다. 열린 절리가 있는 암석과 압축성 박층을 지닌 암석에서는 단열의 닫힘 또는 압착에 따른 변형은 암석 자체가 파괴되었다고 말할 수는 없지만 설계를 좌우할 가능성이 매우 높다. 백악의 일부와 부스러지기 쉬운 사암, 스코리아 현무암과 같은 다공성의 암석은 3장에서 탐구하였듯이(그림 3.6), 공극 골격이 파괴되기도 한다. 아주 약하게 교결된 퇴적암에서는 이러한 이유로 균열이 발생하거나 쐐기를 만들지 않으며 어느 응력 수준에서도 돌이킬 수 없는 침하가 발생할 수 있다. 이러한 유형의 파괴를 관입(punching)이라고 한다(그림 9.5d). 단열의 발달과 절리의 닫힘, 관입은 동시적으로 혹은 순서에 상관없이 순차적으로 발생할 수 있다. 따라서 거의 모든 하중-변형 이력이 가능하다. 역으로, 기초 암석에 대한 지반공학적 시험이 절리의 개방성과 공극 골격의 강도, 박층의 변형성과 강도를 측정한다면, 기초 하중이 어떠한 강도로 규정되고 어떠한 특성을 지니더라도 하중에 대한 변형 반응을 예측할 수 있을 것이다. 그러면 허용 지지력은 기초 내에서 처짐에 대한 구조물의 허용오차에 따라 선택될 수 있다.

9.3 독립기초 하부 암석의 응력과 처짐

암석 기초가 탄성적으로 거동할 때, 식 (6.10)과 같이 이미 확립된 결과를 참고하거나 가장 많이 사용되는 유한요소법과 같은 수치모델링 기법을 이용하면 기초 근처의 변위와 응력은 탄성이론을 사용하여 계산될 수 있다. 전단 및 압력 분포에 의한 하중으로 발생한 기초의 응력과 변위는 일반적으로 반공간 표면 위에 기울어져 작용하는 점하중에 상응하는 해를 중첩함으로써 얻을 수도 있다. Poulos and Davis(1974)는 사각형과 원형 그리고 다른 형태를 지닌 강성 기초와 유연한 기초에 대해 이러한 방법으로 구한 결과를 제시하고 있다.

암석이 비균질하거나 이방성인 경우에는 유한요소법을 이용하여 구한 특수해가 필요하다(그림 9.6). Zienkiewicz(1971)가 기술한 이러한 방법에서는, 방사상 방향으로 최소한 폭의 6배 크기가 되는 기초 영향 지역은 요소로 세분되며, 각 요소들에는 탄성 특성값들이 지정된다. 기초 위의 압력과 전단의 분포가 입력되면, 모든 요소에서의 응력과 매질 전체에 분포하는 점들의 변위를 구할 수 있다. 기초 자체의 응력과 변위 및 계측 지점들이 가장 흥미로운 것이다. 이러한 프로그램은 대부분의 공학설계 사무실에서 사용되고 있다. 암반 내의 절리와 박층들을 유한요소해석에서 표현하는 것에 대한 논의는 Goodman(1976)에 있으며 Desai and Christian(1977)이 편집한 책에는 지반공학에서 특별히 적용한 내용에 대해 기술되어 있다.

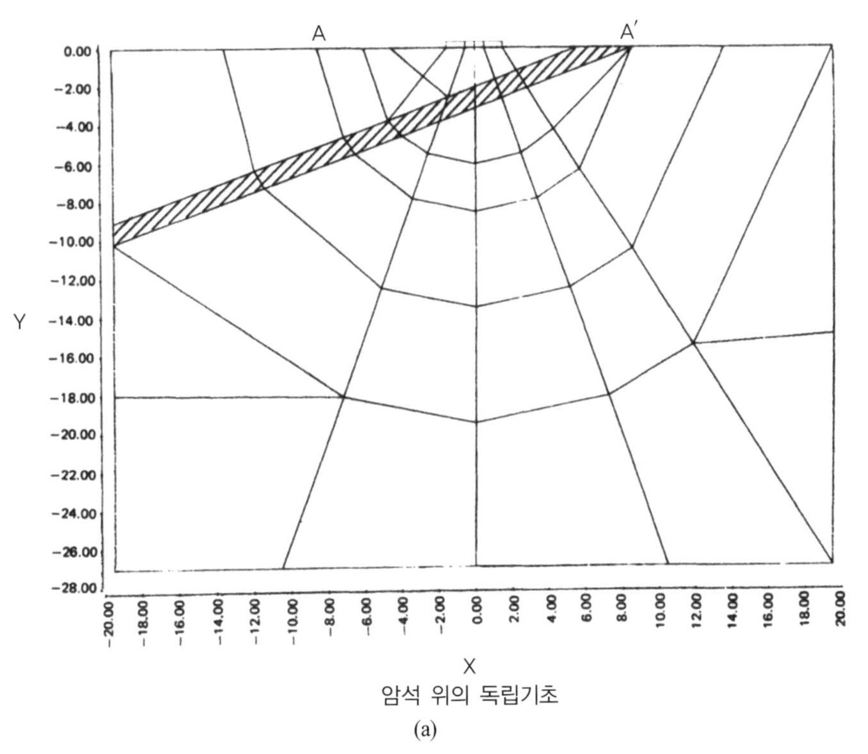

(a)

그림 9.6 비균질 암석 기초 상부의 수직하중이 작용하는 띠기초에 대한 유한요소 해석의 예. Cornel 대학의 Victor Saouma가 해석하였다.
(a) 유한요소망: 선이 쳐진 요소의 E는 다른 요소들의 1/10이다.

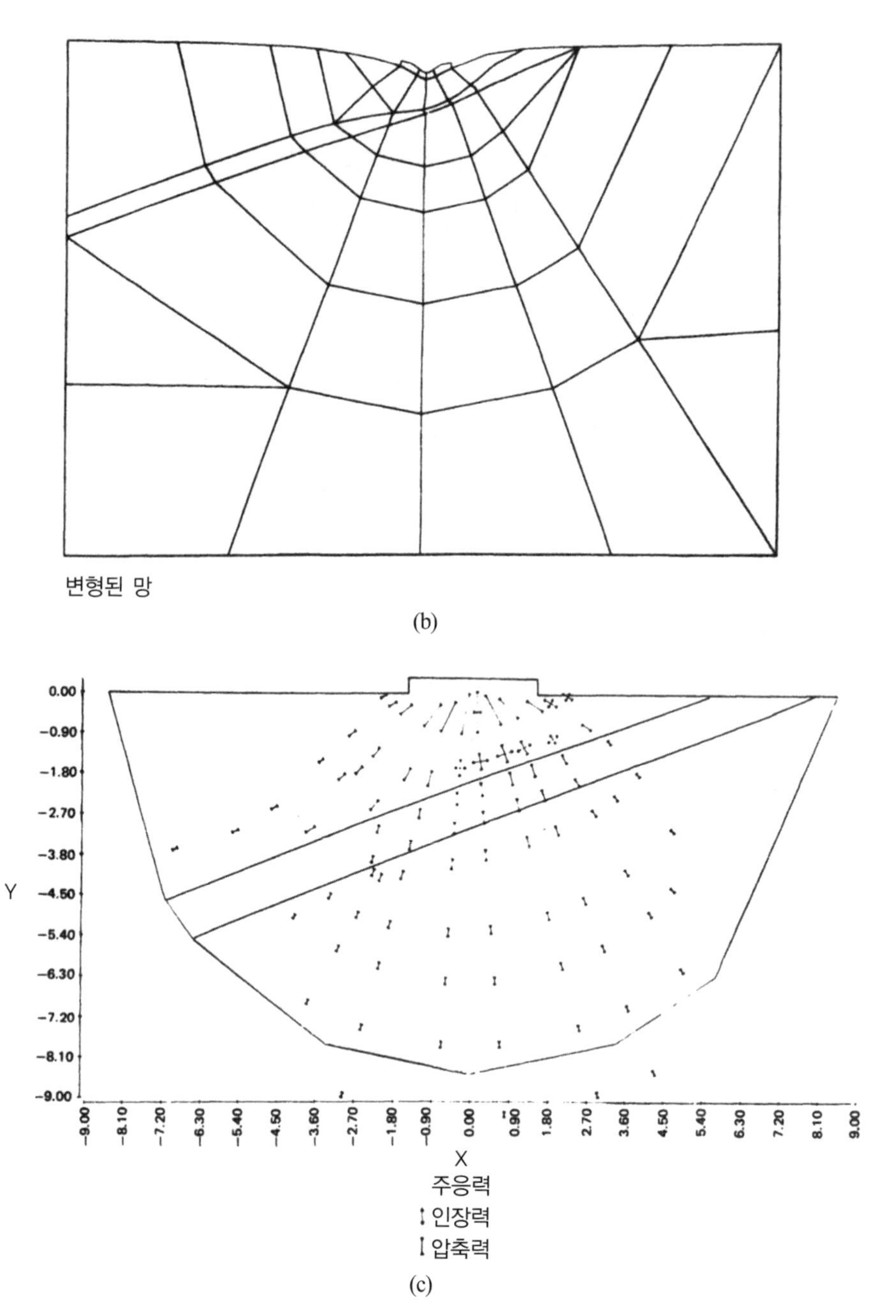

그림 9.6 비균질 암석 기초 상부의 수직하중이 작용하는 띠기초에 대한 유한요소 해석의 예. Cornel 대학의 Victor Saouma가 해석하였다. (계속)

(b) 매우 과장된 변위를 보이는 변형된 망

(c) 망 AA′ 구역 내에 있는 지역에서 각 요소의 주응력들의 방향과 크기를 보여주는 벡터

탄성해 또는 특별한 수치모델을 사용함으로써, 특정 기초가 하중에 반응하는 양상을 밝혀낼 수 있다. 이러한 방법에 대하여 여기에서 설명하는 것은 적절하지 않지만, 다양한 지질구조를 지닌 암석에 작용하는 일반적인 선하중의 경우에서 하중이 암석으로 전달되는 양상을 실험한다는 것은 유익하다.

그림 9.7a에 보인 것과 같이 반무한의 균질하고, 탄성이며, 등방성인 매질의 표면에 수직으로 작용하는 선하중(단위 길이에 대한 힘)을 생각하자. 그림에 나타난 문제는 평면변형률 중의 하나이며, 하중 P가 종이에 수직한 방향으로 무제한으로 계속되어 있다는 것을 의미한다. P에 의해 생성된 주응력들은 P가 작용하는 점을 통과하는 선 전체를 따라 놓여 있고(즉, 극좌표 r과 θ에 의해 위치가 정해진 점: 그림 9.7 참조), 모든 반지름(θ가 일정)을 따라 작용하는 수직응력은 주응력이며 다음과 같다.

$$\sigma_r = \frac{2P\cos\theta}{\pi r} \tag{9.1}$$

반면, 이 방향에 수직으로 작용하는 수직응력과 지역좌표계에 나타난 전단응력은 모두 0이다.

$$\sigma_\theta = 0 \qquad \tau_{r\theta} = 0$$

궤적 상수 σ_r은 P가 작용하는 지점에 접하고 깊이 $P/(\pi\sigma_r)$을 중심으로 하는 원이 된다는 것을 보여주고 있다. σ_r 값들의 집합에 대하여 그린 이러한 원은 종종 '압력구근(bulbs of pressure)'이라고 불린다. 이것들은 가해진 하중이 암석에서 퍼져나감에 따라 어떻게 소멸되는지를 그림으로 보여주고 있다.

유사하게 선하중이 전단으로 작용할 때, 응력분포는 전적으로 방사상이다(그림 9.7b). 극좌표 r, θ에서는 0이 아닌 유일한 응력은 반지름 방향이며 다음과 같은 값을 지닌다.

$$\sigma_r = \frac{2Q\sin\theta}{\pi r} \tag{9.2}$$

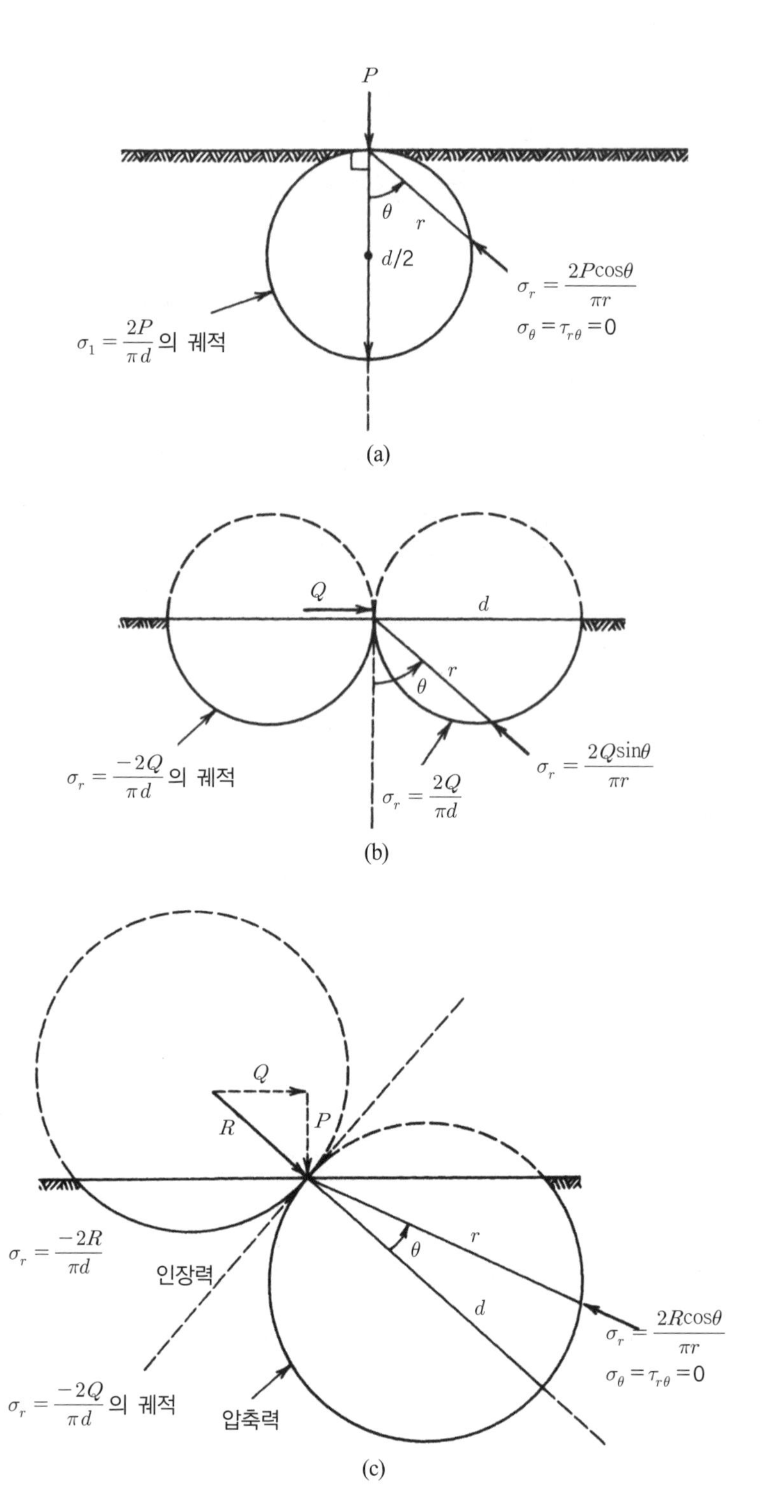

그림 9.7 탄성 반평면에 가해진 하중으로 인한 '압력구근'
(a) 수직 선하중, (b) 전단 선하중, (c) 경사 선하중

궤적 상수 σ_r은 서로 접하고 Q가 작용하는 지점으로부터 표면을 따라 오른쪽 및 왼쪽으로 거리 $Q/(\pi\sigma_r)$에 중심을 두고 있는 2개의 원으로 표현된다. 왼쪽 원은 인장응력을 나타내고, 오른쪽 원은 압축응력을 나타낸다. 그림 9.7c에 나타난 것과 같이, 그림 9.7a와 b는 P와 Q의 합력인 R의 작용선을 중심으로 하는 한 집단의 압력구근들로 결합될 수 있다. 상부의 원은 인장응력을 나타내고, 하부의 원은 압축응력을 나타낸다. 지표면 가까이에서는 절리가 벌어짐에 따라 인장응력은 없어지며, 더 깊은 곳에서는 인장응력 증가분이 충분한 하중이 가해질 때까지 압축응력으로 남아 있는 순응력인 초기 수평압축응력에 더해진다.

또 다른 압력구근에 대한 해석이 가능하다. P와 Q에 접하는 구는 일정한 주응력 궤적을 보인다는 것을 알았다. 이는 P와 Q의 작용지점으로부터 발산하고 하중이 가해진 지점부근에 중심을 둔 원 위에 방사상 압력 분포를 정의하는 벡터들 그룹에 대한 포락선으로 볼 수 있다. 층리, 편리, 단층, 절리들과 같은 유한한 마찰면이 주응력 등고선을 어떻게 변하게 하는지를 시각화해주기 때문에 이는 유용한 그림이다.

그림 9.8은 경사진 선하중 R이 하중을 가한 규칙적으로 절리가 발달한 암석의 반평면을 보여주고 있다. 등방성 암석에서는 점선으로 표시된 원을 따라 압력이 분포하여야 한다. 그러나 절리면에서는 모든 각으로 응력이 합성될 수 없기 때문에, 위의 원리는 절리가 발달한 암반에서는 적용될 수 없다. 층간 마찰에 대한 정의에 따르면, σ_r과 불연속면의 수직 사이의 각에 대한 절대값은 ϕ_j와 같거나 작아야만 한다. 따라서 압력구근은 층의 수직 성분에 대하여 ϕ_j와 동일한 각도로 그려진 선 AA와 BB를 넘어서 연장될 수 없다(그림 7.6 및 7.7과 비교). 압력구근은 등방성 암석에서보다 더욱 좁게 국한되기 때문에 더 깊게 이어져야 한다. 이는 하중 벡터 아래에 주어진 깊이에서 불연속면이 없는 암석에서의 응력보다 절리가 발달한 암반의 응력이 더 크다는 것을 의미한다. 선하중의 방향과 불연속면의 방향에 따라, 어떤 하중은 층과 평행한 암석으로 흘러들어갈 수도 있다. 그림 9.8에 제시된 특별한 경우에서, 층과 평행한 모든 응력 증가분은 인장력이어야 할 것이다.

기초 하부의 응력 분포에 대한 불연속면의 영향에 대해 좀 더 형식적인 검토를 하려면 6장에 소개된 것(식 (6.23)과 식 (6.27))과 같이 암반에 대한 '등가'의 이방성 매질을 구축할 수 있다. 불연속면에 평행하고 수직인 X와 Y 성분으로 분해되는 선하중의 특별한 경우(그림 9.9)에 대해서, John Bray[1]는 암석에서 응력 분포는 전체적으로 방사상으로, $\sigma_\theta = 0$, $\tau_{r\theta} = 0$ 그리고

$$\sigma_r = \frac{h}{\pi r}\left(\frac{X\cos\beta + Yg\sin\beta}{(\cos^2\beta - g\sin^2\beta)^2 + h^2\sin^2\beta\cos^2\beta}\right) \tag{9.3}$$

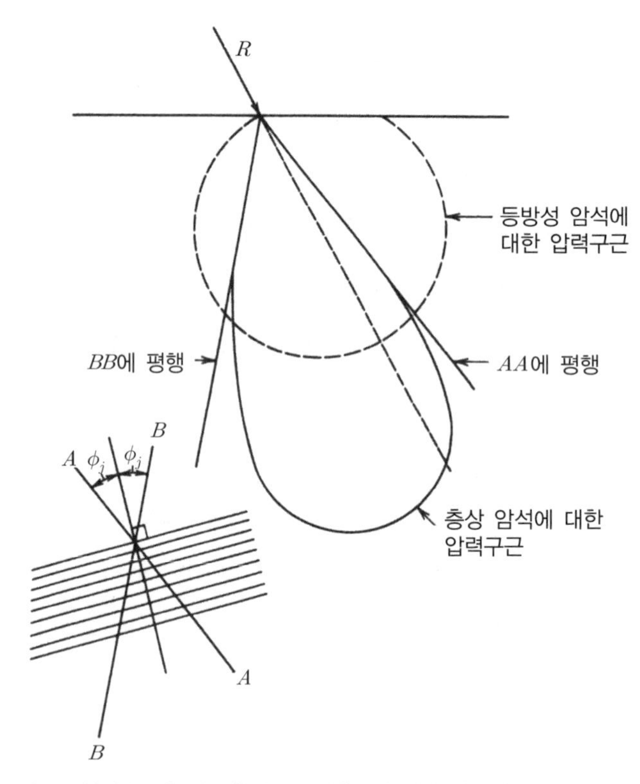

그림 9.8 불연속면을 따라 한정된 전단응력에 의해 좁아지고 깊어지는 압력구근

임을 보여주었다. 여기에서 r은 하중 작용점으로부터의 거리를 나타내고 그림 9.9에 나타난 것과 같이 $\beta = \theta - \alpha$이다. β는 해당 점을 통과하는 반경에 대한 X의 활동선으로부터의 각이다. X는 표면에 수직이지 않지만 불연속면에 평행인 것에 주목하라. 상수 g와 h는 불연속면이 발달한 암반과 '등가'인 횡등방 매질의 속성을 기술하는 무차원량이며 다음과 같이 주어진다.

1 비출판 메모, 1977, Imperial College, London, Royal School of Mines. H.D. Conway(1955)의 집중 하중을 받는 직립성 반평면에 관한 메모, J. Appl. Mech. 77: 130 또한 참고하라.

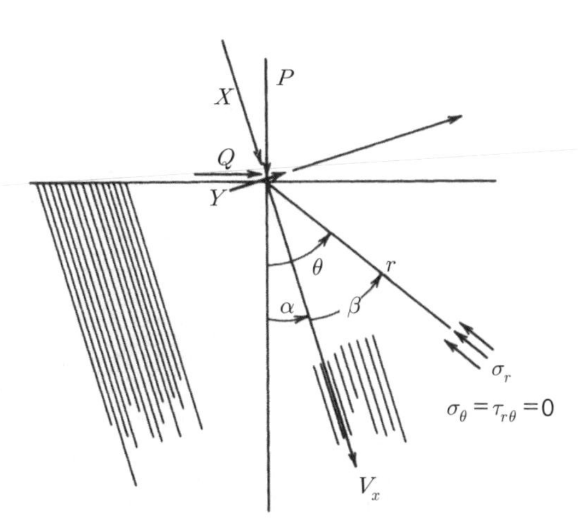

그림 9.9 횡등방 암석에서 반평면에 임의의 각으로 경사진 선하중

$$g = \sqrt{1 + \frac{E}{(1-\nu^2)k_n S}} \tag{9.4}$$

$$h = \sqrt{\frac{E}{1-\nu^2}\left(\frac{2(1+\nu)}{E} + \frac{1}{k_s S}\right) + 2\left(g - \frac{\nu}{1-\nu}\right)} \tag{9.5}$$

위의 표현에서 E와 ν는 암석 자체의 탄성계수와 포아송 비를 각각 나타내며, k_n과 k_s는 식 (6.23)과 (6.24)에 대해 논의한 것처럼 불연속면의 수직 및 전단강성(FL^{-3})이고, S는 불연속면들 사이의 평균 간격이다.

식 (9.3)부터 (9.5)를 사용하면, 층리 방향에 임의의 각으로 경사진 선하중 아래에 형성된 방사상 응력 등고선을 계산할 수 있다. 일정한 방사상 응력의 궤적에 관한 모든 공식에서, 지표면의 경사는 궤적 중 지반 내에 놓이는 부분을 설정하는 것 이외에는 해답에 영향을 주지 않는다는 것을 알 수 있다. John Bray는 Gaziev and Erlikhman(1971)이 출판한 모델 연구 결과와 절리의 닫힘은 크기가 암석의 압축인 $E/(1-\nu^2) = k_n S$과 동일하다는 절리의 특성으로 계산하였으며 식 (9.3)으로부터 계산된 선하중의 해를 비교하였다. 절리를 따른 미끄러짐은 절리와 평행한 암석의 전단변위의 5.63배, 즉 $E/[2(1+\nu)] = 5.63\ k_s S$이다. $\nu = 0.25$이면, $g = \sqrt{2}$이고 $h = 4.45$가 된다. 모델 연구(그림 9.10)에서 구한 주응력 등고선들과 식 (9.3)으로 계산(그림 9.11)하여 구한 주응력 등고선들 사이에 나타나는 모양이 서로 일치한다는 것은 층상, 편리, 규칙적 절리 암석 위의 기초에 의해 유발된 응력은 합리적으로 예측될 수 있다는 것을 보여주고 있다.

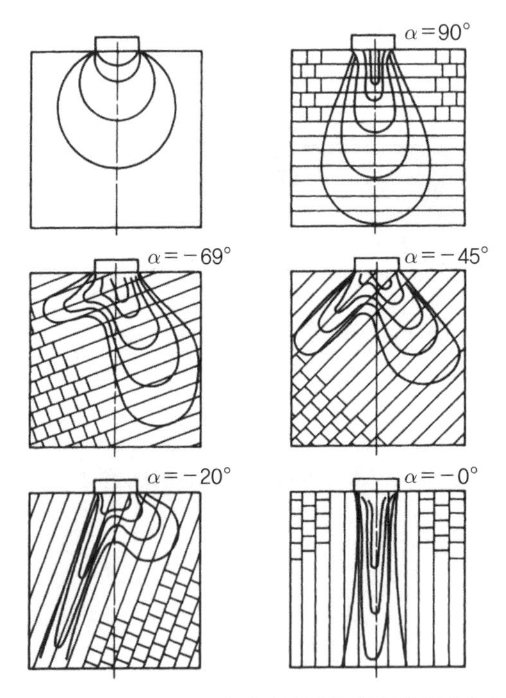

그림 9.10 모델로부터 Gaziev and Erlikhman이 결정한 등응력선(압력구근) (α는 그림 9.9에서 정의됨)

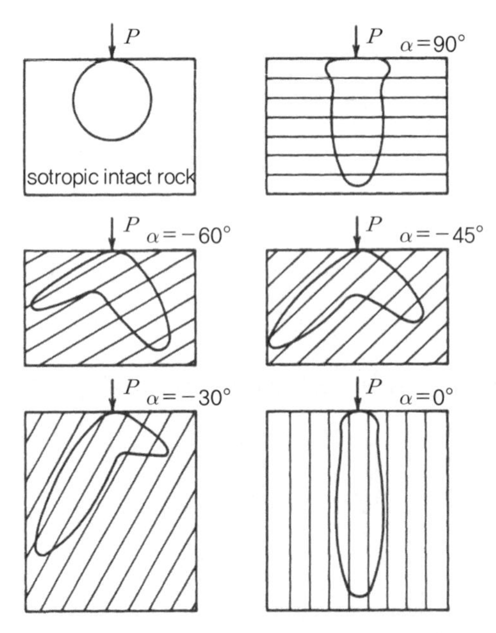

그림 9.11 John Bray가 식 (9.3)부터 식 (9.5)까지 사용하여 계산한 선하중 아래의 압력구근

9.4 암석 위 독립기초의 허용 지지력

독립기초의 '허용 지지력'은 콘크리트의 처짐(deflection)과 허용응력 값뿐만 아니라 한계평형(안정성)과 일치하는 암석 표면에 작용하는 최대 압력이다. 콘크리트 허용응력 값은 큰 하중 또는 매우 우수한 암석에 대한 설계에서 가장 중요한 요소일 수 있다. 처짐은 암석을 다룰 때 안정성보다는 더 제한적인 것이 보통이다. 규칙적으로 층리가 발달하거나 균열이 발달한 암석 위 독립기초의 침하와 회전은 식 (6.23)부터 식 (6.27)까지의 식과 함께 식 (6.9)의 응력－변형률 관계를 이용하여 식 (9.3)의 중첩과 적분으로 적절히 해석할 수 있다. Kulhawy and Ingraffea(1978)과 Kulhawy(1978)는 띠기초, 원형기초, 직사각형 기초하에서 균열이 발달한 암반에서 발생하는 침하를 산정하는 보다 간단한 방법을 소개하고 있다. 때로는 현장에서 기초에 하중시험을 수행하는 것이 실용적이다. 이 경우에는 암석의 구조적인 속성과 물리적인 속성을 따로 평가하지 않고 바로 안전한 압력을 구할 수 있다. 그러나 이러한 시험은 비싸고 암석의 모든 영역 및 기초에 적절한 환경 조건을 거의 포함할 수 없다. 유한요소해석은 현장 조건과 암석 물성의 변동성을 검토하여 경제적 설계에 도달하도록 하는 다른 접근법을 제공하다.

하중을 받는 기초에 대한 한계평형계산법에 의한 **지지력** 계산은 앞서 논의한 파괴 양상의 복잡성과 다양성을 고려하여야 한다. 암석 지지력에 관한 보편적인 공식이 없을지라도, 여러 간단한 결과는 한계안정압력(limiting safe pressure)의 대략적인 크기를 계산하는 도구로서 유용하다는 것이 증명되었다. 등방성암석에서의 시험은 기초 폭의 4% 내지 6% 정도의 침하가 발생하였을 때 이러한 한계안정압력이 발생된다는 것을 보여주고 있다.

그림 9.5a～c에 나타난 파괴 양상에 대하여 고려하여보자. 이 그림들에서 보여주는 바와 같이 띠기초 아래의 파쇄된 암석이 횡방향으로 확장하는 영역으로 인하여 방사상 균열이 어느 한 방향으로 유발되어 있다. 이 기초 아래에서 부서진 암석의 강도는 그림 9.12의 하부 파괴포락선으로 설명할 수 있으며, 파쇄가 덜 된 주위 암석의 강도는 이 그림의 상부 곡선으로 설명할 수 있다. 기초 하부 암석(그림 9.12의 A 영역)을 지지하기 위해 동원될 수 있는 최대 수평구속압은 p_h로 주위 암석(그림 9.12의 B 영역)의 일축압축강도로 정의된다. 이러한 압력은 기초 하부의 부서진 암석에 대한 강도 포락선에 접하는 모어 원의 하부 한계를 결정한다.[2] 파쇄된 암석에

2 R.T. Shield(1954) "Stress and velocity field in soil mechanics", J. Math. Physics, 33:144-156에 사사를 한 Ladanyi(1972)가

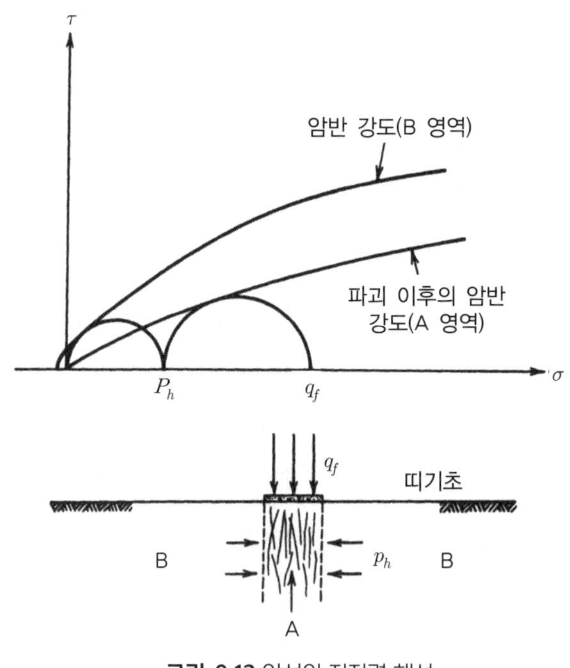

그림 9.12 암석의 지지력 해석

대한 삼축압축시험은 후자에 언급된 강도포락선을 규정할 수 있기 때문에 지지력을 구할 수 있다. 예를 들어, 그림 9.13은 Raphael and Goodman(1979)이 심하게 파쇄된 그레이와케 사암 기초에서 채취한 무결암과 파쇄된 코어 시료에 대하여 수행한 삼축압축시험 결과를 보여준다. 기초 주위의 암석 상태는 모든 균열을 조심스럽게 맞추어 테이프로 고정시킨 코어 시료의 최대 강도에 해당하는 포락선으로 표현될 수 있다. 기초 하부의 암석 상태는 이러한 시료의 잔류강도에 해당하는 포락선으로 기술될 수 있다. 이러한 강도 속성이 결정되고 안전율이 5인 경우, 지지력은 12 MPa로 산정된다. 참고로, 무결암의 일축압축강도는 180 MPa이다.

그림 9.12에 대한 검토를 함으로써 균질하고 불연속면이 발달한 암반의 지지력은 기초 주위의 암반의 일축압축강도보다 작을 수 없다는 결론에 이르게 되며, 이것이 하한선으로 받아들여질 수 있다. 만약 암반이 일정한 내부마찰각 ϕ와 일축압축강도 q_u(모어-쿨롱 물질)를 가지고 있다면, 그림 9.12의 방법은 지지력을 다음과 같이 정리한다.

제안함.

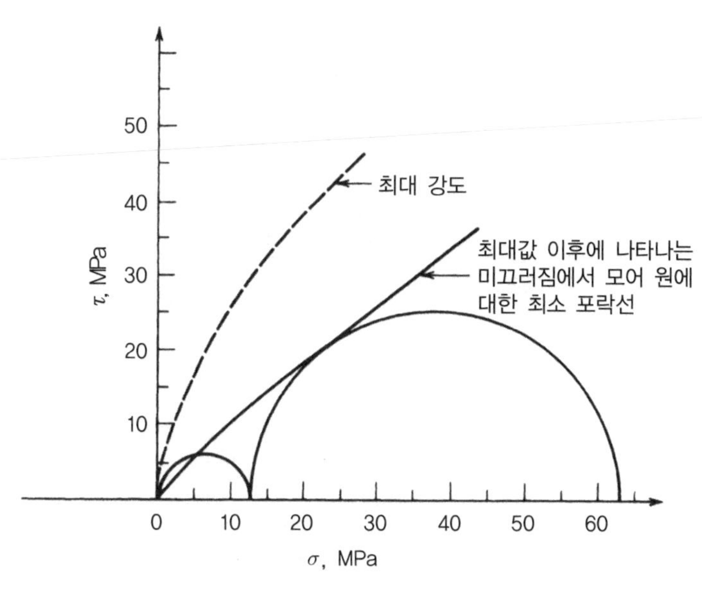

그림 9.13 심하게 파쇄된 그레이와케 사암에 대한 지지력 해석 사례(Raphael and Goodman, 1979 인용)

$$q_f = q_u(N_\phi + 1) \tag{9.6}$$

여기서

$$N_\phi = \tan^2\left(45 + \frac{\phi}{2}\right) \tag{9.7}$$

이다.

현재의 상태는 특별한 해석이 필요할 수 있다. 그림 9.14a는 더 유연한 점토암 위에 놓인 얇고 상대적으로 강성이 큰 사암층 위의 기초 지지력을 보여주는 사례이다. 충분한 하중이 가해지면, 강성이 큰 층은 휘어지는 형태로 파괴되고, 그 이후에는 하중의 대부분이 점토 세일로 전달된다. 상부층의 파괴와 관련된 변형은 설계하중을 제한할 수도 있을 것이다. 그렇지 않으면, 지지력은 하부층의 속성으로부터 계산될 것이다. 강성이 더 큰 층의 강도는 두꺼운 빔인 것처럼 고려하여 해석할 수 있다.

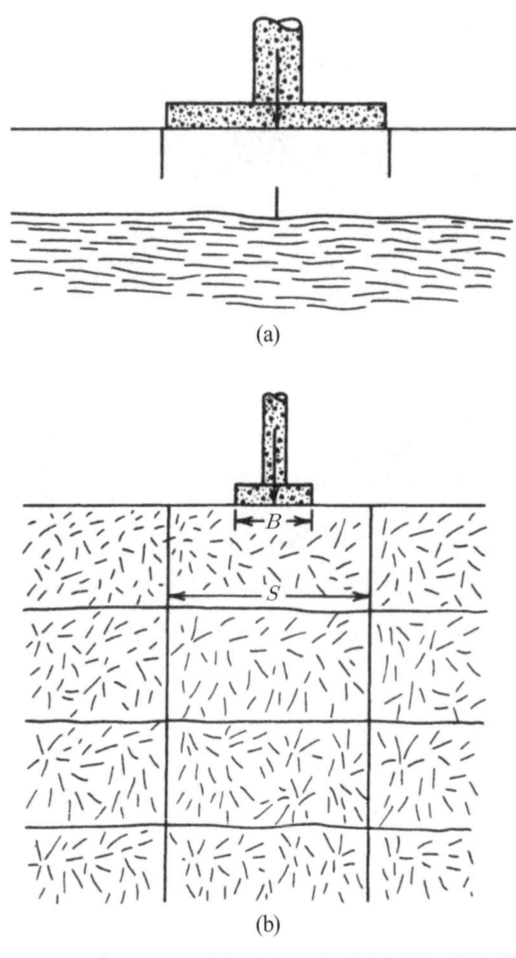

그림 9.14 (a) 층상 암석과 (b) 열린 수직 절리가 있는 암석 위의 기초

그림 9.14b는 간격 S인 직교 수직 절리에 의해 생성된 하나의 절리블록의 일부분에 위치한 기초를 나타내고 있다. 이러한 조건은 풍화된 화강암의 사례에서 발생할 수 있다. 기초의 폭 B가 절리 간격 S와 같다면, 암석 기초는 축하중하의 강도가 일축압축강도 q_u와 대략적으로 같은 기둥과 비교할 수 있을 것이다. 만약 기초가 절리 블록의 작은 부분과 접하고 있다면, 지지력은 그림 9.12에서나 식 (9.6)에서 적절하게 구한 균질하고 절리가 발달한 암석의 지지력과 일치하는 최대값으로 증가한다. 이러한 문제는 하중의 일부가 절리를 가로질러 횡적으로 전달된다고 가정한 Bishnoi(1968)가 연구하였다. 횡방향 응력 전달이 없는 열리고 절리가 발달한 암반에 대한 이 경계조건을 수정하면 다음과 같다.

$$q_f = q_u\left\{\frac{1}{N_\phi - 1}\left[N_\phi\left(\frac{S}{B}\right)^{(N_\phi - 1)/N_\phi} - 1\right]\right\} \tag{9.8}$$

식 (9.8)과 (9.6)을 이용하여 계산한 결과를 비교하면, ϕ에 따라 상한이 증가하면서, S/B의 비가 1에서 5 사이일 때만, 열린 절리는 지지력을 감소시키는 것으로 나타난다.

암석 위 기초에 대한 안전한 지지력을 결정할 때, 크기효과에 대한 고려 없이 계산된 대로 혹은 심지어는 현장에서 수행한 하중시험에 의해 측정된 대로 지지력을 사용하는 것은 결코 허용되지 않는다. 암석의 다양성에 의한 불확실성 요소와 압축하중하에서는 상당한 강도의 크기 효과가 있다. 그러나 기초가 암석 사면 상부 혹은 근처에 있을 경우를 제외하고는, 안전율이 5라고 해도 허용하중은 표 9.2에 실례로 보인 규정 값보다 더 높은 경향이 있다.

잠재적인 파괴 유형들은 추가적인 하중이 가해지지 않더라도 불충분한 안전도로 기초지역 내에 존재할 수 있기 때문에, 사면 근처에서의 허용지지력은 상당히 감소될 수 있다. 미끄러짐이 시작되면 다리 교각, 산의 측면 타워, 아치 댐의 양단부에 심각한 구조적 붕괴를 야기할 수 있기 때문에, 사면을 조사하여 충분히 검토하여야 한다. 이러한 경우에는, 특별하게 보강된 구조가 필요할 것이다. 그림 9.15a에서는 스페인에 있는 151 m 높이의 Canelles 아치 댐의 가느다란 우안 교대(right abutment)의 하류지역에 추가된 콘크리트 구조물을 보여주고 있다. 그 자체의 무게와 보강된 콘크리트로 채워진 5개 터널의 수동적인 저항력(그림 9.15b)으로 인하여 백악기 석회암 내의 사면에 노출된 수직 균열계의 미끄러짐에 대한 구조물의 안전율이 증가된 것으로 여겨진다. 균열은 최대 25 cm의 점토로 충전되어 있으며, 5 m의 평균 간격으로 분포하고 있다. 터널은 아치의 트러스트 선을 넘어 연장될 계획이었으며, 최대 5000톤의 인장력으로 지지할 수 있다.

파괴의 기하 형태가 불연속면에 의해 결정된다고 가정하면, 암반사면 위의 기초에 대한 파괴 유형 분석은 8장에 논의된 방법의 연장선상에 있다. 평면파괴 및 쐐기파괴에 대한 평사투영도 해법에 힘을 추가하는 것은 8장에 논의되어 있다(그림 8.12). 이 장의 마지막에 있는 문제에서는 미끄러지는 암체에 작용하는 하나 또는 그 이상의 힘을 포함시키기 위해 평면파괴 안정성에 대한 공식과 두 개의 평면으로 이루어진 미끄러짐에 대한 공식을 수정하는 방법에 대해 검토하고 있다.

(a)

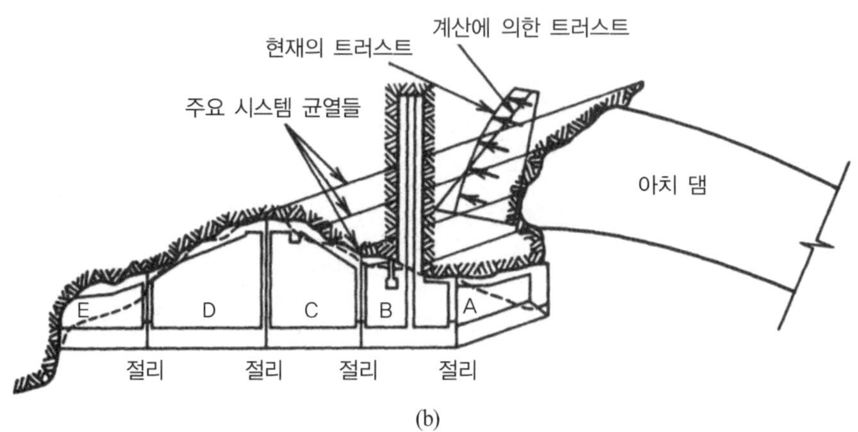

(b)

그림 9.15 스페인 Canelles 아치 댐 교대에 대한 보강구조(Alvarez(1977)의 허락으로 재생함)
(a) 하류에서 본 구조물 전경, (b) 평면도

석회암의 이전 풍화로 인하여 누수의 통로가 되고 기초의 지지력 또한 감소시킬 수 있는 공동이 형성될 수 있었기 때문에, 석회암은 댐의 기초 암석으로는 문제점을 항상 지니고 있다. 이러한 문제는 콘크리트 구조물뿐만 아니라 사력댐(earth and rock-fill dam)과도 관련되어 있다. Indiana주에 있는 Patoka 댐은 약 45 m 높이의 사력댐으로, 석회암을 취급할 때 발생할 수 있는 기초문제들을 보여준다.[3] 이 댐은 상부 고생대의 사암, 셰일 및 석회암층으로 이루어진 층 상부에 건설되었다. 용식공동과 용해로 확장된 절리들 때문에 지지력을 제공하고 암반의 틈 속으로 댐 재료들이 침식되어 들어가는 것을 보호하기 위하여 공병단이 엄청난 기초 처리를 하여야 했었다. 30.5 m 두께의 콘크리트 벽들은 프리스플리팅(presplitting) 공법으로 굴착된 암석 표면에 건설되었다. 이러한 콘크리트 벽들은 열린 절리가 있는 석회암으로부터 제방 물질을 분리시켜 콘크리트 벽들이 건설된 후, 벽을 통하여 암석을 그라우팅하였다. 깊은 기초의 그라우팅은 열려 있는 공동으로 흘러 들어간 과도한 그라우트와 쇄석으로 가득 찬 무너진 공동을 천공하기 어렵다는 점 그리고 불규칙한 석회암 표면으로 인하여 시추공이 휘어지는 문제 때문에 암석을 만족스럽게 강화하지 못하여 양단부에 있는 누수 경로를 폐쇄할 수 없었다. 대신에, 공동이 있는 석회암 아래의 셰일로 기초를 옮기기 위하여 묽은 콘크리트로 메워진 평균 8.5 m의 깊이와 1.7 m의 폭을 지닌 차수 트렌치(trench)를 491 m 길이로 우안부 산측면부를 따라 건설하였다. 자연 상태에서 일어났던 천장 붕괴로 인하여 공동들을 완전히 채우지는 못하는 채움재로써 점토에 남아 있는 사암 블록들이 미시시피 석회암의 상부 위로 12 m 정도에 도달하여 위에 놓인 펜실베이니아 사암까지 미치고 있다. 제방(dike) 교대 아래의 대규모 붕괴 지역은 철근콘크리트 플러그 및 벽으로 연결되었다(그림 9.16).

카르스트 석회암처럼 예측 불가능하고 신뢰할 수 없는 정도는 아니지만, 풍화되어 분해된 화강암은 특히 대규모 댐에서는 특별한 기초가 요구된다. 아주 흔히 계곡을 형성하는 암석의 풍화등급은 계곡의 상부로 갈수록 현저히 증가한다. 그림 9.17은 이러한 이유로 포르투갈에 있는 아치 댐의 끝단의 상부에 필요한 대규모 중력 기둥을 보여주고 있다.

3 B. I. Kelly and S. D. Markwell(1978) Seepage cntrol measures at Patoka Dam, Indiana, preprint, ASCE Annual Meeting, Chicago, October

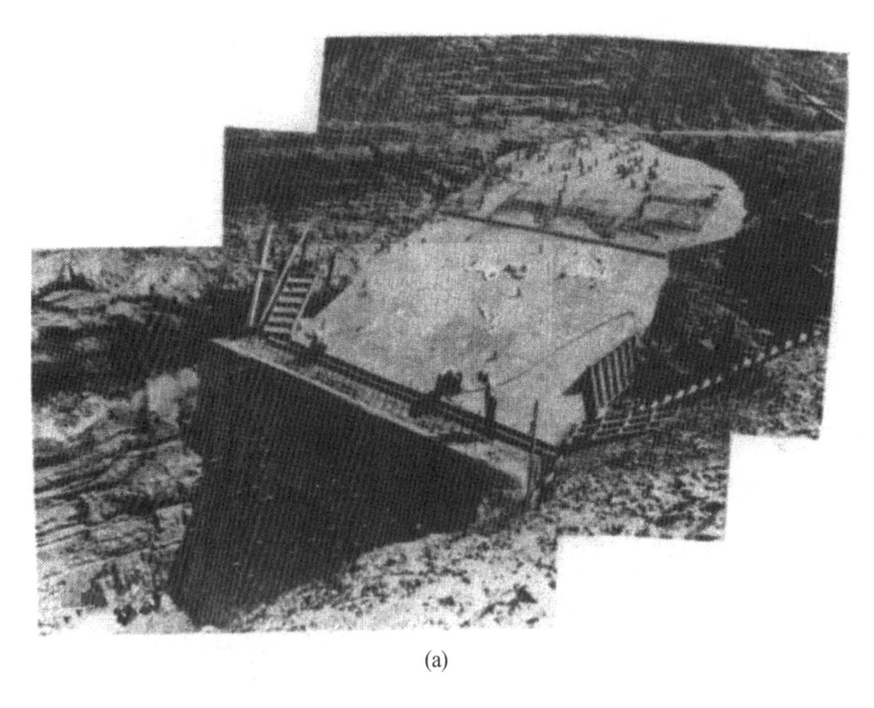

(a)

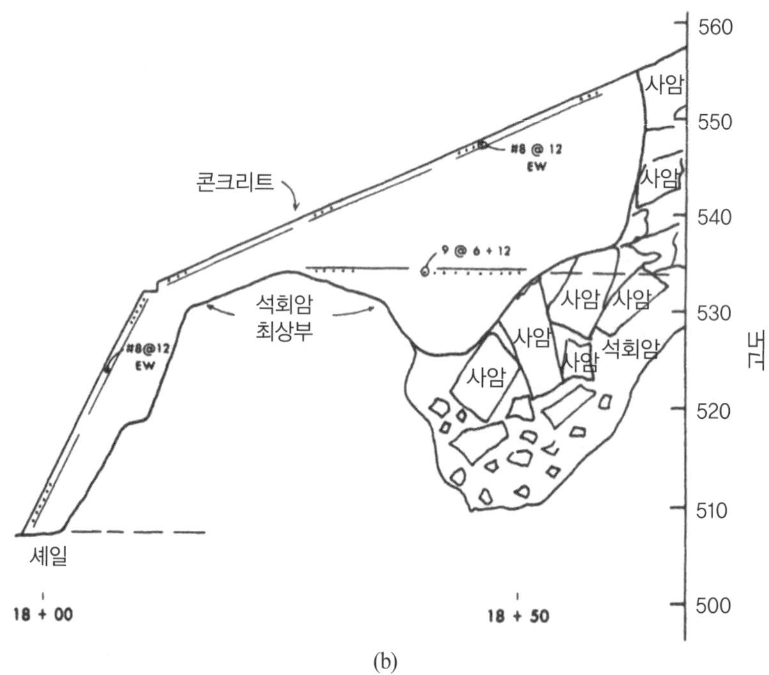

(b)

그림 9.16 Indiana주에 있는 Patoka 저수지의 제방 아래에서 필요한 기초 처리
(a) 쇄석이 채워진 공동을 가로지르는 다리가 형성된 철근콘크리트 플러그 전경
(b) 이 구조물의 단면도(Louisville District 공병단의 Benjamin Kelly 제공)

그림 9.17 포르투갈에 있는 Alto Rabagao의 좌안부 상부에 필요한 중력블록(Dr. Manual Rocha 제공)

9.5 암석에서의 깊은 기초

표토의 허용 하중이 낮으면, 타입말뚝 혹은 현장타설 콘크리트말뚝(cast-in-place pile, CIP) 또는 천공 현장타설 피어(piers cast in drilled shaft)를 이용하여 구조 하중을 암석으로 전달하는 것이 경제적일 것이다(그림 9.3). 천공된 암석 표면에 콘크리트가 타설되면, 콘크리트는 암석의 전단강도와 콘크리트의 전단강도 중에서 더 작은 전단강도까지만 견디는 부착력을 발생시킨다. 기초를 설계하기 위해서는, 말뚝 또는 피어의 주면의 부착력과 선단의 지지력 사이의 하중 분배 형태를 고려하여야 한다. 피어(또는 말뚝)의 길이와 직경은 허용 결합응력 또는 허용지지력이 모두 초과하지 않게 균형을 유지하도록 선택된다.

증가된 암석 압력에 저항하여 파괴지역이 확장되기 위해서는 추가적인 일이 필요하기 때문에 기초가 땅에 매입되면 지지력이 증가한다. 이러한 법칙에 대한 예외로는 공극구조의 함몰 또는 절리의 닫힘으로 인하여 발생한 관입에 의한 파괴의 경우가 있다. 점착성 흙에서는 직경의 4배 이상의 깊이에 묻힌 판 아래의 지지력은 비배수전단강도 S_u의 6배 되는 표면부의 값에서부터 비배수강도의 9배(이 값은 $4.5q_u$와 같다.)까지 증가될 수 있다(Woodward, Gardner and Greer, 1972). 백악기 이암에 근입된 900 mm 직경의 현장타설 콘크리트 파일에 대하여 Wilson 1977)이 수행한 시험에서와 같이, 위에서 언급한 것은 아주 보수적이다. 지지력은 최소한 $9S_u$

의 1/3 이상이었다. 영국 규정(토목기술자 협회 실무 규정 No. 4)은 표면 값 2배 한계까지의 깊이에 있는 각 기초에 대해 안전 지지력의 20% 증가를 허용하고 있다.

등방 탄성 반공간 상의 강성 원형 지지판의 침하는 식 (6.10)에 주어져 있다. Poulos and Davis(1968)에 따라, 기반암 표면 아래의 수직기둥의 기반에 있는 피어 또는 파일 세트의 하부 선단의 침하 ω_{base}를 표현하는 식에 깊이 인자 n을 도입하였다.

$$w_{\text{base}} = \frac{(\pi/w)p_{\text{end}}(1-\nu_r^2)a}{E_r n} \tag{9.9}$$

여기에서 p_{end}는 피어 또는 말뚝 하부 선단의 수직응력

ν_r 과 E_r은 암석의 포아송 비와 탄성계수

a는 피어 또는 파일 하부 선단의 반지름

n은 표 9.3에 주어진 것과 같이 상대적인 깊이와 ν_r에 따른 인자

이다.

표 9.3 식 (9.9)에 따라 강판의 변위에 대한 매립 깊이 l의 영향

l/a	0	2	4	6	8	14
n: ν_r =0	1	1.4	2.1	2.2	2.3	2.4
n: ν_r =0.3	1	1.6	1.8	1.8	1.9	2.0
n: ν_r =0.5	1	1.4	1.6	1.6	1.7	1.8

만약 피어가 기반암 표면의 최상부 상에 기초를 두고 있다면, 토양층에서 말뚝 주면을 따른 부착력을 무시하고 말뚝 상부에 작용하는 전체 압력 p_{total}이 말뚝 맨 아래에 작용할 것이라는 가정을 하는 것이 적절하다. 그러나 피어가 반경의 몇 배의 깊이로 암석에 근입되면, 상당한 크기의 하중이 그 주변에 전달되어 p_{end}는 p_{total}보다 현저하게 작아진다. 부착력이 주면을 따라 유지되는 한, 하중전달에 대한 해석은 주변 매체에 '용접된(welded)' 원통형 탄성 관입체에 대한 해석과 같다. 따라서 피어에 결합력의 한계를 초과하는 하중이 가해지지 않는다고 가정하면, Osterberg and Gill(1973)이 수행한 탄성 축대칭 시스템에 대한 유한요소해석은 암석에 근입된 피어의 하중전달을 해석하는 유용한 시작점을 제공할 수 있다. 그림 9.18b는 Osterberg and

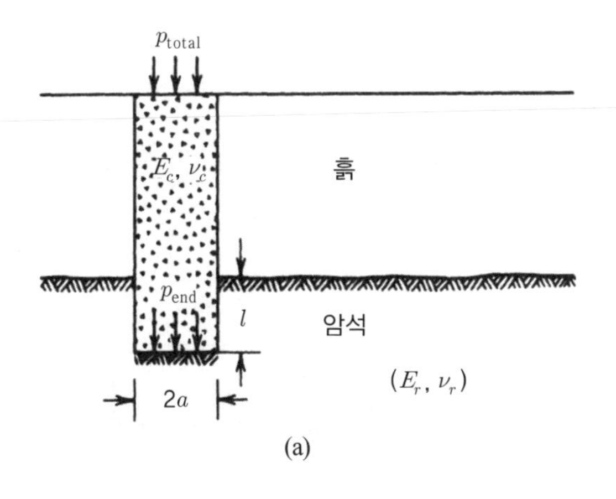

(a)

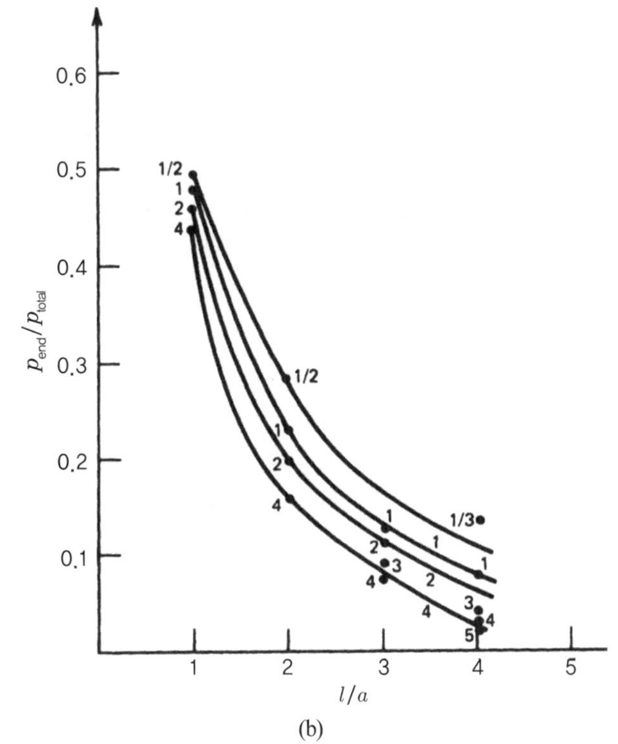

(b)

그림 9.18 근입피어에서의 하중 전달
(a) 피어에 대한 용어
(b) Osterberg and Gill(1973)이 E_r/E_c의 지시값에 대해 계산한 하중전달에 관한 값으로 Ladanyi(1977)가 곡선을 추론하였다.

Gill의 결과로부터 Ladanyi(1977)가 추론한 $p_{\text{end}}/p_{\text{total}}$의 비를 표현하는 한 무리의 곡선을 나타내고 있다. 매설비 l/a가 4보다 클 경우, 강성의 성질을 띤 암석 위의 피어 하부의 선단지지력은 피어 최상부에 작용하는 압력의 1/8보다 작다.

백악이나 압밀된 셰일(compaction shale)에서, 혹은 기반암에서 무리말뚝을 만들기 위해 암석을 관통하여 타입된 경우에서처럼, 암석이 피어보다 좀 더 유연할 때, 부착력은 전체 하중 중에서 작은 부분만 지탱한다. Wilson(1977)의 연구에서 인용한 그림 9.19에 나타는 것과 같은 말뚝

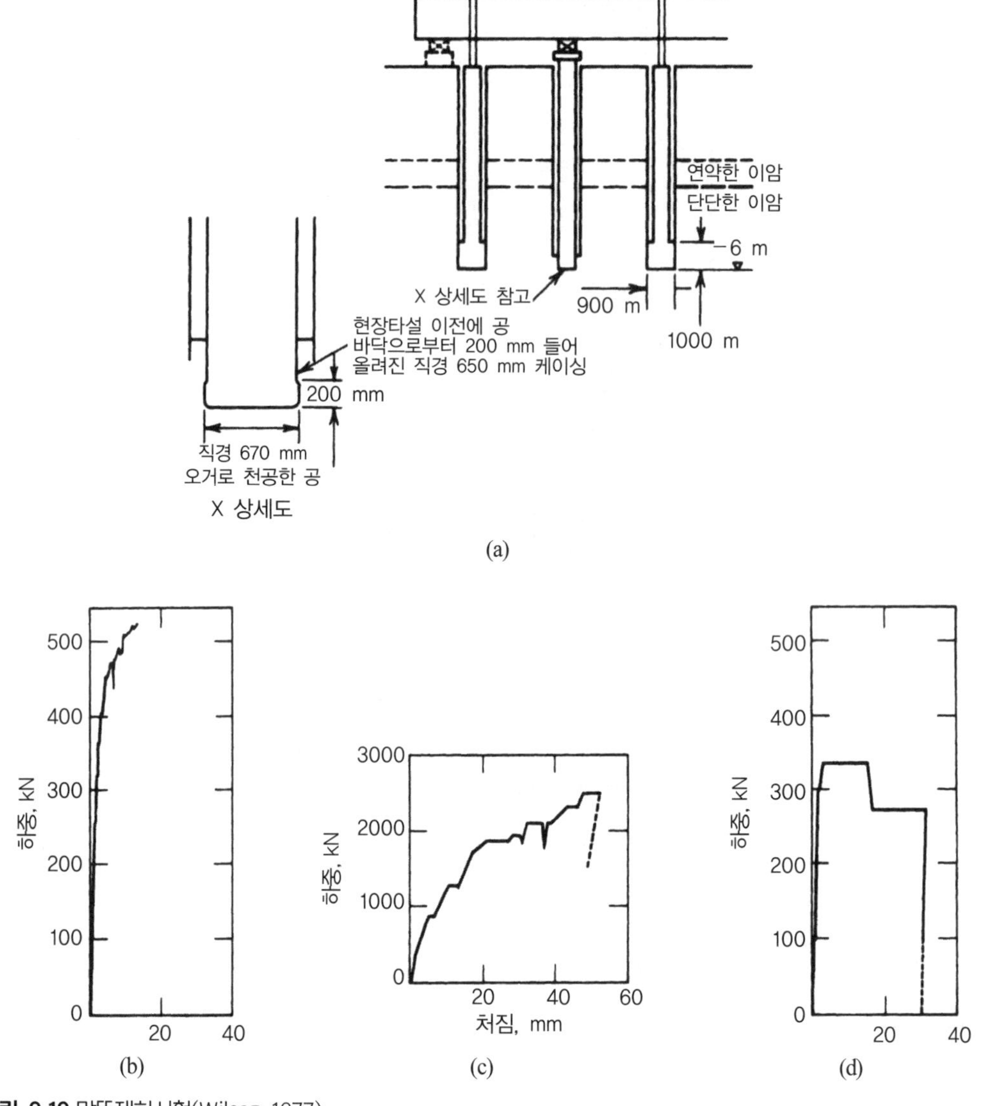

그림 9.19 말뚝재하시험(Wilson 1977)
(a) 시험 장치, (b) 왼쪽 말뚝에 대한 인발실험,
(c) 중간 말뚝에 대한 압축시험 결과, (d) 오른쪽 말뚝에 대한 인발실험 결과

재하시험의 결과로부터 이러한 사실을 인식할 수 있다. 이 시험은 큰 직경의 시추공 바닥에 오거(auger)로 천공한 소켓 안에 밑바닥 지름이 670 mm인 파일을 압축하여 수행되었다. 이러한 방법으로 결합력은 짧은 한 구간에서만 발생하였고, 선단지지력은 시험자료에 대한 최소한의 보정만 가하여 결정될 수 있었다. 미리 설정된 1 m 길이의 암석에 타설된 2개의 말뚝에 연결된 강성의 강제 거더를 잭으로 들어 올려 하중을 가하였다. 3개의 말뚝 모두에 대한 변형을 관찰하여 중간 말뚝이 압축되는 것과 동시에 외부의 2개 말뚝에서의 부착력(adhesion)을 측정한다. 압축하에서 수행될 때에는 반대의 경우가 적용되지만, 견인력은 말뚝 주변의 수직응력을 감소시키기 때문에, 부착력 측정은 보수적이다. 오른편 말뚝이 항복한 후에, 340 kN의 상향 하중에서 잭의 위치는 거더의 왼편 끝으로 이동되었으며 시험은 계속되었고, 결국 왼편 말뚝이 520 kN에서 항복하였다.

몇 가지 원리가 이러한 결과에 의해 설명된다. 첫째는, 전체 지지력이 나타나려면 30~40 mm 이상의 침하(이전에 설명하였듯이, 일반적으로 바닥 반경의 4~6%)가 필요한 반면, 부착력은 일반적으로 10 mm 정도의 처짐으로 발생된다. 최대 하중에 도달한 후에 콘크리트나 암석 혹은 모두에 균열이 발생하여 강도가 감소하면서 부착력 발달에 대한 변형 대 하중 곡선은 가파르다. 그에 반하여, 선단지지의 하중-변형 곡선은 초기부터 거의 하향으로 휘어져 있고, 재하가 계속되면 취성거동이 발생할 수는 있으나, 최고강도에 도달한 후에는 변형률 강화(즉, 상향 곡률)를 보일 것이다. 만약 설계자가 피어의 휨이 최대 하중이 적용될 때 발생하는 범위를 초과하지 않는다는 것을 확신하는 경우에만 주면 결합력에 대한 피어 하중의 비를 크게 할당하도록 선택할 것이지만, 이는 선단지지력에 대해서는 낭비적이다. 최대 부착력 이상의 하중이 지속되면, 피어 바닥에 의해 전달되는 하중의 비율은 증가하여야 한다.

주면을 따른 모든 결합이 깨어지는 한계에서는, 주면을 따른 마찰 접촉(frictional contact)을 지닌 말뚝 또는 피어의 경우를 해석하는 것은 유용하다. 그림 9.18b에 그려진 탄성의 경우에 해당하는 하중 전달은 변하여 과하중에 의해 부착력이 깨어진 후 또는 결합력이 최소(예를 들어 시추공에 설치된 기성말뚝)가 되는 건설방법이 사용되었을 때의 마찰 경계면에 해당하는 값으로 근접할 것이다. 주면마찰계수가 피어나 말뚝과 흙 사이에서는 0이고 암석 소켓의 벽면에서는 상수값 μ이라고 가정하면, 부록 4에서와 같이 암석의 최상단 아래로 깊이 y에 있는 피어에서의 수직응력 σ_y는 다음의 식과 같다.

$$\sigma_y = p_{\mathrm{totoal}}\, e^{-\{[2\nu_c\mu/(1-\nu_c+1+(1+\nu_r)E_c/E_r)](y/a)\}} \tag{9.10}$$

여기서, 아래 첨자 c와 r은 각각 콘크리트와 암석을 나타내고 p_{total}은 피어의 상부에 가해진 압력이다. 만약 소켓의 깊이 l이 y에 대하여 입력되면, 위의 식으로부터 계산된 σ_y는 선단지지력 p_{end}와 같다. 콘크리트와 암석 사이가 용접된 접촉이라고 가정하는 탄성 해석 결과의 근사치를 계산하기 위해서는, 문제 7과 같이, 식 (9.10)에 μ의 큰 값을 넣어야 한다.

결합강도(bond strength)는 설명된 것과 같은 현장인발실험(field pullout test) 또는 선단지지를 무력화하기 위하여 말뚝이나 피어의 선단아래에 놓은 압축성 충전재를 이용한 압축재하시험에 의해 가장 잘 결정된다. 압축보다는 전단 상태에서 파괴가 발생하는 경향이 있는 풍화된 점토 셰일과 같이 연약하고 점토가 풍부한 암석에서는 결합강도는 비배수전단강도 S_u와 관련하여 결정된다. 즉,

$$\tau_{\mathrm{bond}} = \alpha S_u \tag{9.11}$$

q_u와 ϕ에 대하여 재구성하면,

$$\tau_{\mathrm{bond}} = q_u \frac{\alpha}{2\tan(45+\phi/2)} \tag{9.12}$$

가 된다.

α의 대표적 값은 0.3에서 0.9 사이의 범위를 지니지만, 인위적으로 표면을 거칠게 하면 이 값은 매우 커질 수 있다(Kenney, 1977). 경암에서는 결합강도 τ_{bond}는 경사인장(diagonal tension)을 반영하고, 그에 따라 암석과 콘크리트의 인장강도로 근사값을 계산할 수 있다. 경암에서의 결합강도에 대한 보수적인 값은 다음과 같다.

$$\tau_{\mathrm{bond}} = \frac{q_u}{20} \tag{9.13}$$

여기서 q_u는 실험실 시료에 대한 일축압축강도이다(그림 9.20 참조). 콘크리트와 암석 모두에서 허용전단응력 τ_{allow}는 τ_{bond}보다 작아야 한다.

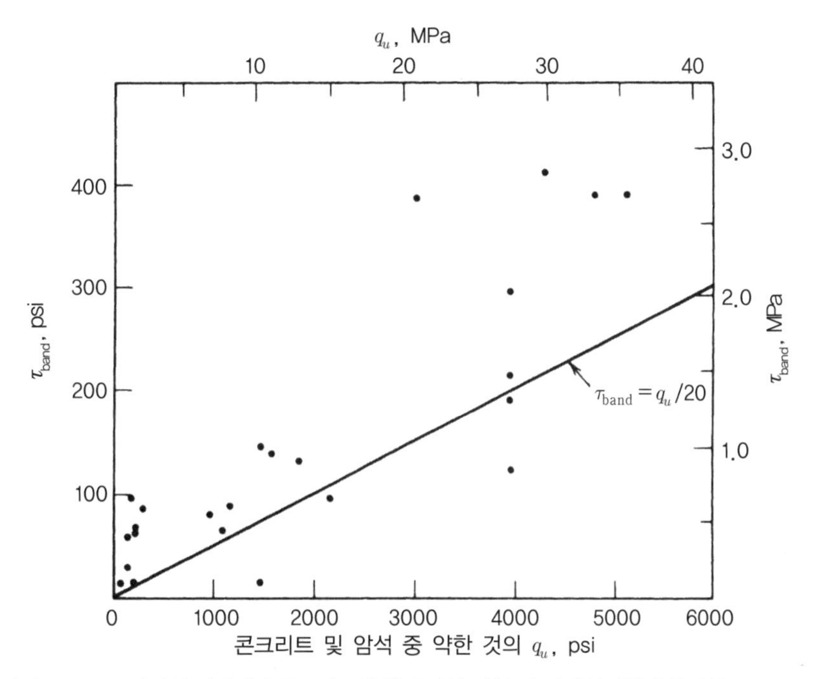

그림 9.20 반경이 200 mm 이상인 피어에서 콘크리트와 암석 간의 결합 강도(재하시험에 근거한 Horvath and Kenney (1979)의 자료)

Ladanyi(1977)는 선단지지력을 허용값으로 감소시키기에 충분한 소켓길이에 대해 개발된 전체 결합강도를 제공하는 설계 방법을 제안하였다. 허용지지력과 허용전단응력이 설정되었다면, 다음에 나오는 반복적인 과정을 통하여 이것을 성취할 수 있다.

맨 위의 전체 수직하중 F_{total}이 주어질 경우 :

1. 암석 소켓 벽에서의 허용 결합응력 τ_{allow}에 대한 값을 가정하라.
2. 반경 a를 선택하라. 이것은 콘크리트에서 허용 하중에 영향을 받을 수 있다.
3. 선단지지를 무시하고 암석 소켓의 최대 길이 $l_{\max}$를 계산하라.

$$l_{\max} = \frac{F_{total}}{2\pi a \tau_{allow}}$$

4. $l_{\max}$보다 작은 값 l_1을 선택하고, l_1/a에 상응하는 값은 그림 9.18b로부터$p_{\text{end}}/p_{\text{total}}$을 결정한다. 대안으로, 결합응력의 더 작은 값에 해당하는, μ에 대한 값을 선택하고, $y=l_1$을 가지고 식 (9.10)으로부터 $p_{\text{end}}/p_{\text{total}}=\sigma_y/p_{\text{total}}$을 계산하라.
5. $p_{\text{end}}=(F_{\text{total}}/\pi a^2)(P_{\text{end}}/p_{\text{total}})$을 계산하라.
6. p_{end}를 상대 매설깊이가 l_1/a인 깊이 l_1에 있는 매질에 적합한 허용지지력 q_{allow}와 비교하라(식 (9.9) 참고).
7. $\tau=(1-p_{\text{end}}/p_{\text{total}})(F_{\text{total}}/2\pi a l_1)$을 계산하라.
8. τ와 τ_{allow}를 비교하라.
9. $\tau=\tau_{\text{allow}}$와 $p_{\text{end}}\le q_{\text{allow}}$가 될 때까지 l_2와 a를 가지고 반복하라.

결합강도에 대하여 낮은 안전율이 사용된다면, 지지력에 대한 변위가 양립(compatible)할 수 있다는 것을 확신할 수 있도록 높은 안전율이 요구된다. Kenny(1977)는 피어 바닥과 암석 사이에 평판 잭(flat jackes)이나 유압실린더를 이용하여 바닥에 선하중을 가함으로써 양립할 수 있는 변위(compatible displacements)에서 결합 및 선단저항이 생성될 수 있을 것으로 제안하였다.

그림 9.21에 나타난 것과 같이, 암석 위 피어의 침하는 세 가지 항목의 합으로 계산될 수 있다. (1) p_{end}의 작용 아래에서의 바닥 침하(ω_{base}) (2) p_{total}과 일치하는 일정한 압축응력하에서의 말뚝 자체의 짧아짐(ω_p) (3) 주면을 따른 부착력을 통한 하중 전달을 고려한 보정($-\Delta\omega$)

$$\omega=\omega_{\text{base}}+\omega_p-\Delta\omega \tag{9.14}$$

각 항목들은 다음과 같이 계산된다.

ω_{base}는 등방성 물질에 대해서는 식 (9.9)로부터, 혹은 이방성 물질에 대해서는 Kulhawy and Ingraffea의 결과를 이용하여 계산된다.

$$\omega_p=\frac{p_{\text{total}}(l_o+l)}{E_c}$$

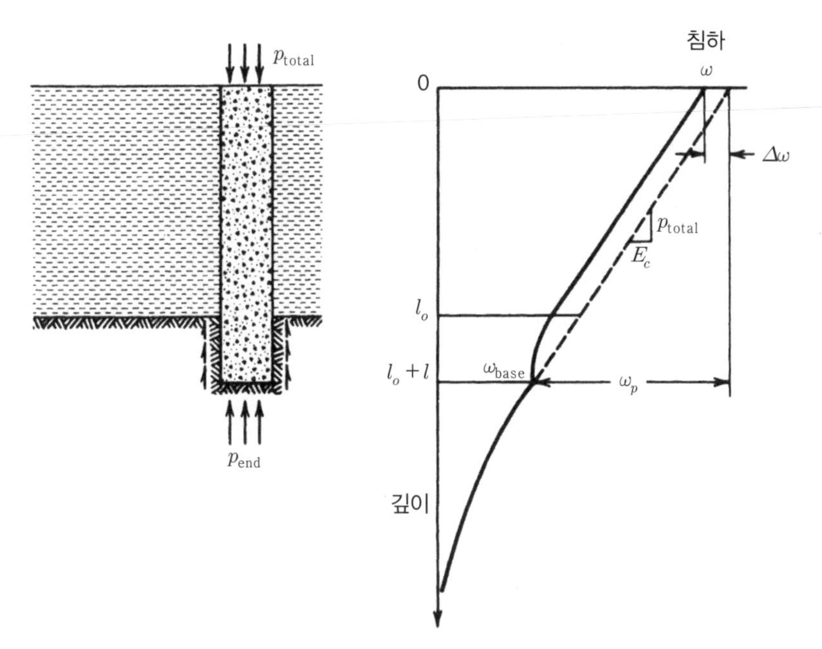

그림 9.21 암석에 근입된 피어의 침하

여기서 l_0+l은 말뚝 전체 길이이고 l은 암석에 매설된 길이이고,

$$\Delta\omega = \frac{1}{E_c}\int_{l_0}^{l_0+l}(p_{\text{total}}-\sigma_y)dy$$

이다. 마지막 항은 피어 길이의 대부분이 흙 속에 있으면 소켓 피어에서는 중요하지 않다.[4]

직경이 약 1 m보다 큰 수갱에서는 지하수 상태, 벽 안정성 그리고 공기의 질에 대한 육안 점검과 암석에 대하여 시험을 수행할 수 있다. 수많은 형태의 시험에서 장비가동중지시간을 최소화하도록 노력하여, 이 시험들에 의하여 만족할 만한 암석에 대하여 확신할 수 있었으며

4 식 (9.10)에서 기술한 수직응력분포에 대해

$$\omega_p - \Delta\omega = p$$

이며, 여기서

$$\delta = \frac{2\nu_c\mu l/a}{1-\nu_c+(1+\nu_r)E_c/E_r}$$

이다.

암석 물성을 자세히 규명할 수 있었다. Woodward, Gardner and Greer(1972)는 소켓의 바닥에 암석 코어 채취가 없는 비싸지 않은 시추공을 천공하고, 열린 균열과 박층에 대해서는 측방향 포인트가 장착된 로드(rod)로 시추공 벽면을 촉감으로 느낄 것을 추천하였다. 시추공 카메라, 텔레비전, 잠망경 혹은 Hinds 자국 팩커는 암석의 점검에 유용하게 사용될 수 있다. 자국 팩커는 시추공에서 팩커를 팽창시켜 시추공 벽면에 대해 왁스 필름을 압출하게 한다(Barr and Hocking, 1976; and Brown, Harper and Hinds, 1979). 균열, 박층, 층리는 자국 팩커에서 분명하게 볼 수 있다.

피어 아래 충분한 지지력을 확보하기에 필요한 탐사 깊이는 암석 소켓의 깊이와 주응력 등고선의 형태와 연장에 따라 좌우된다. 낮은 층간 마찰을 지닌 수직 또는 수평층에 대해서, 이전에 논의된 바와 같이 압력구근은 좁고 깊다. 만약 암석 소켓이 짧고 압력구근이 깊으면, 연약한 암석층에서 뚜렷한 침하를 유발하기에 충분히 큰 응력은 소켓 바닥 아래 5 ft 이상에서 발생할 수 있다(표 9.1의 Rochester 규정에 요구된 탐사 심도). 카르스트 석회암 지역에서는 최소 3 m에 대해서 연속적으로 공동이 없는 우수한 암석을 찾기 위해 수직갱 아래 10 m 이상을 검사하여야 한다.

소켓의 벽면 또는 소켓 바닥의 시추공에서 수행된 암석 시험들은 설계에 필요한 자료를 제공할 수 있다. 시추공의 양쪽으로 금속판을 팽창시키는 시추공 잭(borehole jack)은 이러한 유형의 평가에 적절하다. (시추공 실험은 6장에 논의되어 있다.) 점토 셰일과 강한 결핵체(concretion)가 없는 연약한 암석에서는 콘 관입시험기가 기초 아래의 비배수 전단강도를 평가하는 데 사용되어 왔다(식 (9.11) 참고). 표준관입시험 또한 이러한 암석에 사용되고 있다. Wakeling(1970)은 백악에서 암석 물성과 표준관입시험의 상관성을 보여주었다. 암석에 단단한 층이 층간에 있거나 결핵상 렌즈(concretionary lens)가 있다면, 표준관입시험은 혼란스럽게 된다. 그림 6.9의 상관관계와 더불어, 2장에 논의된 지질역학적 분류에 따른 암반분류를 이용하면 간단한 시험과 관찰에 기반을 둔 기초의 탄성계수를 결정할 수 있다.

9.6 침하성 암석과 팽윤성 암석

이전에 채굴한 지역, 카르스트 지형, 용해성이 높은 암석들 그리고 팽윤성 광물을 지닌 암석들에서는 기초 지지력에 의해 유발된 처짐 이외에도 암석 운동에 의해 기초에 변위가 발생할 수 있다. 각 경우에서, 철저한 지하 조사를 한 후 신중하게 위치를 선정하면 잠재적인 문제를 가장 잘 다룰 수 있다. 구조물의 위치와 고도는 코어 시추의 결과에 따라 여러 번 위치변경을 해야 한다. 광산 채굴이 종료된 지형에서는 패널(panel) 사이의 보안광주로 지탱된 위치를 선택하면 침하를 피할 수 있다. 카르스트 지형에서는 아주 철저한 조사를 하였음에도 예기치 않은 일이 벌어질 수 있거나, 지하수위의 저하에 따른 건설 이후의 상황이 악화될 수 있다(Foose, 1968). 지하수위의 저하로 인하여 유효응력이 증가하고 기존 공동에 추가적인 하중이 가중되는 반면, 상부에 있는 흙의 모세관 현상이 감소하여 공동 안으로 휩쓸려 들어갈 수 있다(Sowers, 1976).

주방식 광산(room and pillar mine)이 건축물 아래에서 발견된다면, 다음과 같은 네 가지의 가능성을 인지하여야 한다. (1) 광산은 아주 깊어서 지표면 침하가 발생할 가능성이 매우 낮다. (2) 광산은 지표면의 버팀대가 부서져서 틀림없이 붕괴가 발생한다. (3) 광산 채굴적은 현재에는 안전하여도 향후에는 붕괴될 수 있다. (4) 광산 채굴적은 안정하며 열화될 것 같지 않다.

100 m 이상의 깊이에 있는 광산 채굴적은 지표면까지 거의 붕괴되지 않지만, 지표면까지의 붕괴가 전혀 불가능한 것은 아니다. 주어진 크기의 동굴을 이어줄 수 있는 두껍고 강한 층이 존재하거나 존재하지 않는 것은 지질단면에서 파악할 수 있다.

연결층(bridging formation)의 기저에 나타날 수 있는 채굴적 최대 크기에 대한 가정에 근거하여, 천장이 휘어져서 파괴될 수 있는 가능성을 나타내는 해석을 할 수 있다. 높은 수평응력은 이러한 연결층을 강화시키는 경향이 있다. 원래의 높이 h로 광산을 상향 채굴할 때, 깨어진 천장 암석은 아래로 굴러 떨어져 결국에는 채굴적을 채운다. 붕괴가 진행됨에 따라, 밀도 γ의 암석에 있는 이전 공동은 밀도 γ/B의 부서진 암석으로 이루어진 더 큰 함유물로 대체된다. 따라서 이전 천장 상부의 함유물 최대 가능 높이 H는

$$H = \frac{h}{B-1} \tag{9.15}$$

이 된다. Price et al.(1969)는 지표면 함몰이 일어날 것 같지 않는 오래된 광산 채굴적에 깊이 H를 설정하기 위하여 이 식을 사용하였다. 수평응력이 부족한 매우 파쇄된 천장 암석에서 동굴은 상부로 갈수록 좁게 형성되지만, 시간이 지나면 상부가 무너져 수백 미터 상부의 지표면까지 연장되어 천장이 열리게 된다. 따라서 광산지역에서의 지역적인 경험은 주의 깊게 고려되

어야 한다.

현재 근처에서 채굴이 진행되는 지역에서는 지하의 암석 광주의 계획과 배치를 보여주는 광산 지도를 입수할 수 있다. 이 계획의 정확도를 알 수 있다면, 식 (7.4)는 각 광주의 안전성을 계산하는 데 적용될 수 있다. Goodman et al.(1980)은 지속적인 파괴가 일어날 것 같지 않다는 것을 보여줄 수 있다면 약간의 광주 파괴는 용인될 수 있다고 제안하였다. 파괴된 광주 때문에 하중이 재배치되어 갱신된 종속지역을 고려하여 광주의 강도 계산을 반복적으로 수행함으로써 미래 공동의 최대 크기를 설정할 수 있다. 그러면, 천장 암석이 동굴을 지탱할 수 있을지가 결정된다. 기존 광주들의 안정성에 대한의심이 있다면, 인위적인 지보가 준비되거나 구조물을 다른 위치로 옮겨야 할 것이다.

붕괴 가능성이 있는 오래된 광산 상부의 구조물에 대한 기초는 Gray, Slaver, and Gamble(1976)에서 검토되었던 바와 같이 다양한 방법으로 안전하게 건설될 수 있다. 광산이 얕은 심도에 있다면 광산의 심도까지 암석을 굴착하여 뒷채움을 하거나 이 심도에 기초를 건설하는 것이 가장 저렴할 것이다. 좀 더 깊은 곳에 있는 광산은 그라우트나 강도가 약한 쏘일 시멘트(예로 석회와 비산재(fly ash))로 메울 수 있다. 구조물의 기초들은 또한 그라우트 기둥으로도 지지될 수 있다(그림 9.4a). 다른 방법으로는, 광산 밑바닥 하부에 근입된 현장타설 말뚝이나 광산 바닥까지 천공된 시추공을 통하여 타입된 말뚝은 잠재적인 붕괴 심도 아래의 구조물을 지지할 수 있다. 깊은 기초는 상부층의 지속적인 침하로 발생하는 말뚝침하 또는 측면 하중을 받을 수 있다. 카르스트 지형에 있는 싱크홀 상부에 작은 하중이 가해진 지역은 와이어 메쉬로 보강된 쇄석으로 메우고, 이후에 채움 다짐으로 시험할 수 있다. 콘크리트 채움은 공동들이 확장될 위험이 없다면 기초 하부의 작은 공동에 적합하다. 콘크리트로 채워진 싱크홀의 확장은 갑작스럽고 끔찍한 붕괴를 유발할 수 있다.[5]

몬모릴로나이트 셰일과 풍화된 논트로나이트 현무암(nontronite basalt) 그리고 증발 퇴적물에서 발견되는 염과 같은 팽윤성 암석은 기초에 융기압을 생성할 수 있다. 약간의 처짐이 허용되면 팽창압은 매우 감소한다. 따라서 대표적인 코어 시료에 대한 팽윤압과 허용 팽창 사이의 관계를 측정하도록 시도하여야 한다. 이러한 자료는 건조 시료를 선행압축(precompression)의

5 R. Foose와의 개인적인 교신.

초기 상태로 두고 암석이 포화됨에 따라 수직력과 팽창을 측정하는 압밀실험기에서 얻을 수 있다. 적합한 압밀실험기를 구할 수 없으면, 코어 시료 위에 다양한 사하중을 가하여 포화 이후에 시간에 따른 길이의 증가로 측정할 수 있다. 그림 9.22는 노르웨이 단층 가우지와 백악기 셰일에 대한 팽창압력 측정으로 얻은 자료를 나타내고 있다.

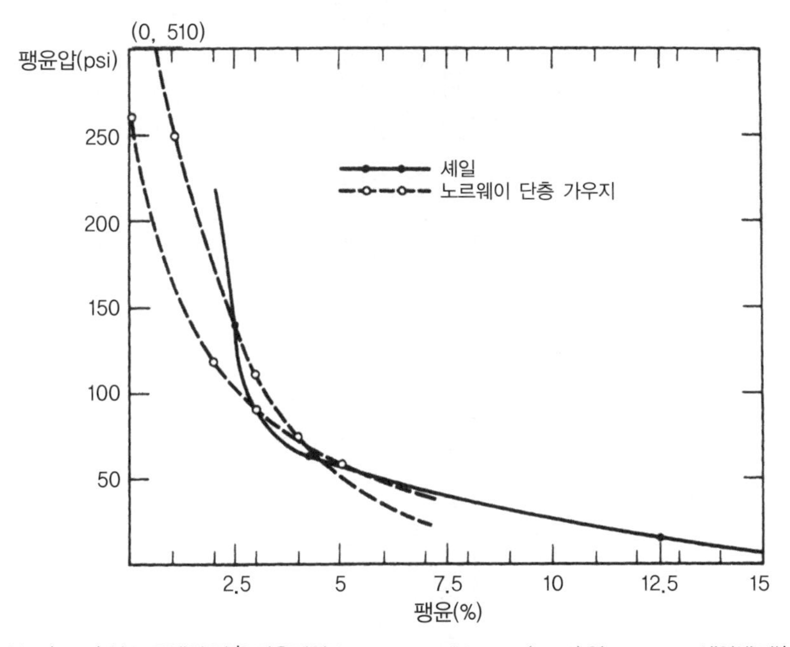

그림 9.22 Bekke(1965)의 노르웨이 단층 가우지와 Peterson and Peters(1963)의 Bearpaw 셰일에 대한 팽윤시험 자료

설계자는 압력과 변형을 허용하던지 암석에 물이 유입되는 것을 억제하기에 충분히 깊은 심도에 기초를 설치할 수 있다. Woodward et al.(1972)에서 인용한 그림 9.23은 팽윤성 토양과 암석에 기인한 벽을 따른 융기를 수용하기 위해 Texas에서 사용된 말뚝 설계를 나타내고 있다. 외부 표면에 결합절단수지(bond-breaking mastic)로 피복된 파이프는 피어의 하중을 전달하는 주요 줄기와 주변 고리를 분리시키며, 인장이 되면 파괴되어 팽창하는 흙과 함께 상부로 이동한다. Jaspar and Shtenko(1969)는 Bearpaw 셰일 내의 배수로 판의 팽창 융기를 감소시키는 앵커 말뚝을 기술하고 있다. 캘리포니아에서는 팽창성 점토암 내에서의 주택단지 프로젝트에서 요구되는 기초 재설계로 최소 6 m의 깊이에 있는 피어로만 안정한 지보를 확보할 수 있었다.

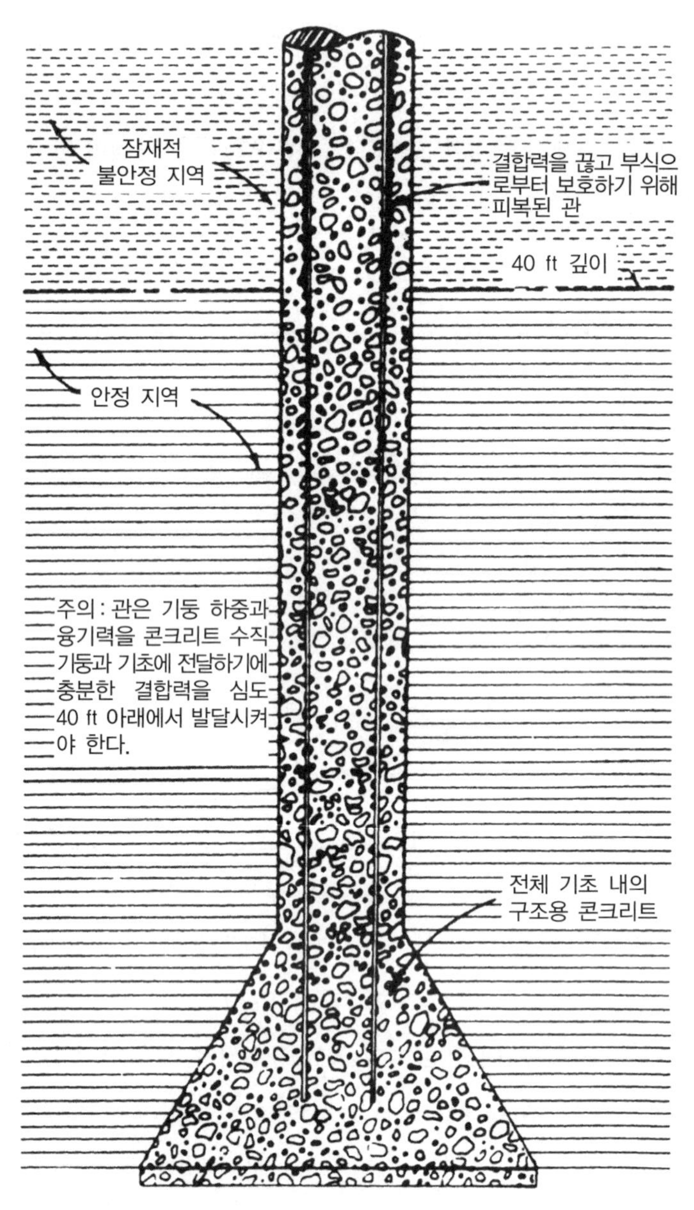

그림 9.23 상부층(점선)의 팽창으로 인한 융기 완화를 위한 확저피어(belled pier) 설계. 콘크리트의 바깥쪽 고리는 팽창성 층의 바닥 근처에서 인장 상태에서 파괴될 것으로 예상된다. Raba-Kistner Consultant, Inc 제공(Woodward, Gardner and Greer(1972)의 승인 아래 재현됨)

다행히 암석에서는 지반 움직임이 거의 없다. 그러나 기술자는 거의 모든 것이 제시간에 인지된다면 경제적으로 해결할 수 있는 특별한 문제에 대하여 항상 경계를 하여야 한다.

참고문헌

Alvarez, A. (1977) Interpretation of measurements to determine the strength and deformability of an arch dam foundation, *Proceedings, International Symposium on Field Measurements in Rock Mechanics* (ISRM) (Balkema, Rotterdam), Vol. 2, pp. 825-836.

Ashton, W. D. and Schwartz, P. H. (1974) H bearing piles in limestone and clay shales, *J. Geotech. Eng. Div.,* (ASCE) 100 (GT7): 787-806.

Aurora, R. P. and Reese, L. C. (1977) Field tests of drilled shafts in clay shales, *Proceedings, 9th International Conference on Soil Mechanics and Foundation Engineering,* Vol. 1, pp. 371-377.

Barr, M. V. and Hocking, G. (1976) Borehole structural logging employing a pneumatically inflatable impression packer, *Proceedings, Symposium on Exploration for Rock Engineering,* Vol. 1, pp. 29-34.

Bell, F. G. (Ed.) (1978) *Foundation Engineering in Difficult Ground,* Newnes-Butterworths, London.

Bishnoi, B. W. (1968) Bering capacity of jointed-rock, Ph.D. thesis, Georgia Institute of Technology.

Brekke, T. L. (1965) On the measurement of the relative potential swellability of hydrotermal montmorillonite clay from joints and faults in PreCambrian and Paleozoic rocks, Norway, *Int. J. Rock Mech. Min. Sci.* 2: 155-165.

Brown, E. T., Harper, T. R., and Hinds, D. V. (1979) Discontinuity measurements with the borehole impression probe－a case study, *Proc. 4th Cong. ISRM* (Montreux), Vol. 2, pp. 57-62.

Carter, J. P. and Kulhawy, F. H. (1988) Analysis and design of drilled shaft foundations socketed into rock, Electric Power research Institute, Report EL-5918.

Coates, D. F. (1967) *Rock Mechanics Principles,* op. cit. Chapter 1.

Conway, H. D. (1955) Note on the orthotropic half plane subjected to concentrated loads, *J. Appl. Mech.* 77: 130.

David, D., Sroka, E., and Goldberger, M. (1977) Small diameter piles in karstic rock, *Proceedings, 9th International Conference on Soil Mechanics and Foundation Engineering,* Vol. 1, pp. 471-475.

Desai, C. S. and Christian, J. T. (Eds.) (1977) *Numerical Methods in Geotechnical Engineering,* McGraw-Hill, New York.

Dvorak, A. (1966) Tests of anisotropic shales for foundations of large bridges, *Proc. 1st Cong. ISRM* (Lisbon), Vol. 2, pp. 537-541.

Foose, R. M. (1968) Surface subsidence and collapse caused by ground water withdrawal in carbonate rock areas, *Proc. 23rd Int. Geol. Cong.* (Prague), Vol. 12, pp. 155-166.

Gaziev, E. and Erlikhman, S. (1971) Stresses and strains in anisotropic foundations, *Proceedings, Symposium on Rock Fracture, ISRM* (Nancy), Paper II-1.

Goodman, R. E. (1976) *Methods of Geological Engineering in Discontinuous Rocks,* West, St. Paul, MN.

Goodman, R. E., Buchignani, A., and Korbay, S. (1980) Evaluation of collapse potential over abandoned room and pillar mines, *Bull. Assoc. Eng. Geol.* 18 (1).

Grattan-Bellew, P. E. and Eden, W. J. (1975) Concrete deterioration and floor heave due to biogeochemical weathering of underlying shale, Can. Geot. J. 12: 373-378.

Gray, R. E., Salver, H. A., and Gamble, J. C. (1976) Subsidence control for structures above abandoned coal mines, *Trans. Res. Record 612* (TRB), pp. 17-24.

Harper, T. R. and Hinds, D. V. (1977) The impression packer: A tool for recovery of rock mass fracture geometry, *Proceedings, Conference on Storage in Evacuated Rock Caverns (ROCKSTORE),* Vol. 2, pp. 259-266.

Horvath, R. G. (1978) Field load test data on concrete to rock "bond" strength for drilled pier foundations, University of Toronto, Department of Civil Engineering Publication 78-07.

Horvath, R. G. and Kenney, T. C. (1979) Shaft resistance of rock-socketed drilled piers, *Proceedings, Symposium on Deep Foundation Case Histories* (Atlanta). (ASCE). Preprint 3698.

Jackson, W. T., Perez, J. Y., and Lacroix, Y. (1974) Foundation construction and performance for a 34-story building in St. Luis, *Geotechnique* 24: 69-90.

Jaspar, J. L. and Shtenko, V. W. (1969) Foundation anchor piles in clay shales, *Can. Geot. J.* 6: 159.

Kenney, T. C. (1977) Factors to be considered in the design of piers socketed in rock, *Proceedings, Conference on Design and Construction of Deep Foundations* (Sudbury, Ont.), (Can. Soc. for C.E.).

Komornik, A. and David, D. (1969) Prediction of swelling pressure in clays, *Proc. ASCE, Soil Mech. Foundations Div.* 95 (SM1): 209-255.

Kulhawy, F. H. (1978) Geomechanical model for rock foundation settlement, *J. Geotech. Eng. Div.,* ASCE 104 (GT2): 211-227.

Kulhawy, F. H. and Ingraffea, A. (1978) Geomechanical model for settlement of long dams on discontinuous rock masses, *Proceedings, International Symposium on Rock mechanics Related to Dam Foundations* (ISRM), Rio de Janeiro, Vol. I theme III, pp. 115-128.

Ladanyi, B. (1972) Rock failure under concentrated loading, *Proceedings, 10th Symposium on Rock Mechanics,* pp. 363-386.

Ladanyi, B. (1977) Discussion on "friction and end bearing tests on bedrock for high capacity socket design," *Can. Geot. J.* 14: 153-156.

Londe, P. (1973) *Rock Mechanics and Dam Foundation Design,* International Commission on Large Dams.

(ICOLD)
Meehan, R. L., Dukes, M. T., and Shires, P. O. (1975) A case history of expansive claystone damage, *J. Geot. Div. (ASCE)* 101 (GT9): 933-948.
Meyerof, G. G. (1953) Bearing capacity of concrete and rock, *Magazine Concrete Res.,* No. 12, pp. 107-116.
Oberti, G., Bavestrello, F., Rossi, R. P., and Flamigni, F. (1986) Rock mechanics investigations, design, and construction of the Ridracoli Dam, *Rock Mech. Rock Eng.* 19: 113-142.
Osterberg, J. O. and Gill, S. A. (1973) Load transfer mechanism for piers socketed in hard soils or rock, *Proceedings, 9th Canadian Symposium on Rock Mechanics* (Montreal), pp. 235-262.
Parkin, A. K. and Donald, I. B. (1975) Investigation for rock socketed piles in Melbourne mudstone, *Proceedings, 2nd Australia-New Zealand Conference on Geomechanics* (Brisbane), pp. 195-200.
Peck, R. B. (1977) Rock foundations for structures, *Rock Eng. Foundations Slopes* (ASCE) 2: 1-21.
Peterson, R. and Peters, N. (1963) Heave of spillway structure on clay shale, *Can. Geot. J.* 1: 5.
Poulos, H. G. and Davis, E. H. *Elastic Solutions for Soil and Rock Mechanics,* Wiley, New York.
Price, D. G., Malkin, A. B., Knill, J. L. (1969) Foundations of multi-story blocks on the coal measures with special reference to old mine workings, *Q. J. Eng. Geol.* 1: 271-322.
Raphael, J. and Goodman, R. E. (1979) Op. cit., Chapter 6.
Rosenberg, P. and Journeaux, N. L. (1976)Friction and end bearing tests on bedrock for high capacity socket design, *Can. Geot. J.* 13: 324-333.
Sowers, G. B. and Sowers, G. F. (1970) *Introductory Soil Mechanics and Foundations,* 3rd ed., Macmillan, New York.
Sower, G. F. (1975) Failures in limestone in humid subtropics, *J. Geot. Div.,* ASCE 101 (GT8): 771-788.
Sowers, G. F. (1976) Mechanism of subsidence due to underground openings, *Trans. Res. Record 612* (TRB), pp. 1-8.
Sowers, G. F. (1977) Foundation bearing in weathered rock, *Rock Eng. Foundations Slopes* (ASCE) 2: 32-42.
Thorburn, S. H. (1966) Large diameter piles founded in bedrock, *Proceedings, Sumposium on Large Bored Piles* (Institute for Civil Engineering, London), pp. 95-103.
Tomlinson, M. J. (Ed.) (1977) *Piles in Weak Rock,* Institute for Civil Engineering, London.
Underwood, L. B. and Dixon, N. A. (1977) Dams on rock foundations, *Rock Eng. Foundations Slopes* (ASCE) 2: 125-146.
Wakeling, T. R. M. (1970) A comparison of the results of standard site investigation methods against the results of a detailed geotechnical investigation in Middle Chalk at Mundford, Norfolk, *Proceedings,*

Conference on In-Situ Investigation in Soils and Rocks, British Geotechnical Society (London) pp. 17-22.

Webb, D. L. (1977) The behavior of bored piles in weathered diabase, in *piles in Weak Rock,* Institution of Civil Engineering, London.

Wilson, L. C. (1972) Tests of bored and driven piles in Cretaceous mudstone at Port Elizabeth, South Africa, in *Piles in Weak Rock,* Institute of Civil Engineering, London.

Woodward, R. J., Gardner, W. S., and Greer, D. M. (1972) *Drilled Pier Foundations,* McGraw-Hill, New York.

Zienkiewicz, O. C. (1971) *The Finite Element Method in Engineering Science,* McGraw-Hill, New York.

연습문제

1 기초 암석의 강도포락선이 최대값 ϕ_p, S_p와 잔류 값 ϕ_r, S_r을 보이는 경우에 대한 식 (9.6)과 유사한 식을 유도하라.

2 구조적 하중 P가 자유면 방향으로 수평면 아래 $\beta°$ 각도로 향하고 미끄러짐면 상부에 가해질 때, 식 (8.2)를 수정하라.

3 자중이 W이고 하중 P가 작용하는 다음 그림과 같은 블록의 안정성에 대하여 논의하라. α, b, h는 변수들이다. (a)에서 P는 무게 중심을 통과하도록 작용하며, (b)에서 P는 상부 오른쪽 모서리에 작용하고 있다.

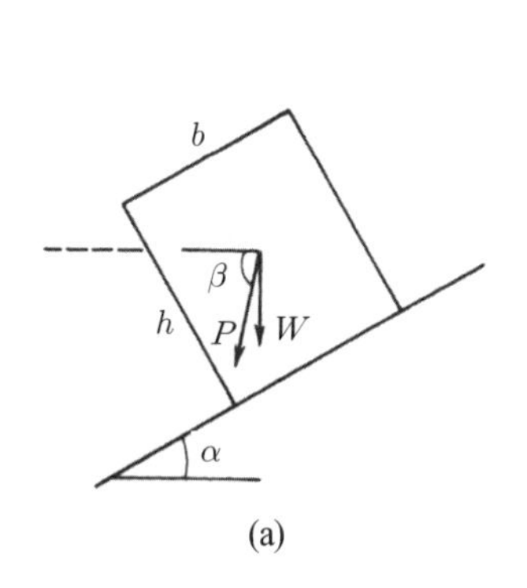

(a)

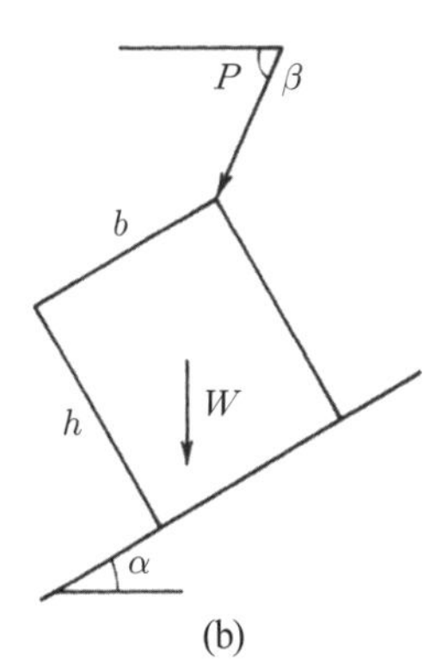

(b)

4 문제 2와 3에서와 같은 방향으로 작용하는 구조적 하중 P가 상부 블록(주동 블록)의 표면에 가해질 때, 식 (8.12)를 수정하라.

5 $\mu = \tan 59°$를 이용하여 식 (9.10)으로 계산된 $p_{\text{end}}/p_{\text{total}}$과 Osterberg and Gill의 결과(그림 9.18b)에 주어진 것과 같이 $E_c/E_r = 1/4$ 및 $\nu_c = \nu_r = 0.26$에 대한 $p_{\text{end}}/p_{\text{total}}$를 비교하라. 40 mm의 침하가 발생하는 하중이 가해진 피어에 적절한 μ의 값은 얼마인가? Osterberg and Gill의 결과에 부합하도록 처음에 사용한 μ 값과 차이가 나는 점에 대하여 설명하라.

6　길이 4 인치, 지름 2 인치인 원통형 시료를 이용한 시험에서 구한 일축압축강도가 q_u = 18 MPa인 균열이 있는 교결 셰일에 지름이 2 m인 피어를 설계하기 위한 허용지지력 q_{allow}과 허용 결합력 τ_{allow}를 구하라. 현장의 암석은 신선하지만 평균 30 cm 간격을 떨어져 발달한 세 개의 절리군에 의해 암석에 균열이 발달되어 있다.

7　흙과 암석을 관통하여 지나는 피어에 대한 설계에 대하여 논하라. 콘크리트와 암석의 특성은 다음과 같다. 즉, E_r/E_c = 0.5, $\nu_r = \nu_c$ = 0.25, q_{allow} = 2 MPa; τ_{allow} = 0.1 MPa 콘크리트에 대한 최대 허용 압축응력은 10 MPa이다. 피어를 설치하는 암석 중 대표적인 암석 위에 콘크리트를 미끄러지게 하는 직접전단실험에서 구한 마찰각은 40°이다. 벽체에 접착된 피어와 접착되지 않은 피어에 대한 설계를 고려하라.

8　200 ft 두께의 사암으로 이루어진 천장이 붕괴되기 위해 필요한 긴 동굴의 최소 폭을 계산하라. 사암은 q_u = 20 MPa, T_0 = 2 MPa, T_0 = 2 MPa이다.

9　높이가 h이고 폭이 L인 공동 상부에 삼각형 영역에 함몰이 발생한 경우에 식 (9.15)를 수정하라(다음 그림 참고).

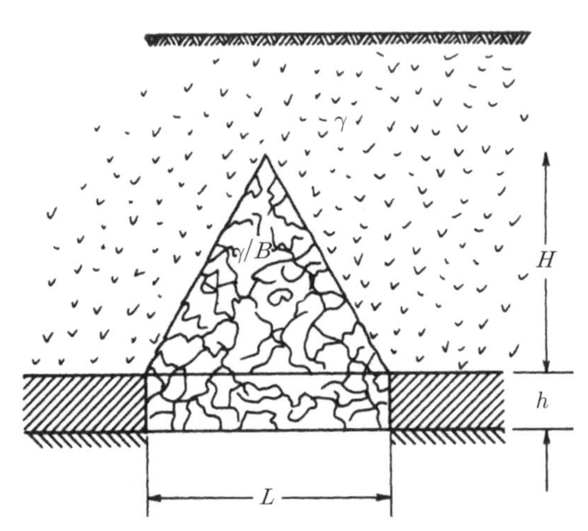

10 식 (9.10)을 유도하기 위해 사용되었던 것과 같은 접근법은 수직압 q가 작용하는 탄성 암석 내의 무게가 없는 빔에 필요한 지지력 p_b를 유도하는 데 사용될 수 있다. 이 그림은 각기둥 형태의 자유체 도표를 보여주고 있으며, 이 도표로부터 수직 평형상태에 대한 필요조건은 다음과 같이 된다.

$$s^2 d\sigma_v + 4\tau s\ dy = 0$$

여기에서 s는 직각상 패턴 위에 놓인 빔 아래의 수동지보 간의 간격이다.

(a) 수평응력은 $\sigma_h = k\sigma_v$이고 한계평형상태에서는 $\tau = \sigma_h \tan\phi$ 라고 가정하자. $y = t$일 때의 지지력 $p_B = \sigma_v$를 결정하기 위해 $y = 0$일 때의 경계조건 $\sigma_v = q$를 이용하여 미분방정식을 풀어라.

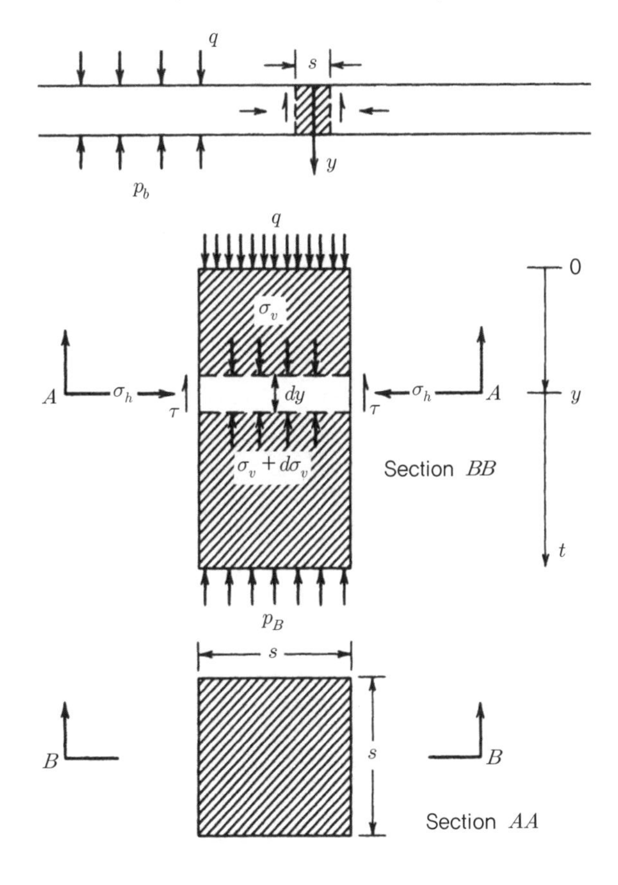

(b) 암석이 $\sigma_h = \sigma_v / \tan^2(45+\phi/2)$점착력이 없는 물질처럼 거동한다고 가정하자. 다음과 같은 조건에서 한 개의 빔을 지지하는 데 필요한 힘을 계산하라.

$s = 1.5$ m, $\phi = 25°$, $t = 1$ m, $q = 21$ kPa, 안전율 1.0

11 (a) 문제 10에서 빔을 자중을 지닌 경우일 때 해석하라.

(b) $\gamma = 27$ kN/m^{3}일 때 10(b)의 답을 다시 계산하라.

(c) 수동적인 천장 지지보다 록볼트를 설치하면 (a)에서의 유도과정을 어떻게 바뀌는가?

부록

부록 1 응력

한 점에서의 응력 - 2차원

그림 A1.1의 한 점 O에서 '응력의 상태'는 그 점을 통과하고 직각인 두 선 Ox와 Oy를 가로지르는 단위 길이당 힘으로 정의된다. 만약 응력이 물체 내에서 변하면, 단위 길이당 힘은 O점 바로 주위에서만 작용하는 것으로 이해한다. 만약 물체가 평형을 이루고 있다면, 힘(traction)은 선택된 선 Ox와 Oy에 대해 크기가 동일하고 방향이 반대인 힘으로 균형을 이루고 있다. 좌표축의 선택에 따라 응력의 상태는 바뀌지 않지만 응력의 성분은 변한다. x면(Ox에 직각)의 힘의 성분은 x축에 직각방향으로 σ_x이고 평행한 방향으로 τ_{xy}이다. 만약 압축응력이면 σ_x는 양의 x축을 향하고, τ_{xy}는 양의 y축을 향할 때 양으로 한다. (여기서는 압축응력을 양으로 간주

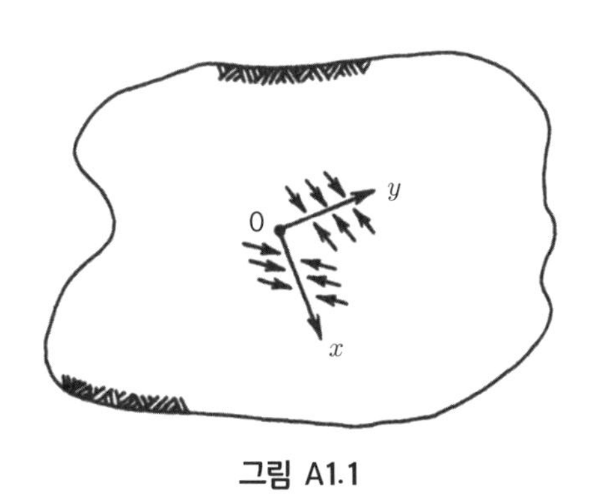

그림 A1.1

하고 인장응력은 음으로 한다.) 그림 A1.2의 조그만 사각형의 회전평형은 $\tau_{xy}=\tau_{yx}$를 요구한다. 그러면 응력의 상태는 세 성분의 σ_x, σ_y, τ_{xy} 값으로 정의되며 다음과 같이 쓸 수 있다.

$$\{\sigma\}_{xy}=\begin{Bmatrix}\sigma_x\\ \sigma_y\\ \tau_{xy}\end{Bmatrix} \tag{A1.1}$$

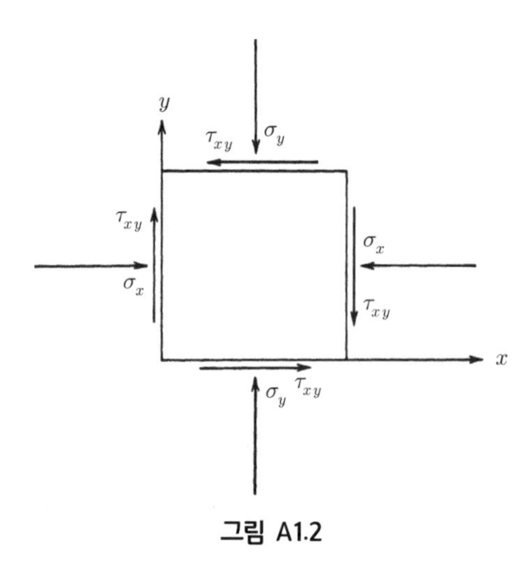

그림 A1.2

O를 통과하는 주어진 면에서의 수직 및 전단응력-2차원

$\{\sigma\}_{xy}$를 알면 O를 통과하는 어떠한 다른 방향의 힘도 계산할 수 있다. 선을 z축에 평행한 면에서의 자취이라고 상상하고(그러면 응력이 선이 아닌 '면'에 작용하게 됨) 그 면에 직각인 선 Ox'가 Ox와 α각을 이루는 면을 고려해보자. 만약 AB가 단위 길이라면 OA의 길이는 cosα, OB의 길이는 sinα가 된다. $S_{x'}$를 AB에 직각(Ox'에 평행)인 힘이라 하자. $S_{x'}$는 v에 작용하는 σ_x 및 τ_{xy}와 OB에 작용하는 τ_{yx}에 의하여 생성된 힘 성분의 합 벡터가 된다. 그러므로 다음과 같이 쓸 수 있다.

$$S_{x'}=(\sigma_x\cos\alpha)\cos\alpha+(\tau_{xy}\cos\alpha)\sin\alpha+(\sigma_y\sin\alpha)\sin\alpha+(\tau_{yx}\sin\alpha)\sin\alpha$$

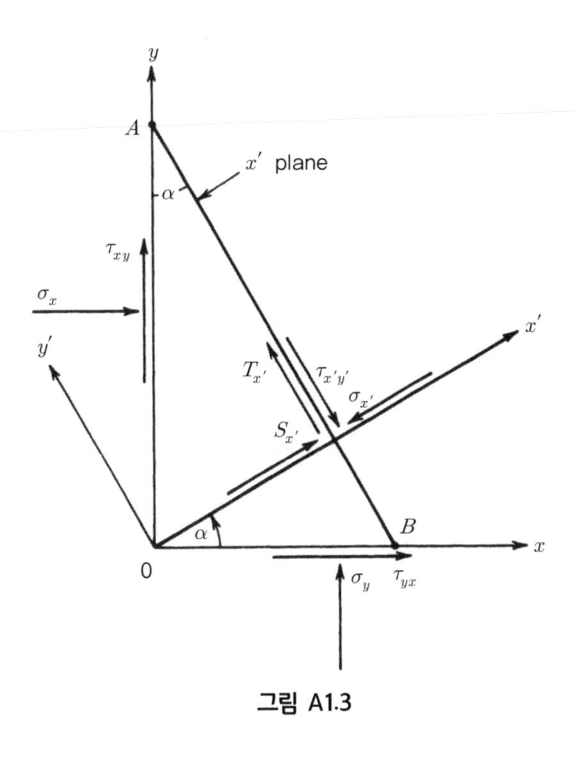

그림 A1.3

그리고 $\tau_{xy} = \tau_{yx}$ 이므로

$$S_{x'} = \sigma_x \cos^2\alpha + \sigma_y \sin^2\alpha + \tau_{xy} 2\sin\alpha\cos\alpha$$

비슷하게 $T_{x'}$를 Oy'에 평행한 방향으로 AB에 평행하게 작용하는 힘이라 하자. 그러면 결과 벡터는

$$T_{x'} = -(\sigma_x \cos\alpha)\sin\alpha + (\tau_{xy}\cos\alpha)\cos\alpha + (\sigma_y \sin\alpha)\cos\alpha + (\tau_{yx}\sin\alpha)\sin\alpha$$

이 되고, $\tau_{xy} = \tau_{yx}$ 이므로 다음과 같이 쓸 수 있다.

$$T_{x'} = \sigma_x(-\sin\alpha\cos\alpha) + \sigma_y(\sin\alpha\cos\alpha) + \tau_{xy}(\cos^2\alpha - \sin^2\alpha)$$

x' 면에 작용하는 수직응력 $\sigma_{x'}$ 와 전단응력 $\tau_{x'y'}$ 는 그림 A1.3과 같이 $S_{x'}$ 및 $T_{x'}$ 와 평형을 이룬다. 그러므로 O점을 통과하고 수직선 OX'가 OX와 α각을 이루는 면에 작용하는 수직응력과 전단응력은 다음과 같다.

$$\begin{Bmatrix} \sigma_{x'} \\ \tau_{xy'} \end{Bmatrix} = \begin{pmatrix} \cos^2\alpha & \sin^2\alpha & \sin 2\alpha \\ -\dfrac{1}{2}\sin 2\alpha & \dfrac{1}{2}\sin 2\alpha & \cos 2\alpha \end{pmatrix} \begin{Bmatrix} \sigma_x \\ \sigma_y \\ \tau_{xy} \end{Bmatrix} \tag{A1.2}$$

양의 $\sigma_{x'}$ 와 $\tau_{x'y'}$ 는 그림 A1.3에서와 같은 방향으로 향하고 있다.

모어 원의 이용

모어 원은 잘 알려진 도해적인 접근법으로 σ_x, σ_y, τ_{xy} 값이 주어졌을 때 $\sigma_{x'}$, $\tau_{x'y'}$ 값의 결정에 이용된다. 만약 전단응력 $\tau_{x'y'}$ 의 부호 및 크기를 정확하게 이해하려면 다음의 법칙을 주의 깊게 고려해야 한다.[1]

- x, y 직각좌표계를 그려서 양의 σ를 x와 평행하게, 양의 τ를 y와 평행하게 잡는다.
- (σ_x, τ_{xy}) 좌표에 Q점을 그린다.
- $(\sigma_x, -\tau_{xy})$ 좌표에 P점을 잡는다. P는 '극점'이라 불린다.
- σ 좌표축의 PQ의 중심점에 C점을 표시한다.
- 중심이 C이고 반경이 CP인 원을 그린다.
- P점을 통과하고, 원주와 L에서 교차하는 x'와 평행한 선을 그린다. 점 L의 좌표가 $(\sigma_{x'}, -\tau_{x'y'})$이다.
- P점을 통과하고, 원주와 M에서 교차하는 y'와 평행한 선을 그린다. 점 M의 좌표가 $(\sigma_{y'}, \tau_{x'y'})$이다.

1 Imperial College의 John Bray 박사가 저자에게 이야기하였음.

예를 들면 그림 A1.4는 σ_x =8, σ_y =3, τ_{xy} =2로 주어진 응력의 상태에 대한 모어 원을 그린 것이다. x 로부터 10° 방향인 x' 에 수직인 면에 작용하는 수직응력과 전단응력의 크기는 그림에서 보이는 방향으로 각각 8.5와 1.0이다.

주응력

특정한 α 값에서 $\tau_{x'y'}$ 는 0이 되고 $\sigma_{x'}$ 는 최대 혹은 최소가 된다. x' 와 y' 의 방향을 주방향이라 하고, 각 방향의 수직응력을 최대 주응력 σ_1, 최소 주응력 σ_3 라 한다. 방향을 계산하기 위하여 A1.2의 두 번째 식을 0으로 놓으면

$$0 = \sin 2\alpha \frac{\sigma_y - \sigma_x}{2} + \cos 2\alpha \tau_{xy}$$

가 되고

$$\tan 2\alpha = 2\frac{\tau_{xy}}{\sigma_x - \sigma_y} \tag{A1.3}$$

가 된다.

α 의 부호는 다음과 같이 결정된다. $\delta(-\pi/2 \leqq \delta \leqq \pi/2)$ 를 식 A1.3의 괄호 안에 있는 arctan 항이라 하면, 최대 주응력 σ_1 은 Ox 로부터 반시계 방향으로 θ 인 방향으로 작용한다.

$$\begin{aligned} \theta &= \frac{\delta}{2} && \text{if } \sigma_x > \sigma_y \\ \theta &= \frac{\delta}{2} + \frac{\pi}{2} && \text{if } \sigma_x < \sigma_y \text{ and } \tau_{xy} > 0 \\ \theta &= \frac{\delta}{2} - \frac{\pi}{2} && \text{if } \sigma_x < \sigma_y \text{ and } \tau_{xy} < 0 \end{aligned} \tag{A1.3a}$$

A1.3의 두 제곱근은 주방향을 결정하고 A1.2의 첫 번째 줄에 대입하면 σ_1, σ_2의 크기가 주어진다.

$$\sigma_1 = \frac{1}{2}(\sigma_x + \sigma_y) + \left[\tau_{xy}^2 + \frac{1}{4}(\sigma_x - \sigma_y)^2\right]^{1/2}$$
$$\sigma_2 = \frac{1}{2}(\sigma_x + \sigma_y) - \left[\tau_{xy}^2 + \frac{1}{4}(\sigma_x - \sigma_y)^2\right]^{1/2} \tag{A1.4}$$

그림 A1.4와 같이 모어 원에서도 주응력의 크기 및 방향을 결정할 수 있다.

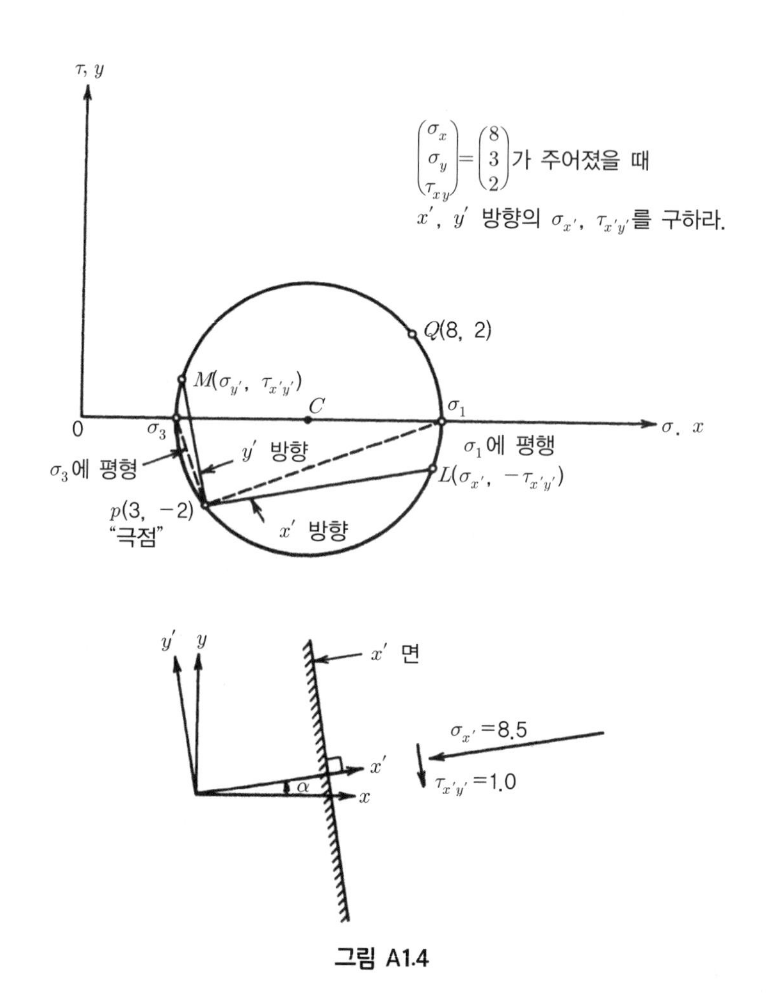

그림 A1.4

3차원에서 한 점에 작용하는 응력

이차원과 마찬가지로 삼차원에서도 '응력의 상태'는 O점을 통과하는 3개의 직각인 면에 작용하는 단위면적당 힘으로 정의된다(그림 A1.5). 좌표축의 선택에 따라 응력의 상태는 변하지 않으나 성분은 변한다. 부호는 이차원의 경우와 동일하게 정의된다. 각각의 좌표면에서 힘은 하나의 수직성분과 두 개의 전단성분으로 분해된다. 만약 압축응력이 좌표축의 양의 방향과 평행하면, 전단성분은 다른 좌표의 양의 방향과 평행하고, 반대인 경우도 동일하다. x에 수직한 면에서 τ_{xy}, τ_{yz}로 표시된 양의 전단응력은 그림 A1.6에서와 같은 방향으로 향하고 있다.

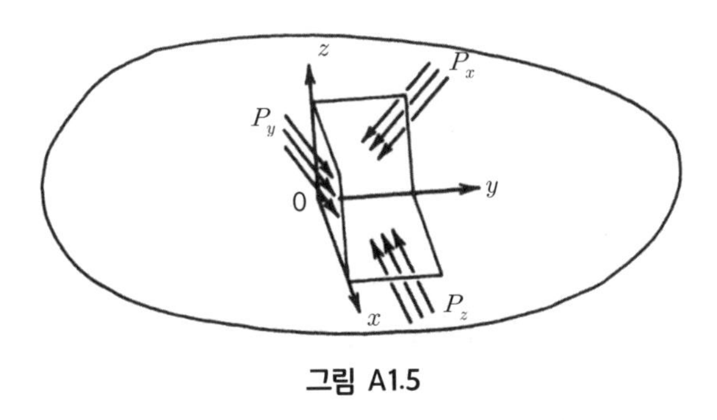

그림 A1.5

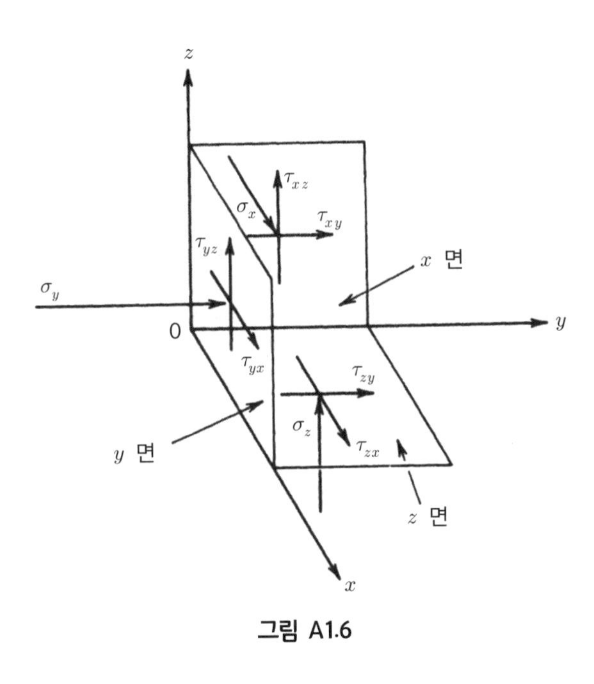

그림 A1.6

O에서의 소규모 육면체의 회전 평형은

$$\begin{aligned} \tau_{yz} &= \tau_{zy} \\ \tau_{\mathrm{yx}} &= \tau_{\mathrm{xy}} \\ \tau_{\mathrm{zx}} &= \tau_{\mathrm{xz}} \end{aligned} \tag{A1.5}$$

가 요구된다. 그러므로 응력의 상태는 6개의 독립된 성분으로 구성된 대칭행렬로 완전히 정의된다.

$$(\sigma)_{xyz} = \begin{pmatrix} \sigma_x & \tau_{xy} & \tau_{xz} \\ \tau_{xy} & \sigma_y & \tau_{yz} \\ \tau_{xz} & \tau_{yz} & \sigma_z \end{pmatrix} \tag{A1.6}$$

O를 통과하는 주어진 면에 작용하는 수직응력과 전단응력-3차원

주어진 면에 직각인 선 $0x'$가 $0x$와 $(x'x)$ 각을, $0y$와 $(x'y)$를, $0z$와 $(x'z)$를 이루고 방향 cosine이 다음과 같은 면을 고려해보자.

$$\begin{aligned} l_{x'} &= \cos(x'x) \\ m_{x'} &= \cos(x'y) \\ n_{x'} &= \cos(x'z) \end{aligned} \tag{A1.7}$$

만약 ABC가 단위면적이라면, $0AC$의 면적은 $l_{x'}$, $0AB$의 면적은 $m_{x'}$, $0BC$의 면적은 $n_{x'}$가 된다(그림 A1.7).

$S_{x'}$를 ABC면($0x'$와 평행)에 직각인 힘이라 하면, $S_{x'}$는 그림 A1.7의 세 좌표면에 작용하는 힘 P_x, P_y 및 P_z에 의하여 만들어진 힘 성분의 벡터 합이고, 그림 A1.8와 같이 9개의 응력 성분으로 분해된다. 이 성분들을 x에 평행한 힘 $P_{x'x}$, y에 평행한 힘 $P_{x'y}$, z에 평행한 힘 $P_{x'z}$로 결합한 후, 각각의 힘을 $S_{x'}$ 방향으로 차례로 투영한다.

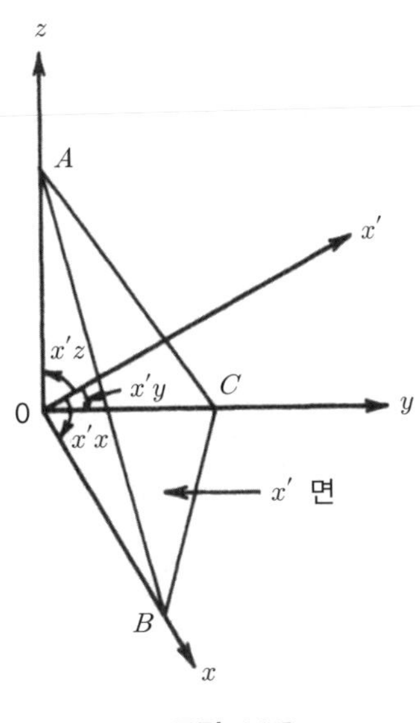
z
A
x'
x'z
x'y
C
0
y
x'x
x' 면
B
x

그림 A1.7

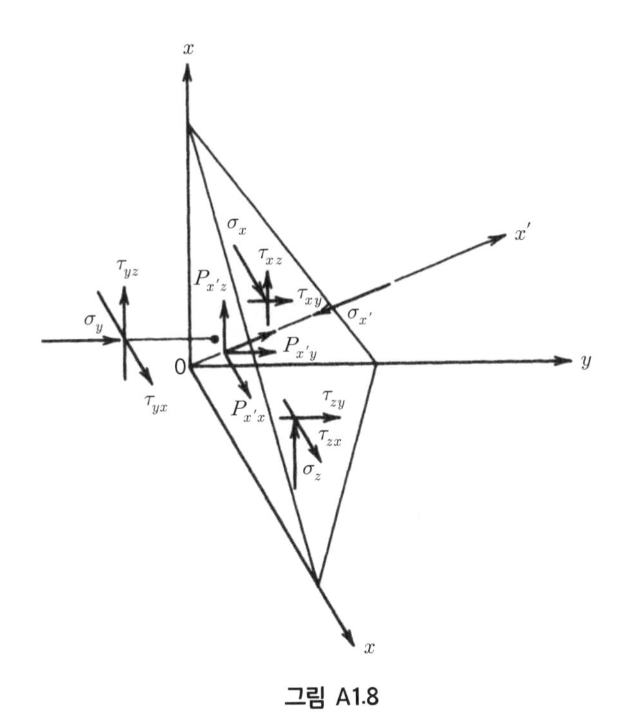
x
x'
σ_x
τ_{xz}
τ_{yz}
$P_{x'z}$
τ_{xy}
$\sigma_{x'}$
σ_y
$P_{x'y}$
0
y
τ_{yx}
$P_{x'x}$
τ_{zy}
τ_{zx}
σ_z
x

그림 A1.8

$$\begin{aligned} P_{x'x} &= \sigma_x l_{x'} + \tau_{yx} m_{x'} + \tau_{zx} n_{x'} \\ P_{x'y} &= \tau_{xy} l_{x'} + \sigma_y m_{x'} + \tau_{zy} n_{x'} \\ P_{x'z} &= \tau_{xz} l_{x'} + \tau_{yz} m_{x'} + \sigma_z n_{x'} \end{aligned} \tag{A1.8}$$

혹은

$$< P_{x'x} P_{x'y} P_{x'z} > = < l_{x'} m_{x'} n_{x'} > (\sigma)_{xyz} \tag{A1.9}$$

그러면

$$S_{x'} = P_{x'x} l_{x'} + P_{x'y} m_{x'} + P_{x'x} n_{x'} \tag{A1.10}$$

결과적으로

$$S_{x'} = < l_{x'} m_{x'} n_{x'} > (\sigma)_{xyz} \begin{Bmatrix} l_{x'} \\ m_{x'} \\ n_{x'} \end{Bmatrix} \tag{A1.11}$$

유사하게, y'와 z'를 x'면에 직각이라 하고, $T_{x'y'}$와 $T_{x'z'}$를 y'와 z'에 평행하게 x'면에 작용하는 힘이라 하자(그림 A1.9).

y'를 방향 cosine이라 하면

$$\begin{aligned} l_{y'} &= \cos(y'x) \\ m_{y'} &= \cos(y'y) \\ n_{y'} &= \cos(y'z) \end{aligned} \tag{A1.12}$$

가 되고, z'의 방향 cosine이 다음과 같다고 하자.

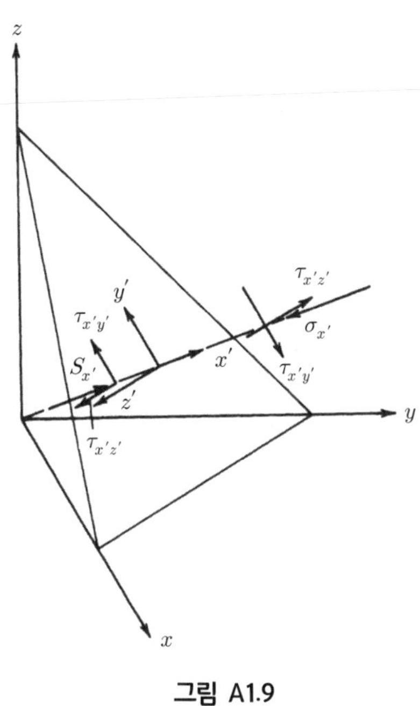

그림 A1.9

$$\begin{aligned} l_{z'} &= \cos(z'x) \\ m_{z'} &= \cos(z'y) \\ n_{z'} &= \cos(z'z) \end{aligned} \tag{A1.13}$$

여기서, 앞에서와 같이 $y'x$는 y'축과 x축이 이루는 각, 등등이다.

$T_{x'y'}$를 찾기 위해서 $P_{x'x}$, $P_{x'y}$ 그리고 $P_{x'z}$를 y'에 투영한 후 합을 구하면 다음과 같다.

$$T_{x'y'} = (P_{x'x} P_{x'y} P_{x'z}) \begin{Bmatrix} l_{y'} \\ m_{y'} \\ n_{y'} \end{Bmatrix} \tag{A1.14}$$

비슷하게

$$T_{x'z'} = (P_{x'x} P_{x'y} P_{x'z}) \begin{Bmatrix} l_{z'} \\ m_{z'} \\ n_{z'} \end{Bmatrix} \tag{A1.15}$$

(A1.9)를 위에 대입하고 (A1.11)과 결합하여, $S_{x'}$, $T_{x'y'}$ 및 $T_{x'z'}$를 x'면에 작용하는 응력 $\sigma_{x'}$, $\tau_{x'y'}$ 및 $\tau_{x'z'}$와 일치시키면(그림 A1.9), 후자는 다음의 간단한 식으로 계산될 것이다.

$$< \sigma_{x'} \tau_{x'y'} \tau_{x'z'} > = (L_{x'})(\sigma)(L)^T \tag{A1.16}$$

여기서

$$(L_{x'}) = < l_{x'} m_{x'} n_{x'} > \tag{A1.16a}$$

이고

$$L = \begin{pmatrix} l_{x'} \; m_{x'} \; n_{x'} \\ l_{y'} \; m_{y'} \; n_{y'} \\ l_{z'} \; m_{z'} \; n_{z'} \end{pmatrix} \tag{A1.16b}$$

이다. (식 A1.16의 윗첨자 T는 전치행렬을 나타낸다.)

y'와 z'축이 그림 A1.19에서와 같은 방향으로 향할 때, 양의 전단응력 $\tau_{x'y'}$ 및 $\tau_{x'z'}$의 방향은 같은 그림에서 보인다. 전단응력들은 x'면에 작용하고 크기가 아래와 같은 하나의 전단응력 $\tau_{x',\max}$로 결합된다.

$$|\tau_{x',\max}| = \sqrt{\tau_{x'y'}^2 + \tau_{x'z'}^2} \tag{A1.17}$$

$\tau_{x',\max}$는 음의 y' 방향과 반시계 방향으로 θ의 각도를 이루고(그림 A1.10),

$$\theta = \tan^{-1}\left(\frac{\tau_{x'z'}}{\tau_{x'y'}}\right) \tag{A1.18}$$

이다.

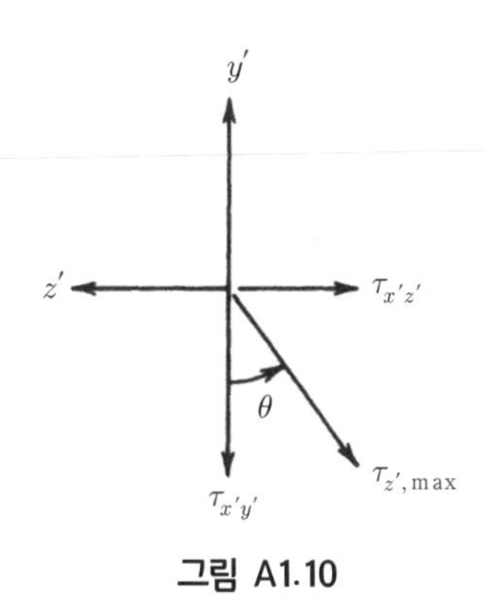

그림 A1.10

주어진 면에 대한 방향 cosine 계산

지질학적 자료에서 면의 방향은 주향과 경사로 정의된다(그림 A1.11). 주향은 면의 수평선의 방위각이고, 경사는 면에서 가장 경사가 심한 방향을 지시하는 벡터로 수평 투영선의 방위각으로 정의되며(경사방향), 수평 투영선과 경사 벡터가 이루는 각이다(경사의 크기). 예를 들면 층리는 주향이 N40°E, 경사는 S50°E 방향으로 35°로 정의될 수 있다. 좌표축은 x축이 수평의 동쪽으로, y축은 수평의 북쪽으로 z축은 위로 잡을 수 있다.

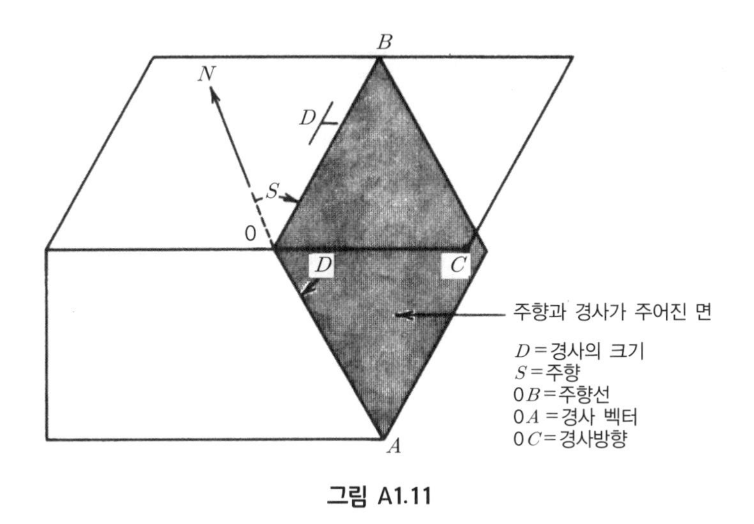

그림 A1.11

면에 위쪽으로 수직인 선의 방위는 경사의 방위와 동일하고, 각의 크기는 경사에 여각이다. 주어진 응력의 국지적인 상태에서 면에 작용하는 응력을 계산하기 위해서 식 A1.16을 적용하면, 그림 A1.13에서와 같이 x', y', z' 축을 수평각 β와 수직각 δ로 기술할 수 있다. β는 구하고자 하는 축의 수평 투영이 x축으로부터 반시계 방향으로 이루는 각이고 δ는 축과 수평 투영 사이의 수직각이다. 선 $0x'$는 상향 수직선의 방향이다. 그림 A1.9에서와 같이 면에서 경사가 가장 심한 방향, 즉 경사 벡터에 반대되는 방향을 양의 y' 방향으로, z'를 주향의 방향으로 잡는 것이 편리하다. 그러면 주어진 층리면에서 세 축의 방위각과 상향 각도는 다음과 같다(그림 A1.12).

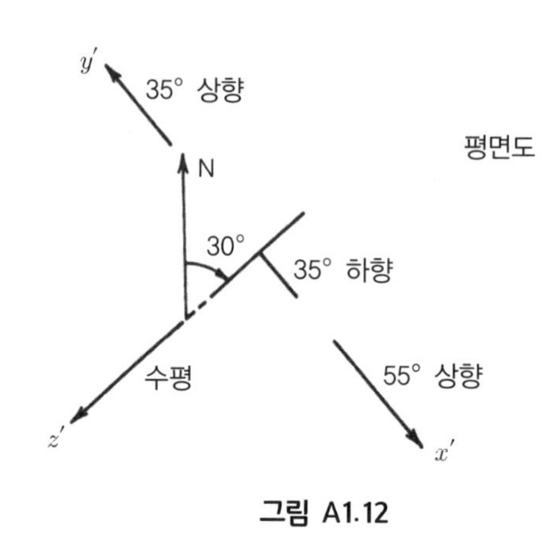

그림 A1.12

선	나침반의 방위	β	상향각도 δ(수평보다 위쪽이면 양)
x'	S50°E	−40°	55°
y'	N50°W	140°	35°
z'	S40°W	−130°	0

방향 cosine은 구해진 각 좌표축의 β와 δ로부터 계산될 수 있다. 그림 A1.13으로부터

$$
\begin{aligned}
l &= \cos\delta\cos\beta \\
m &= \cos\delta\sin\beta \\
n &= \sin\delta
\end{aligned}
\tag{A1.19}
$$

이 되고, 주어진 층리면에 대해서는 다음과 같다.

$$(L)=\begin{pmatrix} 0.44 & -0.37 & 0.82 \\ -0.63 & 0.53 & 0.57 \\ -0.64 & -0.77 & 0 \end{pmatrix}$$

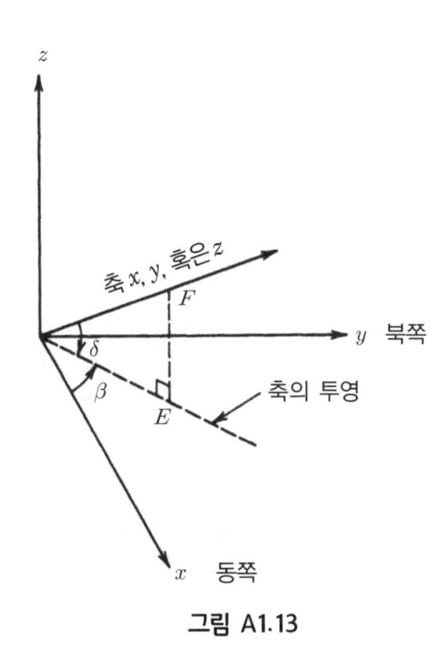

그림 A1.13

주응력

응력의 상태와 상관없이 전단응력이 0이 되고 서로 직각인 세 면을 찾을 수 있다. 이 세 면에 작용하는 수직응력을 주응력, σ_1, σ_2, σ_3라 한다(항상 $\sigma_1 > \sigma_2 > \sigma_3$이다).

방향 cosine이 l^*, m^*, n^*인 x^*에 직각인 주응력면과 수직응력(주응력), σ^*를 고려해보자. 전단응력의 성분은 없으므로 σ^*는 역시 힘이고, 즉 합력은 x^*면에 수직이다. 힘(P_{x^*x})의 x 성분은 x에 대한 σ^*의 투영과 동일하여야 하므로, $P_{x^*x}=\sigma^* l^*$이다(그림 A1.14). 비슷하게 $P_{x^*y}=\sigma^* m^*$이고 $P_{x^*z}=\sigma^* n^*$이다. 식 A1.9는 다음과 같은 식으로 쓸 수 있다.

$$(l^* m^* n^*)\begin{pmatrix} \sigma_x & \tau_{xy} & \tau_{xz} \\ \tau_{xy} & \sigma_y & \tau_{yz} \\ \tau_{xz} & \tau_{yz} & \sigma_z \end{pmatrix} = (l^* m^* n^*)\begin{pmatrix} \sigma^* & 0 & 0 \\ 0 & \sigma^* & 0 \\ 0 & 0 & \sigma^* \end{pmatrix}$$

혹은

$$(l^* m^* n^*)\begin{pmatrix}\sigma_x-\sigma^* & \tau_{xy} & \tau_{xz}\\ \tau_{xy} & \sigma_y-\sigma^* & \tau_{yz}\\ \tau_{xz} & \tau_{yz} & \sigma_z-\sigma^*\end{pmatrix}=(0,0,0) \quad \text{(A1.20)}$$

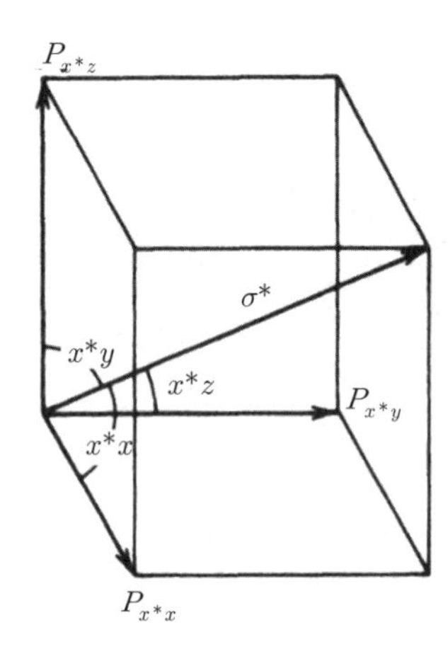

그림 A1.14

식 A1.20은 해가 직각 행렬의 행렬식이 0과 일치되도록 요구하는 세 개의 식의 균질한 세트를 나타낸다.

이 행렬식을 확대하고 0으로 놓으면

$$\sigma^{*3}-I_1\sigma^{*2}+I_2\sigma^*-I_3=0 \quad \text{(A1.21)}$$

가 된다. 여기서, I_1은 $(\sigma)_{xyz}$의 대각선 항의 합이고, I_2는 $(\sigma)_{xyz}$의 대각선 항의 마이너(minor)의 합이며, I_3는 $(\sigma)_{xyz}$의 행렬식이다.

$$\begin{aligned} I_1 &= \sigma_x+\sigma_y+\sigma_z \\ I_2 &= (\sigma_y\sigma_z-\tau_{yz}^2)+(\sigma_x\sigma_z-\tau_{xz}^2)+(\sigma_x\sigma_y-\tau_{xy}^2) \\ I_3 &= \sigma_x(\sigma_y\sigma_z-\tau_{yz}^2)-\tau_{xy}(\tau_{xy}\sigma_z-\tau_{yz}\tau_{xz})+\tau_{xz}(\tau_{xy}\tau_{yz}-\sigma_y\tau_{xz}) \end{aligned} \quad \text{(A1.21a)}$$

I_1, I_2 및 I_3는 x, y, z 좌표축의 선택에 관계없이 일정하고, '응력 불변'이라고 불린다. 이 식의 세 개의 제곱근이 세 개의 주응력이다(고유벡터: eigenvalue); 각각의 제곱근을 차례로 식 A1.20에 대입하면 세 식의 균질한 세트가 생성된다. 어느 한 식을 버리고 나머지 두 식은 세 번째 방향 cosine의 항으로 두 개의 방향 cosine에 대하여 풀 수 있고, $l^{*2}+m^{*2}+n^{*2}=1$이므로 방향 cosine l^* m^* n^*는 두 개의 근으로부터 결정될 수 있다. 세 번째 방향은 두 개의 방향과 직각이다. 이러한 고유벡터가 세 개의 주응력의 방향을 정의한다.

새로운 좌표계로의 변환

x, y, z에 대하여 주어진 응력의 상태에서, 식 A1.16은 x'면에 작용하는 응력의 성분 $\sigma_{x'}$ $\tau_{x'y'}$ $\tau_{x'z'}$를 구하는 방법을 보여준다. 이 방법을 y', z'에 대하여 반복하면 여섯 개의 추가적인 응력 성분에 대한 식을 만들 수 있고, 응력을 완전히 새로운 좌표축으로 변환시킬 수 있다. 결과는

$$(\sigma)_{x'y'z'}=(L)(\sigma)_{xyz}(L)^T \tag{A1.22}$$

가 된다. 단지 여섯 개의 성분만이 고유하기 때문에, (σ)를 여섯 성분의 "벡터"라 나타내기 위하여 행이나 열에 여섯 개의 숫자 목록으로 다시 쓰는 것이 가능하다. 이것은 4장에서 논의된 바와 같이 서로 직각이 아닌 방향에서 측정된 응력 자료를 다룰 때에 매우 유용하다. (A1.22)를 확장하고 재배치하면

$$\begin{Bmatrix}\sigma_{x'}\\ \sigma_{y'}\\ \sigma_{z'}\\ \tau_{y'z'}\\ \tau_{z'x'}\\ \tau_{x'y'}\end{Bmatrix}=\begin{bmatrix} l_{x'}^2 & m_{x'}^2 & n_{x'}^2 & 2m_{x'}n_{x'} & 2n_{x'}l_{x'} & 2l_{x'}m_{x'}\\ l_{y'}^2 & m_{y'}^2 & n_{y'}^2 & 2m_{y'}n_{y'} & 2n_{y'}l_{y'} & 2l_{y'}m_{y'}\\ l_{z'}^2 & m_{z'}^2 & n_{z'}^2 & 2m_{z'}n_{z'} & 2n_{z'}l_{z'} & 2l_{z'}m_{z'}\\ l_{y'}l_{z'} & m_{y'}m_{z'} & n_{y'}n_{z'} & m_{y'}n_{z'}+m_{z'}n_{y'} & n_{y'}l_{z'}+n_{z'}l_{y'} & l_{y'}m_{z'}+l_{z'}m_{y}'\\ l_{z'}l_{x'} & m_{z'}m_{x'} & n_{z'}n_{x'} & m_{x'}n_{z'}+m_{z'}n_{x'} & n_{x'}l_{z'}+n_{z'}l_{x'} & l_{x'}m_{z'}+l_{z'}m_{x}'\\ l_{x'}l_{y'} & m_{x'}m_{y'} & n_{x'}n_{y'} & m_{x'}n_{y'}+m_{y'}n_{x'} & n_{x'}l_{y'}+n_{y'}l_{x'} & l_{x'}m_{y'}+l_{y'}m_{x}'\end{bmatrix}\begin{Bmatrix}\sigma_x\\ \sigma_y\\ \sigma_z\\ \tau_{yz}\\ \tau_{zx}\\ \tau_{xy}\end{Bmatrix} \tag{A1.23}$$

혹은

$$\{\sigma\}_{x'y'z'} = (T_\sigma)\{\sigma\}_{xyz} \tag{A1.24}$$

팔면체 응력

파괴이론들은 가끔 주응력으로 도시된다. $f(\sigma_1, \sigma_2, \sigma_3) = 0$. f에 의하여 대표되는 표면을 이차원으로 묘사하기 위하여, 각각의 주응력과 동일한 각을 형성하는 축(x')을 내려다보는 일련의 구간들 내에서 조망하는 것이 도움이 된다－'팔면체 축'. σ_1을 z에, σ_2를 x에, σ_3를 y축에 일치시킨다(그림 A1.15). 그러면 x'의 방향cosine은

$$l_{x'} = m_{x'} = n_{x'} = \frac{1}{\sqrt{3}} \tag{A1.25}$$

이 된다. 앞에서와 같이 y가 x'면으로 향하게 하고('팔각면') z'를 x'면의 주향과 일치하도록 놓는다(그림 A1.15).

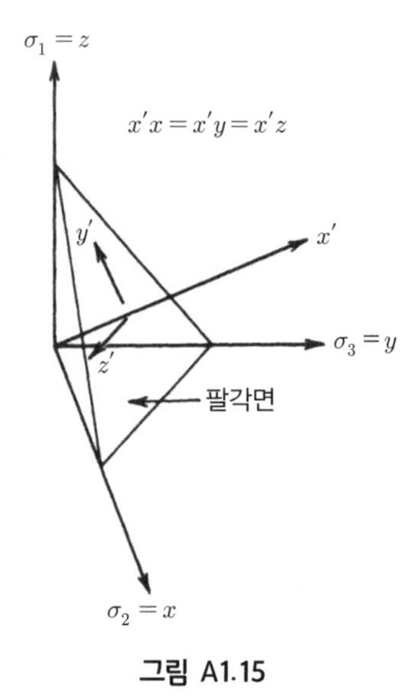

그림 A1.15

그러면 변환 축의 방향 cosine 행렬은

$$(L)_{\text{octahedral}} = \begin{bmatrix} \frac{1}{\sqrt{3}} & \frac{1}{\sqrt{3}} & \frac{1}{\sqrt{3}} \\ -\frac{1}{\sqrt{6}} & -\frac{1}{\sqrt{6}} & \frac{\sqrt{2}}{\sqrt{3}} \\ \frac{1}{\sqrt{2}} & -\frac{1}{\sqrt{2}} & 0 \end{bmatrix} \tag{A1.26}$$

이 되고, 그 결과 수직응력 및 전단응력은

$$\sigma_{x'} = \frac{\sigma_1 + \sigma_2 + \sigma_3}{3} \tag{A1.27a}$$

$$\tau_{x'y'} = \frac{1}{3\sqrt{2}}(2\sigma_1 - \sigma_2 - \sigma_3) \tag{A1.27b}$$

$$\tau_{x'z'} = \frac{1}{\sqrt{6}}(\sigma_2 - \sigma_3) \tag{A1.27c}$$

이 된다. 팔면체 면의 전단응력 방향은(원점을 향하여 팔면체 축의 아래로 내려다본다.) 그림 A1.16에 나타나 있다. 식 A1.27b와 c를 팔면체 면의 최종적인 전단응력 내로 결합하면 다음의 식이 된다.

$$\tau_{\max,\,\text{oct}} = \frac{\sqrt{2}}{3}\sqrt{\sigma_1^2 + \sigma_2^2 + \sigma_3^2 - \sigma_1\sigma_2 - \sigma_1\sigma_1 - \sigma_2\sigma_3} \tag{A1.28a}$$

$\tau_{\max,\,\text{oct}}$의 방향은 $\tau_{x'y'}$로부터 반시계 방향으로 θ 방향이다(그림 A1.16).
여기서

$$\theta = \tan^{-1}\frac{\sigma_2 - \sigma_3}{\sqrt{3}(2\sigma_1 - \sigma_2 - \sigma_3)} \tag{A1.28b}$$

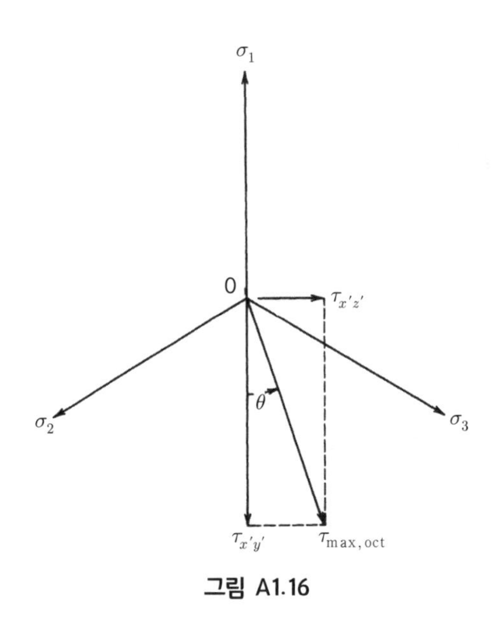

그림 A1.16

팔면체 면의 수직응력은 주응력의 평균($= I_1/3$)과 일치한다. 또한 최대전단응력($\tau_{\max,oct}$)은 J_2가 축차응력(deviatoric stress) 행렬의 제2차 불변일 때 $\sqrt{\frac{2}{3}J_2}$와 일치한다. 후자는 각 대각선 항에서 $I_1/3$를 빼줌으로써 (σ)로부터 만들어진다.

연습문제

1 $\{\sigma_{xy}\}$가 주어졌을 때 식 A1.2를 이용하여 다음 면의 수직응력 및 전단응력을 구하고 화살표로 응력의 방향을 보여라. (α는 $0x$로부터 면에 수직인 선과 이루는 각도임을 기억하라.)

(a) $\sigma_x = 50$, $\sigma_y = 30$, $\tau_{xy} = -20$

1. $\alpha = 30°$
2. $\alpha = 45°$
3. $\alpha = 90°$
4. $\alpha = 0°$

(b) $\sigma_x = 100$, $\sigma_y = 60$, $\tau_{xy} = 20$

1. $\alpha = -75°$
2. $\alpha = -60°$
3. $\alpha = -30°$
4. $\alpha = -22.5°$

2 위의 각 문제를 모어 원을 이용하여 해답을 확인하라.

3 문제 1a와 1b의 응력에 대하여 주응력의 크기 및 방향을 구하라.

(a) 모어 원을 사용하라.

(b) 식 A1.3과 A1.4를 사용하라.

4 그림 A1.2와 같이 $0y'$가 0를 통과하고 $0x'$에 직각일 때 $\sigma_{y'}$에 대한 공식을 유도하라.

5 문제 4의 답을 이용하여 어떤 α 값에 대해서도 $\sigma_x + \sigma_y = \sigma_{x'} + \sigma_{y'}$임을 보여라.

6 다음에 대하여 최대 주응력의 방향을 계산하라.

(a) $\sigma_x = 60$, $\sigma_y = 100$, $\tau_{xy} = 20$

(b) $\sigma_x = 60$, $\sigma_y = 100$, $\tau_{xy} = -20$

(c) 모어 원을 이용하여 (a)를 증명하라.

(d) 모어 원을 이용하여 (b)를 증명하라.

7 면의 주향과 경사가 주어졌을 때 방향코사인 x', y' 및 z'의 행렬 (L)을 계산하라. (x', y' 및 z'의 방향은 그림 A1.9와 같다. x축은 동쪽으로 수평방향, y축은 북쪽으로 수평방향, z축은 위 방향이다.)

(a) 주향 N, 경사 30°E

(b) 주향 N70°W, 경사는 S20°W 방향으로 70°

(c) 주향 N45°E, 경사는 수직

(d) 수평(y'는 북쪽)

8 암반 내의 한 점에 다음과 같은 응력이 가해졌다. 만약 x', y' 및 z'의 방향이 문제 7과 같다면, 문제 7의 각 면 (a)-(d)에 대하여 x'면에 대한 응력 성분을 구하라. 또한 x'면의 최대전단응력의 크기와 방향을 계산하고 도표에 나타내 보여라.

$$(\sigma) = \begin{pmatrix} 100 & 50 & 50 \\ 50 & 200 & 0 \\ 50 & 0 & 700 \end{pmatrix}$$

9 문제 8에서 $P_{x'x}$, $P_{x'y}$ 및 $P_{x'z}$의 최종 $(R_{x'})$에서 $\sigma_{x'}$의 벡터 뺄셈에 의하여 최대전단응력의 크기를 계산하라. 이 문제의 해답을 문제 8 및 9번의 해답과 비교하라.

10 문제 8의 해답을 x, y, z 시스템에 주어진 응력에서 계산된 해답과 비교하라.

11 문제 8번의 응력에 대하여 I_1, I_2 및 I_3를 계산하라.

12 팔면체 면에서 아래의 응력 상태를 표시하라.

(a) $\sigma_1 = 150,\ \sigma_2 = 0,\ \sigma_3 = 0$

(b) $\sigma_1 = 100,\ \sigma_2 = 50,\ \sigma_3 = 0$

(c) $\sigma_1 = 100,\ \sigma_2 = 25,\ \sigma_3 = 25$

(d) $\sigma_1 = 50,\ \sigma_2 = 50,\ \sigma_3 = 50$

(e) $\sigma_1 = 75,\ \sigma_2 = 75,\ \sigma_3 = 0$

(f) $\sigma_1 = 200,\ \sigma_2 = 0,\ \sigma_3 = -50$

부록 2 변형률과 변형률 로젯

'변형률'은 물체 상의 점들이 이동됨에 따라 발생된 물체 형태의 변화를 나타낸다. 변형률 이론은 Jaeger and Cook(1976)의 Fundamentals of Rock Mechanics의 제2장에 상세히 기술되어 있다. 여기에서는 암석의 변형률을 다루기 위해 필요한 몇 가지 기초적인 관계식을 나열하고자 한다.

이차원에서 변형률의 상태는 다음과 같은 세 성분으로 기술된다.

$$\{\epsilon\}_{xy} = \begin{Bmatrix} \epsilon_x \\ \epsilon_y \\ \gamma_{xy} \end{Bmatrix} \qquad \text{(A2.1)}$$

'수직변형률' ϵ_x는 x축과 평행한 단위 길이의 단축률이고, ϵ_y는 y축과 평행한 단위 길이의 단축률이다. 그림 A2.1.에서 변형전의 점 O, P, R은 O', P', R'로 각각 이동하였다. 수직변형률은 대략적으로

$$\epsilon_x = -\frac{O'P'' - OP}{OP} = -\frac{\partial u}{\partial x}$$
$$\epsilon_y = -\frac{O'R'' - OR}{OR} = -\frac{\partial v}{\partial y}$$

이 된다. 여기서 u와 v는 변형에 따른 어떤 한 점의 변위를 나타낸다. '전단변형률' γ_{xy}는 각 δ_1과 δ_2의 합이며, 원래 서로 직각인 OP축과 OR축이 직각도를 상실하는 정도를 나타낸다. 그림 A2.1에서

$$\gamma_{xy} = \delta_1 + \delta_2 = -\left(\frac{\partial u}{\partial y} + \frac{\partial v}{\partial x}\right)$$

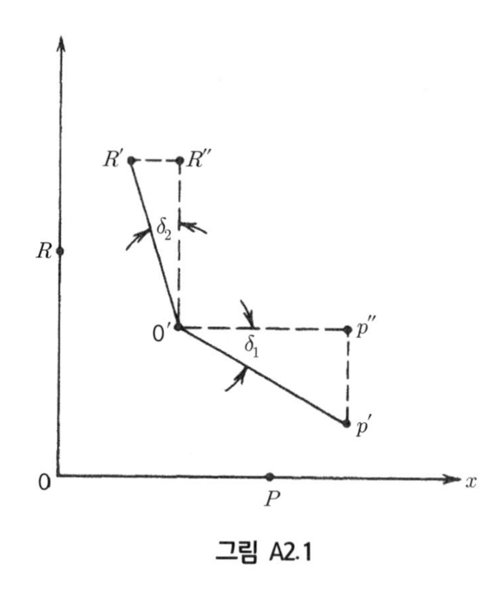

그림 A2.1

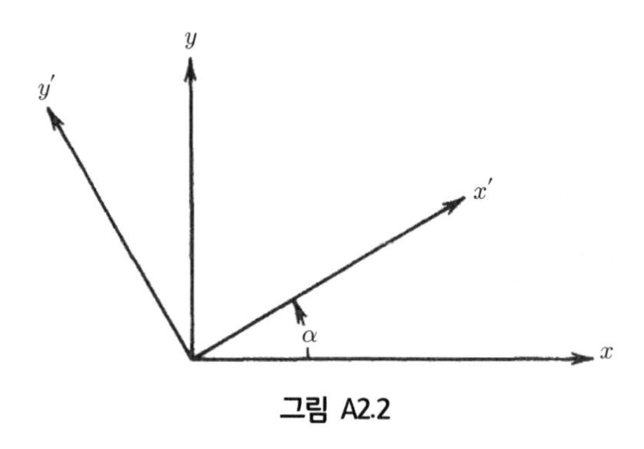

그림 A2.2

양의 전단변형률은 그림에서와 같이 변형의 결과에 의하여 각 ROP가 90° 이상으로 증가한다. 만약 변형률 상태가 주어지면, 그림 A2.2에서 x'와 y'에 평행한 것과 같이 모든 다른 방향의

선들에 대한 변형률 성분은 계산될 수 있다. 부록 1의 응력 변환과 관계된 식 A1.2−A1.4에 다음과 같이 대입이 이루어지면 직접 사용할 수 있다. 즉, (1) 모든 σ 항 대신에 ϵ을 대입한다(즉, σ_x에 ϵ_x를, σ_1에 ϵ_1을 대입), (2) τ 항 대신에 $\gamma/2$를 대입한다(즉, $\tau_{x'y'}$에 $1/2\gamma_{x'y'}$를 대입).

ϵ_x를 계산하기 위해서 주어진 $\{\epsilon\}_{xy}$를 이용하여 식 A1.2의 첫 번째 열에 이러한 대입을 하면

$$\epsilon_{x'} = (\cos^2\alpha \quad \sin^2\alpha \quad \frac{1}{2}\sin 2\alpha)\begin{Bmatrix} \epsilon_x \\ \epsilon_y \\ \gamma_{xy} \end{Bmatrix} \tag{A2.2}$$

가 된다.

로젯 변형률 게이지의 이용

'로젯'은 서로 다르고 이미 알려진 방향의 α_A, α_B, α_C으로 놓여 있는 3개의 변형률 게이지로 이루어져 있다(그림 A2.3).

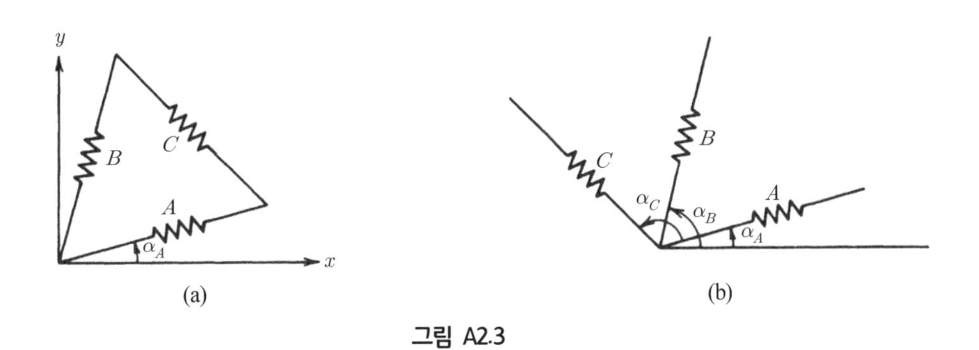

그림 A2.3

응력 상태가 x, y 좌표에 대해 주어져 있을 때, x(반시계 방향이 양의 방향)만큼 이격되고 α만큼 기울어진 다른 방향을 따라 발생한 수직변형률은 식 A2.2에 주어져 있다. 이것을 로젯의 '팔'에 차례차례로 적용하면 다음의 식을 얻을 수 있다.

$$\begin{Bmatrix} \epsilon_A \\ \epsilon_B \\ \epsilon_C \end{Bmatrix} = \begin{bmatrix} \cos^2\alpha_A & \sin^2\alpha_A & \frac{1}{2}\sin 2\alpha_A \\ \cos^2\alpha_B & \sin^2\alpha_B & \frac{1}{2}\sin 2\alpha_B \\ \cos^2\alpha_C & \sin^2\alpha_C & \frac{1}{2}\sin 2\alpha_C \end{bmatrix} \begin{Bmatrix} \epsilon_x \\ \epsilon_y \\ \gamma_{xy} \end{Bmatrix} \tag{A2.3}$$

변형률 성분의 크기는 위 식의 역을 취하면 구할 수 있다.

$\alpha_A = 0$, $\alpha_B = 45°$, $\alpha_C = 90°$인 로젯의 경우('45° 로젯'). 식 A2.3의 역은

$$\begin{Bmatrix} \epsilon_x \\ \epsilon_y \\ \gamma_{xy} \end{Bmatrix} = \begin{bmatrix} 1 & 0 & 0 \\ 0 & 0 & 1 \\ -1 & 2 & -1 \end{bmatrix} \begin{Bmatrix} \epsilon_A \\ \epsilon_B \\ \epsilon_C \end{Bmatrix} \tag{A2.4}$$

이 된다.

$\alpha_A = 0$, $\alpha_B = 60°$, $\alpha_C = 120°$인 로젯의 경우('60° 로젯'), 식 A2.3의 역은

$$\begin{Bmatrix} \epsilon_x \\ \epsilon_y \\ \gamma_{xy} \end{Bmatrix} = \begin{bmatrix} 1 & 0 & 0 \\ -\frac{1}{3} & \frac{2}{3} & \frac{2}{3} \\ 0 & 1.1547 & -1.1547 \end{bmatrix} \begin{Bmatrix} \epsilon_A \\ \epsilon_B \\ \epsilon_C \end{Bmatrix} \tag{A2.5}$$

이 된다.

주변형률

주변형률은 원래 직각이었던 선들이 변형 후에도 직각이 되는 일련의 방향을 따라 발생한 수직변형률이다. 주어진 변형률의 상태에 대한 주변형률 ϵ_1, $\epsilon_2(\epsilon_1 > \epsilon_2)$은 식 A1.3과 A1.4(부록 A1)에 필요한 대입을 하면 구할 수 있다.

주변형률은 다음과 같다.

$$\epsilon_1 = \frac{1}{2}(\epsilon_x + \epsilon_y) + \frac{1}{2}[\gamma^{2_{xy}} + (\epsilon_x - \epsilon_y)^2]^{1/2}$$
$$\epsilon_2 = \frac{1}{2}(\epsilon_x + \epsilon_y) - \frac{1}{2}[\gamma^{2_{xy}} + (\epsilon_x - \epsilon_y)^2]^{1/2} \quad \text{(A2.6)}$$

주변형률의 방향은 다음에 의하여 주어진다.

$$\tan 2\alpha = \frac{\gamma_{\mathrm{xy}}}{\epsilon_{\mathrm{x}} - \epsilon_{\mathrm{y}}} \quad \text{(A2.7)}$$

α의 부호는 식 A1.3에 주어진 법칙을 적용하면 구할 수 있다.

축차변형률 및 비축차변형률

3차원의 변형률의 상태를 나타내는 3×3의 변형률 행렬은 '비축차(nondeviatoric)'와 '축차(deviatoric)' 부분으로 나눌 수 있다. 전자는 부피의 변화를 나타내고 후자는 뒤틀림(distortion)을 나타낸다.

$$\begin{pmatrix} \epsilon_x & \gamma_{xy} & \gamma_{xz} \\ \gamma_{xy} & \epsilon_y & \gamma_{yz} \\ \gamma_{xz} & \gamma_{yz} & \epsilon_z \end{pmatrix} = \underset{\text{비축차}}{\begin{pmatrix} \bar{\epsilon} & 0 & 0 \\ 0 & \bar{\epsilon} & 0 \\ 0 & 0 & \bar{\epsilon} \end{pmatrix}} + \underset{\text{축차}}{\begin{pmatrix} e_x & 2e_{xy} & 2e_{xz} \\ 2e_{xy} & e_y & 2e_{yz} \\ 2e_{xz} & 2e_{yz} & e_z \end{pmatrix}} \quad \text{(A2.8)}$$

여기서

$$\bar{\epsilon} = \frac{\epsilon_x + \epsilon_y + \epsilon_z}{3}$$

$$e_x = \epsilon_x - \bar{\epsilon}, \ \ldots$$

$$e_{xy} = \frac{1}{2}\gamma_{xy}, \ \ldots$$

이다.

연습문제

1 $\{\epsilon\}_{x'y'}$를 표시하기 위한 좌표축의 완전한 변화에 관한 공식을 $\{\epsilon\}_{xy}$를 이용하여 나타내라.

2 $\alpha_A = 0$, $\alpha_B = 60°$ 및 $\alpha_C = 90°$ 방향으로 로젯 게이지가 놓여 있을 때, $\{\epsilon\}_{xy}$를 측정된 ϵ_A, ϵ_B, ϵ_C의 항으로 나타내는 공식을 유도하라.

3 $\alpha_A = 0$, $\alpha_B = 60°$ 및 $\alpha_C = 120°$ 방향으로 놓인 로젯 변형률 게이지에서 다음의 측정값을 얻었다.

(a) $\epsilon_A = 10^{-3}$, $\epsilon_B = 0.5\times10^{-3}$, $\epsilon_C = 0$

(b) $\epsilon_A = 10^{-2}$, $\epsilon_B = 2\times10^{-2}$, $\epsilon_C = 3\times10^{-2}$

(c) $\epsilon_A = 2\times10^{-4}$, $\epsilon_B = 3.8\times10^{-4}$, $\epsilon_C = 5.2\times10^{-4}$

변형률 상태 $\{\epsilon\}_{xy}$를 계산하라.

4 문제 3에서 주변형률 ϵ_1, ϵ_2의 크기와 방향을 계산하라.

부록 3 암석과 광물의 판별

엔지니어는 얼마나 많은 암석과 광물을 알아야 하나?

광물학 교과서는 일반적으로 약 200개의 광물에 대한 한정적인 성질을 수록하고 있다. 암석분류에 대한 우수한 책은 1000개 이상 유형의 암석을 언급할 것이다. 이 주제는 흥미롭고 많은 실질적인 파생물을 가지고 있다. 다행스럽게도 가장 흔하게 암석을 구성하는 광물들의 목록은 짧고, 많은 암석유형은 유사한 공학적 속성을 가진 그룹들 내에 자연적으로 포함되기 때문에, 토목공학 목적에 대한 실제적인 관심을 기술하기에는 단지 약 40개의 암석 이름만으로도 충분하다. 그러나 다소 특이한 암석 유형이 굴착에서나 암석물질에서 흔하지 않은 문제를 야기할 때와 같은 예외적인 경우도 있다. 하나의 특별한 경우에 대하여 1000종류 이상의 지식을 갖추는 것보다 이러한 문제가 발생할 때 암석분류학자의 도움을 요청하는 것이 더욱 효과적이다. 지반공학자의 기본교육에 대해서는 다음에서 논의되는 16개의 광물과 40개의 암석과 친숙해지는 것으로 충분하다. 즉 그것들을 분별하고 산출 및 성질들에 대한 약간의 지식을 갖출 수 있는 것이다.

조암광물

일반적인 조암광물들은 규산염, 탄산염 그리고 여러 종류의 염들(황산염 및 염화물)이다. 규산염 광물은 규소 사면체가 철, 마그네슘, 칼슘, 칼륨 그리고 다른 이온들에 의하여 '독립 사면체형 구조(island structure)', 판상형 구조, 사슬형 구조 그리고 망상형 구조로 서로 연결되어 형성된다. 감람석과 같은 독립 사면체형 구조는 모서리를 공유하지 않는 사면체로, 규소 그룹에서 가장 온도가 높은 광물(마그마가 냉각될 때 가장 이른 시간에 정출된다.)이고 대기 중에 노출되었을 때 일반적으로 가장 먼저 풍화된다. 판상형 구조(즉 운모)는 한 방향으로 쉽게 분리되고(벽개) 일반적으로 판과 평행한 방향을 따라서 전단강도가 낮다. 사슬형 구조(즉 휘석과 각섬석)와 석영과 장석 같은 망상형 구조는 보통 매우 강하고 내구성이 높다.

탄산염은 물에서는 약하게 용해되지만, 물이 흙이나 산업 오염을 통한 침투에 의하여 산성이 되면 더욱 높은 용해성을 보인다. 탄산염 광물은 결정면의 미끄러짐에 의하여 쌍정이 생성되는 특성을 가지고 있어서, 이러한 광물로 생성된 암석은 높은 압력에서 소성거동을 한다. 다른 염류(즉 석고와 암염)는 물에 잘 녹는다. 황철석은 거의 대부분의 암석 내에 소량으로 존재하고 가끔은 암석의 상당한 부분을 차지하며 산출되기도 한다.

판별하여야 하는 흔한 조암광물들은 다음과 같다.

규산염

석영, 장석(정장석과 사장석), 운모(흑운모와 백운모), 녹니석, 각섬석, 휘석 그리고 감람석

탄산염

방해석과 백운석

기타

석고, 경석고, 암염, 황철석 그리고 흑연

표 A3.1은 이러한 광물들의 판별에 도움을 줄 것이다. 암석 조직을 구성하는 광물들은 최대 크기가 1 cm 이하인 조각이나 결정으로 발견되기 때문에, 휴대용 렌즈나 쌍안현미경을 사용하여 암석을 보는 것이 필요하다. 광물은 손톱으로 긁을 수 있는 것, 손톱으로는 불가능하지만 칼날로 긁을 수 있는 것, 칼날로 긁을 수 없는 것으로 구분된다. 상대적인 경도인 Moh's 경도에

표 A3.1

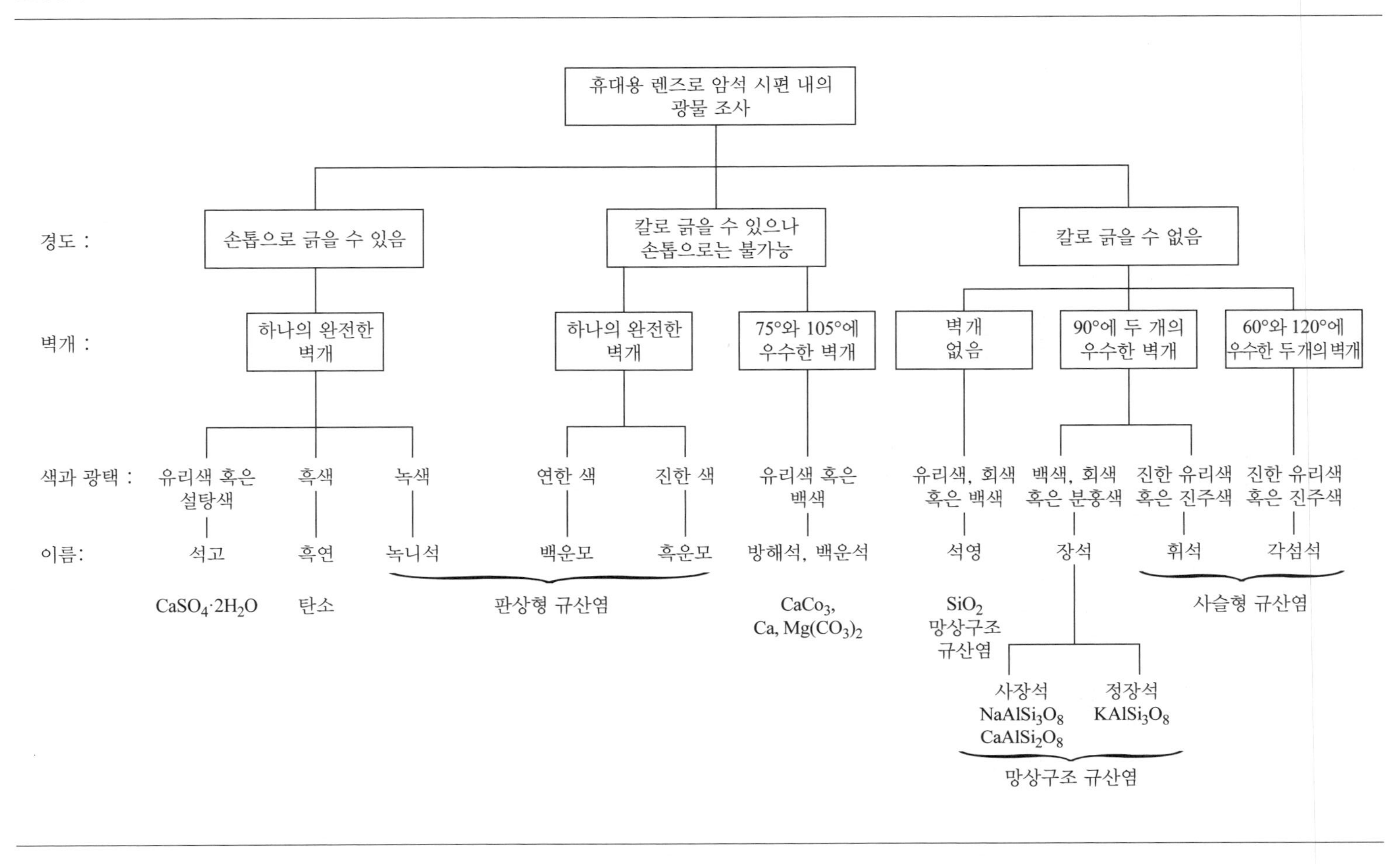

휴대용 렌즈로 암석 시편 내의 광물 조사
경도 :
손톱으로 긁을 수 있음
칼로 긁을 수 있으나 손톱으로는 불가능
칼로 긁을 수 없음
벽개 :
하나의 완전한 벽개
하나의 완전한 벽개
75°와 105°에 우수한 벽개
벽개 없음
90°에 두 개의 우수한 벽개
60°와 120°에 우수한 두 개의 벽개
색과 광택 :
유리색 혹은 설탕색
흑색
녹색
연한 색
진한 색
유리색 혹은 백색
유리색, 회색 혹은 백색
백색, 회색 혹은 분홍색
진한 유리색 혹은 진주색
진한 유리색 혹은 진주색
이름:
석고
흑연
녹니석
백운모
흑운모
방해석, 백운석
석영
장석
휘석
각섬석
$CaSO_4 \cdot 2H_2O$
탄소
판상형 규산염
$CaCo_3$, Ca, $Mg(CO_3)_2$
SiO_2 망상구조 규산염
사슬형 규산염
사장석 $NaAlSi_3O_8$ $CaAlSi_2O_8$
정장석 $KAlSi_3O_8$
망상구조 규산염

서 손톱은 2에서 $2\frac{1}{2}$ 사이의 경도를 가지는 반면에, 평균적인 칼은 5와 $5\frac{1}{2}$ 사이의 경도를 가진다. 벽개의 존재 여부는 쉽게 파악되는 광물의 특징 중의 하나이다. 벽개면은 매끈하고 일정하며 입사한 광선을 한 방향으로 일정하게 반사시킨다. 손에 있는 시료를 한 면에서 반사되는 방향으로부터 이웃한 면에서 대한 반사 방향으로 회전하면 벽개 사이의 각도가 측정될 수 있다. 표의 활용 방법을 설명하기 위해 방해석, 장석 그리고 석영을 비교하면, 엔지니어들은 흔히 세 광물을 혼동한다. 석영은 벽개가 없고 칼로 긁히지 않을 것이다(석영은 결정면이 나타나 보이고, 결정면은 결정이 부서졌을 때 파괴된다. 반면에 벽개면은 결정이 부서진 이후에 모든 광물 조각에서 발견될 것이다). 장석은 칼보다 강하고 벽개의 두 방향이 잘 나타난다. 방해석 역시 양호한 벽개를 가지고 있으나 긁힐 수 있다. 더욱이 방해석은 벽개면 사이에 사방 육면체 각을 나타내지만(75°와 105°) 장석 벽개는 벽개 사이의 각이 약 90°이다.

다른 중요한 광물들

암석에서 자주 발생하는 특수한 문제의 대부분은 몇 가지의 광물들에 의하여 설명된다. 이 특수한 문제들에는 오염, 급격한 풍화, 팽창, 이웃 암석에 대한 화학적 침투, 콘크리트의 열화 거동 그리고 매우 낮은 마찰각 등이 있다. 여기에 포함된 몇 가지 광물들은 손 시료에서는 판별하기 어려우나 엔지니어는 이름을 인식하여 지질보고서에서 찾아야 한다. 학계의 지질학자는 이 광물들이 암석의 공학적 성질과 거동에 미치는 영향을 언제나 잘 알지는 못한다. 잠재적으로 문제를 야기하는 광물들의 부분적인 목록은 다음과 같다.

용해성 광물

방해석, 백운석, 석고, 경석고, 암염 및 제오라이트

불안정한 광물

백철석 및 자철석

잠재적으로 불안정한 광물

논트로나이트(nontronite: 철 함량이 높은 몬트몰리로나이트), 하석(nepheline), 백류석(leucite), 철 함량이 높은 운모

풍화되어 황산을 방출하는 광물

황철석, 백철석 및 다른 황화물(광석 광물)

마찰계수가 낮은 광물

점토(특히 몬트몰리로나이트), 활석, 녹니석, 사문석, 운모, 흑연 및 휘수연석(molybdenite).

잠재적인 팽창성 광물

몬트몰리로나이트, 경석고, 질석(vermiculite)

포트랜드 시멘트와 반응하거나 방해하는 광물

오팔, 화산 유리, 약간의 처트, 석고, 제오라이트 및 운모

Bergeforsen 댐은 광물에 의한 특수한 문제의 사례를 보여준다. 콘크리트 중력 구조물 아래의 일련의 염기성 암맥이 방해석의 급격한 부식에 의하여 담수 후 수년 내에 분해되었다. 방해석 용해는 암석 내 공동의 이산화탄소에 의하여 가속되었다. 침투한 물이 이산화탄소를 녹였고, 그로 인해 탄산이 농축되었다. 원래의 경암은 점토로 변화되었고 기초가 씻겨 나갔으며 그라우팅된 부분에 압력으로 작용하였다. 또한 석회성분이 포화된 물은 저수지의 수압보다 높은 압력으로 암석을 통과하여 계속 순환하였고, 그에 따라 기초로부터 저수지 물을 차단하였다(Aastrup and Sallstrom, 1964; 2장의 참고문헌을 참고하라).

일반적인 암석의 판별

공학 프로젝트에 발견되는 모든 시료에 대하여 정확한 지질학적 이름을 붙일 수 있을 것으로 기대하기 어렵다. 가끔은 암석학에 대한 완전한 훈련뿐만 아니라 암석의 종류를 결정하기 위한 암석기재학적 박편의 검사가 요구된다. 그러나 암석의 판별에 대한 시스템이 있으며, 대부분의 엔지니어는 약간의 교육으로 암석 분류에 상당히 능숙해질 수도 있다. 암석의 지질학적 분류는 공학적 성질로 암석을 그룹화하려는 것이 아님을 인식하여야 한다. 실제로 이것의 주된 목적은 기원이 유사한 암석으로 그룹화하려는 것이다. 그럼에도 불구하고, 구성 입자나 결정의 성질과 배열이 간단하게 기술된 암석의 이름은 실제적인 가치를 많이 함축하고 있다.

표 A3.2는 미지의 시료에 대하여 이름을 붙일 때 도움을 주는 아주 단순화된 흐름도를 나타낸다. 이 도표를 사용하는 대부분의 경우에서, 미지의 손 시료의 신선한 표면을 검사하면 암석의 그룹 이름을 분명하게 붙일 수 있다. 그러나 분류 사이의 경계가 가끔은 주관적인 판단에 근거하기 때문에 도표가 항상 절대 확실하지는 않고, 평가의 질은 개인차에 의하여 다양하게 나타날 수 있다. 암석 시료에 나타나는 많은 속성 중에서 이 도표에서는 조직, 경도 및 구조의 세 개가 우세하게 선정되었다.

주된 구분은 결정질 구조와 쇄설성 구조 사이이다. 화강암, 현무암 및 대리암과 같은 결정질 암석은 공극이 거의 없거나 아주 조금 있으며 결정이 서로 맞물려 있는 구조를 가지고 있다. 이 암석을 약하게 만들 수 있는 입자경계균열과 다른 열극이 있을 수 있고 입자 자체가 변형될 수도 있으나(즉 대리암 내의 방해석) 구조는 일반적으로 강하다. 이와 반대로 쇄설성 암석은 거의 원형의 공극이 다소간 암석 전체에 연속적으로 연결되어 있으며 광물이나 암석의 조각들의 집합체로 구성되어 있다. 이 공극이 내구성 있는 교결물질로 충전되어 있는 정도에 따라 암석은 강하고 견고할 것이다. 강하고 암석과 같은 모양의 특정 쇄설성 암석은 입자 사이의 공간에 점토만 함유하고 있어서 물에 젖으면 흙과 같은 연경도로 약해진다. 어떤 암석 시료는 너무 세립이어서 입자나 결정을 맨 눈으로는 볼 수가 없다. 이러한 경우에 암석은 다른 시험으로 분류될 수 있다.

표 A3.2에 사용된 두 번째 분류 지표는 경도이다. 경도는 광물의 성질에 비하여 암석의 성질로는 잘 정의되어 있지 않지만, 신선한 암석의 긁힘 경도는 유용한 지표이다. '신선한'은 풍화나 국지적인 변질과정에 의하여 연약하게 된 시료를 배제한다는 의미이다. 어떤 암석(즉 녹암)

표 A3.2

- 결정질 조직
  - 등방성 구조
    - 칼날보다 연약
      - 방해석 — **석회암**
      - 방해석과 백운석 — **백운석질 석회암**
      - 암염 — **암염**
      - 석고 — **석고**
      - 경석고 — **경석고**
      - 매우 조밀한, 방해석 혹은 백운석 — **대리석**[a]
      - 전단면이 있는 녹색 — **사문석**[a] — 변질된 감람암
      - 전단면이 없는 녹색 — **녹암**[a] — 열수 변질된 휘록암
    - 칼날보다 강함
      - 연한 색 — 진한 색
      - 세립, 일정한 결정 크기 분포 — **반화강암** — **휘록암**
      - 혼합된 크기 : 세립 혹은 아주 세립의 결정크기가 있는 조립질 — **유문암**, **래타이트**, **안산암**, **현무암**
      - 조립, 일정한 결정 크기 분포 — **페그마타이트**, **화강암**, **화강섬록암**, **섬록암**, **반려암**, **감람암**
  - 이방성 구조
    - 평행한 바늘 형태의 입자 — **각섬석 편암**, **각섬암** — 운모가 없음
    - 연한 색과 진한 색 층의 띠 — **편마암** — 운모가 분산되어 있음
    - 평행하고 평평한 광물 — **편암**
      - 연속적인 운모 — **운모 편암**
      - 녹니석 — **녹색 편암**

a 손시료에서는 이방성일 수도 있다.

표 A3.2(계속)

입자가 보이지 않음, 일정하게 매끈함
등방성 구조
이방성 구조
칼날보다 강함
칼날보다 연약
화산 특성과 관련 없음
화산 특성과 관련됨
타원체형 풍화
용해성
혼펠스 혹은 백립암
규장암 (연한 색)
트랩암 (진한 색)
점토암 실트암 이암
세립 석회암
약한 핵분열성 구조
유리광택의 패각상 단열
벽개에 의한 날카로운 모서리
은색 광택, 운모가 보이지 않음
세일
규산질 셰일과 처트
점판암
천매암
운모 없음
얇게 분리된 운모

표 A3.2(계속)

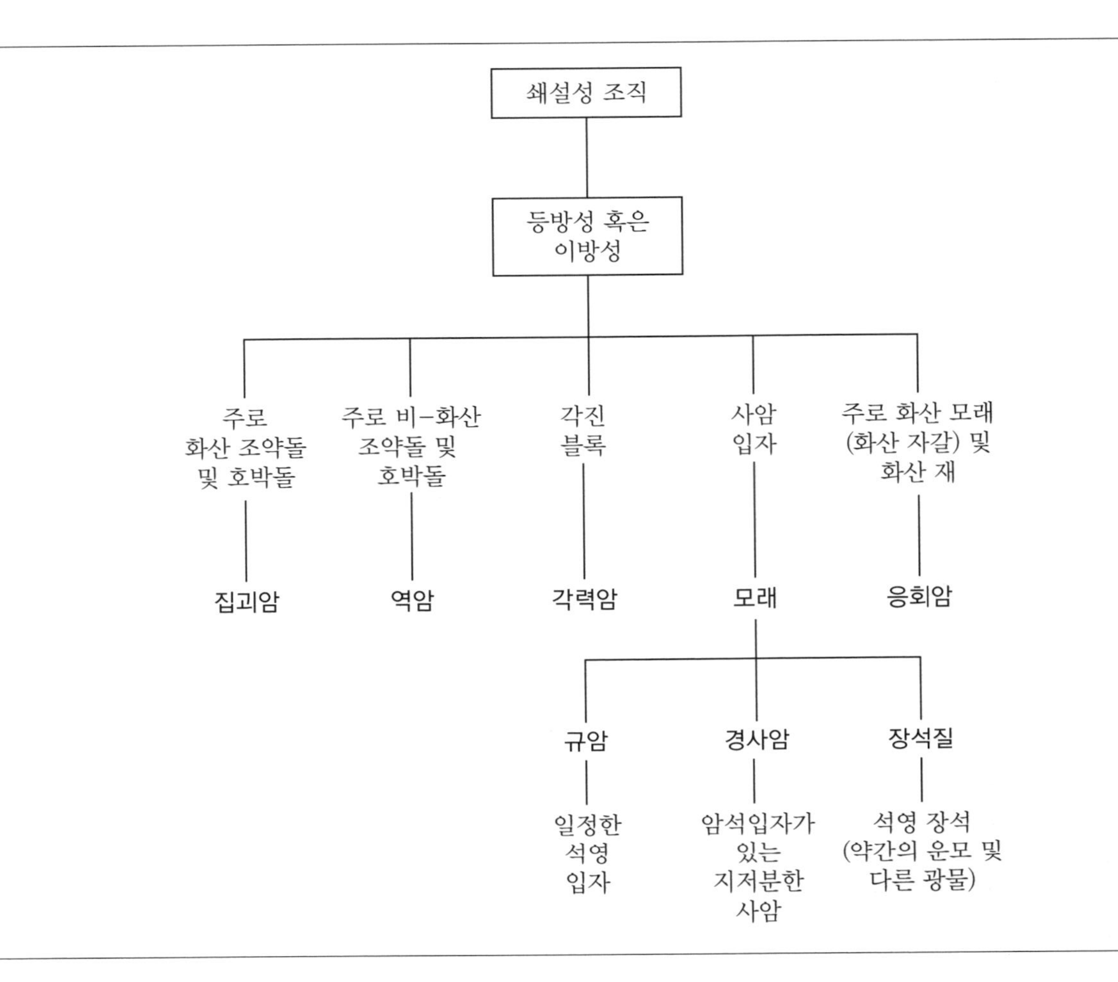

쇄설성 조직
등방성 혹은 이방성
주로 화산 조약돌 및 호박돌
주로 비-화산 조약돌 및 호박돌
각진 블록
사암 입자
주로 화산 모래 (화산 자갈) 및 화산 재
집괴암
역암
각력암
모래
응회암
규암
경사암
장석질
일정한 석영 입자
암석입자가 있는 지저분한 사암
석영 장석 (약간의 운모 및 다른 광물)

은 그 암석의 특징이 열수변질에 의한 것으로, 열수변질은 상당히 깊은 심도에서 큰 부피의 암석을 일정하게 변질시킨다. 이러한 기술의 의도는 이 암석의 판별을 배제하려는 것은 아니고, 근처에는 훨씬 신선한 부분을 가지고 있는 풍화된 시료를 배제하려는 것이다. 어떤 암석은 칼의 경도에 매우 가까우며 '분산된 띠' 형태의 변동성을 가지고 이 경계의 중간에 놓여 있을 수 있기 때문에, 암석의 긁힘 경도가 절대적으로 옳은 지표는 아니다. 그러나 특정한 경우에 긁힘 시험은, 예를 들면 대리석으로부터 반화강암(aplite)의 구분, 점토암(claystone)으로부터 혼펠스의 구분에 유용하다. 운모질 암석은 현미경하에서 칼날에 의해 벽개 조각이 얇게 조각조각으로 벗겨지는 현상(쟁기질)으로 잘 인식된다. 긁힘 경도는 일반적으로 조립의 쇄설성 암석에 대해서는 분류 지표로서 유용하지 않다.

세 번째는 등방성과 비등방성 구조 사이의 구분이다. 변성암(즉, 점판암, 편암 및 편마암)은 하나의 면이나 하나의 축과 평행하게 쪼개지려는 경향을 가지고 있다. 결과적으로 이러한 암석들은 모든 물리적 성질에서 심한 이방성(즉, 방향성)을 보인다. 약간의 퇴적암(즉, 셰일, 처트 및 층리가 얇은 석회암)은 매우 좁은 간격의 엽리를 가지고 있어서 손 시료에서조차 강한 방향성을 보인다. 다른 암석들에서는 손 시료 크기에서는 괴상이므로(즉, 층리가 두꺼운 사암 및 석회암 그리고 현무암) 시료는 등방성으로 보인다. 어떤 화강암은 야외 규모에서도 등방성이다. 조립의 쇄설성 암석에서 등방성의 정도는, 비록 물리적 속성으로는 중요하지만, 분류지표로서는 중요하기 않다. 이러한 암석의 분류는 입자 크기와 조직에 의하여 영향을 받는다.

일부 개별 암석 그룹을 고려해보자. 강하고 등방성이며 결정질인 암석들은 결정의 상대적 크기에 따라서 세 개의 계열로 나타난다. 조립질 종류는 심성암이고, 육안으로 볼 수 없는 입자 크기의 기질 내에 상대적으로 조립질 결정이 있는 암석(반정질 조직)은 화산 기원이다. 일정하게 세립이거나 세립질 석기(ground mass)이며 반정질인 암석은 일반적으로 얕은 심도 내지 중간 심도에서 냉각된 맥암 기원이다. 이 그룹 내의 많은 암석의 이름은 공학적 관점에서는 항상 중요하지는 않은 광물학적 성분의 변화를 반영하고 있다. 예를 들면, 화강임과 화강심록암의 차이는 물리적 성질에서는 거의 동일한 정장석과 사장석의 상대적인 풍부함이다. 반려암과 감람암과 같은 이러한 암석들의 검은 종류는 상대적으로 많은 부분이 초기에 형성된 고온의 휘석과 감람석으로 구성되어 있으며, 이 광물들로 인하여 풍화 과정에 더욱 민감하다. 강하고 이방성인 결정질 암석들은 보통 다소 강하다(즉, 편마암과 각섬암). 연약하고 이방성인 결정질 암석들에는 편암이 있고, 연약함은 녹니석이나 다른 연약한 광물 혹은 앞에서 언급한 운모류의 갈려지는 성질에 기인하였을 수 있다.

쉽게 긁히고 등방성인 결정질 암석들에는 석회암, 백운암, 석고, 경석고, 암염 등과 같은 증발암과 사문암과 녹암과 같은 변질 염기성 화성암이 있다. 이 모든 암석들은 토목 엔지니어에게는 너무 약하거나 변형이 큰 성질을 나타낼 수도 있다. 예를 들면, 이전에 발생한 전단작용의 내부 표면과 전단작용과 연관된 약한 광물에 의한 사문암과 운모나 녹니석 혹은 전단강도가 낮은 다른 광물의 연속적인 띠에 의한 편암 등이 있다.

가장 판별하기 어려운 암석들은 입자나 결정이 육안으로 보이지 않는 것이다. 일정하게 비현정질인 현무암, 처트, 셰일, 약간의 점판암 그리고 약간의 세립 석회암 및 백운암은 경도와 구조를 간과하면 어려움이 뒤따른다. 관련된 암석들과 야외에서 연구될 수 있는 구조들은 야외에서의 암석 판별을 더욱 쉽게 한다.

표 A3.3 지질연대

대	기	세	연령
신생대	제4기	홀로세	10,000년
		홍적세	2백만 년
	제3기	플라이오세	
		마이오세	
		올리고세	
		에오세	65백만 년
중생대	백악기		
	쥬라기		
	트라이아스기		225백만 년
고생대	페름기		
	펜실베이니아기		
	미시시피기		
	데본기		
	사일루리아기		
	오도비스기		
	캠브리아기		570백만 년
선캠브리아			

표 A3.3은 지질역사의 기간을 보여준다. 특히 퇴적암을 다룰 때에는 공학 현장에서 암석학적 암석명과 같이 시대명이 포함되어야 한다. 일반적으로 오래된 암석이 강하고 더욱 영구적으로 교결되어 있는 경향이 있다. 불행하게도 중요하면서 극적인 예외가 있다. 예를 들면, 교결되지 않은 몬트몰리로나이트 점토가 하부 고생대의 암석 단위에서 발견된다. 지질공학에 친숙한 사람들에게는, 암석의 연대명이 어떠한 지표 성질보다도 훨씬 효과적으로 관련된 지질공학 속성을 의미하고 있다. 암석역학의 모든 종사자들은 이러한 연대명을 알아야 하고 암석의 기술에 일상적으로 사용하여야 한다.

부록 4 유도 방정식

식 2.3

$$\gamma_{dry} = G\gamma_w(1-n)$$

암석의 전체 부피를 1로 가정하자(즉, $V_t = 1$). 그러면 공극의 부피는 $V_p = n\,V_t = n$이고 고체의 부피는 $V_r = 1-n$이다. 만일 건조한 상태라면 공극의 무게는 0, 즉. $W_p = 0$이다. 평균 비중이 G인 고체의 무게는 $W_r = (1-n)\,G\,\gamma_w$이다. 건조밀도는 $W_r\,/\,V_t$이므로 식 (2.3)이 된다.

식 2.4

$$\gamma_{dry} = \gamma_{wet/(1+w)}$$

위와 동일한 가정에서 공극이 물로 채워져 있다면 $W_p = n\gamma_w$가 된다. 함수비는 $w = W_p/W_r = n\gamma_w/[(1-n)G\gamma_w] = n\gamma_w/\gamma_{dry}$ 또는 $w = n\gamma_w/\gamma_{dry}$(1)이다. 습윤밀도는 $\gamma_{wet} = (W_p + W_r)/\,V_t = n\gamma_w + (1-n)G\gamma_w$(2)이다. 식 (1)의 $n\gamma_w$와 식 (2.3)의 $(1-n)G\gamma_w$를 이용하면 $\gamma_{wet} = \gamma_{dry}(1+w)$이고 식 (2.4)가 된다.

식 2.5

$$n = \frac{wG}{1 + wG}$$

암석의 부피를 1로 가정하자. 그러면 암석의 무게 W_r은 $G\gamma_w$이다. 만일 암석이 포화되었다면 함수비는 $w = W_w / W_r$이다. 그러므로 $W_w = w G\gamma_w$이고 물의 부피는 $V_w = w G$이다. 공극률은 $n = V_w / V_t = V_w / (1 + V_w)$이고 식 (2.5)가 된다.

식 2.6

$$n = \frac{w_{Hg} G / G_{Hg}}{1 + w_{Hg} \cdot G / G_{Hg}}$$

유도 과정은 동일하지만 공극 내 수은의 무게가 $W_{Hg} = w_{Hg} G\gamma_w$이고 이에 따라 수은의 부피는 $V_{Hg} = w_{Hg} G\gamma_w / (G_{Hg}\gamma_w) = w_{Hg} G / G_{Hg}$이라는 점은 다르다.

식 2.9

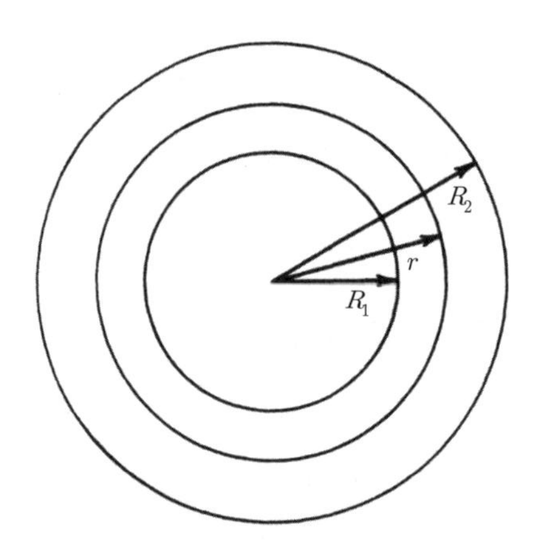

반경이 R_1과 R_2이면서 두께가 L인 원통에 대하여 반경 r 지점에서 주변을 가로지르는 방사상의 흐름 q_r은 Darcy의 법칙으로부터

$$q = -k\frac{dh}{dr}2\pi rL$$

또는

$$\frac{dr}{r} = -\frac{k \cdot 2\pi L}{q}dh$$

이다.

R_1과 R_2 사이를 적분하면

$$\ln\frac{R_2}{R_1} = \frac{k2\pi L(h_1 - h_2)}{q} \text{ 이고 이때 } k = \frac{q\ln(R_2/R_1)}{2\pi L\Delta h}$$

이다.

식 2.10

Snow(1965)는 거리 e만큼 분리된 두 개의 평행한 판 사이에 존재하는 비압축성의 유체의 층류(laminar flow)에 대한 식을 x축에 평행한 방향에 대해 $q_x = \frac{\gamma}{12}e^3\frac{dh}{dx}$으로 제시했다.

e만큼 분리되고 두께 S를 가진 규칙적인 시스템에 대해 유량은

$$q_x = \underbrace{\left(\frac{\gamma}{12\mu}\frac{e^3}{S}\right)}_{k}\left(\frac{dh}{dx}\right)\underbrace{(S)}_{A}$$

이다. 각각 틈새 e가 있고 거리 S가 있고 직각으로 교차하는 3개의 단열군을 고려해보자. 단열의 교차방향 중 한 방향에 평행한 방향으로의 흐름은 다른 두 단열군을 통해 흐르는 흐름의 합이다. 비스듬한 방향으로의 흐름은 단열방향의 성분으로 분리할 수 있다. 그러나 이 시스템이 등방성이라면 성분들은 위에서와 같이 q_x에 두 배에 해당하는 결과를 보인다. 따라서 단열 시스템을 통해 어떠한 방향에 대해서도 $q = \frac{\gamma}{6\mu}\frac{e^3}{S}\frac{dh}{dx}S$이고 암석의 단위면적에 대한 수리전도도는(많은 단열이 포함된 경우에도) $k = \frac{\gamma}{6\mu}\frac{e^3}{S}$이다.

식 2.14

$$\frac{1}{V_l^*} = \sum_i \frac{C_i}{V_{l,i}}$$

각각의 종파 속도가 $V_{l,\,i}$인 광물들이 빽빽하게 모여 있는 물체의 평균속도는 차례로 각 광물을 통과하는 데 걸린 시간 t_i을 더해 계산한다. 만일 암석이 두께 L을 가지고 광물 i가 체적비 C_i를 가진다면 광물 i를 통과하는 파의 이동속도는 $t_i = C_i L / V_{l,\,i}$이고 암석을 통과한 파의 전체 시간은 $t = L \sum C_i / V_{l,\,i}$이다. 계산된 파의 속도는 식 (2.13)에 주어진 것과 같이 $V_l^* = L/t$이다.

식 3.8, 3.9

$$\sigma_{1,p} = 2S_i \tan(45 + \phi/2) + \sigma_3 \tan^2(45 + \phi/2)$$

σ_1이 x축에 평행하고 σ_3이 y축에 평행하다면 모어 원의 극점(pole)은 σ_3에 위치하고(부록 1 참조) 쿨롱의 파괴선과 모어 원이 교차하는 점 A에 전단응력과 수직응력이 위치하는 평면은 α에 의해 표현된다. 다음 그림의 형태로부터

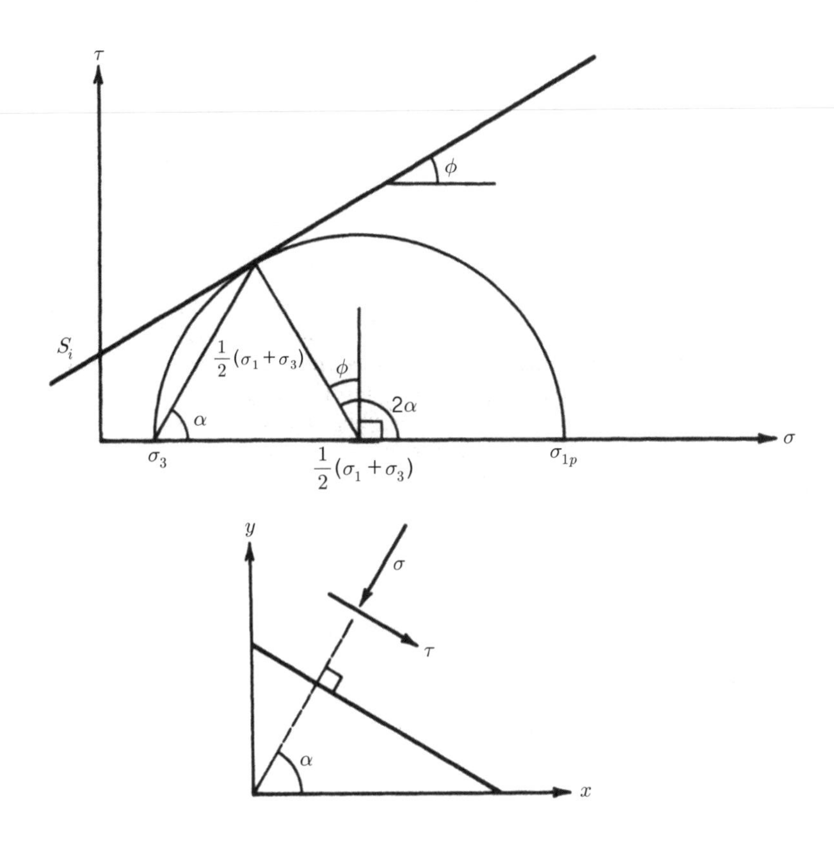

$$2\alpha = 90 + \phi \text{ 그리고 } \alpha = 45 + \phi/2 \tag{1}$$

파괴식은

$$\tau_p = S_i + \sigma \tan\phi \tag{2}$$

위쪽 그림으로부터

$$\sigma = \frac{1}{2}(\sigma_1 + \sigma_3) + \frac{1}{2}(\sigma_1 - \sigma_3)\cos 2\alpha \tag{3}$$

그리고

$$\tau_p = \frac{1}{2}(\sigma_1 - \sigma_3)\sin 2\alpha \tag{4}$$

(3)과 (4)를 (2)에 대입하고 $\sigma_1 = \sigma_{1p}$이면

$$(\sigma_{1p} - \sigma_3)\sin 2\alpha = 2S_i + (\sigma_{1p} + \sigma_3)\tan\phi + (\sigma_{1p} - \sigma_3)\cos 2\alpha \tan\phi \tag{5}$$

$$\sigma_{1p}(\sin 2\alpha - \cos 2\alpha \tan\phi - \tan\phi) = 2S_i + \sigma_3(\sin 2\alpha - \cos 2\alpha \tan\phi + \tan\phi) \tag{6}$$

$\sin 2\alpha - \cos 2\alpha \tan\phi = \dfrac{1}{\cos\phi}$는

$$\sigma_{1p}\left(\frac{1}{\cos\phi} - \tan\phi\right) = 2S_i + \sigma_3\left(\frac{1}{\cos\phi} + \tan\phi\right) \text{ 또는 } \sigma_{1p} = 2S_i\frac{\cos\phi}{1-\sin\phi} + \sigma_3\frac{1+\sin\phi}{1-\sin\phi}$$

이다. 결국

$$\frac{1+\sin\phi}{1-\sin\phi} = \tan^2\left(45 + \frac{\phi}{2}\right)$$

그리고

$$\frac{\cos\phi}{1-\sin\phi} = \tan\left(45 + \frac{\phi}{2}\right)$$

이다.

식 4.3

$$K = \frac{\sigma_h}{\sigma_v} = \frac{K_0 \gamma Z_0 - [\nu/(1-\nu)]\gamma \Delta Z}{\gamma Z_0 - \gamma \Delta Z}$$

$Z_0 - \Delta Z = Z$라 하면 $Z_0 = Z + \Delta Z$이다. 그러면

$$K(Z) = \frac{K_0(Z + \Delta Z) - [\nu/(1-\nu)]\Delta Z}{Z}$$

또는

$$K(Z) = K_0 + (K_0 \Delta Z - \frac{\nu}{1-\nu}\Delta Z)\frac{1}{Z}$$

이다.

식 4.4

정단층의 경우 $\sigma_h = K_a \sigma_v = \sigma_3$이고 $\sigma_v = \gamma Z = \sigma_1$이다. 쿨롱의 법칙에 따르면 단층은 σ_1과 σ_3가 식 (3.8)을 만족할 때 발생한다. 이 조건을 결합하면

$$\gamma Z = q_u + K_a \gamma Z \tan^2\left(45 + \frac{\phi}{2}\right)$$

이고

$$K_a = \frac{\gamma Z - q_u}{\gamma Z \tan^2(45 + \phi/2)}$$

가 된다. 이는 식 (4.4)를 단순화한 것이다.

식 4.5

역단층의 경우 $\sigma_h = K_p \sigma_v = \sigma_1$이고 $\sigma_v = \gamma Z = \sigma_3$이다. 식 (3.8)과 결합하면

$$K_p \gamma Z = \gamma Z \tan^2\left(45 + \frac{\phi}{2}\right) + q_u$$

이다. K_p에 대하여 풀면 식 (4.5)를 얻을 수 있다.

식 4.7

이 결과는 식 (7.1b)로부터 직접적으로 획득된다. 반경 a의 시추공의 내부 벽면에서 식 (7.1)은

$$\sigma_\theta = (p_1 + p_2) - 2(p_1 - p_2)\cos 2\theta \quad (1)$$

(1)이 된다. 그림 4.10은 점 A와 B에서 각각 $\theta = 0$이고 $\theta = 90°$이다. $p_1 = \sigma_{h,\max}$이고 $p_2 = \sigma_{h,\min}$이라고 하면 A에서 식 (1)은 $\sigma_{\theta,A} = -\sigma_{h,\max} + 3\sigma_{h,\min}$이 된다.

식 4.10

첫 번째 압력에서 식 (4.8)이 만족되면 균열과 최대하중이 발생한 것으로 가정한다.

$$3\sigma_{h,\min} - \sigma_{h,\max} - p_{c1} = -T_0 \quad (1)$$

재압력하에서는 이미 단열이 존재하므로 최대하중이 p_{c2}이고 인장강도가 0이다. 따라서,

$$3\sigma_{h,\min} - \sigma_{h,\max} - p_{c2} = 0 \tag{2}$$

(1)에서 (2)를 빼면 $P_{c1} - P_{c2} = T_0$이다.

식 4.11과 이와 관련된 토의

시추공의 벽면에서 접선방향의 응력 σ_θ가 아래 식과 같으면 수직 단열이 발생한다.

$$\sigma_\theta = 3\sigma_{h,\min} - \sigma_{h,\max} - p_{c1} = -T_0 \tag{1}$$

시추공의 벽면에 작용하는 종방향의 응력 σ_l이 다음 식과 같으면 수평방향의 단열이 발생한다.

$$\sigma_l = \sigma_v - p_{c1} = -T_0 \tag{2}$$

만일 $\sigma_\theta < \sigma_l$이면 수직방향의 단열이 먼저 발생한다(인장균열이 등방성이라고 가정하면).

$$\sigma_v - p_{c1} > 3\sigma_{h,\min} - \sigma_{h,\max} - p_{c1} \tag{3}$$

$$\frac{\sigma_{h,\min}}{\sigma_{h,\max}} = N$$

라고 하자.

$$\sigma_v > (3N-1)\sigma_{h,\max} \tag{4}$$

인 경우 수직 단열이 우선적으로 발생한다. 식 (3)에 $4\sigma_{h,\max}$를 더하고 뺀 후 재배열하면

$$\sigma_v > 6\frac{\sigma_{h,\min}+\sigma_{h,\max}}{2} - 4\sigma_{h,\max} \tag{5}$$

또는

$$\sigma_v > 6\overline{K}\sigma_v - 4\sigma_{h,\max} \tag{6}$$

이 된다. 이때 $\overline{K} = \overline{\sigma_h} / \sigma_v$가 수평방향의 평균응력과 수직응력 사이의 비이다. 식 (6)의 양쪽을 $\overline{K}\sigma_v$로 나누면

$$\frac{1}{\overline{K}} > 6 - \frac{4\sigma_{h,\max}}{\overline{K}\sigma_v} \tag{7}$$

이 된다. 이제

$$\frac{\sigma_{h,\max}}{\overline{K}\sigma_v} = \frac{2\sigma_{h,\max}}{\sigma_{h,\min}+\sigma_{h,\max}} = \frac{2}{N+1} \tag{8}$$

를 얻을 수 있다. 식 (8)을 (7)에 대입하면

$$\frac{1}{\overline{K}} > \frac{6N-2}{N+1} \tag{9}$$

이고 이를 역으로 취하면 수직단열에 대해 알려진 조건이 된다.

$$\overline{K} < \frac{N+1}{6N-2}\left(N > \frac{1}{3}\right) \tag{10}$$

식 4.13

응력집중 -1과 3은 식 (4.7)에 대한 유도과정에서 Kirsch의 해(식 (7.16))로부터 계산된다. $\sigma_{\theta,A}$에 $\sigma_{\theta,w}$를, $\sigma_{\theta,B}$에 $\sigma_{\theta,R}$을, σ_{horiz}에 $\sigma_{h,\max}$를 그리고 σ_{vert}에 $\sigma_{h,\min}$을 대체한다.

식 4.14

$\begin{pmatrix} \frac{1}{8} & \frac{3}{8} \\ \frac{3}{8} & \frac{1}{8} \end{pmatrix}$는 $\begin{pmatrix} -1 & 3 \\ 3 & -1 \end{pmatrix}$의 역수이다.

증명

$$\begin{pmatrix} \left(\frac{1}{8}\right)\cdot(-1)+\left(\frac{3}{8}\right)\cdot(3) & \left(\frac{1}{8}\right)\cdot(3)+\left(\frac{3}{8}\right)\cdot(-1) \\ \left(\frac{3}{8}\right)\cdot(-1)+\left(\frac{1}{8}\right)\cdot(3) & \left(\frac{3}{8}\right)\cdot(3)+\left(\frac{1}{8}\right)\cdot(-1) \end{pmatrix} = \begin{pmatrix} 1 & 0 \\ 0 & 1 \end{pmatrix}$$

식 4.15

$\tau_{xz}=0$의 경우에 대해, 이 관계의 유도는 Jaeger and Cook(1장 참고문헌), 10.4장에 제시되었다. f_1, f_2, f_3에 대한 결과는 $\tau_{xz}=0$인 경우의 식 (4.15)와 동일한 식 (26)에서 발견할 수 있다.

추가적인 응력 성분인 τ_{xz}에 의해 유도된 변형을 찾는 것은 다음 과정에 따른다. 주응력 $\sigma_{x'}=-\tau_{xz}$, $\sigma_{y'}=0$ 그리고 $\sigma_{z'}=+\tau_{xz}$을 고려해보자. 이때 $0x'$은 $0x$를 시계 방향으로 45도 회전한 것이다. x축에 대하여 $0x$축으로부터 θ 기울어진 선을 따라 발생한 변위 Δd는 식 (4.15)에 σ_x에 $-\tau_{xz}$을, σ_y에 0을, σ_z에 τ_{xz}을 그리고 θ에 $\theta+45$를 대입하여 얻을 수 있다. 식

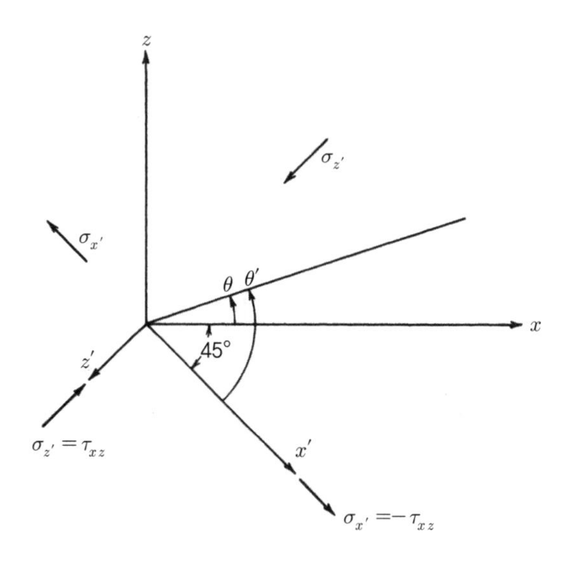

(4.15)에 대입한 결과는

$$\Delta d = -\tau_{xz}\left(d\left[1+2\cos(90+2\theta)\right]\frac{1-\nu^2}{E}+\frac{d\nu^2}{E}\right)$$
$$+\tau_{xz}\left(d\left[1-2\cos(90+2\theta)\right]\frac{1-\nu^2}{E}+\frac{d\nu^2}{E}\right)$$

또는

$$\Delta d = \tau_{xz}\frac{d(1-\nu^2)}{E}4\sin 2\theta = \tau_{xz} f_4$$

이다.

식 4.17

등방성이고 선형 탄성물체의 응력−변형률 관계는 식 (6.1)에 제시되었다. y축에 평행한 시추공의 바닥면에서는 $\sigma_y = \tau_{xy} = \tau_{yz} = 0$이다. 그러면 식 (6.1)의 독립변수가 3으로 감소하고 응력-변형률 관계는

$$\varepsilon_x = \frac{1}{E}\sigma_x - \frac{\nu}{E}\sigma_z \tag{1}$$

$$\varepsilon_z = \frac{-\nu}{E}\sigma_x + \frac{1}{E}\sigma_z \tag{2}$$

$$\gamma_{zx} = \frac{2(1+\nu)}{E}\tau_{zx} \tag{3}$$

가 된다. 식 (2)에 ν를 곱하고 (1)과 (2)를 더하면

$$\frac{1-\nu^2}{E}\sigma_x = \varepsilon_x + \nu\varepsilon_z \tag{4}$$

이 되고 식 (1)에 ν를 곱하고 (1)과 (2)를 더하면

$$\frac{1-\nu^2}{E}\sigma_2 = \nu\varepsilon_x + \varepsilon_z \tag{5}$$

가 된다. 시추공이 더 깊어지기 전에 변형률이 0이 되면 식 (3), (4), (5)는 식 (4.17)의 세 개 열과 일치한다.

식 4.21

초기에 응력을 받은 등방성의 탄성 물체 표면에 시추공을 만들면 발생되는, 주변을 둘러싼 시추공 주변의 한 점에서 방사상의 변형을 나타내는 수식을 유도해야 할 필요가 있다. 만일 암석 표면이 y에 수직이면 $\sigma_y = \tau_{xy} = \tau_{yz} = 0$이다. 표면 주변의 암석에서 응력의 상태는 평면응력이다. 식 (7.2a)는 초기에 응력을 받은 암반 주변을 둘러싼 시추공 주변의 한 점에서 평면응력에

대해 발생하는 방사상의 변형을 보여준다. 이 부록의 후반부에서 식 (7.2)를 유도하며 논의되겠지만, 평면응력과 평면변형률 사이에는 단순한 관계가 있다. 평면변형률로부터 유도된 식을 평면응력에 맞게 변형하면 E 대신에 $(1-\nu^2)E$를, ν 대신에 $\nu/(1+\nu)$를 대입한다. $G=E/[2(1+\nu)]$는 영향을 받지 않는다. 그 과정을 거쳐 식 (7.2a)는

$$u_r = \frac{a^2}{r}\frac{2(1+\nu)}{4E}\left\{(p_1+p_2)+(p_1-p_2)\left[4\left(1-\frac{\nu}{1+\nu}\right)-\frac{a^2}{r^2}\right]\cos 2\theta\right\} \tag{1}$$

이 된다. p_1 대신에 σ_x, p_2 대신에 σ_z를 대체하면

$$u_r = \frac{1}{2E}\frac{a^2}{r}\left[(1+\nu)(\sigma_x+\sigma_x)+H(\sigma_x-\sigma_z)\cos 2\theta\right] \tag{2}$$

이 된다. 이때

$$H = 4-(1+\nu)\frac{a^2}{r^2}$$

이다. 식 (4.15)의 유도에도 동일한 과정을 거쳐 전단응력의 영향을 확인할 수 있다.

$$u_r = \frac{1}{E}\frac{a^2}{r}H\tau_{xz}\sin 2\theta \tag{3}$$

(2)와 (3)을 식 (4.21) 형태로 재배열하여 f_1, f_2, f_3을 얻을 수 있다.

식 4.23

Leeman(1971, 4장)은 초기응력 상태를 알고 있는 등방성의 탄성 물체 내 반경 a로 천공된

원형 시추공 주변의 응력에 대한 식을 제안했다. 초기응력 성분은 x', y', z'을 가지고 있고 그림 4.16과 같이 시추공의 축에 평행할 경우 y'을 첨자로 표시한다. x'으로부터 반시계 방향으로 θ°만큼 회전되어 있는 시추공의 벽 위 한 점($r=a$)에 대해 Leeman의 식은 다음과 같이 표현된다.

$$\sigma_r = 0 \tag{1}$$

$$\sigma_\theta = (\sigma_{x'} + \sigma_{z'}) - 2(\sigma_{x'} - \sigma_{z'})\cos 2\theta - 4\tau_{x'z'}\sin 2\theta \tag{2}$$

$$\sigma_x = -\nu[2(\sigma_{x'} - \sigma_{z'})\cos 2\theta + 4\tau_{x'z'}\sin 2\theta] + \sigma_{y'} \tag{3}$$

$$\tau_{r\theta} = 0 \tag{4}$$

$$\tau_{rx} = 0 \tag{5}$$

$$\tau_{x\theta} = -2\tau_{y'x'}\sin\theta + 2\tau_{y'z'}\cos\theta \tag{6}$$

현재의 좌표계에서 한 측정지점 j에서 측정된 표면에 방사상의 방향은 y_j로 표시된다. 표면에 접선방향은 z_j로 표시된다. 식 (2)의 σ_θ는 σ_z로 다시 표기되어야 하고 식 (6)의 $\tau_{x\theta}$은 τ_{xz}로 다시 표기되어야 한다. 행렬의 형태로 다시 배열되고 조합되면 식 (4.23)의 형태로 표현된다.

식 4.24, 4.25

부록 1을 참고할 것

식 5.9

$$A = (\sigma_1 - \sigma_3)\sin\psi \tag{1}$$

와

$$\sigma = \sigma_3 + A\sin\psi$$

이므로

$$\sigma = \sigma_3 + (\sigma_1 - \sigma_3)\sin^2\psi \tag{2}$$

이다. 또한

$$\tau = A\cos\psi$$

이며 식 (1)과 함께

$$\tau = (\sigma_1 - \sigma_3)\sin\psi\cos\psi \tag{3}$$

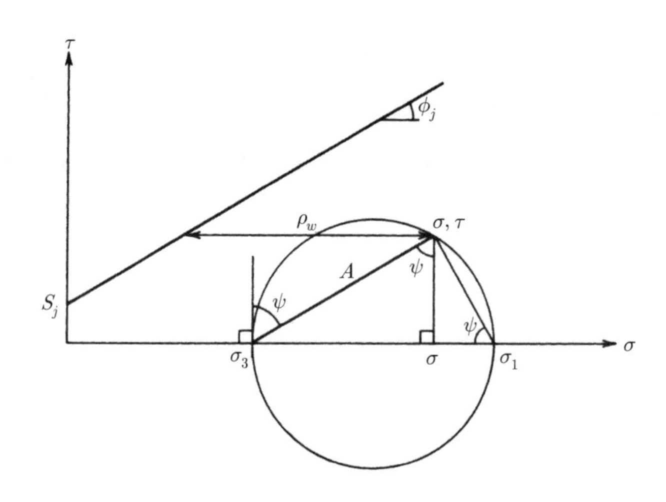

이다. 미끄러짐을 위해서는 수압이 p_w에 도달하여야 한다. 따라서

$$S_j + (\sigma - p_w)\tan\phi_j = \tau \tag{4}$$

식 (4)에 (2)와 (3)을 대입하면

$$S_j + \left[\sigma_3 + (\sigma_1 - \sigma_3)\sin^2\psi - p_w\right]\tan\phi_j = (\sigma_1 - \sigma_3)\sin\psi\cos\psi \tag{5}$$

가 된다. p_w에 대해 정리하면

$$p_w \tan\phi_j = S_j + \sigma_3(\tan\phi_j) + (\sigma_1 - \sigma_3)(\sin^2\psi\tan\phi_j - \sin\psi\cos\psi) \tag{6}$$

이고 식 (5.9)가 된다.

식 6.3

전단응력과 전단변형률은 순전단에 의해 만들어진 전단변형률을 고려하여 연결될 수 있다. 후자는 각각 $\theta = -45°$, $\theta = +45°$(x'와 y'의 방향)에서 선분을 따라 $-\tau$와 τ와 동일한 수직 주응력의 효과를 중첩하여 획득할 수 있다(식 (4.15)의 유도를 참고할 것).

$$\varepsilon_{x'} = \frac{1}{E}[-\tau - (\nu)(\tau)] = \frac{-\tau}{E}(1+\nu) \tag{1}$$

그리고

$$\varepsilon_{y'} = \frac{1}{E}[-(\nu)(-\tau) + \tau] = \frac{\tau}{E}(1+\nu) \tag{2}$$

또한

$$\gamma_{x'y'} = 0 \tag{3}$$

이다. 식 A1.2(부록 1)의 두 번째 식 중 식 A2.2(부록 2) 위의 논의는 x', y'축에 대한 변형률 성분과 관련된 전단변형률 γ_{xy}의 식을 제시한다.

$$\gamma_{xy} = -\sin 2\alpha\varepsilon_{x'} + \sin 2\alpha\varepsilon_{y'} + \cos 2\alpha\gamma_{x,y'}$$

$0x$에 대해 $0x'$로부터 $\alpha = 45°$이다. 이를 (1)부터 (3)과 함께 제시하면

$$\gamma_{xy} = \frac{2}{E}(1+\nu)\tau = \frac{\tau}{G}$$

이다.

식 6.4

식 (6.1)의 상부 왼쪽 부분은

$$\begin{pmatrix} \varepsilon_x \\ \varepsilon_y \\ \varepsilon_z \end{pmatrix} = \frac{1}{E}\begin{pmatrix} 1 & -\nu & -\nu \\ -\nu & 1 & -\nu \\ -\nu & -\nu & 1 \end{pmatrix}\begin{pmatrix} \sigma_x \\ \sigma_y \\ \sigma_z \end{pmatrix} \tag{1}$$

이다. 그러면 Cramer의 법칙을 이용하여 3*3의 행렬로 변환하면

$$\begin{pmatrix} \sigma_x \\ \sigma_y \\ \sigma_z \end{pmatrix} = \frac{E}{Det}\begin{pmatrix} 1-\nu^2 & \nu(1+\nu) & \nu(1+\nu) \\ \nu(1+\nu) & 1-\nu^2 & \nu(1+\nu) \\ \nu(1+\nu) & \nu(1+\nu) & 1-\nu^2 \end{pmatrix}\begin{pmatrix} \varepsilon_x \\ \varepsilon_y \\ \varepsilon_z \end{pmatrix} \tag{2}$$

이때 Det는 3*3 행렬의 행렬식이다. 첫 번째 행을 확장하면

$$Det = (1-\nu^2) - (\nu^2 + \nu^3) + (-\nu^2 - \nu^3) = 1 - 3\nu^2 - 2\nu^3$$

또는

$$Det = (1+\nu)^2(1-2\nu) \tag{3}$$

이다. (2)에 (3)을 대입하면

$$\begin{pmatrix}\sigma_x \\ \sigma_y \\ \sigma_z\end{pmatrix} = \frac{E}{(1+\nu)(1-2\nu)}\begin{pmatrix}1-\nu & \nu & \nu \\ \nu & 1-\nu & \nu \\ \nu & \nu & 1-\nu\end{pmatrix}\begin{pmatrix}\varepsilon_x \\ \varepsilon_y \\ \varepsilon_z\end{pmatrix} \tag{4}$$

$$\lambda = \frac{E\nu}{(1+\nu)(1-2\nu)} \tag{5}$$

라 하자.

$$G = \frac{E}{2(1+\nu)} \tag{6}$$

이므로

$$\lambda + 2G = \frac{E(1-\nu)}{(1+\nu)(1-2\nu)} \tag{7}$$

이다. (5), (6), (7)과 함께 식 (4)는 식 (6.2)와 같기 때문에 식 (6.4)와 마찬가지로 (5)의 유용성을 제시할 수 있다.

식 6.6

체적탄성계수 K는 모든 방향의 압력 $\sigma_x = \sigma_y = \sigma_z = p$에 의해 체적 변형률 $\Delta V/V$을 계산함으로써 E와 ν로 표현할 수 있다. 이 경우 식 (6.1)은

$$\varepsilon_x = \varepsilon_y = \varepsilon_z = \frac{1}{E}p - \frac{2\nu}{E}p \tag{1}$$

이다. 문제 3.10에서 볼 수 있듯이 작은 변형률에 대해

$$\Delta V / V = \varepsilon_x + \varepsilon_y + \varepsilon_z \tag{2}$$

(1)과 (2)를 결합하여

$$\frac{\Delta V}{V} = \frac{3(1-2\nu)}{E}p \tag{3}$$

를 얻는다.

식 6.13

이 중요한 결과는 등방성이고 선형 탄성이면서, 균질하고 연속적인 물체 내에서 하중이 선대칭으로 가해진 두꺼운 벽의 원통에 대한 이론으로부터 유도된다. Jaeger and Cook(1장 참고문헌)을 참고할 것. 변형률－변형식을 극좌표내 평형식에 대입하면 한 개의 미지수를 가진 방사상 변형 내 미분(Euler' equation)식이다. 이 식은 간단한 대입에 의해 해결된다. 적분의 상수는 제한 없이 커지는 r과 함께 변형이 0에 접근하는 조건에 의해 획득할 수 있다.

식 6.15, 6.16

단면적 A를 가진 바에 응력파가 오른쪽으로 통과한다고 가정하자.

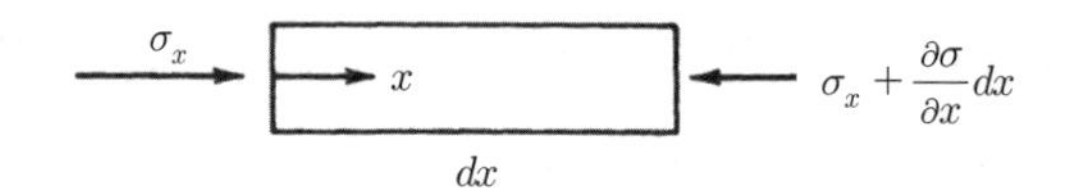

뉴튼의 제2법칙에 의해 압축응력파가 이동하면

$$A(\sigma_x) - \left(\frac{\partial \sigma_x}{\partial x}dx + \sigma_x\right)A = (Adx)\rho\frac{\partial^2 u}{\partial t^2} \tag{1}$$

이다. 이때 ρ는 바의 단위 체적당 질량이다. 응력－변형의 관계식은

$$\sigma_x = E\varepsilon_x = E\frac{-du}{dx} \tag{2}$$

이다. (2)와 (1)을 결합하면

$$E = \frac{\partial^2 u}{\partial x^2} = \rho\frac{\partial^2 u}{\partial t^2} \tag{3}$$

이며 일차원의 파 방정식은

$$V_l^2\frac{\partial^2 u}{\partial x^2} = \frac{\partial^2 u}{\partial t^2} \tag{4}$$

가 된다. 이때 V_l^2은 바를 통과하는 파의 위상속도이다. 따라서 파의 속도는 $V_l = (E/\rho)^{1/2}$이다. 유도 전단파의 경우 E를 G로 대체하는 경우를 제외하곤 동일하다. 그러면 $V_t = (G/\rho)^{1/2}$이다.

식 6.17

$$\frac{V_l^2}{V_t^2} = \frac{E/\rho}{G/\rho} = \frac{E}{E/2(1+\nu)} = 2(1+\nu)$$

ν에 대해 풀면 식 (6.17)이다.

식 6.18, 6.19

x축 방향에 수직인 면에 변형이 없고 σ_x 방향으로 불균형인 상태에서 응력파가 2차원의 탄성공간을 통해 이동하고 있다고 고려하자.

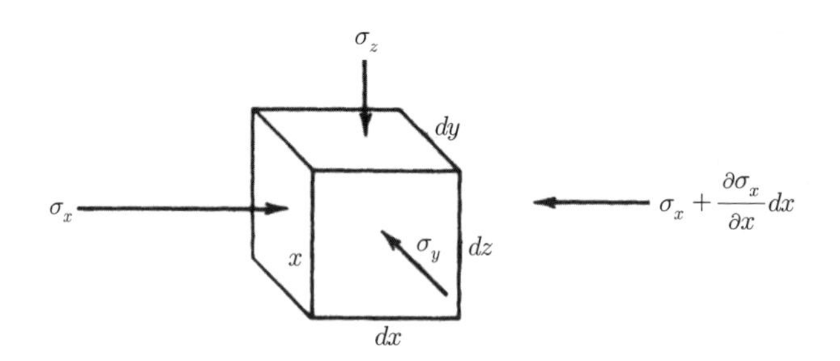

x 방향으로 평형은

$$\sigma_x dy\, dz - \left(\sigma_x + \frac{\partial \sigma_x}{\partial x}\right) dy\, dz = \rho \frac{\partial^2 u}{\partial t^2} dx\, dy\, dz \tag{1}$$

이다. 이때 u는 x축에 평행한 변형이다. (6.2)의 응력−변형률 관계식에 의해 $\epsilon_y = \epsilon_z = 0$이다.

$$\sigma_x = (\lambda + 2G)\varepsilon_x = (\lambda + 2G)\frac{-\partial u}{\partial x} \tag{2}$$

(1)과 (2)를 결합하고 단순화하면

$$(\lambda + 2G)\frac{\partial^2 u}{\partial x^2} = \rho \frac{\partial^2 u}{\partial t^2} \tag{3}$$

이다. 파의 속도를 V_p라고 하고 파의 방정식(식 (6.15)와 (6.16)에서 유도된 식 (4))과 (3)을 결합하면

$$V_p^2 = \frac{\lambda + 2G}{\rho}$$

3차원 물리공간 내 전단파는 τ와 γ 사이의 응력−변형률 관계가 1차원이므로 수학적으로 1차원이다. 따라서 전단파가 가느다란 바를 통해 이동하는 경우 $V_s^2 = V_t^2 = G/\rho$이다.

식 6.20

$$\frac{V_p^2}{V_s^2} = \frac{(\lambda + 2G)/\rho}{G/\rho} \tag{1}$$

식 (6.4)에 대한 유도에서 다음을 확인할 수 있다.

$$\lambda + 2G = \frac{E(1-\nu)}{(1+\nu)(1-2\nu)} \tag{2}$$

$$G = \frac{E}{2(1+\nu)} \tag{3}$$

을 이용하여 (2)와 (3)을 (1)과 결합하면

$$\frac{V_p^2}{V_t^2} = \frac{(1-\nu)(2)(1+\nu)}{(1+\nu)(1-2\nu)} = \frac{2-2\nu}{1-2\nu} \tag{4}$$

가 획득되며 ν에 대해 풀면 (6.20)을 얻을 수 있다.

식 6.22

$$\rho V_p^2 = \lambda + 2G$$

이전의 세션으로부터 (2)를 이용하면

$$\rho V_p^2 = \frac{E(1-\nu)}{(1+\nu)(1-2\nu)} \tag{2}$$

E에 대해 풀면 (6.22)가 된다.

식 6.24

n방향으로 하중이 가해진 균질하고 이방성인 물체에 대해

$$\varepsilon_n = \frac{1}{E_n}\sigma_n \tag{1}$$

이다. 그러나

$$\varepsilon_n = \Delta V_{rock} + \Delta V_{joint} = \frac{\sigma_n}{E} + \frac{\sigma_n}{k_n S} \tag{2}$$

이때 E는 고체암석(절리가 없는)의 영률, k_n은 절리의 단위면적당 수직강성 그리고 S는 절리 사이의 간격이다. 식 (2)와 (1)로부터 (6.24)를 얻는다.

식 6.29

그림 6.17e에서와 같이 Burgers 물체는 Kelvin 고체(그림 6.17b)와 Maxwell 고체(그림 6.17a)가 직렬로 연결되어 있다. 만일 하중의 증가분에 대해 병렬로 연결된 두 개의 스프링을 고려해보면 시스템의 변형은 각 스프링의 변형을 합한 것과 같다(식 (6.24)와 같이). 유사하게 전단응력의 증가에 의한 Burger 물체의 변형은 각 구성요소의 전단변형률 합과 같다. 따라서 Burger 물체의 변형은 Kelvin 물체와 Maxwell 물체의 변형의 합과 같다.

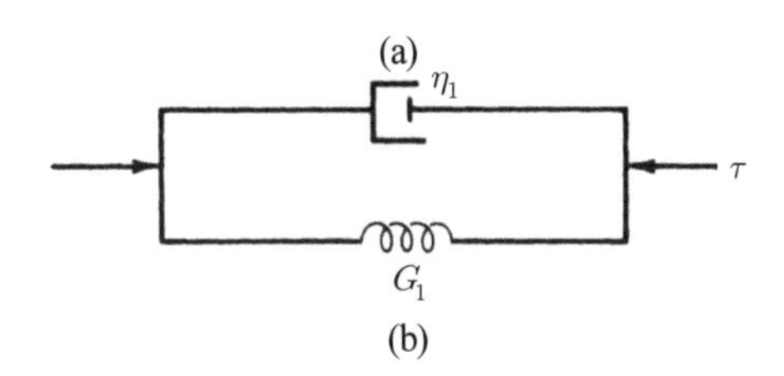

점성 η_1을 가진 구성요소(a)와 전단체적계수(G1)를 가진 구성요소 (b)의 Kelvin 물체가 고정된 전단응력 증가분 τ를 받고 있다고 고려해보자. 이러한 평행 배열에서

$$\tau = \tau_a + \tau_b \tag{1}$$

이고

$$\gamma = \gamma_a + \gamma_b \tag{2}$$

이다. 성분(a)의 전단응력과 전단변형은 식 (6.28)과 연관되어

$$\tau_a = \eta_1 \dot{\gamma}_a \tag{3}$$

(점은 시간에 대해 미분을 의미) 그리고 성분 (b)에서 다음과 같이 연결되어 있다.

$$\tau_b = G_1 \gamma_b \tag{4}$$

식 (1)−(4)를 결합하면

$$\tau = \eta_1 \dot{\gamma} + G_1 \gamma \tag{5}$$

또는

$$\tau = \left(\eta_1 \frac{d}{dt} + G_1 \right) \gamma \tag{6}$$

를 얻는다. 크리프 시험에서 Kelvin 물체의 거동은 Flugge(1975)와 Jaeger and Cook(1976)에 의해 논의된 원칙에 의해 해결될 수 있다. 이 원칙에 따르면 탄성 상수 G와 K를 가진 등방성의 탄성물체에 대한 주어진 문제의 해답은 선형의 점탄성 물체에 주어진 동일한 문제에 적용될 수 있다. 단순화를 위해 문제의 물체는 압축성에 대해 탄성이라고 가정한다(G는 시간 독립적이다). 선형의 점탄성 물체에 대해 전단응력과 전단변형은 다음과 같이 관련된다.

$$F_1(t) \tau = F_2(t) \gamma \tag{7}$$

해당 원칙에 따르면 탄성 관련 문제의 해법은 $F_2(t)/F_1(t)$로 G를 대체하여 획득할 수 있다.

$$F_1(t) = 1$$

그리고

$$F_2(t) = \eta_1 \frac{d}{dt} + G_1$$

따라서 탄성 해법을 해당 Kelvin 물체의 해법으로 전환하기 위하여 G의 자리에 다음 식을 대체할 수 있다.

$$\frac{F_2(t)}{F_1(t)_{Kelvin}} = \eta_1 \frac{d}{dt} + G_1 \tag{8}$$

문제 6.1에서 제시된 바와 같이 전단계수는 전단응력과 전단변형 사이뿐만 아니라 축차응력과 축차변형 사이의 관계를 결정한다. 특히

$$\sigma_{1,dev} = 2G\varepsilon_{1,dev} \tag{9}$$

이다. (축차응력과 축차변형은 부록 1과 2에 각각 논의되었으며 식 (9)는 문제 6.1에 대한 해답으로 제시되었다.)

또한 ϵ_{mean}은 $\frac{1}{3}(\Delta V/V)$이므로

$$\sigma_{mean} = 3K\varepsilon_{mean} \tag{10}$$

이다. 따라서

$$\varepsilon_{1,dev} = \varepsilon_1 = \varepsilon_{mean} \tag{11}$$

$$\varepsilon_1 = \varepsilon_{1,dev} + \varepsilon_{mean} \tag{12}$$

이다. (9)와 (10)을 (12)에 대입하면

$$\varepsilon_1 = \frac{\sigma_{1,dev}}{2G} + \frac{1}{3}\frac{\sigma_{mean}}{K} \tag{13}$$

를 얻는다. 축응력에 $= \sigma_1$과 $\sigma_2 = \sigma_3 = 0$인 일축압축에 대하여

$$\sigma_{mean} = \frac{1}{3}\sigma_1 \quad (14)$$

그리고

$$\sigma_{1,dev} = \frac{2}{3}\sigma_1 \quad (15)$$

가 된다. 따라서 (13)은

$$\varepsilon_1 = \frac{1}{3G}\sigma_1 + \frac{1}{9K}\sigma_1 \quad (16)$$

가 된다. 식 (16)은 상수 G과 K에 의해 표현된 등방성 탄성 물체의 축방향 응력 증가분에 해당하는 변형률을 표현한다. 압축에서 탄성물체와 전단에서 Kelvin 물체로 거동하는 암석에 대해 식 (8)에 주어진 G를 $F_2(t)/F_1(t)$로 대체한다. 이를 미분방정식으로 표현하면

$$\varepsilon_1 = \sigma_1\left(\frac{1}{3\left[\eta_1(d/dt) + G_1\right]} + \frac{1}{9K}\right) \quad (17)$$

이다. 해법은 초기 조건에 따라 좌우된다. 크리프 시험의 경우, 시간 0으로부터 증가에 따라 σ_1를 적용하고 고정적으로 유지하면 그 해법[1]은

$$\varepsilon_1(t) = \frac{\sigma_1}{9K} + \frac{\sigma_1}{3G_1}(1 - e^{-(G_1 t/\eta_1)}) \quad (18)$$

1 이 종류의 미분방정식에 대한 해는 Laplace 변환을 사용하면 쉽게 구할 수 있다. Murray Spiegel, Laplace transform Schaum's Outline Series, Mcgraw-Hill, New York, 1965를 참조하라.

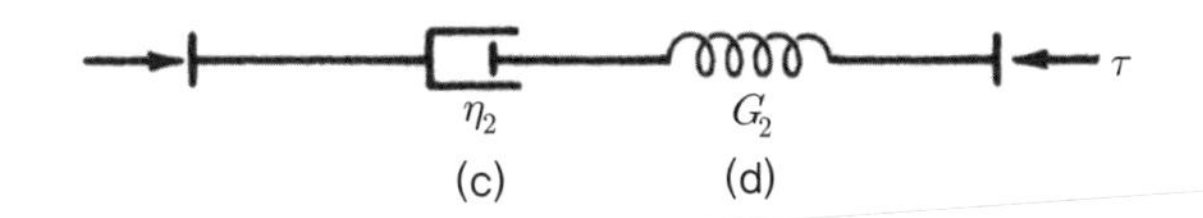

이다. 이제 성분 (c) 내의 상수 η_2와 성분 (d) 내의 G_2를 가지고 전단응력 τ를 가진 Maxwell 물체를 고려한다. 성분들은 직렬로 연결되어 있으므로

$$\tau = \tau_c = \tau_d \tag{19}$$

그리고

$$\gamma = \gamma_c + \gamma_d \tag{20}$$

이다. (20)을 미분하면

$$\dot{\gamma} = \dot{\gamma}_c + \dot{\gamma}_d \tag{21}$$

이다. $\tau_c = \eta_2 \dot{\gamma}_c$와 $\tau_d = G_2 \gamma_d$를 이용하고 (19)부터 (21)까지 결합하면

$$\dot{\gamma} = \frac{\tau}{\eta_2} + \frac{\dot{\tau}}{G_2} \tag{22}$$

또는

$$\left(\frac{1}{\eta_2} + \frac{1}{G_2}\frac{d}{dt}\right)\tau = \frac{d}{dt}\gamma \tag{23}$$

이다. (23)을 (7)과 비교하면 Maxwell 액체에 대해

$$F_1(t) = \frac{1}{\eta_2} + \frac{1}{G_2}\frac{d}{dt}$$

그리고

$$F_2(t) = \frac{d}{dt}$$

가 된다. 따라서 유사한 원칙은 G 위치에 위 식의 대입이 필요하다.

$$\frac{F_2(t)}{F_1(t)_{Maxwell}} = \frac{d/dt}{1/\eta_2 + [(1/G_2)(d/dt)]} \tag{24}$$

식 (16)에 대입하면

$$\varepsilon_1(t) = \sigma_1\left(\frac{1/\eta_2 + [(1/G_2)(d/dt)]}{3(d/dt)} + \frac{1}{9K}\right) \tag{25}$$

이다. 시간 0에서 증가분만큼 가해진 σ_1에 대해 (25)의 해결안은

$$0\varepsilon_1(t) = \frac{\sigma_1 t}{3\eta_2} + \frac{\sigma_1}{3G_2} + \frac{\sigma_1}{9K} \tag{26}$$

이다. 식 (18)과 (26)은 고정된 축응력 σ_1을 받고 있는 원기둥의 크리프를 보여준다. 축하중이 가해질 때 축차응력과 평균응력이 증가함에 따라 일축압축 상태로부터 K가 포함된 부분을 얻을 수 있다. Burger 물체의 크리프 변형은 (26)의 오른쪽 부분과 (18)의 오른쪽 부분을 합하여 얻을 수 있다. 이 결합은 식 (6.29)를 얻을 수 있다.

식 6.33

식 (6.13)을 이용하면 반경 a, 방사상 변형 Δu_r, 내부 압력 Δp 그리고 포아송 비 ν의 시추공 팽창계 시험으로부터 탄성계수를 얻을 수 있다.

$$E = (1+\nu)\Delta p \frac{q}{\Delta u} \tag{1}$$

Δu에 u_r을, Δp에 p를, $E/[2(1+\nu)]$에 G를 대입하면

$$u_r = \frac{pa}{2G} \tag{2}$$

이다. 평면변형률 조건에서 시추공 내 압력이 상승하더라도 평균응력이 유지되기 때문에 K와 관련된 항이 존재하지 않는다.

이전의 절에서 우리는 압축시험의 탄성 해결법이 다음 식과 같은 점탄성 해법(식 (6.29))을 고려하였다.

$$\varepsilon_1 = \left(\frac{1}{3G} + \frac{1}{9K}\right)\sigma_1 \qquad \text{(이전 절의 식 (16)) (3)}$$

크리프 시험과의 유사성을 통해 Burger 물체 내부에서의 팽창계시험의 크리프를 위한 해답을 서술할 수 있는데 식 (2)와 (3)의 비교를 통해 가능하다. Burger 물체의 팽창계 크리프 시험의 경우

- K와 관련된 항은 없다.
- (σ_1/σ_3)의 자리에 $(pa/2)$를 대체하는 경우를 제외하면 식 (6.29)의 오른쪽 4개 항은 적용가능하다.
- 이런 삭제와 대입을 통해 식 (6.29)로부터 식 (6.33)을 얻을 수 있다.

식 6.34

탄성의 고체 위에 반경 a의 유연한 판에 압력 p가 작용할 때 판의 평균 변형은

$$\overline{\omega} = \frac{1.7pa(1-\nu^2)}{E} \tag{1}$$

이다. 이와 유사한 원칙을 사용하기 위해 대입을 통해 K와 G를 이용하여 재구성하면

$$E = \frac{9KG}{3K+G} \tag{2}$$

이다. 이때 식 (16)은 식 (6.29)의 미분과

$$\nu = \frac{3K-2G}{6K+2G} \tag{3}$$

을 통해 얻을 수 있다. 식 (1)에 대입하면

$$\overline{\omega} = \frac{1.7pa}{4}\frac{3K+4G}{G(3K+G)} \tag{4}$$

이다. 비틀림에 Burger물체처럼 그리고 모든 방향의 압력에 탄성체로 거동하는 물체에 대해 Kelvin 고체와 Maxwell고체에 적용하는 해답의 합을 구한다.

비틀림을 받는 Kelvin 고체에 대해 (4)의 G에 식 (6.29)의 미분에서 (8)에 의해 주어진 F_2/F_1를 대체한다. 그리고 식 (4)에 대응하여 압력의 일정한 증가에 대해

$$\eta_1^2\frac{d\overline{\omega}}{dt^2} + (2G_1+3K)\eta_1\frac{d\overline{\omega}}{dt} + G_1(G_1+3K)\overline{\omega} = \frac{1.7a}{4}\left((4G_1+3K)p + 4\eta_1\frac{dp}{dt}\right) \tag{5}$$

를 얻는다. 이때 시간 $t=0$에서 $\overline{w}$는 0이다. 식 (5)의 해답은

$$\overline{\omega}_{Kelvin} = \frac{1.7pa}{4}\left(\frac{1}{G_1}(1-e^{-G_1t/\eta_1}) + \frac{3}{3K+G_1}(1-e^{-(3K+G_1)t/\eta_t})\right) \tag{6}$$

이다. 비틀림을 받는 Maxwell 물체에 대해, 식 (6.29)에 대한 유도에서 (24)에 의해 주어진 F_2/F_1을 (4)의 G에 대입하면,

$$\frac{d^2\overline{\omega}}{dt^2}\left(1+\frac{3K}{G_2}\right)+\frac{d\overline{\omega}}{dt}\frac{3K}{\eta_2}=\frac{1.7a}{4}\left[\frac{3Kp}{\eta_2^2}+\frac{dp}{dt}\left(\frac{6K}{\eta_2 G_2}+\frac{4}{\eta_2}\right)+\frac{d^2p}{dt^2}\left(\frac{3K}{G_2}+\frac{4}{G_2}\right)\right] \tag{7}$$

을 얻는다. 초기조건은 $\overline{w} = d\overline{w}/dt = 0$이다. 이러한 조건하에서 (7)의 해답은

$$\overline{\omega}_{Maxwell} = \frac{1.70pa}{4}\left(\frac{1}{G_2}+\frac{t}{\eta_2}+\frac{1}{K}-\frac{G_2}{K(3K+G_2)}e^{-3KG_2t/[\eta_2(3K+G_2)]}\right) \tag{8}$$

이다. 식 (6.34)는 (6)에 의해 주어진 $\overline{w}_{Kelvin}$과 (8)에 의해 주어진 $\overline{w}_{Maxwell}$의 합이다.

식 6.35

미분방정식은 식 (6.29)에서와 같이 유도된다. 그러나 초기조건이 더 이상 시간 0에서 가해지는 하중의 계단형 증가가 아니다. 대신 응력 σ_1은 0에서 일정한 비율 $\dot{\sigma}_1$으로 증가한다. 그러면 식 (6.29)의 미분인 식 (17)과 (25) 내에서 σ_1 자리에 $(\dot{\sigma}_1 t)$를 대체한다. K에 대한 중복 없이 그들의 합과 이 식들의 해답은 식 (6.29)에 대해 논의된 바와 같이

$$\varepsilon_1(t) = \dot{\sigma}_1\left(\frac{1}{3G_1}+\frac{1}{3G_2}+\frac{2}{9K}\right)t+\frac{1}{2}\frac{\dot{\sigma}_1}{3\eta_2}t^2-\frac{\dot{\sigma}_1\eta_1}{3G_1^2}(1-e^{-(G_1t/\eta_1)}) \tag{1}$$

를 얻을 수 있다. $\dot{\sigma}_1$이 고정된 값이므로 $\sigma_1 = \dot{\sigma}_1 t$ 그리고 $t = \dfrac{\sigma_1}{\dot{\sigma}_1}$이다. 이들을 (1)에 적용하면

$$\varepsilon_1(t) = \sigma_1\left(\frac{1}{3G_1} + \frac{1}{3G_2} + \frac{2}{9K}\right)t + \frac{1}{6}\frac{\sigma_1^2}{\eta_2\dot{\sigma}_1} - \frac{\dot{\sigma}_1\eta_1}{3G_1^2}(1 - e^{-G_1\sigma_1/(\eta_1\dot{\sigma}_1)}) \quad (2)$$

이다. 이 식이 식 (6.35)이다.

식 7.1, 7.2

인장이 작용하고 있는 균질한 판에 있는 원통형 시추공 주변의 응력과 변형은(Kirsch 해법, 1898) Jaeger and Cook의 Fundamentals of rock mechanics, 2nd ed. 1976, pp.249, 251(1장 참고문헌 참조)에서 제시되었다. 이 문제는 공간이 축방향 대칭이지만 시추공 내 최대 및 최소 수직응력, p_1와 p_2에 의해 정의된 초기응력은 그렇지 않다는 사실 때문에 복잡한 문제이다. Jaeger and Cook의 유도는 복잡한 응력 함수의 방법을 사용한다. 실제 응력 함수를 사용한 또 다른 유도는 Obert and Duvall의 Rock Mechanics and the Design of Structures in Rock, pp.98-108에서 제시되었다.

변형량은 응력-변형률 관계식 (6.2)와 다음의 극좌표의 변형률 관계식을 대입한 후 응력식 (7.1)을 통합하여 얻을 수 있다.

$$\varepsilon_r = -\frac{\partial u}{\partial r},\ \varepsilon_\theta = -\frac{u}{r} - \frac{1}{r}\frac{\partial v}{\partial \theta} \text{와 } \gamma_{r\theta} = -\frac{1}{r}\frac{\partial u}{\partial \theta} - \frac{\partial v}{\partial r} + \frac{v}{r}$$

이때 u와 v는 각각 r 방향과 θ 방향의 변형량이다.

그러나 이러한 통합은 초기응력의 고정을 표현하는 부분을 포함하고 있는 반면, 사실 터널이나 시추공의 변형은 p_1과 p_2가 적용된 초기 조건에 대해 측정된다.

식 (7.2a)와 (b)에 주어진 변형은 식 (7.1)의 통합으로부터 유도된 초기 변형을 제외하고 얻어진다. 이들은 응력 측정 기준점으로부터 언더코어링(undercoring, 식 (4.21))에 의해 보정된 변형

이다. 식 (4.16)의 오버코링인 경우, 변형은 시추공을 포함하고 있는 지역으로부터 계산되고 중앙 홀로부터 상당히 떨어진 곳에서 가해진 인장 p_1와 p_2에 의해 작용한다.

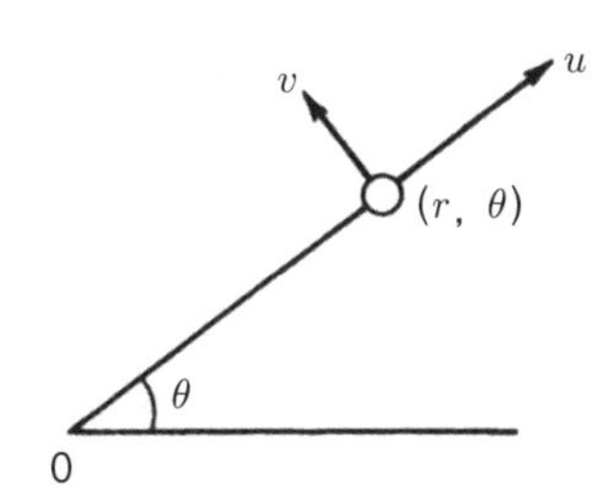

식 (7.2)는 한 개의 수직변형률과 두 개의 전단변형률이 0인 변형률 조건($\epsilon_z=0,\ \gamma_{zx}=\gamma_{zy}=0$)을 의미하는, 평면변형률 조건을 의미한다. 물리적으로 평면변형률은 단면적이 일정하고 단면적의 면에서 하중이 작용하는, 긴 구조물 또는 굴착과 관련된다. 해법은 평면응력 조건을 제시하는 것인데 한 개의 수직응력과 두 개의 전단응력이 0인 경우이다($\sigma_z=0,\ \tau_{zx}=\tau_{zy}=0$). 평면응력의 조건은 그 평면에만 하중이 작용하는 얇은 판에서 적용된다. 평면응력에서 등방성의 변형률 관계식 (6.1)은 다음과 같이 축소된다.

$$\begin{pmatrix}\varepsilon_x\\ \varepsilon_y\\ \gamma_{xy}\end{pmatrix}=\frac{1}{E}\begin{pmatrix}1 & -\nu & 0\\ -\nu & 1 & 0\\ 0 & 0 & 2(1+\nu)\end{pmatrix}\begin{pmatrix}\sigma_x\\ \sigma_y\\ \tau_{xy}\end{pmatrix} \tag{1}$$

z축방향으로 평행하게 긴 평면변형률의 조건에서 $\varepsilon_z=0=\frac{1}{E}\sigma_z-\frac{\nu}{E}\sigma_x-\frac{\nu}{E}\sigma_y$은

$$\sigma_z=\nu(\sigma_x+\sigma_y) \tag{2}$$

$$\varepsilon_x=\frac{1}{E}\sigma_x-\frac{\nu}{E}\sigma_y-\frac{\nu}{E}\sigma_z \tag{3}$$

이다. (3)에 (2)를 대입하면

$$E\varepsilon_x = \sigma_x - \nu\sigma_y - \nu^2(\sigma_x + \sigma_y) \tag{4}$$

또는

$$E\varepsilon_x = (1-\nu^2)\sigma_x - \nu(1+\nu)\sigma_y$$

또는

$$\varepsilon_x = \frac{1}{E/(1-\nu^2)}\sigma_x - \frac{\nu}{1-\nu} \cdot \frac{1}{E/(1-\nu^2)}\sigma_y \tag{5}$$

이다. 유사한 식을 y 방향에 대해서도 기술할 수 있다. 식 (5)를 (1)의 첫 번째 열과 비교하여 E와 ν를 $E/(1-\nu^2)$와 $\nu/(1-\nu)$로 수정할 수 있다면 평면응력 해법이 평면변형률 해법으로 전환될 수 있다.

식 7.5, 7.6

xy평면상에 단면이 있고 x 방향으로 긴 기둥에 z 방향에 평행하게 하중 q가 작용한다면 z방향의 휨은

$$EI_y \frac{d^4u}{dx^4} = q$$

를 따른다. 네 번의 적분과 $u=0$이고 $x=L$이고 $x=0$일 때 $du/dx=0$인 경계조건으로 4개의 상수를 얻을 수 있다. 그러면 휨은

$$u = \frac{qx^2}{24EI_y}(L-x)^2$$

이다. 최대 휨은 $x=L/2$인 중앙에서 발생한다. 즉,

$$u_{\max}=qL^4/(384EI_y)$$

이다. 단위 폭과 두께, t를 가진 사각 기둥에서 $I_y=\frac{1}{12}(t)^3$이다. $q=\gamma t$라고 하면

$$u_{\max}=\frac{\gamma tL^4}{384E(t^3/12)}=\frac{\gamma L^4}{32Et^2}$$

이다. 모멘트 M은

$$M=-EI_y\frac{d^2u}{dx^2}$$

를 따른다. 즉,

$$M=\frac{-q}{12}(L^2-6Lx+6x^2)$$

이다. $x=0$, $x=L$인 양 끝단에서 최대 모멘트는

$$M_{\max}=\frac{-qL^2}{12}=\frac{-\gamma tL^2}{12}$$

$$\sigma_{\max}=\frac{-M_{\max}t/2}{\frac{1}{12}t^3}=\frac{\gamma L^2}{2t}$$

이다.

식 7.10

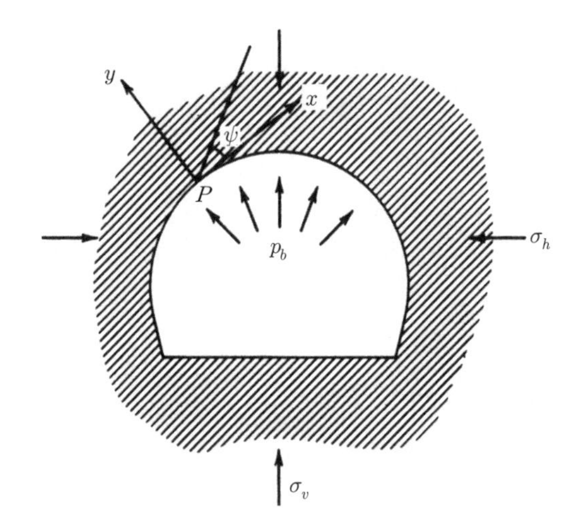

초기응력이 σ_v, σ_h이고 얇게 쪼개지거나 편리가 발달한 암석 내 터널을 고려하자. 주변의 한 점 P에서 벽면에 수직방향과 접선방향을 x, y 좌표로 고려한다. 각도 ψ는 x축과 층의 방향 사이에서 측정한다. P_b를 방사상의 지보압력이라고 하자. 점 P에서의 응력은

$$\tau_{xy} = 0, \quad \sigma_x = N_h \sigma_h + N_v \sigma_v - A p_b \tag{1}$$

이고

$$\sigma_y = p_b \tag{2}$$

이다. 원형의 터널에서는 $A = 1$이고, 반면 벽면에서는 $A = 0$이다. 단순화를 위해 $A = 0$이라고 가정한다.

Bray의 식을 이용해 6장의 문제 10은

$$\frac{\sigma_x}{\sigma_y} = \frac{\tan|\psi|}{\tan(|\psi| + \phi_j)} \tag{3}$$

이다. Bray의 방정식은 다음 절에서 유도된다.

식 7.11에서 7.16

이 절의 이론은 John Bray(1967)에 의해 발표된 2개의 논문 Rock Mechanics and Engineering Geology(Springer, Berlin) Vol.5, pp. 117-136 그리고 pp. 197-216에 기초를 두고 있다. 이 책과의 통일성을 위하여 부호와 표시를 일부 변경하였다.

가설

터널에 수직인 면에서 초기응력이 $p_1 = p_2 = p$라고 가정하자. 이는 터널 주변에서 쿨롱의 이론에 따라 암석의 파괴가 발생할 만큼 충분한 응력의 차이를 유발한다. 파괴면의 방향 σ_θ는 ψ_f =45−ϕ/2 또는 σ_r은 δ=45+ϕ/2 각도에서 발생한다. 이때 ϕ는 암석의 내부 마찰각이다. 이는 파괴면이 원통 나선형(log spiral)임을 의미하는데 원통 나선형은 공통된 지점으로부터 여러 개의 반경 벡터를 가지면서 동일한 각도에서 만들어지는 중심지이기 때문이다. Bray는 r과 δ= ±45+ϕ/2 각도를 만드는 두 개의 원통 나선형을 가정했다(그림 7.10).

반경 R을 암석파괴 지역의 최외곽 한계 즉, 소성영역(plastic zone)이라고 한다.

소성영역 내($r < R$) 주응력

쿨롱의 법칙에 따라 σ_1방향으로 ψ만큼 기울어진 절리 위에서 미끄러짐의 한계평형상태에 대해 $K_f = \sigma_3/\sigma_1 = \sigma_r/\sigma_\theta$라 하자. 마찰각이 ϕ_j라면

$$2\sigma = \sigma_r + \sigma_\theta - (\sigma_\theta - \sigma_r)\cos 2\psi$$

이고

$$2\tau_p = (\sigma_\theta - \sigma_r)\sin 2\psi$$

이다. 미끄러짐의 조건은 $|\tau_p| = \sigma \tan \phi_j$이다. σ와 τ_p에 대해 대입하면

$$\sigma_r(\sin 2\psi + \tan\phi_j + \cos 2\psi \tan \phi_j) = \sigma_\theta(\sin 2\psi - \tan\phi_j + \cos 2\psi \tan\phi_j)$$

또는

$$\sigma_r[\sin(2\psi + \phi_j) + \sin\phi_j] = \sigma_\theta[\sin(2\psi + \phi_j) - \sin\phi_j]$$

를 얻는다. $\sin A + \sin B$와 $\sin A - \sin B$의 항등함수를 이용하면 이는

$$K_f = \frac{\sigma_r}{\sigma_\theta} = \frac{\cos(\psi + \phi_j)\sin\psi}{\sin(\psi + \phi_j)\cos\psi}$$

로 줄어들 수 있다. 따라서

$$K_f = \frac{\tan\psi}{\tan(\psi + \phi_j)}$$

이다. τ_p에 절대값을 고려하면

$$K_f = \frac{\tan|\psi|}{\tan(|\psi| + \phi_j)}$$

이다. δ에 대해 $90 \quad |\delta| = |\psi|$를 대입하면

$$K_f = \frac{\tan(|\delta| - \phi_j)}{\tan|\delta|} \tag{1}$$

이다.

평형방정식

물체력(body force)이 존재하지 않고 θ에 대해 변화가 발생하지 않는 축방향 대칭에서 다음 그림의 미분 요소의 경계에서 힘들의 합은 0이어야 한다. 따라서,

$$\sigma_r(rd\theta) - \left(\sigma_r + \frac{d\sigma_r}{dr}dr\right)(r+dr)d\theta + 2\sigma_\theta \sin\frac{d\theta}{2}dr = 0$$

$\sin d\theta/2 \approx d\theta/2$이고 $dr^2 d\theta$를 무시할 수 있으므로

$$\boxed{\frac{d\sigma_r}{dr} + \frac{\sigma_r - \sigma_\theta}{r} = 0} \tag{2}$$

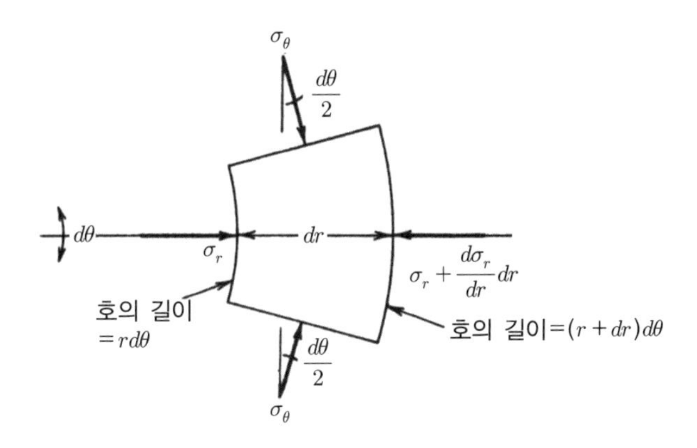

이다.

소성영역($a < r < R$) 내 해법

(2)에 $\sigma_\theta = \sigma_r / K_f$를 대입하면

$$\frac{d\sigma_r}{dr} = \left(\frac{1}{K_f} - 1\right)\frac{\sigma_r}{r} \tag{3}$$

가 되는데 이 식의 해법은

$$\sigma_r = Ar^Q \tag{4}$$

이다. 이때 $Q = \frac{1}{K_f} - 1$

이다. 경계조건은

$r = a$일 때 $\sigma_r = p_i$

이다. 이때 p_i는 터널의 내부 표면에 작용하는 지지력으로 인한 내부 압력이다. 이로 인해

$$\sigma_r = p_i \left(\frac{r}{a} \right)^Q \tag{5}$$

이고 $\sigma_\theta = \sigma_r / K_f$이므로

$$\sigma_\theta = \frac{p_i}{K_f} \left(\frac{r}{a} \right)^Q \tag{6}$$

이다.

$S_j \neq 0$일 때 해법

식 (5)와 (6)은 $S_j = 0$인 경우에 적용된다. 만일 S_j가 0이 아니라면, 이 식들은 $\sigma = -H = -S_j \cot \phi_j$를 통과하는 τ'축에 대해 적용된다. 따라서 각 압력 또는 응력 항에 H를 더해야 한다.

$$\sigma_r + S_j \cot\phi_j = (p_j + S_j \cot\phi_j)\left(\frac{r}{a}\right)^Q \tag{7}$$

$$\sigma_\theta + S_j \cot\phi_j = \frac{p_i + S_j \cot\phi_j}{K_f}\left(\frac{r}{a}\right)^Q \tag{8}$$

이다.

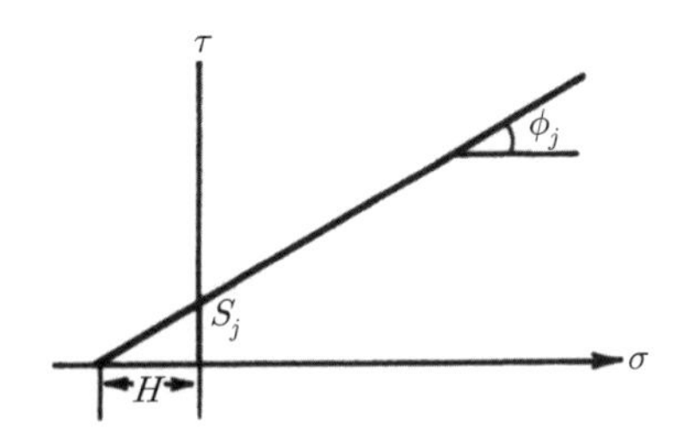

탄성영역($r \geq R$) 내 해법

평형 방정식, 식 (2)는 아직 적용가능하다. 탄성 응력 변형률 관계식은 이제 적절하다. 응력에 대해 변형률의 함수로 표현하는 것이 가장 편리하다. 평면변형률에 대해 이 식들을 다음과 같이 줄일 수 있다.

$$\sigma_r = (\lambda + 2G)\varepsilon_r + \lambda\varepsilon_\theta$$

그리고

$$\sigma_\theta = (\lambda + 2G)\varepsilon_\theta + \lambda\varepsilon_r \tag{9}$$

이때

$$\lambda = \frac{E\nu}{(1+\nu)(1-2\nu)}$$

이다. 변형률은 변형, u와 다음과 같이 연관된다.

$$\varepsilon_r =- \frac{du}{dr}$$

그리고

$$\varepsilon_\theta =- \frac{u}{r} \tag{10}$$

(r에 수직인 접선방향으로 v 변위가 0이고 문제가 축방향 대칭일지라도 원점으로부터 u만큼 떨어진 곳으로 변위가 발생하는 경우 호의 길이가 늘어나기 때문에 접선방향의 변형률 ϵ_θ이 존재한다.)

(9)와 (10)을 (2)에 대입하면

$$r^2 \frac{d^2u}{dr^2} + r\frac{du}{dr} - u = 0 \tag{11}$$

이다. 일반적인 해는 $u = e^t$를 대입하고 다음과 같이 기술되면 획득될 수 있다.

$$u =- A_1 r - \frac{B_1}{r} \tag{12}$$

이다. (12)에 (10)과 (9)를 이용하면

$$\sigma_r =- (\lambda + 2G)\left(- A_1 + \frac{B_1}{r^2}\right) - \lambda\left(- A_1 - \frac{B_1}{r^2}\right)$$

또는

$$\sigma_r = A_2 - \frac{b}{r^2} \tag{13}$$

이다. 유사하게

$$\sigma_\theta = A_2 + \frac{b}{r^2} \tag{14}$$

이다. 경계조건 $r \to \infty$에 따라 $\sigma_r = \sigma_\theta = p$이므로 $A_2 = p$이다.

$$\sigma_r = p - \frac{b}{r^2} \tag{15}$$

$$\sigma_\theta = p + \frac{b}{r^2} \tag{16}$$

이다.

탄성 - 소성 경계 $r = R$

$r = R$인 경계에서 (15)와 (7)은 모두 적용된다. 이들로부터 σ_r을 제거하면

$$(p_i + H)\left(\frac{R}{a}\right)^Q - H = p = \frac{b}{R^2} \tag{17}$$

이 된다. $r = R$에서 접선방향 응력 σ_θ는 쿨롱의 기준에 의해 암석을 파괴하기 위해 필요하며 식 (16)으로 기술될 수 있다. 따라서

$$q_u + \sigma_r \tan^2\left(45 + \frac{\phi}{2}\right) = p + \frac{b}{R^2} \tag{18}$$

이다. (17)과 (18)을 합하면

$$(p_i + H)\left(\frac{R}{a}\right)^Q - H + q_u + \sigma_{r(R)}N_\phi = 2p \tag{19}$$

를 얻는다. 이때

$$N_\phi = \tan^2\left(45 + \frac{\phi}{2}\right)$$

이다. (19)를 풀면

$$R = \left(\frac{2p + H - q_u - \sigma_r N_\phi}{p_i + H}\right)^{1/Q} a \tag{20}$$

이 된다. (18)과 (15)를 합치고 b에 대해 풀면

$$b = \left(\frac{q_u + (N_\phi + 1)p}{N_\phi + 1}\right) R^2 \tag{21}$$

이 된다. (15)에 (21)을 대입하고 (20)으로부터 σ_r를 제거하면

$$R = a\left(\frac{2p + (N_\phi - 1)p}{N_\phi + 1}\right) R^2 \tag{22}$$

이다.

변위

간격이 (매우 좁은) S인 절리군을 고려하자 (a). 전단변위는 연속함수에 의해 다음과 같이 추정될 수 있다.

$$s = D \tan \Gamma \approx D\Gamma \tag{23}$$

만일 절리에 수직인 벡터가 x축과 y축에 평행한 변위 x이고 α 각도로 기울어져 있다면 (b)

$$u = s \sin \alpha \tag{24}$$

이고

$$v = -s \cos \alpha \tag{25}$$

이다. 절리에 수직이고 원점에서 x, y 지점까지의 거리가 D라면

$$D = x \cos \alpha + y \sin \alpha \tag{26}$$

(23)~(26)을 결합하면

$$u = \Gamma(x \cos \alpha + y \sin \alpha)\sin \alpha$$

이고

$$v = -\Gamma(x \cos \alpha + y \sin \alpha)\cos \alpha$$

이다. 그러면

$$\left.\begin{aligned}\varepsilon_x &= \frac{-\partial u}{\partial x} = -\Gamma\cos\alpha\sin\alpha = -\frac{1}{2}\Gamma\sin 2\alpha \\ \varepsilon_y &= \frac{-\partial v}{\partial y} = \Gamma\sin\alpha\cos\alpha = +\frac{1}{2}\Gamma\sin 2\alpha \\ \gamma_{xy} &= \frac{-\partial u}{\partial y} - \frac{\partial v}{\partial x} = -\Gamma\sin^2\alpha + \Gamma\cos^2\alpha = \Gamma\cos 2\alpha\end{aligned}\right\} \quad (27)$$

이다.

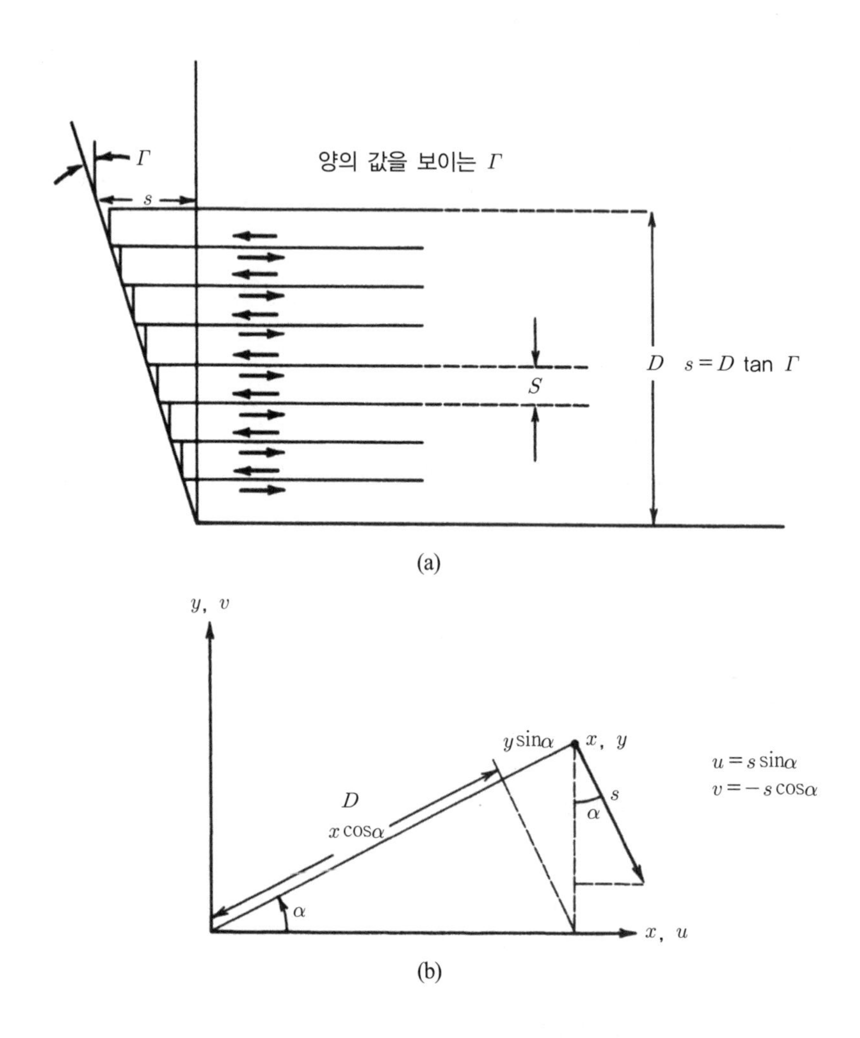

(a)

(b)

변위 u를 (양의 r 방향으로) 고려하자. 변형률은 (a) $\alpha = 90-\delta$ 기울어진 법선을 가진 단열에 대한 $\Gamma_1 = \Gamma$과 (b) $\alpha = 90+\delta$ 기울어진 법선을 가진 단열에 대한 $\Gamma_2 = -\Gamma$의 합이다.

첫 번째 항은

$$\varepsilon_r = -\frac{1}{2}\Gamma_1 \sin 2\delta = -\frac{1}{2}\Gamma \sin 2\delta$$

$$\varepsilon_\theta = \frac{1}{2}\Gamma_1 \sin 2\delta = \frac{1}{2}\Gamma \sin 2\delta$$

$$\gamma_{r\theta} = -\Gamma_1 \cos 2\delta = -\Gamma \cos 2\delta$$

으로, 두 번째 항은

$$\varepsilon_r = \frac{1}{2}\Gamma_2 \sin 2\delta = -\frac{1}{2}\Gamma \sin 2\delta$$

$$\varepsilon_\theta = -\frac{1}{2}\Gamma_2 \sin 2\delta = \frac{1}{2}\Gamma \sin 2\delta$$

$$\gamma_{r\theta} = -\Gamma_2 \cos 2\delta = +\Gamma \cos 2\delta$$

이다.

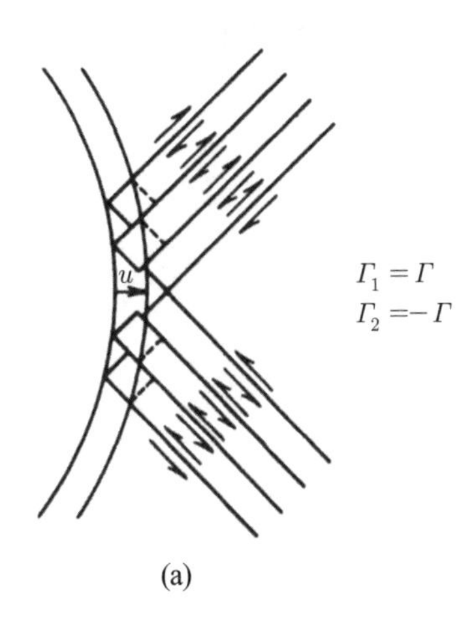

(a)

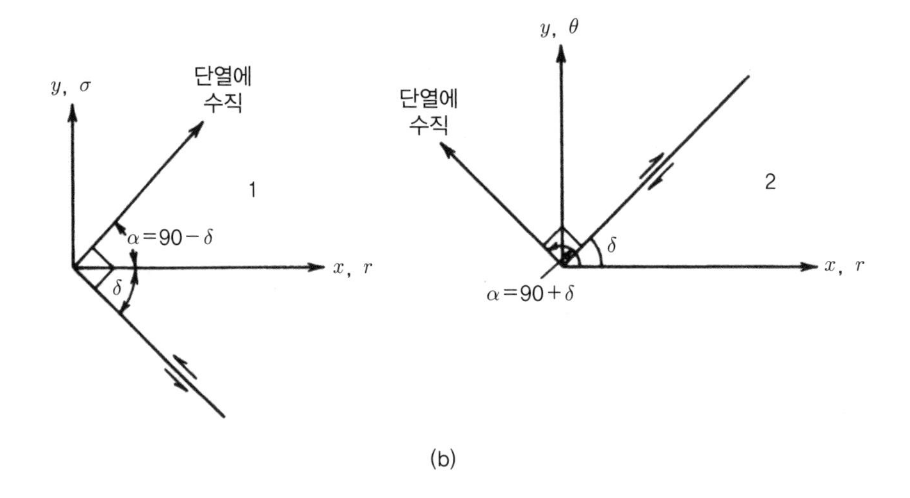

(b)

따라서 단열의 미끄러짐에 의한 전체 소성변형률은

$$\varepsilon_r = -\Gamma \sin 2\delta$$

$$\varepsilon_\theta = \Gamma \sin 2\delta$$

$$\gamma_{r\theta} = 0$$

이다. 전체 변형률은 로그 나선형 단열 위에서 발생한 미끄러짐에 의한 변형률과 탄성변형의 합으로

$$\begin{aligned} \varepsilon_\theta &= \Gamma \sin 2\delta + \frac{1}{E}\sigma_\theta - \frac{\nu}{E}\sigma_r \\ \varepsilon_r &= -\Gamma \sin 2\delta + \frac{1}{E}\sigma_r - \frac{\nu}{E}\sigma_\theta \\ \gamma_{r\theta} &= 0 \end{aligned} \tag{28}$$

이다.

소성영역

σ_r과 σ_θ는 (7)과 (8)에 제시되었다. 점착력 S_j을 무시하고 (28)에 (7)와 (8)을 대입하면

$$\varepsilon_\theta = \frac{-u}{r} = \Gamma \sin 2\delta + \frac{p_i}{E}\left(\frac{1}{K_f} - \nu\right)\left(\frac{r}{a}\right)^Q \tag{29}$$

$$\varepsilon_r = -\frac{du}{dr} = -\Gamma \sin 2\delta + \frac{p_i}{E}\left(1 - \frac{\nu}{K_f}\right)\left(\frac{r}{a}\right)^Q \tag{30}$$

을 얻을 수 있다.

(29)에 r을 곱하고 r에 대해 미분한 다음 (30)으로부터 빼면

$$\left(r\frac{d\Gamma}{dr} + 2\Gamma\right)\sin 2\delta + \frac{p_i}{E}\left(\frac{(1-\nu K_f)(Q+1) - (K_f - \nu)}{K_f}\right)\left(\frac{r}{a}\right)^Q$$

이 된다. 이를 단순화하면

$$\frac{d}{dr} r^2 \Gamma \sin 2\delta = \frac{-p_i}{EK_f}\frac{[(1/K_f) - K_f]}{a^Q} r^{Q+1} \tag{31}$$

이 된다. 적분하면

$$\Gamma \sin 2\delta = \frac{-p_i}{E}\frac{[(1/K_f) - K_f]}{1+K_f}\left(\frac{r}{a}\right)^Q + \frac{t}{r^2} \tag{32}$$

인데 이때 t는 정수이다. 이제 (29)에 (32)를 대입하고 정리하면

$$u = \frac{-p_i}{E}(1-\nu)\frac{r^{Q+1}}{a^Q} - \frac{t}{r} \tag{33}$$

이다. 현장 응력을 초기값 p로 상승시키면 방사상 좌표에서 한 점의 변위 r은

$$u = -r\varepsilon_\theta = -r\frac{p}{E}(1-\nu) \tag{34}$$

이다. 이는 현장에서 측정할 수 없는데 변형이 초기응력 상태를 기준으로 하고 있기 때문이다. 따라서 (34)에 주어진 u는 (33)에 의해 주어진 전체 변위로부터 빼야만 얻을 수 있다.

$$u = -\frac{1-\nu}{E}\left(p_i\frac{r^{Q+1}}{a^Q} - pr\right) - \frac{t}{r} \tag{35}$$

이다.

$r = R$에서 변위

(15)와 (16)에 의해 주어진 탄성영역 응력은

$$\sigma_\theta = p + \frac{b}{r^2} \quad \text{그리고} \quad \sigma_r = p - \frac{b}{r^2}$$

$$u = -r\varepsilon_\theta = \frac{-r}{E}\left[\left(p + \frac{b}{r^2}\right) - \nu\left(p - \frac{b}{r^2}\right)\right], \quad u = \frac{-r}{E}\left(p(1-\nu) + \frac{b}{r^2}(1+\nu)\right) \tag{36}$$

이다. (36)으로부터 (34)를 빼면 전체 변위량이다. $r = R$에서

$$u_r = -\frac{1+\nu}{E}\frac{b}{R} \tag{37}$$

이다. 또한 $r = R$에서 (35)는

$$u_R = -\frac{1-\nu}{E}\left(p_i\frac{R^{Q+1}}{a^Q} - pR\right) - \frac{t}{R} \tag{38}$$

이다. (37)과 (38)을 같다고 하면

$$t=\frac{1-\nu}{E}R^2\left[p-p_i\left(\frac{R}{a}\right)^Q\right]+\frac{1+\nu}{E}b \tag{39}$$

이다. $r=a$에서 (35)는

$$\boxed{u_a=\frac{1-\nu}{E}(p-p_i)a-\frac{t}{a}} \tag{40}$$

이다.

요약

벽면 $r=a$에서 외부로의 방사상 변위는 (4)에 의해 제시된다. 이때 p는 초기압력이고 p_i는 지보압력이다. 정수 t는 (39)에 의해 주어진다. R과 b는 (22)와 (21)에 의해 주어진다.

식 8.6a

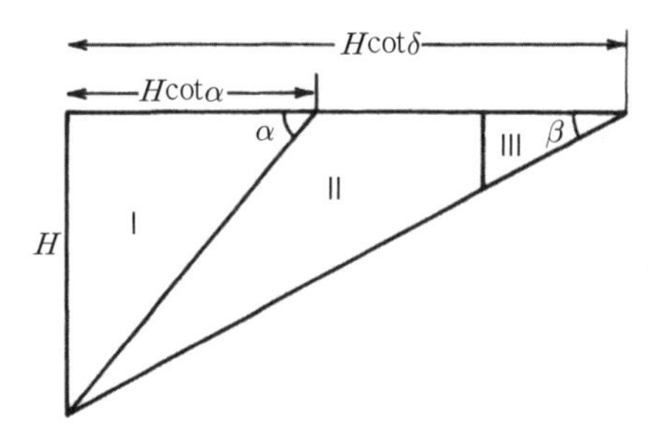

I를 I 구간의 면적이라고 하면

II=(I+II+III)−I−III

$$\text{II}=\frac{1}{2}H^2\cot\delta-\frac{1}{2}H^2\cot\alpha-\frac{1}{2}Z^2\tan\delta$$

식 8.6b

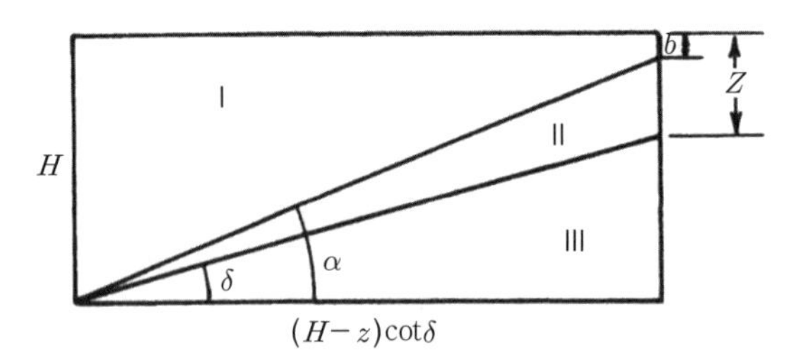

$$b=H-(H-Z)\cot\delta\tan\alpha$$

$$\text{II}=(\text{I}+\text{II}+\text{III})-\text{I}-\text{III}$$

$$\text{II}=H(H-Z)\cot\delta-\frac{1}{2}\{H+[H-(H-Z)\cot\delta\ \tan\alpha]\}(H-Z)\cot\delta$$

$$-\frac{1}{2}(H-Z)^2\cot\delta$$

$$=\frac{1}{2}(H-Z)^2\cot\delta(\cot\delta\tan\alpha-1)$$

식 8.6

움직이려는 힘=결합력÷F 또는

$$F(W\sin\delta+V\cos\delta)=S_jA+(W\cos\delta-U-V\sin\delta)\tan\phi \quad (1)$$

이다. 식 (8.6a)는

$$W=a-b\cot\alpha \quad (2)$$

이고, a와 b는 식 (8.6)에서 주어진다. (2)를 (1)에 대입하고 $\cot\alpha$에 대해 풀면 (8.6)이 된다.

식 8.12

상부 블록(주동 블록)이 $\delta_1 > \phi_1$이라면 힘 N_3과 T_3은 하부 블록(수동 블록)으로 전달된다. y 방향 평형으로부터

$$N_3 \sin\delta_1 - T_3 \cos\delta_1 + W_1 \cos\delta_1 - N_1 = 0 \tag{1}$$

을 얻을 수 있다.

x 방향 평형은

$$-N_3 \cos\delta_1 - T_3 \sin\delta_1 + W_1 \sin\delta_1 - T_1 = 0 \tag{2}$$

이다. 한계평형에서

$$T_1 = N_1 \tan\phi_1 \tag{3}$$

이다.

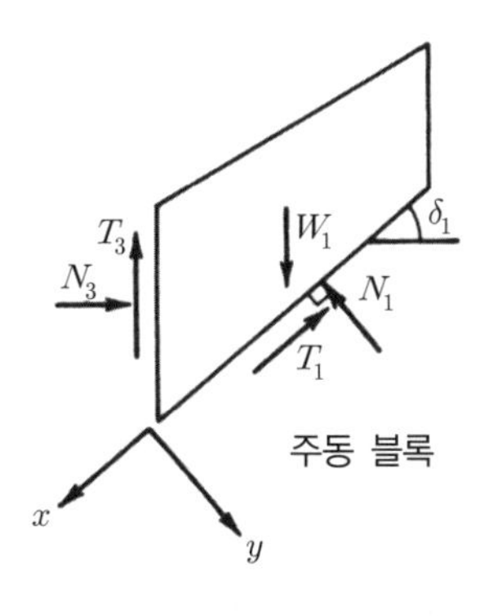

(1)과 (3)을 결합하면

$$T_1 = \tan\phi_1(N_3 \sin\delta_1 - T_3 \cos\delta_1 + W_1 \cos\delta_1) \tag{4}$$

가 된다. (2)에 (4)를 대입하면

$$N_3(\sin\delta_1 \tan\phi_1 + \cos\delta_1) + T_3(\sin\delta_1 - \cos\delta_1 \tan\phi_1) = W_1(\sin\delta_1 - \cos\delta_1 \tan\phi_1) \tag{5}$$

이다. 다음을 적용할 수 있다.

$$\sin A \tan B + \cos A = \frac{\cos(A-B)}{\cos B} \tag{6}$$

그리고

$$\sin A - \cos A \tan B = \frac{\sin(A-B)}{\cos B} \tag{7}$$

$$T_3 = N_3 \tan\phi_3 \tag{8}$$

라고 하자. 만일 (8)과 (5)를 (6)과 (7)에 더하면

$$N_3\frac{\cos(\delta_1 - \phi_1)}{\cos\phi_1} + N_3 \tan\phi_3 \frac{\sin(\delta_1 - \phi_1)}{\cos\phi_1} = \frac{W_1 \sin(\delta_1 - \phi_1)}{\cos\phi_1}$$

이고 결국

$$N_3 = \frac{W_1 \sin(\delta_1 - \phi_1)\cos\phi_3}{\cos(\delta_1 - \phi_1 - \phi_3)} \quad (9)$$

이다.

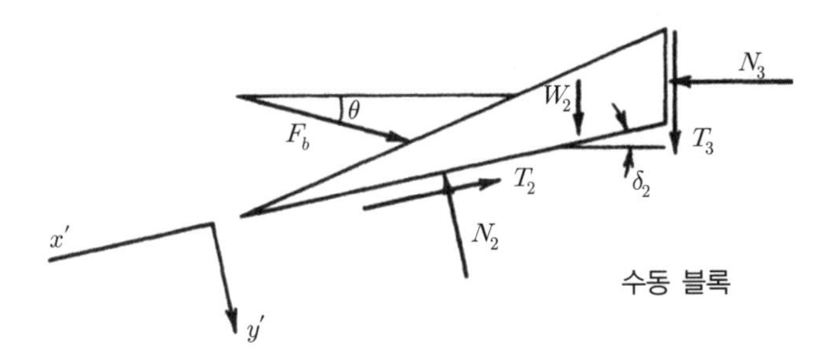

수동 블록에서 x' 방향과 y' 방향으로 평형이면

$$-N_3 \sin\delta_2 + T_3 \cos\delta_2 + W_2 \cos\delta_2 + F_b \cos\theta \sin\delta_2 + F_b \sin\theta \cos\delta_2 - N_2 = 0 \quad (10)$$

이고

$$N_3 \cos\delta_2 + T_3 \sin\delta_2 + W_2 \sin\delta_2 - F_b \cos\theta \cos\delta_2 + F_b \sin\theta \sin\delta_2 - T_2 = 0 \quad (11)$$

이다. 그리고 한계평형에서

$$T_2 = N_2 \tan\phi_2 \quad (12)$$

이다. (10)과 (12)로부터

$$T_2 = \tan\phi_2(-N_3 \sin\delta_2 + T_3 \cos\delta_2 + W_2 \cos\delta_2 + F_b \cos\theta \sin\delta_2 + F_b \sin\theta \cos\delta_2) \quad (13)$$

이다. (11)을 대입하면

$$\begin{aligned} & N_3(\cos\delta_2 + \sin\delta_2 \tan\phi_2) + T_3(\sin\delta_2 - \cos\delta_2 \tan\phi_2) \\ & = W_2(\cos\delta_2 \tan\phi_2 - \sin\delta_2) + F_b \sin\theta(\cos\delta_2 \tan\phi_2 - \sin\delta_2) \\ & \quad + F_b \cos\theta(\sin\delta_2 \tan\phi_2 + \cos\delta_2) \end{aligned} \tag{14}$$

이다. (6)~(8)을 이용하면

$$N_3 = \frac{F_b \cos\theta \cos(\delta_2 - \phi_2) - (W_2 + F_b \sin\theta)\sin(\delta_2 - \phi_2)}{\cos(\delta_2 - \phi_2) + \tan\phi_3 \sin(\delta_2 - \phi_2)} \tag{15}$$

이다. (15)와 (9)를 정리하면

$$\frac{W_1 \sin(\delta_1 - \phi_1)}{\cos(\delta_1 - \phi_1 - \phi_3)} = \frac{F_b[\cos\theta\cos(\delta_2 - \phi_2) - \sin\theta\sin(\delta_2 - \phi_2)] - W_2 \sin(\delta_2 - \phi_2)}{\cos(\delta_2 - \phi_2 - \phi_3)} \tag{16}$$

이다.

$$\cos A \cos B - \sin A \sin B = \cos(A + B)$$

을 이용하면 (16)을 식 (8.12)로 단순화할 수 있다.

식 9.1, 9.2

이들 방정식은 대부분의 토질역학 교과서에서 볼 수 있다. 예를 들어 Timoshenko, S. and Goodier, J.N. Theory of Elasticity(McGraw-Hill, New York, 1951) pp. 85-91. 그리고 Obert and Duvall, Jaeger and Cook의 교과서에서도 찾을 수 있다.

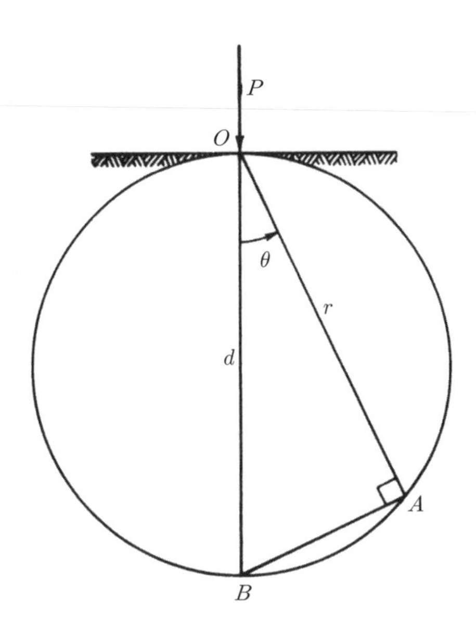

식 (9.1)은 일정한 방사상 응력의 원형 중심을 다음과 같이 표현한다. 하중점 아래에 중심이 $\frac{d}{2}$이고 반경이 $\frac{d}{2}$인 원이 있다고 가정하자. 이 원의 어느 점에서도 극좌표를 가진다($d\cos\theta$, θ). 원을 따른 방사상 응력은 식 (9.1)에 의해 다음과 같이 나타난다.

$$\sigma_r = \frac{2P\cos\theta}{\pi d\cos\theta} = \frac{2P}{\pi d} = \text{constant}$$

만일 r이 정수 R이라면 식 (9.1)은 $\sigma_r = 2P\cos\theta/(\pi R)$이다. 그림으로부터 OB가 $2P/(\pi R)$와 같다면 OA는 $2P/(\pi R)\cos\theta$와 같다. 따라서 9장에서 언급한 바와 같이 $|OA|$는 A를 따라 중심 O이고 반경이 R인 원에 작용하는 압력의 크기이다.

식 9.3에서 9.5

횡등방성인 물체의 주 대칭면에 직각으로 작용하는 선하중하의 응력은 Green A.E. and Zerna, W.의 Theoretical Elasticity(Oxford, Univ. Press, London, 1954) p. 332에 주어져 있다. John Bray는

이 해법이 주 대칭방향에 대해 임의의 일정 각도로 기울어진 하중에 대한 해법을 제시했다.

식 9.6, 9.7

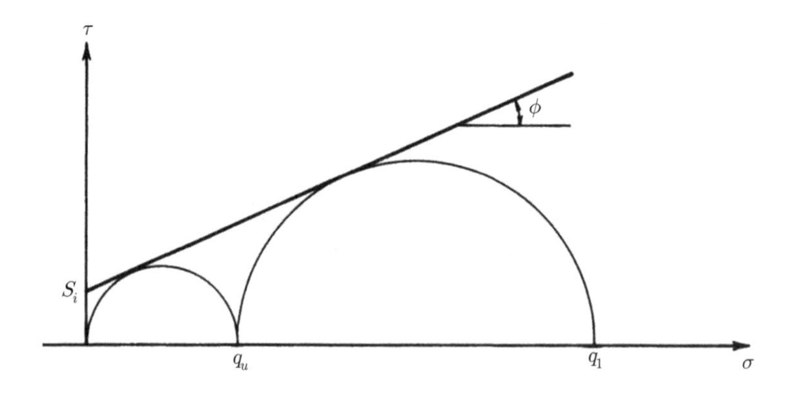

식 (3.8)을 이용하여 그림의 오른쪽 원에 대해

$$q_f = q_u \tan^2\left(45 + \frac{\phi}{2}\right) + q_u = q_u (N_\phi + 1)$$

이다.

식 9.8

절리가 있는 지름이 S인 원형 블록 위에 위치한 지름 B의 원형 기초를 고려하자. 이 문제는 축대칭이며, 방사상 방향으로 평형상태인 방정식이 식 (7.11)에서 식 (7.16)까지의 미분과 동일하다.

$$\frac{d\sigma_r}{dr} + \frac{\sigma_r - \sigma_\theta}{r} = 0 \tag{1}$$

만일 σ_r이 암석의 파괴를 유발하면, σ_θ는 σ_3와 동일하고 식 (3.8)은

$$\sigma_r = m + N_\phi \sigma_\theta \tag{2}$$

와 같다.

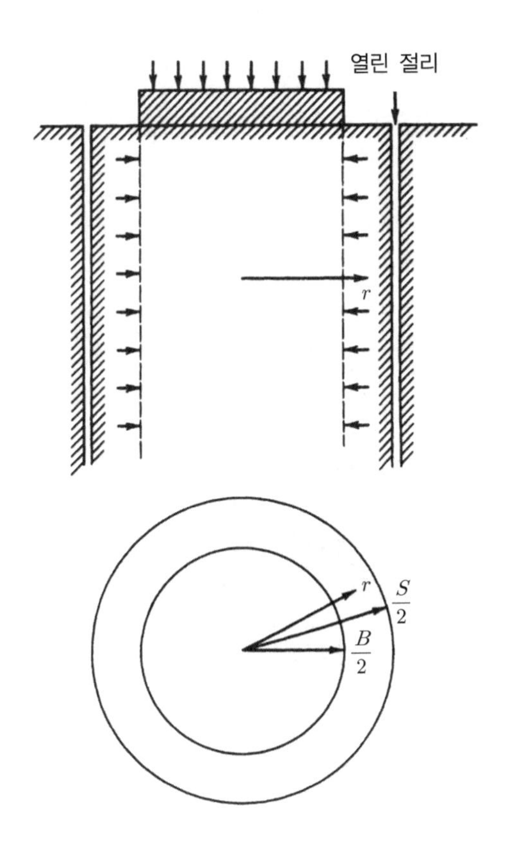

이때 $m = 2S_i/(N_\phi)^{1/2}$이고 $N_\phi = \tan^2(45+\phi/2)$이다. (1)에 (2)를 대입하면 해법은

$$\sigma_r = \frac{N_\phi}{N_\phi - 1}\left(Ar^{(1-N_\phi)/N_\phi} - \frac{2S_i}{N_\phi^{1/2}}\right) \tag{3}$$

이다. $r = B/2$에서 $\sigma_r = p_h$이라고 하면 이는

$$A = \left(p_h \frac{N_\phi - 1}{N_\phi} + \frac{2S_i}{N_\phi^{1/2}}\right)\left(\frac{B}{2}\right)^{N_\phi/(1-N_\phi)} \tag{4}$$

이다. (3)에 (4)를 대입하면

$$\sigma_r = \left(p_h + \frac{2S_i N_\phi^{1/2}}{N_\phi - 1}\right)\left(\frac{r}{B/2}\right)^{(1-N_\phi)/N_\phi} - \frac{2S_i N_\phi^{1/2}}{N_\phi - 1} \tag{5}$$

이다.

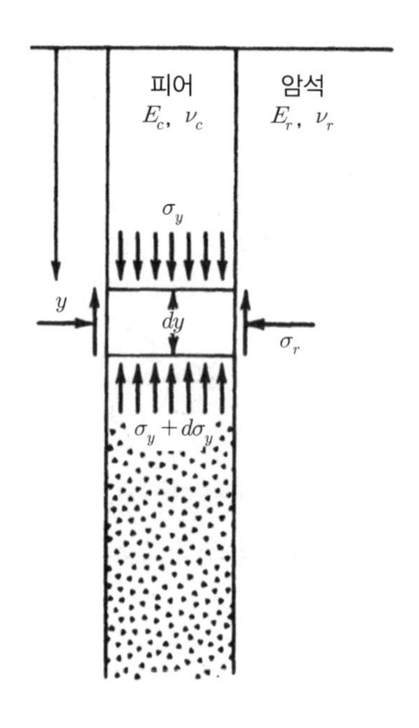

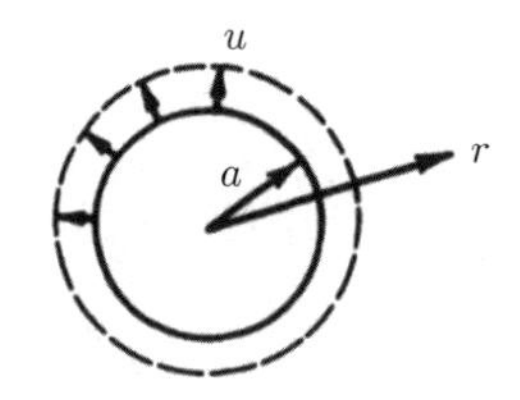

$r = S/2$에서 $\sigma_r = 0$이라 하면 이는 개방된 절리조건에 해당한다. 이 경계조건을 (5)에 대입하고 p_h에 대해 풀면

$$p_h = \frac{2S_i\,(N_\phi)^{1/2}}{N_\phi - 1}\left[\left(\frac{B}{S}\right)^{(1-N_\phi)/N_\phi} - 1\right] \tag{6}$$

이다. 구속압 p_h인 대규모 삼축압축시험과 같은 기초 아래의 원통을 고려해보자. 강도는 (2)를 이용하여

$$q_f = p_h N_\phi + 2S_i N_\phi^{1/2} \tag{7}$$

이다. (7)에 (6)을 대입하고 단순화하면 식 (9.8)을 얻을 수 있다.

식 9.10

수직인 y 방향으로 평형은

$$d\sigma_y \pi r^2 + \tau 2\pi r\,dy = 0 \tag{1}$$

이다. 피어에서 $\sigma_x = \sigma_r$이면

$$E_c\varepsilon_r = \sigma_r - \nu_c\sigma_r - \nu_c\sigma_y \tag{2}$$

이고

$$\varepsilon_r = -\,du/dr \tag{3}$$

이다. (2)에 (3)을 대입하고 0에서 a까지 적분하면, 피어 표면에서 바깥 방향 방사상 변형 u는

$$u = \frac{-(1-\nu_c)}{E_c} a\sigma_r + \frac{\nu_c}{E_c} a\sigma_y \tag{4}$$

이다. 암석에서 $r=a$인 표면의 방사상 압력은 무한히 두껍고 속이 빈 원통의 내부 벽면에 작용하는 균일한 압력과 유사하다. 이 해법은 시추공 팽창계시험과 관련되어 6장의 식 (6.13)에 제시되었다. 식 (6.13)의 E_r과 ν_r과 함께 Δu 위치에 u, Δp 위치에 σ_r을 대입하여 피어의 표면에서 암석의 바깥 방향으로 방사상 변형은

$$u = \sigma_r \frac{(1+\nu_r)a}{E_r} \tag{5}$$

이다. (4)와 (5)를 사용하여 σ_r에 대해 풀면

$$\sigma_r = \left(\frac{\nu_c}{1-\nu_c+(E_c/E_r)(1+\nu_r)} \right) \sigma_y \tag{6}$$

을 얻는다. 만일 암석/피어가 접착력이 없이 마찰각만으로 접촉하고 있는 면이라면 $\mu = \tan\phi_j$이므로

$$\tau = \mu\sigma_r \tag{7}$$

이다. (7)에 (6)을 대입하면 (2)는

$$\sigma_x = A \exp\left(\frac{-2\nu_c\mu}{1-\nu_c+(1+\nu_r)E_c/E_r} \frac{y}{a} \right) \tag{8}$$

이다. $y=0$에서 $\sigma_y = p_{\text{total}}$ 그러므로 $A = p_{\text{total}}$으로 식 (9.10)이 된다.

식 9.14

9장의 식 (9.14) 아래 각주는 하중 전달 관계식 (9.10)에 해당하는 기초의 침하를 제외한 피어의 침하를 제시하고 있다. 이전의 그림을 참고하여 수직변형은

$$-\frac{dv}{dy} = \varepsilon_y = \frac{1}{E_c}\sigma_y - \frac{2\nu_c}{E_c}\sigma_r$$

을 따른다. $y=1$에서 표면($y=0$)까지 통합하여 σ_r과 σ_y에 (6)과 (8)을 대입하면 암석에 연속적으로 매립된 길이 1의 말뚝에서 발생하는 하방 변형을 계산할 수 있다(선단 변형은 제외).

$$g = \frac{-2\nu_c}{1-\nu_c + (E_c/E_r)(1+v_r)}$$

라 하면 적분은

$$v = \left(1 - \frac{\nu_c^2}{1-\nu_c}\right)\left(\frac{P_{total}}{E_c}\frac{a}{g}e^{-[(g/r)y]}\right)\Bigg|_l^0$$

이 된다. 암석 상부의 말뚝에 대한 지지되지 않는 길이의 감소에 대한 부분을 단순화하고, 더하면 교재의 각주에 주어진 식을 얻을 수 있다.

식 9.15

γ의 밀도를 가진 물질에서 깊이 H 그리고 높이 h의 광산 갱도를 고려해보자. 갱의 바닥에서

면적 a에 작용하는 물체의 무게는 $W = \gamma HA$이다. 붕괴이후 암석의 평균 밀도를 γ/B라 하자. B는 부피팽창계수이다. 새로운 물질이 더해지지 않았으므로 무게는 변하지 않는다. 따라서 $(\gamma/B)(H+h)A = \gamma HA$이다. 이는 바로 식 (9.15)로 연결된다.

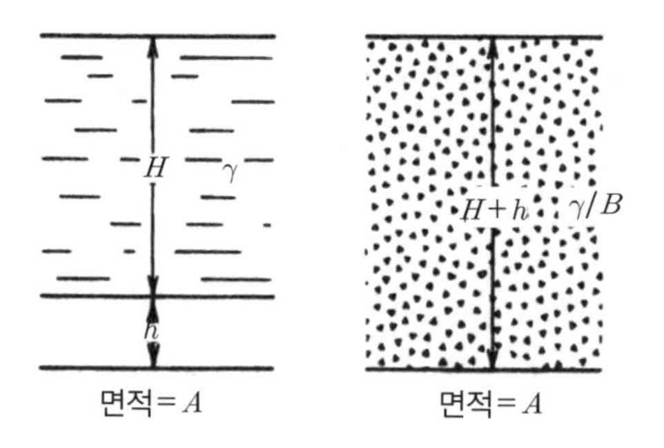

부록 5 평사투영의 이용

서 론

평사투영은 공간 내의 면과 선의 상대적 방향을 포함하는 문제에 대한 도해적인 해를 간단하게 만든다. 암석역학에서 평사투영은 제8장에서 같이 굴착의 안정성 분석뿐만 아니라 암석 불연속면의 조사와 분석에 효과적으로 이용된다. 구조지질, 결정학 및 암석역학 분야의 많은 문헌은 평사투영법을 사용할 때 도움이 되는 구조나 기법을 보여주고 있다. 암석역학에서 특히 도움이 되는 참고문헌들은 Phillips(1972), Hoek and Bray(1977) 및 Goodman(1976) 등이다. 이 책에서 고려된 것과 같은 제한적인 적용에 대해서는, 근본적인 원리를 설명하고 가장 기본적인 작업을 보여주는 것으로 충분할 것이다.

그림 A5.1a는 경사진 선의 평사투영을 보여준다. 선은 기준구의 중심 O를 통과하고 남반구에서는 P, 북반구에서는 $-P$에서 표면을 관통한다. 모든 평사투영의 적용에서, 우리가 투영하고자 하는 면과 선은 기준구의 중심을 통과하도록 한다. O점을 통과하는 수평면은 **투영면**이라 불린다. 투영면에 수직인 선분은 F에서 기준구의 정점을 관통하며, F점은 **남반구 투영에 대한 초점**이라고 불린다. 평사투영은 기준구의 표면에 있는 선과 점을 투영면에 해당하는 지점에 투영하는 것으로 구성된다. O를 통과하는 어떤 선의 남반구 평사투영을 구하기 위해서는, 이 선이 기준구의 표면을 관통하는 점을 찾고, 관통 점과 F를 연결하는 직선을 그린 다음, F를 향한 직선이 투영면을 통과하는 점을 찾는다. 예를 들면, 그림 A5.1a의 선 OP는 점 P에서 기준구를 관통하고, 직선 PF는 점 p에서 투영면을 통과한다. 그러면 후자(점 p)가 선 OP의 정확한 남반구 평사투영을 나타낸다. 비슷하게 $-P$ 점에서 기준구의 상반구를 관통하는 OP의 반대편 끝은 그림과 같이 $-p$ 점에 투영된다. 그림 A5.1b는 선 OP를 통과하는 기준구의 수직 단면을 나타낸다. 선과 투영 점의 공간적 관계를 이 단면에서 보여주는 것이 쉽다. 그림 A5.1b에서 보여주는 그림이나 수학적인 동등함은 언제나 선의 평사투영의 위치를 불러올 수 있지만, 나중에 보이듯이 투영망으로부터 자취를 찾음으로써 평사투영을 도시하는 것이 가장 편리하다.

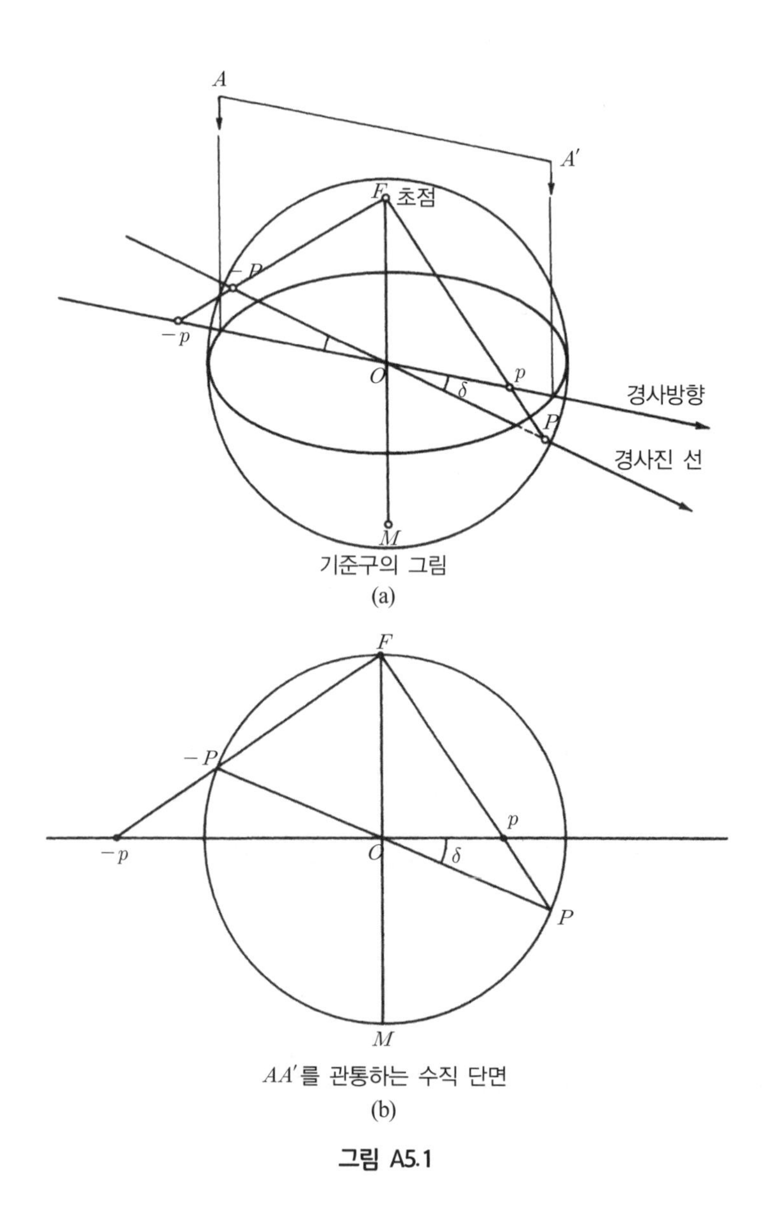

그림 A5.1

면의 평사투영은 면이 가지고 있는 모든 선의 평사투영을 연결하는 궤적을 찾으면 된다. 원리에 의하면 기준구 위의 모든 원은 투영면에 원으로 나타난다. (이것은 평사투영의 변형인 "등면적 투영"에서는 사실이 아니다.) 투영하고자 하는 면은 기준구의 중심을 통과해야 하므로, 구의 표면에서는 대원으로 관통하게 된다. 위의 원리의 관점에서 보면, 면의 평사투영은 원으로 투영되어야만 한다. 면의 중심을 찾기 위해서는 주향선과 경사 벡터의 평사투영을 통하여 원을 그리는 것으로 충분하다.

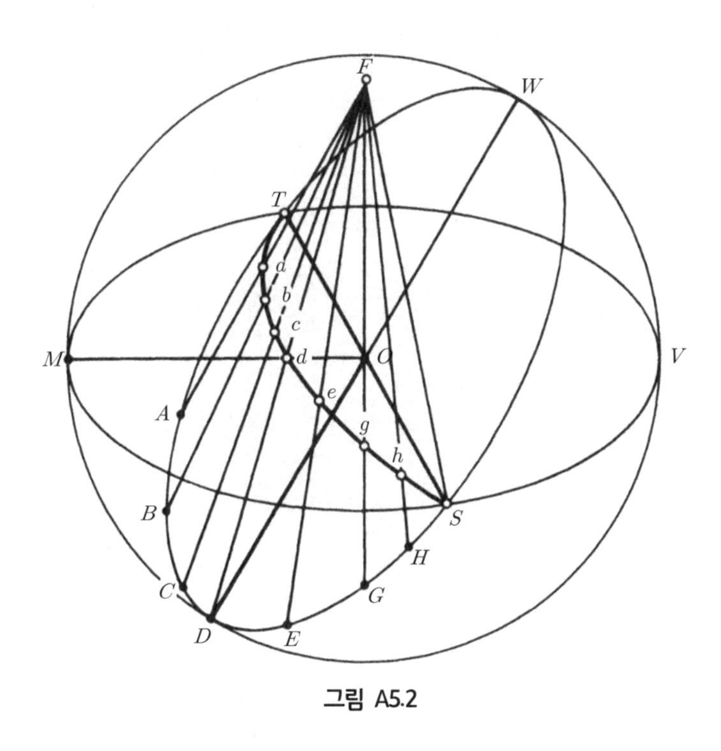

그림 A5.2

그림 A5.2는 대원 SMT를 따라 기준구를 관통하는 수평면을 보여준다. 이러한 점들은 F로부터 투영에 의하여 이동되지 않는다. 그러므로 투영면에서 O점이 중심인 원은 수평면의 평사투영을 나타낸다. 기준구의 정점에 있는 F로부터 투영할 때 원의 내부에 있는 점은 남반부에 해당한다. 다른 모든 점들은 북반부에 해당한다. 이 그림은 O점을 통과하고 대원 SDT를 따라 기준구와 교차하는 경사진 면을 보여준다. 선 $0OS$와 반대편 선 OT는 경사진 면의 주향을 나타내고, 점 S와 T에 투영된다. 선 OD는 경사진 면의 경사 벡터로, 점 d에 투영된다. 면상의 다른 선, OA, OB, OC 등은 각각 점 a b, c 등에 투영되어 원형의 궤적 TdS를 정의한다. 이 궤적을

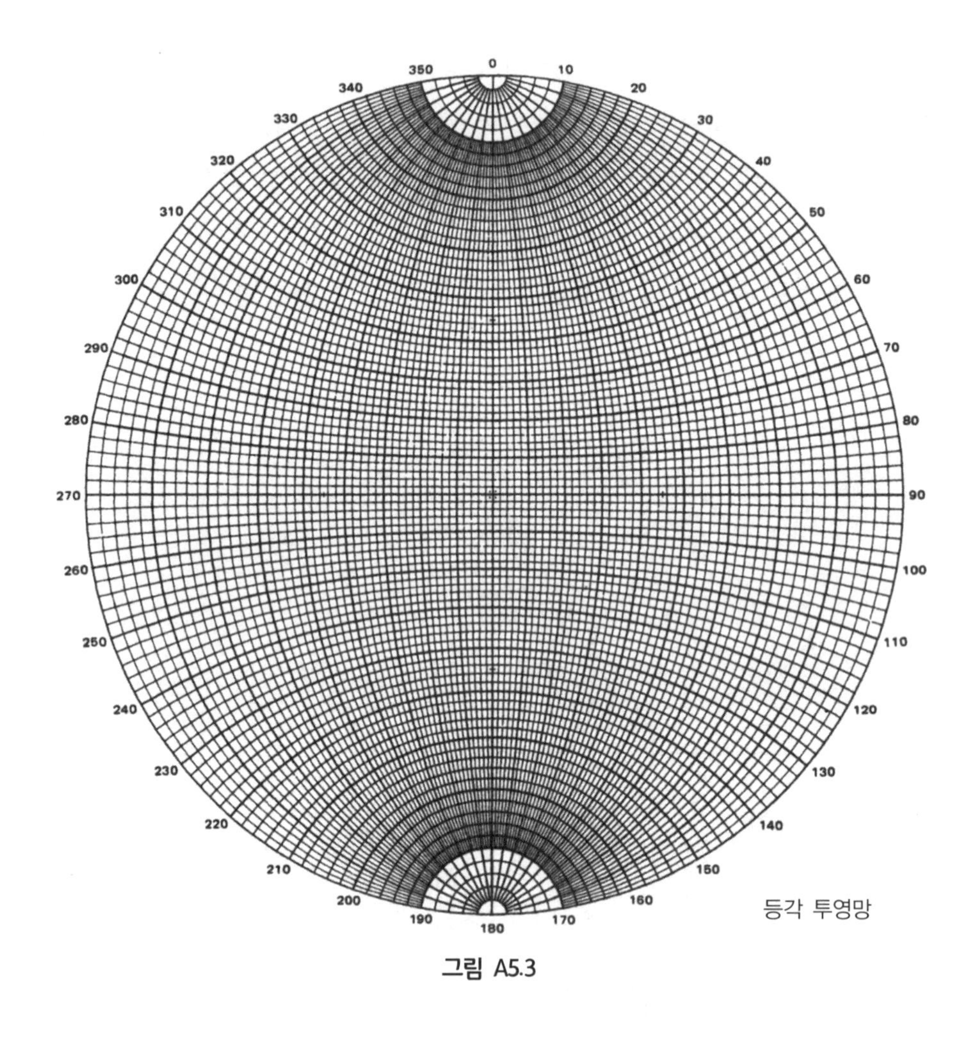

그림 A5.3

그리면 면의 평사투영이 결정된다. 이것을 행하는 하나의 방법은 점 T, d, S를 통과하는 원을 그리는 것이다. 이 원의 중심은 선 OV를 따라서 수직으로부터 경사의 두 배의 각도로(수평으로부터 측정되었을 때) 경사진 선의 투영에 해당하는 거리에 위치한다. 면을 투영하는 다른 방법은 경사 벡터의 반대인 OW를 투영한 다음 d까지의 거리를 반으로 나누어 투영된 원의 중심을 찾는다. 그러나 면을 투영하는 가장 편리한 방법은 투영망에 그려진 대원으로부터 그리는 것이다.

투영망은 여러 개의 기준면과 선을 하나의 반구 내에 투영한 것으로, 그림 A5.3은 동일한 교차점을 가지고 경사가 2°씩 증가하는 면들의 대원을 나타내는 적도 투영망이다. 이러한 대원들은 지도상의 경도선과 유사하다. 작은 원들도 역시 그려져 있으며, 각 원들은 대원의 교차선과 일정한 각을 만드는 선의 자취를 나타낸다. 지구의 위도선과 유사한 작은 원들은 대원에 눈금을 매긴다. 즉, 어떤 대원 상의 각도는 작은 원을 헤아려 측정된다. 이 과정은 다음의 예제에서 보인다. 이 예제를 실행하기 위해서 이 책의 마지막 쪽 근처에 첨부된 그림 A5.3의 복사본을 떼어내고, 정확히 중심을 통과하게 뒤에서 앞으로 압정을 박는다. 투영망 위에 놓인 트레이싱 용지는 중심에 대하여 회전할 수 있다. 추가의 투영망이 하나의 반구의 경계를 넘어서는 대원과 소원을 계속 그려서 블록이론에서 사용될 수 있도록 이 책의 끝에 첨부되어 있다.

선의 투영

선 1은 N30°E 방향으로 수평면 아래 40°의 각을 이루며 경사져 있다. 이 선을 남반구에 평사투영하라. 선은 기준 구의 중심을 통과하는 것으로 가정한다. 만약 초점이 기준 구의 정점에 위치한다고 가정하면, 평사투영은 수평원의(수평면의 투영) 내부에 위치한 한 점이 될 것이다. 트레이싱 용지(tracing paper) 위의 문자 L.H.는 남반구가 선택되었음을 지시한다. 그림 A5.4a에서 투영망 위에 트레이싱 용지를 겹친 다음, 수평원에 임의로 N를 표시하고 E, W, S에 표시점을 나타낸다. 수평원의 북쪽에서 30° 동쪽에 한 점을 표시하면 방위각이 N30°E인 수평선이 투영된다. 그림 A5.4b에서, 트레이싱 용지를 회전하여 앞에서 표시된 점이 투영망의 눈금이 매겨진 직경과 일치시킨다(역자 주: 동쪽 방향과 일치시킨다). 선택된 직경에 표시된 직선은 대원이자 소원의 한 부분이 된다. 이 선은 직선이기 때문에 수직인 면의 투영이 되어야 한다. 2° 간격으로 된 대원들은 이 직경에 의하여 대표되는 수직면을 조정하고, 따라서 40°의 수직각은 20개 대원의 교차점만큼 떨어져 있다. 이 점을 점 1로 표시하면 요구되는 평사투영이다.

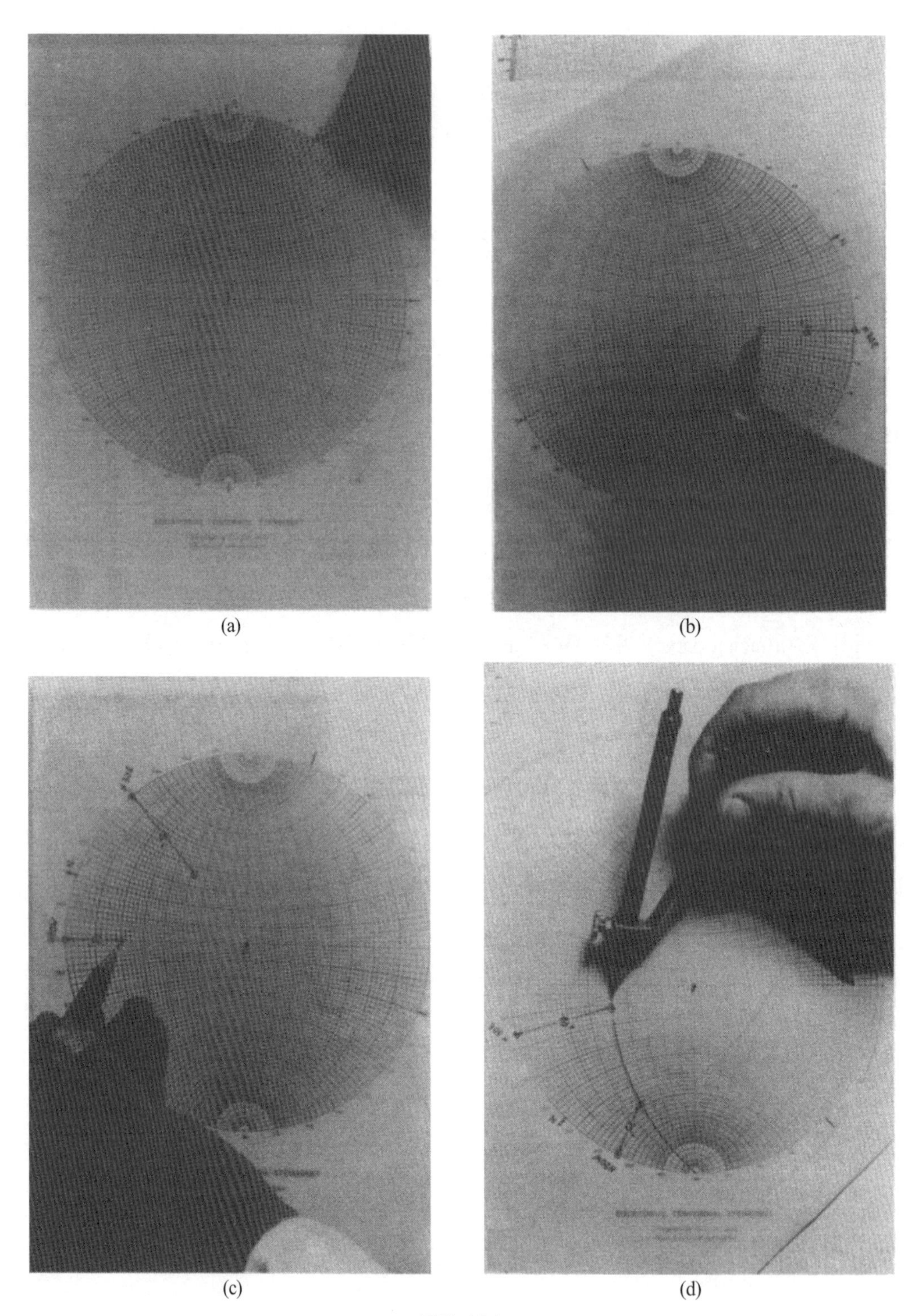

그림 A5.4

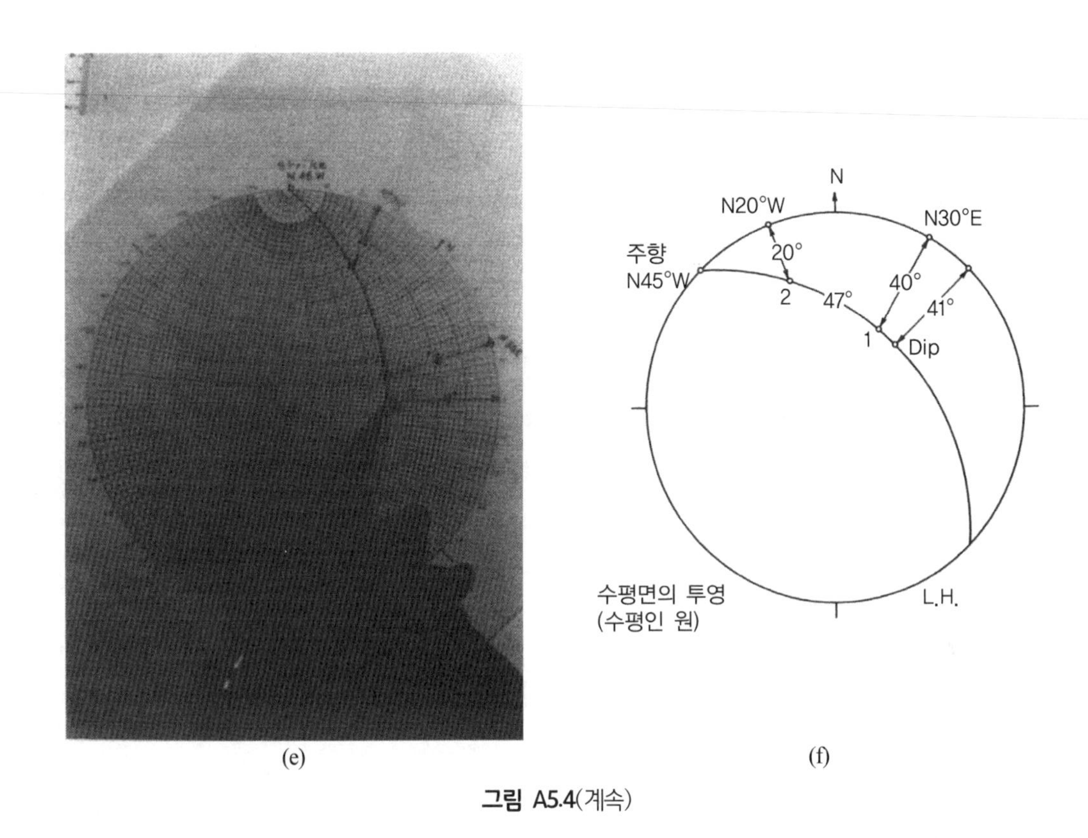

(e) (f)

그림 A5.4(계속)

두 선 사이의 각

선 2는 N20°W 방위로 20° 경사져 있다. 이 선을 그리고 앞에서 그린 선 1과의 각을 측정하라. 선 2는 위에서와 같은 순서를 이용하여 투영지에 추가된다(그림 A5.4c). 선 1과 2의 사이 각을 측정하기 위해서 두 선의 공통 면이 결정되어야 한다. 각각의 선은 기준 구의 중심을 통과하므로 공통 면이 존재한다. 공통 면은 두 점을 동일한 대원에 놓이게 트레이싱 용지를 회전하여 찾을 수 있다(그림 A5.4d). (1)과 (2) 사이의 각은 소원의 교차점을(2의 간격을 이루고 있음) 헤아려 측정되며, 각도는 47°이다. (1)과 (2)가 이루는 공통 면의 주향과 경사는 트레이싱 용지를 회전하여 대원과 수평원의 교차점이 투영망의 대원들의 축과 겹쳐지게 함으로써 구해지고 그림 A5.4e와 같다. 그림 A5.4f는 이 과정의 최종적인 단계를 보여준다.

주향과 경사가 주어진 면의 투영

주향이 N50°E이고 경사가 N40°W 방향으로 20°인 (1) 면을 평사투영하라. 새로운 트레이싱 용지 위에 북쪽에서 동쪽으로 50° 떨어진 수평원 위의 점을 표시하면, 주향 벡터, 즉 방위각이 N50°E인 수평선이 그려진다(그림 A5.5a). 다음은 주향 벡터가 대원의 축 위에 오도록 트레이싱 용지를 회전한 후 주향에 직각되는 직경을 따라 경사 벡터를 그린다(그림 A5.5b). 경사 벡터는 N40°W 방향으로 20°의 경사를 이루는 선이므로, 이 과정은 앞의 예제에서와 같다. 이제 주향과 경사 벡터에 공통적인 대원을 그린다. 정확성을 높이기 위하여 대원은 컴퍼스를 이용하여 그릴 수도 있다. 경사 벡터가 20°의 경사를 보이므로, 그림 A5.5b에서 보는 바와 같이 대원의 중심은 경사 벡터를 포함하는 직경을 따라 수직에서부터 40°이다.

주향이 N60°W이고 경사가 S30°W 방향으로 45°인 (2) 면을 평사투영하고, 면 (1)과 (2)의 교차선의 방위각 및 경사를 구하라. 면 (1)에 대한 과정과 유사하게 새로운 면 (2)는 그림 A5.5c에서 보이는 대원을 만든다. 이 원은 앞에서 그린 대원과 I_{12} 표시된 점에서 교차한다. I_{12}는 각

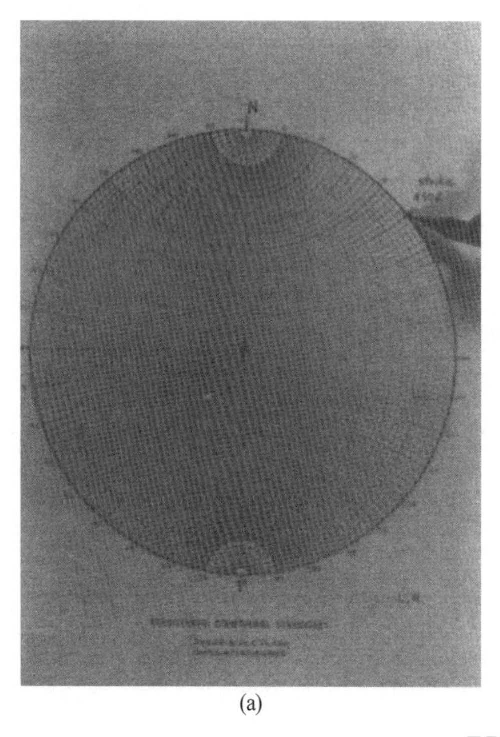

(a)

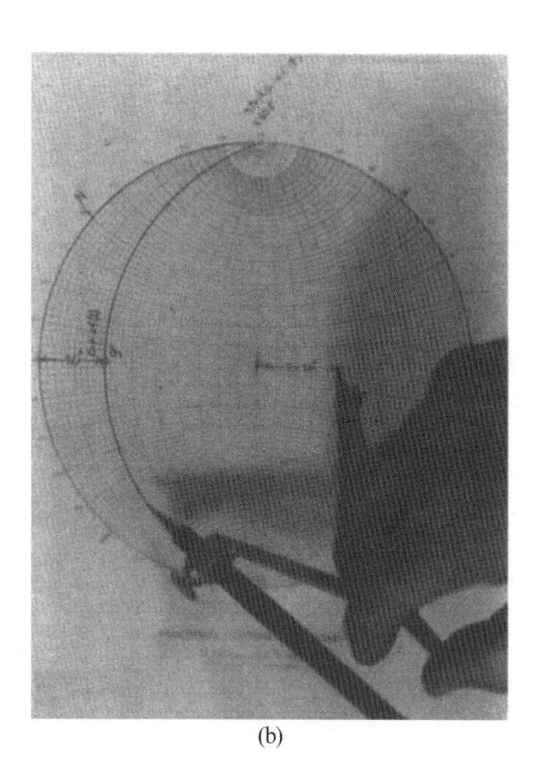

(b)

그림 A5.5

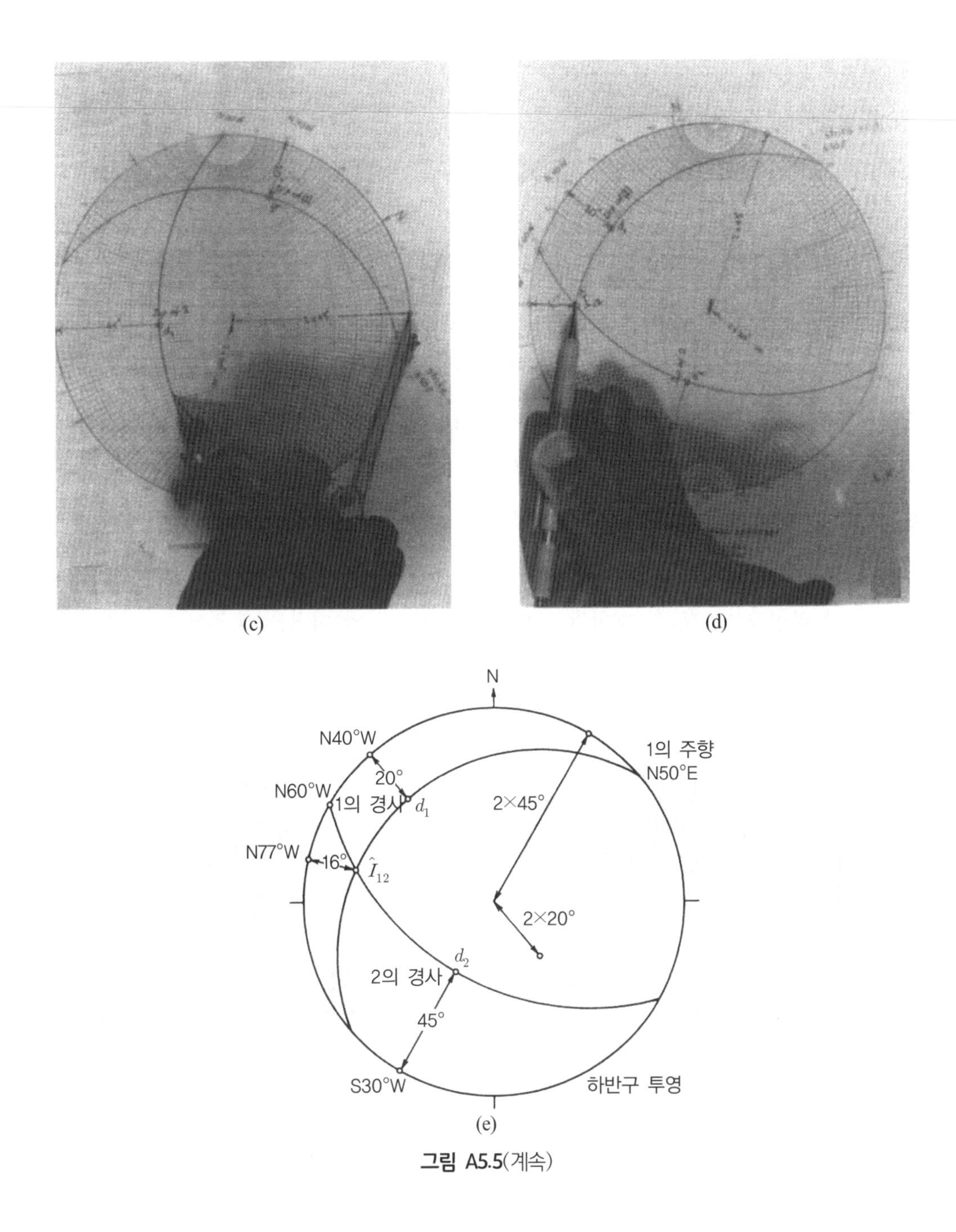

그림 A5.5(계속)

면의 투영상의 점이므로, 각각의 면에 놓여 있는 선을 나타낸다. I_{12}의 방위와 경사는 그림 A5.5d에서와 같이 트레이싱 용지를 투영망의 직경방향으로 회전하여 투영망에서 읽을 수 있다. 이 위치에서 I_{12}와 수평이 이루는 수직각(I_{12}의 경사각)은 I_{12}와 수평 사이의 대원의 교차점 수를 헤아려 측정할 수 있다. 교차점은 N77°W로 16°의 경사를 이룬다. 그림 A5.5e는 이 과정의 최종적인 자취를 보여준다.

두 면의 교차 선은 각 면을 직각인 선으로 나타내었을 때 더욱 쉽게 찾을 수 있다. 면에 수직인 선이 면을 대표하는 것으로 이해되면, 면은 대원이 아닌 한 점으로 표시된다. 면의 수직선 n_1과 n_2에 의하여 도시된 두 면의 교차점을 찾기 위해서는 그림 A5.6에서 보이는 방법이 사용될 수 있다. 이 그림에는 앞의 예제에서 찾은 면 (1)과 (2)의 투영이 깨끗한 투영지에 그려져 있다. 면 (1)의 수직선 (n_1)은 면 (1)의 경사 벡터를 투영망의 직경과 일치시키고 수직을(남반구 투영에서 수직선은 투영면의 중심점으로 나타난다.) 통과하는 직경을 따라 90°를 측정하면 그림 A5.6a에서와 같이 도시된다. 면 (2)의 수직선은 유사하게 그림 A5.6b에 도시되었다. 그러면, 그림 A5.6c에서 트레이싱 용지를 적절히 회전하면 두 수직선 n_1과 n_2는 공통의 대원에 정렬되게 된다. 이 대원에 수직은 I_{12}이다(그림 A5.6c). 그림 A5.6d는 이 과정의 최종적인 자취를 보여준다. 이러한 과정에서는 I_{12}를 구하기 위하여 면 (1)과 (2)의 대원을 그릴 필요가 없으나, 두 방법이 동일한 결론을 이끌어냄을 보이기 위하여 그림에 그려져 있다.

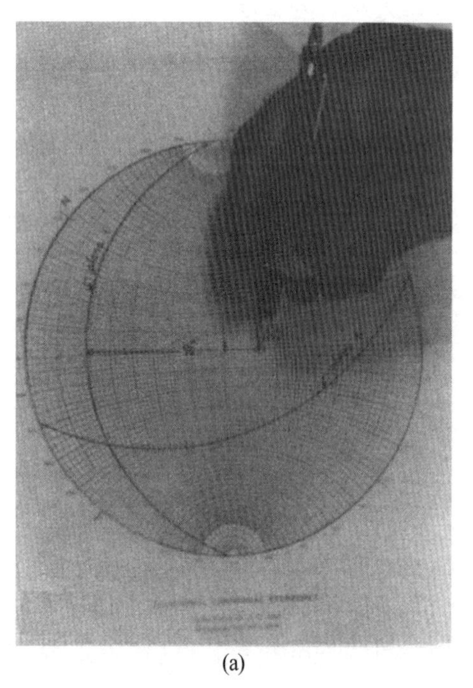
(a)

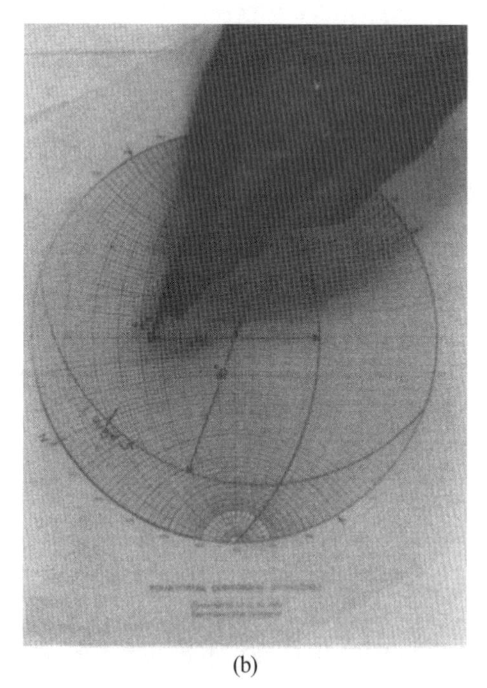
(b)

그림 A5.6

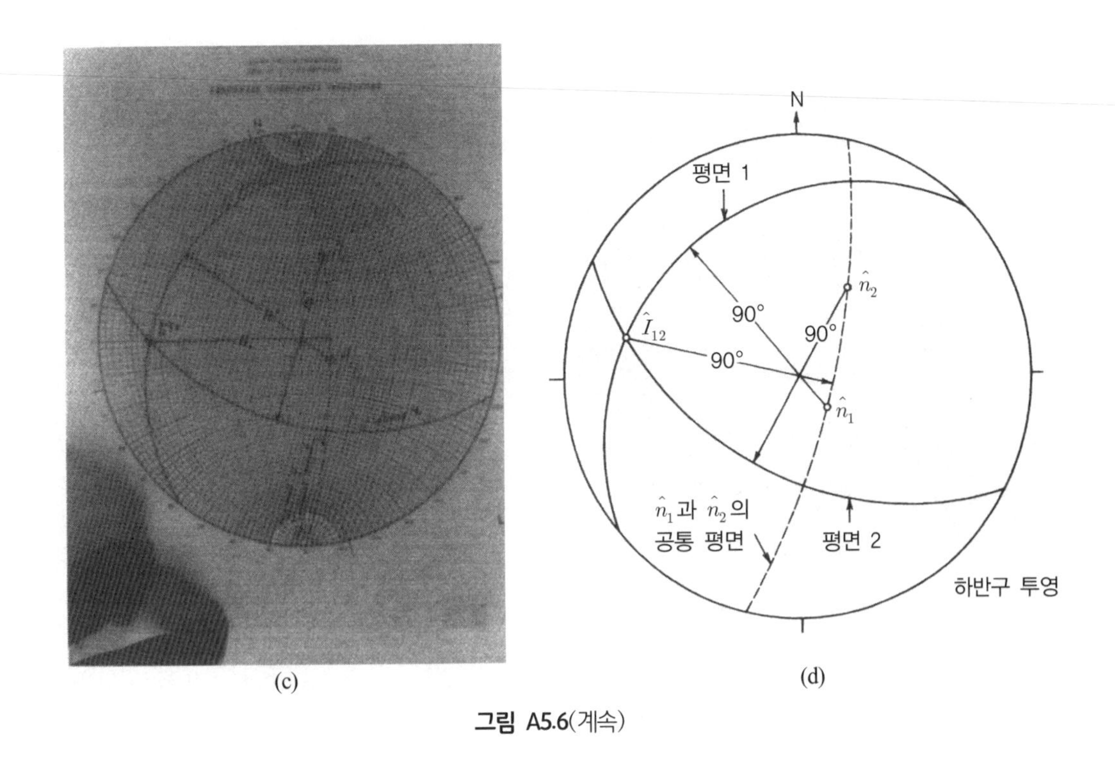

그림 A5.6(계속)

주어진 선에서 동일한 거리에 있는 선의 궤적

어떤 선과 일정한 각을 이루는 선의 궤적은 기준 구의 중심에 정점이 놓이는 원추가 되고, 이 원추는 소원으로 투영된다. 위에서 기술한 원리에 의하여, 소원의 투영은 원으로 컴퍼스를 이용하여 그릴 수 있고, 그 방법이 그림 A5.7과 같다.

앞 문제의 면 (1)에 수직인 선과 45°를 이루는 선의 궤적을 그려라. 그림 A5.7d에서 그린 점 n_1을 그림 A5.7a과 같이 투영망의 직경에 일치시킨다. n_1에서 양쪽 방향으로 직경을 따라서 45° 떨어진 지점을 도시하면 원추의 두 선이 도시된다. 그림 A5.7b와 같이, 이 두 점 사이의 거리를 양분하여 소원의 중심을 찾는다. 중심은 원추(n_1)의 축과 일치하지 않음을 주목하라. 그림 A5.7c에서와 같이 컴퍼스를 이용하여 중심으로부터 원을 그린다. 이 과정 이후의 자취는 그림 A5.7d에서 보인다.

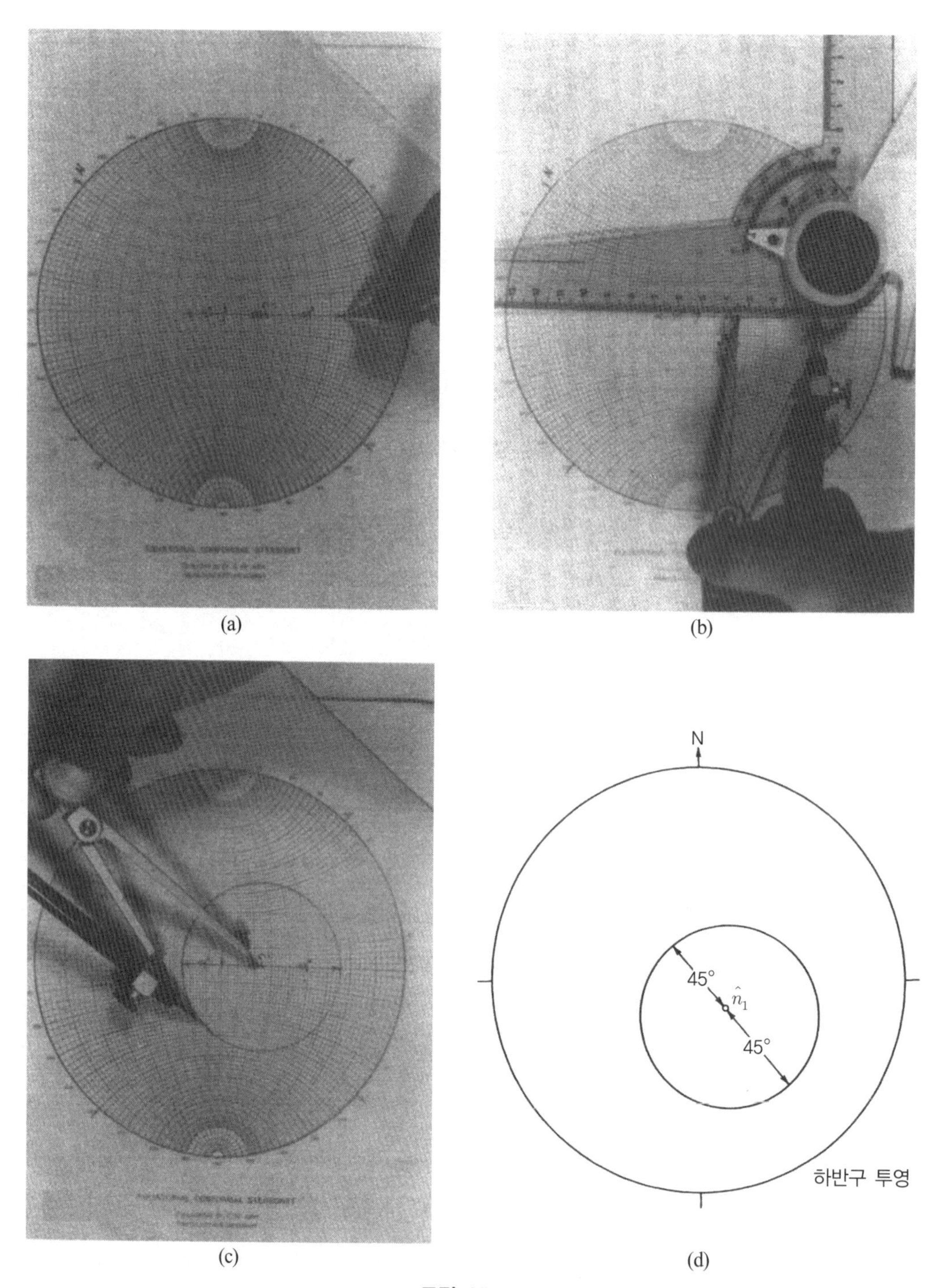

(a) (b) (c) (d)

그림 A5.7

벡 터

산사면의 안정과 암반 지반의 문제에서는 벡터가 취급된다. 벡터의 방향은 평사투영상에 점으로 보일 수 있기 때문에, 앞으로 설명될 과정은 제8장에서 논의한 바와 같이 안정성의 분석에 적용된다. 그러나 벡터의 앞머리와 꼬리는 매우 큰 차이가 있으므로, 하나의 선과 반대되는 선을 주의 깊게 구별하여야 한다. 구조지질에서 그러한 구별이 보통 요구되지 않아서, 하나의 반구에 있는 한 점은 큰 문제없이 다른 반구에 반대되는 지점으로 대체될 수 있다. 암석역학에서는 전체적인 구를 취급하여야 한다.

양쪽의 반구를 모두 이용하는 데 기본적인 어려움은 없으나, 단지 요구되는 것은 큰 종이를 이용하거나, 한 장의 트레이싱 용지에는 남반구를 의미하는 L.H.로 표시하고, 다른 한 장에는 북반구를 의미하는 U.H.를 표시한 두 장의 별도의 트레이싱 용지를 이용하여야 한다(이 절의 모든 예제와 같이). 양쪽 반구는 하나의 그림으로 표시될 수는 있으나 단지 하나의 반구만이 수평원 내에 놓인다. 전체 구를 포함하는 문제에 유용한 과정은 Goodman(1976)에 수록되어 있다.

참고문헌

Donn, W. L. and Shimer, J. A. (1958) *Graphic Methods in Structural Geology,* Appliton Centry Crofts, New York.

Goodman, R. E. (1976) Principles of stereographic projection and joint survey, in *Methods of Geological Engineering in Discontinuous Rocks,* West, St. Paul, MN.

Hoek, E. and Bray, J. W. (1977) Graphical presentation of geological data, in *Rock Slope Engineering,* 2d ed., Institute of Mining and Metallurgy, London.

Phillips, F. C. (1972) *The Use of Stereographic Projection in Structural Geology,* 3d ed., Arnold, London.

Priest, S. D. (1985) *Hemispherical Projection Methods in Rock Mechanics,* George Allen & Unwin, London.

연습문제

1 투영 원의 중심(단위 기준 구에 해당)에서부터 경사가 수평면 아래로 δ인 선의 남반구 평사투영까지의 거리를 계산하는 식을 쓰라.

2 선 (1)과 (2) 사이의 각과 공통 평면의 주향과 경사를 구하라. 선 (1)은 N30°E 방향으로 70° 경사, 선 (2)는 N60°E 방향으로 15° 경사.

3 다음과 같은 두 면의 교차선의 방위각 및 경사각을 구하라. 면 (1)은 주향이 N70°E이고 경사는 S20°E 방향으로 60°이다. 면 (2)는 주향이 N20°W이고 경사는 N70°E 방향으로 40°이다.

4 남반구 평사투영에서 북반구에 있는 선이 투영되는 방법을 보여라.

5 남반구에서 북쪽으로 30° 경사인 선이 주어졌을 때, 북반구의 그 선의 반대인 선을 도시하라(즉, 초점이 기준구의 바닥에 있는 투영이다). 또한 그 선(반대인 선이 아님)을 남반구에 투영하라. 두 결과를 비교하여 가능하면 일반화하여라.

6 방위각이 N30°E이고 경사각이 60°인 선과 35°를 이루는 선의 궤적을 그려라. 문제 2의 선 (2)와 궤적의 점 사이에서 최소의 각을 구하라.

2장

1 $G_{illite} = 2.75$, $G_{ehlorite} = 2.84$, $G_{pyrite} = 4.9$, $\overline{G} = 3.20$ 그리고 $\overline{n} = 0.24$일 때 $\gamma_{dry} = 23.83$ kN/m^3 = 151.8 P/ft^{3}이 된다. 평균흡수율은 $\overline{w} = 0.099$이며 $\gamma_{wet} = 26.2$ kN/m^3 = 166 P/ft^{3}이다.

$\sigma_v = 47.9$ MPa = 6948 psi

2 $q_u = 19.0$ MPa(2760 psi); 53.1 MPa(7700 psi); 137.0 MPa(19,800 psi).

3 $\gamma_{wet} = 24$ kN/m^3; $\gamma_{dry} = 22.76$ kN/m^3; $n = 12.8\%$

4 $\gamma_{wet} = 20.11$ kN/m^3($G = 2.70$라고 가정)

m^{3}당 습윤 중량 감소 = 3.89 kN; 그러면 m^{3}당 포화된 흙의 부피 감소 = 0.233이며, $\Delta n = 0.361$이다.

5 $V_l^* = 6440$ m/s; 보통에서 심한 균열 발달

6 $\gamma_{dry} = 0.028$ MN/m^3 = 178 P/ft^3

7 $w = 5.25\%$

8 식 (2.6)을 보라.

9 면적 cm^{2}당 $q = 9.63 \times 10^{-7}$ cm^3/s

10 $\sigma_v = 38.1$ MPa = 5520 psi

11 0.040 mm

12 $2k_f e = kS \rightarrow k = k_f \dfrac{2e}{S}$

13

절리상태	총 평점	상태
거칠고 단단한 벽면	60	양호한 암석
약간 거칠고 단단한 암석으로 간극 < 1 mm	55	양호한 암석
상기와 같으나 연약한 벽면	50	양호한 암석
매끄럽고 1-5 mm 열리거나 1-5 mm 두께의 가우지	40	불량한 암석
5 mm 이상 열려 있거나 5 mm 이상 두께의 가우지	30	불량한 암석

14 $\frac{e^3}{6S} = 55$ darcies $= 55 \times 9.8 \times 10^{-9}$ cm^2

$e = (6 \times 50 \text{ cm} \times 55 \times 9.8 \times 10^{-9} \text{ cm}^2)^{1/3}$
$= 0.546$ mm

15 $$C = \frac{4.0\frac{\text{gal}}{\text{min}}}{10\,ft \times 55\,\psi} = 7.3 \times 10^{-3} \text{ gal/min/ft/psi}$$

$$C_{\text{Logeons}} = \frac{4.0\frac{\text{gal}}{\text{min}} \times \frac{1}{0.264}\frac{\text{L}}{\text{gallon}}}{\frac{10\,\text{ft} \times 12\,\text{in./ft}}{39.37\,\text{in./m}} \times 55\,\psi \frac{1}{145}\frac{\text{MPa}}{\psi}} = 13.1 \text{ Lugeons}$$

16 $\gamma_1 = (1-n)\gamma$

(a) 먼저 17.6 kN/m^{3}이고 그 다음 24.8 kN/m^{3}이다.

(b) 먼저 17.6에서 13.5 kN/m^3 사이이고 그 다음 24.8−20.3 kN/m^{3}이다.

3장

1 $S_i = 1.17$ MPa; $\phi = 40^\circ$

2 $P_w = 3.27$ MPa $= 474$ psi

3 $K = 0.217$

4 $\nu = 0.178$

5 $q_u = 3.84$ MPa; $T_0 = 0.05q_u$라고 가정하면, $T_0 = 0.19$ MPa이 된다.

6 $\Delta p_w = 2.45$ MPa $= 356$ psi; $\Delta h_{\text{water}} = 250$ m $= 820$ ft

7 $$\sigma = \frac{\sigma_1 - T_0}{2} - \frac{\sigma_1 + T_0}{2}\sin\phi,\ \sigma_1 = -T_0\tan^2\left(45 + \frac{\phi}{2}\right) + 2S_i\tan\left(45 + \frac{\phi}{2}\right)$$

8 (a) 선형회귀분석을 하면 다음과 같이 된다.

$\sigma_{1p} = 11{,}980$ psi$+6.10\sigma_3$; 따라서 $\phi_p = 45.9^\circ$, $S_{ip} = 2425$ psi

(b) 선형회귀분석을 하면 다음과 같이 된다.

$\sigma_{1r} = 1020 + 5.74\sigma_3$; 따라서 $\phi_r = 44.7$ and $S_{ir} = 143$ psi

(a)와 (b)에서 결정된 값인 q_u는 일축압축시험에서 측정된 값과는 약간 다르다는 것을 주의하라.

(c) 측정된 $q_u = 11{,}200$를 이용하면, 멱법칙 회귀분석(power law regression) 결과는 다음과 같다.

$\sigma_{1p}/q_u = 1+5.65(\sigma_3/q_u)^{0.879}$

(d) $\sigma_{1p} = 40{,}980$ psi$+12.68\sigma_3$, $\phi_p = 58.6°$이고 $S_{ip} = 5750$ psi이다.

(e) $\sigma_{1r} = 3470+10.37\sigma_3$, $\phi_{ir} = 55.5$이고 $S_{ir} = 540$ psi이다.

(f) (d)의 선형회귀분석에서 결정된 40,980보다는 측정된 값 $q_u = 41{,}000$을 사용하면 $\sigma_{1p}/q_u = 1+11.91(\sigma_3/q_u)^{0.979}$이 된다.

9 최대 모멘트는 $M = [(P/2)\cdot(L/2)]$이며, 여기서 L은 빔의 길이다. 최대 인장응력은 $\sigma_{\max} = Mc/I$이며, $c = d/2$이고 $I = \pi d^4/64$이다(d는 코어 시료의 지름). 따라서 $T_{\mathrm{MR}} = \sigma_{\max} = 8PL/(\pi d^3)$.

10 x, y, z 축으로 정렬된 모서리를 지닌 단위 육면체를 생각하자. 초기 부피는 $V = 1$.
변형률 ϵ_x, ϵ_y, ϵ_z이 발생하면, 모서리 길이는 $1+\epsilon_x$, $1+\epsilon_y$, $1+\epsilon_z$가 된다. 부피의 변화 ΔV는 따라서 $(1+\epsilon_x)(1+\epsilon_y)(1+\epsilon_z)-1 = 1+\epsilon_x+\epsilon_y+\epsilon_z+\epsilon_x\epsilon_y+\epsilon_y\epsilon_z+\epsilon_x\epsilon_z+\epsilon_x\epsilon_y\epsilon_z-1$이 된다. 만약 변형률이 작다면, 부피변화는 무시될 수 있으며, 따라서 $\Delta V = \epsilon_x+\epsilon_y+\epsilon_z = \Delta V/V$.

11

ψ	S_i	ϕ	q_u	σ_{1p} for $\sigma_3 = 30$
0°	60.2	33.0	221.7	323.5
30°	26.4	21.1	77.0	140.7
60°	60.2	18.6	167.6	225.7
90°	69.8	28.9	236.5	322.6

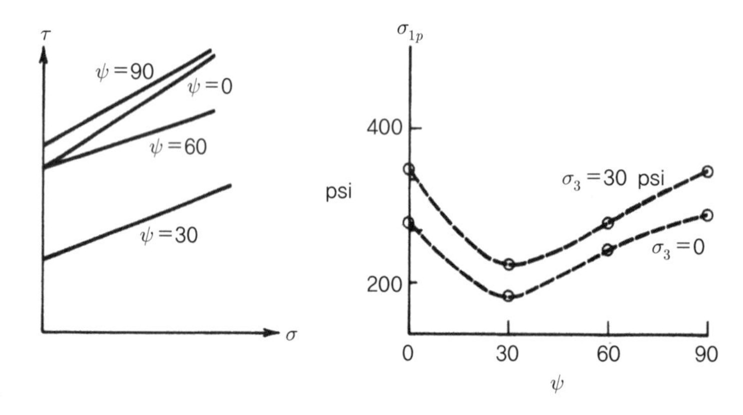

12 $S_{i,\min}$는 $\psi = 30$일 때 발생하고 $n = 1$이라고 가정하면, 식 (3.18)은 $S_i = S_1 - S_2\cos 2(\psi-30)$이 된다. $\psi = 30°$ 및 75°에 대하여 S_i의 값을 $S_{i,30}$ 및 $S_{i,75}$로 각각 놓으면, $S_1 = S_{i,75}$ 및 $S_2 = S_{i,75} - S_{i,30}$이 된다. $q_u = 2\tan(45+\phi/2)S_i$이 되고, $q_u = q_{u,75}-(q_{u,75}-q_{u,30})\cos 2(\psi-30)$이 되기 때문이다. 이 값을 식 (3.8)의 q_u에 대입하면 원하는 결과를 얻는다.

13 평탄한 열극이 존재하면 이방성이 발생한다고 가정할 수 있다. 이 열극은 높은 중간응력하에서는 닫힌다.

14

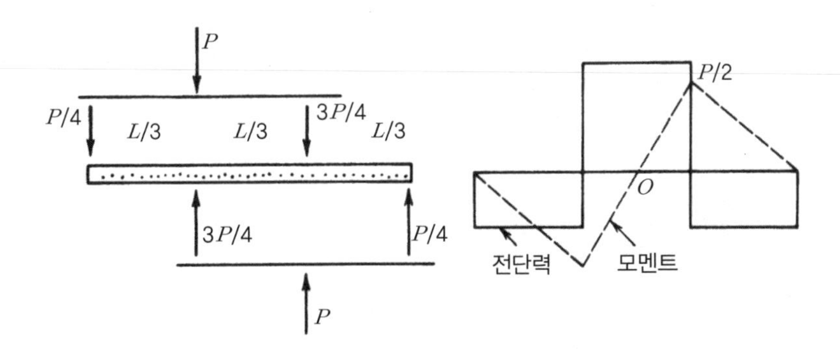

15 (a) 일축압축시료의 잔류강도는 본질적으로 0이라고 가정하면 다음과 같이 된다.

$$\frac{\sigma_{1r}}{q_u} = M\left(\frac{\sigma_3}{q_u}\right)^N$$

(b) 사암에 대하여 $\frac{\sigma_{1r}}{q_u} = 5.27\left(\frac{\sigma_3}{q_u}\right)^{0.867}$

(c) 노라이트(norite)에 대하여 $\frac{\sigma_{1r}}{q_u} = 4.21\left(\frac{\sigma_3}{q_u}\right)^{0.633}$

16 (a) $m = 0$일 때, Hoek and Brown에 의하면

$$\frac{\sigma_{1p}}{q_u} = \frac{\sigma_3}{q_u} + 1$$

식 (3.15)은

$$\frac{\sigma_{1p}}{q_u} = N\left(\frac{\sigma_3}{q_u}\right)^M + 1$$

이 된다.

따라서 만약 $m = 0$일 때 $N = M = 1$이면 두 식은 동일하다.

(b) Hoek and Brown 파괴기준에 대입하면 세 종류의 암석에 해당하는 다음의 값을 얻게 된다.

	σ_{1p}		
σ_3	$m = 7$	$m = 17$	$m = 25$
0	100	100.0	100
10	140.4	174.3	197.1
20	174.9	229.8	264.9
40	234.9	319.3	371.7
70	312.9	429.2	500.1
100	382.8	524.3	609.8

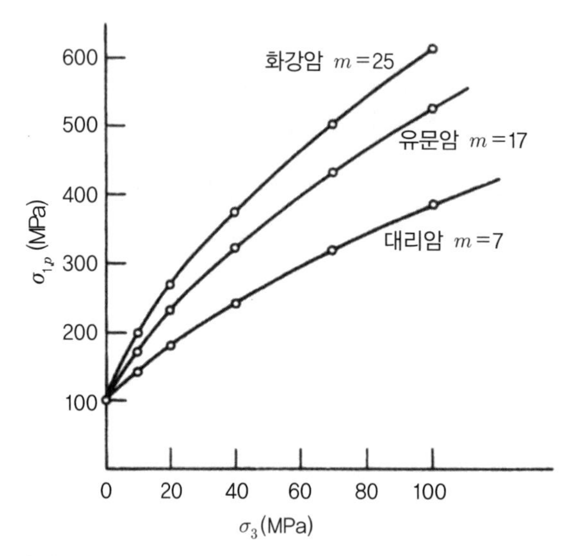

(그림 참조) 변수 m이 하향 파괴포락선 경우에 대한 Mohr-Coulomb 마찰각의 일반화된 값이라고 이해할 수 있다.

17 (a) 식 (2.17)을 이용하면 RMR = 9 $\log Q+44$이 된다.

Q에 대하여 풀면

$$Q = e^{\left(\frac{\text{RMR}-44}{9}\right)}$$

이 된다.

Q에 대한 이 결과를 주어진 관계식에 대입하면 다음과 같게 된다.

$$A = 0.0176e^{M[(\text{RMR}-44)9]}$$

(b) $M=0.65$에 대하여, $A=0.176e^{(0.072\text{RMR}-3.177)}$ 또는 $A=e^{(0.0722\text{RMR}-7.217)}$이 된다.

식 (3.15)에서 1 대신에 A를 대입하고 $N=5$, $q_u=2$, RMR = 50을 대입하면

$$A = e^{-3.607}$$

이 되고

$$\sigma_{1,p} = 2[e^{-3.607}+5(\sigma_3/2)^{0.65}]$$

이 되며, 결국 다음과 같게 된다.

$$\sigma_{1,p} = 0.054+6.37(\sigma_3)^{0.65} \ \text{(MPa)}$$

4장

1 $\sigma_v = 13.5$ MPa = 1960 psi

$\overline{\sigma_H} = 6.75$ MPa = 979 psi

2 초기 수압 = 1300 psi

$\sigma_{h,\min} = 9.72$ MPa = 1410 psi

$T_0 = 3.45$ MPa = 500 psi

$\sigma_v = 24.7$ MPa = 3580 psi

만약 공극압이 무시되면, $\sigma_{h,\max} = 18.76$ MPa = 2720 psi이 된다. 만약 문제 4.11에 대한 답을 이용하여 공극압이 $p_w = 13{,}000$ psi으로 생각된다면, $\sigma_{h,\max} = 1{,}420$ psi = 9.79 MPa

3 $\sigma_{\text{major}} = 3.10$ MPa = 450 psi

$\sigma_{\text{minor}} = 1.38$ MPa = 200 psi

$\theta_1 = -63.4°$

4 278 m

5 $\sigma_1 = \sigma_{h,\max} = 82.33$ MPa = 11,938 psi

$\sigma_2 = \sigma_{h,\min} = ?$

$\sigma_3 = \sigma_v = 25.15$ MPa = 3646 psi

그림 4.7이 나타내듯이 $\overline{K} = 1.91$ 또는 $\sigma_{h,\max} = 48.0$ MPa = 6957 psi.

6 $K = 1.11$

7

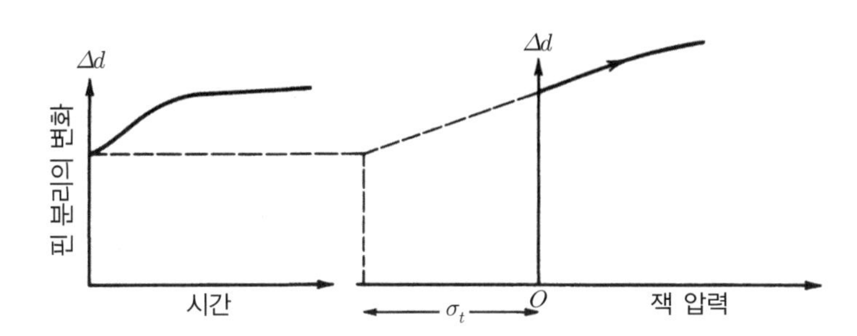

8 균질하고 등방성의 탄성 연속체 내에 완벽한 원형 개구부에 대하여 잭의 폭보다 훨씬 큰 터널의 반경에 대하여 Kirsh의 해를 적용한다고 가정하고, 하중에 대한 E의 값은 제하에 대한 값과 같아지며 슬롯과 잭이 동일한 크기를 지닌다고 가정하면, 다음과 같이 된다.

$\sigma_{\text{horiz}} = 4.48$ MPa = 650 psi

$\sigma_{\text{vert}} = 7.24$ MPa = 1050 psi

만약 응력집중 현상이 잭의 중심부에 발생된다면 식 (4.13)은

$$\begin{pmatrix} \sigma_{\theta,w} \\ \sigma_{\theta,R} \end{pmatrix} = \begin{pmatrix} -0.635 & 2.47 \\ 2.47 & -0.635 \end{pmatrix} \begin{pmatrix} \sigma_{horiz} \\ \sigma_{ver_t} \end{pmatrix}$$

가 되며 이는 다음과 같이 된다.

$$\begin{pmatrix} \sigma_{horiz} \\ \sigma_{ver_t} \end{pmatrix} = \begin{pmatrix} 0.111 & 0.434 \\ 0.434 & 0.111 \end{pmatrix} \begin{pmatrix} \sigma_{\theta,w} \\ \sigma_{\theta,R} \end{pmatrix}$$

따라서

$$\sigma_{\text{horiz}} = 4.61 \text{ MPa} = 669 \text{ psi}$$

$$\sigma_{\text{vert}} = 8.16 \text{ MPa} = 1185 \text{ psi}$$

9 파운드와 인치 단위로

$$\begin{pmatrix} \sigma_x \\ \sigma_z \\ \tau_{xy} \end{pmatrix} = 10^8 \begin{pmatrix} 182.5 & -57.5 & 0 \\ 2.5 & 122.5 & 207.85 \\ 2.5 & 122.5 & -207.85 \end{pmatrix}^{-1} \begin{pmatrix} 0.003 \\ 0.002 \\ 0.001 \end{pmatrix}$$

$$\begin{pmatrix} \sigma_x \\ \sigma_z \\ \tau_{xy} \end{pmatrix} = 10^3 \begin{pmatrix} 544.4 & 127.8 & 127.8 \\ -11.1 & 405.6 & 405.6 \\ 0 & 240.6 & -240.6 \end{pmatrix} \begin{pmatrix} 0.003 \\ 0.002 \\ 0.001 \end{pmatrix}$$

$$\begin{pmatrix} \sigma_x \\ \sigma_z \\ \tau_{xy} \end{pmatrix} = \begin{pmatrix} 2017.0 \\ 1183.0 \\ 241.0 \end{pmatrix} \psi$$

이 되어

$$\sigma_{\text{max}} = 2082 \text{ psi}$$

$$\sigma_{\text{min}} = 1118 \text{ psi}$$

이 된다.

10 $\sigma_h = 180$ MPa = 26,100 psi

측정에 의하면 $\sigma_h = 80$ MPa = 11,600 psi.

암석은 이러한 높은 응력차($\sigma_v - 0$)를 견딜 수 없어서 균열이 발달한다.

11 $\sigma_{h,\max}$, $\sigma_{h,\min}$, p_{cl} 대신에 각각 $\sigma_{h,\max} - p_w$, $\sigma_{h,\min} - p_w$, and $p_{cl} - p_w$를 대입하면, $p_{cl} - p_w = 3\sigma_{h,\min} - \sigma_{h,\max} - 2p_w + T_0$이 된다.

12 (a) $\sigma_{h,\max} = 1333$ psi

$\sigma_{h,\min} = 1333 - 449 = 884$ psi

(b) 융기와 침식 뒤의 빙하작용 또는 퇴적

13 $\sigma_x = 48.25$, $\sigma_z = 10.15$, $\tau_{xy} = -1.13$, $\sigma_1 = 48.28$, $\sigma_2 = 10.12$, $\alpha = -1.70$

5장

1 3개의 절리군이 존재함

(a) 주향 S 38.4° E, 경사 36.8° NE, $K_f = 557$

(b) 주향 S 34.3° W, 경사 62.2° NW, $K_f = 439$

(c) 주향 N 18.5° E, 경사 63.2° SE, $K_f = 238$

2 도표 참조

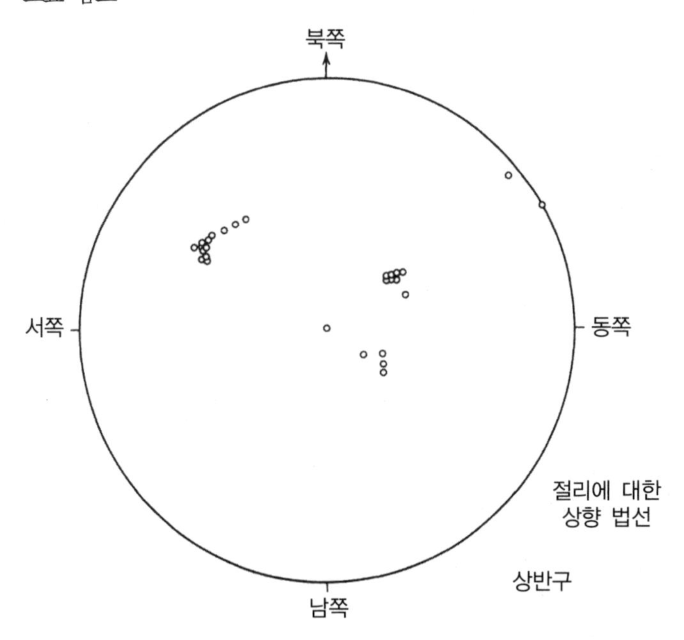

3 $\phi_u = 34.5°$ (미끄러지는 동안 톱으로 절단한 절리상의 σ, τ은 (0.32, 0.22), (0.97, 0.67), (1.61, 1.11), (3.23, 2.23)이다.)

4 252 MPa

5

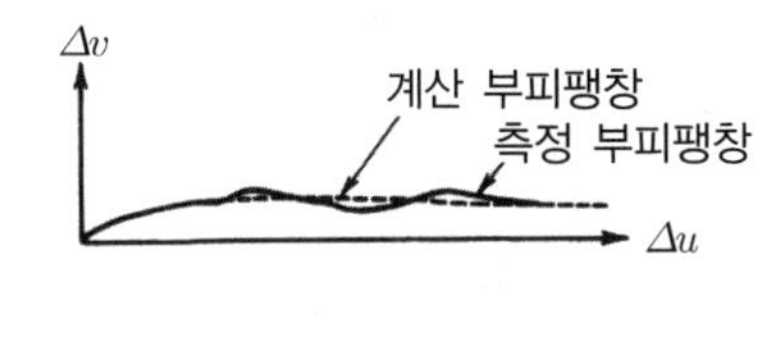

6 $\sigma_v = 16.2,\ \sigma_h = 10.6\ \text{MPa}$

7 $p_w = 0.50\ \text{MPa}$

8

$$\left.\begin{aligned} \tau_{\text{peak}} &= \frac{6.5\ \text{kN}}{0.5\ \text{m}^2} = 13\ \text{kN/m}^2 \\ \sigma &= \frac{10\ \text{kN}}{0.5\ \text{m}^2} = 20\ \text{kN/m}^2 \end{aligned}\right\} \tau_{\text{peak}} = \tan 33°$$

$$\tau_{\text{resid}} = \frac{5.3\,\text{kN}}{0.5\,\text{m}^2} = 10.6\ \text{kN/m}^2 \quad \tau_{\text{resid}} = \tan 27.9°$$

최대전단강성:

$$k_s = \frac{13\,\text{kN/m}^2}{5.2\,\text{mm}} = 2.50\ \text{MPa/m}$$

초기전단강성 4.00 MPa/m. 최대팽창각 $\phi_{peak} - \phi_{resid} = 5.1°$(절리상에 마모가 없다고 가정). Schenider의 식 (5.8)을 이용하면, i는 다음과 같이 변한다.

y(mm)	5.2	7.5	9.5	11.0	≥ 12
i(°)	5.1	3.1	0.91	0.45	0

9 (a) 절리 위에서 마찰각 ϕ_j으로 미끄러지면

$$T - F_B \sin\alpha + F_B \cos\alpha \tan\phi_j \tag{1}$$

이 되고, 미끄러짐을 방지하기 위해선 다음과 같은 힘이 필요하다.

$$\boxed{F_B = \frac{T}{\cos\alpha \tan\phi_j + \sin\alpha}} \tag{2}$$

(b) 절리를 가로지르는 힘은 미끄러지려는 지점의 법선과 ϕ_j만큼 기울어져 있다.

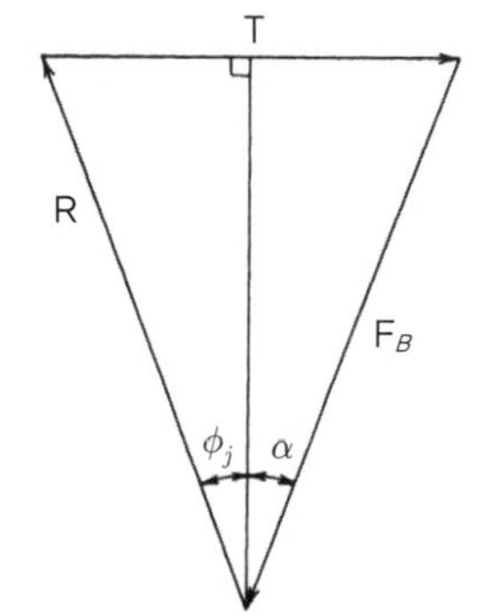

T와 F_B의 방향은 주어져 있다. 힘의 삼각형에서 F_B는

$$\phi_j + \alpha = 90° \tag{3}$$

일 때 최소가 된다. 따라서

$$\boxed{\alpha_{\min} = 90 - \phi_j} \tag{4}$$

이 방향에서는, (2)는

$$F_b = T\cos\phi \tag{5}$$

이 된다.

(c) 첫째로, (2)와 (4)에서 ϕ_j대신에 $\phi_j + i$를 대입하여 팽창은 강도를 변화시킬 수 있다. 두 번째, 볼트방향의 팽창변위성분은 다음의 볼트 힘 증분 ΔF_B을 야기하는 볼트 강성 k_B로 인해 발생되는 저항을 받는다.

$$\Delta F_B = k_B(u \tan i \cos\alpha + u \sin\alpha) \tag{6}$$

(2) 대신에, 다음의 식을 얻게 된다.

$$F_B = \frac{T}{\cos\alpha\tan(\phi_j + i) + \sin\alpha} + k_B u(\tan i cos\alpha + \sin\alpha) \quad (7)$$

강철이 시추공 옆면을 때릴 때 추가적인 저항력은 볼트의 전단강성으로부터 발생된다. 이것이 암석을 으스러뜨리고 강철의 날카로운 곡률을 유발함에 따라, 결합된 비균질 응력으로 해는 좀 더 복잡하게 된다. 식 (5)는 다음과 같이 간단하게 표현될 수 있다.

$$F_b = \frac{\cos(\phi_j + i)}{\sin(\alpha + \phi_j + i)} + k_B u \frac{\sin(\alpha + i)}{\cos i} \quad (8)$$

10

σ_3'/σ_1'		
$\lvert\psi\rvert$ (°)	$\phi_j=20°$	$\phi_j=30°$[a]
0, 180	0.000	0.000
5, 175	0.086	0.125
10, 170	0.305	0.210
15, 165	0.383	0.268
20, 160	0.434	0.305
25, 155	0.466	0.327
30, 150	0.484	0.333
35, 145	0.490	0.327
40, 140	0.484	0.305
45, 135	0.466	0.268
50, 130	0.434	0.210
55, 125	0.383	0.125
60, 120	0.305	0.000
65, 115	0.086	−0.188
70, 110	0.000	−0.484
75, 105	−0.327	−1.000
80, 100	−1.000	−2.064
85, 95	−3.063	−5.330
90	−∞	−∞

* ϕ_j–20° 및 30°에 관해서는 그림 참조

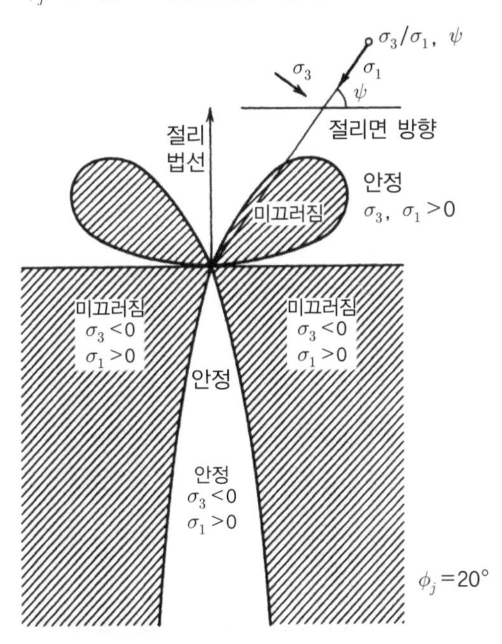

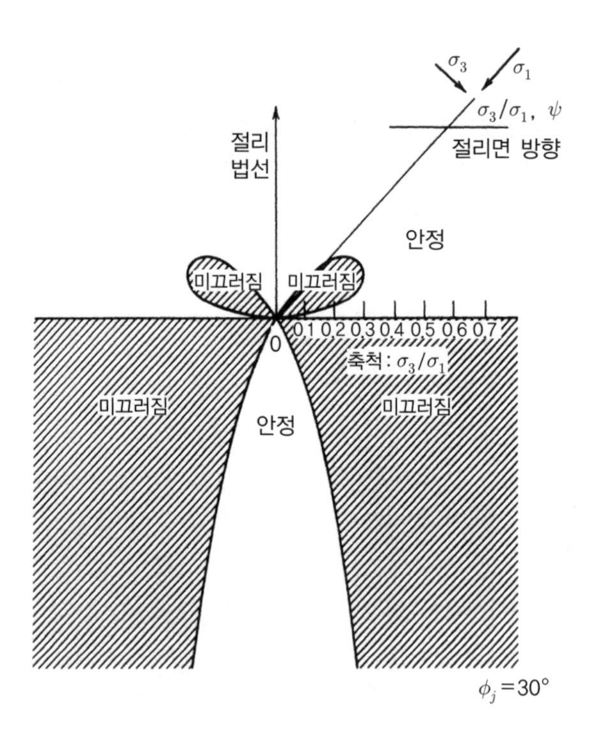

11 $\phi_j = 28.2$, $\psi = 50^\circ$, $p_w = 10$ MPa, $\sigma_3 = 1.5$ MPa, $\sigma_1 = 4.5$ MPa

$$\frac{1.5 - p_w}{4.5 - p_w} = \frac{\tan 50}{\tan 78.2} = 0.249$$

$$1.5 - p_w = 1.121 - 0.249 p_w$$

$$p_w = \frac{0.379}{0.751} = 0.505 \text{ MPa}$$

12 $S_i = 1.0$, $\phi = 30^\circ$

$\gamma = 0.025$ MPa/m

$v = 0.2$ (그림을 보라.)

(a) $\sigma_k/\sigma_v = \dfrac{\nu}{1-\nu} = \dfrac{0.2}{0.8} = 0.25$

$$\text{식 (3.14)} \rightarrow \sigma_{1,p} = \frac{q_u}{1 - k\tan^2(45 + \phi/2)}$$

$q_u = 2S_i \tan(45+\phi/2) = 2(1.0)\tan 60 = 3.46$ MPa

(b) Brat의 공식을 이용하여, 전단절리가 형성된 이후에 문제 5.10에서 주어진 것과 같이

$$\sigma_h/\sigma_v = \frac{\tan\psi}{\tan(\psi + \phi_j)} = \frac{\tan 30}{\tan 50} = 0.484$$

σ_h는 $0.484 \times 13.8 = 6.7$ MPa이 된다.

(c) $\sigma_v = 1.5 \times 13.8 \times 20.7$ MPa

$\sigma = 0.484 \times 20.8 = 10.0$ MPa

$Z = 831$ m

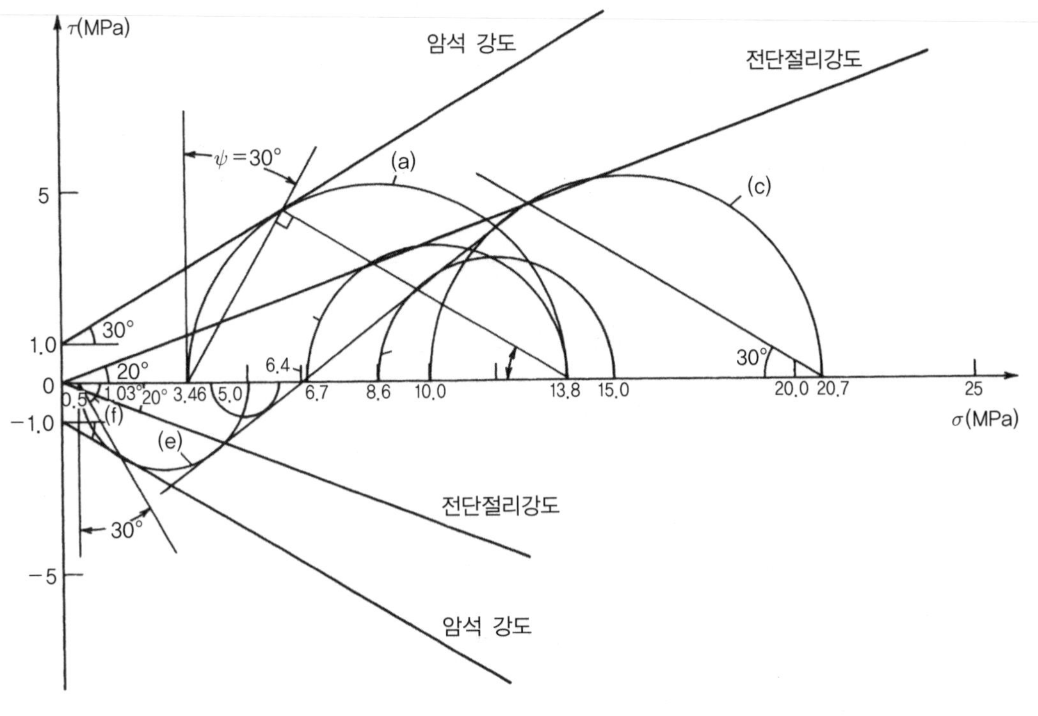

(d) $\Delta\sigma_h = 0.25\Delta\sigma_v$

$10.0 - \sigma_h = 0.25(20.7 - \sigma_v)$

$\sigma_h = 4.825 + 0.25\sigma_v$

σ_v	σ_h
15	8.53
10	7.32
6.43	6.43
4	5.83

그리고 $\sigma_h = \sigma_v$은 다음과 같을 때이다.

$$\sigma_v = 4.825 + 0.25\sigma_v$$

$$\sigma_v = 6.43 \text{ MPa}$$

$$Z = 275 \text{ m}$$

(e) σ_h와 σ_v을 연결하는 식은 다음과 같다.

$$\sigma_h = 4.825 + 0.25\sigma_v$$

파괴 시에는, $\sigma_h = \sigma_1$ 및 $\sigma_v = \sigma_3$이 되어

$$\sigma_h = q_u + \sigma_v \tan^2(45 + \phi/2)$$

이 되고, 이는 다음과 같게 되며,

$$4.8235 + 0.25\sigma_v = 3.46 + 3\sigma_v$$

$\sigma_v = 1.365/2.75 = 0.50$ MPa

따라서,

$\sigma_h = 4.95$ MPa

$Z = 20$ m

이 된다.

(f) $\dfrac{\sigma_v}{\sigma_k} = \dfrac{\tan 30}{\tan 50} = 0.484$

지금은 $\psi = 30°$가 수평에서 측정된 반면, 이전에는 수직으로부터 측정되었다는 것을 주의하라.

$$\sigma_h = \frac{\sigma_v}{0.484} = \frac{0.50}{0.484} = 1.03$$

(g) 그림을 보라.

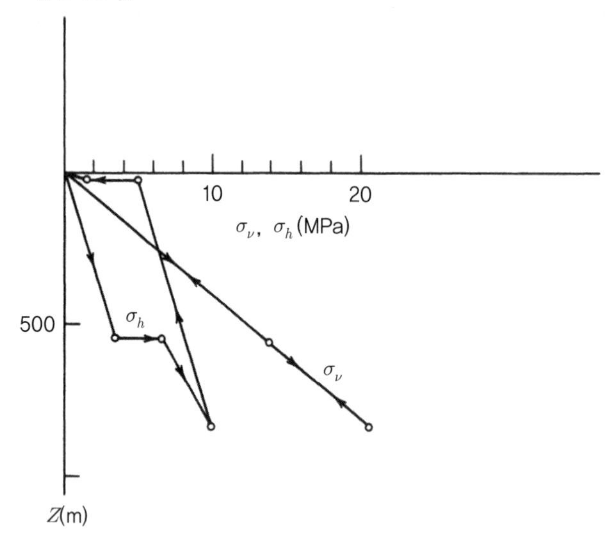

13 그림을 보라.

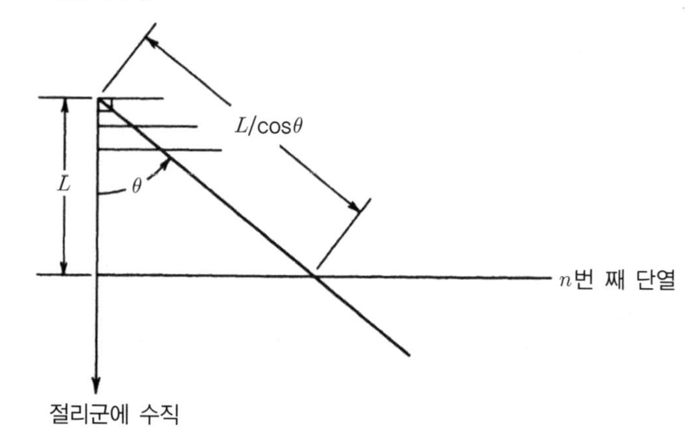

(a) 균열과 수직이 되는 방향으로는

$$\lambda = \frac{n}{L}$$

법선으로부터 $\pm\theta$의 방향으로는

(b) $\lambda_{(\theta)} = \lambda_1|\cos\theta_1| + \lambda_2|\cos\theta_2|$

$= \lambda_1|\cos\theta_1| + \lambda_2|\sin\theta_1|$

(c) 최대 λ에 대해서는

$$\frac{d\lambda}{d\theta} = -\lambda_1\sin\theta_1 + \lambda_2\cos\theta_1 = 0$$

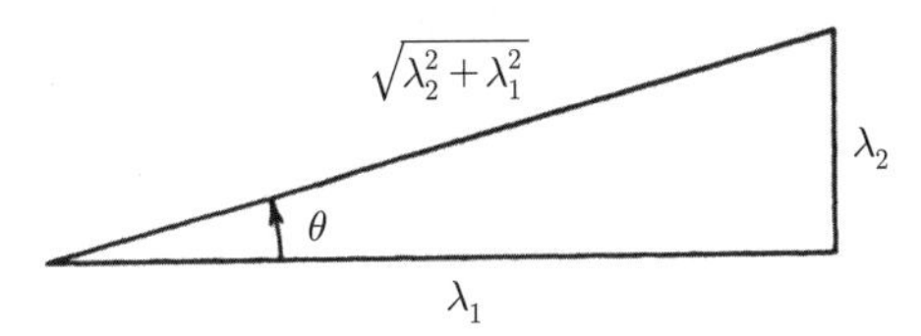

또는

$$\tan\theta = \lambda_2/\lambda_1$$

그러면

$$\cos\theta = \frac{\lambda_1}{\sqrt{\lambda_1^2+\lambda_2^2}}$$

이 되고

$$\sin\theta = \frac{\lambda_2}{\sqrt{\lambda_1^2+\lambda_2^2}}$$

은 다음과 같이 된다.

$$\lambda_{max} = \sqrt{\lambda_1^2+\lambda_2^2} = 5.39$$

1번 절리군에 대한 법선으로부터 $\theta_{max} = 21.8^\circ$

이 방향의 평균 간격 $= (\lambda_{max})^{-1} = 0.19$.

14 식 (5.8)에서 유추하면, ϕ_b는 절리의 잔류마찰각이며 [JCRlog(JCS/σ_n)]는 절리면의 거칠기 각이다. σ_n이 JCS에 비하여 작을 때, 팽창각은 크고, JCS/σ이 10일 때, 거칠기 각은 JCR (도)과 같다. 거칠기 각은 수직응력이 σ_n = JCS될 때까지 증가함에 따라 감소하며, 그 이후의 거칠기 각은 0이 된다. (수직응력이 JCS보다 클 때 Barton의 식을 이용하면 전단강도에 대하여 논할 필요가 없다.)

6장

1 편향변형률 성분을 e로 표기하고 평균변형률을 $\bar{\epsilon}$로 표시하면, 부록 2에서와 같이

$$e_x = \varepsilon_x - \bar{\varepsilon} = \frac{2}{3}\varepsilon_x - \frac{1}{3}\varepsilon_y - \frac{1}{3}\varepsilon_z \quad (1)$$

유사하게,

$$\sigma_{x,dev} = \sigma_x - \bar{\sigma} = \frac{2}{3}\sigma_x - \frac{1}{3}\sigma_x - \frac{1}{3}\sigma_z \tag{2}$$

여기에서 $\sigma_{x,dev}$는 x 방향의 편향수직응력을 나타내고 $\bar{\sigma}$는 평균응력이다.
식 (6.1)을 (1)에 대입하면 다음과 같이 된다.

$$e_x = \frac{2}{3}\left(\frac{1}{E}\sigma_x - \frac{\nu}{E}\sigma_y - \frac{\nu}{E}\sigma_z\right) - \frac{1}{3}\left(\frac{1}{E}\sigma_y - \frac{\nu}{E}\sigma_x - \frac{\nu}{E}\sigma_z\right) - \frac{1}{3}\left(\frac{1}{E}\sigma_z - \frac{\nu}{E}\sigma_x - \frac{\nu}{E}\sigma_y\right)$$

$$= \frac{1+\nu}{E}\frac{2}{3}\sigma_x - \frac{1+\nu}{E}\frac{1}{3}\sigma_y - \frac{1+\nu}{E}\frac{1}{3}\sigma_z = \frac{\sigma_{x,\text{dev}}}{2G}$$

e_y와 e_z에 대해서도 유사한 표면을 할 수 있다. 또한 e_{yz} 및 e_{zx}에 대해서도 유사한 표현으로 $e_z = \frac{1}{2}\gamma_{xy} = \frac{1}{2}(\tau_{xy}/G)$가 된다.

2 $\frac{\varepsilon_{\text{lateral}}}{\varepsilon_{\text{axial}}} = R$으로 놓으면

$$\nu = \frac{R\sigma_{\text{axial}} - p}{p(2R-1) - \sigma_{\text{axial}}} \quad \text{및} \quad E = \frac{\sigma_{\text{axial}} - 2\nu p}{\varepsilon_{\text{axial}}}$$

이 된다.

3 삼축압축시험 동안, 평균응력은 $\bar{\sigma} = (\sigma_{\text{axial}} + 2p)/3$이 된다. σ_{axial}가 증가할 때 $\bar{\sigma}$가 일정하려면, 초기값인 $p = \bar{\sigma}$에서 $p = (3\bar{\sigma} - \sigma_{\text{axial}})/2$가 될 때까지 구속압을 감소시키면 된다. 하중을 느린 속도로 증감시킬 때에는 수동 피드백으로 가능하지만, 빠른 하중 속도와 최대값 근처에서 정밀한 조정을 할 때에는 컴퓨터 조절 서보 피드백 시스템이 필요하다. 필요한 p의 변화로 나타내면 다음과 같다.

$$\bar{\sigma} = \frac{1}{3}\sigma_{\text{axial}} + 2p = \text{상수, 그러면 } \Delta\sigma_{\text{axial}} + 2\Delta p = 0 \text{ 및 } \Delta p = \frac{1}{2}\Delta\sigma_{\text{axial}}$$

4 다음 도표에 자료가 표시되어 있다. 0에서 5000 N 사이의 하중 싸이클을 이용하면 그리면 다음과 같다.
E = 1821 MPa(탄성변형)
M = 3188 MPa(영구변형)
ν = 0.300(탄성변형)
ν_p = 0.400(영구변형)
하중에 대한 총 변형으로부터 다음을 구한다.
E_{total} = 1159 MPa 및 ν_{total} = 0.336

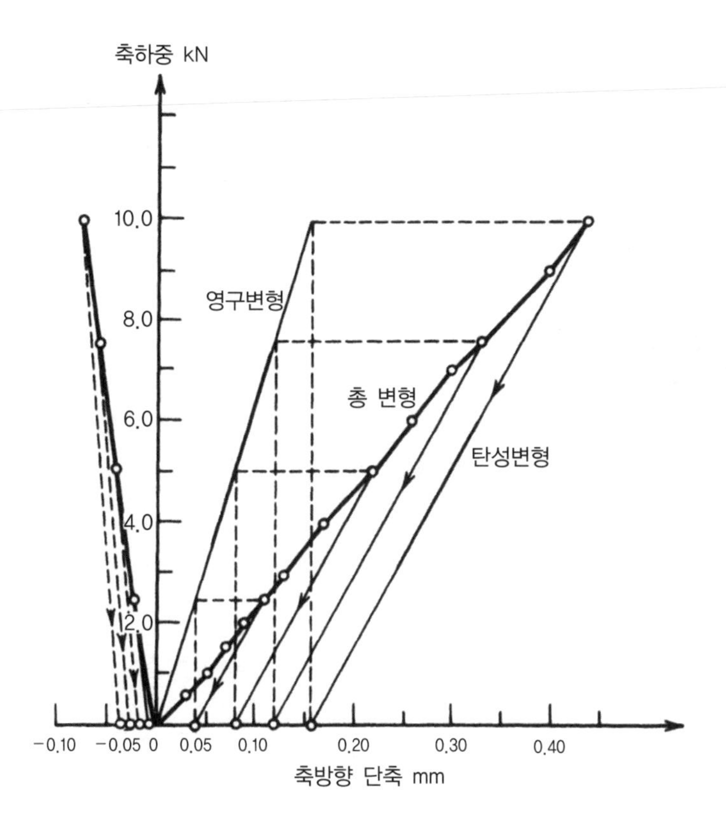

5 $D_1 = 3K = 3\dfrac{E}{3(1-2\nu)}$ 및 $D_2 = 2G = \dfrac{2E}{2(1+\nu)}$

(문제 1 참조). 따라서

$$E = \frac{3D_1D_2}{D_2 + 2D_1},\ \nu = \frac{D_1 - D_2}{2D_1 + D_2}$$

6 (a) $\dfrac{1}{E}$

(b) 다음 그림 참조

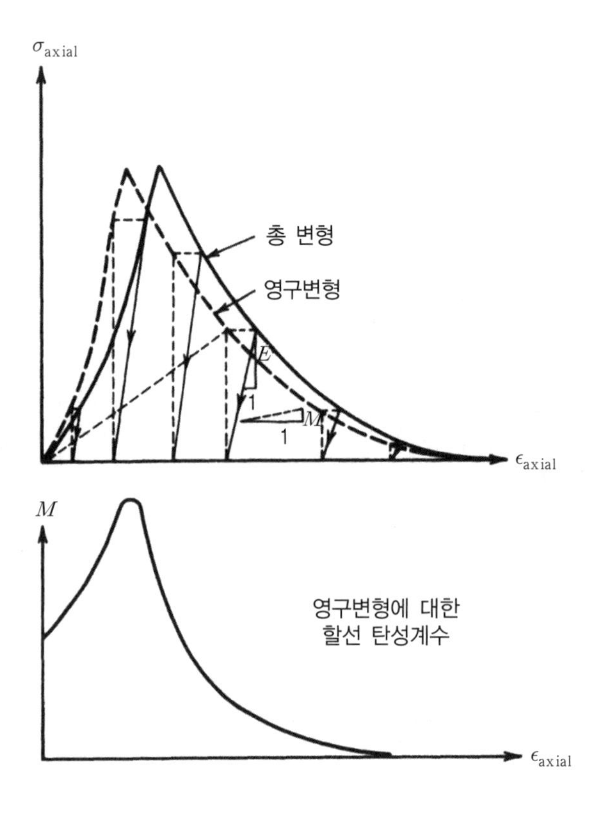

7 $\nu = 0.277$

$E = 43.900$ MPa(43.9 GPa) $= 6.37 \times 10^6$ psi

8 영구변형은 열극, 공극, 절리의 되돌릴 수 없는 닫힘에 의해 발생한다. 두 번째의 평탄한 경사 (Γ)는 절리면에서의 미끄러짐을 반영할 수 있다.

9 (a) 절리 수직변형$= \dfrac{\sigma}{k_n}$ (1)

암석 수직변형$= \dfrac{\sigma}{E}S = \dfrac{\sigma}{E}0.4$ m (2)

(1)과 (2)를 같게 놓으면,

$$k_n = \frac{E}{S} = 2.5E \quad (3)$$

이 된다.

유사하게

$$k_n = \frac{G}{S} = \frac{E}{2(1+\nu)S} = \frac{2.5E}{2(1+\nu)} \quad (4)$$

(b) $\frac{1}{E_n}=\frac{1}{E}+\frac{1}{k_nS}=\frac{1}{E}+\frac{1}{E}=2\times10^{-4}\ (\mathrm{MPa})^{-1}$

$\frac{1}{G_{sn}}=\frac{1}{G}+\frac{1}{k_sS}=\frac{1}{G}+\frac{1}{G}=\frac{4(1+\nu)}{E}=5.32\times10^{-4}\ (\mathrm{MPa})^{-1}$

$E_s=E=10^4\ \mathrm{MPa}$

$\nu_{sn}=0.33$

$\nu_{ns}=\frac{En}{E}\nu=\frac{0.5\times10^4}{10^4}(0.33)=0.165$

$\nu_{st}=0.33$

그런 다음, (6.9)에 대응하는 변형률–응력 행렬의 항은 다음과 같아진다.

$$10^{-4}\begin{bmatrix} 2 & -0.33 & -0.33 & 0 & 0 & 0 \\ -0.33 & 1 & -0.33 & 0 & 0 & 0 \\ -0.33 & -0.33 & 1 & 0 & 0 & 0 \\ 0 & 0 & 0 & 5.32 & 0 & 0 \\ 0 & 0 & 0 & 0 & 5.32 & 0 \\ 0 & 0 & 0 & 0 & 0 & 2.66 \end{bmatrix}$$

10 절리군 1의 간격이 S_1이라고 하자. 절리군 1, 2, 3에 수직인 1, 2, 3의 방향을 결정하라. 그러면,

$$\frac{1}{E_{n1}}=\frac{1}{E}+\frac{1}{k_{n1}S_1}$$

등과 같이 되고 2와 3에 대해서는 다음과 같아진다.

$$\frac{1}{G_{12}}=\frac{1}{G}+\frac{1}{k_{s1}S_1}+\frac{1}{K_{s2}S_2}$$

등과 같이 되고, 23과 31에 대해서는

$$\nu_{12}=\nu_{13}=\frac{E_{n1}}{E}\nu$$

$$\nu_{21}=\nu_{23}=\frac{E_{n2}}{E}\nu$$

$$\nu_{31}=\nu_{32}=\frac{E_{n3}}{E}\nu$$

11 암석은 등방성이고 변형률/응력 행렬은 대칭이라고 가정한다. s와 t 방향은 모두 절리와 평행한 평면에 있기 때문에, s에 대한 n의 방향과 t에 대한 n의 방향과 관련한 변형상수의 차이는 없다. 따라서 다음을 논의하면 충분하다. (1) σ_n의 적용으로 인한 ε_n; (2) σ_s 적용으로 인한 ε_s; (3) σ_n의 적용으로 인한 ε_s

(1) 단지 σ_n만 적용하면 단지 암석으로 인하여 닫힘 Δn_r을 유발한다.

따라서

$$\varepsilon_n=\frac{\Delta n_j}{S}+\frac{\Delta n_r}{S}=\frac{\sigma_n}{k_nS}+\frac{\sigma_n}{E}=\frac{\sigma}{E}\left(\frac{1}{K_nS}+\frac{1}{E}\right)$$

이 되고, 궁극적으로

$$\varepsilon_n = \frac{\sigma}{E}\left(\frac{E}{k_n S}+1\right) = \frac{1}{E}(p)\sigma_n$$

이 된다.

(2) 단지 σ_s만 적용시키면 단지 암석으로 인하여 s 방향의 변형률을 유발한다.

$$\varepsilon_s = \varepsilon_{s,r} = \sigma_s = \frac{1}{E}(1)\sigma_n$$

(3) 단지 σ_n만 적용시키면 암석으로만으로 횡방향 변형률을 유발한다.

$$\varepsilon_s = \varepsilon_{s,r} = \frac{-\nu}{E}\sigma_n = \frac{1}{E}(-\nu)\sigma_n$$

12 제하-재하 경사로의 경사는 체적단성률 k_B를 구할 수 있다

$$k_B = \frac{2.4}{0.0007} = 3430 \text{ MPa}$$

$$k_B = \frac{4.8}{0.0014} = 3430 \text{ MPa}$$

$$k_B = \frac{10.3}{0.0030} = 3430 \text{ MPa}$$

소성변형이 절리의 복구 불가능한(소성)의 닫힘으로 전적으로 발생한다고 가정하면,

$$\frac{\Delta V}{V(\text{plastic})} = \varepsilon_{1_{\text{plastic}}} + \varepsilon_{2_{\text{plastic}}} + \varepsilon_{3_{\text{plastic}}} = 3\frac{p}{k_n S}$$

여기에서 S=절리 간격. S=5 cm=0.05 m을 대입하면 다음을 얻을 수 있다.

$$k_n = \frac{3}{0.05}\frac{p}{(\Delta V/V)_{\text{plastic}}}$$

p (Mpa)	$\Delta V/V$	$\Delta V/V_{\text{plastic}}$	k_n (Mpa/m)
2.4	0.0034	0.0027	53,000
4.8	0.0057	0.0043	67,000
10.4	0.0088	0.0058	107,000

13 $\nu_t = \dfrac{\nu M + \nu_p E}{M+E}$

7장

1

point	θ	r	σ_θ	σ_r	α	σ_n	τ_{ns}
A	61°	29.19	695	404	−31°	481	−128.5
B	30°	25.00	748	352	0	352	0
C	−1°	29.15	695	404	+31°	481	128.5

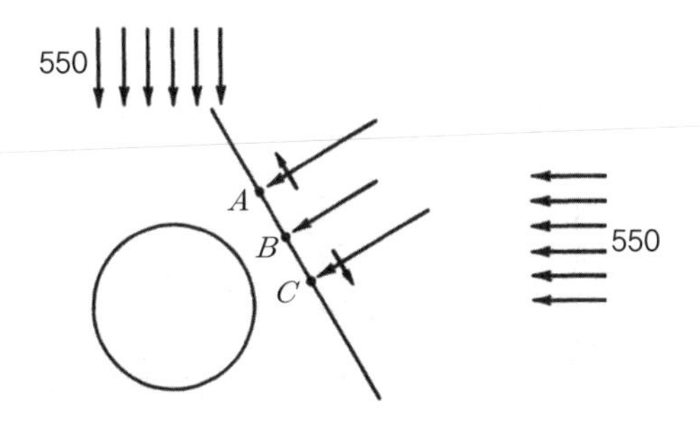

2 $\gamma = 1.1$ psi/ft에 대하여

K	0	$\frac{1}{3}$	$\frac{2}{3}$	1	2	3
σ_θ/σ_v	2.0	1.67	2.33	4.0	9.0	14.0
$\sigma_{\theta,\max(\psi)}$	2200	1837	2563	4400	9900	15,400
Location	Wall	Wall	Roof	Roof	Roof	Roof

3 $\Delta q = 1.71$ psi $= 11.81$ kPa

$u_{\max} = 0.136$ in. $= 3.45$ mm

$\sigma_{\max,\,s,\,s} = 363$ psi $= 2.50$ MPa

$\sigma_{\max,\,sbale} = 72.7$ psi $= 0.50$ MPa

4 (a) $Q = 1.0396$; $R = 34.74a$; $b = 2.67\times10^{10}$

$t = 53{,}390$

$u = 556.5$ in. $\gg a$, 이는 터널의 붕괴를 의미함

탄성영역:

$$\sigma_r = 4000\ \text{psi} - 2.898\times10^6 \frac{1}{(r/a)^2}$$

$$\sigma_\theta = 400\ \text{psi} + 2898\times10^6 \frac{1}{(r/a)^2}$$

소성영역:

$$\sigma_r = 40\left(\frac{r}{a}\right)^{1.0396}$$

$$\sigma_\theta = 2.0396\sigma_r$$

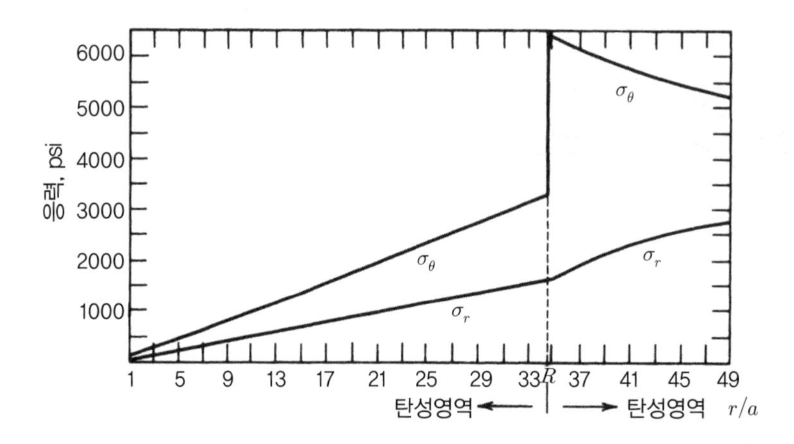

(b) $p_1 = 400$ psi에 대하여, 탄성영역에서는 $R = 3.79a$, $u_r = -6.35$ in.;

$$\sigma_r = 4000 \text{ psi} - 3.453 \times 10^4 \frac{1}{(r/a)^2}$$

$$\sigma_\theta = 4000 \text{ psi} + 3.451 \times 104 \frac{1}{(r/a)^2};$$ 소성영역에서는 $$\sigma_r = 400\left(\frac{r}{a}\right)^{1.0396};$$

$$\sigma_\theta = 2.0396\sigma_r$$

5 (a) 3608 lb

(b) 대리암에서 17.1 psi

사암에서 113 psi

6 $p_1 = 4000$ and $p_2 = 2000$ psi

t	20분	1시간	12시간	1일	2일	4일	1주	2주	8주	1년	10년
u_r(in.)	1.15	1.15	1.19	1.23	1.32	1.48	1.73	2.28	4.92	10.69	13.84

7 볼트의 앵커 좌표는 480″, 30°

볼트의 머리 좌표는 300″, 30°

$E = 30 \times 10^6$ psi; 볼트 면적 = 1.227 in.^{2}

t	u in.		$u_{head} - u_{anchor}$에서의 Δu	$t=12$ hr 이후의 Δu	ε	σ psi	F lb
	앵커	머리					
12 hr	0.83	1.23	0.40	0	0	0	0
24 hr	0.86	1.27	0.41	0.01	5.56×10^{-5}	1,667	2,045
2 days	0.92	1.36	0.44	0.04	2.22×10^{-4}	6,667	8,182
4 days	1.04	1.55	0.51	0.11	6.11×10^{-4}	18,333	22,500
1 week	1.22	1.81	0.59	0.19	1.06×10^{-3}	31,667	38,360
2 weeks	1.63	2.41	0.78	0.38	2.11×10^{-3}	63,333 YIELD	77,710

볼트는 약 2주 후에 소성을 띠게 된다.

8

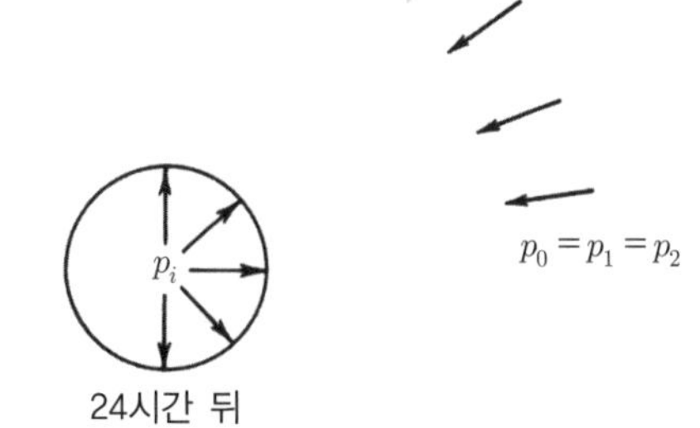

식 (7.18)에서 $r = a$일 때 비대칭 응력장에서의 터널에 대하여, $A = p_0 a/2$, $B = C = 0$를 사용하면 다음과 같이 된다.

$$u_r(t) = \frac{p_0 a}{2}\frac{G_1 + G_2}{G_1 G_2} - \frac{p_0 a}{2G_1} e^{-(G_1 t/\eta_1)} + \frac{p_0 a}{2\eta_2} t$$

팽창계에 대하여, 내부압 p_1으로 식 (6.33)은 다음과 같게 된다.

$$u_r = \frac{p_i a}{2}\frac{G_1 + G_2}{G_1 G_2} - \frac{p_1 a}{2G_1} e^{-(G_1 t/\eta_1)} + \frac{p_1 a}{2\eta_2} t$$

따라서 변위는 동일하다(그러나 당연 크기는 반대이다). 깊이가 1000 ft일 때에는 $\gamma = 150$ P/ft3, $p_0 = 1042$이다.

Time	팽창계 적용 이후 시간	$u(p_0)$ in.	$u(p_i)$	u
1분		0.21		0.21
5분		0.22		0.22
15분		0.22		0.22
30분		0.25		0.25
1시간		0.28		0.28
3시간		0.41		0.41
6시간		0.59		0.59
12시간		0.85		0.85
24시간	0	1.16	0	1.16
36시간	12시간	1.31	−0.08	1.23
2일	24시간	1.39	−0.11	1.28
3일	2일	1.44	−0.13	1.32
4일	3일	1.46	−0.14	1.32
5일	4일	1.46	−0.14	1.32
6일	5일	1.46	−0.14	1.32

9 RMR = 20일 경우, 그림 7.13은 다음과 같은 관계가 있다고 지시한다.

무지보 구간(m)	자립시간(hr)
0.8	2
1.2	1
1.8	0.5
2.3	0.3

10 최대 무지보 구간이 4 m일 경우, 그림 7.13은 다음을 나타낸다.

암반 점수	자립시간
34	5시간
39	1일
53	1개월
67	2년

11 (a) $x_1 = S/2$이면 블록 1의 무게 중심은 블록 2의 모서리 위에 놓이게 된다. $x_2 = S/4$이면, 한 단위로 여겨지는 블록 1과 블록 2의 무게 중심이 블록 3의 모서리에 놓이게 된다. 유사하게, $x_3 = S/6$, $x_4 = S/8$ 등과 같이 된다. 따라서 천단부 아래 $n \cdot t$ 깊이에서는 터널은 $w = \sum_{i=1}^{n} s/i$보다 큰 넓이를 유지할 수 없다. 이것은 조화급수이며, 벽면들은 수직에 근접하지만 결코 수직이 될 수는 없다는 것을 보여주면서 발산한다.

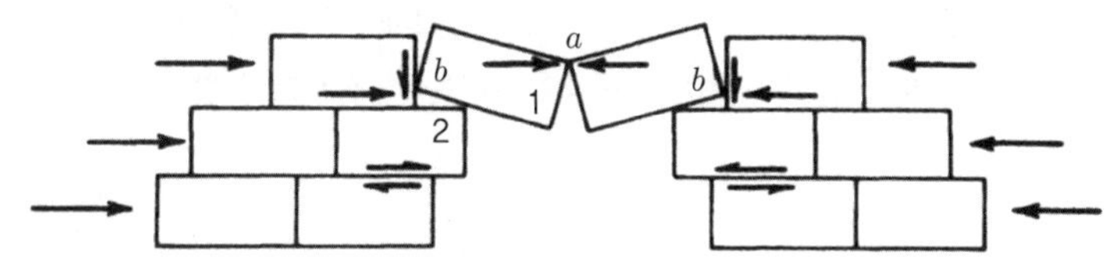

(b) 블록 1은 블록 2의 상부 꼭짓점에 대한 회전하면 블록1의 상부 우측 꼭짓점 (a)에서 힌지를 형성하면서 파괴될 수 있다(그림 참조). 이는 점 (b)가 인접한 블록을 따라 미끄러지면서 상향으로 흔들리게 한다. 만약 그 블록 상에 수평력이 있다면, 결과 마찰력은 블록 1 상의 모멘트를 안정화시키는 데 작용할 것이다. 블록의 하부열 상에 작용하는 수평력은 구간의 폭을 감소시키고 천장의 안정성을 증가시키면서 층 경계를 따라 블록을 전단시킬 수 있다. 이러한 횡적 변위는 수평력을 감소시킬 수 있으며 터널 벽면은 층간 마찰에 의해 생성된 최대수평응력으로 안정화될 수 있다.

12

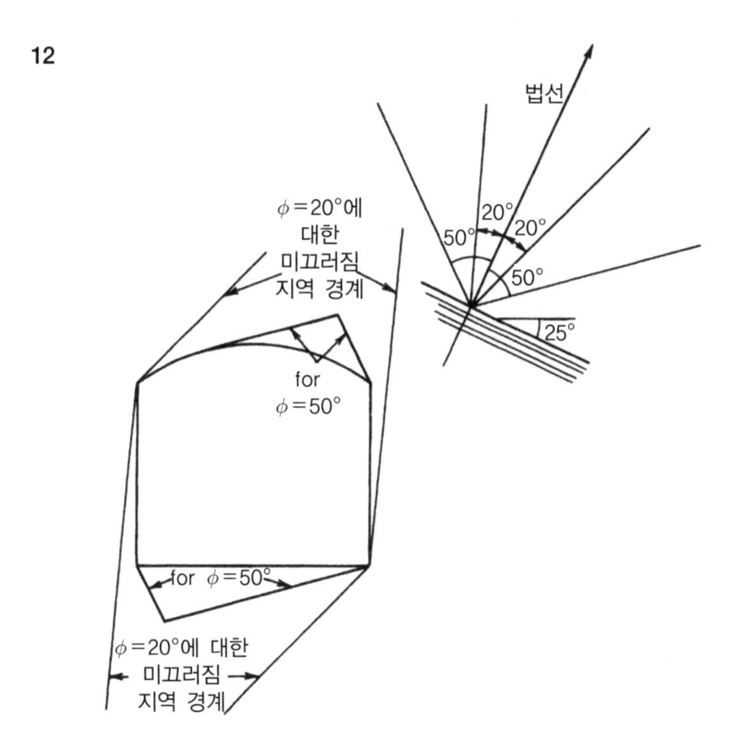

13 (a) σ_1, σ_3 방향과 팽행한 x, y와 층리들의 법선과 평행한 x'와 함께, α는 x에서 x'에 이르는 각도이며 $\sigma_{x'}$ 및 $\tau_{x'y'}$는 식 A1.2에 주어져 있다($\tau_{xy} = 0$).

ϕ_j의 정의에 따라 $|\tau_{x'y'}/\sigma_{x'}| \le \tan\phi_j$이 된다. 이는 다음과 같은 한계조건으로 유도한다.

$$\sigma_3 = \frac{\cot\phi_j - \cot\alpha}{\tan\alpha + \cot\phi_j}\alpha_1$$

5장의 문제 10에 있는 Bray의 식 또한 이용되었다.

(b) $\sigma_3 = 0.31$ MPa

(c) σ_3의 상기와 같은 값은 지보의 작용으로 구해진 것이다. 이는 예를 들어, 록볼트의 간격이 조밀하다고 가정할 때, 만약 어떠한 볼트에 속하는 영역으로 나눈 각 록볼트의 힘이= σ_3이라고 하면 록볼트에 의해 구해질 수 있다.

14 왼편으로 $\delta = 45°$의 각도로 경사하는 층에 대ㅎ새서, 층간 미끄러짐은 $\theta = 0° \sim 15°$, $\theta = 75° \sim 195°$ 그리고 $\theta = 225° \sim 360°$에 발생할 수 있다. $\alpha = 180 - \theta + \delta$.

θ	α	p_b(MPa)
0	225°	0.402
15°	210°	0
60°	165°	0
90°	135°	0.938
120°	105°	0.804
180°	45°	0.402

15 (a) 단위 두께당 초기 부피는 다음과 같다(그림 참조).

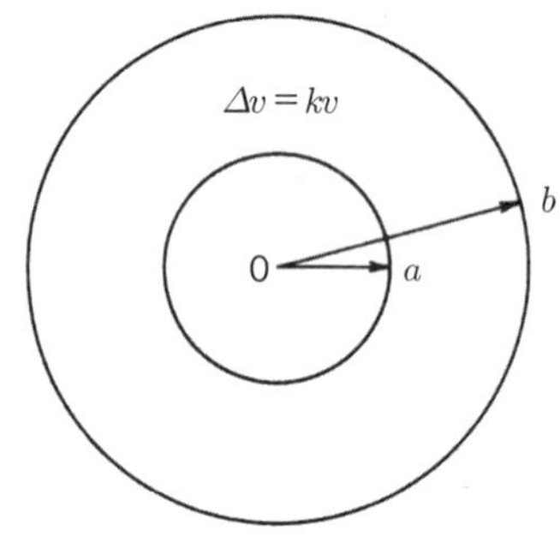

$$v = \pi(b^2 - a^2) \tag{1}$$

이것은 부피가 커져 최종 부피는 다음과 같게 된다.

$$v_f = (1 + k_B)v \tag{2}$$

최종 부피는 다음과 같이 또한 표현될 수 있다.

$$v_f = \pi(b^2 - (a - U_a)^2) \tag{3}$$

여기서 U_a는 반경 α의 내부로 향하는 변위이다. U_b 가 0이라고 가정하면 (1)과 (2)를 삽입하고 (3)과 같게 놓으면 다음과 같다.

$$U_a = a - \sqrt{a^2 - K_B(b^2 - a^2)} \tag{4}$$

(이 결과는 Labasse(in Revue Universelle des Mines, March 1949)가 처음으로 발표하였다.)

(b) $K_B = \dfrac{U_a(2a - U_a)}{b^2 - a^2}$ (5)

U_a가 항상 a, $2a - U_a > 0$보다 작고 K_B가 항상 양($U_b = 0$)이기 때문이다.

(c) $K_B = \dfrac{U_a(2a - U_a) - U_b(2b - U_b)}{b^2 - a^2}$ (6)

$2a - U_a \simeq 2a$이고 $2b - U_b \simeq 2b$이기 때문에

$$K_B \simeq \frac{2(aU_a - bU_b)}{b^2 - a^2} \quad (7)$$

16

링 한계(m)	$\bar{r}$	$\bar{r}/a$	t(일)	k_B	변화방향
2.12−4.5	3.3	1.56	20	−0.0078	압축
			100	−0.0168	압축
			800	−0.0347	압축
4.5−7	5.75	2.71	20	0.0007	팽창
			100	−0.0025	압축
			800	−0.0128	압축
7−9.4	8.20	3.87	20	0.0021	팽창
			100	−0.0003	압축
			800	−0.0054	압축

이 결과들은 문제 17에 대한 답에 도시되어 있다.

17 (a) 문제 16의 결과는 r에 대한 K_B가 다음과 같이 도시되어 있다.

t(일)	r_c(m)	$R = 2.7r_c$(m)	R/a
20	5.5	14.8	7.0
100	8.6	23.2	11.0
800	10.6	28.6	13.5

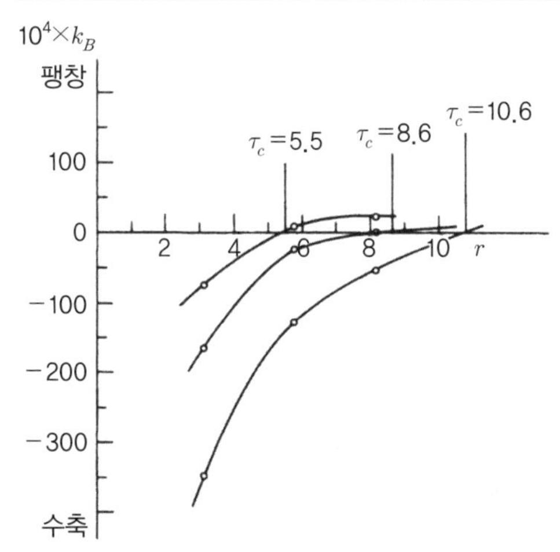

(b) $U_{elas} = \frac{p(1+\nu)}{E} r$

$= \frac{0.4(1.2)}{5000} r$

$U_{elas} = 9.6 \times 10^{-4} r$

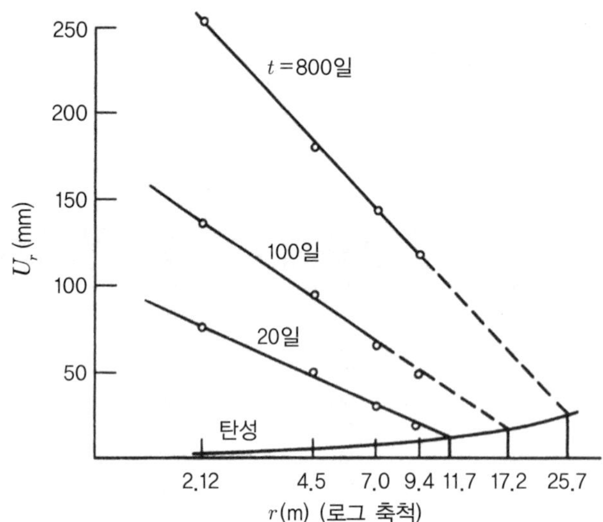

이러한 관계는 $U-\log r$ 좌표에 신장계 자료를 이용하여 도시되어 있다. 신장계 자료는 다음과 같이 R을 결정하는 탄성변위자료를 교차하고 있다.

T(일)	R(m)	R/a
20	11.7	5.5
100	17.2	8.1
800	25.7	12.1

18 (a) 한계평형상태에서는 수평 절리는 열리는 동안 수직 절리상에서 $\tau = \sigma \tan\phi$는 응력이 없어지게 된다. 수직방향의 힘을 합하면 다음과 같다.

$W = \gamma bh$ (단위 두께당)

$B - W + 2h\sigma \tan\phi = 0$

$$\frac{B}{W} = 1 - \frac{2\sigma \tan\phi_j}{\gamma b}$$

(b) 만약 $B = 0$이면,

$$b_{max} = \frac{2\sigma \tan\phi_j}{\gamma}$$

19 전단변위 u와 관련하여, 각각의 절리는 $\Delta v = u \tan i$에 의하여 팽창하려는 경향이 있다. 만약 벽면 암석이 강성이면, 블록의 수직변형증분은 $\Delta\epsilon = 2\Delta v/b$이 되고 수직응력증분은 $\Delta\sigma = E\Delta\epsilon$이 될 것이다. 18(a)에 대한 답의 측면에서 보면, 다음과 같다.

$$\frac{B}{W} = 1 - \frac{4E\tan i \tan\phi_j}{\gamma_b}\frac{u}{b}$$

20 그림 5.17b를 가로지르는 변위 경로는 수평으로부터 상향으로 α만큼 기울어져 있을 것이다. a와 동등한 초기수직응력에 대하여, 이것은 나타난 점선으로 표시된 경로를 따를 것이다(절리상의 초기전단응력을 무시함) (그림 참조). 수직응력은 약간 떨어지고 나면 거의 b까지 증가하다가 떨어지기 시작할 것이다.

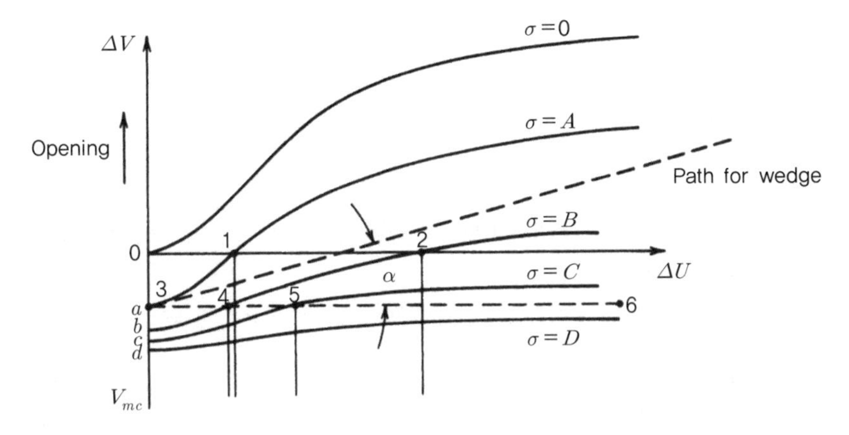

21 중력이 쐐기에 대하여 작동하기 이전에, 응력은 원형 개구부 주위의 접선방향으로 유동하는 경향을 보인다. 개구부 주위에 근접하여서는, 접선의 방향은 그림에서 나타난 것과 같이 각이 α_1인 쐐기의 꼭짓점 근체에서보다 법선에 대하여 좀 더 큰 각 α_1을 이룬다. 만약 각 α_1이 절리에 대한 마찰각보다 크다면, 쐐기 내의 수직인장응력을 구성하면서, 블록 무게의 한 부분은 절리를 따라 더 멀리 상향으로 전이될 것이다. 따라서 이 블록은 상부가 억제되는 반면 하부는 떨어지게 하면서, 두 쌍으로 부서지게 될 것이다.

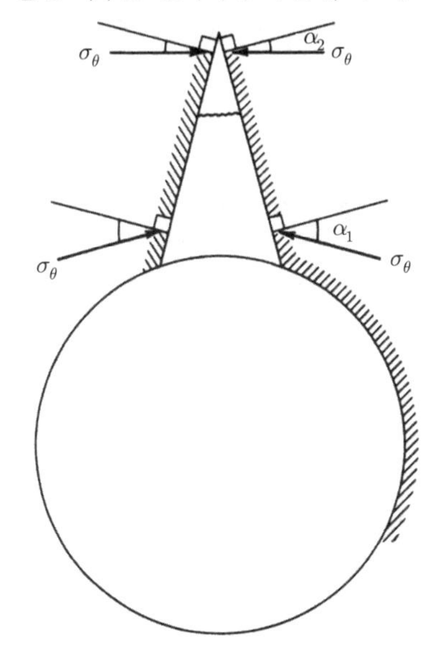

22 (a) 대칭에 의하여, 정상 중앙에는 어떠한 수직력은 없다(0). 수직으로 힘을 합하면

$$V = \gamma sb \tag{1}$$

이 되고, Δy가 아주 작을 때, 0점에 대한 모멘트를 고려하면

$$Hb + \gamma sb\frac{s}{2} = Vs \tag{2}$$

이 되거나 (1)에 의하여

$$H = \frac{1}{2}\gamma s^2$$

이 되고

$$H/V = \frac{s}{2b} \tag{3}$$

이 된다.

0점을 통한 H, v, W 그리고 수직력의 합력의 작용선은 단 하나의 점을 가로지른다. 이것으로 반응 위치를 설정할 수 있다.

(b) 블록은 O가 H보다 더 낮게 떨어지면 불안정해진다. 이러한 현상은 블록이 $b \ll s$의 상태에 있을 때 발생할 수 있다. 임계 경우가 그림에 나타나 있다. 블록은

$$\theta = \tan^{-1}(b/s) \tag{4}$$

만큼 회전하였다.

$$\Delta x = s\cos\theta + b\sin\theta - s = s(\cos\theta - 1) + b\sin\theta \tag{5}$$

(4)를 이용하면, $\Delta x = \sqrt{s^2 + b^2} - s$ (이 결과는 그림에 직접 보일 수 있다.)

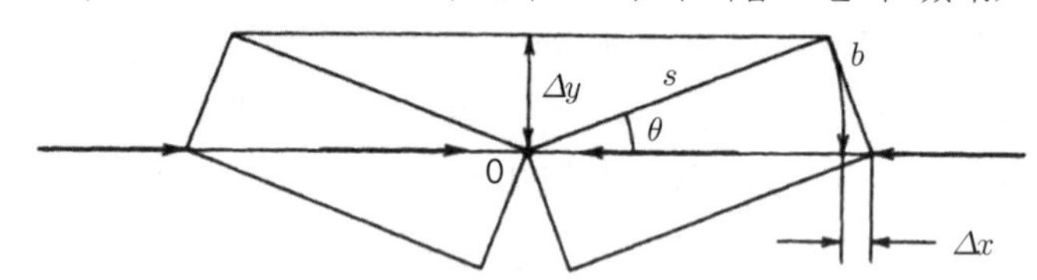

23 (a) 그림 참조. $S = l/2 \rightarrow \frac{l}{S} = 2$

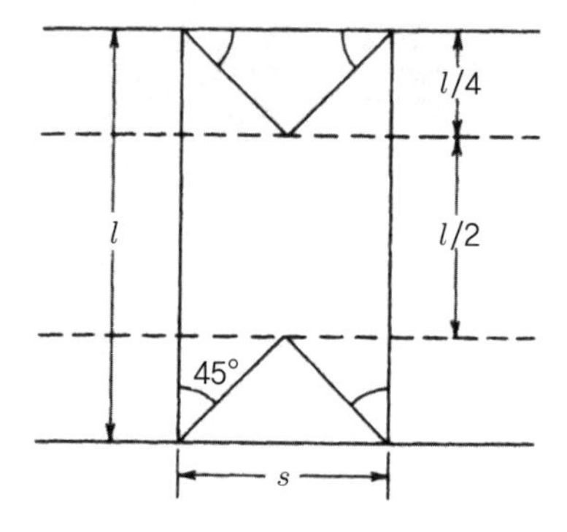

(b) 그림 참조

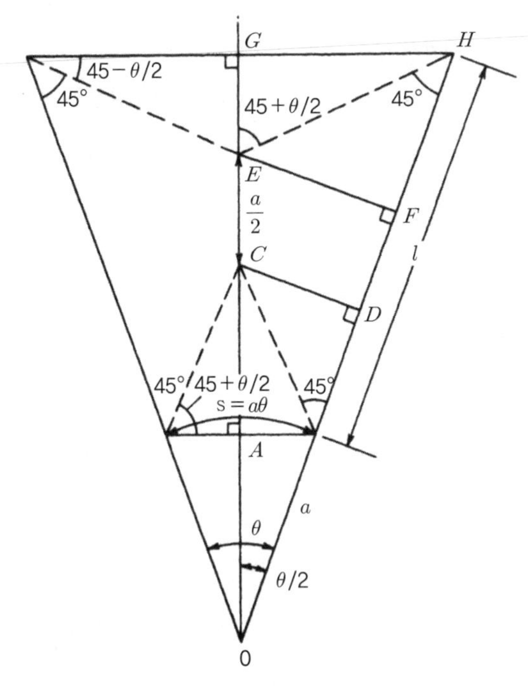

$$l = BD + DF + FH \tag{1}$$

$$BD = CB\cos 45 = \frac{AB\cos 45}{\cos(45+\theta/2)} = \frac{\alpha\sin\theta/2\cos 45}{\cos(45+\theta/2)} \tag{2}$$

$$DF = CE\cos\theta/2 = \frac{\alpha}{2}\cos\theta/2 \tag{3}$$

$$FH = EH\cos 45 = \frac{GH\cos 45}{\sin(45+\theta/2)} = \frac{(a+l)\sin\theta/2\cos 45}{\sin(45+\theta/2)} \tag{4}$$

$$\sin(45+\theta/2) = \sin 45\cos\theta/2 + \cos 45\sin\theta/2 = \frac{\sin\theta/2+\cos\theta/2}{\sqrt{2}} \tag{5}$$

$$\cos(45+\theta/2) = \cos 45\cos\theta/2 - \sin 45\sin\theta/2 = \frac{\cos\theta/2-\sin\theta/2}{\sqrt{2}} \tag{6}$$

(2), (3), (4)를 (5)와 (6)으로 대치하여 (1)에 대입하여 l에 대하여 풀면 다음과 같다.

$$l\left(\frac{\cos\theta/2}{\sin\theta/2+\cos\theta/2}\right) = \frac{2a\sin\theta/2\cos\theta/2}{\cos^2\theta/2-\sin^2\theta/2} + \frac{a}{2}\cos\theta/2 \tag{7}$$

결국,

$$l = a(1+\tan\theta/2)\left(\frac{1}{2}\cos\theta/2 + \tan\theta\right) \tag{8}$$

이 된다. 볼트 간격을 아크의 길이로 결정하게 되면,

$$s = a\theta \tag{9}$$

$$\boxed{\frac{l}{s} = \frac{1}{\theta}(1+\tan\theta/2)\left(\frac{1}{2}\cos\theta/2 + \tan\theta\right)} \tag{10}$$

이 된다. $\theta=40°$, $=0.698$ radians,에 대하여 그려진 대로, $\frac{l}{s}=2.56a$이다.

24 각을 준 볼트는 한치 상부의 대각선 방향 인장 및 전단파괴에 저항하기 위함이다. 그림 7.6c는 좌측 한치 상부의 대각선 방향 전단 균열이 열리는 것을 보여준다. 이것의 성장은 천장의 완전한 블록을 이완시키고 이는 그림 7.6d에서와 같이 떨어진다.

25 (a)와 (b) 부분에 대해선 그림을 보라.

(a) 100

(b) 011

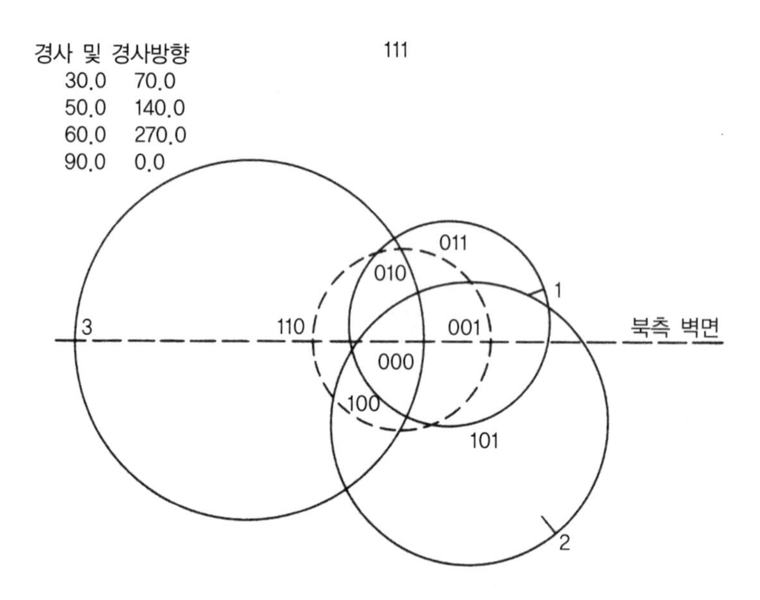

(c) 부분에 대해선 그림을 보라.

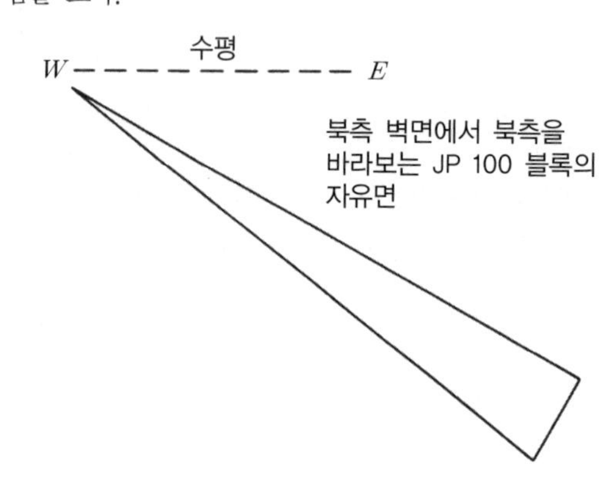

26 그림 참조

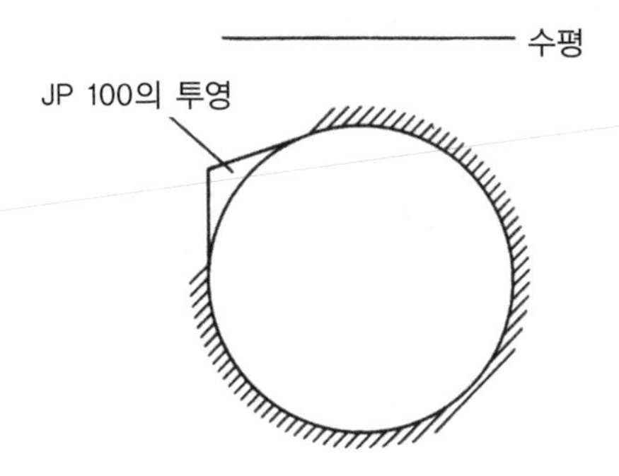
수평
JP 100의 투영

8장

1

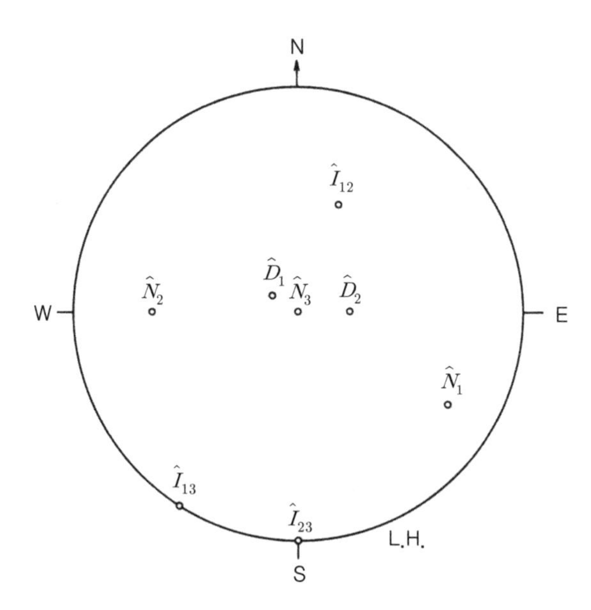
N
W
E
S
$\hat{I}_{12}$
$\hat{D}_1$
$\hat{N}_3$
$\hat{D}_2$
$\hat{N}_2$
$\hat{N}_1$
$\hat{I}_{13}$
$\hat{I}_{23}$
L.H.

2

점에 대한 반경 방위각	이 점에서의 굴착면 주향	굴착사면의 경사방향	가장 경사가 급한 안전한 사면	주요 파괴 양식
0	E	S	90°	없음
15	S75°E	S15°W	90°	없음
30	S60°E	S30°W	90°	없음
45	S45°E	S45°W	87°	1번상의 미끄러짐
60	S30°E	S60°W	53°	2번상의 전도
75	S15°E	S75°W	51°	2번상의 전도
90	S	W	50°	2번상의 전도
105	S15°W	N75°W	51°	2번상의 전도
120	S30°W	N60°W	53°	2번상의 전도
135	S45°W	N45°W	60°	쐐기(I_{12})
150	S60°W	N30°W	50°	쐐기(I_{12})
165	S75°W	N15°W	42°	쐐기(I_{12})
180	W	N	38°	쐐기(I_{12})
195	N75°W	N15°E	37°	쐐기(I_{12})
210	N60°W	N30°E	37°	쐐기(I_{12})
225	N45°W	N45°E	39°	쐐기(I_{12})
240	N30°W	N60°E	44°	쐐기(I_{12})
255	N15°W	N75°E	51°	쐐기(I_{12})
270	N	E	43°	1번상의 전도
285	N15°E	S75°E	41°	1번상의 전도
300	N30°E	S60°E	40°	1번상의 전도
315	N45°E	S45°E	40°	1번상의 전도
330	N60°E	S30°E	42°	1번상의 전도
345	N75°E	S15°E	83°	2번상의 미끄러짐

이 암반에서 산능선을 관통한 고속도로 굴착에 대해 가장 적절한 방향은 고속도로 양측면상에서 가장 경사가 급한 안전한 사면을 만드는 것일 것이다. 동쪽으로 주향방향을 지닌 굴착은 한쪽에서는 90°의 사면을 보이지만, 다른 쪽에서는 38°를 보일 것이다. 따라서 이것은 최적이 아니다.

굴착 주향	역학적 분석에서 얻은 최대 사면	
E	90°	38°
S75°E	90°	37°
S60°E	90°	37°
S45°E	87°	39°
S30°E	53°	44°
S15°E	51°	51°
S	50°	43°
S15°W	51°	41°
S30°W	53°	40°
S45°W	60°	53°
S60°W	50°	42°
S75°W	42°	90°

최적은 굴착을 최소화하는 것이며 지형단면도가 작성된다면 그래프로 결정될 수 있다.

3 (a) (그림 참조) 안전율 1.0에 대한 최소 볼트력은 수직으로 400 tons에 더해지게 될 때 수직으로부터 20°정도 합력을 기울어지게 하는 최소 힘이다. 이 힘의 크기는 137 tons이며, 이것은 수평 위로 20° 상승하여 S60°W 방향으로 적용된다. 안전율 1.5에 대하여, $\tan\phi_{\text{req}} = \tan\phi_j / 1.5$이며, 이로부터 $\phi_{\text{req}} = 21°$이 된다. 따라서 최소 볼트력은 수평 위로 29°상승하여 S60°W가 되고 크기는 194 tons이다.

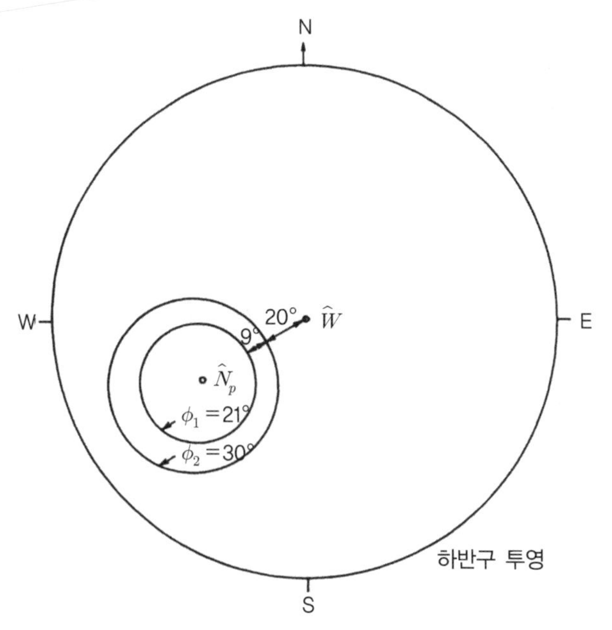

(b) (그림 참조) $F = 1.5$인 합력의 끝점을 나타내는 C으로부터, $\hat{N}$과 반대방향의 힘 $CD = 112$ tons은 새로운 합력을 $\hat{N}$과 30° 방향으로 기울어지게 하고, 미끄러지게 하는 힘이다. 압력은 112 tons/200 m^2 = 0.56 tons/m^{2}이다.

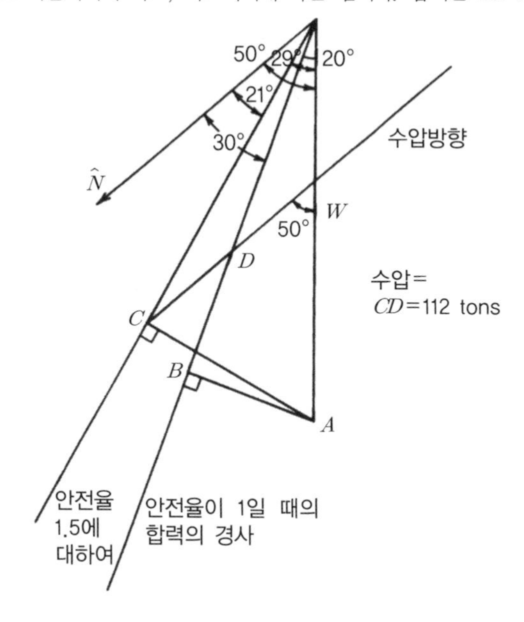

(c) 최소힘 방향은 가장 짧은 볼트의 방향은 아니다. 후자의 경우는 $\hat{N}$와 팽행하다. 최적의 방향은 철과 시추공의 상대적인 가격에 좌우되고 이 두 극단 값 사이에 놓인다.

4 (그림 참조) $\phi_j = 33°$에 대한 마찰원은 부분적으로 상반구에 놓인다. 원 지름은 C부터 A'까지다. A'은 선 CN상의 외부 원에 있는 A''을 처음 표시하면 찾게 된다. A''은 N으로부터 $30°30'$ 떨어져 있다. 외부 원을 따라 3° 더 이격하면 점 A가 위치한다. A'은 0이 북쪽에 있는 선 $0A$와 CA''의 교차점에 있다. (이러한 구축에 관한 이유는 Goodman(1976) Methods of Geological Engineering에 논의되어 있다.)

(a) 최소 록볼트력 B_{min}은 합력을 $\hat{W}$에서 42° 기울어지게 한다. 이것은 $200\sin 42° = 134$ MN이고, 수평면 위 동쪽으로 42°이다.

(b) $\hat{b}$ 방향의 볼트들과 함께 도표에 보이는 것과 같이, $\hat{W}$로부터 46°(점 D 방향으로)만큼 회전하여야 한다. $\hat{W}$와 $\hat{b}$ 사이의 각은 80°이며 이는 $B = 255$ MPa가 된다.

(c) 관성력 $F_I = (Kg)m = (Kg)W/g = KW$이다. F_I과 점 D 사이의 각은 80°이고, 합력 W+B의 방향에 대해 점 E쪽으로 20° 회전하여야 한다. 그림상에서 힘 삼각형으로부터 $F_I = 135$ MN이다. $K = F_I / W = 0.68$. 따라서 블록은 가속도가 0.68 g에 도달하면 미끄러진다.

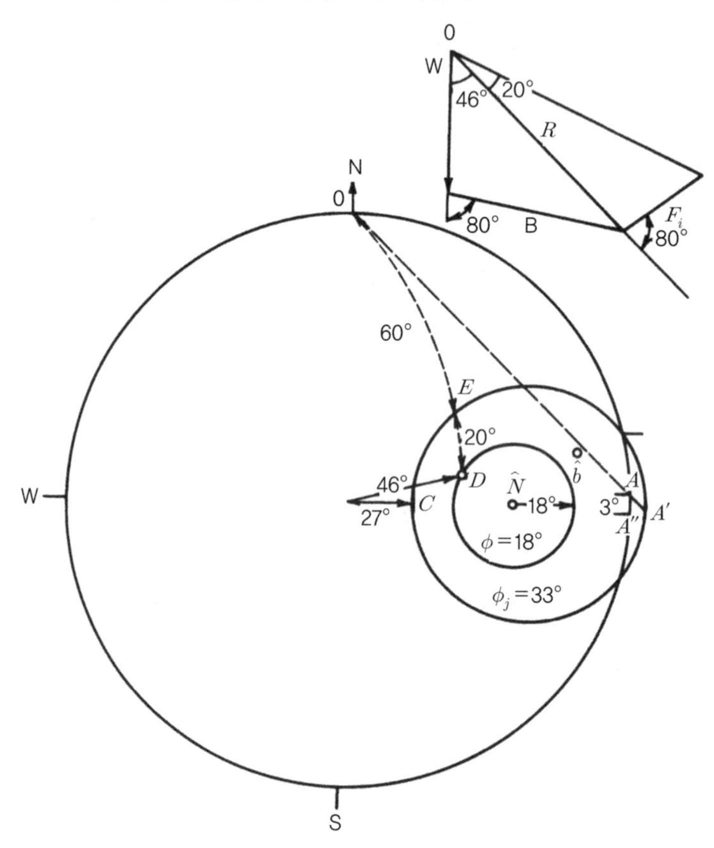

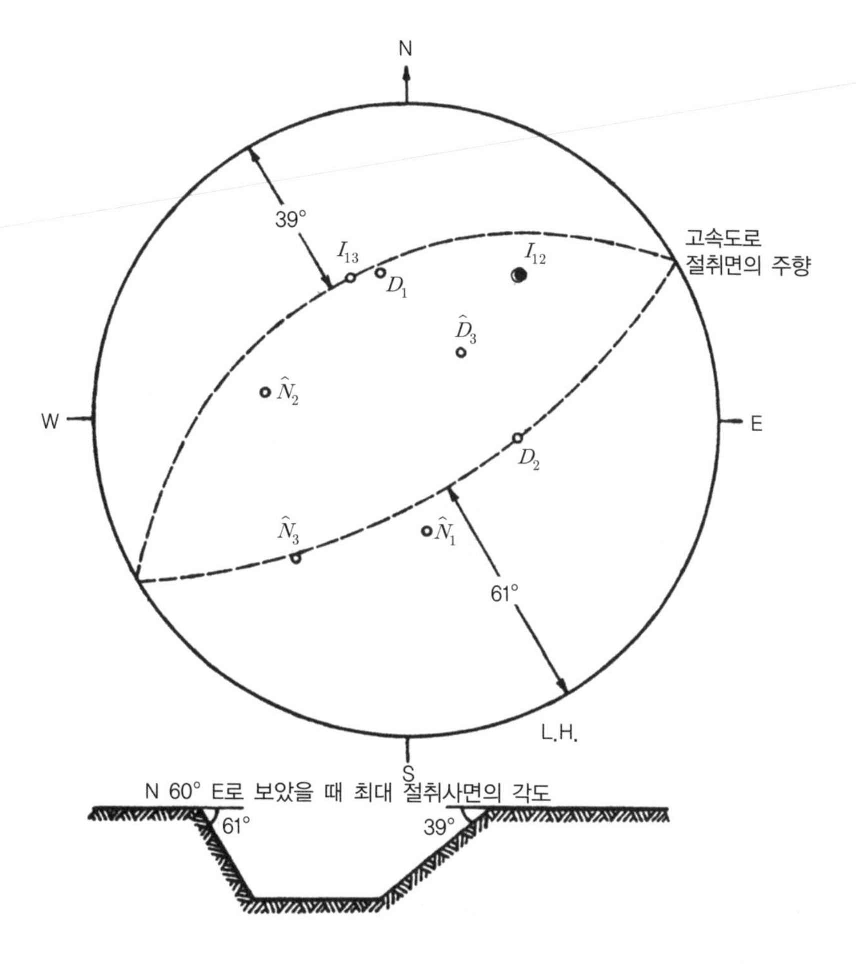

6 (a) $\delta = \phi_j$일 때 미끄러진다.

(b) $\delta = \tan^{-1}(t/h)$일 때 전복된다.

지배 조건은 δ가 좀 더 작은 값을 나타내는 조건이다. 그러면 ϕ_j와 블록의 크기에 좌우된다.

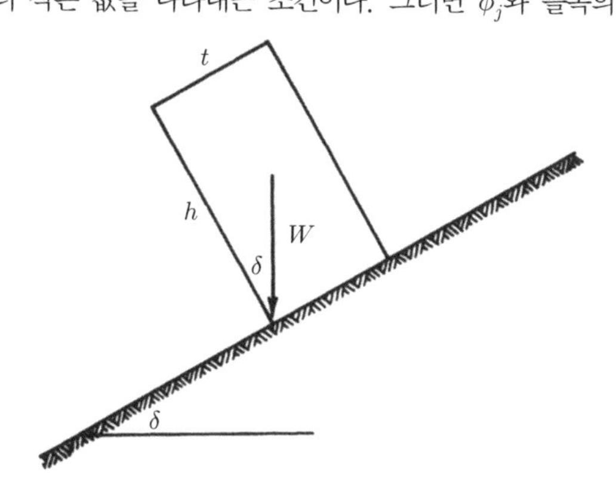

7 (a) 만약 $\delta > \sigma_j$이면, 두 블록은 미끄러진다.

(b) 만약 $t_1/h_1 > \tan\ \delta$이고 $t_2/h_2 > \tan\ \delta$이고 $\delta < \phi_j$이면, 시스템은 안정적이다.

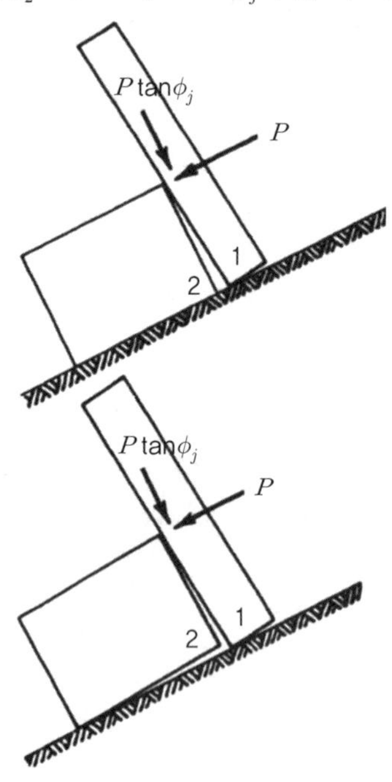

(c) 만약 $t_1/h_1 > \tan\ \delta$이고 $t_2/h_2 < \tan\ \delta$이고 $\delta < \phi_j$이면, 오직 맨 하부 블록만 회전한다. 그러나 그림에서 $t_2/h_2 > t_1/h_1$이고, 따라서 이것은 일어날 수 없었다.

(d) 만약 $\delta < \phi_j$, $t_2/h_2 > \tan\ \delta$이고 $t_1/h_1 < \tan\delta$이면, 상부 블록 (1)은 회전하려는 경향을 지닌다. 맨 밑의 블록 (2)는 미끄러지거나 회전하려는 경향이 있으며, 두 상황은 확인되어야 한다. 모든 경우에, 하부 블록에 전달된 힘 P는 다음과 같다.

$$P = \frac{W_1(h_1\sin\delta - t_1\cos\delta)}{2_{h_2}}$$

만약 하부 블록이 미끄러지면, 한계상태는

$$\frac{W_1(h_1\sin\delta - t_1\cos\delta)}{2h_2} = \frac{W_2(\cos\delta\tan\phi_j - \sin\delta)}{1 - \tan^2\phi_j}$$

이고, 만약 하부 블록이 회전하면 한계상태는

$$\frac{W_1(h_1\sin\delta - t_1\cos\delta)}{2h_2} = \frac{W_2(t_2\cos\delta - h_2\sin\delta)}{2(h_2 - t_2\tan\phi_j)}$$

이다.

8 물질 강도에 관한 대부분의 서적에 논의되고 있는 이론에 따르면, 원주의 축과 평행한 응력인 σ_1가 Euler의 좌굴에 관한 임계응력 σ_E에 도달할 때 좌굴이 발생한다. 이때의 σ_E는 다음과 같다.

$$\sigma_E = \frac{\pi^2 E t^2}{3L^2}$$

(식 (7.5)에 관한 논의와 비교). 자유물체도는 힘 다각형을 나타낸다.
파괴의 시작에 관한 조건은 $\sigma_1 = \sigma_E$일 때 만족되며, 다음과 같다.

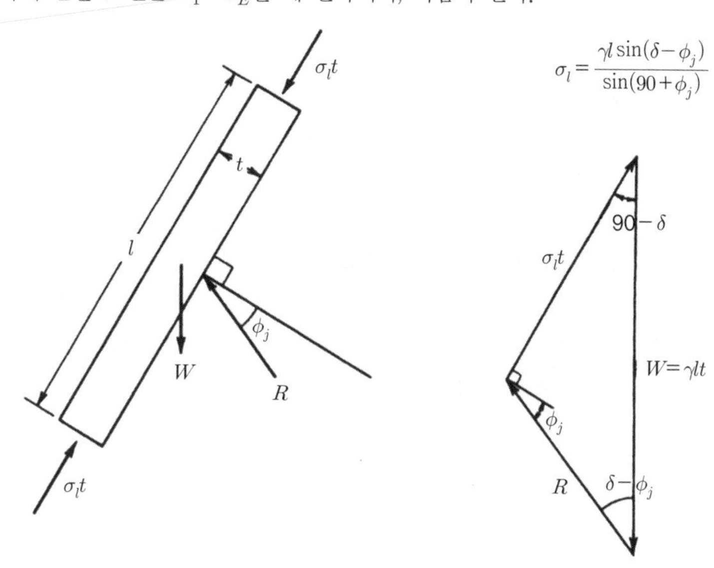

(a) $l_{\max} = \frac{\pi^2 E t^2}{3L^2} \frac{\sin(90+\phi_j)}{\gamma \sin(\delta - \phi_j)}$

(b) $l_{\max} = 59.9$ m

9 다음의 값들은 식 (8.12) ($\theta = 0$에 대한)를 이용하여 실험으로 얻은 것이다.

ϕ_j	F_b(MN)
30	77.94
35	16.54
38	−19.31
36	4.53
37	−7.42
36.4	−0.26 →
36.3	0.94

$F_b = 0$이므로, $\phi_{\text{available}} = 36.4°$이다.

(b) W_1을 6000 m^3까지 감소시킨 채 유사한 과정을 반복하면 $\phi_{\text{required}} = 33.3°$이 된다. 따라서 안전율은 tan 36.4/tan 33.3 = 1.12이 된다.

ϕ_j	F_b
30	33.53
32	13.28
34	−6.77
33.5	−1.77
33.3	0.23

(c) 처음 주어졌던 것과 같이 $W_1 = 10{,}000$과 $\phi_j = 33.3$으로, 요구된 앵커력은 37.1 MN(8.3×10^6 lb≈4200 tons)이다. 이것은 약 42개의 앵커가 수동영역에 1미터 간격의 폭으로 설치되어야 한다는 것을 의미한다.

10 만약 ϕ_1이 면 1에서 확정된 안전율에 해당하는 값으로 고정되어 있다면, 식 (8.12)는 한계평형에서 요구되는 σ_2에 대하여 풀릴 수 있으며 따라서 면 2에 대한 안전율에 대해 풀 수 있다. 그러므로 한계평형에 해당하는 ϕ_1, ϕ_2의 값으로 조합을 무한히 만들 수 있다. 시스템의 ϕ_1 또는 ϕ_2의 변화에 대한 민감도는 $\tan\phi_2$에 대한 $\tan\phi_1$의 한계값을 도시하여 평가한다.

11 $$\cot\alpha = \frac{d\cot\delta(F\sin\delta - \cos\delta\tan\phi)}{d(F\sin\delta - \cos\delta\tan\phi) - U\tan\phi - V(\sin\delta\tan\phi + F\cos\delta) + S_jA}$$

여기서 $d = \frac{1}{2}\gamma H^2(1 - Z/H)^2\cot\delta$이다.

12 (a) 한계평형상태에 있는 $P3$의 경사 아래의 힘들을 합하면 다음과 같다.

$$W\sin\delta - B\cos\delta - \tau_1 A_1 - \tau_2 A_{2-}\tau_3 A_3 = 0 \tag{1}$$

$$W = \gamma^{\frac{1}{2}lh}\frac{h}{\tan\delta} \tag{2}$$

$$A_1 = A_2 = \frac{1}{2}\frac{h^2}{\tan\delta} = \frac{W}{\gamma l} \tag{3}$$

한계평형상태에서는

$$\tau_1 A = \tau_2 A_2 = \sigma_j \tan\phi_j \frac{W}{\gamma l} \tag{4}$$

$$\tau_3 A_3 = W\cos\delta\tan\phi_3 \tag{5}$$

위의 모든 식을 (1)에 삽입하면

$$B\cos\delta = W\sin\delta - 2\sigma_j\frac{W}{\gamma l}\tan\sigma_j - W\cos\delta\tan\phi_3 \tag{6}$$

이 되며, $W\cos\delta$으로 나누면

$$\boxed{\frac{B}{W} = \tan\delta - \tan\phi_3 - 2\frac{\phi_j}{\gamma_l}\frac{\tan\phi_j}{\cos\delta}} \tag{7}$$

이 된다.

(b) $B/W=0=\tan 60-\tan 30-\dfrac{2\sigma_j \tan 30}{25l\cos 60}$

$\sigma_j/l=\dfrac{(\tan 60-\tan 30)(25\cos 60)}{2\tan 30}$

$\sigma_j=12.5l\,\text{kN/m}$

l(m)	필요 σ_j	
	(kPa)	(psi)
1.	12.5	1.81
5.	62.5	9.06
10.	125.	18.1
20.	250.	36.3

단지 작은 측면 응력만이 대규모 블록을 안정화시킬 수 있음에 주의하라.

13 (a) 만약 교대암석이 강성이면, 모든 팽창변위는 블록 내의 수직변형률 $\Delta\epsilon=\Delta l/l$ 방향으로 표시될 수 있다. 그러면

$\Delta l=2u\tan i$

$\Delta\phi_j=E\Delta l/l$

이 된다.

이러한 식들을 조합하면 다음과 같이 된다.

$\Delta\sigma_j=2E\tan i\;\;u/l$

$\dfrac{B}{W}=\tan\delta-\tan\phi_3-\left(\dfrac{4E\tan i\tan\varphi_j}{\gamma l^2\cos\delta}\right)u$

(b) 문제 12(b)에서 $\phi_j=12.5l$이고, 여기서 σ의 단위는 kPa, l의 단위는 미터이다.

$\Delta\sigma_j=(2\times 107(\text{kPa}))(2\tan 10\;\;u/l)$

또는

$7.1\times 10^6 u/l=12.5l$

$u=1.77\times 10^{-6}l^2$(u와 l의 단위는 미터)

평형을 위해서는 다음과 같이 되어야 한다.

l(m)	u(mm)
1	1.77×10^{-3}
2	7.1×10^{-2}
5	0.044
10	0.177
20	0.71

14 (a) W = 100 tons. B를 다음과 같이 힘의 삼각형(그림을 보라)에서 결정한 볼트력이라고 하면,

$$10 \text{ tons} / \sin 75° = B / \sin 5°$$

이기 때문에

$$B = 9.02 \text{ tons}$$

이다.

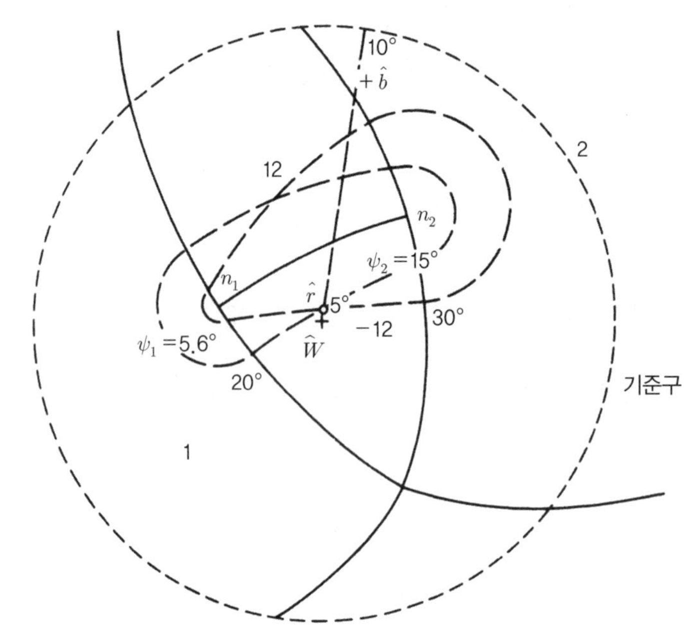

(b) 그림에서 평사투영도상에서 나타난 것처럼, 5.6° 또는 대략 6°이다. 이것은 상부 초점투영(하반구)이다.

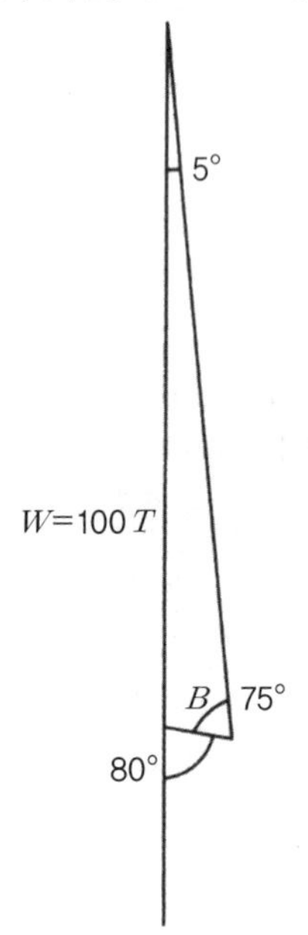

15 하부초점투영(상반구)으로 그린 그림을 보라.

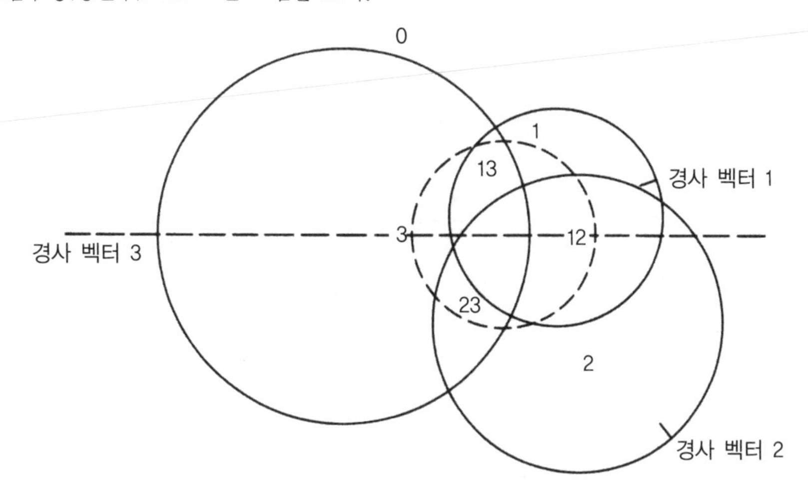

16 그림을 보라(두 부분).

$W = 50\ \text{tons} = 50{,}000\ \text{kg} = 0.49\ \text{MN}$

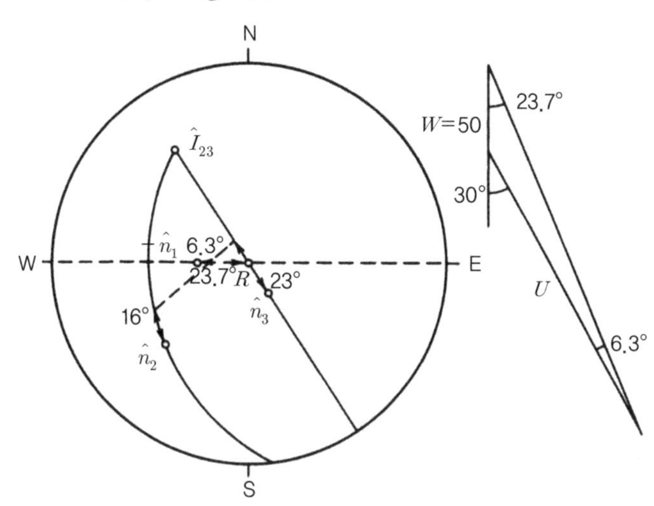

필요한 물의 힘은 다음과 같이 힘의 삼각형에서 결정된 U이다.

$50/\sin 6.3° = U/\sin 23.7°$

이를 이용하면

$U = 183.2\ \text{tons} = 1.795\ \text{MN}$

이 된다.

수압(평면 1의 면에 대해 평균한 값)은

$P_W = U/7.5\ \text{m}^2 = 0/239\ \text{MPa} = 34.7\ \text{psi}$

이다.

17 (a) JP 해석에 대한 그림을 보라. 점선으로 표시된 원 안에서 단지 JP만 부족한 모든 영역은 011이다. 따라서 이것은 단지 제거할 수 있는 블록을 정의하는 JP이다.

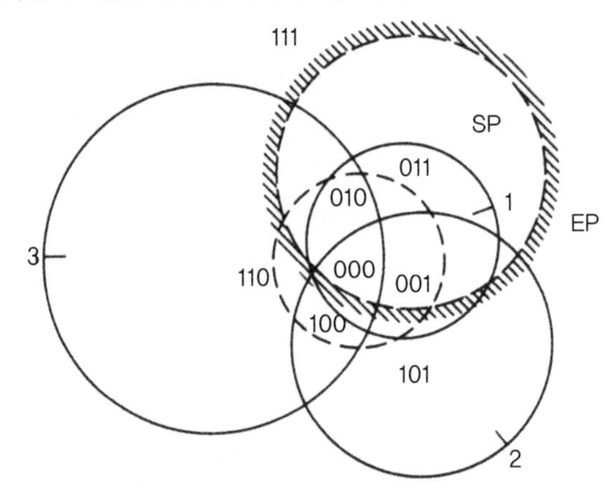

(b) 안정성 해석에 대한 그림을 보라. 각각의 평면에서 안전율 2.0에 대하여

$$\tan\phi_{req'd} = \tan 35^{\circ}/2.0$$

이 되어

$$\tan\phi_{req'd} = 19.3^{\circ}$$

이 된다.

평사투영도로부터, W로부터 필요한 회전 R은 13.3°이고, 이는 $B = 90\ \tan\ 13.3^{\circ} = 21.3$ tons이 된다.

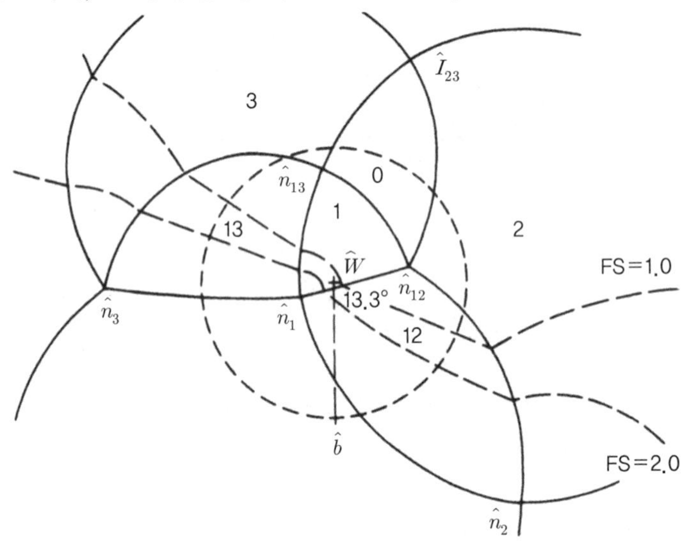

9장

1 도표의 왼쪽 원에 대하여,

$$P_h = 2S_p \tan\left(45 + \frac{\phi_p}{2}\right) = q_u$$

이 되어, 식 (3.8)은 다음과 같아진다.

$$q_f = q_u \tan^2\left(45 + \frac{\phi_r}{2}\right) + 2S^r \tan\left(45 + \frac{\phi_r}{2}\right)$$

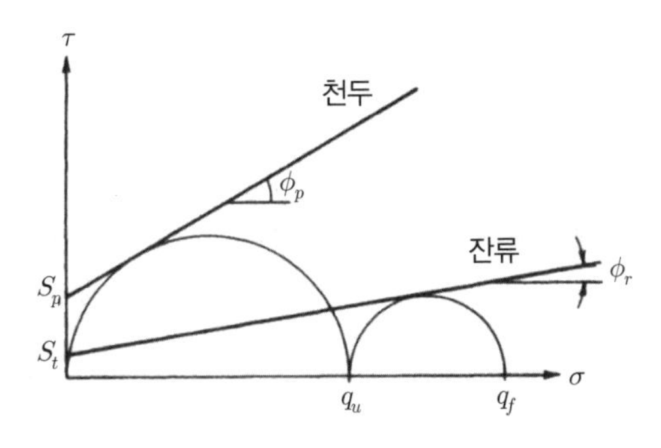

2　식 (8.2)에 대하여 고려된 힘 이외에도, 추가의 수직력 $P\sin\beta$와 추가의 수평력 $P\cos\beta$가 있다. 따라서 미끄러지는 블록 위에서 지지하는 힘 P에 대한 결과는 식 (8.2)에서 다음과 같이 대입하여 얻을 수 있다. W 대신에 $W+P\sin\beta$를 대입하고 V 대신에 $V+P\cos\beta$를 대입한다.

3　P와 W의 합력이 평면의 법선에 대하여 ϕ_j만큼 기울어진다면, 블록은 미끄러질 것이다. 미끄러짐에 대하여 힘의 삼각형에 적용된 싸인의 법칙으로부터 다음을 구할 수 있다.

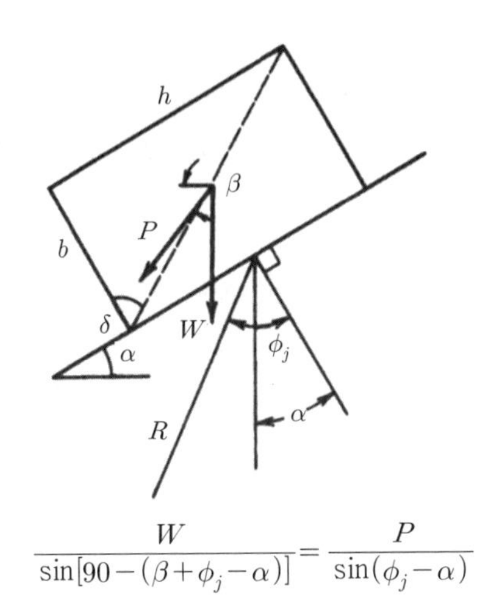

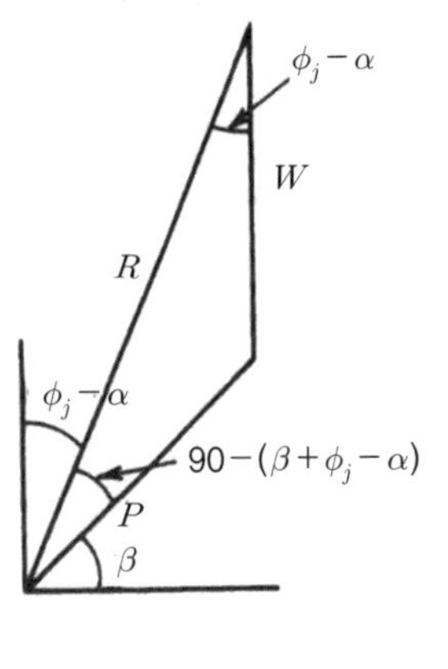

$$\frac{W}{\sin[90-(\beta+\phi_j-\alpha)]} = \frac{P}{\sin(\phi_j-\alpha)} \tag{1}$$

또는 미끄러질 때 한계평형에 대하여

$$P_{\text{slide}} = \frac{\sin(\phi_j-\alpha)}{\cos(\beta+\phi_j-\alpha)} W \tag{2}$$

이 된다.

• a의 경우 : P와 W의 합력이 블록의 법선에 대한 $\delta = \tan^{-1} b/h$ 방향이라면 블록은 뒤집어진다. 따라서

전도에 대하여 (2)에서 ϕ_j를 δ로 치환하면

$$P_{\text{topple}} = \frac{\sin(\delta-\alpha)}{\cos(\beta+\delta-\alpha)} W \tag{3}$$

과 같이 된다.

• b의 경우: P가 (3)에 주어진 값의 반이 될 때, 블록은 전도한다.

4 추가적인 힘 P와 더불어 부록에 있는 유도 과정을 잘 따르면, 식 (9) 대신에 다음 식을 사용할 수 있다.

$$N_3 = \frac{W_1 \sin(\delta_1-\phi_1)\cos\phi_3}{\cos(\delta_1-\phi_1-\phi_3)} + \frac{P\cos(\beta-\delta_1+\phi_1)\cos\phi_3}{\cos(\delta_1-\phi_1-\phi_3)} \tag{9a}$$

이것은 (15)와 같게 놓고 F_b에 대하여 풀면 최종 결과로 다음을 얻게 된다.

$$F_b = \frac{[W_1\sin(\delta_1-\phi_1)+P\cos(\beta-\delta_1+\phi_1)]\cos(\delta_2-\phi_2-\phi_3)+W_2\sin(\delta_2-\phi_2)\cos(\delta_1-\phi_1-\phi_3)}{\cos(\delta_2-\phi_2+\theta)\cos(\delta_1-\phi_1-\phi_3)}$$

5 $\nu_r = \nu_c = 0.26$와 매몰 심도 a, $2a$, $3a$, $4a$에 대하여, $E_c/E_r = \frac{1}{4}$에 대한 Osterberg and Gill의 결과는 μ = tab59°을 적용한 식 (9.10)과 정확히 맞는다. 이는 다음 표에서 보여주고 있다($P_{\text{end}} = \sigma_y$).

y/a	$p_{\text{end}}/p_{\text{total}}$	
	Osterberg and Gill	Equation 9.10
1	0.44	0.44
2	0.16	0.19
3	0.08	0.09
4	0.03	0.04

그러나 침하가 40 mm 발생하면, μ를 통일된 것보다 작은 값으로 감소시키면서 결합력을 파괴할 가능성이 높다. 초기에는 Osterberg and Gill의 결과가 적용하여야 한다. 그 뒤에는, 하중전이가 $\mu < 1$인 상태의 (9.10)로 주어진 분포로 옮겨갈 것이다.

6 실제 크기의 하중실험을 하지 않으면 허용지지압을 결정할 수 있는 합리적인 절차가 없다. 그러나 이는 여러 방법으로 산정될 수 있다. 첫 번째는, 2 m 지름은 절리 간격의 약 7배이기 때문에, 소규모 시험실 실험에 의해 주어진 q_u는 축척계수 5를 적용하여 감소시켜야 한다. 더욱이, 안전율은 보장되어야 한다. $\phi_P = 20°$이라고 가정하면, $(q_u)_{\text{field}} = 18$ MPa/5 = 3.6 MPa이 된다. 안전율 F가 3일 때, 표면 기초에 대한 허용지지압은

$$q_{\text{allow, footing}} = \left(\frac{(\tan^2 55)+1}{3}\right) 3.6 = 3.65 \text{ MPa}$$

이다. 깊은 말뚝에 대하여는 이 값에 2를 곱하여 한다. 즉,

$$q_{\text{allow, pier}} \approx 7.3 \text{ MPa}$$

이다.

전단은 접촉에 의해 구속되기 때문에 결합력은 선단지지력처럼 동일한 크기 축척 요소에 의해 조절되지 않는다. q_u가 실험실 값의 절반일 때 $\tau_{\text{bond}} = 0.05 q_u$이라고 가정하면, τ_{bond} = 045 MPa이 된다. 안전율이 2일

때, 이것은 다음과 같이 된다.

$\tau_{allow} = 0.22$ MPa

7 반경 $a=1$ m를 이용하면, $l_{max}=31.8$ m이다. Osterberg and Gill results의 결과로, 이 길이에 근접하는 모든 길이는 모든 하중을 측면에 전달할 것이며, $l=l_{max}$가 필요할 것이다. 이러한 긴 말뚝은 가장 경제적인 해결방안은 아니다. $a=2$ m에 대하여, $l_{max}=15.9$ m이고, 그러면 실험으로 $l_1=6$에 대하여, $p_{end}/p=0.07$이 되고 이는 $p_{end}=\tau=0.27$ MPa이 되며, 이것은 전자에 비하면 너무 작고, 후자에 비하면 너무 크다. 대신에, 결합력이 깨어지거나 약해지면, 하중전이는 보다 적게 발생할 것이다. $\mu=\tan 40^{\circ}$를 식 (9.10a)에 적용하고 콘크리트는 구속되어 있기 때문에 전단응력을 무시하면, 2 MPa의 지지력을 만족시키는 소요 길이는 다음 표에 나타나 있으며, 말뚝의 압축응력도 주어져 있다.

a(m)	l(m)	소켓체적(m^3)	p_{end}/p_{total}	p_{end}(MPa)	$\bar{\tau}$(MPa)	$\sigma_{max, concrete}$(MPa)
1.0	8.97	28.2	0.31	2.00	0.24	6.37
0.9	9.54	24.3	0.255	2.00	0.28	7.86
0.8	9.94	20.0	0.201	2.00	0.32	9.95
0.7	10.15	15.6	0.154	2.00	0.38	12.99
0.6	10.13	11.5	0.113	2.00	0.46	17.68
0.5	9.85	7.74	0.079	2.00	0.60	25.46
0.4	9.27	4.66	0.050	2.00	0.82	39.79
0.3	8.63	2.95	0.024	2.00	1.20	70.74

콘크리트의 압축응력이 30 MPa이고, 안전율이 2이 되도록 한다면, 최소 체적의 소켓을 가지기 위해선 반경이 0.8 m이고 길이가 10 m인 말뚝이 해결책이 된다. 이러한 결과는 μ와 E_c/E_r 선택에 크게 영향을 받으며 ν_r와 ν_r에는 보다 적게 영향을 받는다.

다른 해로는 암석 표면에 소켓 없이 말뚝을 설치하거나, 표면이 풍화되었거나 기울어져 있으면 지름을 확장한 소켓 내부에 말뚝을 설치하여야 한다. 필요한 말뚝 반경은 1.78 m이다. 대안들 중에서 가장 경제적인 선택은 흙을 가로질러 통과하는 말뚝의 체적에 영향을 받는다.

8 연속 고정보로서 사암 천장을 고려하자. 최대 임계 조건은 상부 표면상의 말단부의 인장력이다. $\sigma_h=0$, $\gamma=150$ lb/ft^{3}와 $\tau_0=2$ MPa의 값으로 (7.5)를 이용하면 $L=334$ ft≈100 m를 얻게 된다. 만약 $\sigma_h \neq 0$이라면 이것은 증가하게 된다. 그러나 200 ft 두께와 $L=334$ ft인 보는 thin beam에서는 너무 두껍다(유한요소해석은 이러한 경우에서는 유용하다).

9 $H=\dfrac{2h}{B-1}$

10 (a) 다른 요소에 작용하는 y 방향(수직방향)의 힘을 합하면

$$s^2 d\sigma_v + 4\tau\ s\ dy = 0 \tag{1}$$

이 되고 (1)에 (2)와 (3)을 대입하면

$$\tau = \sigma_h \tan\phi \tag{2}$$

$$\sigma_h = k\sigma_v \tag{3}$$

다음을 얻게 된다.

$$\frac{d\sigma_v}{\sigma_v} = -\frac{4}{s} k \tan\phi \, dy \tag{4}$$

이를 풀면

$$\sigma_v = A\, e^{-4k \tan\phi\, y/s} \tag{5}$$

이 된다. 단, $y=0$, $\sigma_v = q$이면, $A = q$이 된다.

지지력은 $y = t$일 때 σ_v의 값이 되고, 이는 다음과 같이 된다.

$$\boxed{P_b = q\, e^{-4k \tan\phi\, l/s}} \tag{6}$$

(b) $k = \cos t^2(45+\phi/2) = 0.406$

$t/s = 0.67$, $q = 21$ kPa

위의 값으로 (6)을 이용하면

$P_b = 21e^{-0507} = 12.65$ kPa($=1.83$ psi)

을 얻게 된다.

만약 $s = 1.5$ m이면, 지지에 필요한 힘은 $T = s^2(12.65) = 28.5$ kN(≈ 6400 lb)이다.

11 (a) 자중에 의한 자유체 평형상태에서는

$$s^2 d\sigma_v + 4\tau s\, dy = \gamma s^2\, dy \tag{1}$$

이 되고, 문제 (10)a에 대한 답에서와 같이 대입하면

$$d\sigma_v = \left(\gamma - \frac{4k \tan\phi}{s}\sigma_v\right) dy \tag{2}$$

이 된다.

$$z = \gamma - \frac{4k \tan\phi}{s}\sigma_v \tag{3}$$

로 놓으면

$$dz = -\frac{4k \tan\phi}{s} d\sigma_v \tag{4}$$

이 되고 (2)는

$$\frac{-s}{4k \tan\phi} \frac{dz}{z} dy \tag{5}$$

와 같이 되며, 이에 대한 해는

$$z = Ae^{-4k \tan\phi\, y/s} \tag{6}$$

이다. 마지막으로, (6)에 (3)을 재차 대입하면

$$\gamma - \frac{4k \tan\phi}{s}\sigma_v = Ae^{-4k \tan\phi\, y/s} \tag{7}$$

이 된다. $\sigma_v(y=0) = q$이기 때문에

$$A = \gamma - \frac{4k\tan\phi}{s} q \tag{8}$$

이 된다. 마지막으로, $P_b = \sigma_v(y = t)$

$$P_b = \frac{s}{4k\tan\phi}\left(\gamma - \left(\gamma - \frac{4k\tan\phi}{s} q\right) e^{-4k\tan\phi\, y/s}\right) \tag{9}$$

이를 간략히 하면

$$\boxed{P_b = \frac{s\,\gamma}{4k\tan\phi}(1 - e^{-4k\tan\phi\, t/s}) + q e^{-4k\tan\phi\, l/s}}$$

이 된다.

(b) $P_b = \dfrac{(1.5)(27)}{(4)(0.406)(0.47)}(1 - e^{-0.507}) + 21\,(e^{-0.507})$

$= 33.75$ kPa($= 4.89$ psi)

(c) 만약 록볼트가 설치되어 있다면, 볼트의 앵커 끝 작용을 고려하려면 평형 방정식에 추가적인 힘을 더하여야 한다(이는 Lang, Bischoff, and Wagner(1979)가 논의하였다).

부록 1

1 (a) 1. $\sigma_{x'} = 27.7$ $\quad\tau_{x'y'} = -18.7$

2. $\sigma_{x'} = 20.0$ $\quad\tau_{x'y'} = -10.0$

3. $\sigma_{x'} = 30.0$ $\quad\tau_{x'y'} = 20.0$

4. $\sigma_{x'} = 50.0$ $\quad\tau_{x'y'} = -20.0$

(b) 1. $\sigma_{x'} = 52.7$ $\quad\tau_{x'y'} = -7.3$

2. $\sigma_{x'} = 52.7$ $\quad\tau_{x'y'} = 7.3$

3. $\sigma_{x'} = 72.7$ $\quad\tau_{x'y'} = 27.3$

4. $\sigma_{x'} = 108.3$ $\quad\tau_{x'y'} = 0.0$

(a)

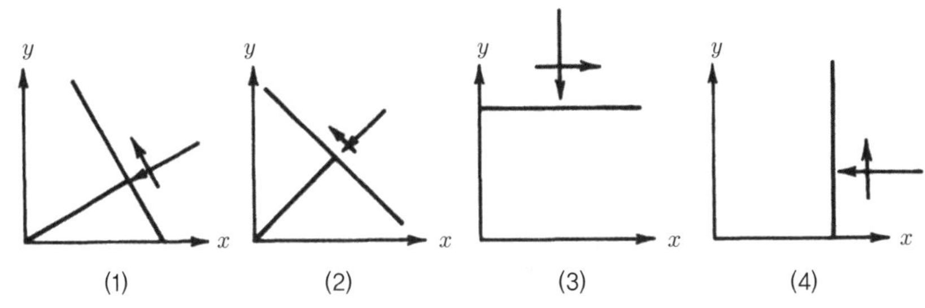

(b)

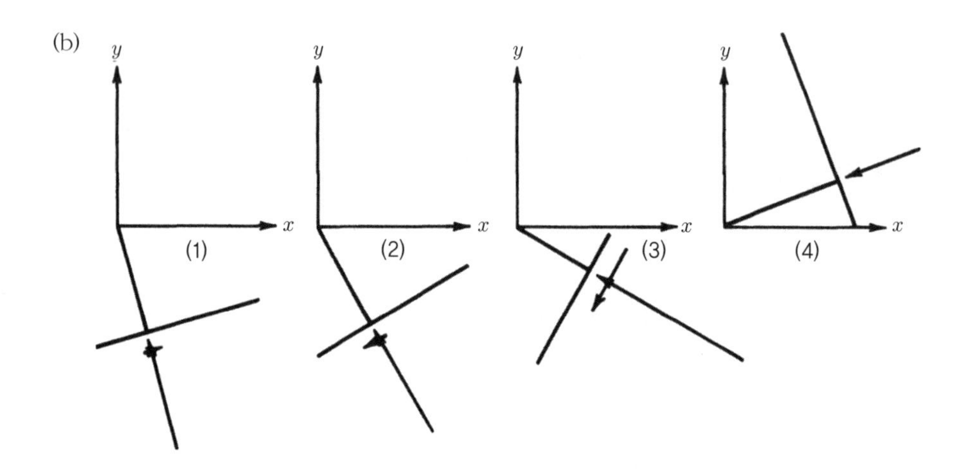

2 (a)

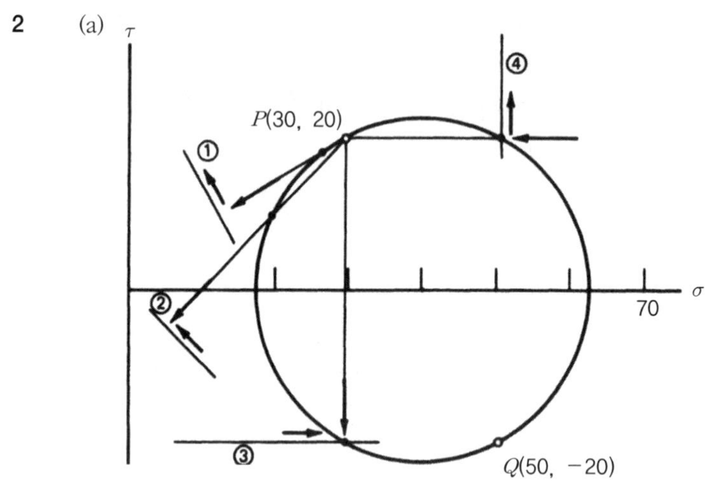

(b)

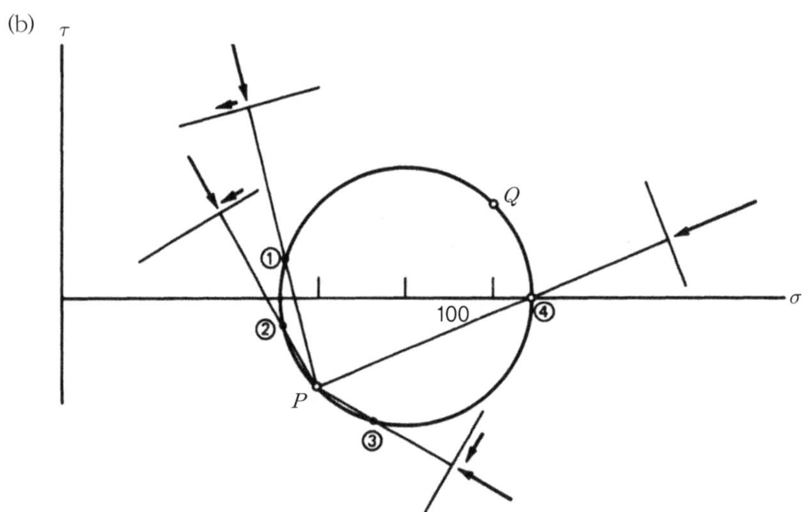

3 문제 1a에 대하여:

$\alpha = -31.7,\ 58.3$

$\sigma_1 = 62.4,\ \sigma_2 = 17.6$

문제 1b에 대하여:

$\alpha = 22.5,\ 112.5^\circ$

$\sigma_1 = 108.3$

$\sigma_2 = 51.7$

4 $$\sigma_{y'} = (\sin^2\alpha\ \cos^2\alpha\ -\sin2\alpha)\begin{Bmatrix}\sigma_x\\ \sigma_y\\ \tau_{xy}\end{Bmatrix}$$

5 $$\sigma_{x'} + \sigma_{y'} = (\sigma_x\cos^2\alpha + \sigma_y\sin^2\alpha) + (\sigma_x\sin^2\alpha + \sigma_y\cos^2\alpha)$$
$$= \sigma_x + \sigma_y$$

6 (a) $\alpha = 67.50$

$\sigma_1 = 108.28$

$\sigma_2 = 51.72$

(b) $\alpha = -67.50$

$\sigma_1 = 108.28$

$\sigma_2 = 51.72$

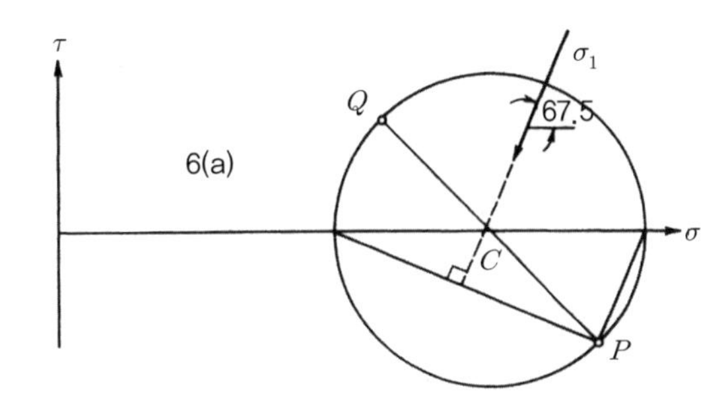

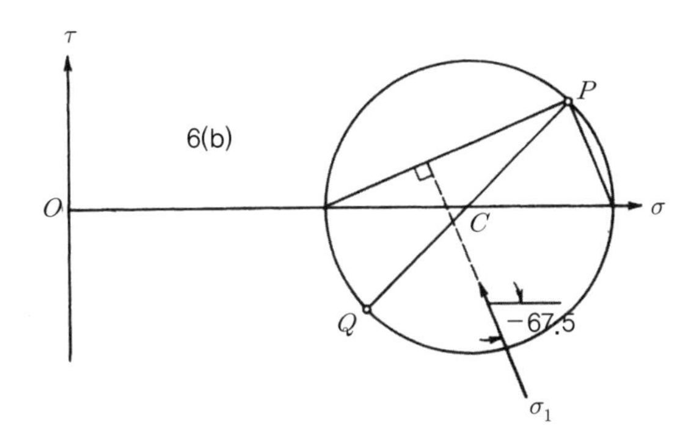

7

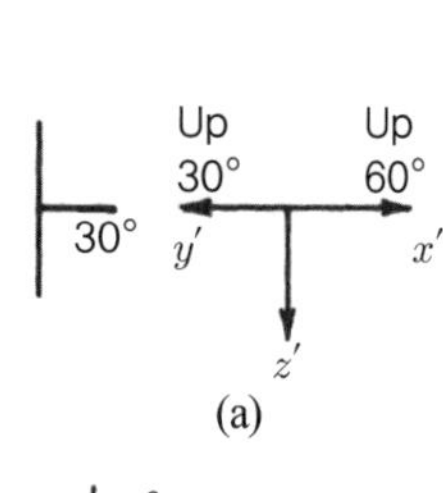

(a)

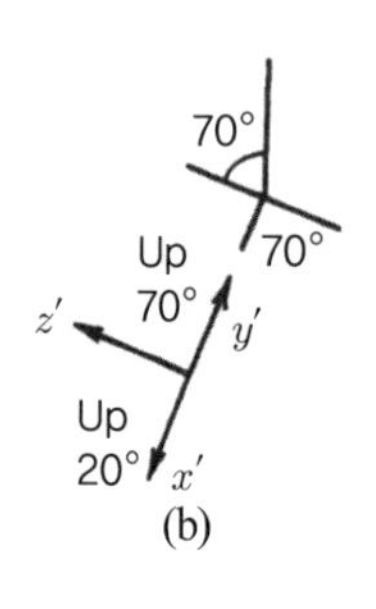

(b)

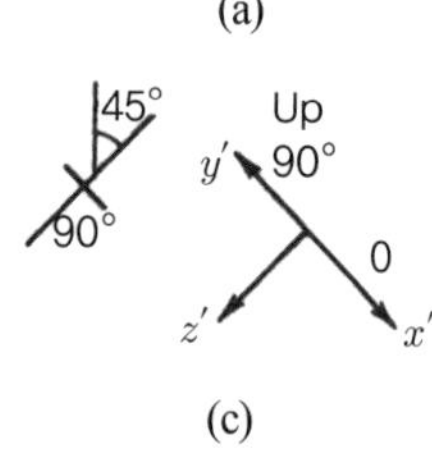

(c)

y′
z′
x′ Up 90°

(d)

	선	주향	β	δ	l	m	n
(a)	x'	동	0	60	0.50	0.00	0.866
	y'	서	180	30	−0.866	0.00	0.50
	z'	남	−90	0	0.00	−1.00	0.00
(b)	x'	S20°W	−110	20	−0.321	−0.883	0.342
	y'	N20°E	70	70	0.117	0.321	0.940
	z'	N70°W	160	0	−0.940	0.342	0.00
(c)	x'	S45°E	−45	0	0.707	−0.707	0.00
	y'	N45°W	135	90	0.00	0.00	1.00
	z'	S45°W	−135	0	−0.707	−0.707	0.00
(d)	x'	−	−	90	0.00	0.00	1.00
	y'	North	90	0	0.00	1.00	0.00
	z'	West	180	0	−1.00	0.00	0.000

8

	$\sigma_{x'}$	$\tau_{x'y'}$	$\tau_{x'z'}$	$\lvert\tau_{x',\max}\rvert$
(a)	593.30	234.81	−25.00	236.13
(b)	265.55	141.03	−10.28	141.40
(c)	100.00	35.36	50.00	61.24
(d)	700.00	0	−50.00	50.00

9

	$P_{x'x}$	$P_{x'y}$	$P_{x'z}$	$\lvert\tau_{x'\max}\rvert$
(a)	93.30	25.00	631.22	236.13
(b)	−59.19	−192.67	223.34	141.40
(c)	35.56	−106.06	35.36	61.24
(d)	50.00	0	700.00	50.00

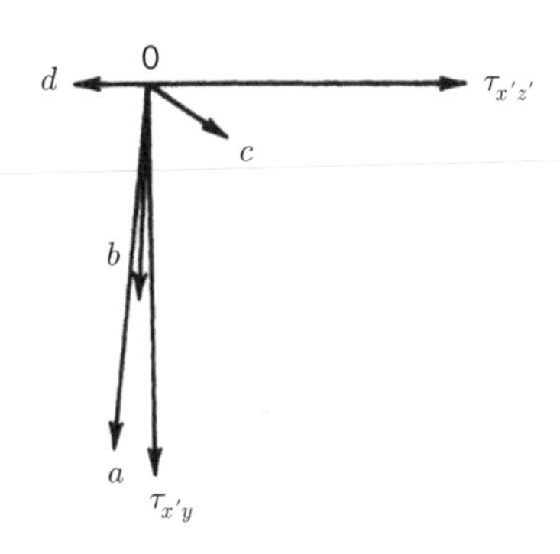

10

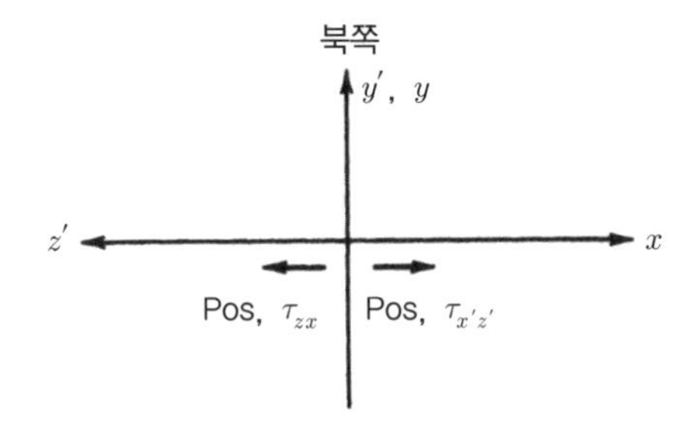

τ_{zx} = 50(주어진 값); 좌측으로 작용

$\tau_{x'z'}$ = −(계산된 값); 좌측으로 작용

11 $I_1 = 1000F/L^2$

$I_2 = 225\times10^3(F/L^2)^2$

$I_3 = 11.75\times10^6(F/L^2)^3$

12

	σ_1	σ_2	σ_3	$\sigma_{x'}$	$\tau_{x'y'}$	$\tau_{x'z'}$
(a)	150	0	0	50.0	70.7	0
(b)	100	50	0	50.0	35.4	20.4
(c)	100	25	25	50.0	35.4	0
(d)	50	50	50	50.0	0	0
(e)	75	75	0	50.0	17.7	30.6
(f)	200	0	−50	50.0	106.07	20.4

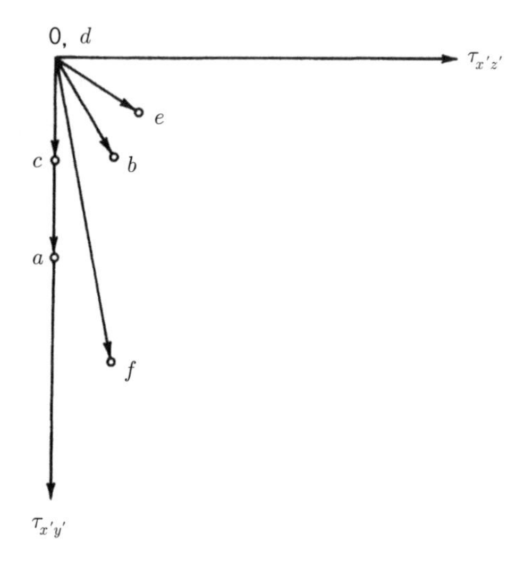

부록 2

1 2차원 응력 변형에 대한 부록 1의 문제 4의 답과 더불어 식 A1.2는 다음과 같다.

$$\begin{Bmatrix} \sigma_{x'} \\ \sigma_{y'} \\ \tau_{x'y'} \end{Bmatrix} = \begin{pmatrix} \cos^2\alpha & \cos^2\alpha & \sin 2\alpha \\ \sin^2\alpha & \cos^2\alpha & -\sin 2\alpha \\ -\dfrac{1}{2}\sin 2\alpha & \dfrac{1}{2}\sin 2\alpha & \cos 2\alpha \end{pmatrix} \begin{Bmatrix} \sigma_x \\ \sigma_y \\ \tau_{xy} \end{Bmatrix}$$

τ를 $\gamma/2$와 ϵ로 대체하여 적절한 첨자를 사용하면 다음과 같이 된다.

$$\begin{Bmatrix} \varepsilon_{x'} \\ \varepsilon_{y'} \\ \gamma_{x'y'} \end{Bmatrix} = \begin{pmatrix} \cos^2\alpha & \sin^2\alpha & \dfrac{1}{2}\sin 2\alpha \\ \sin^2\alpha & \cos^2\alpha & -\dfrac{1}{2}\sin 2\alpha \\ -\sin 2\alpha & \sin 2\alpha & \cos 2\alpha \end{pmatrix} \begin{Bmatrix} \varepsilon_x \\ \varepsilon_y \\ \gamma_{xy} \end{Bmatrix}$$

2 $\alpha_A = 0$, $\alpha_B = 60$, $\alpha_C = 90$인 게이지에 대하여, (A2.3)의 계수 행렬은

$$\begin{pmatrix} 1 & 0 & 0 \\ 0.25 & 0.75 & 0.433 \\ 0 & 1 & 0 \end{pmatrix}$$

이 되며, 상기 행렬의 역행렬은

$$\begin{pmatrix} 1 & 0 & 0 \\ 0 & 0 & 1 \\ -0.577 & 2.309 & -1.732 \end{pmatrix}$$

이 된다.

3 $(\varepsilon_x \varepsilon_y \gamma_{xy})$ =

(a) $(1.0\times10^{-3},\ 0,\ 5.774\times10^{-4})$

(b) $(1.0\times10^{-2},\ 3.0\times10^{-2},\ -1.155\times10^{-2})$

(c) $(2.0\times10^{-4},\ 5.33\times10^{-4},\ -1.61\times10^{-4})$

4 (a) $\alpha = 15.0°,\ \varepsilon_1 = 1.077\times10^{-3},\ \varepsilon_2 = -7.736\times10^{-5}$

(b) $\alpha = -75.0°,\ \varepsilon_1 = 3.155\times10^{-2},\ \varepsilon_2 = 8.452\times10^{-3}$

(c) $\alpha = -78.29°,\ \varepsilon_1 = 5.344\times10^{-4},\ \varepsilon_2 = 1.856\times10^{-4}$

부록 5

1 $x = \tan(45-\delta/2)$

2 (1)과 (2) 사이의 각은 59°이다. 공통 면의 주향은 N 64° E이고 경사는 87° N 26° W이다.

3 $\overline{I_{12}}$는 S 84° E 쪽으로 37°의 각으로 경사한다.

4 답은 그림 A5.1에 주어져 있다. 0부터 $-P$까지의 선은 상반구로 향하고 있다. 나타난 것과 같이 $-p$ 위치에서는 수평원의 외곽에 도시된다.

5 하반구 투영에서 선 OQ의 위치를 점 q라고 하자. 그러면 OQ의 반대 위치는 상반구투영에서 180° 회전하여 얻을 수 있다. '북'이었던 것은 '남'으로 다시 표시하여야 할 것이다.

6 15°

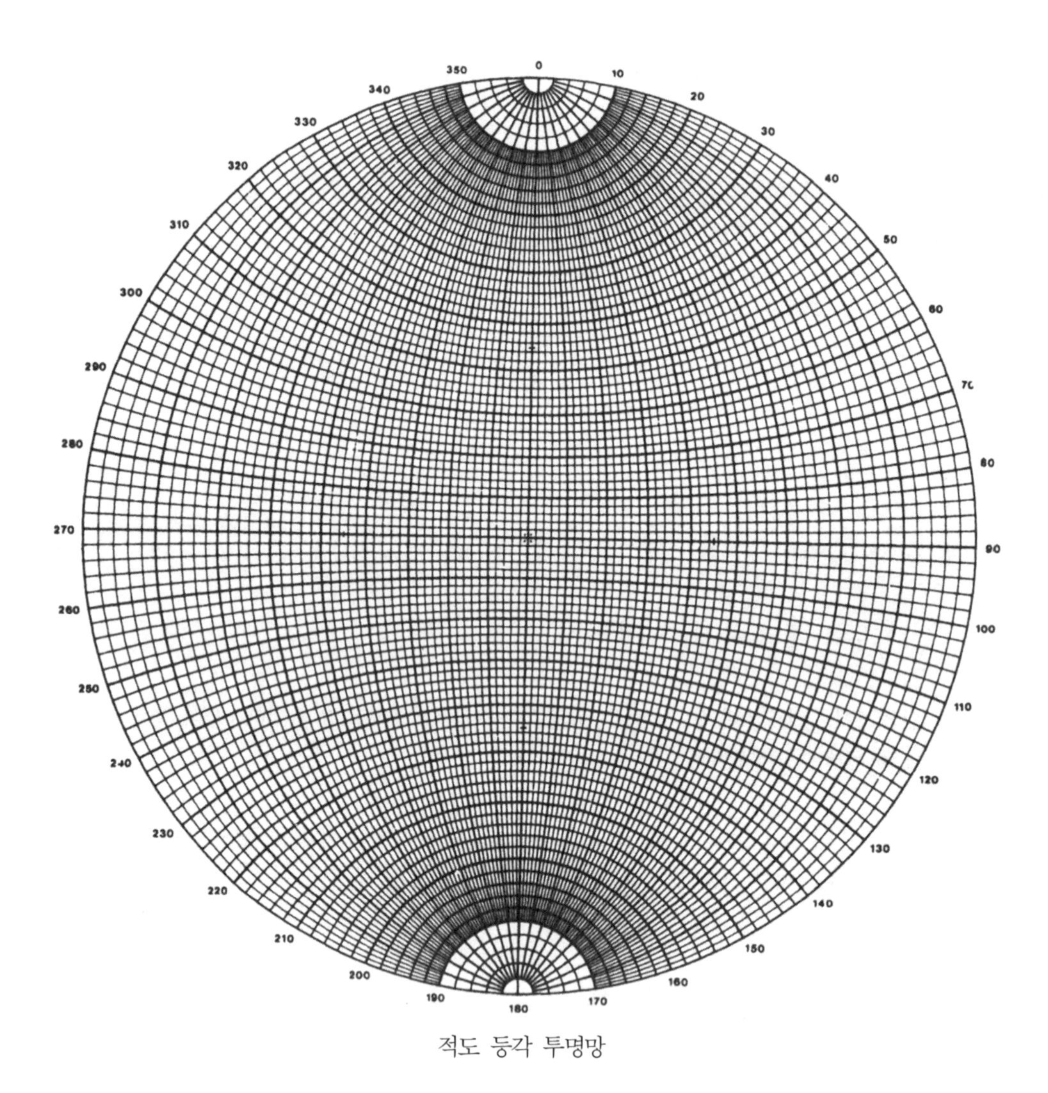
0
10
20
30
40
50
60
80
90
100
110
120
130
140
150
160
170
180
190
200
210
220
230
240
250
260
270
280
290
300
310
320
330
340
350

적도 등각 투명망

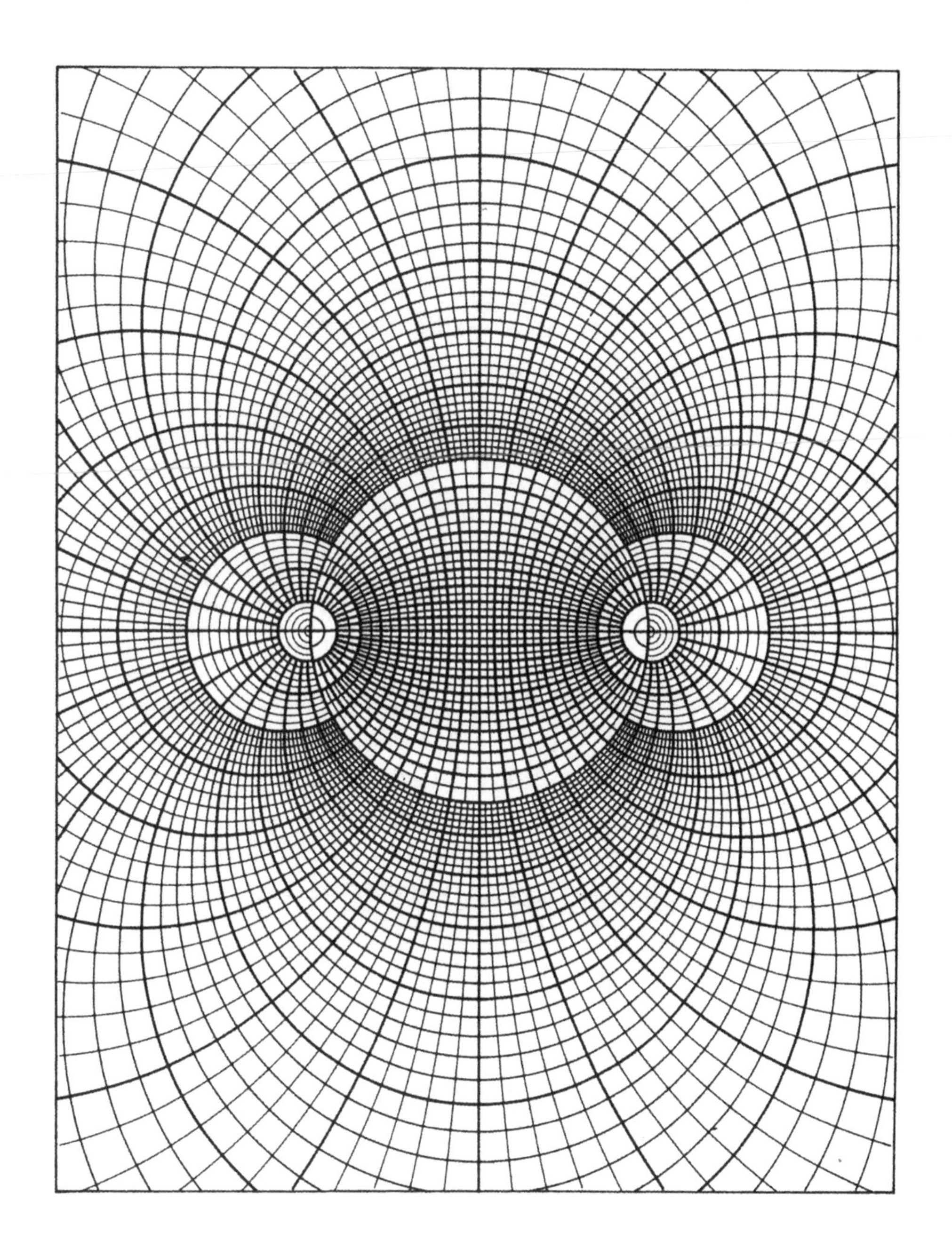

찾아보기

저자 및 역자 소개

저자 소개

Richard E. Goodman

미국 Cornell University 지질학사
미국 Cornell University 토목공학석사
미국 University of California at Berkeley 지질공학박사
전) University of California at Berkeley 교수
현) University of California at Berkeley 명예교수

역자 소개

장보안

서울대학교 지질학과 학사
서울대학교 지질학과 석사
미국 University of Wisconsin-Madison 박사
전) 대한지질학회 이사
대한지질공학회 이사, 부회장, 회장
강원대학교 국제협력본부장, 산학협력단장, 자연과학대학장
현) 강원대학교 지구물리학과 교수
IAEG 부회장
(Vice President of International Association of Engineering Geology & Environment)

우 익

연세대학교 지질학과 학사
연세대학교 지질학과 석사
프랑스 Ecole des mines de Paris 박사
현) 군산대학교 해양건설공학과 교수
대한지질공학회 이사

박혁진

연세대학교 지질학과 학사
연세대학교 지질학과 석사
미국 Purdue University 박사
현) 세종대학교 지구자원시스템공학과 교수
대한지질공학회 국제이사
대한자원환경지질학회 재무이사
Professional Geologist in Alberta, Canada

암석역학

초판인쇄 2020년 2월 6일
초판발행 2020년 2월 13일

저 자 Richard E. Goodman
역 자 장보안, 우 익, 박혁진
펴 낸 이 김성배
펴 낸 곳 도서출판 씨아이알

책임편집 박영지, 김동희
디 자 인 김진희, 윤미경
제작책임 김문갑

등록번호 제2-3285호
등 록 일 2001년 3월 19일
주 소 (04626) 서울특별시 중구 필동로8길 43(예장동 1-151)
전화번호 02-2275-8603(대표)
팩스번호 02-2265-9394
홈페이지 www.circom.co.kr

I S B N 979-11-5610-830-6 93530
정 가 28,000원